计量技术与管理工作指南

陆渭林　编著

机械工业出版社

本书全面系统地阐述了计量学的相关理论和要求，主要内容包括：计量学概论，计量法律、法规和计量技术法规及国际计量技术文件，数据处理与统计分析，测量不确定度评定，测量仪器及其特性，量值传递，量值溯源，型式评价，计量授权，计量比对，期间核查，计量测试系统防干扰技术，计量标准的建立、考核及使用，计量技术机构的考核与管理，计量检定规程和计量校准规范的编写与使用、计量科学研究等。其中作者结合多年计量学科学研究与技术管理的工作实践，总结提炼的“量值溯源”“计量比对”“期间核查”“计量测试系统防干扰技术”“计量标准的建立、考核及使用”“计量技术机构的考核与管理”“计量科学研究”等内容，更是系统权威、科学翔实，理论联系实际，可操作性强，可帮助计量从业人员和计量技术机构快速提升专业水平和技术能力。

本书可以作为全体计量测试、质检、标准化、认证认可行业从业人员的专业学习和培训教材，也可作为高等院校计量与检测专业、测控技术与仪器专业、仪器科学与技术专业、信息类、管理类和其他相关专业的教材和教学参考书，还可作为科研院所从事计量科学和工程测试研究人员的重要参考书。

图书在版编目（CIP）数据

计量技术与管理工作指南/陆渭林编著. —北京：机械工业出版社，2018.10（2025.2重印）

ISBN 978-7-111-60180-7

Ⅰ.①计… Ⅱ.①陆… Ⅲ.①计量管理-指南 Ⅳ.①TB9-62

中国版本图书馆CIP数据核字（2018）第242400号

机械工业出版社（北京市百万庄大街22号 邮政编码100037）
策划编辑：吕德齐 责任编辑：吕德齐
责任校对：王 延 肖 琳 封面设计：鞠 杨
责任印制：邓 博
北京盛通数码印刷有限公司印刷
2025年2月第1版第5次印刷
184mm×260mm · 31.5印张 · 775千字
标准书号：ISBN 978-7-111-60180-7
定价：128.00元

电话服务
客服电话：010-88361066
010-88379833
010-68326294

网络服务
机 工 官 网：www.cmpbook.com
机 工 官 博：weibo.com/cmp1952
金 书 网：www.golden-book.com
机工教育服务网：www.cmpedu.com

前　言

计量是实现单位统一、量值准确可靠的活动，是构成国家核心竞争力中最为重要的决定性因素，是科学技术水平、企业规模和生产能力、产业集聚发展程度、国际经济交往以及国家军事力量等的重要技术基础和保障，是国家三大质量基础工作的重中之重。计量发展水平直接决定着这些因素的素质、能力和水平，并最终反映出国家核心竞争力的水平。

计量学是研究测量及其应用的科学，它涉及测量理论、测量技术和测量实践等众多领域，是所有学科赖以发展的重要支柱之一。聂荣臻元帅曾指出“科技要发展，计量须先行”。计量技术既是国家科技创新的基础技术，又是高技术产业化的先决条件之一。目前，国际计量单位制面临重大变革，将以量子物理学为基础的基本物理常数和原子的物理特性来重新定义新一代的国际计量单位。与此同时，国内传统产业转型升级以及战略性新兴产业的健康发展，都需要以先进的计量测试技术作为重要的技术支撑。

本书总结回顾了计量学的发展历程与现状，全面系统地阐述了计量学的相关理论和要求，从计量学概论，计量法律、法规和计量技术法规与国际计量技术文件，数据处理与统计分析，测量不确定度评定，测量仪器及其特性，量值传递，量值溯源，型式评价，计量授权，计量比对，期间核查，计量测试系统防干扰技术，计量标准的建立、考核及使用，计量技术机构的考核与管理，计量检定规程和计量校准规范的编写与使用、计量科学研究等方面逐一进行了详细解读。本书在撰写过程中力求准确把握计量工作最新要求，科学反映计量学最新技术要求。作者按照现行的《中华人民共和国计量法》、JJF 1033—2016《计量标准考核规范》、JJF（军工）7—2015《武器装备科研生产单位计量工作通用要求》、JJF 1059. 1—2012《测量不确定度评定与表示》等计量法律法规、技术法规和规范的要求，结合多年计量学科学研究与技术管理的工作实践，总结提炼的“量值溯源”“计量比对”“期间核查”“计量测试系统防干扰技术”“计量标准的建立、考核及使用”“计量技术机构的考核与管理”“计量科学研究”等内容，更是系统权威、科学翔实，理论联系实际，可操作性强，可帮助计量从业人员和计量技术机构快速提升专业水平和技术能力。同时，本书也是全面系统讲解、解读国家民用计量、国防军工计量和军事计量的计量学专著。在国家军民融合发展的大背景下，必将有效促进国防军工计量、军事计量、国家民用计量的良性互动与协调发展，必将全面提升三者军民融合深度发展的水平。

本书内容全面，既有系统的理论知识，又有实际的经验总结，指导性、操作性、实用性较强，阅后定会有所收获。本书可以作为全体计量测试、质检、标准化、认证认可行业从业人员的专业学习和培训教材，也可作为高等院校计量与检测专业、测控技术与仪器专业、仪器科学与技术专业、信息类、管理类和其他相关专业的教材和教学参考书，还可作为科研院所从事计量科学和工程测试研究人员的重要参考书。

在本书完稿之际，要感谢国家市场监督管理总局计量司、国家国防科技工业局科技与质量司、河北省国防科技工业局、浙江省国防科技工业考核办公室、中国船舶重工集团有限公司科技与信息化部相关领导和专家的悉心指导与帮助！感谢国防科技工业第一计量测试研究中心、国防科技工业计量考核办公室张志民主任、陈敏思主任、牛立新总工程师、康伟高工、邢馨婷高工、袁俊先高工、周海浩高工，中国航天科工集团有限公司第二研究院技术基础总师冯克明研究员，中国航天科工集团有限公司第二研究院第二〇三研究所（国防科技工业第二计量测试研究中心）所长葛军研究员、科技委副主任杨春涛研究员、蒋小勇处长，国防军工计量科研项目管理办公室胡毅飞主任、冯英强主任、杜晓爽高工，中央军委装备发展部综合计划局高永辉参谋，中国合格评定国家认可委员会张明霞处长、林志国高级主管、王阳高级主管、张龙高级主管，中国航天科技集团有限公司第五研究院第五一四研究所（国防科技工业电学一级计量站）所长徐思伟研究员、副所长路润喜研究员，国防科技工业实验室认可委员会秘书处焦昶主任、冉茂华高工，河北省国防科技工业局柳萌处长，河南省国防科技工业局陈永谊处长，四川省国防科工办庞丽娟处长，辽宁省国防科工办杨静处长，中国船舶重工集团有限公司张仁茹主任、王俊利主任、唐亮武专务、符道处长、马兰处长，计量论坛李跃总工程师，国防科技工业应用化学一级计量站站长孙敏研究员、副站长、总师冯典英研究员，东华计量测试研究院（国防科技工业 3611 二级计量站）院长芦志成研究员，国防科技工业 1312 二级计量站常务副站长梁法国研究员，国防科技工业 1313 二级计量站常务副站长张积运研究员，国防科技工业 1511 二级计量站宗亚娟研究员，国防科技工业 3214 二级计量站张娟主任，山东省计量科学研究院鲁新光研究员，浙江方圆检测集团副总经理陆品研究员，甘肃省计量科学研究院鲁光军研究员以及国防计量专家组的相关专家同仁！他们提供了宝贵的资料，百忙中审阅了此书的相关内容并提出了许多宝贵的修改意见。感谢中国兵器工业标准化研究所靳京民总工程师，中国船舶重工集团有限公司第七二六研究所所长马晓民研究员，中国船舶重工集团有限公司第七一五研究所所长周利生研究员、书记饶起研究员、副所长杜栓平研究员、副所长夏铁坚研究员、程千流研究员，国防科技工业水声一级计量站赵涵研究员、费腾高工、方玲高工以及顾昌灵、焦海波等同事的全力支持！没有大家的付出，就没有本书的出版。在此对大家深表谢意！本书编写过程参阅了《计量技术基础》等 45 部著作和论文，在此谨向相关文献作者表示衷心的感谢！

由于计量学的不断研究发展和作者水平所限，加之本书涵盖的内容较广，难免存在错误和不足，恳请广大读者提出批评和建议。

特别说明：

随着国家和国际相关标准和要求的变化，以及为适应最新的计量工作需要，国家、国防和军队相关业务主管部门会适时修订相关文件，烦请读者在引用或使用本书所述内容时，请确保使用本书所引用文件的最新有效版本。

目 录

前 言

第一章 计量学概论 …… 1

第一节 量和单位 …… 1

一、量和量值 …… 1

二、量制、量纲和量纲为一的量 …… 3

三、计量（测量）单位和单位制 …… 4

第二节 测量 …… 8

一、测量概述 …… 8

二、测量的作用 …… 10

第三节 计量 …… 11

一、计量概述 …… 11

二、计量的特点 …… 13

三、计量的分类 …… 14

第四节 计量学 …… 15

一、计量学概述 …… 15

二、计量学的范围 …… 16

三、计量学的新领域 …… 18

四、计量的作用与意义 …… 19

第二章 计量法律、法规和计量技术法规及国际计量技术文件 …… 20

第一节 计量法律、法规及计量监督管理 …… 20

一、计量立法的宗旨和调整范围 …… 20

二、我国计量法律、法规体系的组成 …… 21

三、计量监督管理的体制 …… 22

四、法定计量检定机构的监督管理 …… 24

五、计量基准、计量标准的建立和法制管理 …… 25

六、计量检定的法制管理 …… 26

七、计量器具产品的法制管理 …… 28

八、商品量的计量监督管理和检验 …… 29

九、检验检测机构资质认定 …… 29

第二节 计量技术法规 …… 30

一、计量技术法规的范围及其分类 …… 30

二、计量检定规程、国家计量检定系统表、计量技术规范的应用 …… 32

第三节 国际计量组织及计量技术文件 …… 33

一、国际计量组织机构简介 …… 33

二、OIML 国际建议和国际文件 …… 36

三、OIML 证书制度 …… 38

四、互认协议（MRA） …… 39

第三章 数据处理与统计分析 …… 41

第一节 测量误差 …… 41

一、测量误差的基本概念 …… 41

二、系统误差 …… 43

三、随机误差 …… 45

四、测量误差的传递 …… 48

第二节 概率统计 …… 50

一、随机事件和概率 …… 50

二、随机变量及其数字特征量 …… 52

三、样本和统计量 …… 58

四、测量统计实例 …… 60

第三节 数据处理方法 …… 64

一、异常值的判定和剔除 …… 65

二、数字位数与数据修约规则 …… 68

三、权与加权数据处理 …… 71

第四章 测量不确定度评定 …… 74

第一节 测量不确定度概述 …… 74

一、测量不确定度的概念 …… 74

二、测量不确定度与测量误差 …… 79

第二节 标准不确定度的评定 …… 80

一、标准不确定度的 A 类评定 …… 81

二、标准不确定度的 B 类评定 …… 84

三、两类评定的可靠性 …… 86

第三节 标准不确定度的合成 …… 88

一、合成标准不确定度 …… 88

二、间接测量问题的合成标准不确定度 …… 90

第四节 扩展不确定度 …… 92

一、扩展不确定度的评定 …… 92

二、测量结果的表示方式 …………………… 97
第五节 测量不确定度在计量中的应用…… 101
一、在工件精密检测中的应用……………… 101
二、在计量校准中的应用…………………… 101
三、在合格评定中的应用…………………… 103
第五章 测量仪器及其特性 …………………… 105
第一节 测量仪器…………………………… 105
一、测量仪器及其作用……………………… 105
二、实物量具、测量系统和测量设备 …… 106
三、测量仪器的分类………………………… 107
四、测量链、测量传感器、检测器和敏感器…………………………………… 109
五、显示器、指示器、测量仪器的标尺和仪器常数…………………………………… 110
六、测量系统的调整和零位调整 ………… 111
第二节 测量仪器的特性…………………… 112
一、测量仪器特性的相关概念……………… 112
二、测量仪器的计量特性………………… 113
三、测量仪器的使用条件………………… 121
第三节 测量仪器的选用与配置…………… 122
一、测量仪器的选配原则………………… 122
二、准确度选择…………………………… 124
三、稳定性选择…………………………… 127
四、其他测量特性指标的选择…………… 127
五、技术、经济特性选择………………… 128
第六章 量值传递 …………………………… 130
第一节 量值传递的基本概念……………… 130
一、量值…………………………………… 130
二、量值传递的定义……………………… 130
三、量值传递的途径……………………… 130
第二节 我国的量值传递体系……………… 131
一、我国的量值传递体系结构…………… 131
二、我国量值传递体系的形式…………… 132
三、我国现行量值传递体系的不足 ……… 133
四、国家计量检定系统表………………… 133
五、计量检定规程………………………… 136
第三节 量值传递的方式…………………… 137
一、实物标准逐级传递的方式…………… 137
二、用计量保证方案进行传递的方式…… 138
三、用发放有证标准物质进行传递的方式…………………………………… 141
四、用发播标准信号进行量值传递的方式…………………………………… 142
第七章 量值溯源 …………………………… 144
第一节 量值溯源的基本概念……………… 144
一、量值溯源的定义……………………… 144
二、量值溯源的必要性…………………… 145
三、量值溯源的途径和方法 ……………… 145
四、量值溯源与量值传递的主要区别…… 146
第二节 我国的量值溯源体系……………… 147
一、概述…………………………………… 147
二、国家量值传递体系和国家量值溯源体系特性比较………………………… 147
三、溯源等级图…………………………… 147
四、溯源性证明文件……………………… 149
五、比对测试结果的溯源性……………… 149
第三节 量值溯源的实施…………………… 150
一、量值溯源的要求……………………… 150
二、量值溯源的保障……………………… 150
三、量值溯源的实施……………………… 151
第四节 标准物质的溯源性………………… 151
一、标准物质量值溯源的基本方式……… 152
二、我国标准物质的量值溯源及分级体系…………………………………… 152
三、标准物质定值结果的溯源性………… 153
第五节 计量校准…………………………… 153
一、校准的基本概念……………………… 153
二、校准与检定的比较…………………… 154
第六节 计量确认…………………………… 156
一、概述…………………………………… 156
二、计量确认的过程……………………… 158
三、计量确认的内容……………………… 160
四、计量确认中的常见问题……………… 172
第八章 型式评价 …………………………… 174
第一节 型式评价的目的和范围…………… 174
一、型式评价的目的和要求……………… 174
二、型式评价的范围和实施机构………… 174
第二节 型式评价的程序和要求…………… 175
一、型式评价的程序……………………… 175
二、型式评价的要求……………………… 176
第三节 型式评价的实施流程和结果判定…………………………………… 179
一、型式评价的实施流程………………… 179
二、型式评价的结果判定………………… 180
三、型式批准标志和编号的使用………… 180
四、试验样机的处理……………………… 180

五、技术资料的处理 …… 181

第九章 计量授权 …… 182

第一节 计量授权的原则和作用 …… 182

第二节 计量授权的形式 …… 182

一、授权专业性或区域性的计量技术机构作为法定计量检定机构 …… 182

二、授权建立社会公用计量标准 …… 182

三、授权有关单位对其内部使用的强制检定的计量器具执行强制检定 …… 183

四、授权有关计量技术机构承担法律规定的其他考核、检定、测试任务 …… 183

第三节 我国计量授权工作概况 …… 183

一、授权建立了国家专业计量站 …… 183

二、授权建立了地方法定计量检定机构 …… 183

三、授权有关部门或单位建立了国家计量基准 …… 184

四、授权有关部门或单位建立了社会公用计量标准 …… 184

五、开展其他授权工作 …… 184

第四节 计量授权的办理程序 …… 184

一、计量授权的申请 …… 185

二、计量授权的受理与考核 …… 186

三、计量授权后的管理与监督 …… 186

第十章 计量比对 …… 188

第一节 比对的定义与作用 …… 188

一、比对的定义 …… 188

二、比对的作用 …… 189

第二节 比对的组织与条件 …… 190

一、比对的组织 …… 190

二、比对的条件 …… 191

第三节 比对的类型与方式 …… 191

一、比对的类型 …… 191

二、比对的方式 …… 193

第四节 比对技术方案的制定 …… 194

一、比对的实施程序 …… 194

二、比对实施方案的制定 …… 194

三、对传递标准的要求 …… 196

四、参考值及数据处理方法 …… 197

第五节 比对结果的评价和判别 …… 199

一、E_n值计算评价 …… 199

二、CD值计算评价 …… 201

三、Z_Δ值计算评价 …… 201

四、Z比分数计算评价 …… 202

五、其他方法计算评价 …… 202

第六节 比对总结报告及相关事项 …… 202

一、收集及查验数据 …… 202

二、数据处理 …… 203

三、比对总结报告的内容 …… 203

四、比对总结会 …… 204

五、比对结果举例 …… 204

第十一章 期间核查 …… 206

第一节 期间核查概述 …… 206

一、期间核查的概念及目的 …… 206

二、相关国际标准、校准规范对期间核查的要求 …… 207

三、期间核查与检定或校准的区别 …… 208

四、计量标准稳定性考核与期间核查的区别 …… 209

第二节 期间核查的对象与核查标准的选择 …… 210

一、期间核查的对象选择 …… 210

二、期间核查标准的选择 …… 211

三、期间核查的种类 …… 212

第三节 期间核查方法及其判定原则 …… 213

一、自校准法 …… 213

二、多台（套）比对法 …… 213

三、核查标准法 …… 214

四、临界值评定法 …… 214

五、允差法 …… 214

六、常规控制图法 …… 214

七、计量标准可靠性核查法 …… 215

八、休哈特（Shewhart）控制图 …… 215

第四节 期间核查的参数量程选择及频次控制 …… 216

一、期间核查仪器、设备参数和量程的选择 …… 216

二、期间核查的频次控制 …… 216

第五节 期间核查的组织实施与结果处理 …… 217

一、期间核查组织实施的总体要求 …… 217

二、期间核查作业指导书 …… 218

三、期间核查的记录 …… 218

四、期间核查结果的处理 …… 218

第六节 现场评审与考核中的尺度把握 …… 219

一、期间核查与确保结果有效性要素的

关系 …………………………………………… 219
二、对期间核查相关文件、记录的
评审 …………………………………………… 220
三、期间核查结果的应用 ………………… 221
第十二章 计量测试系统防干扰技术 … 222
第一节 电磁干扰和干扰源 ……………… 222
一、电磁环境 ………………………………… 222
二、电磁干扰 ………………………………… 222
三、电磁兼容 ………………………………… 223
四、电磁干扰源 ……………………………… 223
五、电磁干扰的传输途径 ………………… 224
第二节 接地和屏蔽 ……………………… 226
一、接地的目的和类型 …………………… 226
二、电子设备接地技术 …………………… 227
三、接地电阻的计算与测量 ……………… 227
四、屏蔽 ………………………………………… 230
第三节 电子测量仪器的保护 …………… 232
一、电子测量仪器的分类 ………………… 232
二、仪器的保护技术 ……………………… 233
第四节 实验室电源种类及使用 ………… 235
一、单相二线电源的使用 ………………… 235
二、单相三线电源的使用 ………………… 236
三、电网干扰的预防与处理 ……………… 237
第五节 电压测量中的干扰及抑制 ……… 240
一、电压测量技术的发展与分类 ………… 240
二、电压测量的方法 ……………………… 241
三、电压测量中的干扰及其抑制技术 …… 243
第十三章 计量标准的建立、考核及
使用 ……………………………… 249
第一节 计量基准与计量标准 …………… 249
一、计量基准 ………………………………… 249
二、计量标准 ………………………………… 251
三、标准物质 ………………………………… 253
四、计量基准、计量标准的发展趋势 …… 254
第二节 计量标准的建立 ………………… 255
一、建立计量标准的依据和条件 ………… 255
二、建立计量标准的准备工作 …………… 256
三、计量标准命名与分类编码 …………… 257
第三节 计量标准的考核要求 …………… 258
一、计量标准器及配套设备 ……………… 259
二、计量标准的主要计量特性 …………… 262
三、环境条件及设施 ……………………… 264
四、人员 ………………………………………… 265
五、文件集 …………………………………… 266
六、计量标准测量能力的确认 …………… 271
第四节 计量标准考核的程序 …………… 272
一、计量标准考核的申请 ………………… 272
二、计量标准考核的受理 ………………… 277
三、计量标准考核的组织与实施 ………… 278
四、计量标准考核的审批 ………………… 280
第五节 计量标准的考评 ………………… 281
一、计量标准的考评方式、内容和
要求 …………………………………………… 281
二、书面审查 ………………………………… 282
三、现场考评 ………………………………… 284
四、整改要求 ………………………………… 288
五、考评结果的处理 ……………………… 289
第六节 计量标准考核中的技术问题 …… 290
一、检定或校准结果的重复性 …………… 290
二、计量标准的稳定性 …………………… 292
三、计量标准考核中与不确定度有关的
问题 …………………………………………… 300
四、检定或校准结果的验证 ……………… 307
五、现场实验结果的评价 ………………… 308
六、计量标准的量值溯源和传递框图 …… 308
第七节 国防军工计量标准器具考核
要求 ……………………………………… 310
一、计量标准器具考核的要求 …………… 310
二、计量标准器具的变更 ………………… 312
三、计量标准器具运行的监督 …………… 313
四、国防军工计量标准器具技术报告
编写要求 ……………………………………… 313
第八节 军事计量测量标准建标要求 …… 318
一、术语和定义 ……………………………… 318
二、总要求 …………………………………… 319
三、测量标准的建立 ……………………… 319
四、测量标准的保持 ……………………… 326
五、测量标准的变更 ……………………… 328
第十四章 计量技术机构的考核与
管理 ……………………………… 329
第一节 计量检定机构概述 ……………… 329
一、计量检定机构的概念 ………………… 329
二、法定计量检定机构 …………………… 329
三、专业计量检定机构 …………………… 330
四、一般计量检定机构 …………………… 330

第二节　计量检定机构的建立和管理 ……… 330
一、计量检定机构的建立 ……… 330
二、计量检定机构的管理 ……… 331
三、监督管理的内容与措施 ……… 331
第三节　法定计量检定机构考核 ……… 332
一、考核工作概述 ……… 332
二、考核申请 ……… 333
三、考核准备 ……… 335
四、现场考核 ……… 339
五、考核报告 ……… 351
第四节　国防计量技术机构行政许可 ……… 354
一、申请与受理 ……… 354
二、管理办法 ……… 356
三、评分标准 ……… 356
四、评审流程 ……… 363
五、评审工作准备 ……… 364
六、评审要点 ……… 369
七、典型问题 ……… 383
第五节　武器装备科研生产单位计量监督检查 ……… 385
一、工作程序 ……… 385
二、检查内容与评价标准 ……… 387
三、评审重要关注点 ……… 395
四、专用测试设备计量综合管理的问题与对策 ……… 401
五、计量监督检查中的典型问题 ……… 412
第十五章　计量检定规程和校准规范的编写与使用 ……… 420
第一节　计量检定规程和计量校准规范概述 ……… 420
第二节　计量检定规程的编写 ……… 421
一、计量检定规程编写的一般原则和表述要求 ……… 421
二、计量检定规程的主要内容 ……… 422
三、计量检定规程的制定、修订 ……… 426
四、确定检定周期的原则和方法 ……… 428
第三节　国家计量校准规范编写 ……… 428
一、计量校准规范编写的一般原则和表述要求 ……… 428
二、计量校准规范的主要内容 ……… 429
三、计量校准规范的制定、修订 ……… 432
第四节　计量检定规程、校准规范的使用 ……… 433
一、正确选择计量检定规程和校准规范 ……… 433
二、正确执行计量检定规程和校准规范 ……… 433
第五节　国际标准的制定和修订工作 ……… 435
一、国际标准概述 ……… 435
二、国际标准分类编号及含义 ……… 435
三、国际标准的分类 ……… 435
四、制定国际标准遵循的原则 ……… 436
五、ISO/IEC 国际标准技术工作程序 ……… 436
六、国际标准的制定和修订工作的阶段划分 ……… 437
第十六章　计量科学研究 ……… 439
第一节　计量科学研究概述 ……… 439
一、计量科学研究的内容 ……… 439
二、我国计量科学研究的现状和趋势 ……… 440
第二节　计量科学研究方法 ……… 442
一、计量科学研究的特点 ……… 442
二、计量科学研究选题的方法 ……… 442
三、自然科学研究方法在计量科学研究中的应用 ……… 443
四、具有计量特色的研究方法 ……… 445
第三节　计量科学研究的程序 ……… 446
一、调研选题 ……… 446
二、申请立项 ……… 448
三、研究实施 ……… 450
四、鉴定验收 ……… 451
五、成果登记 ……… 455
第四节　我国重要科技计划简介 ……… 456
一、国家 863 计划 ……… 456
二、国家科技支撑计划 ……… 456
三、国家科技基础条件平台建设 ……… 456
四、科技基础性工作专项 ……… 457
五、公益性行业科研专项 ……… 457
第五节　国防科技工业科研项目申报与管理 ……… 458
一、科研项目概述 ……… 458
二、科研项目规划与指南 ……… 459
三、科研项目论证和审批 ……… 459
四、科研项目年度计划 ……… 460
五、科研项目组织实施 ……… 461
六、科研项目验收 ……… 462
七、成果鉴定 ……… 465

第六节　国防科技工业科研项目相关技术文件与填报要求 ························ 468
一、《国防科技工业技术基础科研项目建议书》申报注意事项及编写要求 ························ 468
二、《国防科技工业技术基础科研项目建议书》格式 ························ 475
三、《国防科技工业技术基础科研项目建议书》形式审查内容及要求 ········ 480
四、《国防科技工业技术基础科研项目任务书》格式及编写要求 ············ 482
五、《国防科技工业技术基础科研项目验收报告》格式及编写要求 ········· 486
六、国防军工计量科研项目检查要点 ······ 489
参考文献 ························ 493

第一章

计量学概论

第一节　量 和 单 位

一、量和量值

（一）量

1. 量的概念

自然界的任何现象、物体或物质都以一定的形态存在，并分别具有一定的特性，这些特性通常是通过量来表征的。

量（quantity）是指现象、物体或物质的特性，其大小可用一个数和一个参照对象表示。例如：物体有冷热的特性，温度是一个量，它表示了物体冷热的程度。经测量得到某一杯水的温度为 30 ℃，这个特定量的大小表示了水温的高低，它是由数字“30”及一个参照对象“摄氏度”表示的。

在表示量的大小时，参照对象可以是一个计量单位、测量程序、标准物质或其组合。

量可指一般概念的量和特定量，见表 1-1。

表 1-1　一般概念的量与特定量的区别及量的名称和符号

一般概念的量		特定量
长度，l	半径，r	圆 A 的半径，r_A 或 $r(A)$
	波长，λ	钠的 D 谱线的波长，λ 或 $\lambda(D;Na)$
能量，E	动能，T	给定系统中的质点 i 的动能，T_i
	热量，Q	水样品 i 的蒸汽的热量，Q_i
电荷，Q		质子电荷，e
电阻，R		给定电路中电阻器 i 的电阻，R_i
实体 B 的物质的量浓度，c_B		酒样品 i 中酒精的物质的量浓度，$c_i(C_2H_5OH)$
实体 B 的数目浓度，C_B		血样品 i 中红细胞的数目浓度，$C(E_{rys};B_i)$
洛氏 C 标尺硬度（150kg 负荷下），HRC(150kg)		钢样品 i 的洛氏 C 标尺硬度，HRC(150kg)

由约定测量程序定义的、与同类的其他量可按大小排序的量称为序量（ordinal quantity）。例如：洛氏 C 标尺硬度、石油燃料辛烷值、里氏标尺地震强度。序量只能写入经验关系式，它不具有计量单位或量纲。序量之间无代数运算关系，序量的差值或比值没有物理意义。序量按序量值标尺排序。

这里定义的量是指标量。然而对于各分量是标量的向量或矢量，也可认为是量。“量”一般可分为物理量、化学量和生物量，或分为基本量和导出量。

在计量学中把可直接相互进行比较的量称为同种量，如宽度、厚度、周长、波长为同种量，这些量的种类属于长度量。若干同种量组合在一起称为同类量，如功、热量、能量。

2. 量的符号

量的符号应执行国家标准《量和单位》的现行有效版本，通常是用单个拉丁字母或希腊字母表示，如面积的符号为 A，波长的符号为 λ 等。一个给定的符号可以表示不同的量，如符号 Q 既表示电荷也表示热量。量的符号必须用斜体表示，如质量 m，电流 I 等。

在某些情况下，不同量有相同的符号或对同一个量有不同的应用或要表示不同的值时，可采用下标予以区分。如电流与发光强度是两个不同的量，电流用符号 I 表示，发光强度用 I_{v} 表示。量的符号的下标可以是单个或多个字母，也可以是阿拉伯数字、数学符号、元素符号、化学分子式。

下标字体的表示原则为：用物理量的符号及用表示变量、坐标和序号的字母作为下标时，用斜体，其他情况时下标用正体。例如：G_p 的下标 p 是压力量的符号，所以为斜体；F_x 的下标 x 是坐标 x 轴的符号，x_n，y_m 下标 n 和 m 是序号的字母符号，都应为斜体。其他下标如：相对标准不确定度 u_{r} 的下标 r 表示相对，G_{g} 的下标 g 表示气体，标准重力加速度 g_{n} 的下标 n 表示标准，这些下标都应该用正体。另外，当下标是阿拉伯数字、数学符号、元素符号、化学分子式时，也用正体表示。例如：U_{95} 表示包含概率为 0.95 的扩展不确定度，由于下标为数字，所以下标用正体；ρ_{Cu} 表示铜的电阻率，下标 Cu 是铜元素的符号，用正体。当下标用 //、⊥、∞ 等数学符号时，用正体。

3. 基本量和导出量

计量学中的量可分为基本量和导出量。

基本量（base quantity）是指在给定量制中约定选取的一组不能用其他量表示的量。在国际单位制中有长度、质量、时间、电流、热力学温度、物质的量和发光强度 7 个基本量。这些基本量可认为是相互独立的量，因为它们不能表示为其他基本量的幂的乘积。

导出量（derived quantity）是指量制中由基本量定义的量。导出量是通过基本量的相乘或相除得到的量。例如：在以长度和质量为基本量的量制中，质量密度是导出量。又如国际单位制中的速度是导出量，它是由基本量长度除以时间来定义的。此外，如力、压力、能量、电位、电阻、摄氏温度、频率等都属于导出量。

（二）量值

1. 量值的含义

量值（quantity value）全称为量的值，是指用数和参照对象一起表示的量的大小。

量值与量的关系：量是指现象、物体和物质的特性，量值是指量的大小。量值可用一个数和一个参照对象一起表示。表示量值时必须同时说明其所属的特定量。量值的表示形式为：冒号前为特定量的名称，冒号后为该特定量的量值。例如：①给定标尺的长度：6.14 m 或 614 cm。②在给定频率上给定电路组件的阻抗（其中 j 是虚数单元）：(7+3j) Ω。③给定样品的洛氏 C 标尺硬度（150 kg 负荷下）：43.5 HRC（150 kg）。

量值由数和参照对象组成。量值中的参照对象可以有不同类型，可以是计量单位、测量程序、标准物质或其组合。在上述举例中，①、②中参照对象是计量单位，表示的量值是一个数和一个计量单位的乘积。③中参照对象是测量程序。当量纲为一，测量单位为 1 时，量值中通常不表示出参照对象。

量值中的数可以是复数，如上述②中给定电路组件的阻抗的量值为 (7+3j)Ω。一个量值可用多种方式表示，如上述①中标尺的长度可分别用米或厘米为单位表示，表示的参照对象不同则数值会不同，但量值仍然不变。对向量或张量，每个分量有一个量值，例如：作用在给定质点上的力，用笛卡儿坐标分量表示为：$(F_x;\ F_y;\ F_z)=(-31.5;\ 43.2;\ 17.0)$ N。

2. 量值的正确表达

应该正确表达量值，如 18 ℃~20 ℃或（18~20)℃、180 V~240 V 或（180~240)V，但不能表示为 18~20 ℃、180~240 V，因为 18 和 180 是数字，不能与量值等同使用。打印时，在数字与参照对象间应留有空格，例如 35.4 mm 不应该是 35.4mm。

二、量制、量纲和量纲为一的量

（一）量制

在科学技术领域中，有许多种量，有不同的量制。量制（system of quantities）是指彼此间由非矛盾方程联系起来的一组量，量制是在科学领域中约定选取的基本量和与之存在确定关系的导出量的特定组合。通常以基本量符号的组合作为特定量制的缩写名称，例如基本量为长度（l）、质量（m）和时间（t）的力学量制的缩写名称为 l、m、t 量制。与联系各量的方程一起作为国际单位制基础的量制称为国际量制（ISQ）。各种序量（如洛氏 C 标尺硬度）通常不认为是量制的一部分，因它仅通过经验关系与其他量相联系。

（二）量纲

量纲（dimension of a quantity）是指给定量与量制中各基本量的一种依从关系，它用与基本量相应的因子的幂的乘积去掉所有数字因子后的部分表示。量纲是一个量的表达式，在实际工作中，任何科技领域中的规律、定律，都可通过各有关量的函数式来描述。通过量纲可以检验量的表达式是否正确，如果一个量的表达式正确，则其等号两边的量纲必然相同，通常称它为“量纲法则”。

因子的幂就是按指数增加的因子。每个因子是一个基本量的量纲。基本量量纲的约定符号是单个大写正体罗马字母。在国际量制（ISQ）中，基本量的量纲符号见表 1-2。

表 1-2 基本量的量纲符号

基本量	长度	质量	时间	电流	热力学温度	物质的量	发光强度
基本量量纲	L	M	T	I	Θ	N	J

导出量量纲的约定符号是由该导出量定义的基本量量纲的幂的乘积表示。量 Q 的量纲表示为 $\dim Q$。例如：在国际量制中，力（量的符号 F）的量纲表示为 $\dim F=\mathrm{LMT^{-2}}$；在同一量制中，$\dim Q_{\mathrm{B}}=\mathrm{ML^{-3}}$是成分 B 的质量浓度的量纲，也是质量密度（体积质量）的量纲。

由此，量 Q 的量纲为 $\dim Q=\mathrm{L}^{\alpha}\mathrm{M}^{\beta}\mathrm{T}^{\gamma}\mathrm{I}^{\delta}\Theta^{\varepsilon}\mathrm{N}^{\xi}\mathrm{J}^{\eta}$，其中的指数 α、β、γ、δ、ε、ξ 和 η 称为量纲指数，可以是正数、负数或零。在导出某量的量纲时不考虑标量、向量或张量特性。

量纲仅表示量的构成，而不表示量的性质。在给定量制中，同类量具有相同的量纲，不同量纲的量通常不是同类量，但具有相同量纲的量不一定是同类量。如在国际量制中，功和力矩具有相同的量纲：$\mathrm{L^2MT^{-2}}$，但它们是完全不同性质的量。

（三）量纲为一的量

量纲为一的量（quantity of dimension one）又称无量纲量（dimensionless quantity），是指在其量纲表达式中与基本量相对应的因子的指数均为零的量。

量纲为一的量的测量单位和值均是数，但是这样的量比一个数表达了更多的信息。某些量纲为一的量是以两个同类量之比定义的，例如：立体角、折射率、质量分数、摩擦系数等。此外，实数是量纲为一的量，例如：线圈的圈数，给定样本的分子数，量子系统能级的衰退。

人们常习惯使用术语“无量纲量”，其实这些量并不是没有量纲，只是因为在这些量的量纲符号表达式中所有指数均为零，而“量纲为一的量”则反映了约定以符号1作为这些量的量纲符号表达式。由于任何指数为零的量皆等于1，所以无量纲量也就是量纲为一的量。

三、计量（测量）单位和单位制

计量单位（measurement unit）又称测量单位，简称单位，是指根据约定定义和采用的标量，任何其他同类量可与其比较使两个量之比用一个数表示。计量单位用约定赋予的名称和符号表示。法定计量单位（legal unit of measurement）是指国家法律、法规规定使用的测量单位，是政府以法令的形式，明确规定在全国范围内采用的计量单位。

《国务院关于在我国统一实行法定计量单位的命令》要求逐步废除非法定计量单位。我国《计量法》明确规定：“国家实行法定计量单位制度。国际单位制计量单位和国家选定的其他计量单位，为国家法定计量单位。国家法定计量单位的名称、符号由国务院公布。因特殊需要采用非法定计量单位的管理办法，由国务院计量行政部门另行制定。”因此国际单位制是我国法定计量单位的主体，国际单位制若有变化，我国法定计量单位也将随之变化。实行法定计量单位，对我国国民经济和文化教育事业的发展、推动科学技术的进步和扩大国际交流都有重要意义。

（一）国际单位制

1. 国际单位制的特点

单位制（system of unit）又称计量单位制，是指对于给定量制的一组基本单位、导出单位、其倍数单位和分数单位及使用这些单位的规则。同一个量制可以有不同的单位制，因基本单位选取的不同，单位制也就不一样。

国际单位制（International System of Units）缩写为SI，是指由国际计量大会（CGPM）批准采用的基于国际量制的单位制，包括单位名称和符号、词头名称和符号及其使用规则。国际单位制（SI）是一贯性原则。由数字因数为1的基本单位幂的乘积来表示的导出计量单位，叫一贯计量单位，而SI的全部导出单位均为一贯计量单位，从而使符合科学规律的量的方程与数值方程相一致。SI是在科技发展中产生的，也将随着科技的发展而不断完善。

2. 国际单位制的构成

国际单位制的构成如下：

国际单位制（SI）
- SI单位
  - SI基本单位（7个）
  - SI导出单位（其中21个具有专门名称）
- SI单位的倍数单位和分数单位（10^{24}~10^{-24}共20个）

（1）SI 基本单位　要建立一种计量单位制，首先要确定基本量，即约定在函数关系上彼此独立的量。SI 选择了长度、质量、时间、电流、热力学温度、物质的量和发光强度 7 个基本量，并给基本量的计量单位规定了严格的定义。SI 基本单位是 SI 的基础，其名称和符号见表 1-3。

表 1-3　国际单位制的基本单位

量 的 名 称	单 位 名 称	单 位 符 号
长度	米	m
质量	千克(公斤)	kg
时间	秒	s
电流	安[培]	A
热力学温度	开[尔文]	K
物质的量	摩[尔]	mol
发光强度	坎[德拉]	cd

注：1. 圆括号中的名称，是它前面的名称的同义词。

2. 无方括号的量的名称与单位名称均为全称，方括号中的字在不致引起混淆、误解的情况下，可以省略，去掉方括号中的字即为其名称的简称。

3. 在日常生活和贸易中，质量习惯称为重量。

1）秒：当铯频率 $\Delta v(\mathrm{Cs})$，也就是铯-133 原子不受干扰的基态超精细跃迁频率，以单位 Hz 即 s^{-1}表示时，将固定数值取为 9192631770 来定义秒。

2）米：当真空中光速 c 以单位 $m \cdot s^{-1}$表示时，将其固定数值取为 299792458 来定义米，其中秒用 $\Delta v(\mathrm{Cs})$ 定义。

3）千克：当普朗克常数 h 以 $J \cdot s$ 即 $kg \cdot m^2 \cdot s^{-1}$ 表示时，将其固定数值取为 $6.62607015 \times 10^{-34}$来定义千克，其中米和秒用 c 和 $\Delta v(\mathrm{Cs})$ 定义。

4）安培：当基本电荷 e 以单位 C 即 $A \cdot s$ 表示时，将其固定数值取为 $1.602176634 \times 10^{-19}$来定义安培，其中秒用 $\Delta v(\mathrm{Cs})$ 定义。

5）开尔文：当波尔兹曼常数 k 以 $J \cdot K^{-1}$即 $kg \cdot m^2 \cdot s^{-2} \cdot K^{-1}$表示时，将其固定数值取为 1.380649×10^{-23}来定义开尔文，其中千克、米和秒分别用 h、c 和 $\Delta v(\mathrm{Cs})$ 定义。

6）摩尔：1mol 精确包含 $6.02214076 \times 10^{23}$个基本单元。该数称为阿佛加德罗数，为以单位 mol^{-1}表示的阿佛加德罗常数 N_A 的固定数值。一个系统的物质的量，符号 n，是该系统包含的特定基本单位数的量度。基本单元可以是原子、分子、离子、电子及其他任意粒子或粒子的特定组合。

7）坎德拉：当频率为 540×10^{12} Hz 的单色辐射的光效能 K_{cd} 以单位 $lm \cdot W^{-1}$ 即 $cd \cdot sr \cdot W^{-1}$或 $cd \cdot sr \cdot kg^{-1} \cdot m^{-2} \cdot s^3$ 表示时，将其固定数值取为 683 来定义坎德拉，其中千克、米和秒用 h、c 和 $\Delta v(\mathrm{Cs})$ 定义。

（2）SI 导出单位　SI 导出单位是一贯制单位，通过数字因数为 1 的量的定义方程式由 SI 基本单位导出，并由 SI 基本单位以代数形式表示的单位。

为了读写和实际应用的方便，以及便于区分某些具有相同量纲和表达式的单位，国际计量大会通过了一些具有专门名称和符号的导出单位。初期仅选用了 19 个，后来增加弧度和球面度 2 个辅助单位，具有专门名称和符号的 SI 导出单位达到了 21 个，见表 1-4。

表 1-4　包括 SI 辅助单位在内的具有专门名称的 SI 导出单位

量的名称	SI 导出单位		
	名称	符号	用 SI 基本单位和 SI 导出单位表示
[平面]角	弧度	rad	$1rad = 1m/m = 1$
立体角	球面度	sr	$1sr = 1m^2/m^2 = 1$
频率	赫[兹]	Hz	$1Hz = 1s^{-1}$
力	牛[顿]	N	$1N = 1kg \cdot m/s^2$
压力,压强,应力	帕[斯卡]	Pa	$1Pa = 1N/m^2$
能[量],功,热量	焦[耳]	J	$1J = 1N \cdot m$
功率,辐[射能]通量	瓦[特]	W	$1W = 1J/s$
电荷[量]	库[仑]	C	$1C = 1A \cdot s$
电压,电动势,电位,(电势)	伏[特]	V	$1V = 1W/A$
电容	法[拉]	F	$1F = 1C/V$
电阻	欧[姆]	Ω	$1\Omega = 1V/A$
电导	西[门子]	S	$1S = 1\Omega^{-1}$
磁通[量]	韦[伯]	Wb	$1Wb = 1V \cdot s$
磁通[量]密度,磁感应强度	特[斯拉]	T	$1T = 1Wb/m^2$
电感	亨[利]	H	$1H = 1Wb/A$
摄氏温度	摄氏度	℃	$1℃ = 1K$
光通量	流[明]	lm	$1lm = 1cd \cdot sr$
[光]照度	勒[克斯]	lx	$1lx = 1lm/m^2$
[放射性]活度	贝可[勒尔]	Bq	$1Bq = 1s^{-1}$
吸收剂量 比授[予]能 比释动能	戈[瑞]	Gy	$1Gy = 1J/kg$
剂量当量	希[沃特]	Sv	$1Sv = 1J/kg$

（3）SI 词头　上述的 SI 单位，在实际应用中往往会感到许多不便。比如用千克来表示原子的 SI 质量则太大，而用千克表示地球的质量则又太小。于是便确定了一系列十进制的词头，以便构成十进倍数与分数单位，从而使单位相应地变大或变小，以满足不同的需要。目前已采用的 SI 词头共有 20 个，见表 1-5。

（4）SI 单位的十进倍数与分数单位　倍数单位（multiple of a unit）是指给定计量单位乘以大于 1 的整数得到的计量单位。分数单位（submultiple of a unit）是指给定计量单位除以大于 1 的整数得到的计量单位。由 SI 词头加在 SI 单位之前构成的单位，称为 SI 单位的倍数单位（十进倍数与分数单位）。唯一的例外就是千克（kg），它是 SI 单位而不是 SI 单位的倍数单位，这是历史原因造成的；而 SI 质量单位的十进倍数与分数单位则是“克”（g）前加 k 以外的词头构成。

表 1-5 用于构成十进倍数和分数单位的 SI 词头

所表示的因数	词头名称	词头符号	所表示的因数	词头名称	词头符号
10^{24}	尧[它]	Y	10^{-1}	分	d
10^{21}	泽[它]	Z	10^{-2}	厘	c
10^{18}	艾[可萨]	E	10^{-3}	毫	m
10^{15}	拍[它]	P	10^{-6}	微	μ
10^{12}	太[拉]	T	10^{-9}	纳[诺]	n
10^{9}	吉[咖]	G	10^{-12}	皮[可]	p
10^{6}	兆	M	10^{-15}	飞[母托]	f
10^{3}	千	k	10^{-18}	阿[托]	a
10^{2}	百	h	10^{-21}	仄[普托]	z
10^{1}	十	da	10^{-24}	幺[科托]	y

注：1. 词头符号一律用正体；10^6及其以上的词头符号用大写体，其余皆用小写体，词头不能无单位单独使用，必须与单位合用。

2. 方括号中的字，在不致引起混淆、误解的情况下，可以省略。去掉方括号中的字，即为其名称的简称。

（二）我国法定计量单位

我国法定计量单位是以国际单位制的单位为基础，结合我国的实际情况，适当选用了一些其他单位构成的。

1. 我国法定计量单位的构成

我国法定计量单位的具体构成如下：①国际单位制的基本单位（表 1-3）；②国际单位制的辅助单位；③国际单位制中具有专门名称的导出单位（表 1-4）；④国家选定的非国际单位制单位（表 1-6）；⑤由以上单位构成的组合形式的单位；⑥由词头（表 1-5）和以上单位所构成的十进倍数和分数单位。

在表 1-6 中所列的可与国际单位制单位并用的我国法定计量单位，大多都是从国际计量委员会考虑到某些国家和领域的实际情况而公布的，可以与国际单位制并用或暂时保留与国际单位制并用的单位制中选取的，具有较好的国际适用性。

表 1-6 可与国际单位制单位并用的我国法定计量单位

量的名称	单位名称	单位符号	与 SI 单位的关系
时间	分	min	1min = 60s
	[小]时	h	1h = 60min = 3600s
	日,(天)	d	1d = 24h = 86400s
[平面]角	度	°	$1° = (\pi/180)$ rad
	[角]分	′	$1' = (1/60)° = (\pi/10800)$ rad
	[角]秒	″	$1'' = (1/60)' = (\pi/648000)$ rad
体积	升	L,(l)	$1L = 1dm^3 = 10^{-3}m^3$
质量	吨 原子质量单位	t u	$1t = 10^3kg$ $1u \approx 1.660540 \times 10^{-27}kg$
旋转速度	转每分	r/mim	$1r/min = (1/60)s^{-1}$

（续）

量的名称	单位名称	单位符号	与SI单位的关系
长度	海里	nmile	1nmile = 1852m（只用于航行）
速度	节	kn	1kn = 1nmile/h = (1852/3600) m/s（只用于航行）
能	电子伏	eV	$1eV \approx 1.602177 \times 10^{-19}J$
级差	分贝	dB	
线密度	特[克斯]	tex	$1tex = 10^{-6}kg/m$
面积	公顷	hm^2	$1hm^2 = 10^4m^2$

注：1. 周、日、年为一般常用时间单位。

2. [ ] 内的字是在不致混淆的情况下，可以省略。

3. ( ) 内的字为前者的同义词。

4. 平面角度单位度、分、秒的符号在组合单位中应采用（°）、（′）、（″）的形式。

5. 升的符号中，小写字母 l 为备用符号。

2. 法定计量单位使用方法

1984 年 6 月原国家计量局发布了《中华人民共和国法定计量单位使用方法》，1993 年原国家技术监督局发布了修订后的国家标准 GB 3100—1993《国际单位制及其应用》、GB 3101—1993《有关量、单位和符号的一般原则》、GB 3102—1993《量和单位》。这些为准确使用我国法定计量单位做出了规定和要求。贯彻执行我国法定计量单位必须注意法定计量单位的名称、单位和词头符号的正确读法和书写，正确使用单位和词头。

第二节　测　量

一、测量概述

测量是人类认识和揭示自然界物质运动的规律、借以定性区别和定量描述周围物质世界，从而达到改造自然和改造世界的一种重要手段。按 JJF 1001—2011《通用计量术语及定义》中的定义，测量（measurement）就是通过实验获得并可合理赋予某量一个或多个量值的过程。测量不适用于标称特性，它意味着量的比较并包括实体的计数。测量的先决条件是对与测量结果预期用途相适应的量的描述、测量程序以及根据规定测量程序（包括测量条件）进行操作的经校准的测量系统。在计量学中，测量既是核心的概念，又是研究的对象。人们有时把测量也称为计量，例如把测量单位称为计量单位，把测量标准称为计量标准等。

随着人类社会和科学技术的高度发展，人类认识自然的能力不断提高，测量对象不再局限于物理量，还可以对化学量、工程量、生物量等进行定性区别和定量确定，测量范围不断扩大，测量不确定度不断提高，还出现了动态测量、在线测量、综合测量以及在严酷环境下的特殊测量，测量的概念更为宽广，其应用的范围及内容更为丰富。

（一）测量过程

测量活动是一个过程。所谓“过程”是指一组将输入转化为输出的相互关联或相互作用的活动。输入是过程的依据和要求（包括资源）；输出是过程的结果，是由有资格的人员通过充分适宜的资源所开展的活动将输入转化为输出；“相互关联”反映过程中各项活动间的互相联系、顺序和接口；“相互作用”反映过程中各环节的相互影响和关系。测量过程是由根据输入的测量要求，经过测量活动，得到并输出测量结果的全部活动。测量过程的三个要素是：①输入：确定被测量及对测量的要求。②测量活动：对所需要的测量进行策划，从测量原理、测量方法到测量程序；配备资源，包括适宜的且具有溯源性的测量设备，选择和确定具有测量能力的人员，控制测量环境，识别测量过程中影响量的影响，实施测量操作。③输出：按输入的要求给出测量结果，出具证书和报告。

“量”作为一个概念，有广义量和特定量之分。广义量是从无数特定同种量中抽象出来的量，如温度、容积、长度等；而特定量是特指的某被测对象的量，只有可测量的特定量才能进行测量。测量时，受测量的物体、现象或状态称为被测件或被测对象。被测量有时指受测量的特定量，如水的温度、容器的容积等。

按测量的目的提出测量要求，包括对被测量的详细要求、对影响量的要求、测量不确定度和测量结果的表达形式的要求等。确定了被测量和测量要求后，选择测量原理、测量方法和测量设备，确定测量人员，制定测量程序和开展测量活动。

（二）测量原理

测量原理（measurement principle）是指用作测量基础的现象。它是指测量所依据的自然科学中的定律、定理和得到充分理论解释的自然效应等科学原理。例如，在力的测量中应用的牛顿第二定律，在电学测量中应用的欧姆定律，在温度测量中应用的热电效应，都属于测量原理。正确地运用测量原理，是保证测量准确可靠的科学基础。实际上，测量结果能否达到预期的目的，主要取决于所应用的原理。如在长度测量中，应用激光干涉方法不仅改善了测量不确定度，而且极大地扩展了测量范围。

（三）测量方法

测量方法（measurement method）是指对测量过程中使用的操作所给出的逻辑性安排的一般性描述。即根据给定测量原理实施测量时，概括说明的一组合乎逻辑的操作顺序，测量方法就是测量原理的实际应用。例如：根据欧姆定律测量电阻时，可采用伏安法、电桥法及补偿法等测量方法，在采用电桥法时，又可分为替代法、微差法及零位法等。由于测量的原理、运算和实际操作方法的不同，通常会有多种多样的测量方法。

（1）直接测量法和间接测量法　这是根据量值取得的不同方式来进行分类的。直接测量法是指不必测量与被测量有函数关系的其他量，测量结果可通过测量直接获得的测量方法。大多数情况下采用直接测量法，测得结果是由测量仪器的示值直接给出。间接测量法是指通过测量与被测量有函数关系的其他量，从而得到被测量值的一种测量方法。

（2）基本测量法和定义测量法　通过对一些有关基本量的测量，以确定被测量值的测量方法称为基本测量法，也叫绝对测量法。根据量的单位定义来确定该量的测量方法称为定义测量法，这是按计量单位定义复现其量值的一类方法，这种方法既适用于基本单位也适用于导出单位。

（3）直接比较测量法和替代测量法　将被测量的量值直接与已知其值的同一种量相比较的测量方法称为直接比较测量法。如标准量块的长度测量，在等臂天平上测量砝码等。这种方法有两个特点，一是必须是同一种量才能比较；二是要用比较式测量仪器。采用这种方法，许多误差分量由于与标准的同方向增减而相互抵消，从而获得较高的测量不确定度。将选定的且已知其值的同种量替代被测量，使在指示装置上得到相同效应以确定被测量值的一种测量方法称为替代测量法。

(4) 微差测量法和符合测量法　将被测量与同它只有微小差别的已知同种量相比较，通过测量这两个量值间的差值以确定被测量值的一种测量方法称为微差测量法。用观察某些标记或信号相符合的方法，来测量出被测量值与作为比较标准用的同一种已知量值之间微小差值的一种测量方法称为符合测量法。

(5) 补偿测量法和零值测量法　补偿测量法是指将测量过程作特定安排，使一次测量中包含有正向误差，而在另一次测量中包含有负向误差，这样测量结果中大部分误差能互相补偿而消去。调整已知其值的一个或几个与被测量有已知平衡关系的量，通过平衡原理确定被测量值的一种测量方法称为零值测量法，也称为平衡测量法，例如，用电桥测量电阻就是采用这种方法。

当然，按测量的特点和方式，测量又可分为接触测量和非接触测量、动态测量和静态测量、模拟测量和数字测量、手动测量和自动测量等。

(四) 测量程序

测量程序（measurement procedure）是指根据一种或多种测量原理及给定的测量方法，在测量模型和获得测量结果所需计算的基础上，对测量所做的详细描述。测量程序是根据给定的方法实施对某特定量的测量时，所规定的具体、详细的操作步骤；通常记录在文件中，并且足够详细。相当于通常所说的操作方法、操作规范、操作规程、作业指导书等文件，测量程序应确保测量的顺利进行。测量程序也被称为测量方法，但两者实际是有区别的。

测量原理、测量方法、测量程序是实施测量时的三个重要因素。测量原理是实施测量过程中的科学基础，测量方法是测量原理的实际应用，而测量程序是测量方法的具体化。

(五) 测量资源的配置和测量影响量的控制

测量资源包括测量人员、测量所需的测量仪器及其配套设备、测量所需的环境条件及设施、测量方法的规范、规程或标准以及有关文件。为了获得准确可靠的测量、减少测量误差、减小测量不确定度，必须科学评估影响量对测量结果的影响，对测量中明显影响测量结果的环境条件及其他各种因素，要采取控制措施。

(六) 测量结果

测量结果是测量过程的输出，是经过测量所得到的被测量的值，完整的测量结果应当包括有关测量不确定度信息，必要时还应说明有关影响量的取值范围。

把测量活动作为测量过程来看待，有利于理解测量中的各项要素，识别测量要求，明确测量的资源、流程、接口、关系及相互作用，也有利于实施对测量活动的管理和监控。

二、测量的作用

测量是人们认识世界、改造客观世界的重要手段。测量是科学技术的基础，正如著名科学家门捷列夫所说：“没有测量，就没有科学。”科学从测量开始，每一种物质和现象，只有通过测量才能真正认识。测量与国民经济、社会发展和人民生活有着十分密切的关系，测量是工业生产的重要手段，测量是掌握资源财富数量的关键途径，测量是维护国内和国际社会经济秩序的重要保证，因此测量具有十分重要的地位与作用。

第三节 计 量

一、计量概述

单位的统一是测量统一的基础，测量统一则反映在量值准确、可靠和一致上。按 JJF 1001—2011《通用计量术语及定义》中的定义，计量（metrology）是指实现单位统一、量值准确可靠的活动。该定义明确了计量的目的及其基本任务是实现单位统一和量值准确可靠，其内容是为实现这一目的所进行的各项活动，这一活动具有十分的广泛性，它涉及工农业生产、科学技术、法律法规、行政管理等，通过计量所获得的测量结果是人类活动中最重要的信息源之一。计量的最终目的就是为国民经济和科学技术的发展服务。

（一）计量起源与发展

计量的历史源远流长，计量的发展与社会进步联系紧密，它是人类文明的重要组成部分。计量的发展大体经历了古代计量、近代计量和现代计量三大阶段。

1. 古代计量

计量是历代王朝行使权力的象征。早在数千年前，出于生产、贸易和征收赋税等方面的需要，古埃及、巴比伦、印度和中国等均已开始进行长度、面积、容积和质量的计量。计量在我国历史上称为“度量衡”。史籍记载，约公元前 21 世纪，黄帝就设置了“衡、量、度、亩、数”五量。周朝（约公元前 1037 年）有度量衡法制具体记载。公元前 221 年，秦始皇颁发诏书，以最高法令形式将度量衡法制推行于天下，监制了许多度量衡标准器，并推行定期的检定制度。

西汉的漏刻计时仪器，王莽的新莽铜嘉量、新莽九年游标卡尺以及汉代用“黄钟律管”复现量值以声波作为“长度自然基准”等，都在中国古代计量史上写下了光辉的一页。我国古代计量的发展，为人类进步做出了突出的贡献，全面展示了中华民族的智慧和文化。

2. 近代计量

1875 年“米制公约”的签订标志着近代计量的开始。随着近代物理学的发展，近代计量逐步引入了“物理量”的概念，使计量研究应用的对象得到了技术拓展。计量逐步摆脱了利用人体、自然物体作为“计量基准”的原始状态，进入以科学技术为基础的发展时期。由于科技水平的限制，该阶段的计量基准大都是经典理论指导下的宏观实物基准。例如，根据地球子午线长度的四千万分之一长度，用铂铱合金制成长度米基准原器等。该类实物计量基准（即国际计量标准），随着时间的推移，会由于腐蚀、磨损或自然现象的变化致使量值发生微小变化，由于复现技术的限制，准确度也难以提高。

20 世纪 50 年代我国进入了工业化奠基的时期，1955 年国务院设立了国家计量局，开始推行米制、制定计量条例法规及组织计量器具检定；1957 年开展国家检定的计量专业发展到长度、温度、力学、电学计量等九大类，初步形成了我国近代计量科学体系的雏形。

3. 现代计量

现代计量的标志是 1960 年国际计量大会决议通过并建立的适用于各个科学技术领域的计量单位制，即国际单位制。它将从以经典理论为基础的宏观实物基准，转为以量子物理和基本物理常数为基础的微观自然基准。现代计量以当今科学技术的最高水平，使基本单位计量基准建立在微观自然现象或物理效应的基础上，并建立科学、简便、有效的溯源体系，实现国际上测量的统一。基本物理常数是指自然界的一些普遍适用的常数，它们不随时间、地点或环境条件的变化而变化。基本物理常数的引入和发展在定义计量基本单位和导出单位方面起到了关键的作用。例如：1967 年第十三届国际计量大会决议，以铯-133 原子基态的两个超精细能级间跃迁相对应的辐射的 9 192 631 770 个周期的持续时间为 1 s，使秒的复现不确定度达 $10^{-14}\sim10^{-15}$量级等。定义中采用一些有关的基本物理常数，这大幅度减小计量基准复现的不确定度，满足了科学研究、国民经济、生产和社会发展的需要。

我国现代计量的发展经历了多次飞跃。在 20 世纪 60 年代到 80 年代，我国计量科研进入了一个高速发展的时期，相继建立了包括一些自然基准在内的 100 余项计量基准，为我国现代计量事业的发展奠定了基础。20 世纪 70 年代我国加入《米制公约》，形成了国际计量交流与合作的新局面。1985 年颁布了《中华人民共和国计量法》，使计量全面介入商贸、安全、健康、环保等涉及国计民生的重要领域，逐步建立我国的法制计量体系，使计量全面进入现代社会领域并展现了其公正、公平和权威的形象。

进入 21 世纪后，我国现代计量在以量子物理为依托的国际计量前沿热点和关键问题基础研究取得进一步发展，量子质量基准、光钟、基本常数测量研究等取得丰硕的成果。进一步完善国家计量法规，开拓法制计量的新领域；完善计量保障机构，逐步建立我国现代法制计量体系。积极开展签署国际计量互认协议、参加国际比对与同行评审、开展国际计量交流与合作，我国的计量基准和计量校准测试能力得到了国际上的普遍承认，使我国的计量水平跻身国际先进行列。

(二) 国防科技工业计量

国防科技工业计量从 20 世纪 50 年代建立至今，已经走过近 70 年的发展历程。随着国家管理体制的变化，国防科技工业计量经历了国防工业计量、国防科技计量、国防计量和国防军工计量四个重要发展时期。

1. 国防工业计量与国防科技计量时期

20 世纪 50 年代初，在抗美援朝战争中，志愿军使用的无后坐力炮发生膛炸和近炸的严重事故，面对血的教训让国防工业部门认识到计量的重要性并决定创建国防工业计量。1952 年建立了第一个专门从事枪炮口径量规和枪弹、炮弹尺寸样板研究、制造与测量工作的计量机构，国防科技工业计量由此诞生。1955 年 10 月，在党中央决定加强航天和核技术武器装备等国防尖端技术研究的大背景下，国防科技计量（国防尖端技术计量）应运而生，并被列入国防尖端技术“开门七件事”之一。

综观 20 世纪 60 年代，国防工业计量和国防科技计量初步构建了以计量协作组和区域计量站为组织形式的国防量传体系。20 世纪 70 年代后期通过“五查整顿”等措施，国防工业计量和国防科技计量整体重新走上正轨，并于 1982 年国防工业计量和国防科技计量进入了统一监督管理的新的历史时期。

2. 国防计量时期

1982 年，中央决定由国防科学技术委员会、国务院国防工业办公室、军委科技装备委员会办公室合并成立由国务院和中央军委双重领导的国防科学技术工业委员会。统一管理国防尖端技术计量、国防工业计量和军队计量，并统一称为国防计量时期。

1983 年 11 月在京召开了第一次国防计量工作会议，军委副主席聂荣臻元帅提出了著名的“科技要发展，计量须先行”的科学论断。1984 年国防科工委经国务院、中央军委批准发布了《国防计量工作管理条例》和《国防计量工作发展规划纲要》，明确了国防计量的地位和作用，强调了国防军工计量坚持“四个面向”的指导思想和“四个结合”的工作方针。

1990 年 4 月依据《中华人民共和国计量法》第三十三条的规定，经国务院、中央军委批准发布了《国防计量监督管理条例》（第 54 号令），国防计量法制建设迈出了重要一步，正式确立了三级的计量技术机构工作体系。同时，在国防科工委的组织领导下，先后制定了《国防计量技术机构管理办法》等 8 个配套规章，国防计量法规体系初步形成，国防计量走上了技术管理、行政管理与法制管理相结合的新阶段。

3. 国防军工计量时期

1998 年国务院机构改革后，国防科技工业计量进入国防军工计量时期。2000 年 2 月，国防科工委发布了《国防科技工业计量监督管理暂行规定》（4 号令）。4 号令是 54 号令的继承和发展，是开展国防军工计量工作的基本依据。

2001 年 6 月国防科工委发布《国防科工委关于加强国防科技工业技术基础工作的若干意见》（简称“三十六条”）。2006 年至 2007 年，国防科工委按照《国防计量技术机构设置方案》许可了 17 家国防一级计量技术机构和 49 家国防二级计量技术机构。

2008 年国务院成立“工业和信息化部”，国防军工计量工作由新组建的“国家国防科技工业局”主管。

经过几代人的共同努力，国防科技工业计量坚持创新驱动，坚持军民融合、聚焦难点、突出重点、依法行政、加强监管，已成为国防科技工业建设必不可少的技术基础，是军工核心能力的重要组成部分，也是国防科技自主创新的重要力量。国防军工计量为国防科技工业发展和国民经济建设做出了重要贡献。

（三）军事计量

在现行装备管理体制确立之前，军事计量和国防军工计量通称为国防计量，指在武器装备和军工产品的研制、试验、生产、使用全过程中保障计量单位统一和量值准确一致的全部理论和实践。新的装备管理体制确立后，正式冠以“军事计量”这样一个特定的称谓。军事计量是国防计量工作的一个重要组成部分，是现代计量学与军事装备相结合，保障军事装备量值准确统一的一门学科。它以科学技术为依托、法律法规为保证，通过建立完善的计量保障体系，在武器装备及检测设备的计量检定、校准或者测试中，实现单位统一、量值准确可靠，确保武器装备的完好率和良好的战备状态。军事计量技术的发展是以武器装备发展的计量需求和新一代高科技武器装备的技术发展为牵引的，发展需求是一个多方位、有层次、相互关联的立体综合概念。

计量对军事装备特别是尖端技术的重要性尤为突出。在军事装备研制、试验、使用过程中，计量测试具有重要的技术保障作用，不仅可以提供所需数据，保证各部件、分系统和整个系统的可靠性，而且可以缩短研制周期，节约人力、物力和时间，提高作战能力，为指挥员的判断与决策提供重要依据。

二、计量的特点

计量具有以下四个方面的特点。

（一）准确性

准确性是指测量结果与被测量真值的接近程度。它是开展计量活动的基础，只有在准确的基础上才能达到量值的一致。由于实际上不存在完全准确无误的测量，因此在给出测量结果量值的同时，必须给出其测量不确定度（或误差范围）。所谓量值的“准确”，是指在一定的不确定度、误差极限或允许误差范围内的准确。只有测量结果的准确，计量才具有一致性，测量结果才具有使用价值，才能为社会提供计量保证。

（二）一致性

计量的基本任务是保证单位的统一与量值的一致，计量单位统一和单位量值一致是计量一致性的两个方面，单位统一是量值一致的前提。量值一致是指量值在一定不确定度内的一致，是在统一计量单位的基础上，无论在何时、何地，采用何种方法，使用何种测量仪器，以及由何人测量，只要符合有关的要求，其测量结果就应在给定的区间内一致，测量结果是可重复、可再现（复现）、可比较的。通过量值的一致性可证明测量结果的准确可靠。计量的实质是对测量结果及其有效性、可靠性的确认，否则，计量就失去其社会意义。国际计量组织非常关注各国计量的一致性，会采取一些例如开展国际关键比对和辅助比对等措施，验证各国的测量结果在等效区间或协议区间内的一致性。

（三）溯源性

为了实现量值一致，计量强调“溯源性”。溯源性是确保单位统一和量值准确可靠的重要途径。溯源性指任何一个测量结果或计量标准的量值，都能通过一条具有规定不确定度的连续比较链，与计量基准联系起来。这种特性使所有的同种量值，都可以按这条比较链通过校准向测量的源头追溯，即溯源到同一个计量基准（国家基准或国际基准），或通过检定按比较链进行量值传递。

（四）法制性

古今中外，计量都是由政府纳入法制管理，确保计量单位的统一，避免不准确、不诚实的测量带来的危害，以维护国家和消费者的权益，都是通过法制来实现的。计量的社会性本身就要求有一定的法制性来保障，不论是计量单位的统一，还是计量基准的建立，制造、修理、进口、销售和使用计量器具的管理、量值的传递、计量检定的实施等，不仅依赖于科学技术手段，还要有相应的法律、法规，依法实施严格的计量法制监督。特别是对国民经济有明显影响、涉及公众利益和可持续发展或需要特殊信任的领域，必须由政府建立起法制保障。否则，计量的准确性、一致性就不可能实现，计量的作用也难以发挥。

三、计量的分类

计量活动涉及社会的各个方面。国际上有一种观点，按计量的社会功能，把计量大致分为三个组成部分，即法制计量、科学计量、工业计量（又称工程计量），分别代表以政府为主导的计量社会事业、计量的基础和计量应用三个方面。

（一）法制计量

法制计量是计量的一部分，是计量工作的重要方面。计量作为社会事业，政府管理的重点则在制定与实施计量法律法规并依法进行计量监督上，也就是说，法制计量是政府及法定计量检定机构的工作重点。在国民经济、社会生活中，存在着有利害冲突的计量，法制计量的目的是要解决由于不准确、不诚实测量所带来的危害，以维护国家和人民的利益。当前国际社会公认的法制计量领域即为我国《计量法》所规定的贸易结算、安全防护、医疗卫生、环境监测等领域。随着可持续发展的战略提出，各国对资源越来越重视，资源控制也将纳入依法管理的范围。因此法制计量的领域是随经济发展而变化的。

在 JJF 1001—2011《通用计量术语及定义》中指出，法制计量（1egal metrology）是指为满足法定要求，由有资格的机构进行的涉及测量、测量单位、测量仪器、测量方法和测量结果的计量活动，它是计量学的一部分。在这个定义中，主要讲了法制计量所涉及的工作内容及执行方法。法制计量的内容主要包括：计量立法、统一计量单位、测量方法、计量器具和测量结果的控制、法定计量检定机构及测量实验室管理等。法制计量是政府行为，是政府的职责。

（二）科学计量

科学计量是科技和经济发展的基础，也是计量的基础，它是指基础性、探索性、先行性的计量科学研究，通常用最新的科技成果来精确地定义与实现计量单位，并为最新的科技发展提供可靠的测量基础。科学计量是计量技术机构的主要任务，包括计量单位与单位制的研究、计量基准与标准的研制、物理常数与精密测量技术的研究、量值传递和量值溯源系统的研究、量值比对方法与测量不确定度的研究。当然也包括对测量原理、测量方法、测量仪器的研究，以解决有关领域准确测量的问题，开展动态、在线、自动、综合测量技术的研究，开展新的科学领域中量值溯源方法的研究，提高测量人员测量能力的研究，联系生产实际开展与提高工业竞争能力有关的计量测试课题的研究，以及涉及法制计量和计量管理的研究等。科学计量是实现单位统一、量值准确可靠的重要保障。

（三）工业计量

工业计量也称为工程计量。一般是指工业、工程、生产企业中的实用计量。因此计量已成为生产活动中不可缺少的部分，成为企业的重要技术基础。“工业计量”的含义具有广义性，并不是指单纯的工业领域，广义的是指除了科学计量、法制计量以外的其他计量测试活动，它是涉及应用领域的计量测试活动的统称，涉及社会生活的各个领域，在生产和其他各种过程中的应用计量技术均属于工业计量的范畴。工业计量一词是我国对这些计量测试活动的一种习惯用语，涉及建立企业计量检测体系，开展各种计量测试活动，建立校准、测试服务市场，发展仪器仪表产业等方面。工业计量测试能力实际上也是一个国家工业竞争力的重要组成部分，在以高技术为基础的经济构架中显得尤为重要。

第四节 计 量 学

一、计量学概述

从科学的发展来看，计量曾经是物理学的一部分，后来随着领域和内容的扩展，形成了一门研究测量理论和实践的综合性科学，成为一门独立的学科——计量学。按 JJF 1001—2011《通用计量术语及定义》中的定义，计量学（metrology）是测量及其应用的科学，计量学涵盖有关测量的理论与实践的各个方面。计量学研究的对象涉及有关测量的各个方面，如：可测的量；计量单位和单位制；计量基准、标准的建立、复现、保存和使用；测量理论及其测量方法；计量检测技术；测量仪器（计量器具）及其特性；量值传递和量值溯源，包括检定、校准、测试、检验和检测；测量人员及其进行测量的能力；测量结果及其测量不确定度的评定；基本物理常数、标准物质及材料特性的准确测定；计量法制和计量管理，以及有关测量的一切理论和实际问题。

计量学作为一门科学，它同国家法律、法规和行政管理紧密结合的程度是其他学科所无法比拟的。计量学有时简称计量，是科学技术和管理的结合体，它包括计量科技和计量管理两个方面，两者相互依存、相互渗透，即计量管理工作具有较强的技术性，而计量科学技术中又涉及较强的法制性。因此计量科学的研究不仅涉及有关计量科学技术，同时涉及有关法制计量和计量管理的内容。

二、计量学的范围

计量学应用的范围十分广泛，人们从不同角度，对计量学进行过不同的划分。按计量应用的范围，即按社会服务功能划分，通常把计量分为法制计量、科学计量和工业计量。我国目前按专业，把计量分为十大类计量，即几何量计量、热学计量、力学计量、电磁学计量、电子学计量、时间频率计量、电离辐射计量、声学计量、光学计量、化学计量。

（一）几何量计量

几何量计量在习惯上又称长度计量。其基本参量是长度和角度。按项目分类，包括：线纹计量、端度计量、线胀系数、大长度计量、角度计量、表面粗糙度、齿轮、螺纹、面积、体积等计量；也包括形位参数：直线度、平面度、圆度、垂直度、同轴度、平行度、对称度等计量；以及空间坐标计量、纳米计量等。几何量计量的应用十分广泛，绝大部分物理量都是以几何量信息的形式进行定量描述的，在计量单位中占有重要地位。

（二）热学计量

热学计量主要包括温度计量和材料的热物性计量。温度计量按国际实用温标划分可分为高温计量、中温计量和低温计量。热物性是重要的工程参量，热物性计量包括导热系数、热膨胀、热扩散、比热容和热辐射特性等方面。通常在工业自动化生产过程中，温度、压力、流量是三个常用的热工量参数，为了与实际应用相结合，通常把压力、真空和流量放入热学计量部分，而把这一部分称为“热工计量”，但按专业划分，即按“量和单位”分类划分，压力、真空和流量应属于力学量。有时把热物性计量纳入化学计量中，则热学计量简称为温度计量。

（三）力学计量

力学计量作为计量科学的基本分支之一，其内容极为广泛。力学计量涉及的领域包括：质量计量、容量计量、力值计量、压力计量、真空计量、流量计量、密度计量、转速计量、扭矩计量、振动和冲击计量、重力加速度计量等，也包括表征材料力学性能的硬度计量等技术参量。力学计量是计量学中发展最早的分支之一，古代“度量衡”中的“量”和“衡”就是现在所谓的容量计量和质量计量。随着现代工业生产和社会经济的发展，特别是近代物理学和计算技术的发展，力学计量的研究内容和手段在不断地扩充和扩展。

（四）电磁学计量

电磁学计量的内容十分广泛，其分类方法也多种多样。按学科可分为电学计量和磁学计量；按工作频率可分为直流电计量和交流电计量两部分。电磁计量所涉及的专业范围包括：直流和 1 MHz 以下交流的阻抗和电量、精密交直流测量仪器仪表、模数/数模转换技术和交流、直流比例技术、磁学量、磁性材料和磁记录材料、磁测量仪器仪表以及量子计量等。电学计量包括：交直流电压、交直流电流、电能、电阻、电容、电感、电功率等计量。磁学计量包括：磁通、磁矩、磁感应强度等磁学量的计量。电磁计量具有较高的准确度、灵敏度，能够实现连续测量，便于记录和进行数据处理，并可实施远距离测量，人们越来越多地将各种非电量转换为电磁量进行测量。

（五）电子学计量

电子学计量习惯上又称为无线电计量。从电子学计量覆盖的频率范围看，包括超低频、低频、高频、微波计量、毫米波和亚毫米波以及整个无线电频段各种参量的计量。无线电计量需要测量的参数众多，大致可以分为两类：表征信号特征的参量，如电压、电流、功率、电场强度、磁场强度、功率通量密度、频率、波长、波形参数、脉冲参量、失真、调制度（调幅、调频、调相）、频谱参量、噪声等；表征网络特性的参量，如集总参数电路参量（电阻、电导、电抗、电纳、电感、电容）、反射参量（阻抗、电压驻波比、反射系数、回波损失）、传输参量（衰减、相移、增益、时延）以及电磁兼容性等。电子学计量发展迅速，随着电子技术及通信技术的迅猛发展和智能型测量仪器、自动测试仪器的广泛应用，电子学计量在计量工作中发挥了越来越重要的作用。

（六）时间频率计量

时间频率计量所涉及的是时间和频率量，时间是基本量，而频率是导出量。时间计量的内容包括：时刻计量和时间间隔计量。频率计量的主要对象是对各种频率标准（简称频标）、晶体振荡器和频率源的频率准确度、长期稳定度、短期稳定度以及相位噪声的计量，以及对频率计数器的检定或校准。

（七）电离辐射计量

电离辐射计量的主要任务是三个，一是测量放射性本身有多少的量，即测量放射性核素的活动；二是测量辐射和被照介质相互作用的量；三是中子计量。电离辐射计量应建立放射性活度，X、γ射线吸收量，X、γ射线照射量和中子注量等计量基准和标准，开展对标准辐射源、医用辐射源、活度计、X谱仪、γ谱仪、比释动能测量仪、剂量计、照射量计、注量测量仪、电离辐射防护仪等测量仪器的检定和校准。电离辐射计量广泛应用于科学技术研究、核动力、核燃料、工农业生产、生物学、医疗卫生、环境保护、安全防护、资源勘探、军事国防等各个领域和部门。

（八）声学计量

声学计量包括超声、水声、空气声的各项参量的计量，声压、声强、声功率是其主要参量，还包括声阻、声能、传声损失、听力等计量。这些参量的测量和研究是声学计量技术的基础。声学计量包括空气声声压计量、超声声强和声功率计量、水声声压计量、听觉计量和机械噪声声功率及噪声声强计量。声学计量在量值传递、溯源过程中，所检定或校准的对象有传声器、声级计、听力计、超声功率计、水听器、标准噪声源及医用超声源、超声探伤仪、超声测厚仪等。水声计量已成为研究和利用海洋，以及进行探测、导航、通信等的一种强有力的手段，在国防和经济建设中有着广泛的应用。

（九）光学计量

光学计量包括从红外、可见光到紫外的整个光谱波段的各种参量的计量。根据研究对象的不同，光学计量主要包括：辐射度计量（辐射能量、辐射强度、辐射亮度、辐射照度、曝辐射量)、光度计量(发光强度、光亮度、光出射度、光照度、光量、曝光量)、激光辐射度计量(激光辐射量、激光辐射时域参量、激光辐射空域参量)、材料光学参数计量(材料反射特性参数、材料透射特性参数)、色度计量、光纤参数计量、光辐射探测器参数计量等。光学计量还包括:眼科光学计量、成像光学计量、几何光学计量等。

(十) 化学计量

随着测量科学的不断发展,化学已从局限于定性描述一些化学现象逐步发展成为今天的定量描述物质运动的内在联系的一门基础科学,而化学计量则是在不同空间和时间里测量同一量时为保证其量值统一的基本手段。由于物质和化学过程的多样性和复杂性,在大多数化学测量中,物质都要经历某些化学变化,而且产生消耗,所以广泛采用相对测量法进行测量。由于化学过程的这一特点,在化学计量中多采用标准物质来进行量值传递和溯源,以及通过有关部门颁布标准测量方法、标准参考数据,建立量值传递和溯源体系。标准物质的研制在化学计量中十分重要。标准物质按特性分为:化学成分标准物质、物理化学特性标准物质、工程技术特性标准物质。化学计量包括燃烧热、酸碱度、电导率、黏度、湿度、基准试剂纯度等计量,也包括为建立生物技术可溯源的测量体系,开展生物量计量。

三、计量学的新领域

(一) 产业计量

2013 年国务院颁布《计量发展规划 (2013—2020 年)》中明确提出了产业计量的概念:“在高技术产业、战略性新兴产业、现代服务业等经济社会重点领域,研究具有产业特点的量值传递技术和产业关键领域关键参数的测量、测试技术,研究服务产品全寿命周期的计量技术,构建国家产业计量服务体系”。从国家层面看,产业计量工作已经被放在了非常重要的位置。在由先进产业主导的现代经济社会的发展中,产业计量将发挥着不可替代的显著作用,是当前乃至今后很长时期内计量工作的重中之重,是实现创新与突破的重大举措。

产业计量学以关注最终使用测控数据结果的正确性为目的,是以应用计量要素链的形式服务于各产业经济组织活动中的实用(适用)科学。产业计量已不再是仅仅关注测量的科学,更不是只关注计量器具准确性的科学,而是关注最终使用测控数据的正确性的科学。产业计量定义中所讲正确性还有另一层重要含义,也就是强调应用成本的合理性,在量值技术数据应用的设计中要考虑适宜的指标,用以满足市场竞争的效益需求。因此通过在最终使用目标需求下的量值设计、量值测量、量值控制,实现量值应用的正确性是产业计量关注和研究的核心内容。其科学技术内涵主要体现在:强调量值数据、强调量值应用、强调系统设计、要求质效平衡、关注产业需求、把握测量控制、追求量值正确、强调互动参与、要求对现代产业的覆盖性、强调对产业特点的针对性。除了上述主要工作领域外,产业计量还在科学研究、技术发明、产业发展中具有重要的关联性内涵。

(二) 生物计量

生物计量 (biometrology) 以生物测量理论、测量标准(计量标准)与生物测量技术为主体,实现生物物质的测量特性量值在国家和国际范围内的准确一致,保证测量结果最终可溯源到 SI 单位、法定计量单位或国际公认单位。生物技术是利用活的有机体来生产和改良产品的一组技术,包括遗传工程、细胞工程、酶工程和发酵工程。它考虑的是关乎人类健康及在与人类健康息息相关的食品、法医和环境保护领域生物技术的发展中,进行包括核酸测量、蛋白质测量、转基因测量等在内的生物测量科学的研究。

在《计量发展规划（2013—2020）》中明确提出：2013—2020年期间，国家重点发展生物农业、生物医药、生物制造、生物能源等生物产业，“十二五”国家自主创新能力建设规划，战略性新兴产业创新能力建设和公共安全领域提出的食品安全和生物安全（包括转基因生物安全、药品安全及监控、高等级生物安全实验室）建设等，生物产业的发展和国家创新能力建设等为生物计量提供了新的机遇和挑战。生命科学、海洋科学、现代生物产业的发展均对生物计量发展提出了新需求，到2020年生物计量主要面临的挑战有：建立完善各个生物量值的量值溯源传递体系，建立完善各个生物量值的计量基准标准，完善国际关键比对技术与方法、量值传递方法并研制产业和公共安全领域急需生物标准物质等。

（三）医学计量

医学计量是医学领域中实现单位统一和量值准确可靠的活动，是传统专业计量在医学领域中的应用。医学计量属生物医学工程专业的新兴学科，是计量学在医学领域中的延伸与发展，其目的是实现医学领域计量单位的统一和对生命体各种参数测量的准确一致。

随着医疗卫生事业的发展，医学计量需要把计量学知识、技术能力、物质手段和法律保证等结合起来，积极致力于完善医学计量的量值传递体系，着力解决医学影像、临床检验、放射诊断与急救监护等先进医疗仪器的量值溯源问题，将计量管理方式和计量技术手段用于医疗质量控制环节，全力确保医疗设备的准确、可靠、有效、安全，全力保证临床获取准确可靠的诊断和治疗。

（四）能源计量

能源计量是指在能源流程中，对各环节的数量、质量、性能参数、相关的特征参数等进行检测、度量和计算。能源计量器具主要有：压力类、流量类、温度类、重量类、长度类、时间类等；测量对象为一次能源、二次能源和载能工质。根据能源形态的不同而采用不同的计量方法，常用的能源计量方法有：称重法、容积法、瓦秒法、感应式回转表法、流量计量法、分参数计量法等。

能源计量是政府加强节能监测、节能诊断、能源审计、能源统计、能源利用状况分析等能源管理的重要基础，是企业贯彻执行国家节能法规、政策、标准，合理用能，优化能源结构，提高能源利用效率，提高企业经济效益和市场竞争力的重要保证。

四、计量的作用与意义

在人们的广泛社会活动中，每时每刻都在进行着大量的各种不同的测量，科学实验、工农业生产、商品流通、人民生活都离不开测量，而且在测量过程中都在追求测量的准确。没有准确的测量，则对国民经济的各个领域、社会活动的各个方面都将产生影响。计量工作就是为测量的准确提供可靠的保证，确保国家计量单位制度的统一和全国量值的准确可靠，这是国家的重要政策。

计量与科学技术、生产经营、国民经济、全球贸易、环境保护、节能降耗、国防科技、文化体育、人民生活均息息相关。计量是发展国民经济的一项重要技术基础，是确保社会活动正常进行的重要条件，是保护国家安全与利益的重要手段，计量在国民经济和社会生活中具有十分重要的地位和作用。

第二章

计量法律、法规和计量技术法规及国际计量技术文件

第一节　计量法律、法规及计量监督管理

一、计量立法的宗旨和调整范围

（一）计量立法的宗旨

计量是经济建设、科技进步和社会发展中的一项重要的技术基础。经济越发展，科技越先进，社会越进步，越需要加强计量工作，越需要在全国范围实现计量单位制的统一和量值的准确可靠，因而越需要加强计量法制监督。因此计量立法的宗旨，首先要加强计量监督管理，健全国家计量法制。而加强计量监督管理的核心内容是要解决国家计量单位制的统一和全国量值的准确可靠的问题，也就是要解决可能影响经济建设、科技进步和社会发展、造成损害国家和人民利益的计量问题，这是计量立法的基本点。由于计量单位制的统一和量值的准确可靠是保证经济建设、科技进步和社会发展能够正常进行的必要条件，计量法中的各项规定都是紧紧围绕着这一基本点进行的。世界各国也都把统一计量单位、保障本国量值准确可靠作为政权建设和发展经济的重要措施。

但加强计量监督管理，保障计量单位制的统一和量值的准确可靠，还不是计量立法的最终目的，计量立法的最终目的是为了促进国民经济和科学技术的发展，为社会主义现代化建设提供计量保证；为保护广大消费者免受不准确或不诚实测量所造成的危害；为保护人民群众的健康和生命、财产的安全，保护国家的权益不受侵犯。

在《中华人民共和国计量法》（以下简称《计量法》）第一条中把计量立法的宗旨高度概括为："加强计量监督管理，保障国家计量单位制的统一和量值的准确可靠，有利于生产、贸易和科学技术的发展，适应社会主义现代化建设的需要，维护国家、人民的利益。"计量立法使我国计量工作全面纳入了法制管理的轨道。

（二）《计量法》的调整范围

任何一部法律法规，都有其调整范围。《计量法》第二条说明了计量法适用的地域和调整对象，即在中华人民共和国境内，所有公民、法人和其他组织，凡是使用计量单位，建立计量基准、计量标准，进行计量检定，制造、修理、销售、使用计量器具和进口计量器具，开展计量认证，实施仲裁检定和调解计量纠纷，进行计量监督管理方面所发生的各种法律关系，均为《计量法》适用的范围，都必须按照《计量法》的规定加以调整，不允许随意变更，各行其是。

根据我国的实际情况，《计量法》侧重调整的是国家计量单位制的统一和量值的准确可靠，以及影响社会经济秩序，危害国家和人民利益的计量问题，不是计量工作中所有的问题都要立法。也就是说，主要限定在对社会可能产生影响的范围内。

二、我国计量法律、法规体系的组成

法规体系，是由母法及从属于母法的若干子法所构成的有机联系的整体。按照审批的权限、程序和法律效力的不同，计量法规体系可分为三个层次：第一层次是法律；第二层次是行政法规；第三层次是规章。此外，按照立法的规定，省、自治区、直辖市及较大城市也可制定地方性计量法规和规章。目前，我国已形成了以《计量法》为基本法，若干计量行政法规、规章以及地方性计量法规、规章为配套的计量法律法规体系。

（一）计量法律

1985 年 9 月 6 日颁布的《计量法》是国家管理计量工作的基本法，是实施计量监督管理的最高准则。制定和实施《计量法》是国家完善计量法制、加强计量管理的需要，是我国计量工作全面纳入法制化管理轨道的标志。《计量法》的基本内容：计量立法宗旨、调整范围、计量单位制、计量基准器具、计量标准器具和计量检定、计量器具管理、计量监督、计量机构、计量人员、计量授权、计量认证、计量纠纷处理和计量法律责任等，共计六章三十四条。

（二）计量行政法规

国务院制定（或批准）的计量行政法规主要包括：

《中华人民共和国计量法实施细则》（以下简称《计量法实施细则》）于 2018 年 3 月 19 日进行了第三次修订，主要对《计量法》中有关计量基准器具和计量标准器具、计量检定、计量器具的制造和修理、计量器具的销售和使用、计量监督、产品质量检验机构的计量认证、计量调解和仲裁检定、费用及法律责任等进行了细化。

《国务院关于在我国统一实行法定计量单位的命令》于 1984 年 2 月 27 日由国务院发布，主要目的是明确我国在采用国际单位制的基础上，进一步统一我国的计量单位。该命令规定了《中华人民共和国法定计量单位》。

《全面推行我国法定计量单位的意见》1984 年 1 月 20 日国务院第 21 次常委会通过，主要对全面推行我国法定计量单位的目标、要求、措施等做出了具体规定。

《中华人民共和国强制检定的工作计量器具检定管理办法》于 1987 年 4 月 15 日由国务院发布，主要对强制检定的工作计量器具的目录、检定机构、检定的程序等做出了具体规定。

《中华人民共和国进口计量器具监督管理办法》于 2016 年 2 月 6 日进行了修订，主要对进口计量器具的形式批准、进口计量器具的审批、进口计量器具的检定、法律责任等做出了规定。

《国防计量监督管理条例》于 1990 年 4 月 5 日由国务院、中央军事委员会发布，为加强国防计量工作的监督管理，保证军工产品的量值准确，对国防计量机构及职责、计量标准、计量检定、计量保证与监督做出了明确规定。

《关于改革全国土地面积计量单位的通知》于 1990 年 12 月 18 日由国务院批准，主要对我国土地面积计量单位做出了具体规定。

（三）计量规章

国务院计量行政部门发布的有关计量规章主要包括：《中华人民共和国计量法条文解释》《中华人民共和国依法管理的计量器具目录》《中华人民共和国强制检定的工作计量器具明细目录》《中华人民共和国依法管理的计量器具目录（型式批准部分）》《计量基准管理办法》《计量标准考核办法》《标准物质管理办法》《法定计量检定机构监督管理办法》《计量器具新产品管理办法》《中华人民共和国进口计量器具监督管理办法实施细则》《计量检定人员管理办法》《计量检定印证管理办法》《计量违法行为处罚细则》《仲裁检定和计量调解办法》《零售商品称重计量监督管理办法》《定量包装商品计量监督管理办法》《商品量计量违法行为处罚规定》《计量授权管理办法》《计量监督员管理办法》《专业计量站管理办法》《社会公正计量行（站）监督管理办法》《制造、修理计量器具许可监督管理办法》等。此外，一些省、自治区、直辖市人大和政府，以及较大城市人大也根据需要制定了一批地方性的计量法规和规章。

在我国的计量法律、计量行政法规和计量规章中，对我国计量监督管理体制、法定计量检定机构、计量基准和标准、计量检定、计量器具产品、商品量的计量监督和检验、产品质量检验机构的计量认证等工作的法制管理要求及计量法律责任都做出了明确的规定。

三、计量监督管理的体制

（一）计量监督管理的概念

计量监督是计量管理的一种特殊形式。计量监督管理体制是指计量监督工作的具体组织形式，它体现国家与地方各级计量行政部门之间，各主管部门、企业、事业单位之间在计量监督中的关系。

我国的计量监督管理实行按行政区划统一领导、分级负责的体制。全国的计量工作由国务院计量行政部门负责实施统一监督管理。县级以上地方行政区域内的计量工作由当地计量行政部门负责实施监督管理，县级以上计量行政部门是本行政区域内的计量监督管理机构。县级以上计量行政部门要监督本行政区域内的机关、团体、企事业单位和个人遵守与执行计量法律、法规。中国人民解放军的计量工作按照《中国人民解放军计量条例》实施。各有关部门设置的计量行政机构，负责监督计量法律、法规在本部门的贯彻实施。

计量行政部门所进行的计量监督，是纵向和横向的行政执法性监督；部门计量行政机构对所属单位的监督，则属于行政管理性监督，一般只对纵向发生效力。从全国来讲，国务院计量行政部门和其他各部门的计量监督是相辅相成的，各有侧重，相互配合，互为补充，构成一个有序的计量监督网络。

（二）我国计量监督管理体系

《计量法》第四条和《计量法实施细则》第二十三条、第二十四条中进一步明确规定了国务院计量行政部门和县级以上地方人民政府计量行政部门监督和贯彻实施计量法律、法规的职责与要求。

此外，为了保证计量监督工作的实施，《计量法》第十九条明确规定县级以上人民政府计量行政部门，根据需要设置计量监督员。

1998年2月，国务院批准《质量技术监督管理体制改革方案》，对质量技术监督管理体制实行重大改革，质量技术监督系统实行省以下垂直管理体制。2001年6月，国务院决定将原国家质量技术监督局、原国家出入境检验检疫局合并，组建国家质量监督检验检疫总局（简称国家质检总局），同时成立由国家质检总局实施管理的认证认可监督管理委员会（简称认监委）和标准化管理委员会（简称标准委）。2018年3月，国务院将国家工商行政管理总局、国家质量监督检验检疫总局、国家食品药品监督管理总局与国家发展和改革委员会、商务部的部分职责整合，组建国家市场监督管理总局，作为国务院直属机构。国家认证认可监督管理委员会、国家标准化管理委员会职责划入国家市场监督管理总局，对外保留牌子。

目前，我国的各级市场监督管理部门及法定计量技术机构的关系如图2-1所示。

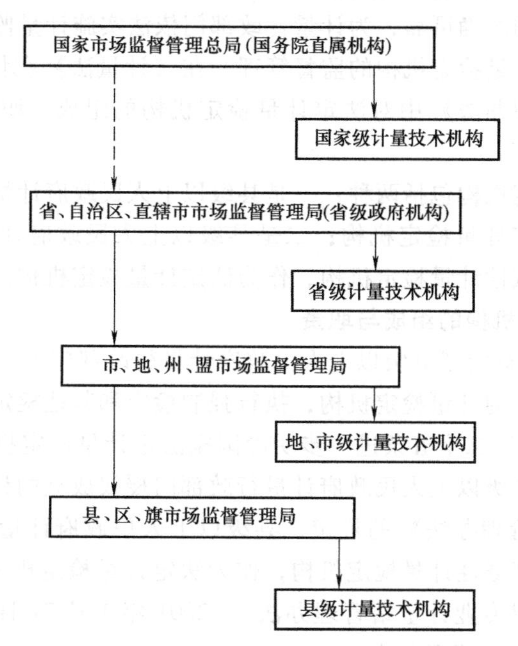

图2-1　各级市场监督管理部门及法定计量技术机构的关系

注：图中实线箭头为直属关系

（三）我国计量技术机构体系

在图2-1中，国家级计量技术机构中包括中国计量科学研究院和国家市场监督管理总局授权的国家专业计量站等机构；省、市、县三级计量技术机构中包括了依法设置的国家法定计量检定机构和依法授权的计量技术机构。

在社会上，除了各级人民政府计量行政部门依法设置和授权的计量技术机构外，还有国务院有关主管部门和省级人民政府有关主管部门根据本部门的特殊需要建立的计量技术机构，以及广大企事业单位根据本单位的需要建立的计量技术机构或计量实验室。

根据《计量法》第三十二条（2017年12月27日修正前为第三十三条）和《国防计量监督管理条例》（国务院令第54号）第八条规定国防计量技术机构分为三级。为了规范国防军工计量技术机构设置行政许可及监督检查工作，依据《中华人民共和国行政许可法》《国防计量监督管理条例》，国防科工局制定并发布了《国防计量技术机构设置审批现场评审评分标准》（科工技［2016］787号）。国防一、二级计量技术机构的设置由国防科工局直接以行政许可的方式进行，其中一级计量技术机构按专业设置，二级计量技术机构按行政区域设置。截至2021年1月，国防科工局共许可设置了19个国防一级计量技术机构，53个国防二级计量技术机构，涉及几何量、热学、力学、电磁学、无线电电子学、时间频率、声学、光学、化学、电离辐射十大专业，涵盖核、航天、航空、兵器、船舶、军工电子行业。国防三级计量技术机构由国防科工局授权各省、自治区、直辖市国防科工局（办）自主设立。

四、法定计量检定机构的监督管理

法定计量检定机构是计量行政部门依法设置或授权建立的计量技术机构，是保障我国计量单位制的统一和量值的准确可靠，为计量行政部门依法实施计量监督提供技术保证的技术机构。为了加强对法定计量检定机构的监督管理，在《计量法》《计量法实施细则》和《法定计量检定机构监督管理办法》中对法定计量检定机构的组成、职责和监督管理等做出了明确的规定。

我国的法定计量检定机构包括两种：一是县级以上人民政府计量行政部门依法设置的计量检定机构，为国家法定计量检定机构；二是县级以上人民政府计量行政部门可以根据需要，授权的专业性或区域性计量检定机构，作为法定计量检定机构。

（一）法定计量检定机构的组成与职责

《计量法》第二十条规定了县级以上人民政府计量行政部门可以根据需要设置计量检定机构，或者授权其他单位的计量检定机构，执行强制检定和其他检定、测试任务。

《计量法实施细则》第二十五条进一步明确国家法定计量检定机构的职责。在第二十七条、二十八条中规定了县级以上人民政府计量行政部门授权成立的计量检定机构和技术机构职责。根据《计量授权管理办法》的规定，县级以上人民政府计量行政部门可以授权有关部门或单位的专业性或区域性计量检定机构，作为法定计量检定机构。1991 年 9 月 15 日原国家技术监督局发布了《专业计量站管理办法》。2001 年 1 月 21 日原国家技术监督局发布了《法定计量检定机构监督管理办法》。

各级市场监督管理部门依法设置的计量检定机构是法定计量检定机构的主体，主要承担强制检定和其他检定、测试任务。专业计量站是根据我国生产、科研需要的一种授权形式，在授权项目上，一般选定专业性强、跨部门使用、急需的专业项目。根据需要，国务院计量行政部门设立大区计量测试中心为法定计量检定机构。地方人民政府计量行政部门也可以根据本地区的需要，建立区域性法定计量检定机构，承担人民政府计量行政部门授权的有关项目的强制检定和其他计量检定、测试任务。这些授权的专业和区域计量检定机构是全国法定计量检定机构的一个重要组成部分，在确保全国量值的准确可靠方面发挥了积极作用。

（二）对法定计量检定机构的监督管理

《法定计量检定机构监督管理办法》明确规定了对法定计量检定机构实施监督管理的体制、机制、内容和法律责任。

根据省以下质量技术监督系统实施垂直管理体制的要求，对法定计量检定机构的管理实施两级管理的模式。

对法定计量检定机构进行监督管理的机制，主要是实施考核授权制度。《法定计量检定机构监督管理办法》明确规定了法定计量检定机构应当具备的条件、如何组织考核、如何颁发计量授权证书、如何进行复查换证、如何对新增项目进行授权和终止承担的授权项目。法定计量检定机构必须经质量技术监督部门考核合格，经授权后才能开展相应的工作。

五、计量基准、计量标准的建立和法制管理

（一）计量基准的建立原则

《计量法》第五条明确规定："国务院计量行政部门负责建立各种计量基准器具，作为统一全国量值的最高依据。"计量基准是指经国家市场监督管理总局批准，在中华人民共和国境内为了定义、实现、保存、复现量的单位或者一个或多个量值，用作有关量的测量标准定值依据的实物量具、测量仪器、标准物质或者测量系统。全国的各级计量标准和工作计量器具的量值都应直接或者间接地溯源到计量基准。

国家建立计量基准的原则：一是要根据社会、经济发展和科学技术进步的需要，由国家市场监督管理总局负责统一规划，组织建立。二是属于基础性、通用性的计量基准，建立在国家市场监督管理总局设置或授权的计量技术机构；属于专业性强、仅为个别行业所需要，或工作条件要求特殊的计量基准，可以建立在有关部门或者单位所属的计量技术机构。

计量基准是统一全国量值的最高依据，计量基准建立由国务院计量行政部门统一安排，其他部门和单位不能随意建立计量基准。2007 年 6 月 6 日原国家质检总局修订并发布的《计量基准管理办法》，对计量基准的法制管理，如计量基准的建立、保存、维护、改造、使用、废除以及法律责任等都做出了具体规定。

（二）计量标准的建立和法制管理

计量标准处于国家检定系统表的中间环节，起着承上启下的作用，即将计量基准所复现的单位量值，通过检定逐级传递到工作计量器具，从而确保工作计量器具量值的准确可靠，确保全国计量单位制和量值的统一。为了保证量值的溯源性，按《计量法》规定，县级以上计量行政部门建立的社会公用计量标准和部门、企事业单位建立的各项最高计量标准，都要依法考核合格，才有资格进行量值传递。这是保障全国量值准确一致的必要手段。考核的目的是确认其是否具有开展量值传递的资格。考核的内容主要包括计量标准设备、环境条件、检定人员以及管理制度等四个方面。

1. 社会公用计量标准

社会公用计量标准是指经过人民政府计量行政部门考核、批准，作为统一本地区量值的依据，在社会上实施计量监督具有公证作用的计量标准。在处理因计量器具准确度引起的计量纠纷时，只能以计量基准或社会公用计量标准仲裁检定后的数据为准。其他单位建立的计量标准，要想取得上述法律地位，必须经有关人民政府计量行政部门授权。

2. 部门计量标准

按照《计量法》第七条规定，部门最高计量标准经同级人民政府计量行政部门考核合格后，由有关主管部门批准使用，作为统一本部门量值的依据。

3. 企业、事业单位计量标准

《计量法》规定，建立本单位使用的各项最高计量标准，须经与企业、事业单位的主管部门同级的人民政府计量行政部门考核合格后，取得计量标准考核证书，才能在本单位内开展非强制检定。乡镇企业应由当地县级（市、区）人民政府计量行政部门主持考核。

（三）标准物质的法制管理

按照《计量法实施细则》第五十六条规定，用于统一量值的标准物质属于计量器具。根据《计量法实施细则》的规定，原国家计量局于 1987 年 7 月 10 日发布了《标准物质管

理办法》。《标准物质管理办法》适用于统一量值的标准物质，包括化学成分分析标准物质、物理特性与物理化学特性测量标准物质和工程技术特性测量标准物质。凡向外单位供应的标准物质的制造以及标准物质的销售和发放，必须遵守《标准物质管理办法》。

六、计量检定的法制管理

(一) 实施计量检定应遵循的原则

JJF 1001—2011 中计量器具的检定又称测量仪器的检定（简称计量检定或检定），是指查明和确认计量器具符合法定要求的活动，它包括检查、加标记和（或）出具检定证书。

计量检定就是为评定计量器具的计量性能是否符合法定要求，确定其是否合格所进行的全部工作。它是计量检定人员利用计量基准、计量标准对新制造的、使用中的、修理后的和进口的计量器具进行一系列实际操作，以判断其准确度等计量特性是否符合法定要求，是否可供使用。计量检定在计量工作中具有非常重要的作用，计量检定具有法制性，其对象是法制管理范围内的计量器具。它是进行量值传递或量值溯源的重要形式，是保证量值准确一致的重要措施，是计量法制管理的重要环节。根据《计量法》及相关法规和规章的规定，实施计量检定应遵循以下原则：

1）计量检定活动必须遵守国家计量法律、法规和规章，按照经济合理的原则、就地就近进行。“经济合理”是指计量检定、组织量值传递要充分利用现有的计量设施，合理地布置检定网点。“就地就近”进行检定，是指组织量值传递不受行政区划和部门管辖的限制。

2）从计量基准到各级计量标准再到工作计量器具的检定，必须按照国家计量检定系统表的要求进行。国家计量检定系统表由国务院计量行政部门制定。

3）对计量器具的计量性能、检定项目、检定条件、检定方法、检定周期以及检定数据的处理等，必须执行计量检定规程。国家计量检定规程由国务院计量行政部门制定。没有国家计量检定规程的，由国务院有关主管部门或省、自治区、直辖市人民政府计量行政部门分别制定部门计量检定规程和地方计量检定规程，并向国务院计量行政部门备案。

4）检定结果必须做出合格与否的结论，并出具证书或加盖印记。计量检定包括检查、加标记和（或）出证书的全过程。检查一般包括计量器具外观的检查和计量器具计量特性的检查等。计量器具计量特性的检查，其实质是把被检定的计量器具的计量特性与计量标准器的计量特性相比较，评定被检定的计量器具的计量特性是否在计量检定规程规定的允许范围之内。

5）从事计量检定的工作人员必须经考核合格。

(二) 强制检定计量器具的管理和实施

实施计量器具的强制检定是《计量法》的重要内容之一，它既是计量行政部门进行法制监督的主要任务，也是法定计量检定机构和被授权执行强制检定任务的计量技术机构的重要职责。属于强制检定的工作计量器具被广泛地应用于社会的各个领域，数量多，影响大，关系到人民群众身体健康和生命财产的安全，关系到广大企业的合法权益以及国家、集体和消费者的利益。

《计量法》第九条明确规定：“县级以上人民政府计量行政部门对社会公用计量标准器具、部门和企业、事业单位使用的最高计量标准器具，以及用于贸易结算、安全防护、医疗卫生、环境监测方面的列入强制检定目录的工作计量器具，实行强制检定。”强制检定是由县级以上人民政府计量行政部门指定的法定计量检定机构或者授权的计量技术机构，实行定点、定期的检定。使用单位必须按规定申请检定，这是法律规定的义务。

强制检定的范围包括强制检定的计量标准和强制检定的工作计量器具。由于强制检定的计量标准是根据用途决定的，作为社会公用计量标准、部门和企事业单位的各项最高等级的计量标准的，才属于强制检定的计量标准，不做上述用途的，就不属于强制检定的计量标准。对于强制检定工作计量器具，按《计量法》规定，应制定强制检定工作计量器具目录，以明确需强制检定的范围。1987 年 4 月 15 日国务院发布了《中华人民共和国强制检定的工作计量器具检定管理办法》，附《中华人民共和国强制检定的工作计量器具目录》。1987 年 5 月 28 日由原国家计量局发布了《中华人民共和国强制检定的工作计量器具明细目录》，共 55 项、111 种。1999 年 1 月 20 日、2001 年 10 月 26 日、2002 年 12 月 27 日国务院计量行政部门对强制检定目录作了补充和调整，现为 60 项 117 种。

1991 年 8 月 6 日原国家技术监督局公布了《强制检定工作计量器具实施检定的有关规定（试行）》，附《强制检定的工作计量器具强检形式及强检适用范围表》，进一步推动了强制检定工作的深入开展。

（三）非强制检定计量器具的管理和实施

对属于非强制检定的计量标准器具和工作计量器具，《计量法》第九条规定使用单位应当自行定期检定或者送其他计量检定机构检定，县级以上人民政府计量行政部门应当进行监督检查。1999 年 3 月 19 日原国家质量技术监督局以第 6 号公告发布了《关于企业使用的非强检计量器具由企业依法自主管理的公告》。

（四）计量仲裁检定的实施和管理

《计量法》第二十一条规定，因计量器具准确度所引起的计量纠纷，由县级以上人民政府计量行政部门用计量基准或者社会公用计量标准所进行的以裁决为目的的计量检定、测试活动，统称为仲裁检定。以计量基准或者社会公用计量标准检定的数据作为处理计量纠纷的依据，具有法律效力。

法律规定计量基准是统一全国量值的最高依据，社会公用计量标准对纠纷双方来说，具有公正地位。计量基准和社会公用计量标准出具的数据，具有不可置疑的权威性和公正性。仲裁检定的实施和管理应按《仲裁检定和计量调解办法》的规定进行。

（五）计量检定印、证的管理

计量器具经检定机构检定后出具的检定印、证，是评定计量器具的性能和质量是否符合法定要求的技术判断，是评定该计量器具检定结果的法定结论，是整个检定过程中不可缺少的重要环节。《计量检定印、证管理办法》规定，经计量基准、社会公用计量标准检定出具的检定印证，是一种具有权威性和法制性的标记或证明，在调解、审理、仲裁计量纠纷时，可作为法律依据，具有法律效力。计量检定印、证包括：①检定证书；②检定结果通知书（又称检定不合格通知书）；③检定合格证；④检定合格印；⑤注销印。

（六）计量检定人员的管理

计量检定人员作为计量检定的主体，在计量检定中发挥着重要的作用。计量检定人员所从事的计量检定工作是一项法制性和技术性都非常强的工作，尤其是作为法定计量检定机构的计量检定人员，不仅要承担计量检定任务，而且还要受计量行政部门的委托承担为计量执法提供计量技术保证的任务，因此不仅要求计量检定人员应全面掌握与所从事的计量检定有关的专业技术知识和操作技能，而且应全面掌握有关的计量法律法规知识，并认真遵守有关计量法制管理的要求，因此必须加强对计量检定人员的管理。

为加强对计量检定人员的管理，完善现行计量检定人员的监管体制，实现计量检定员与注册计量师两种管理制度的衔接，加强对计量检定人员的监管，提高计量检定人员的素质，保证量值传递准确可靠，2007 年 12 月 29 日原国家质检总局以总局第 105 号令批准发布了新的《计量检定人员管理办法》，2015 年 8 月 25 日总局令第 166 号修改，作为我国对从事计量检定的人员的管理依据。

为贯彻落实《国务院关于取消一批职业资格许可和认定事项的决定》（国发［2016］35 号）的要求，切实做好取消计量检定员资格许可与注册计量师合并实施的后续管理和衔接工作，原质检总局办公厅于 2016 年 9 月 18 日下发了《关于做好取消计量检定员资格许可后续工作的通知》（质检办量函［2016］1183 号）。要求各级质量技术监督部门要按照《计量检定人员管理办法》的规定，进一步加强对各级质量技术监督部门依法设置的计量检定机构以及授权的计量技术机构中计量检定人员的监管，切实保障国家量值传递与溯源计量公共服务体系安全和所提供的计量数据准确、可靠。修订后的《计量法实施细则》第二十六条规定，国家法定计量检定机构的计量检定人员必须经考核合格。计量检定人员的技术职务系列，由国务院计量行政部门会同有关主管部门制定。

（七）注册计量师的管理

在计量领域实行职业资格准入制度，是为了进一步规范全社会计量专业技术人员的管理，提升计量专业技术人员的素质，以适应国民经济发展对计量技术人才提出的新要求。注册计量师制度的实施，将有利于整合考试资源，为计量专业技术人员的能力考核提供一个社会平台，实现计量专业技术人员资质管理的社会化和分层次管理。

2006 年 4 月 26 日，原人事部和原国家质检总局联合发布了《注册计量师制度暂行规定》、《注册计量师资格考试实施办法》和《注册计量师资格考核认定办法》。根据《注册计量师制度暂行规定》的要求，国家对从事计量技术工作的专业技术人员实行职业准入制度，并纳入全国专业技术人员职业资格证书制度统一规划。2013 年 5 月 6 日原国家质检总局发布了最新的《注册计量师注册管理暂行规定》。

随着注册计量师制度的推出，计量检定人员的管理模式将发生相应变化。当前，计量检定人员的管理同时执行《计量检定人员管理办法》和《注册计量师制度暂行规定》。为了实现计量检定员考核制度与注册计量师制度的衔接，经修订的《计量检定人员管理办法》第十二条明确规定“具备相应条件，并按规定要求取得省级以上质量技术监督部门颁发的《注册计量师注册证》的，可以从事计量检定活动”。

七、计量器具产品的法制管理

纳入法制管理的计量器具产品，是指列入《中华人民共和国依法管理的计量器具目录（型式批准部分）》（2015 年 10 月 8 日原国家质检总局公告第 145 号发布）的计量装置、仪器仪表和量具。对计量器具产品实施法制管理的措施主要包括计量器具新产品的型式批准制度，制造、修理计量器具许可制度和进口计量器具的型式批准及检定制度。

（一）计量器具新产品管理

《计量法》第十三条规定：“制造计量器具的企业、事业单位生产本单位未生产过的计量器具新产品，必须经省级以上人民政府计量行政部门对其样品的计量性能考核合格，方可投入生产。”1987年7月10日原国家计量局发布了《计量器具新产品管理办法》，2005年5月20日原国家质检总局又以总局第74号令发布了经修订的《计量器具新产品管理办法》，对计量器具新产品的管理做出了具体的规定。

计量器具新产品是指本单位从未生产过的计量器具，包括对原有产品在结构、材质等方面做了重大改进导致性能、技术特征发生变更的计量器具。

（二）进口计量器具的管理

进口计量器具是指从境外进口在境内销售的计量器具。改革开放以来，我国从国外进口的计量器具日益增多，其中既有技术先进、质量优良的产品，也有型式落后、质量低劣的产品，甚至有不符合我国计量法律、法规要求的产品。因此必须加强对进口计量器具的监督管理。《计量法》第十四条和第十八条对进口计量器具的管理有具体规定。原国家技术监督局于1989年10月11日经国务院批准发布的《中华人民共和国进口计量器具监督管理办法》，于2016年1月13日经国务院第119次常务会议进行最新修订。原国家技术监督局于1996年6月24日发布的《中华人民共和国进口计量器具监督管理办法实施细则》，于2015年8月25日由原国家质检总局进行了修订。对进口计量器具的型式批准及进口计量器具的审批等进行了具体规定。

八、商品量的计量监督管理和检验

加强对商品量的计量监督管理是世界各国政府法制计量工作的重要内容，也是我国当前计量工作的重要内容。1985年颁布的《计量法》是根据我国当时的经济转型期的具体情况，重点规范了计量器具的制造、修理、进口、销售和使用。随着我国社会主义市场经济的发展，利用计量器具进行计量作弊和故意克扣造成商品缺秤少量的情况时有发生。《计量法》对此虽有规定，但过于原则，操作性不强。为加强对商品量的计量监督管理，国家先后出台了《零售商品称重计量监督管理办法》《定量包装商品计量监督管理办法》《商品量计量违法行为处罚规定》等规章和《定量包装商品生产企业计量保证能力评价规定》等规范性文件，以及国家计量技术规范JJF 1070—2005《定量包装商品净含量计量检验规则》，为我国加强对商品量和定量包装商品生产企业的管理提供了依据。

（一）零售商品称重计量监督管理

在《零售商品称重计量监督管理办法》中，对零售商品称重计量监督管理的对象、要求、核称商品的方法和法律责任等做出了明确的规定。

（二）定量包装商品计量监督管理

在《定量包装商品计量监督管理办法》中，对定量包装商品计量监督管理的范围、管理体制、基本要求、净含量标注要求、净含量计量要求、计量监督管理措施、禁止误导性包装、计量保证能力评价和法律责任等内容做出了明确的规定。

九、检验检测机构资质认定

计量认证是指由人民政府计量行政部门对产品质量检验机构的计量检定、测试能力和可靠性进行的考核和证明。《计量法》第二十二条、《计量法实施细则》第二十九条规定：“为社会提供公证数据的产品质量检验机构，必须经省级以上人民政府计量行政部门计量认证。”

考核内容包括：①计量检定、测试设备的性能；②计量检定、测试设备的工作环境和人员的操作技能；③保证量值统一、准确的措施及检测数据公正可靠的管理制度。

为规范检验检测机构资质认定工作，加强对检验检测机构的监督管理，根据《中华人民共和国计量法》及其实施细则、《中华人民共和国认证认可条例》等法律、行政法规的规定，制定了《检验检测机构资质认定管理办法》（质检总局令第163号），并于2015年3月23日发布，2015年8月1日实施。

第二节　计量技术法规

一、计量技术法规的范围及其分类

（一）计量技术法规的范围

1. 计量技术法规综述

计量技术法规包括国家计量检定系统表、计量检定规程和计量技术规范。它们是正确进行量值传递、量值溯源，确保计量基准、计量标准所测出的量值准确可靠，以及实施计量法制管理的重要手段和条件。

国家计量检定系统表是国家对量值传递的程序做出规定的法定性技术文件。《计量法》第十条规定：“计量检定必须按照国家计量检定系统表进行。国家计量检定系统表由国务院计量行政部门制定。”这就确立了检定系统表的法律地位。

国家计量检定系统表采用框图结合文字的形式，规定了国家计量基准的主要计量特性、从计量基准通过计量标准向工作计量器具进行量值传递的程序和方法、计量标准复现和保存量值的不确定度以及工作计量器具的最大允许误差等。

制定国家计量检定系统表的目的在于把实际用于测量工作的计量器具的量值和国家计量基准所复现的单位量值联系起来，以保证工作计量器具应具备的准确度。国家计量检定系统表所提供的检定途径应是科学、合理、经济的。

计量检定规程是为评定计量器具特性，规定检定项目、检定条件、检定方法、检定结果的处理、检定周期乃至型式评价、使用中检验的要求，作为确定计量器具合格与否的法定性技术文件。《计量法》第十条规定了计量检定规程的法律地位。

计量技术规范是指国家计量检定系统表、计量检定规程所不能包含的，计量工作中具有综合性、基础性并涉及计量管理的技术文件和用于计量校准的技术规范。它在科学计量发展、计量技术管理、实现溯源性等方面提供了统一指导性的规范和方法，也是计量技术法规体系的组成部分。

2. 计量技术法规的发展和现状

建立和完善计量技术法规体系是实现单位制的统一和量值的准确可靠的重要保障。20世纪50年代初我国还没有自己的检定规程。20世纪70年代以前，国家计量检定系统表的大部分是引用苏联的，并将其列入检定规程的附录中。随着计量基准、标准的不断发展，目前我国共有国家计量检定系统表95个，编号为JJG 2001至JJG 2095。

《计量法》的颁布和实施，大大促进了国家计量技术法规的制订、修订工作，尤其是

1987年国务院发布《中华人民共和国强制检定的工作计量器具目录》，针对其中55项111种计量器具迫切需要有相应的国家计量检定规程，才能对其进行定点定期的强制检定。

随着我国自1985年加入国际法制计量组织（OIML），在管理体制上，国家计量技术法规的起草工作从原来的归口单位管理转为技术委员会管理，从内容上要求积极采用OIML发布的国际建议、国际文件以及有关国际组织发布的国际标准，从编写结构上要求尽可能包含相关的内容。此外，国家计量检定规程用于强制检定的计量器具是国际趋势，因此在允许的范围内，现在有些计量检定规程已由计量校准规范来代替。

（二）计量技术法规的分类

1. 计量检定规程

根据《计量法》第十条，计量检定规程分为三类：国家计量检定规程、部门计量检定规程和地方计量检定规程。

国家计量检定规程由国务院计量行政部门组织制定。专业分类一般为：长度、力学、声学、热学、电磁、无线电、时间频率、电离辐射、化学、光学等。

国务院有关部门根据《中华人民共和国依法管理的计量器具目录》和《中华人民共和国强制检定的工作计量器具目录》，对尚没有国家计量检定规程的计量器具，可以制定适用于本部门的部门计量检定规程。部门计量检定规程向国家市场监督管理总局备案。在相关的国家计量检定规程颁布实施后，部门计量检定规程即行废止。

省级市场监督管理部门根据《中华人民共和国依法管理的计量器具目录》和《中华人民共和国强制检定的工作计量器具目录》，对尚没有国家计量检定规程的计量器具，可以制定适应于本地区的地方计量检定规程。地方计量检定规程向国家市场监督管理总局备案。在相应的国家计量检定规程实施后，地方计量检定规程即行废止。

2. 计量检定系统表

计量检定系统表只有国家计量检定系统表一种。它由国务院计量行政部门组织制定、修订，由建立计量基准的单位负责起草。一项国家计量基准基本上对应一个计量检定系统表。它反映了我国科学计量和法制计量的水平。

3. 计量技术规范

计量技术规范由国务院计量行政部门组织制定。包括通用计量技术规范和专用计量技术规范。通用计量技术规范含通用计量名词术语以及各计量专业的名词术语、国家计量检定规程和国家计量检定系统表及国家校准规范的编写规则、计量保证方案、测量不确定度评定与表示、计量检测体系确认、测量仪器特性评定、计量比对等；专用计量技术规范含各专业的计量校准规范、某些特定计量特性的测量方法、测量装置试验方法等。

（三）计量技术法规的编号

上述三种国家计量技术法规的编号分别为：

国家计量检定规程用汉语拼音缩写JJG表示，编号为JJG ××××—××××。

国家计量检定系统表用汉语拼音缩写JJG表示，顺序号为2000号以上，编号为JJG 2×××—××××。

国家计量技术规范用汉语拼音缩写JJF表示，编号为JJF ××××—××××，其中国家计量基准、副基准操作技术规范顺序号为1200号以上。××××—××××为法规的“顺序号—年份号”，均用阿拉伯数字表示（年份号为批准的年份）。

地方和部门计量检定规程编号为 JJG（）××××—××××，（）里用中文字，代表该检定规程的批准单位和施行范围，××××为顺序号，—××××为批准的年份。

二、计量检定规程、国家计量检定系统表、计量技术规范的应用

（一）计量检定规程的应用

计量检定规程是执行检定的依据。检定必须按照检定规程进行。自 1998 年以来，国家计量检定规程的内容向国际建议靠拢，有些规程中增加了型式评价试验的要求和方法，大部分规程除了必须包括首次检定、后续检定的要求外，还增加了使用中检验的要求，因此从设计到制造，一直到使用、修理，检定规程对保障计量器具的量值准确可靠及量值溯源都发挥着重要的作用。

我国按《计量法》规定，对计量器具实施依法管理，采取两种形式。一是国家实施强制检定，主要适用于贸易结算、医疗卫生、安全防护、环境监测四个方面列入强制检定目录的工作计量器具，以及社会公用计量标准和部门、企事业单位使用的最高计量标准；二是非强制检定，由企事业单位自行实施。由此可见，需依法实施检定的范围是十分广泛的，凡实施检定的计量器具，必须制定相应的检定规程，作为实施检定的具有法制性的技术依据。我国目前除国家计量检定规程外，还规定可制定部门和地方计量检定规程，开展对各行业专用计量器具的检定，对地方需开展检定的其他计量器具的检定。

从国际发展趋势看，对可能引起利害冲突和保护公众利益的计量器具，需实行法制管理，应制定相应的计量检定规程；而对其他计量器具，则由使用单位依据相应的校准规范进行校准，进行量值溯源。按国际法制计量组织（OIML）第 12 号国际文件《受检计量器具的使用范围》的规定，计量检定规程在依法实施检定领域中的应用主要包括的内容有：贸易用计量器具的检定；官方活动用计量器具的检定；用于医疗、药品制造和试验的计量器具的检定；环境保护、劳动保护和预防事故用计量器具的检定；公路交通监视用计量器具的检定；计量管理的其他方面计量器具的检定。

在 OIML 第 12 号国际文件中指出：在有些国家，工业应用的计量器具也置于计量管理之下，以保证所制造的产品具有一致的质量并符合规定的产品特性。由此可见，按 OIML 国际文件所述，需依法实施检定的范围是十分广泛的，凡实施检定的计量器具，必须制定相应的检定规程，作为实施检定的具有法律效力的技术依据。

（二）国家计量检定系统表的应用

国家计量检定系统表即国家溯源等级图，它是将国家计量基准的量值逐级传递到工作计量器具，或从工作计量器具的量值逐级溯源到国家计量基准的一个比较链，以确保全国量值的准确可靠。它可以促进并保证我国建立的各项计量基准的单位量值准确地进行量值传递，也是我国制定计量检定规程和计量校准规范的重要依据，是实施量值传递和溯源、选用测量标准、测量方法的重要依据。国家计量检定系统表规定了从计量基准到计量标准直至工作计量器具的量值传递链及其测量不确定度或最大允许误差，可以确定各级计量器具的计量性能，有利于选择测量用计量器具，确保测量的可靠性和合理性。国家计量检定系统表还可以帮助地方和企业结合本地区、本企业的实际情况，按所用的计量器具确定需要配备的计量标准，在经济合理实用的原则下，建立本地区、本企业的量值传递、溯源体系。在进行计量标准考核中，申请单位要填写《计量标准技术报告》，其中第六项内容就是要依据计量检定系

统表填报“计量标准的量值溯源和传递框图”，作为考核的重要内容。国家计量检定系统表在实现计量单位制的统一和量值的准确可靠这一计量工作的根本目标方面已经得到了广泛的应用。

（三）计量技术规范的应用

计量技术规范是一个统称，它的内容十分广泛，所涉及的应用面也很宽。如为了统一我国通用计量术语及定义和各专业的计量术语，国家颁布了《通用计量术语及定义》及有关专业计量术语的技术规范；为了推动我国计量校准工作的开展，制定了通用性强、使用面广的计量校准规范；为了促进计量技术工作，制定了不少有关的计量技术规范；为了加强我国计量管理工作，制定了相应的有关计量管理的技术规范，如国家计量检定规程、国家计量检定系统表、国家校准规范的编写规则，《计量标准考核规范》《法定计量检定机构考核规范》《定量包装商品净含量计量检验规则》《计量检测体系确认规范》等；结合计量工作的需要，还制定了计量保证方案（MAP）技术规范，如《长度（量块）计量保证方案技术规范》《维氏硬度计计量保证方案技术规范》等，以促进计量保证方案的实施；制定测量方法、试验方法及其他技术性规定，如《光子和高能电子束吸收剂量测量方法》《γ射线辐射加工剂量保证监测方法》《交流电能表检定装置试验规范》《机械秤改装规范》等。计量技术规范在规范计量管理工作方面具有十分重要的作用，也得到了广泛的应用。

（四）国防测量器具等级图

《国防科技工业计量监督管理暂行规定》中规定，国家未制定计量检定系统（表）的，应制定国防科技工业测量器具等级图。国防科技工业测量器具等级图是测量器具的量值传递关系图，它是为规定国防军工系统量值传递程序而编制的法定技术性文件，其目的是保证单位量值由国防最高计量标准经过其他等级计量标准，准确可靠地传递到工作计量器具。等级图的构成包括：从国防最高计量标准到工作计量器具的各级计量器具和量值传递关系；允许（或推荐）使用的方法和测量仪器；计量标准复现或保存量值的不确定度要求。

国防科技工业测量器具等级图中，测量器具量值的传递分为三个层次：最高测量标准、参照标准和工作标准、工作测量器具。测量器具等级即是测量器具的准确度等级，在“参照标准和工作标准”传递层次中，可根据测量器具不确定度的大小和实际需要，确定若干个测量器具等级。等级图中传递关系的任何两个相邻层次或测量器具间的不确定度比（检定/校准用测量标准的不确定度与被检定/校准测量器具的允许误差或不确定度比）通常按1/4~1/10确定。对个别参数，在量值传递技术上难以达到时，检定/校准标准与被检定/校准器具不确定度之比也不应大于1/2。

第三节 国际计量组织及计量技术文件

一、国际计量组织机构简介

（一）《米制公约》及相关国际组织

1.《米制公约》

1791年法国开创米制后，1820年先后在荷兰、比利时、卢森堡、西班牙、意大利、葡萄牙、墨西哥、哥伦比亚等国采用米制。1864 年英国允许米制单位同英制单位并用。1869 年法国政府邀请多国代表到巴黎召开“国际米制委员会”会议。1875 年 5 月 20 日由 20 个国家中的 17 位全权代表签订了举世闻名的《米制公约》。公约规定，由参与国共同出经费在巴黎成立一个常设的科学机构，以保证“米制的国际的统一和发展”。这个机构就是国际计量局（Bureau International des Poids et Mesures，简称 BIPM）。《米制公约》还规定设立国际计量委员会（CIPM），由各国科学家组成，负责指导和监督国际计量局的工作。它向定期召开的国际计量大会（CGPM，即米制外交会议的延续）负责，经常地提出有关单位定义、名称符号的推荐书，以供国际计量大会采纳。只有国际计量大会才有权对这些涉及全世界的重大计量事务做出决议。我国于 1976 年 12 月经国务院批准参加《米制公约》。

为了加大计量宣传力度，1999 年在纪念《米制公约》签署 125 周年之际，国际计量委员会把每年的 5 月 20 日确定为“世界计量日”。

2. 国际米制公约组织

国际米制公约组织是按《米制公约》建立起来的国际计量组织。该组织成立于 1875 年，总部设在法国巴黎，是计量领域成立最早、最主要的政府间国际计量组织，以研究发展基础计量科学技术为主。其最高权力机构是国际计量大会。

3. 国际计量大会（CGPM）

国际计量大会是国际米制公约组织的最高权力机构，每 4 年召开一次。由成员国派代表团参加。其任务是讨论和制定保证国际单位制的推广和发展的必要措施；批准新的基础测试结果，通过具有国际意义的科学技术决议或单位的新定义；通过有关国际计量局的组织和发展的重要决议；必要时，国际计量委员会、国际计量局、各咨询委员会向国际计量大会报告工作。闭会期间，由国际计量局负责日常工作。

4. 国际计量委员会（CIPM）

国际计量委员会是国际米制公约组织的常设领导机构，由计量学专家组成，每年在巴黎召开会议。国际计量委员会对国际计量大会负责，在每届国际计量大会上报告它 4 年来的工作，并以书面形式提出建议或决议草案，呈国际计量大会表决通过后，就成为米制公约组织的建议或决议。

国际计量委员会设常设局，常设局由委员会主席、副主席、秘书长组成。每 4 年改选一次，可以连选连任。国际计量委员会下设咨询委员会，包括：电磁、光度学与辐射测量学、温度计量、长度、时间频率、电离辐射计量基准、质量及相关量、物质的量、声学、超声、振动等咨询委员会。咨询委员会的成员单位必须是《米制公约》成员国，一般是该成员国的国家计量实验室。

5. 国际计量局（BIPM）

根据 1875 年签署的《米制公约》，在法国巴黎建立了国际计量局。国际计量局是《米制公约》各签署国提供经费共同管理的永久性计量实验室。它在巴黎近郊赛弗尔的一个名为圣·克劳公园的小山丘上。国际计量局共有 5 个实验室：化学、质量与相关量、时间、电学、辐射实验室等。国际计量局的主要任务是保持或复现国际单位制 7 个基本单位的最高基准值，通过这些基准值满足世界范围内基本物理量值的最高溯源要求，并与国际计量委员会下属的咨询委员会合作，组织和指导关键物理量的国际比对。

(二)《国际法制计量组织公约》及相关组织

1.《国际法制计量组织公约》

1875 年《米制公约》的签订和国际计量大会及国际计量局的建立，为全世界统一计量制度打下了基础。为消除计量相关的国际贸易壁垒及对测量仪器的性能要求、仪器的检定及溯源等国际技术问题协调的需要，1937 年在巴黎召开了由 37 个国家的代表参加的国际法制计量大会，会议决定成立一个临时法制计量委员会。临时委员会于二战后起草了一个政府间组织的公约草案，草案经多年修订后于 1954 年 10 月在巴黎会议上获得通过。至 1955 年 10 月 12 日，有 22 个国家签署了《国际法制计量组织公约》，随即成立了国际法制计量组织。我国于 1985 年 4 月加入该组织，成为该组织的成员国。

2. 国际法制计量组织（OIML）

按照《国际法制计量组织公约》，1955 年 11 月正式成立了国际法制计量组织。国际法制计量组织的机构主要有国际法制计量大会、国际法制计量委员会、主席团理事会、国际法制计量局、发展理事会及有关技术工作组织。

国际法制计量组织的宗旨：一是建立并维持一个法制计量信息中心，促进各国之间有关法制计量的信息交流；二是研究并制定法制计量的一般原则，供各国在建立自己的法制计量体系时参考；三是为计量器具的性能要求和检查方法制定“国际建议”，从而促进各国对计量器具的性能要求和检查方法尽可能一致；四是促进各成员国相互接受或承认符合国际法制计量组织要求的仪器和测量结果；五是促进各国法制计量机构之间的合作，在需要和可能时，帮助它们发展其法制计量工作。

3. 国际法制计量大会（CGML）

国际法制计量大会是国际法制计量组织的最高权力机构，参加者为成员国代表团。主要负责制定国际法制计量组织的政策、批准国际建议以及财政预算和决算。每 4 年召开一次会议，会议主席由大会选举产生。表决大会决议时，每个代表团只有一票。

4. 国际法制计量委员会（CIML）

国际法制计量委员会是国际法制计量组织的工作机构和执行机构。负责指导并监督整个国际法制计量组织的工作。批准国际建议草案、国际文件。为国际法制计量大会准备决议草案并负责执行大会决议。其成员为每个成员国的一名代表，并必须是该成员国负责法制计量工作的政府官员。从委员会中选举一位主席和两位副主席，任期为 6 年。国际法制计量委员会每年开会一次。

5. 国际法制计量局（BIML）

国际法制计量局是国际法制计量组织的常设机构，总部设在巴黎。它的任务是作为国际法制计量组织的秘书机构和信息中心。由 1 名局长、2 名局长助理和数名工作人员组成，由各成员国提名，并由正式成员国投票批准任命。

国际法制计量局在国际法制计量委员会的领导和监督下工作，主要任务负责筹备国际法制计量大会和国际法制计量委员会会议，起草会议文件和决议，整理会议记录，宣传会议情况，执行国际法制计量委员会的决议。

(三) 国际计量技术联合会（IMEKO）

国际计量技术联合会创始于 1958 年，是从事计量技术与仪器制造技术交流的非政府间的国际计量测试技术组织。主要研究讨论反映当代计量测试、仪器制造发展动态和趋势的应用计量测试技术。它与联合国教科文组织具有协商地位。基本宗旨是促进测量与仪器领域中科技信息的国际交流，加强在研究界科学家与工业界工程师间的国际合作。

IMEKO 的最高决策机构是总务委员会（GC），每个国家有一名代表参加，每年召开一次会议。下设技术工作委员会（TB）、顾问委员会（AB）、秘书处和会员大会。目前，IMEKO 的主要活动是召开 IMEKO 大会和技术委员会，组织学术讨论会，出版论文集、教材、术语集等，以及与其他有关国际组织合作。

（四）亚太计量组织

1. 亚太计量规划组织（APMP）

它是亚洲太平洋地区的区域性计量组织，1980 年正式成立，现有来自 26 个国家或经济体的 28 个正式成员和 5 个附属成员。其目标是通过加强本地区国家或经济体的计量院或基准实验室的合作，提高本地区的计量技术水平和校准/测量服务能力，以增强本地区计量基准、标准溯源性的可信度并获得国际认可。中国计量科学研究院是 APMP 成员。中国还先后担任了 APMP 主席、执委会委员和技术委员会主席等职务。

2. 亚太法制计量论坛（APLMF）

亚太法制计量论坛是区域性国际计量组织，旨在协调和消除本地区法制计量领域中的技术壁垒和管理壁垒，促进地区的贸易自由和开放。目的是提供法制计量机构信息论坛，促进成员间及与其他地区的相互承认，加强与国际法制计量组织和其他机构的合作，接受和采用国际法制计量组织的国际建议及国际文件，协调法制计量培训课程，加强人员交流，为发展法制计量基础提供合作援助。

二、OIML 国际建议和国际文件

（一）OIML 国际建议

OIML 国际建议（R）是国际法制计量组织的两类主要出版物之一。它是针对某种计量器具的典型的推荐性技术法规。内容包括对计量器具的计量要求、技术要求和管理要求，以及检定方法、检定用设备、误差处理等。从 1990 年起，为了推行 OIML 证书制度，国际建议中增加型式评价试验方法和试验报告格式。

计量要求规定计量特性和有关影响量参数两个方面。计量特性如分度值、最大允许误差、稳定性、重复性、漂移、准确度等级等；影响量包括温度、振动、电磁干扰、供电电压等。技术要求规定为满足计量要求而必须达到的基本、通用的技术要求，包括外观结构、操作的适应性、安全性、可靠性、防止欺骗以及对显示方式、读数清晰等的要求。管理要求规定计量器具从设计到使用的各个阶段中有关型式批准、首次检定、后续检定、使用中检验、标识、标记、证书及其有效期、密封、锁定和其他计量安全装置的完整性等。最后界定该计量器具法制特性的授予、确认或撤销。

上述要求的目的是确保计量器具准确可靠。为了保护公众利益，首先要使用准确可靠的计量器具，给出准确的测量结果，并防止欺骗性，即决不允许利用计量器具作假行骗。为此，这种计量器具必须是优良的，即在设计上就要考虑这些要求都能得到实现，因此要进行型式评价、型式批准；为保证每台用于法制计量的器具都满足这些要求，使用前要进行首次检定；还必须保证使用中的计量器具能维持所要求的性能，要进行后续检定和使用中检验。这些就是国际法制计量组织认为应该对属于法制管理的计量器具提出的要求，也就是对国际建议所包含内容的要求。国际法制计量组织力图通过各国贯彻这些国际建议，将其转化为各国的国家计量规程，从而协调、统一各国对法制计量器具的要求，实现 OIML 的宗旨。按照《国际法制计量组织公约》的规定，各成员国应当在道义上尽可能履行这些决定，即有义务执行国际建议。国际建议实质上是指导各成员国开展法制计量工作的国际性技术法规，只是因为 OIML 是一个国际性的政府间组织，考虑到各国的主权，不能用法规这一带强制性的名称，而改用建议。OIML 国际建议被世贸组织（WTO）作为国际标准，用于消除技术性贸易壁垒（TBT）。目前，OIML 发布了一百多项国际建议。

（二）OIML 国际文件

OIML 国际文件（D）是国际法制计量组织的两类主要出版物之一，这类出版物实质上是提供文件资料，旨在改进法制计量机构的工作。

在 1972 年第四届国际法制计量大会上通过的“国际法制计量组织的工作方针”中指出，国际法制计量组织可能会发布一些文件，以促进各成员国与计量有关的国家技术法规的协调一致，从而会对各成员国之间在建立、组织或扩建计量业务方面的相互合作有所贡献。国际文件主要是关于计量立法和计量器具管理方面的管理性文件，也有一些针对某类计量器具的技术性文件。国际文件不像国际建议那样具有强制性，即 OIML 成员国在执行时不像对国际建议那样具有条约义务约束的强制性，由于各成员国政治体制不同，计量管理模式不同，经济发展水平不同，国际文件提供了对各成员国计量管理工作具有原则性指导意义的重要资料。目前，OIML 发布了 27 个国际文件。

（三）采用国际建议和国际文件的原则

OIML 各成员国有尽可能采用 OIML 国际建议的义务，而国际文件包括有关技术和管理性文件，属于非正式法规，各成员国可自行决定是否采用。

从已颁布的国际建议和国际文件的内容来看，所涉及的计量器具主要与贸易结算和公众利益，特别是与国际贸易密切相关。因此近年来各成员国都积极研究采用 OIML 国际建议。特别是 1980 年原国际关税和贸易总协定通过“标准守则”后，各成员国都在努力加快使本国的计量法令和规程与 OIML 国际建议尽可能取得一致。

为了积极采用国际建议和国际文件，原国家计量局于 1986 年 7 月 1 日印发了《采用国际建议管理办法（试行）》。按国际上的规定，OIML 国际建议和国际文件属于国际标准范畴。2001 年 11 月 21 日原国家质检总局发布了《采用国际标准管理办法》。2002 年 12 月 31 日原国家质检总局又发布了《国家计量检定规程管理办法》。上述文件规定采用国际建议的原则主要有以下几个方面：

1）国际法制计量组织制定公布的国际建议，是为各成员国制定有关法制计量的国家法规而提供的范本，采用国际建议是成员国的义务，也是国际上相互承认计量器具型式批准决定和检定、测试结果的共同要求。

2）采用国际建议应符合《计量法》及国家的其他有关法规和政策，并坚持积极采用、注重实效的方针。

3）采用国际建议是将国际建议的内容，经过分析、研究和试验验证，本着科学合理、切实可行的原则，等同或修改转化为我国的计量检定规程，并按我国计量检定规程的制定、审批、发布的程序规定执行。

4）采用国际建议的形式主要是三种：

① 等同采用，指与国际建议在技术内容上和文件结构上相同，或者与国际建议在技术内容上相同，没有或只存在少量编辑性修改。

② 等效采用，指与国际建议在技术内容上只有两者可以兼容的小的差异，并有编辑性修改。

③ 参照采用（修改采用），指与国际建议之间存在技术性差异，并清楚地标明这些差异以及解释其产生的原因，并包含有编辑性修改。

5）凡涉及我国颁发 OIML 计量器具证书的计量检定规程，应达到相应国际建议的全部要求，以实现国际互认。

6）凡等效采用或参照采用的计量检定规程，在封面和前言中必须明确国际建议的编号、名称和采用程度，并在编制说明中要详细说明采用国际建议的目的、意义、对比分析内容、我国规程和国际建议的主要差异及原因，上报时应附有国际建议的原文和中文版本文件。

采用 OIML 国际文件，以及其他国际组织的有关计量规范性文件，可参照上述要求。

三、OIML 证书制度

（一）OIML 证书制度的推行

1. OIML 证书制度概述

国际法制计量组织的计量器具证书制度是经过长达 20 年的酝酿和研究，于 1990 年 11 月第二十五届国际法制计量委员会时通过的。这种合格证书是在自愿的基础上，对符合国际法制计量组织国际建议的计量器具颁发的。

OIML 之所以要推行证书制度，一方面是受认证工作在全世界发展的影响；另一方面是要促进 OIML 国际建议在成员国中的推行。制造厂若要获得证书，其生产的计量器具必须要百分之百满足有关国际建议的要求。这是一种促进执行国际建议的推动力，从而更好地实现其公约规定的协调各国对法制计量器具要求的目的。同时也促进计量器具质量的提高。OIML 证书制度对促进计量器具的国际贸易具有极重要的作用，为消除技术壁垒创造条件。证书制度的另一个目的是在那些不需要进行型式批准的国家，对计量器具的首次检定提供方便，并且有助于促进那些符合 OIML 国际建议的要求。

证书是针对一定范围的计量器具颁发的。之所以要规定范围，一方面是法制计量器具本身就有范围；更重要的原因是，证书制度的目的之一是要实现成员国之间普遍的相互承认，要求各成员国颁发的证书具有可比性。考虑到各成员国技术发展水平不同，必须在国际建议中统一规定进行型式评价的要求、试验用设备、试验方法以及试验报告格式等。目前，大部分国际建议还不能满足这种要求，国际法制计量委员会已经采取措施，加快国际建议的修订，以扩大发证的范围。

2. OIML 证书制度的内容和推行

实施证书制度的具体内容是：对于发证范围内的计量器具，其制造厂可以自愿向所属成员国的发证机构提出申请；发证机构在审查并接受申请后，委托实验室对制造厂提供的样机进行试验；如果试验结果证明该种器具完全符合有关的 OIML 国际建议的要求，则由发证机构颁发 OIML 合格证书；然后由国际法制计量局注册，通知各成员国并在其出版物上发布。发证机构应尽可能准确地估算进行试验和发证所需的费用，并告知申请者所估算的试验发证费以及证书注册所需费用的准确数目；进行试验和发证所需的费用应根据每个国家收费实际情况来确定，注册所需费用由国际法制计量委员会确定。

OIML 证书制度还要求执行成员国，应保证制定一个包括申诉在内的执行、监督和管理这一制度的实施办法，并与本国的法律相符合。为此，我国于 1991 年由原国家技术监督局发布了《关于推行国际法制计量组织证书制度的通知》（技监局量发［1991］369 号文）对在我国具体推行这一制度规定了具体办法。我国在 1992 年 6 月 9 日由原国家技术监督局向国务院有关部门、各省、自治区、直辖市技术监督（标准计量、计量）局印发送了《关于试行国际法制计量组织证书制度的有关程序》的通知（技监局量法［1992］245 号文），并附有关程序 18 条。

（二）OIML 合格证书的使用

OIML 合格证书证明试验中以所用的样机代表的该种计量器具的型式符合有关的 OIML 国际建议中的各项要求。合格证书适用于那些已制定了 OIML 国际建议的计量器具，颁发证书的具体计量器具种类和适用的国际建议由国际法制计量局公布目录确定。各成员国可结合本国情况确定适用的范围，合格证书由 OIML 成员国的发证机构颁发，在我国此项工作由国家市场监督管理总局 OIML 中国秘书处负责。

我国已对国际建议 R76 非自动衡器、国际建议 R60 称重传感器两大类产品，向 27 家计量器具生产企业颁发 69 份 OIML 合格证书。另外还在准备颁发合格证书的有国际建议 R117 非水液体测量系统（加油机）、国际建议 R31 膜式燃气表。OIML 证书制度的实施，在提高我国计量器具制造水平、产品出口以及促进国际互认等方面起到了积极作用。

四、互认协议（MRA）

为顺应经济全球化发展和消除贸易技术壁垒的要求，1999 年 10 月 14 日，38 个《米制公约》成员国的国家计量院的院长和两个国际组织的代表在位于法国巴黎的国际计量局（BIPM）共同签署了《国家计量基准标准和国家计量院颁发的校准和测量证书互认协议》（简称“互认协议”，MRA）。MRA 的签署是自 1875 年《米制公约》诞生及 1960 年建立国际单位制后，贸易全球化推动全球计量体系发展的又一重大事件，目标是建立一个开放、透明的综合性全球计量体系，向世界各地用户提供各国国家计量院所保存的国家计量基准、标准之间可比性和等效度的信息，实现国家计量院签发的校准和测量证书的国际互认，从而为政府部门和有关各方签署国际贸易、商业和法律方面的协议提供可靠的技术基础。中国计量科学研究院作为首批签署者之一，于 1999 年加入了 MRA。

互认协议是在米制公约的授权下由国际计量委员会起草的，国际计量局为主协调人。其核心内容是在 BIPM 的主持下，由国际计量委员会 10 个咨询委员会（CIPM/CC）负责，并由 6 个区域计量组织（RMO）配合，有计划地开展国家计量基准、标准的国际比对，包括关键比对和辅助比对，从而给出各国计量基准、标准的等效度。在比对结果的基础上，各国计量院向所在区域的 RMO 提交其校准和测量能力（CMCs），经 RMO 组织的评审后，提交区域计量组织和国际计量局联合委员会（JCRB）审查，经过批准后方可进入 BIPM 编制的关键比对数据库（简称 KCDB），获得承认。

简而言之，MRA 的实施程序包含以下三个步骤：

1）计量基准、标准的关键比对，即由 CC、BIPM 和 RMO 选定并组织开展各个技术领域中主要技术和方法的比对，涵盖SI基本单位、导出单位及其倍数或分数单位以及部分实物标准。

2）计量基准、标准的辅助比对，即开展上述关键比对未涵盖的，但有特定需求的比对。

3）国家计量院质量管理体系和能力验证，即国家计量院应建立一个能维护计量基准、标准正常运行的质量管理体系，并具备实施校准与测量管理所需的组织机构、程序、过程和资源。

互认协议的最终结果，即国际计量局编制的关键比对数据库，由BIPM负责建立和维护，并在其网站（http://kcdb.bipm.org）上发布。

鉴于计量、认可和法制计量对于巩固工业、商业和国际贸易所依赖的全球统一的计量体系的重要性，BIPM、国际法制计量和国际实验室认可合作组织（ILAC）根据各自的使命，分别建立了不同领域的国际互认协议。考虑到这些互认协议之间的关联性和互补性，三个国际组织于2006年1月23日发表联合声明，邀请各国政府、立法机构、地区和国际贸易或经济组织及其他机构承诺，在一切可能之时合理地采用这些互认协议，承认协议框架下测量结果的可靠性、准确性、溯源性和符合性，从而实现一次测量、全球通用的最终目标，消除国际贸易中因进口国和出口国之间缺乏对测量结果的互认所造成的贸易技术壁垒。

第三章

数据处理与统计分析

第一节　测量误差

测量误差问题是计量测试中的一个基本问题，长期以来，受到人们广泛的重视。由于各种因素的影响，任何一种测量都不可避免地存在误差，人们已比较习惯应用系统误差和随机误差概念。近年来比较普遍地认为，表示测量结果的分散性，用“不确定度”更为合适。但是“误差”对于表示和分析测量仪器和设备的准确性，估计测量结果偏离约定真值的程度，研究改善测量准确度的方法等，都是必不可少的。

根据实际计量测试的需要，计量人员了解和掌握测量误差的一些基本概念，以及掌握评估测量误差的性质与大小的基本方法是十分必要的。

一、测量误差的基本概念

测量误差是指由测量赋予的被测量之值与被测量的真值之差。但是被测量的真值是无法准确得到的，虽然科技在不断发展，测量手段和测量方法不断改进，所确定的真值也只能是更接近客观存在的真值。因此通常所说的真值，实际上是约定真值。

在实际计量中，上一级的测量标准所复现的量值对下一级的测量标准，或测量标准所复现的量值对被测量来说，视为约定真值，也称为指定值或参考值（曾称为标准值）；在多次重复测量中，有时也用多次测量的算术平均值作为约定真值。

（一）绝对误差

测量误差有时称为测量的绝对误差。当用 Δx 表示绝对误差时，Δx 是测量结果 x 与被测量的真值 x_0之差，即

$$\Delta x = x-x_0 \tag{3-1}$$

当 Δx 为正时，称为正误差；当 Δx 为负时，称为负误差。由于 x_0不能确定，所以测量误差 Δx 是个理想的值，实际上常用指定值或多次测量的算术平均值（即约定真值）作为 x_0 的估计值，得到的是 Δx 的估计值。从定义上可知，得到的 Δx 估计值，通常是有量纲和正或负符号的量值。

（二）相对误差

相对误差是绝对误差（即测量误差）除以被测量的真值，即

$$\delta_x = \frac{\Delta x}{x_0} = \frac{x-x_0}{x_0} \tag{3-2}$$

相对误差通常以百分数表示，应是量纲一的量或是无量纲但有正或负符号的数值。

$$\delta_x = \frac{\Delta x}{x_0} \times 100\% \tag{3-3}$$

由于被测量的真值 x_0 不能确定，通常用约定真值，所以相对误差 δ_x 也是理想的值，实际得到的是其估计值。

当真值的指定值为被测量的标称值时，此时得到的相对误差可称为标称相对误差。

（三）分贝误差

分贝误差实际上是相对误差的另一种表示形式。

分贝的定义（对于电压和电流等）是

$$D = 20\lg x \tag{3-4}$$

设 $x = U_2/U_1$，U_1、U_2 为电压。若 x 有误差 Δx，则 D 也有一相应的误差 ΔD，即

$$D + \Delta D = 20\lg(x + \Delta x)$$

于是分贝误差为

$$\Delta D = 20\lg\left(1 + \frac{\Delta x}{x}\right) \tag{3-5}$$

由式（3-5）可得

$$\Delta D = 8.69\frac{\Delta x}{x} \tag{3-6}$$

或

$$\frac{\Delta x}{x} \approx 0.1151\Delta D \tag{3-7}$$

表 3-1 所列出的是常见分贝（dB）值与 U_2/U_1 的换算值。

表 3-1　分贝值与 U_2/U_1 的换算

dB 值	U_2/U_1	dB 值	U_2/U_1	dB 值	U_2/U_1
0	1.00	2.0	1.26	16.0	6.31
0.1	1.01	3.0	1.41	18.0	7.94
0.2	1.02	4.0	1.58	20.0	10.00
0.3	1.04	5.0	1.78	30.0	31.62
0.4	1.05	6.0	2.00	40.0	100.00
0.5	1.06	7.0	2.24	50.0	316.23
0.6	1.07	8.0	2.51	60.0	1000.00
0.7	1.08	9.0	2.82	70.0	3162.28
0.8	1.10	10.0	3.16	80.0	10000.00
0.9	1.11	12.0	3.98	90.0	31622.78
1.0	1.12	14.0	5.01	100.0	100000.00

上述分贝误差是对电压而言；若对功率 P 讲，则

$$D = 10\lg\frac{P_2}{P_1} = 10\lg x$$

$$\Delta D = 10\lg\left(1+\frac{\Delta x}{x}\right)$$

另外，在实际工作中，有时用分贝来表示信号电平。为此，必须确定一个基础电平，即所谓的零电平。在电信号中，零电平一般取为 1mW 的耗散功率（P）在 600Ω 的纯电阻（R）上所产生的电压降，即

$$U_0 = \sqrt{PR} = \sqrt{0.001\text{W}\times600\Omega} \approx 0.7746\text{V}$$

于是，用分贝来表示信号电平的公式为

$$D = 20\lg\frac{U}{0.7746}(\text{dB}) \tag{3-8}$$

表 3-2 所列的便是根据式（3-8）计算的电压—分贝值。

表 3-2　电压—分贝值

V	0.001	0.005	0.01	0.05	0.1	0.5	0.7746
dB 值	−58	−44	−38	−24	−18	−3.3	0
V	1	5	10	15	20	25	30
dB 值	2.3	16	22	26	28	30	32

另外，也可取 1μV 为零电平（如测量接收机）。此时，应予以注明。

（四）引用误差

引用误差是测量仪器示值的绝对误差与仪器的特定值之比，即

$$\delta_{x_{\lim}} = \frac{\Delta x}{x_{\lim}}\times100\% \tag{3-9}$$

特定值一般称为引用值，通常是指测量仪器的满刻度值或标称范围的上限。

引用误差也是一种相对误差，一般用于连续刻度的多档仪表，特别是电工仪表，引用误差常用来作为这些仪表的准确度等级标志。

如某电表的引用误差小于或等于 1.5%，该电表准确度等级为 1.5 级。

二、系统误差

（一）系统误差的概念

在对同一量进行多次测量的过程中，对每个测得值的误差保持恒定或以可预知方式变化的测量误差称为系统误差。

许多系统误差可通过实验确定（或根据实验方法、手段的特性估算出来）并加以修正。但有时由于对某些系统误差的认识不足或没有相应的手段予以充分确定，而不能修正，此时通常可估计未消除系统误差的界限。

系统误差与测量次数无关，也不能用增加测量次数的方法使其消除或减小。

系统误差按其呈现特征可分为常值系统误差和变值系统误差；而变值系统误差又可分为累积的、周期的和按复杂规律变化的系统误差。

常值系统误差是指在测量过程中绝对值和正负号始终不变的误差。

累积系统误差是指在测量过程中按一定速率逐步增大或减小的误差。例如，由于蓄电池或电池组（在正常工作区间）的电压缓慢而均匀地变化所产生的误差。

周期性系统误差是指在测量过程中周期性变化的误差。如，由度盘偏心所引起的误差。

按复杂规律变化的系统误差则是指在测量过程中按复杂规律变化的误差，一般可用曲线或公式来表示。例如，电能表的误差。

系统误差按其本质被定义为在重复条件下，对同一被测量进行无限多次测量所得结果的平均值与被测量的真值之差。实际上由于真值不能确定和有限次测量的缘故，系统误差并不能完全获知，得到的也是估计值。对测量仪器而言，是测量仪器的“偏移”，通常用适当次数重复测量的示值误差的平均值来估计。

（二）系统误差的产生

系统误差通常来源于影响量，常见的有如下几个来源。

(1) 装置误差　测量装置本身的结构、工艺、调整以及磨损、老化或故障等所引起的误差。

(2) 环境误差　环境的各种条件，如温度、湿度、气压、电场、磁场等引起的误差。

(3) 方法（或理论）误差　测量方法（或理论）不十分完备，特别是忽略和简化等所引起的误差。

(4) 人员误差　由于测量者的技术水平、个性、生理特点或习惯等所造成的误差。当然，若是自动测试，则不存在该项误差。

（三）系统误差的抵偿

系统误差不能完全被认知，因而也不能完全被消除，但可以采用下列一些基本方法进行抵偿或减小。

1）测量前设法消除可能消除的误差源。

2）测量过程中采用适当的实验方法，如替代法、补偿法、对称法等，将系统误差消除。

① 替代法：用与被测量对象处于相同条件下的已知量来替代被测量，即先将被测量接入测试回路，使系统处于某个工作状态，然后以已知量替代之，并使系统的工作状态保持不变。例如，利用电桥测量电阻、电感和电容等。

② 补偿法：通过两次不同的测量，使测量值的误差具有相反的符号，然后取平均值。例如，用正反向二次测量来消除热电转换器的直流正反向差。

③ 对称法：当被测量为某量（如时间）的线性函数时，距相等的间隔依次进行数次测量（至少三次），则其中任何一对的对称观测值累积误差的平均值皆等于与两次观测的间隔中点相对应的累积误差τ（图 3-1），即

$$\frac{\tau_1+\tau_3}{2}=\frac{\tau_2+\tau_4}{2}=\tau$$

利用对称性便可将线性累积系统误差消除。

例如，利用对称法来消除由于电池组的电压下降而在直流电位差计中引起的累积系统误差。事实表明，在一定的时间内，电池组的电压下降所产生的误差是与时间成正比的线性系

统误差。图 3-2 是电位差计的原理电路。首先在 R_n上平衡标准电压 E_n。

由于电池组的电压下降使工作电流减小，结果有 $(E_n/R_n)=I+\tau_1$。

然后在 R_x上平衡被测量电压 E_x，有 $(E_x/R_x)=I+\tau_2$。

最后，再次平衡 E_n，有 $(E_n/R_n)=I+\tau_3$。

如果每次测量的时间相等，则 $(\tau_1+\tau_3)/2=\tau_2$。

于是通过简单的运算便可得出不含有累积系统误差的 E_x值。

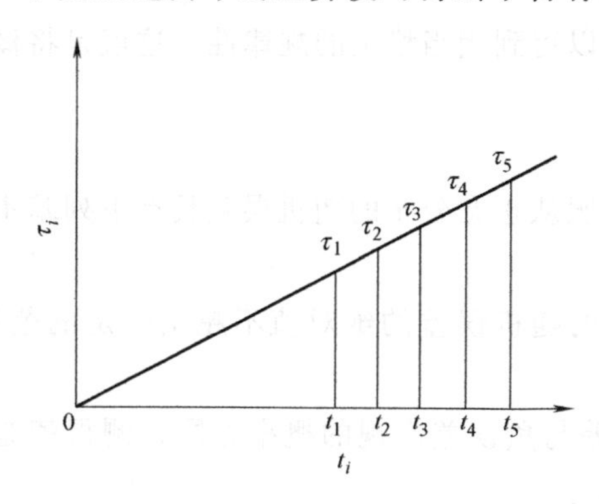

图 3-1　用对称法消除累积误差示意图

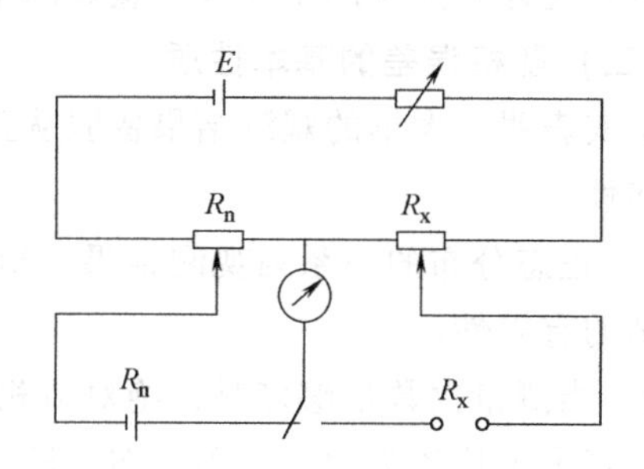

图 3-2　电位差计的原理电路

3）通过适当的计算对测量结果引入可能的修正量。

4）通过若干人的重复测量取平均来消除人员操作差异引入的误差。

需要指出，在具体测量中，往往很难将系统误差完全消除。因此应力求比较确切地给出残余系统误差的范围，即未消除的系统误差限。

三、随机误差

（一）随机误差的概念

在同一量的多次测量过程中，每个测得值的误差以不可预知方式变化，就整体而言却服从一定统计规律的测量误差称为随机误差。

随机误差是由尚未被认识和控制的规律或因素所导致的影响量的变化，引起被测量重复观测值的变化，故而不能修正，也不能消除，只能根据其本身存在的某种统计规律用增加测量次数的方法加以限制和减小。图 3-3 是测量平均值的标准差 $\sigma_{\bar{x}}$与测量次数 n 之间的关系曲线。可见，$\sigma_{\bar{x}}$随 n 的增加而减小，并且开始较快，逐渐变慢，当 n 等于 5 时已较慢，当 n 大于 10 时则更慢，故在一般测量中，取 $n=10$ 或 12 已足够了。

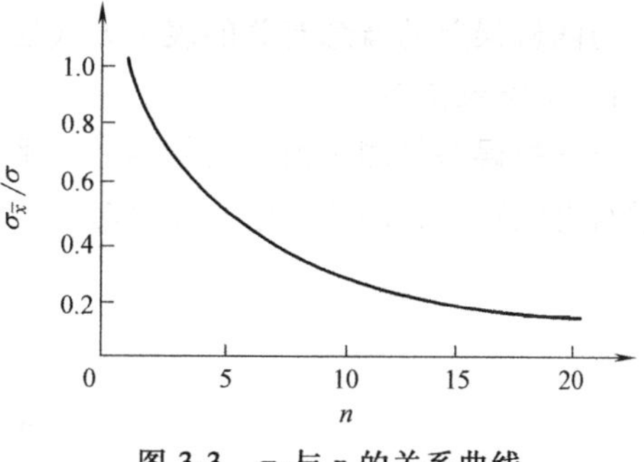

图 3-3　$\sigma_{\bar{x}}$与 n 的关系曲线

（二）随机误差研究的理论基础

概率论是研究随机现象的数量规律的科学。它是建立在随机事件的一系列基本概念和定义的基础之上的。

为了研究自然界的各种现象，需要进行大量的观察、实验和测量。观察是所有科学研究的基础，在观察时，被观察的对象所呈现的特征可以是质的，也可以是量的，而量值的确定只能通过测量。测量是为确定量值而进行的一组操作。实现每一个规定的观察、实验和测量统称为试验，每一个试验的结果构成一个事件。进行试验的各种条件之总和称为条件组。在一定的条件组下进行同一个试验，可能出现也可能不出现的事件叫随机事件。

实践表明，在相同条件下进行大量的试验，可以得到相当稳定的规律性。这就是将概率论和数理统计方法应用于处理大量观测结果的基础。

（三）随机误差的基本性质

事实表明，大量的观测结果皆服从正态分布。服从正态分布的随机误差具有下列基本统计规律性。

1）正态分布的一系列观测结果，给定概率 P 的随机误差的绝对值不超出一定的范围，即所谓的有界性。

2）当测量次数足够多时，绝对值相等的正误差与负误差出现的概率相同，测得值是以它们的算术平均值为中心对称分布，即所谓的对称性。

3）当观测次数无限增加时，所有误差的代数和，误差的算术平均值的极限趋于零，即所谓的抵偿性。

4）一系列测得值以它们的算术平均值为中心而相对集中地分布，绝对值小的误差比绝对值大的误差出现的机会多，即所谓的单峰性。

应该说明，上述性质是对常见正态分布类测量进行大量实验的统计结果。其中的有界性、对称性和单峰性不一定对所有的误差都存在，而抵偿性是随机误差的最本质特征。

（四）随机误差的表示方式

随机误差定义为：测量结果与在重复性条件下，对同一被测量进行无限多次测量所得结果的平均值之差。由这个定义知，随机误差等于测量误差减去系统误差。测量误差等于系统误差和随机误差之代数和。由于测量只能进行有限次数，故可能确定的只是随机误差的估计值。

与随机误差的概念有关的表示方式还有以下几种，都曾在不同场合采用过。

1. 方均根误差

方均根误差是测量值与真值偏差的平方和除以测量次数 n 再取平方根。通常由于测量只能进行有限次数，因此有限次测量时方均根误差 σ 的表达式应为

$$\sigma=\sqrt{\frac{\sum_{i=1}^{n}v_i^2}{n-1}} \tag{3-10}$$

式中 v_i——第 i 次测量值与算术平均值的偏差，称残余误差或残差；

n——测量次数。

$$v_i=x_i-\bar{x}$$

式中　$\bar{x}$——n 次测量值的算术平均值，$\bar{x}=\dfrac{1}{n}\sum\limits_{i=1}^{n}x_i$。

x_i——第 i 次测量值。

σ 所表征的是一个被测量的 n 次测量列所得结果的分散性，故称为测量列中单次测量的标准差。

如果在相同条件下对同一量值做多组重复的系列测量，每一系列测量都有一个算术平均值，由于随机误差的存在，各个测量列的算术平均值也不相同，它们围绕着被测量的总体均值有一定的分散性，此分散性说明了算术平均值的不可靠性。算术平均值的标准差则是表征同一被测量的各个独立测量列算术平均值分散性的参数，可作为算术平均值不可靠性的评定标准。

由推导可知，在 n 次测量的等精度测量列中，算术平均值的标准差为单次测量标准差的 $1/\sqrt{n}$。测量次数 n 越大，算术平均值越接近被测量的总体均值，测量准确度也越高。这就是我们通常取多次测量的平均值作为结果的原因。但是测量次数 n 值的增大必须付出较大的成本，当测量次数 $n>10$ 时，随 n 值的增大，算术平均值的标准差变化不大，因此一般测量次数取 $n=10$ 以内较为适宜。可见，要提高测量准确度，应采用较高准确度的测量仪器并选用适当的测量次数。

统计上允许的合理误差极限一般为 $\pm3\sigma$。

2. 平均误差

$$\bar{\Delta}=\frac{\sum\limits_{i=1}^{n}|v_i|}{n} \tag{3-11}$$

该误差形式的缺点是无法体现各次测量值之间的离散情况，因为不管离散大小，都可能有相同的平均误差。

3. 或然误差

在一组测量中，测量值的误差在 $-\gamma\sim0$ 之间的次数与在 $0\sim+\gamma$ 之间的次数相等，即

$$P(|\Delta|\leqslant\gamma)=\frac{1}{2} \tag{3-12}$$

则 γ 便称为或然误差。

根据定义，或然误差的求法是：将一组 n 个测量值的残差分别取绝对值按大小依次排列，如果 n 为奇数，则取中间者；如果 n 为偶数，是取最靠近中间的两者的平均值，故 γ 又称为中值误差。

标准差与平均误差、或然误差有如下关系：

$$\bar{\Delta}=0.7979\sigma\approx\frac{4}{5}\sigma \tag{3-13}$$

$$\gamma=0.6745\sigma\approx\frac{2}{3}\sigma \tag{3-14}$$

4. 范围误差

一系列测量中的最大值与最小值之差，即误差限（范围）。

显然，该误差只反映了误差限，而并没有反映测量次数的影响，体现不了误差的随机性

及其概率。

上述误差的各种表示形式，有的已不多用，甚至基本不用，最常用的是标准差，并已成为测量结果的标准不确定度的表征量。

四、测量误差的传递

（一）间接测量的误差

在实际工作中，经常会遇到间接测量，即根据一些直接测量的结果按一定的关系式去求得被测量的量。于是，便出现了关于间接测量的误差问题。

为了简便，设各项误差都是相互独立的，即不相关的；否则便需要引进所谓的相关系数。对于一般的测量误差，通常皆可按独立误差处理。

设间接测量结果 y 由直接测量 x_i 所决定，即

$$y=f(x_1,x_2,\cdots,x_n)=f(x_i)$$

令 Δx_i 为 x_i 的误差，Δy 为 y 的误差，则

$$y+\Delta y=f(x_1+\Delta x_1,x_2+\Delta x_2,\cdots,x_n+\Delta x_n)$$

将上式右侧按泰勒级数展开，并略去高次项，于是可得如下的绝对误差和相对误差：

$$\Delta y=\frac{\partial y}{\partial x_1}\Delta x_1+\frac{\partial y}{\partial x_2}\Delta x_2+\cdots+\frac{\partial y}{\partial x_n}\Delta x_n=\sum_{i=1}^{n}\frac{\partial y}{\partial x_i}\Delta x_i \tag{3-15}$$

$$\frac{\Delta y}{y}=\sum_{i=1}^{n}\frac{\partial y}{\partial x_i}\times\frac{\Delta x_i}{y} \tag{3-16}$$

（二）测量误差的合成

在实际计量测试中，对一个被测量来说，往往可能有许多因素引入若干项误差，应将所有误差合理地合成起来。

比较常见的测量误差合成方法有下列几种。这里，为了简便，设各项误差是彼此独立的。其实，通常的测量误差，往往都可看成是不相关的，即相互独立的。

1. 代数和法

将所有误差取代数和：

$$e=\sum_{i=1}^{n}e_i$$

式中 e——合成误差；

e_i——分项误差；

n——误差的项数。

2. 绝对值和法

将所有误差按绝对值取和，即

$$e=\sum_{i=1}^{n}|e_i|$$

该法完全没考虑误差间的抵偿，是最保守的，但也是最稳妥的。

3. 方和根法

取所有误差的方和根，即

$$e=\sqrt{\sum_{i=1}^{n}e_i^2}$$

该法充分考虑了各项误差之间的抵偿，对随机性的误差，较为合理，也比较简单。但当误差项较少时，可能与实际偏离较大，合成误差估算值偏低。

4. 广义方和根法

将所有误差分别除以相应的置信系数 k_i，再取方和根，并乘以总置信系数 k，即

$$e=k\sqrt{\sum_{i=1}^{n}(e_i/k_i)^2}$$

该法考虑了各随机误差的具体分布，具有通用性和合理性。但需要事先确定与误差相应的置信系数，往往比较麻烦。

上述的各种测量误差的合成方法，在具体应用时，必须根据各分项误差性质与大小，酌情而定。

（三）微小误差准则

在做误差合成时，有时误差项较多，同时它们的性质和分布又不尽相同，估算起来相当烦琐。如果各误差的大小相差比较悬殊，而且小误差项的数目又不多的话，则在一定的条件下，可将小误差忽略不计。该条件称为微小误差准则。

1. 系统误差的微小误差准则

系统误差合成时，设其中第 k 项误差 e_k 为微小误差。根据有效数字的规则，

当总的误差 e 取一位有效数字时，若 $e_k=(0.05\sim0.1)e$，则 e_k 便可忽略不计；

当总的误差 e 取二位有效数字时，若 $e_k<(0.005\sim0.01)e$，则 e_k 便可忽略不计。

2. 随机误差的微小误差准则

随机误差合成时，设其中第 k 项误差 e_k 为微小误差，并令 $e^2-{e_k}^2=(e')^2$。根据有效数字的规则，当总的误差 e 取一位有效数字时，有

$$e-e'<(0.05\sim0.1)e$$

$$e'>(0.9\sim0.95)e$$

$$(e')^2>(0.81\sim0.9025)e^2$$

$$e^2-(e')^2={e_k}^2<(0.0975\sim0.19)e^2$$

于是

$$e_k<(0.436\sim0.312)e$$

或近似地取

$$e_k<(0.4\sim0.3)e$$

即当某分项误差 e_k 约小于总误差 e 的 1/3 时，便可忽略不计。

当总的误差 e 取二位有效数字时，有

$$e-e'<(0.005\sim0.01)e$$

最后可得

$$e_k=(0.14\sim0.1)e$$

即当某分项误差 e_k 约比总的误差 e 小一个数量级时，便可将其忽略。

第二节 概率统计

概率统计是研究和揭示计量测试中随机现象统计规律的必不可少的数学工具。本章除了介绍随机事件及其概率、随机变量及其数字特征量、样本和统计量等基本概念外，还介绍了数据处理中常用的分布及其数字特征量。

一、随机事件和概率

（一）随机现象和随机事件

1. 随机事件定义

在自然界和人类社会活动中经常遇到一类现象：在一定条件下事件可能出现的结果不止一个，但至于出现哪一个事先无法确定，这就是随机现象，也叫偶然现象。例如，测量标称值9.5mm的0级量块长度尺寸，其测值可能是9.38mm与9.62mm之间的任何值，这在测量之前是没法确定的。对随机现象进行一次观察或实验，称为随机试验（用 E 表示）。随机试验的每一个可能结果称为 E 的一个基本事件，用 ω 表示。例如，测量该量块长度值为9.45mm，就称为测量量块长度的一个基本事件。随机试验的全部基本事件组成的集合称为该随机试验的样本空间，记为 $\Omega=(\omega)$。随机试验需具备如下条件：

1）可以在相同条件下重复。

2）全部可能结果有多个，这些可能的结果在试验前能明确知道。

3）每次试验可能的结果唯一，并且在试验前无法预知。

实际上，人们常关心的是试验结果中的某一部分，例如，测量该量块长度尺寸的标准偏差≤0.01μm；如果该量块长度尺寸（约定）真值已知，则测量该量块长度尺寸的偏移（算术平均值与真值之差）≤0.1μm；测量该量块长度尺寸值在9.38mm与9.62mm之间等，这些试验全部可能结果中的某一部分称为一个随机事件，用大写字母 A、B、…来表示。

A={测量量块长度尺寸的标准偏差≤0.01μm}；

B={测量量块长度尺寸的偏移≤0.1μm}；

C={测量量块长度尺寸值在9.380mm与9.620mm之间}。

2. 事件的基本关系

事件之间的关联可以用以下几种基本的关系来表示。

1）若 A 与 B 至少有一个发生（把它作为一个事件），则称为 A 与 B 的和（事件）或并（事件），记作 $A\cup B$，也可记为 $A+B$。如图3-4a所示。

2）把“A、B 都发生”作为一个事件，则称为 A 与 B 的交（事件）或积（事件），记作 $A\cap B$，也可记作 AB，如图3-4b所示。

3）“A 发生而 B 不发生”作为一个事件，称为 A 与 B 的差（事件），记作 A-B。如图 3-4c所示。

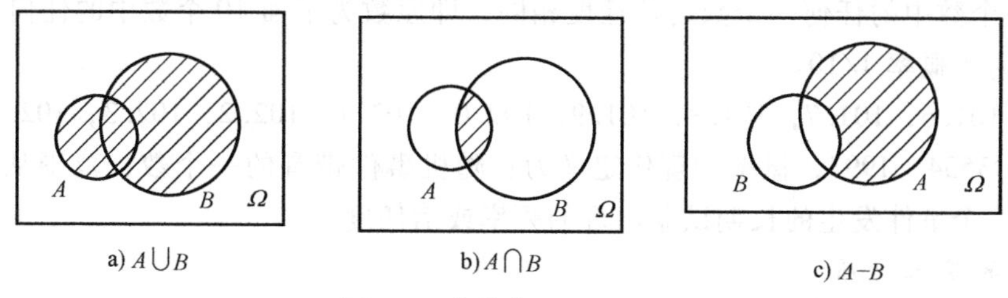

a) $A \cup B$　　b) $A \cap B$　　c) $A-B$

图 3-4　事件的和、积、差

4）A 发生，必然导致 B 发生，则称 A 含于 B，记作 $A \subset B$；或称 B 包含 A，记作 $B \supset A$。如图 3-5a 所示。

5）若 A、B 满足 $AB=\Phi$（Φ 为不可能事件）且 $A \cup B=S$（S 为必然事件），则称 A 和 B 互为对立事件，记作 $A=\overline{B}$ 或 $B=\overline{A}$。如图 3-5b 所示。

6）A 与 B 不能同时发生，即 $AB=\Phi$，则称 A 与 B 互斥，或称 A 与 B 互不相容。如图 3-5c所示。

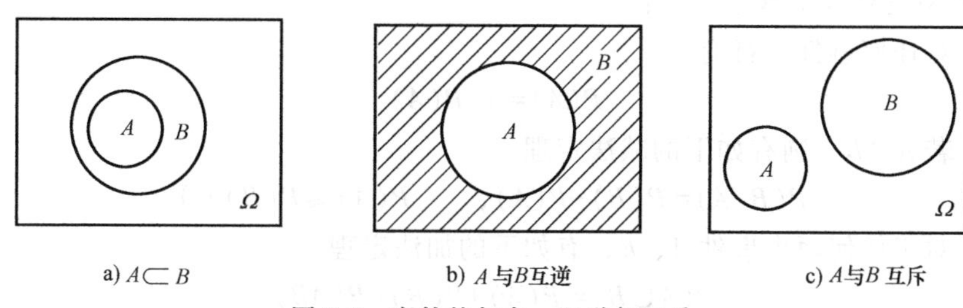

a) $A \subset B$　　b) A 与B互逆　　c) A与B 互斥

图 3-5　事件的包含、互逆与互斥

（二）事件的概率

1. 概率的频率定义

设某试验 E 的样本空间为 S，A 为 E 的一个事件。把试验 E 重复进行 n 次，在这 n 次试验中事件 A 发生的次数 m 称为事件 A 的频数。比值：

$$P^*(A)=\frac{m}{n}$$

称为事件 A 在 n 次试验中发生的频率。

实践表明当试验次数 n 很大时，$P^*(A)$ 几乎稳定地接近于常数 P，这种性质就叫频率的稳定性，它提供了一种可广泛应用于近似计算事件概率的方法。当试验次数充分大时，用频率来近似描述概率的方法称为概率的频率定义。

例如，对于某量块长度重复测量 100 次，其中有 95 次的数据出现在 9.380mm 与 9.620mm 之间，则称该事件｛量块长度尺寸值为 9.380mm 与 9.620mm 之间｝发生的概率近似为 0.95。

2. 概率的信任度定义

信任度是对事件发生的相信程度。当对事件发生全信时，信任度为 1；当对事件发生全不信时，信任度为 0；当对事件发生半信半疑时，信任度为 1/2。只要可以根据实际情况估计出该事件的信任度，它也可以作为该事件发生的概率。

例如，某测量数据 102 是由读至小数后一位的原数四舍五入而来，则可以认为该数的原数为下面 10 个数中的任何一个数的信任度相同，即原数为下面 10 个数中的任何一个数的概率相同，即为等概率 1/10。

101.5，101.6，101.7，101.8，101.9，102.0，102.1，102.2，102.3，102.4

根据 ISO3534—1993，概率的现代定义为：随机事件带有的一个数，范围从 0 至 1。它可以关联到一个事件发生的长期试验出现的频率或信任度。

3. 概率的基本性质

设随机事件 E 的样本空间为 Ω，对于每一个事件 A，其概率 $P(A)$ 满足下面的三条公理：

公理 1：$0 \leqslant P(A) \leqslant 1$

公理 2：对于必然事件 S，有 $P(S)=1$

公理 3：对于相互间不可能同时出现的事件 A_1，A_2，…，A_i…，有

$$P(\cup A_i)=\sum P(A_i)$$

满足该条件的这些事件称为互不相容的事件。

事件的概率还有以下基本性质：

性质 1：对任何事件 A 都有

$$P(A)=1-P(\bar{A})$$

性质 2：若 $A \subset B$，则有如下的减法定理

$$P(B-A)=P(B)-P(A), \qquad P(A) \leqslant P(B) \leqslant 1$$

性质 3：对于任何两个事件 A、B，有如下的加法定理

$$P(A \cup B)=P(A)+P(B)-P(AB)$$

特别是事件相互间不同时出现时，$P(A \cup B)=P(A)+P(B)$。

性质 4：对于任何两个事件 A、B，有如下的乘法定理

$$P(AB)=P(B)P(A|B)$$

式中 $P(A|B)$——事件 B 发生的条件下，事件 A 发生的概率（称为条件概率）。

特别当满足 $P(A|B)=P(A)$ 时，称事件 A 与事件 B 相互间独立，有 $P(AB)=P(B)P(A)$。

二、随机变量及其数字特征量

（一）随机变量

随机试验中，为了更好地分析和处理该试验的结果，需要将试验 E 的样本空间所包含的事件与数值对应起来。例如，测量标称值 9.5mm 的 0 级量块长度尺寸，对该量块重复测量 8 次，得到属于该测量样本空间 $\Omega=\{\omega\}$ 的 8 个基本事件如下：

必然事件 $S=\{\omega$；ω_1（测量值为 9.45mm），ω_2（测量值为 9.52mm），ω_3（测量值为 9.54mm），

ω_4（测量值为 9.48mm），ω_5（测量值为 9.47mm），ω_6（测量值为 9.49mm），

ω_7（测量值为 9.50mm），ω_8（测量值为 9.48mm）$\}$

用一个随机变量 X 来表示这 8 个基本事件的可能取到的测量值，则有

$X(\omega)=\{9.45\text{mm}$（当 ω_1 发生），9.52mm（当 ω_2 发生），9.54mm（当 ω_3 发生），9.48mm（当 ω_4 发生），9.47mm（当 ω_5 发生），9.49mm（当 ω_6 发生），9.50mm（当 ω_7 发生），9.48mm（当 ω_8 发生）$\}$

随机变量就是定义在随机试验样本空间 $\Omega=\{\omega\}$ 上的一个单值实函数，记作 $X=X(\omega)$，简记为 X。

（二）随机变量的概率密度分布

引入随机变量 X 后，关心的问题是：X 有可能取哪些值？X 以多大的概率在任意指定范围内取值？这就是随机变量的概率分布问题。例如，重复测量某量块的长度尺寸时，作为该量块长度尺寸的测量结果所取的可能值是充满某个区间的。我们关心测量结果落在该区间的概率是多少？

定义：随机变量 X 的分布函数为 $F(x)=P(X\leqslant x)$，如果存在一个非负可积函数 $f(x)$，使对任意的实数 x，均有

$$F(x)=\int_{-\infty}^{x} f(x)\,\mathrm{d}x$$

则称 X 是连续型随机变量，称 $f(x)$ 是 X 的概率密度函数。概率密度曲线 $f(x)$ 完好地描述了随机变量统计规律。易知，$f(x)$ 有下列两个性质：

$$\int_{-\infty}^{+\infty} f(x)\,\mathrm{d}x = 1$$

$$P(a\leqslant x<b)=\int_{a}^{b} f(x)\,\mathrm{d}x = 1-\alpha = p$$

式中　$a\leqslant x<b$——置信区间；

$P(a\leqslant x<b)$——置信概率（在测量不确定度评定中又称包含概率），简记符号 p；

α——显著性水平（又称弃真概率）。

它们的几何意义如图 3-6 所示。

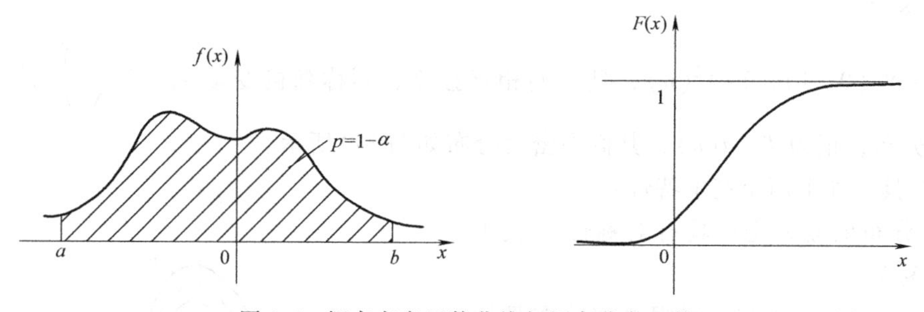

图 3-6　概率密度函数曲线与概率分布函数

在计量测试工作中，具体研究的随机变量就是与测量总体对应的随机误差。在实际相同的测量条件下，即使不存在系统误差和粗大误差，多次重复测量同一量，测得值也不尽相同，这是因为测值中含有不可避免的随机误差的缘故。随机误差的单次出现是无规律可循的，但通过大量的重复测量，其误差的总体都遵循一种统计分布的规律。这种规律就是用随机变量的概率密度函数及其分布函数来描述的。在计量测试的数据统计处理中常用到正态分布及其派生出来的一些重要统计量分布，如 χ^2 分布、t 分布和 F 分布。以下简单描述这几个

分布的概率密度函数。

1. 正态分布

连续随机变量 X 服从正态分布，其概率密度函数为

$$f(x)=\frac{1}{\sqrt{2\pi}\sigma}\exp\left[-\frac{(x-\mu)^2}{2\sigma^2}\right] \tag{3-17}$$

式中 σ 和 μ 为两个常数，$\sigma>0$。记 $X\sim N\ (\mu,\ \sigma^2)$，其概率密度曲线如图 3-7 所示。正态分布曲线具有两个基本特性：

1）对称性：以 $x=\mu$ 为对称轴呈现中间高、两边低的钟形，称 μ 为位置参数。

2）单峰性：在 $x=\mu$ 处有最大概率，$f(x)=\frac{1}{\sqrt{2\pi}\sigma}$，$\sigma$ 越小，图形的峰越高，且越陡峭，称 σ 为形状参数。

2. χ^2 分布

设 X_1，X_2，…，X_n 相互独立，均服从 $N\ (0,\ 1)$，则称随机变量 $\chi^2=X_1^2+X_2^2+\cdots X_n^2$ 服从自由度为 n 的 χ^2 分布，记为 $\chi^2(n)$，概率密度分布如图 3-8 所示。

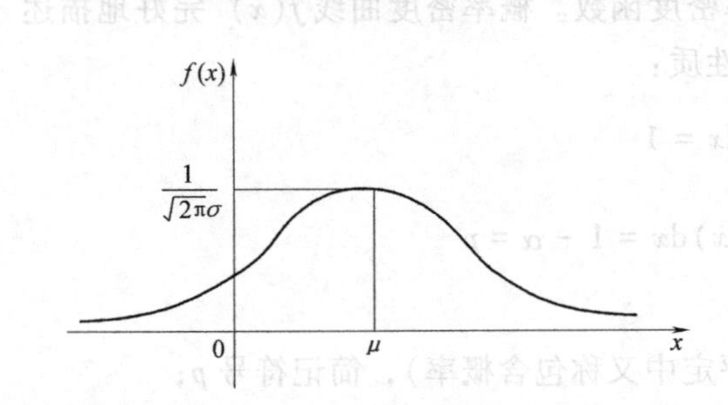

图 3-7　正态分布概率密度函数曲线

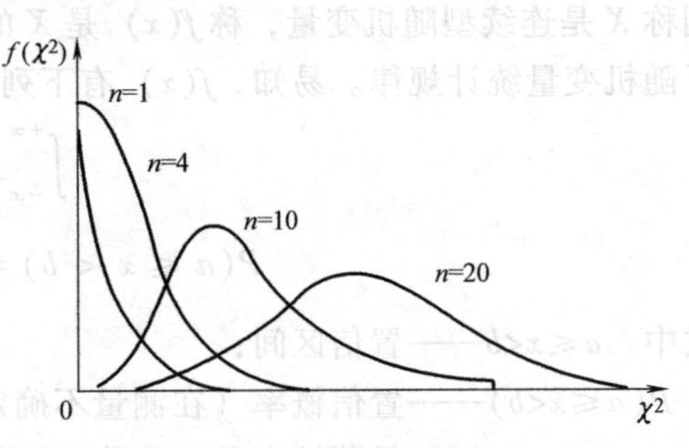

图 3-8　χ^2 分布概率密度函数曲线

3. t 分布

设 $X\sim N\ (0,\ 1)$，$Y\sim\chi^2(n)$，且它们相互独立，则称随机变量 $T_n=X/\sqrt{\frac{Y}{n}}$ 服从自由度为 n 的 t 分布，记为 $T_n\sim t(n)$，其概率密度分布如图 3-9 所示。

t 分布具有如下两个基本特性：

1）t 分布的概率密度具有对称性（关于 $x=0$ 轴对称）。

2）$n\to\infty$ 时，t 分布的极限概率分布是标准正态分布。

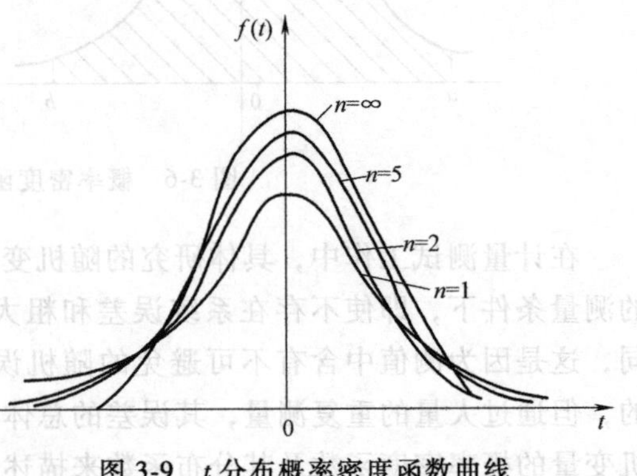

图 3-9　t 分布概率密度函数曲线

4. F 分布

设 $X\sim\chi^2(m)$，$Y\sim\chi^2(n)$，且它们相互独立，则称随机变量 $F_{m,n}=\frac{X/m}{Y/n}$ 服从第一自由度为 m，第二自由度为 n 的 F 分布，记为 $F_{m,n}\sim$

$F_{(m,n)}$，其概率密度分布 $f(F)$ 如图 3-10 所示。

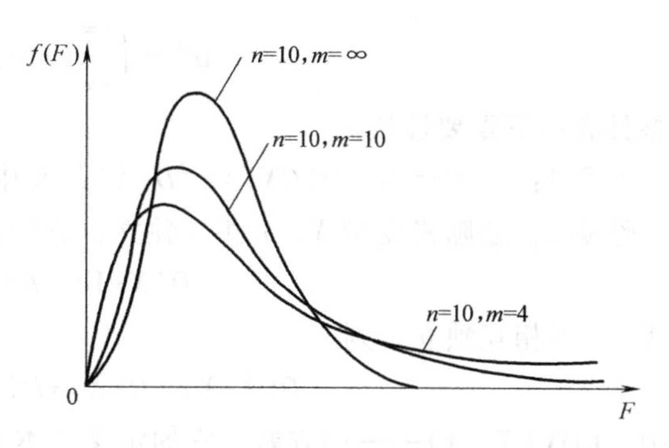

图 3-10　F 分布概率密度函数曲线

（三）随机变量的数字特征

对于随机变量 X，如果知道了它的概率分布，便知道了 X 取值的全面情况。但在许多问题中，更希望概略地掌握随机变量取值的某些重要特征。例如，在测量某物体长度时，测量结果是一个随机变量。实际工作中，常用多次测量的平均值作为该物体长度，并用标准差来衡量多次测量值的分散程度。随机变量取值的平均值与标准差是随机变量的两个最重要的数字特征。此外，还有表示随机变量取值分布的对称性、峰态以及随机变量间相互依赖等方面特性的数字特征。以下分别描述。

1. 数学期望

定义：设连续型随机变量 X 的概率密度为 $f(x)$，若积分 $\int_{-\infty}^{+\infty} xf(x)\mathrm{d}x$ 绝对收敛，即 $\int_{-\infty}^{+\infty} |x|f(x)\mathrm{d}x<+\infty$，则称它为 X 的数学期望或均值，记为 $E(X)$ 或 μ

$$\mu = E(X) = \int_{-\infty}^{+\infty} xf(x)\mathrm{d}x \tag{3-18}$$

由定义可见，数学期望是反映随机变量取值的"平均大小"的数字特征，它的定义来自人们常说的平均概念。

数学期望有以下几个重要性质。

性质 1：$E(C)=C$，$E(CX)=CE(X)$，其中 C 是常数。

性质 2：若随机变量 X、Y 的数学期望存在，则 $X+Y$ 的数学期望存在，且

$$E(X+Y)=E(X)+E(Y)$$

性质 3：若随机变量 X、Y 的数学期望存在，且 X 与 Y 独立，则 $X\cdot Y$ 的数学期望存在，且

$$E(XY)=E(X)E(Y)$$

2. 方差与标准差

数学期望表示了随机变量取值的平均大小，在很多实际问题中，还需要考虑随机变量取值的分散程度。很明显，用 $|X-E(X)|$ 可以反映 X 的取值分散程度。但是 $|X-E(X)|$ 仍然是个随机变量，因此用它的取值平均值（严格说为数学期望）即 $E|X-E(X)|$ 来反映 X 的分散程度是最合适的。考虑到在数学处理上的方便，通常采用 $E[X-E(X)]^2$ 来描述 X 的取值分散程度。

定义：设随机变量 X 的数学期望为 $E(X)$，若 $E[X-E(X)]^2$ 存在，则称它为 X 的方差，记为 $D(X)$ 或 $Var(X)$，即

$$D(X) = E[X - E(X)]^2 = \int_{-\infty}^{+\infty} (x-\mu)^2 f(x)\mathrm{d}x \tag{3-19}$$

$\sqrt{D(X)}$ 称为 X 的标准差或均方差，记为 $\sigma(X)$ 或 σ，即：

$$\sigma^2 = \int_{-\infty}^{+\infty} (x - \mu)^2 f(x)\,\mathrm{d}x \tag{3-20}$$

方差具有如下重要性质。

性质 1：$D(C)=0$，$D(CX)=C^2D(X)$，其中 C 是常数。

性质 2：若随机变量 X、Y 相互独立，它们的方差都存在，则 $X\pm Y$ 的方差也存在，且

$$D(X\pm Y)=D(X)+D(Y)$$

若 X、Y 不相互独立，则

$$D(X\pm Y)=D(X)+D(Y)\pm 20\mathrm{COV}(X、Y)$$

式中　$\mathrm{COV}(X、Y)$——协方差，它的定义在本节后文介绍。

本性质是第四章讨论误差合成、测量不确定度合成和传播公式来源的主要依据。

性质 3：$D(X)=E[X-E(X)]^2<E(X-C)^2$，其中 C 是常数。

在测量中，可以用 μ 表示测量数据分布的“重心”，该“重心”与被测量的理想值之差反映测量系统误差的大小，即测量的正确度。用标准差 σ 表示测量的一种“重复性”“复现性”“稳定性”和“测量标准不确定度”等。图 3-11 所示的三条分布曲线，表明三者测量的标准差相同，但测量的正确度不同；图 3-12 所示的情形恰好相反。

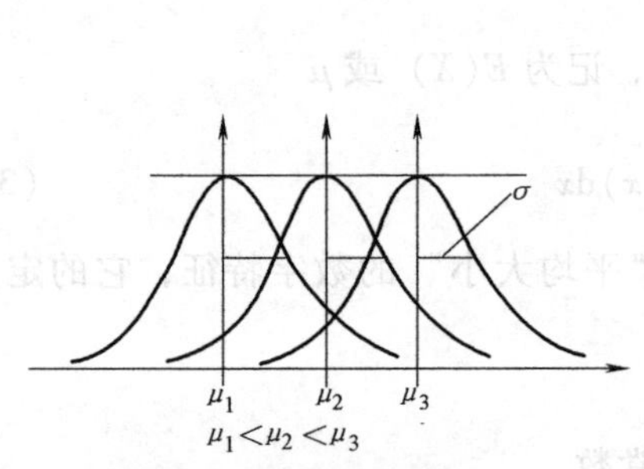

图 3-11　数学期望的意义

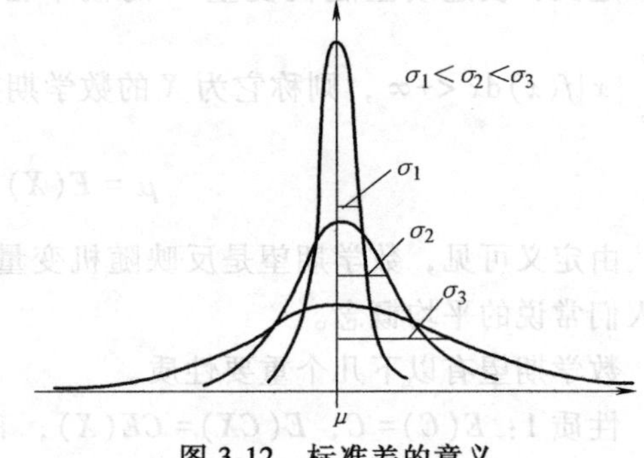

图 3-12　标准差的意义

3. 三阶中心矩与偏态系数

定义：三阶中心矩

$$\mu_3 = \int_{-\infty}^{+\infty} (x - \mu)^3 f(x)\,\mathrm{d}x \tag{3-21}$$

为了消除三阶中心矩单位量纲的影响，定义偏态系数为

$$\gamma_3=\frac{\mu_3}{\sigma^3} \tag{3-22}$$

偏态系数 γ_3 是描述随机变量分布对称程度的一个数字特征。显然，正态分布具有零偏态性质，即 $\gamma_3=\mu_3=0$，它的密度分布曲线是关于 $x=\mu$ 对称的。如图 3-13 所示，当 $\gamma_3>0$ 时称为具有正偏态，$\gamma_3<0$ 时称为具有负偏态。在有的场合，也称 γ_3 为偏度。

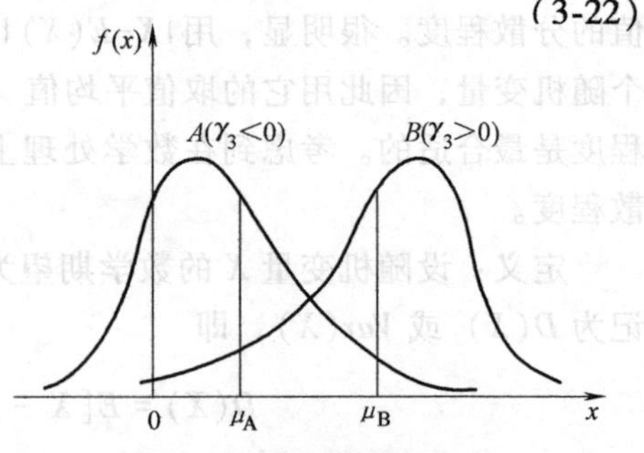

图 3-13　偏态系数的意义

4. 四阶中心矩与超越系数

四阶中心矩 μ_4 和超越系数 γ_4 的定义如下：

$$\mu_4 = \int_{-\infty}^{+\infty} (x-\mu)^4 f(x)\,\mathrm{d}x \tag{3-23}$$

$$\gamma_4 = \frac{\mu_4}{\sigma^4} - 3 \tag{3-24}$$

比较几种常见分布的μ_4/σ^4及γ_4的数值可见，它们表征了随机分布的峰凸程度。μ_4/σ^4是将μ_4无量纲化，而γ_4是按标准正态分布归零的结果。也就是说，对于正态分布，超越系数γ_4视为零；与正态分布比较，较尖峭的分布有$\gamma_4>0\left[如 f(x)=\dfrac{1}{2}e^{-|x|}的 \gamma_4=3\right]$，较平坦的分布有$\gamma_4<0$（如三角分布的$\gamma_4=-0.6$，均匀分布的$\gamma_4=-1.2$，两点分布的$\gamma_4=-2.0$）。图 3-14 中的Ⅰ、Ⅱ、Ⅲ依次表示标准正态分布、$f(x)=\dfrac{1}{2}e^{-|x|}$分布和均匀分布的峰凸情形。在有的场合，也称$\gamma_4$为峰度，或称$\mu_4/\sigma^4$为峰态系数。

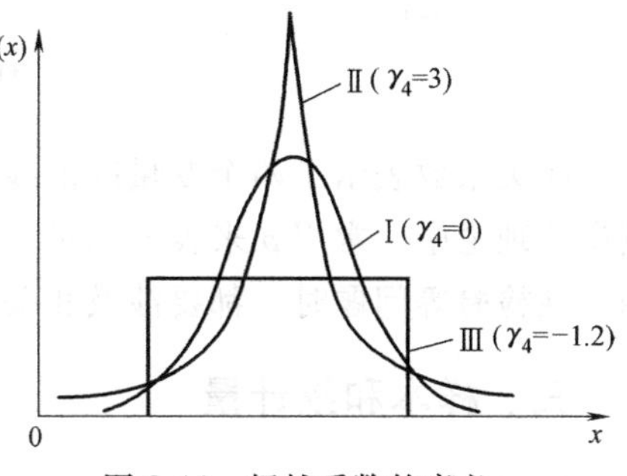

图 3-14　超越系数的意义

5. 协方差和相关系数

对于二维随机变量（X、Y），它的分量X、Y的数学期望$E(X)$、$E(Y)$，方差$D(X)$、$D(Y)$只能反映每个分量取值的平均大小和取值的分散程度，它们不能反映X、Y之间联系的程度。这里，再引入协方差和相关系数概念。

（1）协方差　对于两维随机变量（x，y），$f(x, y)$为它们的概率密度曲线，如下积分表示了两变量间的相关联系

$$\mathrm{COV}(x,y) = \int_{-\infty}^{+\infty}\int_{-\infty}^{+\infty} (x-\mu_x)(y-\mu_y) f(x,y)\,\mathrm{d}x\mathrm{d}y \tag{3-25}$$

式中

$$\mu_x = \int_{-\infty}^{+\infty}\int_{-\infty}^{+\infty} x f(x,y)\,\mathrm{d}x\mathrm{d}y$$

$$\mu_y = \int_{-\infty}^{+\infty}\int_{-\infty}^{+\infty} y f(x,y)\,\mathrm{d}x\mathrm{d}y$$

$\mathrm{COV}(x, y)$称为变量x和y的相关矩（或协方差）。当两个变量的相关矩不等于零，表示它们之间存在一定的联系，即指$f(x, y)$是不可分离的。

（2）相关系数　由式（3-25）可知，相关矩不仅表征变量之间的关联性，而且还表征它们关于一阶原点矩的偏差情况。事实上，譬如量x、y中之一与一阶原点矩的偏差极小，那么两个量之间无论有多么密切的联系，它们的相关矩永远是小的。所以为了纯粹地表示量x、y之间的联系，将相关矩$\mathrm{COV}(x, y)$除以$\sigma_x\sigma_y$，这样得到的无量纲的量称为相关系数，记为ρ。

$$\rho = \frac{\mathrm{COV}(x,y)}{\sigma_x\sigma_y} \tag{3-26}$$

可以证明

$$-1 \leqslant \rho \leqslant 1 \tag{3-27}$$

当$\rho>0$，称x与y正相关，当$\rho<0$，称x与y负相关。图 3-15 表示了四种实验统计的结

果，它们分别是线性相关、正相关、负相关和实际的不相关。

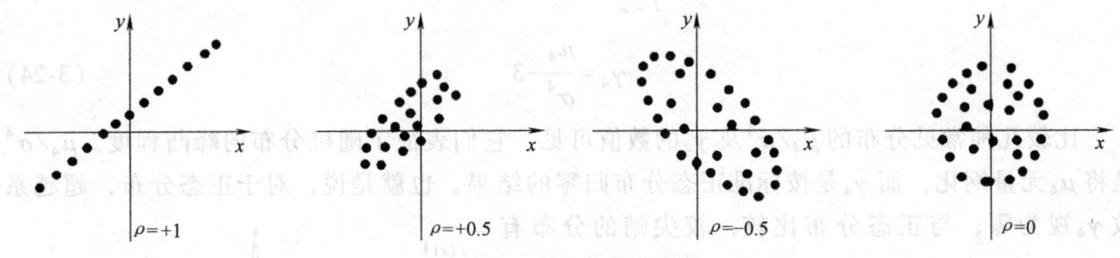

图 3-15 相关系数的意义

相关系数表示了两个变量间的线性相关程度，而不反映它们之间的其他关联性质。在测量误差理论中，常用ρ来表征测量因素x对被测量y的线性关联的程度。在讨论线性回归和相关性检验等问题时，都要涉及相关系数和协方差计算的问题。

三、样本和统计量

（一）基本概念

在数理统计中，把研究对象的全体称为总体，把组成总体的每一个元素称为个体。抽样就是从总体X中随机抽取一定数量的个体，如（x_1，x_2，…，x_n），这组个体称为容量为n的一个样本。若x_1，x_2，…，x_n相互独立且每个分量x_i与总体X有相同的分布，则（x_1，x_2，…，x_n）又被称为简单随机样本。数理统计的任务就是根据样本（x_1，x_2，…，x_n），对总体X的分布及其数字特征进行估计与推断。因而要求样本尽可能有代表性，即抽样要满足

1）总体中每个个体被抽得的机会均等。

2）从总体中抽取有限个个体后，总体的分布不变。

从总体X中，抽取样本（x_1，x_2，…，x_n）后，为了根据对样本的分析与研究去估计、推断总体X的分布与数字特征，往往需要将样本（x_1，x_2，…，x_n）进行加工整理，构造出关于样本的不含任何未知参数的连续函数φ（x_1，x_2，…，x_n），这种函数就称为统计量。

前面内容提到的χ^2分布、t分布和F分布就属于统计量的分布。另外，常用的统计量大多是样本的一些数字特征量，如，样本均值、样本方差、样本偏态系数、样本超越系数、两个变量间的样本相关系数等。这些统计量，在计量工作中都有重要的应用。为了引入几个常用的统计量公式，先不加证明地引入如下的几个有关统计量分布的重要结论。

（二）样本均值和样本方差及其分布

在测量工作中，常要用到以下三个统计公式，它们分别是总体X的样本均值$\bar{x}$、样本方差s^2和样本均值的标准偏差$s(\bar{x})$。

$$\bar{x}=\frac{1}{n}\sum_{i=1}^{n}x_i \tag{3-28}$$

$$s^2=\frac{1}{n-1}\sum_{i=1}^{n}(x_i-\bar{x})^2 \tag{3-29}$$

$$s(\bar{x})=\frac{s}{\sqrt{n}} \tag{3-30}$$

例如，样本均值 $\bar{x}$ 常用作同一测量条件下的测量结果，样本方差 s^2 常用作评价某个测量仪器的重复性或测量方法的精密度，样本均值的标准偏差 $s(\bar{x})$ 常用作评价测量结果 $\bar{x}$ 的重复性。有时式（3-29）用算术平方根的形式来表示，称之为贝塞尔（Bessel）公式。以下的第一个定理可以验证这三个估计是一种最佳的估计。

定理 1：设总体 X 为任何分布，只要 $E(X)=\mu$，$D(X)=\sigma^2$ 存在，则有

$$E(\bar{x})=E(X)=\mu$$

$$D(\bar{x})=\frac{1}{n}D(X)=\frac{\sigma^2}{n}$$

$$E(s^2)=D(X)=\sigma^2$$

定理 2：设总体 $X\sim N$（μ，σ^2），（x_1，x_2，…，x_n）为来自总体的一个样本，其样本均值和样本方差分别 $\bar{x}$ 和 s^2，则有

1）$\bar{x}$ 和 s^2 相互独立。

2）$\bar{x}\sim N\left(\mu, \dfrac{\sigma^2}{N}\right)$，此结论用于多次测量取平均值以减小随机误差。

3）$\dfrac{(n-1)\ s^2}{\sigma^2}\sim \chi^2\ (n-1)$，此结论用于样本标准差的区间估计。

4）$U=\dfrac{\bar{x}-\mu}{\dfrac{\sigma}{\sqrt{n}}}\sim N\ (0, 1)$，此结论用于已知 σ 测量结果的区间估计。

5）$T=\dfrac{\bar{x}-\mu}{\dfrac{s}{\sqrt{n}}}\sim t\ (n-1)$，此结论用于测量结果的区间估计。

定理 3：设有两个总体：$X\sim N(\mu, \sigma_1^2)$，其样本为（x_1，x_2，…，x_{n_1}），样本均值为 $\bar{x}$，样本方差为 $s_1{}^2$；$Y\sim N$（μ_2，σ_2^2），其样本为（y_1，y_2，y_3，…，y_{n_2}），样本均值为 $\bar{y}$，样本方差为 s_2^2。两样本相互独立，则有：

1）$U=\dfrac{(\bar{x}-\bar{y})-(\mu_1-\mu_2)}{\sqrt{\dfrac{\sigma_1^2}{n_1}+\dfrac{\sigma_2^2}{n_2}}}\sim N(0,1)$，此结论用于两组样本差异显著性的正态分布检验。

2）$\chi^2=\dfrac{(n_1-1)s_1^2}{\sigma_1^2}+\dfrac{(n_2-1)s_2^2}{\sigma_2^2}\sim\chi^2(n_1+n_2-2)$，此结论用于 χ^2 检验。

3）$F=\dfrac{s_1^2/\sigma_1^2}{s_2^2/\sigma_2^2}\sim F\ (n_1-1, n_2-1)$，此结论用于 F 检验。

4）当 $\sigma_1^2=\sigma_2^2$ 时，$T=\dfrac{(\bar{x}-\bar{y})-(\mu_1-\mu_2)}{s_w\sqrt{\dfrac{1}{n_1}+\dfrac{1}{n_2}}}\sim t(n_1+n_2-2)$，其中 $s_w=\sqrt{\dfrac{(n_1-1)s_1^2+(n_2-1)s_2^2}{n_1+n_2-2}}$，此结论用于两组样本差异显著的 t 分布检验。

四、测量统计实例

（一）常见分布及其数字特征量

1. 正态分布

在实际测量中，经常遇到一类服从正态分布的随机误差。它产生的特征是，测量误差源很多，又没有一个是明显的。正态分布正是由这么多微小、相互独立的因素综合影响测量结果的一种随机测量分布。这一事实早已被概率论的中心极限定理所证明。

依照正态分布的统计规律，其概率密度函数为

$$f(x)=\frac{1}{\sqrt{2}\pi\sigma}\exp\left[-\frac{(x-\mu)^2}{2\sigma^2}\right]$$

测量值 x 在以 μ 为中心的分布区间 $[\mu-k\sigma，\mu+k\sigma]$ 的置信概率

$$p=\int_{\mu-k\sigma}^{\mu+k\sigma}f(x)\,\mathrm{d}x=\frac{2}{\sqrt{2}\pi}\int_0^k \mathrm{e}^{-t^2/2}\mathrm{d}t \tag{3-31}$$

式中　$t=\frac{x-\mu}{\sigma}$。

测量在一定置信概率下的误差分布界限或极限误差用区间半宽度表示如下

$$\Delta=k\sigma \tag{3-32}$$

图 3-16 表示了三种大小不同的分布区间的置信概率。一些常用置信因子 k 对应的置信概率 p 见表 3-3。

表 3-3　常用置信因子 k 对应的置信概率 p

k	3. 30	3. 0	2. 58	2. 0	1.96	1.645	1.0	0.6745
p	0.999	0.9973	0.99	0.954	0.95	0.90	0.683	0.5
a	0.001	0.0027	0.01	0.046	0.05	0.10	0.317	0.5

其中 μ、σ 分别为数学期望和标准差，μ 反映测量值的大小，σ 反映测量值的分散性大小。正态分布可记为 $X\sim N(\mu，\sigma^2)$。当 $\mu=0$，$\sigma=1$ 时，称为标准正态分布，分布函数简化为

$$\varphi(x)=\frac{1}{\sqrt{2}\pi}\mathrm{e}^{-\frac{x^2}{2}} \tag{3-33}$$

习惯上，记

$$\Phi(x)=\int_{-\infty}^{x}\varphi(x)\,\mathrm{d}x=\int_{-\infty}^{x}\frac{1}{\sqrt{2}\pi}\mathrm{e}^{-\frac{x^2}{2}}\mathrm{d}x \tag{3-34}$$

实际应用时，$\Phi(x)$ 的值可查标准正态分布积分数值表。

例，设 $X\sim N(\mu，\sigma^2)$，求落在区间 $(\mu-k\sigma，\mu+k\sigma)$ 内的概率，其中 $k=1，2，3$。

解：

$$P\{|X-\mu|\leqslant k\sigma\}=P\{\mu-k\sigma\leqslant X\leqslant\mu+k\sigma\}$$
$$=\Phi(k)-\Phi(-k)=\Phi(k)-[1-\Phi(k)]=2\Phi(k)-1$$

上式利用了正态分布性质 $P\{x_1<X<x_2\}=F(x_2)-F(x_1)=\Phi\left(\frac{x_2-\mu}{\sigma}\right)-\Phi\left(\frac{x_1-\mu}{\sigma}\right)$

对 $k=1，2，3$ 分别查标准正态分布积分数值表得

$$P\{|X-\mu|<1\sigma\}=2\Phi(1)-1=0.6856$$

$$P\{|X-\mu|<2\sigma\}=2\Phi(2)-1=0.9544$$

$$P\{|X-\mu|<3\sigma\}=2\Phi(3)-1=0.9973$$

计算结果如图 3-16 所示。

从上面的分析可以看出，由于正态变量在（$\mu-3\sigma$，$\mu+3\sigma$）内取值的概率已达到 99.73%，因此可以认为变量 X 落在区间（$\mu-3\sigma$，$\mu+3\sigma$）以外的可能性极小，是小概率事件。这在数据处理和工程应用中称为“3σ 准则”。

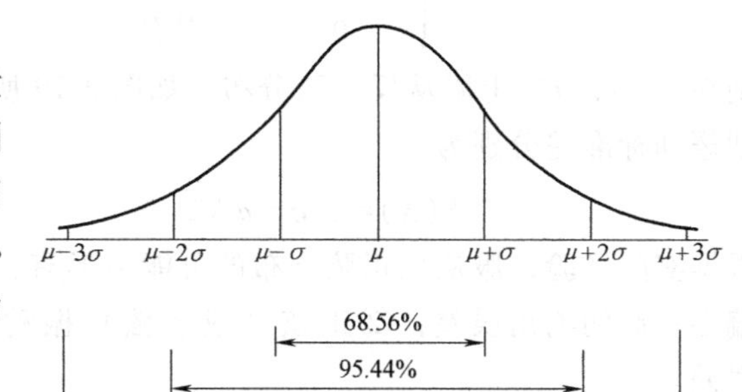

图 3-16　正态分布

2. 均匀分布

若测量值在某一范围中出现的机会一样，即均匀一致，则可认为测量值服从均匀分布，如图 3-17 所示。测量值 x 服从［a_-，a_+］上均匀分布的概率密度函数为

$$f(x)=\begin{cases}\dfrac{1}{a_+-a_-} & a_-\leqslant x<a_+\\ 0 & \text{其他}\end{cases}$$

其期望和标准差分别为

$$E(X)=(a_-+a_+)/2,\ \sigma=\frac{1}{2\sqrt{3}}(a_+-a_-)=\frac{a}{\sqrt{3}}(a_+=a,\ a_-=-a)$$

根据实际经验，服从均匀分布的测量的可能情形有：①数据切尾引起的舍入误差；②电子计数器的量化误差；③摩擦引起的误差；④仪器度盘或齿轮回程误差；⑤平衡指示器调零不准引起的误差；⑥李沙育图形不稳定引起的误差；⑦数字示值的分辨力限制引起的误差；⑧滞后误差。

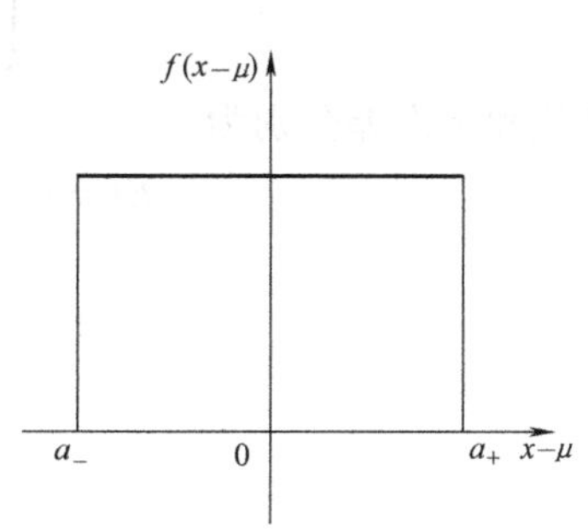

图 3-17　均匀分布

3. 三角分布

若测量值 x 分布的概率密度函数为

$$f(x)=\begin{cases}\dfrac{a+x}{a^2} & -a\leqslant x\leqslant 0\\ \dfrac{a-x}{a^2} & 0\leqslant x\leqslant a\end{cases}$$

则称测量值 x 服从三角分布，如图 3-18 所示。其期望与标准差分别为：

$$E(X)=0,\sigma=a/\sqrt{6}$$

三角分布可作为等腰梯形分布的特殊情况，通常在两次相同均匀分布相加取平均后可视为三角分布。

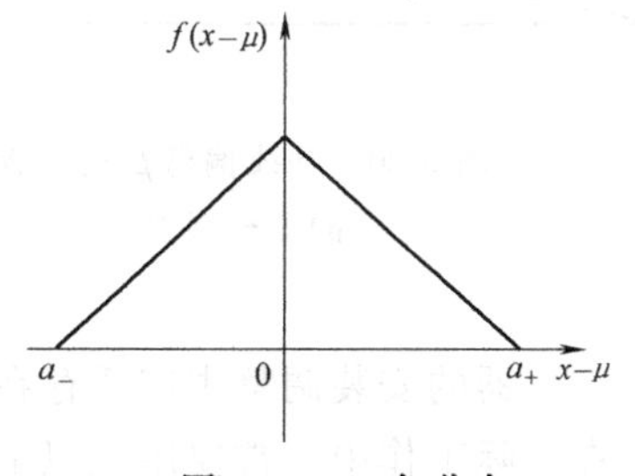

图 3-18　三角分布

4. 反正弦分布

若测量值 x 服从如下概率密度分布

$$f(x)=\begin{cases}\dfrac{1}{\pi\sqrt{a^2-x^2}} & -a<x<a\\ 0 & 其他\end{cases}$$

则在（$-a$，a）上服从反正弦分布，如图 3-19 所示。其期望和标准差分别为

$$E(X)=0,\sigma=a/\sqrt{2}$$

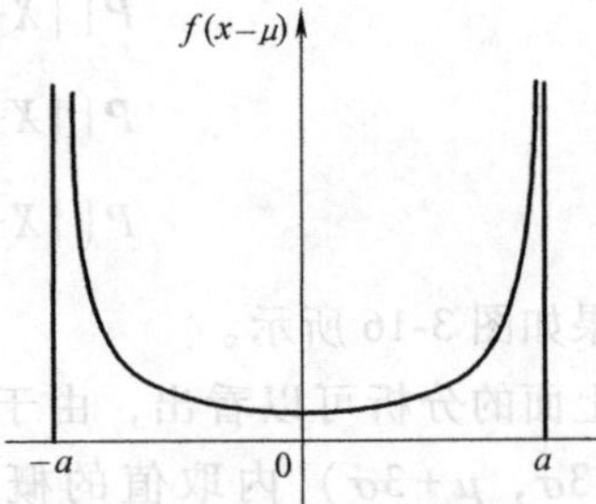

图 3-19 反正弦分布

根据实际经验，服从反正弦分布的可能情形有：①度盘偏心引起的测角误差；②正弦（或余弦）振动引起的位移误差；③无线电中失配引起的误差。

5. 投影分布

测量时由于安装调整的不完备，对测量结果会带来偏差 δ。比如，在长度测量中，常需要用激光或标准尺测量被测件，激光光线或标准尺 l' 总会偏离测量线 l 一个 β 角，如图 3-20 所示，则造成测量偏差 δ 有如下的投影分布关系

$$\delta=l-l'=l-l\cos\beta=l(1-\cos\beta)$$

在实际研究中，β 在较小的范围［$-A$，A］内常服从均匀分布 $U[-A,A]$，如图 3-21 所示，则投影分布的概率密度如下

$$f(\delta)=\begin{cases}\dfrac{1}{A\sqrt{1-(1-\delta)^2}} & 当\ \delta\in[0,1-\cos A]\\ 0 & 其他\end{cases}$$

其期望和标准差分别为

$$E(\sigma)=A^2/6=\Delta/3\quad(\Delta=A^2/2),\sigma=3\Delta/10$$

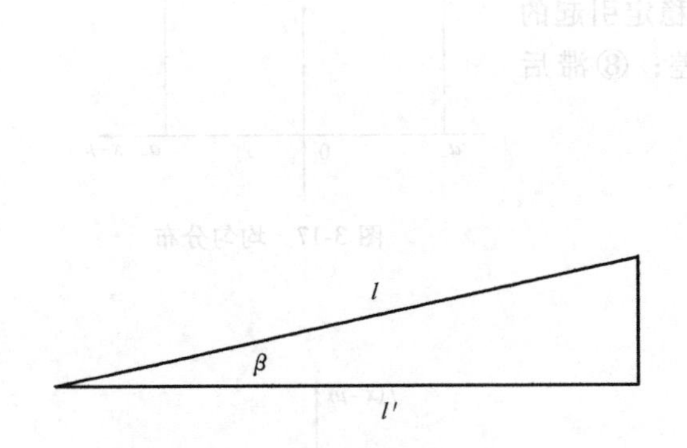

图 3-20 基线偏离 β 角造成的测长误差

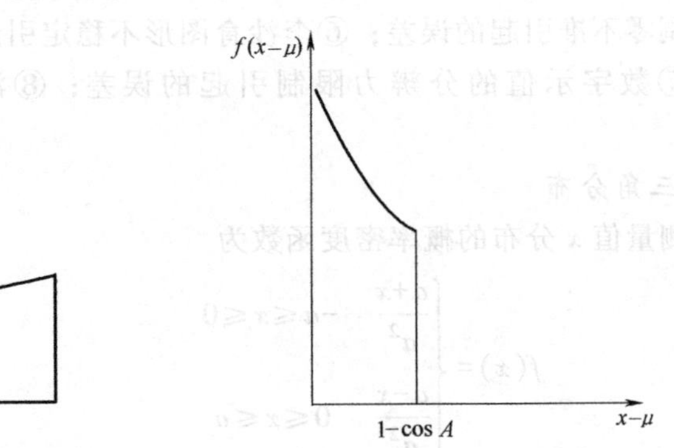

图 3-21 投影分布

在仪器的安装调整中广泛存在投影分布误差，可见它关于偏角是个二阶小量。

在实际工作中，常要用到以上几种常见分布的数字特征量，特别是不同分布的区间半宽度与标准差的倍数关系，现归纳见表 3-4。

表 3-4　常见分布的数字特征量

名　称	区间半宽度	标准差	期望值
正态分布	$\Delta=3\sigma$ $(P=0.9973)$	$\frac{\Delta}{\sqrt{9}}$	μ
三角分布	a	$\frac{a}{\sqrt{6}}$	0
均匀分布	a	$\frac{a}{\sqrt{3}}$	0
反正弦分布	a	$\frac{a}{\sqrt{2}}$	0
投影分布	$\Delta=A^2/2$	$\frac{3}{10}\Delta$	$\frac{1}{3}\Delta$

（二）数字特征量的估计

在测量实际工作中，当不知道测量总体的数字特征量时，则常常设法通过一组测量样本数据，来获得该测量总体数字特征量的好的估计。以下分别给出它们的估计方法。

在概率论中，称 $E(X)$ 为随机变量 X 的一阶原点矩（数学期望），在数理统计中，则称样本均值 $\bar{x}$ 为 X 的一阶样本原点矩。用 $\bar{x}$ 估计 $E(X)$ 的方法称为数学期望的矩估计法。根据前述的定理 1，$\bar{x}$ 是 $E(X)$ 的最佳估计。

$$\bar{x}=\frac{1}{n}\sum_{i=1}^{n}X_i$$

设 X_1^*，X_2^*，…，X_n^* 是将样本数据自小到大整序后的数据序列，显然，也可以用该样本中位数

$$\widetilde{X}=\begin{cases}X_k^* & n=2k+1\\ \dfrac{X_k^*+X_{k+1}^*}{2} & n=2k\end{cases}$$

来估计测量总体 X 的数学期望。用 $\widetilde{X}$ 估计 $E(X)$ 的方法称为数学期望的顺序统计量估计法。该方法的优点是可以简化试验或计算，不易受个别异常数据的影响，稳健性最好，但对估计的信息利用不充分。理论分析表明，在均匀分布的情况下，采用 $\widetilde{X}$ 比 $\bar{x}$ 所估算的标准差要小。但是在接近正态分布的情况下，一般还是用 $\bar{x}$ 作为期望的估计值。

类似地，在数理统计中常用 Bessel 公式［式（3-29）］得到样本方差来估计测量总体 X 的方差，而且可以证明 s^2 是 $\sigma^2=E(X-\mu)^2$ 的无偏估计。

设 x_1^*，x_2^*，…，x_n^* 是测量总体的样本顺序统计量，由于

$$R=x_n^*-x_1^* \tag{3-35}$$

带来总体 X 取值离散程度的信息，因此也可以用 R 作为对总体 X 的标准差 σ 的估计，称 R 为样本极差。当总体 $X\sim N(\mu,\sigma)$ 时，σ 的估计可取为

$$\sigma=\frac{R}{d_n} \tag{3-36}$$

其中 d_n 值见表 3-5。

极差法的优点是计算简便，但当 n 较大时，与用 s 估计的可靠程度的差异变大。这时，一般不用极差估计。推荐在 $n \geqslant 6$ 时，用贝塞尔公式，即式（3-29）估计 s，而在 $2 \leqslant n \leqslant 5$ 时，用极差公式，即式（3-36）估计 σ。而当要估计样本均值 $\bar{x}$ 的标准偏差时，则用

$$s(\bar{x}) = \frac{s}{\sqrt{n}}$$

表 3-5　极差法估计系数

n	2	3	4	5	6	7	8
d_n	1.128	1.693	2.059	2.326	2.534	2.704	2.847
$1/d_n$	0.886	0.591	0.486	0.429	0.395	0.369	0.351

（三）数字特征量的区间估计

以上通过样本值 x_1，x_2，…，x_n 获得的测量样本的数字特征量，只能是对测量总体的数字特征量的一种近似估计，样本不同所得的估计值也不同。为此，需要考虑估计量的置信区间。

根据数理统计的知识，即由定理 2 的 5）可以得到，在测量总体服从正态分布的情况下，用样本均值近似数学期望的置信区间

$$|\bar{x}-\mu| \leqslant t_a(n-1)s(\bar{x}) \tag{3-37}$$

也就是测量结果的区间估计可以用下式表示

$$\Delta(\bar{x}) = t_a(n-1)s(\bar{x}) \tag{3-38}$$

式中 $t_a(n-1)$ 值可通过查 t 分布表得到。在实际测量中，可以通过采样得到的数据，用式（3-37）来评价测量总体数学期望的区间估计范围，用于考察仪器在特定条件下允许误差极限的技术性能是否发生显著变化。

根据数理统计的知识，即由定理 2 的 3）可以得到，在测量总体服从正态分布的情况下，统计样本标准差的置信区间

$$s\sqrt{\frac{n-1}{\chi^2_{a/2}(n-1)}} \leqslant \sigma \leqslant s\sqrt{\frac{n-1}{\chi^2_{1-a/2}(n-1)}} \tag{3-39}$$

式中 $\sqrt{\dfrac{n-1}{\chi^2_{a/2}\ (n-1)}}$，$\sqrt{\dfrac{n-1}{\chi^2_{1-a/2}\ (n-1)}}$ 值可通过查 χ^2 分布表得到。在实际测量中，可以通过采样得到数据，用式（3-39）来评价测量总体标准差的区间估计范围，用于考察仪器的测量重复性、复现性、稳定性是否合格。

第三节　数据处理方法

在计量测试实际工作中，会遇到各种各样的数据处理问题，常见的包括，一组测量数据、不等权测量数据、组合测量数据和实验数据拟合等。不同的数据需应用不同的数据处理方法，常用的包括，异常值的判定和剔除、数据位数与数据修约、最小二乘法和回归统计与数据拟合等。

一、异常值的判定和剔除

在一列重复测量数据中，如有个别数据与其他的有明显差异，则它们很可能含有粗大误差（简称粗差），称其为可疑数据，记为 x_d。根据随机误差理论，出现大误差的概率虽小，但也是可能的。因此如果不恰当地剔除含大误差的数据，会造成测量分散性偏小的假象。反之，如果对混有粗大误差的数据，即异常值，未加剔除，必然会造成测量分散性偏大的后果。以上两种情况都严重影响对 $\bar{x}$ 的估计。因此对数据中异常值的正确判断与处理，是获得客观的测量结果的一个重要保障。

在测量过程中，确实是因读错记错数据，仪器的突然故障，或外界条件的突变等异常情况引起的异常值，一经发现，就应在记录中除去，但需注明原因。这种从技术上和物理上找出产生异常值的原因，是发现和剔除粗大误差的首要方法。有时，在测量完成后也不能确知数据中是否含有粗大误差，这时可采用统计的方法进行判别。统计法的基本思想是：给定一个显著性水平，按一定分布确定一个临界值，凡超过这个界限的误差，就认为它不属于随机误差的范畴，而是粗大误差，该数据应予以剔除。

以下三个常用的统计判断准则，它们都仅用于对正态或近似正态的样本数据的判断处理。

（一）3σ 准则

3σ 准则又称拉依达准则，它是以测量次数充分大为前提。实际测量中，常以 Bessel 公式算得的 s 代替 σ，以 $\bar{x}$ 代替真值。对某个可疑数据 x_d，若其残差满足

$$|v_d| = |x_d - \bar{x}| \geqslant 3s \tag{3-40}$$

则剔除 x_d。

利用式（3-29）容易说明，在 $n \leqslant 10$ 的情况下，用 3σ 准则剔除粗差注定失效。因此在测量次数较少时，不宜用此准则。事实上，由 $\sum(x_i - \bar{x})^2 = (n-1)s^2$ 易得

$$|x_d - \bar{x}| \leqslant \sqrt{\sum(x_i - \bar{x})^2} = \sqrt{(n-1)s^2}$$

取 $n \leqslant 10$，即有 $|x_d - \bar{x}| \leqslant 3s$ 恒成立，与原假设式（3-40）矛盾。故 3σ 准则要在远大于 10 的情形才适用，一般是在 $n>50$ 情形才用它。

（二）格拉布斯（Grubbs）准则

1950 年 Grubbs 根据顺序统计量的某种分布规律提出一种判别粗差的准则。1974 年我国有人用电子计算机做过统计模拟试验，与其他几个准则相比，对样本中仅混入一个异常值的情况，用 Grubbs 准则检验的功效最高。

设正态独立测量的一个样本为 x_1，x_2，…，x_n，对其中的一个可疑数据 x_d（当然它与 $\bar{x}$ 的残差绝对值最大）构造统计量

$$\frac{x_d - \bar{x}}{s}$$

Grubbs 导出了它的理论分布。选定显著性水平（相当于犯“弃真”错误的概率）α，通常取 0.05 或 0.01，求得符合下式的临界值 $G(\alpha, n)$

$$P\left[\frac{|\bar{x}_d - \bar{x}|}{s} \geqslant G(\alpha, n)\right] = \alpha$$

因此有如下的判别准则（称为格拉布斯准则）：

若

$$|x_d-\bar{x}| \geqslant G(\alpha,n)s \tag{3-41}$$

式中 $\bar{x}=\frac{1}{n}\sum_i x_i$；

$s=\sqrt{\frac{1}{n-1}\sum_i (x_i-\bar{x})^2}$。

则数据 x_d 含有粗差，应予剔除；否则，应予保留。可疑数据 x_d 也应一并加入计算，表3-6中列出了测量次数为3~50的 $G(\alpha,n)$ 值。

表3-6 格拉布斯准则的临界值 $G(\alpha,n)$

n \ α	0.05	0.01	n \ α	0.05	0.01
3	1.153	1.155	17	2.475	2.785
4	1.463	1.492	18	2.504	2.821
5	1.672	1.749	19	2.532	2.854
6	1.822	1.944	20	2.557	2.884
7	1.938	2.097	21	2.580	2.912
8	2.032	2.221	22	2.603	2.939
9	2.110	2.323	23	2.624	2.963
10	2.176	2.410	24	2.644	2.987
11	2.234	2.485	25	2.663	3.009
12	2.285	2.550	30	2.745	3.103
13	2.331	2.607	35	2.811	3.178
14	2.371	2.659	40	2.866	3.240
15	2.409	2.705	45	2.914	3.292
16	2.443	2.747	50	2.956	3.336

（三）狄克逊（Dixon）准则

1950年Dixon提出另一种无须估算 $\bar{x}$ 和 s 的方法，它是根据测量数据按大小排列后的顺序差来判别粗差，有人指出，用狄克逊（Dixon）准则判断样本数据中混有一个以上异常值的情形效果较好。以下介绍一种Dixon双侧检验准则。

设正态测量总体的一个样本为 x_1，x_2，…，x_n，按大小顺序排列为

$$x_1',x_2',\cdots,x_n'$$

构造检验高端异常值 x_n' 和低端异常值 x_1' 的统计量，分以下几种情形：

$$r_{10}=\frac{x_n'-x_{n-1}'}{x_n'-x_1'} 与 r_{10}'=\frac{x_2'-x_1'}{x_n'-x_1'}\quad(n=3\sim7) \tag{3-42}$$

$$r_{11}=\frac{x'_n-x'_{n-1}}{x'_n-x'_2}与\ r'_{11}=\frac{x'_2-x'_1}{x'_{n-1}-x'_1}\quad (n=8\sim10) \tag{3-43}$$

$$r_{21}=\frac{x'_n-x'_{n-2}}{x'_n-x'_2}与\ r'_{21}=\frac{x'_3-x'_1}{x'_{n-1}-x'_1}\quad (n=11\sim13) \tag{3-44}$$

$$r_{22}=\frac{x'_n-x''_{n-2}}{x'_n-x'_3}与\ r'_{22}=\frac{x'_3-x'_1}{x'_{n-2}-x'_1}\quad (n=14\sim30) \tag{3-45}$$

以上的 r_{10}，r'_{10}，…r_{22}，r'_{22}分别简记为 r_{ij}和 r'_{ij}。Dixon 导出了它们的概率密度函数。选定显著性水平 α，求得临界值 $D(\alpha, n)$，见表 3-7。若

$$r_{ij}>r'_{ij},r_{ij}>D(\alpha,n) \tag{3-46}$$

则判断 x'_n为异常值；若

$$r_{ij}<r'_{ij},r_{ij}>D(\alpha,n) \tag{3-47}$$

则判断 x'_1为异常值；否则，判断没有异常值。Dixon 认为对不同的测量次数，应选用不同的统计量 r_{ij}，才能收到良好的效果。

根据前人的实践经验，以上三个准则，可以参照如下几点原则选用：

表 3-7　Dixon 双侧检验的临界值

n	统计量	$\alpha=0.05$	$\alpha=0.01$
3	r_{10}和r'_{10}中较大者	0.970	0.994
4		0.829	0.926
5		0.710	0.821
6		0.628	0.740
7		0.569	0.680
8	r_{11}和r'_{11}中较大者 r_{21}和r'_{21}中较大者	0.608	0.717
9		0.564	0.672
10		0.530	0.635
11		0.619	0.709
12		0.583	0.660
13		0.557	0.638
14	r_{22}和r'_{22}中较大者	0.586	0.670
15		0.565	0.647
16		0.546	0.627
17		0.529	0.610
18		0.514	0.594
19		0.501	0.580
20		0.489	0.567
21		0.478	0.555
22		0.468	0.544
23		0.459	0.535
24		0.451	0.526
25		0.443	0.517
26		0.436	0.510
27		0.429	0.502
28		0.423	0.495
29		0.417	0.489
30		0.412	0.483

1）大样本情形（$n>50$）用 3σ 准则最简单方便；$30<n<50$ 情形，用 Grubbs 准则效果较好；$3\leqslant n\leqslant 30$ 情形，用 Grubbs 准则适于剔除一个异常值，用 Dixon 准则适用于剔除一个以

上异常值。

2）在实际应用中，较为精密的场合可选用两三种准则同时判断，若一致认为应当剔除时，则可以比较放心地剔除；当几种方法的判定结果有矛盾时，则应当慎重考虑，通常选择 $a=0.01$，且在可剔与不可剔时，一般以不剔除为妥。

（四）稳健处理数据方法

在严重偏离正态分布的情况下，目前还没有好的判断粗差准则。这里，建议直接采用稳健估计的算法来进行数据处理。其中一种常用的方法是取 a 截尾均值，截尾系数常取0.1，如确认无可疑数据则截尾系数取0，即为取通常的算术平均值。采用稳健估计的算法，容易实现对测量数据的自动处理。

假设一组测量数据无显著系统误差，大致服从对称分布，则可按以下步骤处理。

1）计算数据的标准偏差 s。

2）判别可疑数据

$$|\nu_i| = |x_i - \bar{x}| \geqslant k_0 ks \tag{3-48}$$

$n \geqslant 10$ 时，$k_0=0.6$，$k=3$；

$n<10$ 时，$k_0=0.7$，$k=\sqrt{n-1}$。

3）求 a 截尾均值，常取 $a=0.1$。即

有可疑时，$a=0.1$

$$\bar{x}_{0.1} = \frac{\sum\limits_{[an]+1}^{n-[an]} x_{(i)}}{(n-2[an])} \tag{3-49}$$

式中　$[an]$——取 an 的整数部分。

无可疑时，$a=0$ 不截尾，用常规的算术均值。

4）标准偏差估计：

有可疑时，对残差排序

$$s(\bar{x}_a) = \sqrt{\frac{\sum\limits_{[an]+1}^{n-[an]} v_i^2}{n(n-2[an])}} \tag{3-50}$$

无可疑时，

$$s(\bar{x}) = \frac{s(x_i)}{\sqrt{n}} = \sqrt{\frac{\sum (x_i - \bar{x})^2}{n(n-1)}}$$

二、数字位数与数据修约规则

测量结果是指经测量合理赋予被测量的值。在表示测量结果时，它一般包含两个部分，即最佳估计值部分和测不准部分，前者又称为结果部分，后者又称为不确定度部分。这两部分的数据用多少位数字来表示，多余位数又如何修约，是一个十分重要的问题。数字的位数太多容易使人误认为测量准确度很高；太少则会损失原有的测量准确度。目前修约规则的标准主要有：GB/T 8170—2008《数值修约规则与极限数值的表示和判定》、GB 3101—1993《有关量、单位和符号的一般原则》的附录 B：数的修约规则（参考件）（ISO 80000-1：2009 附件 B）。数值修约规则可归纳为："1"单位修约、"2"单位修约、"5"单位修约（修约间隔中"0"只起定位作用）。

以下简要讨论结果部分和不确定度部分的数字位数及其数据修约的规则。

（一）结果部分数字位数与数据修约

1. 数字位数、有效数字

如果测量结果 Y 的测不准部分数字是某一位上的半个单位，该位到 Y 的左起第一个非零数字一共有 n 位，则称 Y 有 n 位有效数字。在书写不带不确定度的任一数字时，应使左起第一个非零数字一直到最后一个数字为止，都是有效数字。例如，有效数字 0.0045 表示有 2 位有效数字，测不准部分数字是 0.5×10^{-3}，而有效数字 0.004500，则认为测不准部分数字 0.0×10^{-5}。又如，近似数 3400 的测不准部分数字是 0.5×10^{2}，应写为 34×10^{2}，而不应写为 3400。

提倡采用科学记数法，可以避免很大和很小的数在末端和首端 0 写得过多，即可以采用 $a\times10^{m}$ 记数法，其中 $0.1\leqslant a<1$ 或 $1\leqslant a<10$，而 m 为整数。注意到，国际单位制 SI 单位的倍数单位（含分数单位）的因数在很大或很小时取 10^{3m}，故通常量的数值写成（0.1～1000）$\times10^{3m}$，如 0.0045 写成 4.5×10^{-3}，0.004500 写成 4.500×10^{-3}，34×10^{2} 写成 3.4×10^{3}，又如，0.1234 写成 123.4×10^{-3} 等。

在计量工作中，检定结果一般应带上不确定度，否则认为检定结果数字是有效数字。在数据运算中，中间的计算位数可适当多取几位。

2. 数据修约

（1）数据保留位数规则　测量结果中，最末一位有效数字取到哪一位，是由测量误差决定的，即最末一位有效数字应与测量误差是同一量级。例如，用千分尺测长时，其测量最大允许误差只能达到 0.01mm，若测出长度 $L=20.531$mm，显然小数点后第二位数字已不可靠，此时只应保留小数点后第二位数字，即写成 $L=20.53$mm，为四位有效位数。因此上述测量结果可表示为，$L=(20.53\pm0.01)$mm。在比较重要的测量场合，测量结果部分和测不准部分数字可以比上述原则多取一位数字，测量结果表示为 $L=(20.531\pm0.015)$mm。

（2）数字舍入规则　对于测量结果部分多余的数字应按“四舍六入，逢五为偶”的原则进行修约。GB/T 8170—2008《数值修约规则与极限数值的表示和判定》规定的“数字修约规则”如下。

1）舍弃的数字段中，首位数字（最左一位数字）大于 5，则保留的数字末位进 1。

2）舍弃的数字段中，首位数字（最左一位数字）小于 5，则舍去，保留的数字末位不进 1。

3）舍弃的数字段中，首位数字（最左一位数字）等于 5，而 5 右边的其他舍弃位不都是 0 时，则保留的数字段末位进 1。

4）舍弃的数字段中，首位数字（最左一位数字）等于 5，5 右边的其他舍弃位都是 0 时，则将保留的数字段末位变成偶数；即：当保留数字的末位是奇数（1，3，5，7，9）时，则进 1 变偶（即保留数字的末位数字加 1）；若所保留的末位数字为偶数（0，2，4，6，8）时，则保持不变。

数据修约规则举例见表 3-8。

（3）数据运算规则　在近似数运算中，所有参与运算的数据，在有效数字后可多保留一位以上数字，称为安全数字。在采用高位数的电子计算机运算时，可以不计较中间运算位数的舍入，只在运算出最后结果时，再按数据保留位数规则和数字舍入规则对多余位数的数字进行修约。

表 3-8 数据修约规则举例（保留四位数字）

原数据	舍入后数据
3.14159	3.142
2.71729	2.717
4.51050	4.510
3.21550	3.216
6.378501	6.379
7.691499	7.691

（二）测量不确定度的数字位数与数据修约

1. 测量不确定度的有效数字位数

在报告测量结果时，不确定度 U 或 $u_c(y)$ 都只能是（1~2）位有效数字。也就是说，报告的测量不确定度最多为 2 位有效数字。

例如国际上 2005 年公布的相对原子质量，给出的测量不确定度只有一位有效数字；2006 年公布的物理常量，给出的测量不确定度均是二位有效数字。在不确定度计算过程中可以适当多保留几位数字，以避免中间运算过程的修约误差影响到最后报告的不确定度。

最终报告测量不确定度有效位数取一位还是两位？这主要取决于修约误差限的绝对值占测量不确定度的比例大小。经修约后近似值的误差限称修约误差限，有时简称修约误差。

例如：U=0.1mm，则修约误差为±0.05mm，修约误差的绝对值占不确定度的比例为 50%；而取二位有效数字 U=0.13mm，则修约误差限为±0.005mm，修约误差的绝对值占不确定度的比例为 3.8%。

一般建议：当第 1 位（即首位）有效数字是 1 或 2 时，应保留 2 位有效数字。除此之外，对测量要求不高的情况可以保留 1 位有效数字。测量要求较高时，一般取二位有效数字。

2. 测量不确定度的数字修约规则

（1）通用的数字修约规则 通用的修约规则是依据 GB/T 8170—2008《数值修约规则与极限数值的表示和判定》，我们可以简单地记成："四舍六入，逢五取偶"。

报告测量不确定度时按通用规则进行数字修约，例如：

u_c=0.568mV，应写成 u_c=0.57mV 或 u_c=0.6mV；

u_c=0.561mV，应写成 u_c=0.56mV；

U=10.5nm，应写成 U=10nm；

U=10.5001nm，应写成 U=11nm；

$U=11.5\times10^{-5}$ 取二位有效数字，应写成 $U=12\times10^{-5}$；取一位有效数字，应写成 $U=1\times10^{-4}$；

U=123568μA，取一位有效数字，应写成 $U=1\times10^{5}$μA。

修约的注意事项：不可连续修约，例如：要将 7.691499 修约到四位有效数字，应一次修约为 7.691。若采取 7.691499→7.6915→7.692 是不对的。

（2）为了保险起见，也可将不确定度的末位后的数字全都进位而不是舍去。

例如：$u_c = 10.27\text{m}\Omega$，报告时取二位有效数字，为保险起见可取 $u_c = 11\text{m}\Omega$。

【案例】 某计量检定员经测量得到被测量估计值为 $y = 5012.53\text{mV}$，$U = 1.32\text{mv}$，在报告时，她取不确定度为一位有效数字 $U = 2\text{mV}$，测量结果为 $y \pm U = 5013\text{mV} \pm 2\text{mV}$；核验员检查结果认为她把不确定度写错了，核验员认为不确定度取一位有效数字应该是 $U = 1\text{mV}$。

【案例分析】 依据 JJF 1059.1—2012 规定：为了保险起见，可将不确定度的末位后的数字全都进位而不是舍去。该计量检定员采取保险的原则，给出测量不确定度和相应测量结果是允许的，应该说她的处理是正确的。而核验员采用通用的数据修约规则处理测量不确定度的有效数字也没有错。这种情况下应该尊重该检定员的意见。

测量不确定度的数字修约，简便的方法可按 1/3 法则进行，即当取至整数位时，小于 1/3 的小数舍去，大于 1/3 的小数进 1。例如，$2.20 \times 18.41 = 41.4 \to 42$，$2.92 \times 31.7 = 92.6 \to 93$。采用 1/3 法则的优点是：符合七个国际组织的“测量不确定度表示指南”（GUM）；界限易于操作，没有小数恰在界限 $1/3 = 0.3333\cdots$ 的数；1/3 与微小标准差的 1/3 准则相呼应。

三、权与加权数据处理

在实际测量中，会遇到不同实验室、不同仪器、不同测量方法或不同时期对同一测量对象所进行的测量，或者在相同测量条件下几组不同测量次数所得的测量结果的综合评定等。本节要讨论如何对这些情形的测量数据综合求得最可信的测量结果及标准差。

（一）权与加权算术平均值

权是用来表明一个数据在一组数据中占有的相对可信赖程度的数字指标。加在某个数据上的权的数值越大，则说明了此数据所占的比重越重，可信赖程度越高。例如，用卡尺测得某圆形工件直径为 $x_1 = 60.00\ (01)$ mm，而用立式测长仪测得的结果是 $x_2 = 60.001\ (001)$ mm，因为后者比前者的测量更精确，故在综合这两个数据时，自然认为后者比前者占有较大的比重，对结果施加较大的影响。因此在对这两个数据处理时应考虑加权算术平均：

$$\bar{x}_w = \frac{w_1 x_1 + w_2 x_2}{w_1 + w_2}$$

式中　w_1，w_2——x_1、x_2的权，而且在本例中 $w_2 > w_1$。

有了权的概念后，可以把传统概念的等精度测量的问题视为等权的测量问题，对多次测量数据按式（3-28）估计其最佳结果。而传统概念的不等精度测量的问题应视为不等权测量的问题，对多次测量的数据则应按如下的加权算术平均方式来估计其最佳结果。

$$\bar{x}_w = \frac{\sum_{i=1}^{n} w_i x_i}{\sum_{i=1}^{n} w_i} \tag{3-51}$$

（二）权的确定与单位权

设测量数据 x_1，x_2，$\cdots$，x_n，待定的权依次为 w_1，w_2，$\cdots$，w_n。形式上，它们是测量次数分别为 n_i的等精度测量，有

$$w_1 : w_2 : \cdots : w_n = n_1 : n_2 : \cdots : n_n$$

根据式（3-30）有

$$n_1 : n_2 : \cdots : n_n = \frac{1}{s_1^2} : \frac{1}{s_2^2} : \cdots : \frac{1}{s_n^2}$$

所以有

$$w_1 : w_2 : \cdots : w_n = \frac{1}{s_1^2} : \frac{1}{s_2^2} : \cdots : \frac{1}{s_n^2}$$

即

$$w_i = \frac{s_0^2}{s_i^2} \tag{3-52}$$

式中　s_0^2——比例常数。

如果取比例常数

$$s_0^2 = \max(s_1^2, \cdots, s_n^2)$$

那么有

$$\min(w_1, \cdots, w_n) = 1$$

由此得到的权 w_i 称为单位化权，记为

$$w_i = \frac{\max(s_i^2)}{s_i^2} \tag{3-53}$$

假设其中量 x_i 的权为 w_i，引入新的量

$$y_i = \sqrt{w_i} x_i \tag{3-54}$$

利用方差的性质，并根据式（3-52），有

$$s_{yi}^2 = w_i s_i^2 = s_0^2$$

按式（3-53）取单位权，恒有

$$w_{yi} = \frac{s_0^2}{s_0^2} = 1$$

用单位权化思想，可将某些不等权的测量问题转化为等权的测量问题处理。例如，对于有些原适合等权数据的系统误差和粗大误差的统计判断准则，只要按式（3-54）处理后，也可用来处理不等权数据。以下用单位权化的方法来估计加权算术平均值的实验标准偏差。

（三）加权算术平均值的实验标准偏差

1. 组内符合公式

根据式（3-52），并对式（3-51）取方差，有

$$s^2(\bar{x}) = \frac{s_0^2}{\sum w_i} = \frac{\sum w_i s_i^2}{n \sum w_i} \tag{3-55}$$

式中把加权平均方差 $\sum w_i s_i^2 / \sum w_i$ 视为“等权”单次测量的方差，除以测量次数 n 后就是加权平均值的方差。实际上，式（3-55）是式（3-30）的推广形式。

2. 组外符合公式

对残差 $v_i = x_i - \bar{x}_w$ 单位权化得

$$v_i' = \sqrt{w_i} v_i = \sqrt{w_i}(x_i - \bar{x}_w)$$

对等权测量数据$\sqrt{w_i}x_i$，由贝塞尔公式得

$$s=\sqrt{\frac{\sum v'^2_i}{n-1}}=\sqrt{\frac{\sum w_i v_i^2}{n-1}} \tag{3-56}$$

这是“单次”测量的标准偏差估计式，称为不等权的贝塞尔公式。

为了求得“$\sqrt{w_i}$”次测量的平均值的标准偏差，根据式（3-29），有

$$s_x=\frac{s}{\sqrt{\sum w_i}}=\sqrt{\frac{\sum w_i v_i^2}{(n-1)\sum w_i}} \tag{3-57}$$

实际上，式（3-55）是式（3-29）与（3-30）的推广形式。

式（3-55）与式（3-57）都可用来计算均值标准偏差。根据它们是否与x_i有关，分别称为组内和组外符合公式。由于种种原因，例如测值x_i可能含有系统误差，或者各个x_i的标准偏差给的不正确等，两者的结果常会不一致。特别当组数很少时，显然用贝塞尔公式来估算不可靠，这种情形可用组内符合公式。在有些场合，取大者作为最后测量结果，更为稳当。

另外，需要强调的是最小二乘法是常用于数据处理的一个数学工具。例如，前面提到的算术平均值和加权算术平均值就是根据残差的平方和为最小原则，即最小二乘法原理。

第四章

测量不确定度评定

第一节　测量不确定度概述

由于测量误差的存在，再加被测量自身定义和误差修正的不完善等缘故，被测量的真值难以准确复现，测量结果带有不确定性。长期以来，人们不断追求以最佳方式估计被测量的值，科学和合理地评价测量结果的质量高低。用测量不确定度来评定测量结果的质量高低，这是自20世纪80年代起国际上建议用于评定测量结果的新概念。正确掌握有关测量不确定度的几个名词术语、符号，并清楚认识如何从分析不确定度的来源出发，估计不确定度分量，合理进行测量结果的不确定度评定，对计量测试人员是十分重要的。

一、测量不确定度的概念

（一）测量不确定度的由来与应用

“不确定度”一词最早出现在1927年德国物理学家海森堡（Heisenberg）首次在量子力学领域中提出的测不准原理中。1963年美国原美国国家标准局（NBS）的Eisenhart首先在计量校准中提出了定量表示不确定度的建议。1970年以来，美国NBS推广计量保证方案(MAP)，其中明确采用了不确定度的表示方法。一些国家计量部门也开始相继使用不确定度，但对不确定度的理解和表示方法尚缺乏一致性。1978年国际计量局书面征询各国意见后，起草了一份INC-1（1980）建议：实验不确定度表示。1981年10月国际计量委员会发文（CI—1981建议）批准了INC-1（1980）建议。CIPM在1986年再次重申CI-1981建议，并委托ISO联络其他六个国际组织，在考虑工商业利益的基础上提出一份详细的指南（CI-1986建议），这六个组织是：国际电工委员会（IEC）、国际计量局、国际法制计量组织、国际理论化学与应用化学联合会（IUPAC）、国际理论物理与应用物理联合会（IUPAP）、国际临床化学联合会（IFCC）。我国也参加了该工作组（ISO/TAG4/WG3）的活动。多年来，在形成几份指南草案的基础上，由ISO出版发行了《测量不确定度表示指南—1993(E)》（缩写为GUM）文件，1995年又做了修订和重印。GUM在术语、概念、评定方法和报告的表达方法上都已作了明确和统一的规定，它代表了当前国际上的约定做法，使各国和不同地区、不同领域在表示测量结果和测量不确定度时有了相互交流、取得一致的根据。在2001年召开的国际计量学指南联合委员会（JCGM）工作组会议上，讨论并决定要继续增补和完善1995 GUM的技术内容。

我国也非常重视测量不确定度的研究和应用工作，1999年发布了有关测量不确定度的GJB 3756—1999、JJF 1059—1999《测量不确定度评定与表示》等技术文件。2012年12月后陆续发布了 JJF 1059. 1—2012《测量不确定度评定与表示》、JJF 1059. 2—2012《用蒙特卡洛法评定测量不确定度技术规范》、GB/T 27418—2017《测量不确定度评定和表示》等有关测量不确定度的技术规范和标准。

一些发达国家非常重视测量不确定度的问题，例如美国国家标准技术研究院（NIST）制定了执行国际指南的 1992 年方针，编入 NIST 的管理手册；1993 年还起草了一份 NIST 指南文件。该文件简明扼要，规定具体，有较强的指导作用。国际上其他许多国家的校准实验室和计量机构，也纷纷在制定采用 GUM 的一些方针措施。一些区域性和全球性国际组织，都强调用 GUM 方法来表示测量结果，例如国际实验室认可合作组织（ILAK）、亚太实验室认可合作组织（APLAC）、亚太计量规则组织（APMP）、欧洲认可合作组织（EA）、欧洲计量组织（EUROMET）、西欧校准公司（WECC）等。

测量不确定度的基本概念、基本评定方法已经开始被人们接受，成为科技、经济、商贸等许多领域进行交流的依据。目前，在测量模型的建立与主要不确定度来源的确定方法、多变量情况、一般（工程）测量不确定度的评定，以及适用于非正态分布情形、小样本的贝叶斯估计、稳健自动化估计、动态测量问题等方面还待进行深入研究。

GUM 文件规定了评定和表示测量不确定度的一种通用规则，它不仅限于计量领域中的检定、校准和检测。目前，测量不确定度的主要应用领域大致包括：

1）建立、保存和比较国际和国家的计量标准和标准物质。

2）计量认证、计量确认、质量认证及实验室认可的活动。

3）测量仪器的校准和检定。

4）生产过程中的质量保证与控制，以及产品的检验和测试。

5）科学研究与工程领域内的测量，以及与贸易结算、医疗卫生、安全防护、环境监测及资源测量等。

6）以上评定测量结果的场合，可以广义理解为对实验、测量方法、复杂部件和系统的概念设计和理论分析。

在以上各场合，凡需要给出测量结果、编制技术文件、出具报告和证书、发表技术论文或编著技术书籍时，均应按 GUM 正确地表述测量不确定度。

（二）测量不确定度的定义

测量不确定度（Uncertainty of Measurement）是与测量结果相关联的、表征合理地赋予被测量值分散性的参数。这个定义主要包含以下三个含义：

1）该参数是一个分散性参数。这个参数是一个可以定量表示测量结果的质量指标，它可以是标准偏差或其倍数，或说明了包含概率的区间半宽度。

2）该参数一般由若干分量组成，将它们统称为不确定度分量。关键是，对这些不确定度分量大小的估计要合理，最好还应知道每个分量估计的可靠程度。为了处理问题的方便，GUM 规定，将这些分量的评定方法分为两类，即 A 类评定的分量和 B 类评定的分量。A 类评定的分量，是依据一系列测量数据的统计分布获得的实验标准偏差。B 类评定的分量，是基于经验或其他信息假定的概率分布给出的标准偏差。“INC-1（1980）建议”曾用 s_j 和 u_j 分别表示 A 类分量和 B 类分量，后来 GUM 又不加区别地记为 u_j。

3）该参数是用于完整表征测量结果的。完整地表征测量结果，应包括对被测量的最佳估计及其分散性参数两个部分。贡献于测量不确定度的部分，应包括所有的不确定度分量，在这些分量中，除了不可避免的随机影响对测量结果有贡献外，当然也包括由系统因素等的影响，如与修正值和参考标准有关的分量，均对分散性有贡献。

如果做到了以上三点，可以说该参数是合理赋予被测量值的分散性参数。最关键的是，在结合具体测量操作时，如何将不确定度分量考虑得合理呢？原则上，凡是对测量结果有影响的因素，即所有的测量不确定度源均应考虑进去。GUM 强调，首先要注重建立测量模型关系，从寻找分析输入量、影响量和输出量之间的数量关系着手；其次，为了简化分析处理的方法，在搞清主要不确定度来源的前提下，可以丢弃次要的不确定度分量而保留主要的不确定度分量，力争做到合理而有效地进行测量不确定度的评定。

此外，还有以下几个与测量不确定度有关的名词术语。

标准不确定度（standard uncertainty）：用标准偏差表示测量结果的不确定度。标准不确定度用符号 u 表示。

测量不确定度的 A 类评定（Type A evaluation of measurement uncertainty）：在规定测量条件下测得的量值用统计分析的方法进行的测量不确定度分量的评定。

测量不确定度的 B 类评定（Type B evaluation of measurement uncertainty）：用不同于测量不确定度 A 类评定的方法对测量不确定度分量进行的评定。

合成标准测量不确定度（combined standard measurement uncertainty）：由一个测量模型中各输入量的标准测量不确定度获得的输出量的标准测量不确定度。简称合成标准不确定度，用符号 u_c 表示。

扩展不确定度（expanded unceltainty）：合成标准测量不确定度与一个大于 1 的数字因子的乘积。扩展不确定度用符号 U 表示，一般可记为 $U=ku_c$，k 称为包含因子（在概率论与数理统计中称为“置信因子”）。对这个定义有以下几点说明：

1）该区间包含的大部分称为包含概率（Coverage Probability，Level of Confidence），而该区间半宽度往往是标准偏差的若干倍数。

2）将扩展不确定度与包含概率联系起来，应清楚了解（或正确假定）其表征的概率分布。

3）INC-1（1980）建议中曾称其为“总不确定度”。因不确定度的合成也包含“总”的含义，故自 1993 年起 GUM 的文件改称其为“扩展”不确定度。

（三）测量不确定度的来源

测量结果是测量的要素之一，而其他测量要素，如测量对象、测量资源、测量环境等均会在测量过程中对测量结果产生不同程度的影响。凡是对测量结果会产生影响的因素，均是测量不确定度的来源，它们可能来自以下几个方面：

1）对被测量的定义不完整或不完善。例如，定义被测量是一根标称值为 1m 的钢棒长度。如果要求测准至 μm 量级，则被测量的定义就不完整。由于定义的不完整会使测量结果中引入温度和大气压力影响测长的不确定度。如果在定义标称值为 1m 的钢棒在 25.0℃ 和 101 325Pa 的长度下进行测量，就可避免由此引起的测量不确定度。

2）复现被测量的定义的方法不理想。例如，上述完整定义的钢棒长度，由于测量时温度和压力实际上达不到理想定义的要求（包括温度和压力的测量本身存在不确定度），使测量结果仍然引入了不确定度。

3）测量所取样本的代表性不够，即被测量的样本不能完全代表所定义的被测量。例如，被测量为某种介质材料在给定频率的相对介电常数。由于测量方法和测量设备的限制，只能取这种材料的一部分做成样块，然后对其进行测量，如果测量所用的样块在材料的成分或均匀性方面不能完全代表定义的被测量，则样块就引起测量的不确定度。另外，由于对被测量只能进行少数几次的测量，而又根据这几次测得的数据统计所测量的估计值及其标准偏差。在这之前和之后又进行过几次测量，也相应得到它们的测量标准偏差。那么，为了排除不同采样所引起的测量不确定度的差异，应当将该多次测量所得的测量不确定度按自由度进行加权平均后的结果，来评定其测量不确定度。

4）对测量过程受环境影响的认识不周全，或对环境条件的测量与控制不完善。同样以上述钢棒为例，不仅温度和压力会影响其长度，实际上，湿度和钢棒的支撑方式也会产生影响。由于认识不足，没有注意采取措施，也会引入测量不确定度。

5）对模拟式仪器的读数不准。模拟式仪器在读取其示值时，一般是估读到最小分度值的1/10。由于观测者的观测视线以及个人习惯不同等原因，可能对同一个状态下的显示值会有不同的估读值。这种差异将产生测量不确定度。

6）仪器计量性能上的局限性。仪器的未修正的系统误差、灵敏度、鉴别阈、分辨力、死区和稳定性等计量性能的限制，都可能是产生测量不确定度的来源。例如，一台数字式称重仪器，其指示装置的最低位数字是1g，即其分辨力为1g，可以认为该测值落在X-0.5g到X+0.5g的区间内机会均等。这里，因该仪器的分辨力限制引入的测量（扩展）不确定度为0.5g。

7）赋予测量标准和标准物质的标准值的不准确。通常的测量仪器都是通过与此相关的量值的测量标准来传递量值或校准其测量值。例如，用天平测量时，测得质量的不确定度中包括了标准砝码的不确定度。用卡尺测长时，测得的长度量的不确定度中应该包括该卡尺检校时所用的标准量块的不确定度。

8）引用常数或其他参量的不准确。例如，在精密测量黄铜工件的长度时，要用到黄铜材料的线胀系数，由有关的数据手册可以查到所需的线胀系数值，该值的不确定度同时由手册给出，它同样是造成测量结果的不确定度的一个来源。

9）与测量方法和测量程序有关的近似性或假定性。例如，被测量表达式的某种近似；自动测试程序的迭代程度，电测量中由于测量系统不完善引起的绝缘漏电、热电势、引线上的电阻压降等，均会引起测量的不确定度。

10）在表面上看来完全相同的测量条件下，被测量重复观测值的变化。这是我们在测量中不可避免的一种综合因素造成的随机影响，它必然也贡献于测量结果的不确定度。

11）在有察觉存在系统影响（误差）的情形，应当尽量设法找出其影响的大小，并对测量结果予以修正，对于修正后剩余的影响应当把它当为随机影响，在评定测量结果的不确定度中予以考虑。

12）在有的情况下，需要对某种测量条件变化，或者是在一个较长的规定时间内测量结果的变化做出评定。此时，也应把相应条件变化而合理赋予测量值的分散性大小作为该测量条件下的测量结果的不确定度。

以上的各种不确定度来源可以分别归为设备、方法、环境、人员等带来的不确定性，以及各种随机影响和修正各种系统影响的不完善，特别还包括被测量定义、复现和抽样的不确定性等。总的说来，所有的不确定度源对测量结果都有贡献，原则上都不应轻易忽略。但是当对各个不确定度来源和大小都比较清楚的前提下，为了简化对测量结果的评定，就应力求

“抓主舍次”。另外，这些来源也未必相互独立，在分析处理时，还有一些细致的考虑。这些问题，留待在后面讨论测量不确定度分量的两类评定方法以及不确定度合成问题时，再予以具体讨论。

（四）几个相关的名词概念

测量不确定度涉及计量学（即测量科学）的基本概念，为此需要说明以下几个与此相关的名词概念。正确理解并用好这几个名词，对分析掌握误差和不确定度的概念及其处理方法都是有用的。

1. 被测量（Measurand）

被测量是指接受测量的特定量。对某被测量的定义应与测量所需的准确度相适应，或说按所需准确度而完善地定义。

“被测量的值”指与被测量定义完全一致的值，即“真值”。然而，“真值”不仅在实际操作上不可真得，而且因对被测量本身定义的某种不完善也不可真得，在某些情况下只可得到“约定真值”或者是在某准确度等级意义下的“合理赋予被测量的值”。因此国际上已不再提倡用“真值”一词。

2. 复现量（Realized Quantity）

复现量是指实际测得的量，俗称观测值。由于对被测量定义的不完全，以及测量过程的不完善，复现量（的值）并不等于被测量（的值），而是对被测量的一种（最佳）估计。一般俗称实际测得量或测得值，现称为复现量更为科学。

以上各种情况所得的复现量都是对被测量的一种估计，随着测量完善程度的不同，而有不同的不确定度。为使复现量带有更小的不确定度，必须更完全地定义被测量，并将测量的不完善减至最小。

3. 测量结果（Result of a Measurement）

测量结果是指由测量所赋予被测量的值。由于测量的不完善，赋予被测量的值往往不唯一，而是赋予分散的无限多个值。由于真值不可通过测量得到，因此所得测量结果只能是被测量的一个最佳估计值。在必要时，应表明这个复现量的示值、未修正结果或已修正结果，还应表明是否对多次测量的值进行了平均。为了完整地表示测量结果，必须附带其测量不确定度。必要时，应说明测量所处的条件，或影响量的取值范围。测量结果的获得，依赖于（重复）观测，或是借助于间接测量的测量模型。

4.（测量）误差（Error）

误差是指测量结果与真值之差。由于真值是理想的概念，在实际测量场合，真值往往不存在；在某些测量场合也只能获知约定真值。严格地说，约定真值含有相应的不确定度，故误差的大小和方向不可准确知道。另一方面，由于测量的不完善，也必然使测量结果带有误差。因此测量误差是客观存在，而且它总是带有一定分布范围的概念。误差可分为随机（偶然）的和系统的。随机误差不可避免，根据抵偿性，可适当增加测量次数来减小它。对系统误差，如果已知其来源，可采取技术措施消除或补偿它，或者能分析其对测量结果的影响而进行修正。显著的粗大误差可以从物理来源上或用统计检验方法判断后消除。最终，总是剩下尚未认识的误差（包括减小后的随机误差、修正不完善的系统误差、不显著的粗大误差以及其他尚未认识的误差等），它们仍然对测量结果的不确定度有贡献。

由于尚未认识的误差源客观存在，因而也是无法减小、消除、补偿和修正的。由于这个原因，尽管已有测量误差以及诸如准确度、正确度和精密度等名词的提法，但在最终表示测量结果时，这些尚未认识的误差源仍然对测量结果的不确定度有“贡献”。再加前面提到的还有不属于误差源的其他不确定度来源，因此仅用误差的大小来表示测量结果的测不准大小是既不便操作，也不够完备，只有用以上定义的“不确定度”来评定测量结果的测不准大小才是更为科学、合理的。

5. 不确定度（Uncertainty）

不确定度是指不能肯定或有怀疑的程度。测量不确定度是指对测量结果（复现量）的不能肯定的程度，它反映了对被测量的“真值”的认识的不足。如何理解这一点呢？经测量，合理地赋予被测量的值不是唯一的，而是有许多个可能的值，“真值”在何处并不知道，而只可能获知一个最佳估计值，而“真值”是在最佳估计值的一个不确定度范围内。这与人们对现实世界的认识程度相一致。如图 4-1a 所示，在系统偏差已修正的前提下，不确定度小，肯定测量结果与被测量的真值很接近（即误差也小）。虽不能排除未修正或修正不完善而引入的系统误差（此误差仍占有一定的大小），但总体上仍赋予测量结果一个小的分散性参数。如图 4-1b 所示，不确定度大，也可能某测量结果与被测量的真值很接近（即误差很小），但尚未认识到，因此只能赋予测量结果一个较大的分散性参数。总之，测量不确定度的大小，反映了测量者对被测量的认识的程度，是一个可操作性的定义（过去有的规定曾经定义不确定度是可能误差或真值所处范围的度量，因涉及误差或真值，这种定义不易操作，故欠妥）。在系统偏差已修正的前提下，不确定度小，误差肯定也小，但误差不可准确知道；不确定度大，误差或大或小，限于认识水平，误差尚不清楚。不确定度的大小决定了测量结果的使用价值，成为一个可以操作的合理表征测量质量的一个重要指标。

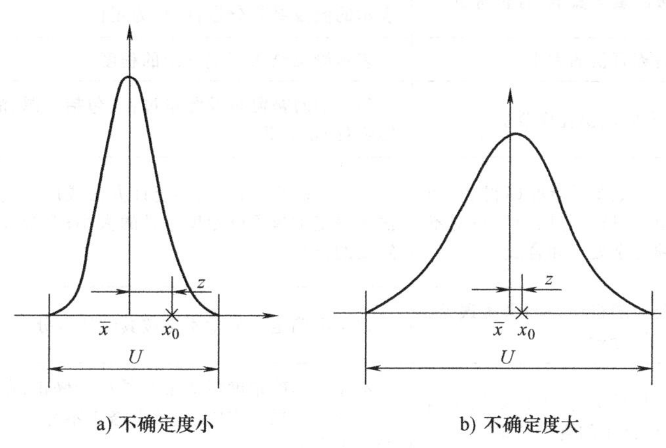

a) 不确定度小　　b) 不确定度大

图 4-1 测量不确定度与误差、真值

二、测量不确定度与测量误差

测量误差是指测量结果与真值之差。由于真值是理想的概念，在某些测量场合也只能获知约定真值。严格地说，约定真值含有相应的不确定度，加上被测量自身定义的不完善等，故造成了误差是不可“真”知的。因此人们尽管主观愿望但实际无法严格得知其测量结果离开真值有多远。人们转而关心其测量结果的可信程度的大小。有人可能会说，用来表示随机误差大小的一个数字特征量，即标准偏差不就是用来表示测量结果的分散性的大小吗？问题是，该标准偏差并不是包含合理赋予被测量的、所有影响该测量结果的分散性参数。所以有必要引入表征合理赋予被测量的分散性参数，即测量不确定度的新概念。只有用该定义的“测量不确定度”来评定测量结果的测不准大小，才是更为合理和完备的。不确定度小，则说明该测量结果的质量好，使用价值大，其测量的质量水平高；反之，则效果相反。

比较测量不确定度与测量误差，两者的定义既有联系，又有区别。所谓联系是指两者都与测量结果有关，而且两者是从不同角度反映了测量结果的质量指标。前者是指对测量结果的不能肯定的程度，后者是指测量结果相对真值的差异大小。对于前者，人们在主观上是完全可以根据所掌握的有关测量结果的数据信息来估计，后者在严格意义上是主观不可知的，但在已知约定真值的情况下测量误差又是可知的。不确定度的大小决定了测量结果的使用价值，成为一个可以操作的合理表征测量质量的一个重要指标。测量误差主要是用在测量过程中对误差源的分析，即通过这样的误差分析，设法采取措施达到减小、修正和消除误差的目的，提高测量的质量水平；当然，它也可用于最终对测量结果中所含误差的分析与处理。最终，在评价测量结果之前，先需要对测量所得的数据进行正确的统计与处理后，给出最佳的估计；同时，还需要视可掌握的相关测量信息，采用测量不确定度的评定和表示方法，合理给出对该测量结果所评定的测量不确定度的大小。

总之，测量误差与测量不确定度是两个不同的概念，不应混淆或误用。两者的区别与联系见表 4-1。

表 4-1　测量误差与测量不确定度的区别

序号	测量误差	测量不确定度	备注
1	测量结果减去被测量的真值，有正有负	用标准差或标准差的倍数或置信区间半宽度表示的测量结果分散性，恒为正值	定义
2	表示测量结果偏离真值的大小	表示测量结果不能肯定的程度	含义
3	客观存在，不以人的认识程度改变	与人们对被测量及测量过程（包括资源、活动、影响量）的认识有关	主客观性
4	由于真值未知，故误差不能准确得到，用约定真值代替真值可以得到其估计值；对不同性质的误差必须分别处理和合成	根据可获得的信息，用统计方法或用其他的方法来评定测量不确定度分量的大小；有合成不确定度的方法	可操作性
5	误差按性质区分为随机误差和系统误差，对它们分别进行统计分析	评定不确定度分量不必按其性质区分	性质的区分性
6	当已知系统误差估计值时，可以对测量结果进行修正，得到已修正的测量结果	不能用不确定度对测量结果进行修正，在对已修正测量结果评定中，应考虑修正不完善而引入的不确定度	结果的可修正性
7	待修正而尚未修正的误差，应在测量结果中予以单独说明；除此之外，其他误差只在测量结果的不确定度来源中予以出现	完整的测量结果必须合理给出测量不确定度的大小	结果的说明

第二节　标准不确定度的评定

影响测量结果的分量有许多，每个分量对测量结果的分散性都有贡献，按照评定它们分散性大小的方法可以分为两类。标准不确定度的 A 类评定是指用统计分析一系列观测数据来评定的方法，并用实验标准偏差来表征。标准不确定度的 B 类评定是指用不同于统计分析的其他方法来评定，用评估的标准偏差来表征。在基本概念明确的基础上，进一步理解评定方法，并结合几个典型的测量实例进行具体分析计算，才能掌握好测量标准不确定度的评定方法。

一、标准不确定度的 A 类评定

（一）简单测量的实验标准偏差

这里，简单测量的实验标准偏差是指通过对某分量的若干次直接测量，获得一组实验样本数据，然后根据第三章第二节提到的 Bessel 公式，即式（3-29）、极差法公式即式（3-36）等统计公式来进行具体计算，获得该分量标准不确定度的 A 类评定。

此外，在实际工作中还用到其他的实验标准偏差估计公式，如最大残差法、较差法等。这里，简要介绍如下。

最大残差法：

$$s(x)=c_n\left|x_i-\bar{x}\right|_{\max}$$

式中　系数 c_n 可查表 4-2 得到。

表 4-2　最大残差法估计系数

n	2	3	4	5	6	7	8	9	10	15	20
c_n	1.77	1.02	0.83	0.74	0.68	0.64	0.61	0.59	0.57	0.51	0.48

较差法（当被测量随时间变化时采用）：

$$s(x)=\sqrt{\frac{1}{2(n-1)}\sum_{i=1}^{n-1}(x_i-x_{i+1})^2}$$

当一组实验样本是在短时间内获得的独立重复测量数据，该实验标准差就是重复性；当一组实验样本是在短时间内不同测量条件下获得的测量数据，该实验标准偏差就是复现性或再现性；当一组实验样本是在规定的长时间内获得的测量数据，该实验标准差就是稳定性等。例如，实验室中公用服务设施的电压、频率、温度、水压等影响量值可能有漂移的情形，就应在规定的长时间内获取测量数据，并通过计算实验标准偏差来表征测量结果的分散性和稳定性。另外，如果当用 n 次独立观测数据的算术平均值作为测量结果时，则其实验标准偏差是单次测量实验标准偏差的 $\sqrt{n}$ 分之一；如果改取其中的 m 次的平均值时，则该对应的 A 类标准不确定度为单次测量实验标准偏差的 $\sqrt{m}$ 分之一。但是它们的自由度是相同的，都是 $n-1$。

观测次数 n 原则上取大一些为好，但也要视实际情况而定。当该 A 类标准不确定度分量对合成标准不确定度的贡献较大时，n 不宜太小，一般 n 应大于 5；反之，当该 A 类标准不确定度分量对合成标准不确定度的贡献较小时，n 小一些关系也不大。

（二）测量过程的实验标准偏差

从一个统计控制的测量过程出发，如图 4-2 所示，按式（4-1）统计其合并标准偏差（曾称联合标准偏差）s_m 为

$$s_m=\sqrt{\frac{\sum_1^m v_j s_j^{\,2}}{\sum_1^m v_j}} \tag{4-1}$$

式中 s_j——第 j 次核查的标准偏差，而且是指单次测量情形的标准偏差；

m——核查次数；

v_j——第 j 次核查的自由度。

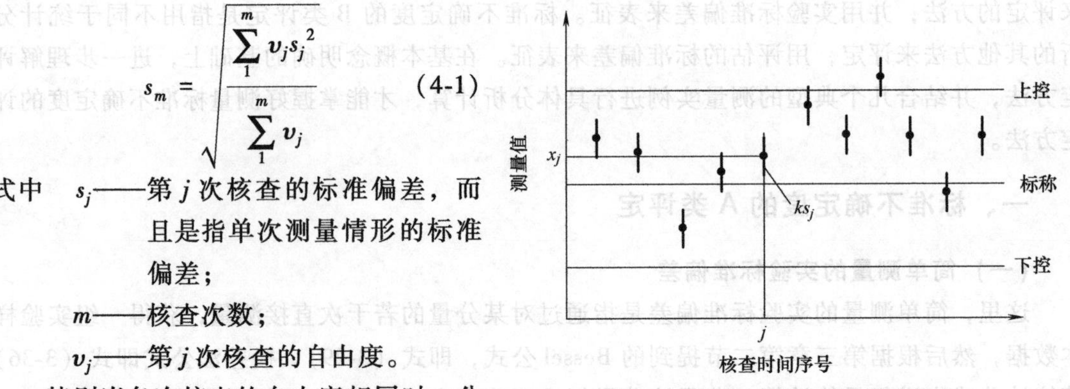

图 4-2 测量过程的实验标准偏差

特别当各次核查的自由度相同时，公式可简化为

$$s_m=\sqrt{\frac{\sum_1^m s_j^{\,2}}{m}} \tag{4-2}$$

在这种情况下，进行 n 次独立观测，其 n 次测量算术平均值的标准不确定度则可表示为 $u=s_m/\sqrt{n}$。

（三）组合测量的实验标准偏差

根据最小二乘法与组合测量的理论，可以知道有以下的组合测量问题的实验标准偏差估计公式。若线性组合测量方程组 $\boldsymbol{AX}=\boldsymbol{Y}$，$\boldsymbol{Y}$ 服从正态分布，$\boldsymbol{Y}$ 的权为 $\boldsymbol{W}$，则有最小二乘法解

$$\boldsymbol{X}=(\boldsymbol{A}^T\boldsymbol{WA})^{-1}\boldsymbol{A}^T\boldsymbol{Y} \tag{4-3}$$

式中 $\boldsymbol{A}$，$\boldsymbol{A}^T$——组合测量方程组的系数矩阵及其转置矩阵；

$\boldsymbol{X}$——由待求 t 个参数组成的矩量；

$\boldsymbol{Y}$——由 n 个已知测得量组成的矢量，$n>t$；

$\boldsymbol{W}$——由矢量 $\boldsymbol{Y}$ 的 n 个已知测得量的权系数组成的矢量。

其单位权标准不确定度及其自由度分别为

$$\boldsymbol{u}(\boldsymbol{X})=\sqrt{\frac{1}{n-t}\boldsymbol{V}^T\boldsymbol{WV}},\nu=n-t \tag{4-4}$$

式中 $\boldsymbol{V}$，$\boldsymbol{V}^T$——由线性组合测量方程组的 n 个残余误差组成的矢量及其转置矢量；

$\boldsymbol{u}(\boldsymbol{X})$——由待求 t 个参数的测量标准不确定度组成的矢量。

（四）拟合测量的实验标准偏差

这里的拟合测量是指从一组实验样本点出发，用回归分析法拟合实验直线，即求取经验公式。由一组实验数据（t_i，V_i），用最小二乘法拟合得到一条直线 $\hat{V}=a+bt$，该直线参数 a、b，及直线上 $\hat{V}$ 估计值的标准不确定度可以按以下公式计算得到。

例如，标准电池的输出电压值 V 随时间 t 线性漂移，由一系列实验数据拟合，得

$$\hat{V}=a+bt \tag{4-5}$$

$$b=\frac{l_{vt}}{l_{tt}},a=\overline{V}-b\,\overline{t} \tag{4-6}$$

式中 $\overline{t}$、$\overline{V}$——时间数据点和电压数据点的算术平均值；

l_{tt}——时间数据点的方差，$l_{tt}=\sum(t_i-\bar{t})^2$；

l_{vt}——电压和时间数据点的协方差，$l_{vt}=\sum(V_i-\bar{V})(t_i-\bar{t})$。

其估计值 $\hat{V}(t)$ 的标准不确定度

$$u(\hat{V})=\sqrt{1+\frac{1}{n}+\frac{(t_i-\bar{t})^2}{\sum(t_i-\bar{t})^2}}s \tag{4-7}$$

其线性拟合公式的系数估计值 b、a 的标准不确定度分别为

$$u(b)=\sqrt{\frac{s^2}{l_{tt}}} \tag{4-8}$$

$$u(a)=\sqrt{\frac{1}{n}+\frac{\bar{t}^2}{l_{tt}}}s \tag{4-9}$$

式中　s——拟合的实验标准偏差，$s=\sqrt{\sum\frac{[V_i-\hat{V}(t_i)]^2}{n-2}}$；

n——测量数据点（t_i，V_i）的个数。

（五）阿仑方差

如果被测量是一个动态的随机测量过程，如果仍用 Bessel 公式、极差法等方法来统计其标准不确定度，可能会造成其计算结果是发散的。因此这里采用一种专门的方差分析方法即较差法来求得其标准不确定度分量。例如，对被测量 Y 进行 m 次测量，每间隔 τ 时间取样一次，每两次测量为一组（Y_{i+1}和 Y_i），共 m 组，求得阿仑（Allan）方差为

$$S_Y^2=\frac{1}{2(m-1)}\sum_{i=1}^{m-1}[Y_{i+1}(\tau)-Y_i(\tau)]^2 \tag{4-10}$$

即为该被测量 Y 的标准不确定度分量 $u(Y)$。

（六）在不同时期、不同地点、不同实验室或由不同仪器测量的情形

如果被测量是在不同时期、不同地点、不同实验室或由不同仪器获得，它们的测量条件不能保证相同，则应考虑用以下加权的方法来评定测量结果。根据第三章第三节的内容，可以知道有以下的几个统计公式。

$$\bar{x}_w=\frac{\sum_{i=1}^{n}W_ix_i}{\sum_{i=1}^{n}W_i}$$

$$u(\bar{x})=\left\{\frac{\sum[W_i(x_i+\bar{x})^2]}{(n-1)\sum W_i}\right\}^{\frac{1}{2}}\text{（组外符合公式）}$$

$$u(\bar{x})=\left[\frac{u_0^2}{\sum W_i}\right]^{\frac{1}{2}}\text{（组内符合公式）}$$

式中　W_i——加权系数，常用 $W=\frac{u_0^2}{u_i{}^2}$；

u_0^2——各次测量方差的最大值，即 $u_0^2=\max(u_i{}^2)$。

（七）不同样本的差异不能忽略的情形

当不同样本的差异不能忽略时，还应加上由此引起的方差分量 s_1^2，即

$$u(x)=[s^2(\bar{x})+s_1{}^2] \tag{4-11}$$

以上总结了一些常见的用统计方法评定标准不确定度的方法，可能还会遇到其他的属于A类评定的方法，有待在实际工作中不断地加以充实和补充。

二、标准不确定度的B类评定

如果因成本、资源和时间等因素的限制，无法或不宜用A类方法来评定测量结果的不确定度，则可设法收集一切对测量有影响的信息，诸如以前的测量数据、手册资料、历史经验和知识等，采用合理的方式同样可以给出被测量估计值 x 的标准不确定度 $u(x)$。事实上，经对常见的大量实际测量工作的统计调查表明，在实际工作中，采用B类评定方法的情形要比A类评定方法多，而且用B类评定方法的可靠程度并不比A类评定方法差。

（一）B类评定的信息来源

为了获取评定测量不确定度的信息，按照国际标准的规定，除了采用自行测量的数据外，还可合理使用一切非自行统计的其他有用信息源，如：①以前的测量数据；②校准证书、检定证书、测试报告及其他证书文件；③生产厂的说明书；④引用的手册等；⑤测量经验、有关仪器的特性和其他材料的知识。

（二）B类评定的方法

属于B类评定的方法有以下三种情形。

1）根据可利用的信息，分析判断被测量的可能值不会超出的区间（$-e$，e）及其概率分布，由要求的包含概率估计包含因子 k，得标准不确定度为 $u(x)=e/k$。

例1：设校准证书给出名义值10Ω的标准电阻器的电阻 $R_S=10.00072\Omega\pm13\mu\Omega$，包含概率平99%。按正态分布 $u(R_s)=13\mu\Omega/2.58=5.1\mu\Omega$。

例2：机械师测零件尺寸 $L=10.11\text{mm}\pm0.04\text{mm}$，经验估计置信水平50%。按正态分布估计 $u(L)=0.04\text{mm}/0.68=0.06\text{mm}$。

例3：生产制造厂说明书指出，某数字电压表的准确度 $a=(14\times10^{-6}\times$读数$)+(2\times10^{-6}\times$量程$)$，其中读数值0.928571V，量程1 V。按均匀分布 $k=\sqrt{3}$，估计 $u(V)=(14\times10^{-6}\times0.928571\text{V}+2\times10^{-6}\times1\text{V})/\sqrt{3}=8.7\mu\text{V}$。

例4：手册给出纯铜的线胀系数 $\alpha_{60}=16.52\times10^{-6}℃^{-1}$，最小值 $e_-=16.40\times10^{-6}℃^{-1}$，最大值 $e_+=16.92\times10^{-6}℃^{-1}$。估计区间 $e=(e_+-e_-)/2=0.26\times10^{-6}℃^{-1}$，按均匀分布 $k=\sqrt{3}$，估计 $u(\alpha_{60})=0.26\times10^{-6}℃^{-1}/\sqrt{3}=0.15\times10^{-6}℃^{-1}$。

2）如果根据有用信息得知 X 的不确定度分量是以标准偏差的几倍表示，则标准不确定度 $u(X)$ 可简单取为该值与倍数之商。

例5：校准证书指出1000g不锈钢标准砝码的 $m_s=1000.00325\text{g}$，该值不确定度按三倍标准偏差为240μg，故估计标准不确定度 $u(m_s)=80\mu\text{g}$。

3）直接凭经验给出标准不确定度 $u(X)$ 的估计值。

例6：机械师测零件尺寸 $L=10.11\text{mm}$，经验估计其标准偏差为0.06mm，故估计其标准不确定度 $u(L)=0.06\text{mm}$。

（三）属于 B 类评定的一些常见情形

1）对某台仪器的测量不确定度信息，经常是简单知道其技术说明书或出厂合格证书等给出的最大允许误差，而该仪器误差具体有多大并不清楚，则该最大允许误差就可作为 B 类不确定度分量的变化区间的半宽度。剩下的关键问题是如何确定其概率分布。

一个简单的处理办法是，根据比较界限附近与中心值的可能性程度来选择分布，进而确定其包含因子 k。这种可能性程度可以是依据专家的经验，也可以按照厂家提供的信息或规定。一般地，认为量值出现在中心附近远多于边界附近，可选为正态分布；而如果量值出现在中心附近与边界附近的机会均等，则可选矩形（均匀）分布；介于两者之间的情形，可选为三角分布。当完全缺乏任何信息，可保守地认为其服从矩形（均匀）分布。例如，光学目视调焦的情形，根据专家经验，一次调焦可视为均匀分布，焦点前与焦点后各调焦一次取平均值则可视为三角分布，二次以上调焦取平均值则可近似视为正态分布。但是这种对光学目视调焦分布情形的分析结论也不完全适合。经实验的统计分析发现，光学目视调焦分布因人和测量仪器的状况不同而差异比较大。在其他测量领域，也可能会出现类似的情形。因此估计统计分布的最好办法，还是尽可能地实现对测量全过程的控制，注意不断地积累有关的信息，包括统计数据和经验分析的结论，在充分掌握有用信息的基础上，可以更可靠地得出对该分布更为符合实际的估计结论。

在明显偏离正态分布和其他常见分布的情况下，当有必要而且有条件采集到反映分布信息时，可以设法用一些统计方法来确定其概率分布。有关概率分布及其包含（置信）因子的估计，可以查阅有关文献。

2）诸如数显器的分辨力、滞后以及有限位数数值计算等引起最小末位数字的不确定度，常记 $u=\delta x/2\sqrt{3}=0.29\delta x$，其中 δx 为不确定的分布类型（视为均匀分布）。

3）测得的输入量，例如，已校准仪器的单次观测，其不确定度主要来自重复性（其来源于早些时候的测量数据，或根据类似的仪器的已知方差做出估计）；已检定仪器的单次观测，由授权机构的检定给出不确定度的说明；也可能是根据厂家的技术说明书提供的有关不确定度信息的说明。

4）测量方法的不确定度，需凭物理知识来评定，或者靠实验室间交换测量标准和标准物质来提供有用的信息。

5）抽样引起的不确定度，如在自然物质和化学分析中，用方差分析法做仔细的实验设计，或者凭经验、知识和可用的信息来估计。

6）不对称分布的情形，常见的两个例子如下。

例 7：用浓度滴定计测定溶液某成分浓度，估计其超额滴定量的不确定度。

解：设超额滴定量服从 $[0,\ c_0]$ 的矩形分布，则超额滴定量期望值为 $c_0/2$，标准不确定度为 $(c_0/2)\sqrt{3}$；如果设超额滴定量服从 $(c_0,\ \infty)$ 正态分布，则期望值为 $\sigma\sqrt{2/\pi}$，标准不确定度为 $\sigma\sqrt{1-2/\pi}$。

例 8：长 2m 的尺用标准尺检定，瞄准线偏角 $\alpha=1'$，求由此引起的不确定度。

解：因偏角 α 引起测长 L 的投影误差 $\delta=L(1-\cos\alpha)$，δ 最大值 $\Delta\approx L\alpha^2/2$，查相关资料可知投影分布 $\alpha_2=\Delta$ 得 δ 的标准差 $\sigma=3\Delta/10=3\ L\alpha^2/20$，注意到 $\alpha=1'=\frac{1}{3438}\text{rad}$，故 $u(\delta)=$

$\sigma=1.3\times10^{-8}\times2\text{m}=26\text{nm}$。

以上只是总结了B类评定的部分常见情形，依据各自从事的专业工作特点的实际，还可以自行补充与积累适合本专业的B类评定的一些常见情形。

总之，B类评定的可靠性取决于可用信息的质量。在可能情况下，尽量用长期观测值来估计概率分布；A类评定不一定比B类评定可靠，特别是当A类评定时所用的观测数据很有限的情况。

三、两类评定的可靠性

无论是A类评定还是B类评定得到的标准不确定度，本质上都是用实验室标准偏差这个分散性参数来度量的。因此评定标准不确定度的可靠程度都可以通过用估计标准差的相对分散性，即标准差的相对标准差 $\sigma(s)/s$ 来衡量。当然，对于用样本统计的A类评定标准不确定度的情形，其样本自由度 ν 的大小也反映了其评定标准不确定度的可靠程度。事实上，标准差的相对标准差和样本自由度之间有以下的关系式

$$\frac{\sigma(s)}{s}=\frac{1}{\sqrt{2\nu}} \tag{4-12}$$

即

$$\nu=\frac{1}{2}\left[\frac{\sigma(s)}{s}\right]^{-2} \tag{4-13}$$

以上公式是从独立正态分布出发，在计算残差平方和的Bessel公式基础上推出的。这里完全可以把它照搬到标准不确定度的两类评定上，用于评定标准不确定度的A类评定和标准不确定度的B类评定的可靠程度。即对于A类评定，可以从被统计的样本数 n_A 出发，得到自由度 $\nu_A=n_A-1$，再折算其估计的标准差的相对标准差 $\sigma(u_A)/u_A$；对于B类评定，从估计的标准差的相对标准差 $\sigma(u_B)/u_B$ 出发，得到自由度 ν_B，也可以折算其相当于一个A类评定的样本数 $n_B=\nu_B+1$ 的“统计样本”。

可以统一用自由度来表示两类评定的可靠程度。常见的自由度与标准差的相对标准差数值关系见表4-3。

表4-3　自由度与标准差的相对标准差

ν	1	2	8	22	50	∞
$\sigma(u)/u$	71%	50%	25%	15%	10%	0

（一）自由度和有效自由度

关于自由度和有效自由度的概念有以下的几种解释。

1）样本中所含独立变量的个数，称为该样本的自由度，记为 ν。

对某待求量 X 进行一次测量 X_1，本可以作为量 X 的估计。为了提高估计准确度，还独立测了 X_2，X_3，…，X_n，这后 $(n-1)$ 个测值似乎多余，称该 n 个独立样本数的自由度为 $n-1$。这种解释告诉我们获取自由度的一个方法；独立测量个数减去待求量个数。

2）统计某样本残差或方差平方和中的独立变量个数，称为该样本的自由度，也记为 ν。

对 n 次重复测量，计算残差 $V_1=X_1-\overline{X}$，$V_2=X_2-\overline{X}$，…，$V_n=X_n-\overline{X}$，n 个残差 V_i 的独立个数为 $n-1$，为什么呢？事实上，n 个残差 V_i 满足一个约束条件 $\sum V_i=\sum X_i-n\overline{X}=0$

3）某样本数据和式中输入数据的个数或项数减去对和式的限制条件个数，为该和式的

自由度。

例如，若δ_i服从正态分布$N(0,\ \sigma)$，则$\dfrac{1}{\sigma^2}\sum_{1}^{n}\delta_i^2$满足$x^2(n)$分布。因左端对和式无限制，有$n$个输入数据和项数，故该和式的自由度为$n$。又如，若$x_i$服从正态分布$N(\mu,\ \sigma)$，则$\dfrac{1}{\sigma^2}\sum_{1}^{n}(x_i-\bar{x})^2$满足$x^2(n-1)$分布。因左端对和式$Y$有一个限制条件$\sum(x_i-\bar{x})=0$，故该和式的自由度为$n-1$。

4）按标准差的估计相对误差来定义的自由度称为有效自由度，记为ν_{eff}，有时不加区别地记为ν。计算有效自由度的公式为

$$\nu_{\text{eff}}=\frac{1}{2}\frac{1}{\left[\dfrac{\sigma(s)}{s}\right]^2} \tag{4-14}$$

以上给出的自由度ν、有效自由度ν_{eff}都是用来衡量两类评定和合成标准不确定度的可靠程度的依据，有时也可不加区别都记为ν。自由度也是计算扩展不确定度的依据。为便于估计自由度和有效自由度，以下有必要进一步介绍合成标准不确定度和几种常见情形的自由度的计算方法。

（二）合成标准不确定度的自由度

这里我们直接给出一个估计线性合成统计量的自由度ν_{eff}估计公式。若统计量$Z=\sum C_iY_i$，各Y_i独立且正态独立，C_i为常数，则近似有

$$\nu_{\text{eff}}=\frac{u_c^4(Z)}{\sum\dfrac{C_i^4u^4(Y_i)}{\nu(Y_i)}} \tag{4-15}$$

式中 $u_c(Z)$——合成标准不确定度；

$u(Y_i)$——各分量标准不确定度；

$\nu(Y_i)$——分量Y_i的自由度。

（三）确定自由度的几种常见情形

这里我们直接列出评定测量不确定度的自由度的几种常见情形。

1. A类评定一个量的标准不确定度

假设对一个被测量独立测量n次，按贝塞尔公式估计标准不确定度的自由度为$\nu=n-1$。假设对一个被测量独立测量n次，按极差法估计标准不确定度的自由度计算查表4-4。为便于比较，表中将贝塞尔公式估计的自由度数值也列入其中。

表4-4 贝塞尔公式、极差法的自由度

测量次数n	1	2	3	4	5	6	7	8	9	10	15	20
贝塞尔公式ν	—	1	2	3	4	5	6	7	8	9	14	19
极差法ν	—	0.9	1.8	2.7	3.6	4.5	6.3	6.0	6.8	7.5	10.5	13.1

2. 线性组合测量

假设有n个线性测量方程，待求t个未知量，按最小二乘法求得最佳估计值的标准不确定度的自由度为$\nu=n-t$。

3. 实验曲线拟合

假设有测量样本数为 n，待求 t 个未知参量，按最小二乘法求得最佳估计值的标准不确定度的自由度为 $\nu=n-t-1$。

4. B 类评定一个量的标准不确定度

假设 B 类评定一个量的标准不确定度为 u，估计 u 的相对标准不确定度为 $\sigma(u)/u$，则其自由度 $\nu=\frac{1}{2}\left(\frac{\sigma\ (u)}{u}\right)^{-2}$

5. 若干量的线性组合

假设 B 类评定若干量的线性组合统计量 $Z=\sum C_iY_i$，各 Y_i 独立，自由度分别为 ν_i，则 Z 的自由度 $\nu(Z)=u^4(Z)/\sum\frac{u^4(Y_i)}{v_i},u(Z)=\sqrt{\sum C_i^2u^2(Y_i)}$

第三节 标准不确定度的合成

对测量不确定度分量按两类方法评定之后，还要考虑如何综合众多分量对测量结果分散性总的影响。解决这个问题的思路是来自于求多个随机变量之和的方差性质。要正确理解并用好测量不确定度的合成公式，特别涉及分量间相关问题的处理，也涉及合成标准不确定度的自由度估计方法。间接测量的不确定度传播，可视为测量不确定度合成问题的一个扩展情形。

一、合成标准不确定度

(一) 合成公式

影响测量结果有若干个分量时，如何评定其测量结果的标准不确定度呢？根据多个随机变量和方差性质：若 $\zeta=\zeta_1+\zeta_2+\cdots+\zeta_m$，则有

$$D(\zeta)=D(\zeta_1)+D(\zeta_2)+\cdots D(\zeta_m)+2\sum_{i=1}^{m}\sum_{i=1}^{m}\rho_{ij}D(\zeta_i)D(\zeta_j)$$

式中 $D(\zeta_1),D(\zeta_2),\cdots,D(\zeta_m)$——各随机变量；

$D(\zeta)$——各随机变量和的方差；

ρ_{ij}——两变量 ζ_i 与 ζ_j 的相关系数。

现将这种对随机变量方差求和的性质扩展为对不确定度分量求和的情形，称其为如下的广义方和根法合成公式

$$u_c=\sqrt{u_1^2+u_2^2+\cdots u_m^2+2\sum_{i=1}^{m}\sum_{j=1}^{m}\rho_{ij}u_iu_j} \tag{4-16}$$

式中 $u_1, u_2, \cdots, u_m$——各不确定度分量；

u_c——各不确定度和的标准差；

ρ_{ij}——两分量 u_i 与 u_j 的相关系数。

如何理解以上公式的意义呢？这里讨论 $m=2$ 的几个特殊情形，

$$u_c^2=u_1^2+u_2^2+2\rho_{12}u_1u_2$$

当 $\rho_{12}=1$，有 $u_c=u_1+u_2$；当 $\rho_{12}=-1$，有 $u_c=|u_1-u_2|$；当 $\rho_{12}=0$，$u_c=\sqrt{u_1^2+u_2^2}$。

这个公式用于解决测量结果评定中，求有多个测量不确定度分量的合成标准不确定度问题。为正确而合理地用好这个公式，需要注意处理好以下三个问题：

1）正确分析所讨论的测量结果问题中究竟有多少个影响该测量结果的分量？哪些是主要的分量？这些主要分量既不能遗漏，也不能重复计入。如果遗漏了，则会把测量结果的不确定度估计小了；如重复计入了，则会把测量结果的不确定度估计大了，总之都会影响对测量结果的评价质量。还要特别说明，应当计入合成的这些分量不仅是指那些肯定影响结果的输入量，还包括所有的影响量。

2）要注意这些分量之间的相关性。特别当分量间完全相关时，各分量间按标准不确定度代数和法合成，否则按标准不确定度方和根法合成。显然，从减小合成的不确定度角度考虑，分量间负相关好于正相关；从处理合成计算便利考虑，不相关（独立）好于相关。从分析处理便利出发，尽可能创造条件，把合成问题化为分量间不相关的情形来处理。

3）参与合成的各分量是指直接“贡献”给被测量测量结果的输入量、影响量，如果它们与被测量在量纲单位或尺度上存在一个传播系数（因子）的关系，则必须计入。式(4-16)中各项分量的量值都已经认为计入了这个传播系数（因子）。关于这个问题，请注意后面还要提到的间接测量问题的不确定度传播公式。

（二）相关系数

实际工作中，常用以下统计公式估计两变量或不确定度分量 x_i 与 x_j 的相关系数

$$\rho_{ij}=\frac{\sum_{k=1}^{m}(x_{ik}-\bar{x}_i)(x_{jk}-\bar{x}_j)}{\sqrt{\sum_{k=1}^{m}(x_{ik}-x_i)^2}\sqrt{\sum_{k=1}^{m}(x_{jk}-\bar{x}_j)^2}} \tag{4-17}$$

为求得相关系数 ρ_{ij}，需要先分别对两个变量（x_i，x_j）同时采样 m 个数据对（x_{ik}，x_{jk}）($k=1$，2，…，m)，然后按上式计算出 ρ_{ij} 的估计值。

如果遇到缺少样本数据，或者样本数据偏少的情形，也可采用如下的一种非统计的实验估计方法，来估计它们的相关系数

$$\rho_{ij}=\frac{\delta_j/u(x_j)}{\delta_i/u(x_i)} \tag{4-18}$$

当 X_i 在 x_i 处改变 δ_i 时，造成 X_j 在 x_i 处相应改变 δ_i，再分别用各自的标准不确定度来进行归一化并相除得到的比例。

计算和确定相关系数是比较复杂的事情。有时，为简化不确定度的合成计算，可以设法合并诸相关量，以避开相关系数的计算，即全部 $\rho=0$ 的情形，或者简化为完全相关，即 $\rho=1$ 的情形。以下分这两种情形，介绍根据测量条件和经验进行分析判断的方法。

1. $\rho=0$ 的情形

1）两分量相互独立或不可能相互影响。

2）一分量增大或减小时，另一分量可正可负。

3）不同体系产生的分量，例如人员引起的分量与温度引起的分量。

4）两分量虽相互有影响，但确认其影响甚微。

2. $\rho=1$ 的情形

1）两分量间有正线性关系。

2）一分量增大或减小时，另一分量也增大或减小。

3）同一体系产生的分量，例如用一米基准尺测两米尺，则该基准尺的不确定度引起两个一米的分量 $\rho=1$。

4）两分量间近似正线性，简化取 $\rho=1$。

（三）有效自由度

如何评价合成标准不确定度的可靠程度呢？类似于评定标准不确定度的可靠程度同用自由度的方法一样，这里用有效自由度 ν_{eff} 的方式来评定。假设被测量有 m 个影响测量结果的分量，记为 $X=X_1+X_2+\cdots+X_m$，当各分量 Y_i 均为正态且分布相互独立时，有如下著名的韦尔奇-萨特思韦特（Welch-Satferthwaite）公式，可用它来计算其合成标准不确定度的有效自由度 ν_{eff}。

$$\frac{u_c^4(X)}{\nu_{\text{eff}}}=\sum_{i=1}^{m}\frac{u^4(X_i)}{\nu_i}=\sum_{i=1}^{m}\frac{u_i^4}{\nu_i} \tag{4-19}$$

例 9：某测量结果含 5 个不确定度分量，每个分量的大小及自由度信息见表 4-5，它们之间的协方差均为零，求其合成标准不确定度、有效自由度。

解：列表计算如下

表 4-5　某测量结果的不确定度合成

序号	不确定度			自由度	
	来源	符号	数值	符号	数值
1	基准尺	u_1	1.0	ν_1	5
2	读数	u_2	1.0	ν_2	10
3	电压表	u_3	1.4	ν_3	4
4	电阻表	u_4	2.0	ν_4	16
5	温度	u_5	2.0	ν_5	1
合成结果	—	u_c	3.5	ν_{eff}	7.8

$$u_c=\sqrt{1.0^2+1.0^2+1.4^2+2.0^2+2.0^2}=\sqrt{11.96}$$

$$\nu_{\text{eff}}=\frac{(\sqrt{11.96})^4}{\frac{1}{5}+\frac{1}{10}+\frac{(1.4)^4}{4}+\frac{(2.0)^4}{16}+\frac{(2.0)^4}{1}}=\frac{(11.96)^2}{18.26}=7.8$$

二、间接测量问题的合成标准不确定度

实际测量工作中还常常遇到间接测量问题。如果被测量 Y 是 m 个输入量 X_1，X_2，$\cdots$，X_m 的函数，$Y=F(X_1, X_2, \cdots, X_m)$、各 X_i 间可能彼此相关。y 是 Y 的估计值，x_1，x_2，$\cdots$，x_m。分别是 X_1，X_2，$\cdots$，X_m 的估计值，则如何来估计间接测量结果 $y=F(x_1, x_2, \cdots, x_m)$ 的合成标准不确定度呢？

注意到，如果记 $u(y_i)=\frac{\partial F}{\partial x_i}u(x_i)$，$u(x_i)$ 视为 x_i 的线性增量，则 $u(y_i)$ 可视为直接"贡献"于被测量 Y 在 y_i 处的一个不确定度分量，于是有一阶近似后的 y 影响量是 m 个影响分量的代数和，记为 $y=y_1+y_2+\cdots+y_m$。根据式（4-16）即可得到如下的估计间接测量结果 $y=F$（x_1、x_2、…、x_m）的合成标准不确定度公式。

$$u_c(y)=\sqrt{u^2(y_1)+u^2(y_2)+\cdots u^2(y_m)+2\sum_{i<j}\rho_{ij}u(y_i)u(y_j)}$$
$$=\sqrt{\sum_{i=1}^{m}\left(\frac{\partial F}{\partial x_i}\right)^2u^2(x_i)+2\sum_{i<j}\rho_{ij}\frac{\partial F}{\partial x_i}\frac{\partial F}{\partial x_j}u(x_i)u(x_j)} \tag{4-20}$$

式中　$\frac{\partial F}{\partial x_i}$——$\frac{\partial F}{\partial x_j}$在 $X=x_i$ 处的值，又称为灵敏系数，也有的称其为传播系数，在不易误解的情形可简记为（c_i）；

$u(x_i)$——输入量估计 x_i 的标准不确定度；

ρ_{ij}——X_i 和 X_j 分别为 x_i 和 x_j 处的相关系数，而其相应的协方差 $u(x_{i,}x_j)=\rho_{ij}u(x_i)u(x_j)$。特别当$\frac{\partial F}{\partial x_j}$均为 1 的情形，即有 m 个影响量直接影响 y 的情形，有 $y=y_1+y_2+\cdots+y_m$，故可以视式(4-16)是式（4-20）的特例。

实际测量中，还会遇到一些复杂的情形。例如，测量模型极为复杂，难以导出不确定度的合成公式中的偏导数系数时，或者其中一些相关项不宜忽略又难确定时，需要借助微型计算机辅助不确定度仿真分析技术，给出对测量不确定度的定量估计。

以下列出几种常见的间接测量函数模型：

1）设 $Y=\sum_i c_iX_i$，X_i 间不相关，有

$$u_c(y)\sqrt{\sum_i[c_i{}^2u^2(x_i)]}=\sqrt{\sum_i u^2(y_i)} \tag{4-21}$$

2）设 $Y=c_i\prod X_i^{pi}$，X_i 间不相关，有

$$\frac{u_c(y)}{y}=\sqrt{\sum_i\left[\frac{p_iu(x_i)}{x_i}\right]^2} \tag{4-22}$$

3）设 $Y=F$（X_1，X_2，…，X_m），X_i 间相关系数 $\rho_{ij}=1$，有

$$u_c(y)=\sum_i\frac{\partial F}{\partial X_i}u(x_i) \tag{4-23}$$

例 10：评定某千分尺的测量不确定度，并设计其校准方案。

解：在车间检验室，20℃±5℃的环境条件下，根据提供的可能影响该千分尺测量结果的因素及其不确定度分量 $u(x_i)$，均考虑灵敏系数 c_i 后，折算为对测长结果影响，认为它们之间的联系是不相关的。最后，把以上诸因素及其评定结果均列于表 4-6 中。另外，将该千分尺分别用一级量块和零级量块进行校准，设计的两个校准方案中，应当考虑的主要不确定度源及其评定结果分别见表 4-7 和表 4-8。

表 4-6 千分尺不确定度评定（车间检验室，20℃±5℃）

影响因素	$u(x_i)$	$c_iu(x_i)/\mu m$	说明
刻度不准	3μm	1.73	主要因素项
零点不准	2μm	1.15	主要因素项
温度变化	5℃	0.09	—
工件与尺子温度	3℃	0.6	主要因素项
工件与尺子平行度	2μm	0.58	主要因素项
测量重复性	2μm	0.33	主要因素项
合成标准不确定度 $u_c(y)$	—	2.27	—

$$u_c(y)=\sqrt{1.73^2+1.15^2+0.09^2+0.6^2+0.58^2+0.33^2}\ \mu m=2.27\mu m$$

表 4-7 千分尺不确定度评定（车间检验室，20℃±5℃，用一级量块）

影响因素	$u(x_i)$	$c_iu(x_i)/\mu m$	说明
一级量块	0.3μm	0.17	主要因素项
温度变化	5℃	0.09	—
量块与尺子温差	1℃	0.2	主要因素项
测量重复性	1μm	0.29	主要因素项
合成标准不确定度 $u_c(y)$		1.4	—

$$u_c(y)=\sqrt{0.17^2+0.09^2+0.2^2+0.29^2}\ \mu m=1.4\mu m$$

表 4-8 千分尺不确定度评定（计量室，20℃±1℃，用 ISO3650 零级量块）

影响因素	$u(x_i)$	$c_iu(x_i)/\mu m$	说明
零级量块	0.14μm	0.08	—
温度变化	1℃	0.017	—
工件与尺子温度	0.5℃	0.1	—
测量重复性	1μm	0.29	主要因素项
合成标准不确定度 $u_c(y)$	—	0.31	—

$$u_c(y)=\sqrt{0.08^2+0.017^2+0.1^2+0.29^2}\ \mu m=0.31\mu m$$

第四节 扩展不确定度

用扩展不确定度来表示测量结果的分散性大小，关键是确定好包含因子。可采用自由度法、超越系数法和简易法等三种方法。其中，自由度法和简易法是国际指南推荐的方法。确定扩展不确定度是为了给出具有完整信息的测量结果，这是测量结果的使用者所期望和关心的。另外，本节还介绍如何规范测量结果的表示方式，包括测量结果报告的内容、测量结果的两种表示方式、数字位数的修约规则，以及测量不确定度在计量中的若干应用。

一、扩展不确定度的评定

（一）基本概念

除在传统场合用合成标准不确定度 u_c 来表示测量结果的分散性之外，在其他商业、工业和计量法规以及涉及健康与安全的领域，常用扩展不确定度 U 来表示。扩展不确定度定义为测量结果分散在某区间的半宽度，也就是该测量结果的标准不确定度的几倍。这个倍因子又称为包含因子，常用符号 k 或 k_p 表示，p 称为包含概率（对随机误差分布而言就是置信概率）。因此对某复现量 y 的扩展不确定度可以表示为

$$U_p(y) = k_p u_c \tag{4-24}$$

在不宜混淆的情形，可以简记为

$$U = ku_c \tag{4-25}$$

通常，U 以较高的包含概率表示被测量 $Y = y \pm U$。

当测量结果服从或接近正态分布时，可以用自由度法确定包含因子。当没有获得自由度信息而大致知道测量分布且为对称分布的情形，可以根据分布的四阶矩来确定其包含因子，称其为超越系数法。

也有不少场合，因没有关于被测量的标准不确定度的自由度和有关合成分布的信息，难以确定被测量值的估计区间及其包含概率。在这种情形下，国际标准 ISO 1993 规定取 $k = 2 \sim 3$。我国国家军用标准规定 $k = 2$，美国 NIST 标准也常取 $k = 2$。称其为简易法。

以下分别介绍确定包含因子的三种方法。

（二）自由度法

一般地，假设被测量 $Y = f(x)$，许多情形可以近似认为 $(y - Y)/u_c(y)$ 服从 t 分布。于是可以按 Welch-Satferthwaite 公式，计算其有效自由度 ν_{eff}，且取 $k_p = t_p(\nu_{eff})$，有

$$\frac{u_c{}^4(y)}{\nu_{eff}} = \sum \frac{u^4(y_i)}{\nu_i} \tag{4-26}$$

关于认为 $(y - Y)/u_c(y)$ 服从 t 分布的理由可解释如下：在某测量点 X_0 附近，对 Y 可一阶近似为 $Y = C(X - X_0)$。由于多个正态分量或多个对称分布分量之线性组合的结果趋于正态分布，而 $u_c(y)$ 的估计值又可近似为 x 分布。因此根据 t 分布的定义，即可认为 $(y - Y)/u_c(y)$ 近似服从 t 分布。

例 11： 某测量结果有彼此无关的 A 类及 B 类不确定度分量，见表 4-9。求 $p = 0.95$ 情形的扩展不确定度。

表 4-9　某种测量结果的不确定度分量

i	s_i	u_i	ν_i	$s_i^2(u_i^2)$	$s_i^4/\nu_i(u_i^4/\nu_i)$
1	1.0	—	5	1.0	0.2
2	1.0	—	10	1.0	0.1
3	1.4	—	4	1.96	0.96
4	2.0	—	16	4.0	1.0
5	—	2.0	1	4.0	16.0

解： 本题不加说明分布情形，但有五个分量，可以认为其合成结果 $(y - Y)/u_c(y)$ 服从 t 分布。首先计算合成标准不确定度

$$u_c = \sqrt{1.0 + 1.0 + 1.96 + 4.0 + 4.0} = \sqrt{11.96} = 3.5$$

然后计算自由度

$$\nu=\frac{(1.0+1.0+1.96+4.0+4.0)^2}{0.2+0.1+0.96+1.0+16.0}=\frac{11.96^2}{18.26}=7.8$$

再按 $p=0.95$ 查 t 分布表得

$$t_{95}(7.8)=2.31$$

最后，计算得扩展不确定度

$$U_{95}=t_{95}(7.8)u_c=2.31\times3.5=8.1$$

例 12：设 $Y=f(X_1、X_2、X_3)=bX_1X_2X_3$，输入量 X_1、X_2、X_3 服从正态分布，分别独立重复测 $n_1=10$、$n_2=5$、$n_3=15$ 次的平均值 x_1、x_2、x_3 作为它们的估计值，相对标准不确定度分别为 $u(x_1)/x_1=0.25\%$，$u(x_2)/x_2=0.57\%$，$u(x_3)/x_3=0.82\%$，试计算 $\frac{u_c(y)}{y}$、ν_{eff} 及 U。

解：由式（4-22），得 $\frac{u_c(y)}{y}=\left\{\sum_{i=1}^{3}\left[\frac{u(x_i)}{x_i}\right]^2\right\}^{\frac{1}{2}}=1.03\%$

由 $u(y_i)=C_iu(x_i)=\frac{\partial f}{\partial x_i}u(x_i)\frac{y}{x_i}u(x_i)$，代回式（4-19），有

$$\nu_{eff}=\left[\frac{u_c(y)}{y}\right]^4/\sum_{i=1}^{3}\frac{[u(x_i)/x_i]^4}{\nu_i}=\frac{1.03^4}{\frac{0.25^4}{10-1}+\frac{0.57^4}{5-1}+\frac{0.82^4}{15-1}}=19.0$$

按式（4-26）得

$$k_{95}=t_{95}(\nu_{eff})=2.09$$

因此有相对扩展不确定度

$$\frac{U_{95}}{y}=2.09\times1.03\%=2.153\%\approx2.2\%$$

（三）超越系数法

结论：假设记若干个不确定度分量 u_i，每个分量对应的分布均为对称，它们的超越系数记为 $\gamma_4^{(i)}$ 合成分布的标准不确定度记为 u_c，则有其合成分布的超越系数

$$\gamma_4=\frac{\sum_i\gamma_4^{(i)}u_i^4}{u_i^4} \tag{4-27}$$

各种常见分布不同包含概率的超越系数可查表 4-10 得到。

表 4-10　常见概率分布的包含因子 k_p 与超越系数 γ_4

分布	超越系数 γ_4	包含因子 k_p			
		$p=1.0$	$p=0.9973$	$p=0.99$	$p=0.95$
正态	-0	∞	3.00	2.58	1.96
	-0.1	—	2.89	2.52	1.95
	-0.2	—	2.77	2.45	1.94
	-0.3	—	2.66	2.39	1.93
	-0.4	—	2.55	2.38	1.92
	-0.5	—	2.43	2.26	1.91

（续）

分布	超越系数 γ_4	包含因子 k_p			
		$p=1.0$	$p=0.9973$	$p=0.99$	$p=0.95$
三角	−0.6	$\sqrt{6}=2.45$	2.32	2.20	1.90
	−0.7	2.34	2.24	2.14	1.86
	−0.8	2.22	2.15	2.08	1.83
	−0.9	2.11	2.00	2.01	1.80
椭圆	−1.0	2.00	1.98	1.95	1.76
	−1.1	1.86	1.86	1.83	1.70
均匀	−1.2	$\sqrt{3}=1.73$	1.73	1.71	1.65
	−1.3	1.62	1.62	1.61	1.57
	−1.4	1.52	1.52	1.51	1.49
反正弦	−1.5	$\sqrt{2}=1.41$	1.41	1.41	1.41
	−1.6	1.33	1.33	1.33	1.33
双直角	−1.7	1.25	1.25	1.25	1.25
	−1.8	1.16	1.16	1.16	1.16
	−1.9	1.08	1.08	1.08	1.08
两点	−2.0	1.00	1.00	1.00	1.00

例 13：已知影响某测量结果有六个主要的不确定度源，其分布及其大小见表 4-11。假设它们之间相互独立，试按包含概率 $p=0.99$ 估计其扩展不确定度。

表 4-11　某测量结果的不确定度分量

序号	分布	区间半宽度	分布因子	标准偏差	超越系数
1	均匀	0.06	1.71	0.0351	−1.2
2	均匀	0.32	1.71	0.187	−1.2
3	均匀	0.50	1.71	0.292	−1.2
4	反正弦	0.63	1.41	0.447	−1.5
5	反正弦	0.56	1.41	0.397	−1.5
6	正弦	—	—	0.10	0
合成结果	—	1.6	2.32	0.699	−0.45

解：本题把各已知量和待求量的关系通过列表的方式表示出来，表 4-11 中黑体数字是经计算或查表后填入的，其中按式（4-16）求得 $u_c=\sqrt{0.489}=0.699$，然后按式（4-27）计算超越系数

$$\gamma_4=\frac{-0.1074}{(0.489)^2}=-0.45$$

按 $p=0.99$ 查超越系数表（4-10）后插值计算得 $k_{99}=2.32$。

最后，按式（4-24）得扩展不确定度

$$U_{99}=k_{99}u_c=2.32\times0.699=1.6$$

（四）简易法

用以上两种方法给出一定包含概率的包含因子是有条件的。自由度法认为每个分量接近

正态分布，或者其合成分布接近 t 分布；超越系数法认为每个分量至少是偶对称的，且相互之间独立。因此在各分量分布不甚清楚的情形，难以给出其合成分布的包含因子是 k_p。国际标准《测量不确定度指南》（ISO 1993E）约定，在有的场合简单地给出包含因子 $k=2$ 或3。在这种情形下，不能确知其包含概率。正因为如此，国际测量不确定度工作组建议，将合成的置信因子改称为“包含因子”。当 $k=2$ 时，可认为接近正态分布，确定的区间具有约95%的包含概率。当 $k=3$ 时，可认为接近正态分布，确定的区间具有约99%的包含概率。

例 14：将以上三个例子改由简易法估计。

解：例 1 的情形，$U=ku_c=2\times3.5=7.0(k=2)$；

例 2 的情形，$\dfrac{U}{y}=2\times1.03\%=2.06\%(k=2)$；

例 3 的情形，$U=ku_c=2\times0.699=1.4(k=2)$；

以上结果与原结果对照，只在第 2 位数字上有一点差别，在测量结果表示上说明测量不确定度，其使用价值仍然是有效的。

例 15：用卡尺对某工件直径重复测了三次，得数据：15.125mm、15.124mm、15.127mm，试写出其测量的最佳估计值和测量重复性。已知该卡尺的产品合格证书上标明其最大允许误差为 0.025mm，假设测量服从三角分布（包含因子取$\sqrt{6}$），试表示其测量结果。

解：（1）算术平均值和测量重复性　计算出算术平均值：15.1253mm；用极差法统计得测量重复性：0.0018mm。

（2）用 A 类评定方法估计测量不确定度分量之一　计算算术平均值的标准偏差（多次测量的重复性）$u_1=0.0018\text{mm}/\sqrt{3}=0.001\text{mm}$。

（3）用 B 类评定方法估计测量不确定度分量之二　$u_2=0.025\text{mm}/\sqrt{6}=0.015\text{mm}$。

（4）求合成标准不确定度　$u_c=\sqrt{0.001^2\text{mm}^2+0.015^2\text{mm}^2}=0.015\text{mm}$。

（5）以下求扩展不确定度

1）用自由度法：假设卡尺允许误差极限分量的自由度为 $v_2=8$（估计其不可靠性为25%），而重复测量分布分量的自由度为 $\nu_1=3-1=2$，故按式（4-26）计算自由度

$$\nu=\frac{0.015^4}{\dfrac{0.001^4}{2}+\dfrac{0.015^4}{8}}\approx\frac{0.015^4}{\dfrac{0.001^4}{2}}=2\times15^4$$

再按 $p=0.99$ 查表得　$t_{99}(\infty)=2.576$

最后，按式（4-24）得扩展不确定度　$U_{99}=t_{99}(\infty)u_c=2.576\times0.015\text{mm}=0.039\text{mm}$

2）用超越系数法：假设重复测量分布分量服从正态分布，有 $\gamma_4^{(1)}=0$，卡尺允许误差极限分量服从三角分布，查表有 $\gamma_4^{(2)}=-0.6$。按式（4-27）计算超越系数

$$\gamma_4=\frac{-0.6\times0.015^4}{(0.015)^4}=-0.6$$

按 $p=0.99$ 查超越系数表得　$k_{99}=2.20$

最后，按式（4-24）得扩展不确定度 $U_{99}=k_{99}u_c=2.20\times0.015\text{mm}=0.033\text{mm}$

3）用简易法：取 $k=2$，有 $U=ku_c=2\times0.015=0.030$（$k=2$）

（6）表示测量结果 测量结果为 15.125(15)mm，不同的方法表示如下。

1）自由度法：15.125mm±0.039mm（$k=2.58$，$\rho=0.99$，$v=\infty$）。

2）超越系数法：15.125mm±0.033mm（$k=2.20$，$\rho=0.99$，$v=\infty$）。

3）简易法：15.125mm±0.030mm（$k=2$）。

二、测量结果的表示方式

当要给出完整的测量结果时，一般应报告其测量不确定度。报告应尽可能详细，以便使用者可以正确地利用测量结果。为了便于国际和国内的交流，应尽可能地按国际和国内统一规定的表示方式来表述测量结果。

（一）报告的基本内容

当测量不确定度用合成标准不确定度表示时，应给出合成标准不确定度 u_c 及其自由度 ν；当测量不确定度用扩展不确定度表示时，除应给出扩展不确定度 U 外，还应说明它计算时所依据的合成标准不确定度 u_c、自由度 ν、包含因子 k 和包含概率 p。

完整的测量结果应包含被测量的最佳估计值及估计值的测量不确定度。典型表达为 $Y=y\pm U(k=2)$，其中 Y 是被测量的测量结果，y 是被测量的最佳估计值，U 是测量结果的扩展不确定度，k 是包含因子，$k=2$ 说明测量结果在 $y\pm U$ 区间内的概率约为 95%。

为了提高测量结果的使用价值，在不确定度报告中，应尽可能提供更详细的信息。例如，明确说明被测量 Y 的定义；原始观测数据；描述被测量估计值及其不确定度评定的方法；列出所有的不确定度分量、自由度及相关系数，并说明它们是如何获得的等，以便能充分发挥其传播性的特点。

（二）用合成标准不确定度报告测量结果

在基础计量学研究、基本物理常量测量、复现国际单位制单位的国际比对中，常用合成标准不确定度报告测量结果。它表示测量结果的分散性大小，便于测量结果间的比较。

当测量不确定度用合成标准不确定度表示时，应给出被测量 Y 的估计值 y、合成标准不确定度 $u_c(y)$，必要时还要给出合成标准不确定度的有效自由度 ν_{eff}。

测量结果及其合成标准不确定度的报告有一定的形式。例如，标准砝码的质量为 m_s，测量结果为 100.02147g，合成标准不确定度 $u_c(m_s)$ 为 0.35mg，则报告形式有以下几种：

1）$m_s=100.02147$g；$u_c(m_s)=0.35$mg。

2）$m_s=100.02147(35)$g；括号内的数字是合成标准不确定度，其末位与前面结果的末位数对齐。主要用于公布常数或常量时使用。

3）$m_s=100.02147(0.00035)$g；括号内的数字是合成标准不确定度，与前面结果有相同计量单位。

（三）用扩展不确定度报告测量结果

除了使用合成标准不确定度的场合外，通常测量结果的不确定度都用扩展不确定度表示。它可以表明测量结果所在的一个区间，以及用概率表示在此区间内的可信程度，可给人们直观的提示。

当测量不确定度用扩展不确定度表示时，应给出被测量 Y 的估计值 y、扩展不确定度 $U(y)$ 或 $U_p(y)$。$U(y)$ 要给出包含因子 k 值；$U_p(y)$ 要在下标中给出包含概率 p。必要时要给出获得扩展不确定度所需要的合成标准不确定度的有效自由度 ν_{eff}，以便由 p 和 ν_{eff} 查表得到 t 值，即 k_p 值。

测量结果及其扩展不确定度的报告主要有 $U(y)$ 和 $U_p(y)$ 两种。此外还可用相对扩展不确定度表示。

1. 采用 $U=ku_c(y)$ 的报告

例 16：标准砝码的质量为 m_s，测量结果为 100.02147g，合成标准不确定度 $u_c(m_s)$ 为 0.35mg，取包含因子 $k=2$。则计算扩展不确定度为 $U=ku_c(y)=2\times0.35\text{mg}=0.70\text{mg}$。

则报告形式可为

1）$m_s=100.02147\text{g}$；$U=0.70\text{mg}$，$k=2$。

2）$m_s=(100.02147\pm0.00070)\text{g}$；$k=2$。

2. 采用 $U_p=k_pu_c(y)$ 的报告

例 17：标准砝码的质量为 m_s，测量结果为 100.02147g，合成标准不确定度 $u_c(m_s)$ 为 0.35mg，$\nu_{eff}=9$，按 $p=95\%$，查 t 分布值表得 $k_p=t_{95}(9)=2.26$。则计算扩展不确定度为 $U_{95}=k_pU_c(y)=2.26\times0.35\text{mg}=0.79\text{mg}$。

则报告形式可为：

1）$m_s=100.02147\text{g}$；$U_{95}=0.79\text{mg}$，$\nu_{eff}=9$。

2）$m_s=(100.02147\pm0.00079)\text{g}$，$\nu_{eff}=9$。这是推荐的表达方式。

3）$m_s=100.02147\ (79)\ \text{g}$，$\nu_{eff}=9$。

4）$m_s=100.02147\ (0.00079)\ \text{g}$，$\nu_{eff}=9$。

3. 采用相对扩展不确定度 $U_{rel}=U/y$ 的报告

具体的报告形式有

1）$m_s=100.02147\text{g}$；$U_{rel}=0.70\times10^{-6}$，$k=2$。

2）$m_s=100.02147\text{g}$；$U_{95rel}=0.79\times10^{-6}$。

3）$m_s=100.02147(1\pm0.79\times10^{-6})\text{g}$；$p=95\%$，$\nu_{eff}=9$。括号内第二项为相对扩展不确定度 U_{rel}。

例 18：已知一圆柱体，由分度值为 0.01mm 的量具重复 6 次测量圆柱体的直径 D 和高度 h，测得值（最后一位为估读值）如下：

D_i/mm	10.075	10.085	10.095	10.060	10.085	10.080
h_i/mm	10.105	10.115	10.115	10.110	10.110	10.115

试给出该圆柱体的体积的测量结果报告。

解：第一步，计算圆柱体体积 V 的最佳估计值。

分别计算直径估计值 $\overline{D}=10.080\text{mm}$，高度估计值 $\overline{h}=10.110\text{mm}$，则圆柱体体积最佳估值为 $\overline{V}=\frac{\pi\overline{D}^2}{4}\overline{h}=806.8\text{mm}^3$。

第二步，进行不确定度评定。

1）分析不确定度来源：由直径 D 的测量重复性引起的标准不确定度分量 u_1，由高度 h 的测量重复性引起的标准不确定度分量 u_2，量具示值误差引起的 u_3，对 u_1、u_2 用 A 类评定方法，u_3 采用 B 类评定方法。

2）确定 u_i，有

$$u_1=\left|\frac{\partial V}{\partial D}\right|u_D, u_D=\sqrt{\frac{\sum_{i=1}^{6}(D_i-\overline{D})^2}{6(6-1)}}=0.0048\text{mm}, 则\ u_1=\frac{\pi\overline{D}}{2}\overline{h}u_D=0.77\text{mm}^3, \nu_1=5。$$

$$u_2=\left|\frac{\partial V}{\partial h}\right|u_h, u_h=\sqrt{\frac{\sum_{i=1}^{6}(h_i-\overline{h})^2}{6(6-1)}}=0.0026\text{mm}, 则\ u_2=\frac{\pi\overline{D}^2}{4}u_h=0.21\text{mm}^3, \nu_2=5。$$

由于分辨力引入的不确定度分量有可能大于重复性测量引入的不确定度分量，最好对分辨力引入的不确定度分量进行计算，取两者中的最大值，严格保证取值的正确。此处量具分度值为 0.01mm，分辨力引入的不确定度分量按照均匀分布进行 B 类评定后的结果为 $u'_h=\frac{0.01\text{mm}}{2\times2\times\sqrt{3}}=0.0014\text{mm}$，故 u_D、u_h 取值都没有问题。

由仪器说明书知，测微仪的示值误差为 ±0.01mm，通常按均匀分布考虑，则 $u_y=\frac{0.01\text{mm}}{\sqrt{3}}=0.0058\text{mm}$，由此引起的 D 和 h 的标准不确定度分量为 $u_{3D}=\left|\frac{\partial V}{\partial D}\right|u_y$，$u_{3h}=\left|\frac{\partial V}{\partial h}\right|u_y$。则合成 u_3 为

$$u_3=\sqrt{u_{3D}^2+u_{3h}^2}=\sqrt{\left(\frac{\partial V}{\partial D}\right)^2+\left(\frac{\partial V}{\partial h}\right)^2}\,u_y=1.04\text{mm}^3$$

取相对标准偏差 $\frac{\sigma_{u_3}}{u_3}=35\%$，则对应的自由度 $\nu_3=\frac{1}{2\times0.35^2}=4$。

3）分析相关性得 $\rho_{ij}=0$，也就是 3 个不确定度分量 u_1、u_2、u_3 相互独立。

4）合成标准不确定度 u_c 及 ν。

$$u_c=\sqrt{u_1^2+u_2^2+u_3^2}=\sqrt{0.77^2+0.21^2+1.04^2}\ \text{mm}^3=1.3\text{mm}^3$$

$$\nu=\frac{u_c^4}{\sum_{i=1}^{3}\frac{u_i^4}{v_i}}=\frac{1.3^4}{\frac{0.77^4}{5}+\frac{0.21^4}{5}+\frac{1.04^4}{4}}=7.86$$

为提高测量结果的可靠程度，此处自由度往低取整，取 $\nu=7$，使之更可靠。

5）求扩展不确定度。取 $p=0.95$，自由度 $\nu=7$，查 t 分布表得 $t_{0.95}(7)=2.36$，即 $k=2.36$，则

$$U=ku_c=(2.36\times1.3)\text{mm}^3=3.1\text{mm}^3$$

第三步，给出测量结果报告。

1）用合成标准不确定度，则测量结果为：$\overline{V}=806.8\text{mm}^3$，$u_c=1.3\text{mm}^3$，$\nu=7.86$。

2）用扩展不确定度评定圆柱体体积的测量不确定度，则测量结果为

$$V=(806.8\pm3.1)\text{mm}^3, p=0.95, \nu=7$$

其中，±符号后的数值是扩展不确定度 $U=ku_c=3.1\text{mm}^3$，是由合成标准不确定度 $u_c=1.3\text{mm}^3$ 及包含因子 $k=2.36$ 确定的。

4. 测量结果的数字位数修约规则

用两个近似值表示一个量的数值时，通常规定近似值修约误差限的绝对值不超过末位的

单位量值的一半，则该数值从左边第一个不是零的数字起到最末一位数的全部数字就称为有效数字，有几位数字就有几位有效数字。例如 3.1415 有效位数是 5 位，其修约误差限为 ±0.00005。

根据保留数位的要求，每一个量的数值表达需要将末位以后多余位数的数字按照一定规则取舍，这就是数据修约。为准确表达测量结果及其测量不确定度，就需要进行数据修约。参照国际上科学数据的修约规则，简要地总结以下几条原则。

1）最后报告的不确定度有效位数一般不超过两位，多余部分推荐：当保留两位有效数字时，按“不为零即进位”；当保留一位有效数字时，按“三分之一原则”进行修约。

例如，不确定度部分的数据为 0.001101，保留两位有效数字，多余位数数字 01 不为零，故进位为 0.001 2。可见，尽管很保守地修约了不确定度部分的第二位数字，但由于还有前一位未修约的数字，故对结果估计的影响不会超过 1/10。又例如，不确定度部分的数据为 0.001001，要保留一位有效数字。显然，如果按多余位数“不为零即进位”，则三位多余位数数字 001 不为零，进位为 0.002，对结果估计的影响为 999/1000，远超过了 1/3；如果改“三分之一原则”进行修约，则有三位多余位数 001 小于该基本单位 999 的 1/3，按微小误差或微小不确定度原则舍弃，原不确定度数据修约为 0.001，对结果估计的影响为 1/1000；如果不确定度的数据为 0.001334，多余位数 334 大于该基本单位 999 的 1/3，按微小误差或微小不确定度原则，则可将保留的最末位数字加 1，原不确定度数据修约为 0.002。

2）测量结果（被测量的最佳估计值）的末位一般应修约到与其测量不确定度的末位对齐。即同样单位情况下，如果有小数点，则小数点后的位数一样；如果是整数，则末位一致。例如，被测量的估计值为 20.00054，不确定度的数据已修约为 0.0012，则被测量的估计值的多余位为 4 小于 5，则按“四舍”原则舍弃，被测量的估计值修约为 20.0005；如果被测量的估计值为 20.00056，不确定度的数据已修约为 0.0012，则被测量的估计值的多余位大于 5，则按“六入”原则进位，被测量的估计值修约为 20.0006；又如果被测量的估计值为 20.00055，不确定度的数据已修约为 0.0012，被测量的估计值的多余位“逢五”，则按“逢五取偶”原则进位，被测量的估计值修约为 20.0006。

上例说明了测量结果的数字修约规则，如果该例改为不确定度有效位数保留一位，可以类似地按上述两个原则进行修约。例如，被测量估计值 20.00054，已修约不确定度数据 0.002，则被测量估计值多余位的数字 54 超过 50，按“六入”原则进位为 20.001。

总结测量结果的最终表示方式有以下两种。

区间半宽度表示方式：测量结果 = 最佳估计值 ± 测不准部分（单位）（包含概率，自由度）

标准偏差表示方式：测量结果 = 最佳估计值（测不准部分）（单位）（自由度）

例 19： 用卡尺对某工件直径重复测了三次，得数据：15.125mm、15.124mm、15.127mm，试写出其测量的最佳估计值和测量重复性。已知该卡尺的产品合格证书上标明其最大允许误差为 0.025mm，假设测量服从三角分布（包含因子取$\sqrt{6}$），试表示其测量结果。

解： 1）计算出算术平均值：15.1253；用极差法统计得测量重复性：0.0018。

2）用 A 类评定方法估计测量不确定度分量之一：计算出算术平均值的标准偏差（多次测量的重复性）$0.0018\text{mm}/\sqrt{3}=0.001\text{mm}$。

3）用B类评定方法估计测量不确定度分量之二：$0.025\text{mm}/\sqrt{6}=0.015\text{mm}$。

4）求合成测量不确定度：$\sqrt{0.001^2+0.015^2}\ \text{mm}=0.015\text{mm}$。

5）表示测量结果：15.125（15）mm 或（15.1255±0.015）mm。

第五节　测量不确定度在计量中的应用

一、在工件精密检测中的应用

（一）测量问题概述

用游标卡尺直接测量标称值为50mm的圆柱形工件的直径。重复测量三次，测量值为50.020mm、50.014mm、50.004mm，工件和卡尺随温度的变化、工件的圆度等对测量值的影响均可忽略不计。

（二）测量结果的最佳估计

$$\bar{x}=\frac{50.020\text{mm}+50.014\text{mm}+50.004\text{mm}}{3}=50.013\text{mm}$$

（三）测量不确定度分析与评定

1. 游标卡尺的不准确引入的标准不确定度

游标卡尺的允许误差极限为±0.020mm，假设为均匀分布，故有

$$u_1=\frac{0.020\text{mm}}{\sqrt{3}}=0.0116\text{mm}$$

2. 测量重复性引入的测量结果标准不确定度

$$s=\frac{(x_{\max}-x_{\min})}{d_n}=\frac{0.016\text{mm}}{1.69}=0.0095\text{mm}$$

$$u_2=\frac{s}{\sqrt{n}}=\frac{0.0095\text{mm}}{\sqrt{3}}=0.0055\text{mm}$$

3. 合成标准不确定度（u_1，u_2互不相关）

$$u_c=\sqrt{u_1^2+u_2^2}=\sqrt{(0.0116\text{mm})^2+(0.0055\text{mm})^2}=0.013\text{mm}$$

4. 计算扩展不确定度

$$U=ku_c=2\times0.013\text{mm}=0.026\text{mm}$$

（四）测量结果的表示

该圆柱形工件直径为（50.013±0.026）mm　（$k=2$）。

二、在计量校准中的应用

（一）测量问题概述

电子设备需要使用1MΩ的电阻器，要求其允许误差极限在±0.1%以内，对所选的电阻进行测量，确定是否合格。

（二）测量方法

用检定合格的五位半数字多用表的测量电阻功能档，测量被测电阻的电阻值。电阻测量

功能档的最大允许误差为±（0.005%×读数+3×最低位数值）；测量档的最低位数值为0.01kΩ；实验室温度为（23±1）℃，温度系数的影响可忽略。

（三）测量数据记录（表4-12）

表4-12　1MΩ电阻器测量数据

测量次数	R_i/kΩ	测量次数	R_i/kΩ
1	999.31	6	999.23
2	999.41	7	999.14
3	999.59	8	999.04
4	999.26	9	999.92
5	999.54	10	999.62

（四）计算实验结果和标准偏差

$$\overline{R} = \frac{1}{n}\sum_{i=1}^{n} R_i = 999.408\text{k}\Omega \qquad s(R) = \sqrt{\frac{1}{n-1}\sum_{i=1}^{n}(R_i - \overline{R}_i)^2} = 0.261\text{k}\Omega$$

$$s(\overline{R}) = \frac{s(R)}{\sqrt{n}} = \frac{0.261}{\sqrt{10}}\text{k}\Omega = 0.083\text{k}\Omega \qquad \frac{s(\overline{R})}{R} = \frac{0.083\text{k}\Omega}{999.108\text{k}\Omega} = 0.0083\%$$

（五）测量不确定度分析与评定

测量不确定度的主要来源：数字多用表不准确；由于随机因素影响产生的读数不准确。

1. 标准不确定度的评定

1）数字多用表不准确引入的测量不确定度按B类方法评定，区间半宽度为

$$a = (0.005\%\overline{R} + 3\times 0.01\text{k}\Omega) = 999.408\ \text{k}\Omega\times 0.005\% + 3\times 0.01\text{k}\Omega = 0.080\text{k}\Omega$$

假设为均匀分布

$$u_B = \frac{a}{k} = 0.080\text{k}\Omega/\sqrt{3} = 0.046\text{k}\Omega$$

故相对标准不确定度

$$\frac{u_B}{R} = \frac{0.046\text{k}\Omega}{999.408\text{k}\Omega} = 0.0046\%$$

2）读数重复性引入的标准不确定度为

$$u_A = s(R) = 0.083\text{k}\Omega$$

$$\frac{u_A}{\overline{R}} = \frac{0.083\text{k}\Omega}{999.408\text{k}\Omega} = 0.0083\%$$

3）自由度：

自由度ν_B的近似估计为

$$\nu_i \approx \frac{1}{2}\left[\frac{\Delta u(R_i)}{u(R_i)}\right]^{-2} \qquad \nu_{i\to\infty}$$

自由度ν_A为$n-1=9$。

2. 相对合成标准不确定度的评定

$$\frac{u_c}{\overline{R}}=\sqrt{\left(\frac{u_B}{\overline{R}}\right)^2+\left(\frac{u_A}{\overline{R}}\right)^2}=\sqrt{(0.0046\%)^2+(0.0083\%)^2}=0.0095\%$$

$$\nu_{eff}=\frac{u_c{}^4}{\frac{u_A^4}{\nu_A}+\frac{u_B^4}{\nu_B}}=\frac{0.0095^4}{\frac{0.0083^4}{9}+\frac{0.0046^4}{\infty}}=15.5$$

3. 扩展不确定度评定

要求包含概率为95%，有效自由度取整为15后，查 t 分布表

$$t_{95}(\nu_{eff}=15)=2.131$$

$$U=ku_c=2.13\times0.0095\%=0.02\%$$

4. 测量结果

$$\overline{R}=999.41\text{k}\Omega$$

$$U=0.02\% \qquad (k=2.13, p=95\%)$$

5. 结论

校准结论见表4-13。

表4-13　MΩ电阻器的校准结果

标称值 R/MΩ	校准值 R/kΩ	示值误差 R/kΩ	要求误差限值 R/kΩ	不确定度
1	999.41	+0.59	±1	0.02%(k=2)

校准不确定度与最大允许误差之比为1∶5，即校准不确定度对判断检定结论可忽略不计，检定合格。

三、在合格评定中的应用

在计量测试的实际工作中，有时需要在给出测量结果评定的同时，根据期望值及其误差限的要求，还需要进一步给出该结果是否合格的判定。如图4-3所示，测量结果可以用该坐标图上的一个“条形带”来描述，$\overline{X}$ 是被测量的最佳估计，U 是测量结果的扩展不确定度；期望值及其误差限可以用纵坐标上的区间（$X-\Delta$，$X+\Delta$）来描述。于是，测量结果是否合格的各种可能情况则可以归纳为A、B、C、D、E、F、G、H等八种情况，这八种可能的情况，也可用表4-14表示。其中D、H两种情况分别超出规定的误差上限和误差下限，故可判定它们均处于不合格状态。A、E两种情况均完全落在规定误差限内，故可判定它们均

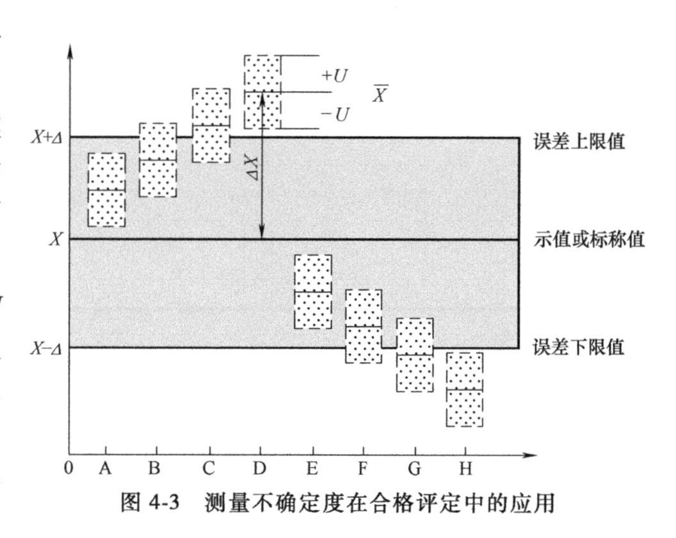

图4-3　测量不确定度在合格评定中的应用

处于合格状态。B、F两种情况的均值及分布的大部分落在规定误差限内，但有小部分情况超出规定的误差限，如判定测量结果合格，则有一定的“误判合格”的风险。显然，这两种风险的大小，都决定于测量不确定度 U 与误差限 Δ 的比例关系，原则上测量不确定度 U 越小而误差限 Δ 越大，则误判的风险越小，反之则误判的风险越大。在用于测量不确定度的合格判定中，定量确定测量不确定度 U 和误差限 Δ 的比例关系可参照国际上如下的做法。

表 4-14　测量结果的可能情况

情况	A	B	C	D	E	F	G	H
结果	合格	合格大于不合格	不合格大于合格	不合格	合格	合格大于不合格	不合格大于合格	不合格

对于B、C、F、G情况，若

$$U \leqslant \left(\frac{1}{4} \sim \frac{1}{10}\right) \times |\pm\Delta| \quad (k=2)$$

则判定测量结果合格。

第五章

测量仪器及其特性

第一节　测 量 仪 器

一、测量仪器及其作用

（一）测量仪器的概念

测量仪器（measuring instrument）又称计量器具，是指单独或与一个或多个辅助设备组合，用于进行测量的装置。它是用来测量并能得到被测对象量值的一种技术工具或装置。为了达到测量的预定要求，测量仪器必须具有符合规范要求的计量学特性，特别是测量仪器的准确度必须符合规定要求。

测量仪器的特点是：

1）用于测量，目的是为了获得被测对象量值的大小。

2）具有多种形式，它可以单独或连同辅助设备一起使用。例如体温计、电压表、直尺、度盘秤等可以单独地用来完成某项测量；另一类测量仪器，如砝码、热电偶、标准电阻等，则需与其他测量仪器和（或）辅助设备一起使用才能完成测量。测量仪器可以是实物量具，也可以是测量仪器仪表或一种测量系统。

3）测量仪器本身是一种器具或一种技术装置，是一种实物。

在我国有关计量法律、法规中，测量仪器称为计量器具，即计量器具是测量仪器的同义词。从上述测量仪器的定义可以看出，测量仪器是用于测量的所有器具或装置的统称，我国习惯统称为计量器具。

（二）测量仪器的作用

测量是为了获得被测量值的大小，所以计量器具是人们从事测量获得测量结果的重要手段和工具，它是测量的基础，是从事测量的重要条件。有时要对测量实施远距离传输，要进行自动记录，要累计或计算被测量的值，或对某些被测量值要实施自动调节或控制，这些都要通过各种计量器具来实现。

计量器具又是复现单位、实现量值传递和量值溯源的重要手段。为实现计量单位统一和量值的准确可靠，必须建立相应的计量基准、计量标准和工作用计量器具，并通过检定和校准来实现测量的统一，实现测量的准确性、一致性，这一任务正是通过各级计量器具进行量值的传递和溯源来完成的。

计量器具又是实施计量法制管理的重要工具和手段。国家计量法规对用于贸易结算、医疗卫生、安全防护、环境监测四个方面且列入强检目录的工作计量器具实施强制检定，这些强检计量器具既是实施法制管理的对象，又是维护国家和人民利益的重要手段。

计量器具又是开展科学研究、从事生产活动不可缺少的重要工具和手段。如果没有计量器具，就无法获得量值，科研就无法进行，生产过程就无法控制，产品质量就无从保证。

二、实物量具、测量系统和测量设备

（一）实物量具

实物量具（material measure）的定义是：具有所赋量值，使用时以固定形态复现或提供一个或多个量值的测量仪器。它的主要特性是能复现或提供某个量、某些量的已知量值。这里所说的固定形态应理解为量具是一种实物，它应具有恒定的物理化学状态，以保证在使用时量具能确定地复现并保持已知量值。获得已知量值的方式可以是复现的，也可以是提供的。如砝码是量具，它本身的已知值就是复现了一个质量单位量值的实物。如标准信号发生器也是一种实物量具，它提供多个已知量值作为供给量输出。定义中的已知值应理解为其测量单位、数值及其不确定度均为已知。

实物量具的特点是：本身直接复现或提供了单位量值，即实物量具的示值（标称值），复现了单位量值，如量块、线纹尺本身就复现了长度单位量值；在结构上一般没有测量机构，如砝码、标准电阻，它只是复现单位量值的一个实物；由于没有测量机构，在一般情况下，如果不依赖其他配套的测量仪器，就不能直接测量出被测量值，如砝码要用天平、量块要配用干涉仪、光学计。因此实物量具往往是一种被动式测量仪器。

量具本身所复现的量值，通常用标称值表示。对实物量具而言，标称值是指标在实物上的以固定形态复现或提供给定量的那个值。这个量值是经修约取整后的一个值，往往是通过标准器对比所确定的量值的近似值。它可以表明实物量具的特性。例如，标在砝码上的量值10g，标在单刻度量杯上的量值1L，标在量块上的量值100mm，该标称值就是实物量具本身所复现的量值。对于多刻度的玻璃量器、可变电容器、电阻箱之类的量具，则通常取其满刻度值作为标称值，这种标称值也可作为总标称值。有的量具还标有如额定电流值、准确度等级等，但通常不能认为这些量值或数据是量具的标称值。

按量具的复现或提供的量值，可以分为单值量具和多值量具，单值量具如量块、砝码等，一般不带标尺；多值量具如线纹尺、电阻箱等，带有标尺。多值量具也可包含成套量具，如砝码组、量块组等。按量具的工作方式，可以分为从属量具和独立量具。必须借助其他测量仪器才能进行测量的量具，称为从属量具，如砝码，只有借助天平或质量比较仪才能进行质量的测量；不必借助其他测量仪器即可进行测量的量具称为独立量具，如尺子、量杯等。

标准物质即参考物质按定义均属于测量仪器中的实物量具。

（二）测量系统

测量系统（measuring system）是指一套组装的并适用于特定量在规定区间内给出测得值信息的一台或多台测量仪器，通常还包括其他装置，如试剂和电源。具体地说，是指用于特定测量目的，由全套测量仪器和有关的其他设备组装起来所形成的一个系统。如半导体材料电导率测量装置、磁性材料磁特性测量装置、光学高温计检定装置等。这里全套测量仪器包括各种测量仪器、实物量具或标准物质，其他设备包括任何试剂、电源、稳压器、指示仪器、分流器、分压器、附加电阻、开关线路及辅助设备。自动化测量系统是为确定的用途而把测量仪器、计算装置和辅助装置连接起来配合使用的一整套的、自动化的集合体，也可以是给出规定范围测量值的一台或多台测量仪器，其用途是为了获取、处理和分析一个或若干个物理量的测量结果，便于进一步转换、存储和自动化测量及自动化误差补偿或修正。建立自动化测量系统可提高可靠性和工作效率，并提高测量的准确度等。

从定义看，测量系统是由各种测量仪器连同辅助设备组装起来的，有时也可以随时拆卸。形成固定安装的测量系统称为测量装置。测量装置作为计量标准时，有时又称检定装置或校准装置。按自动化程度可分为自动、半自动和手动测量装置，按被测量的数目可分为单参量（单参数）和多参量（多参数）测量装置。

例如，一等标准水银温度计计量标准，通常由一等标准铂电阻温度计、标准测量电桥、低温槽、水槽、油槽、水三相点瓶、读数望远镜以及各恒温槽配套的控温设备组成一整套测量系统，即一套测量装置。又如用于电视、雷达、通信设备的多参数测量用网络分析装置及应用于科研及工业生产的自动化测量装置，都是由若干设备组装起来形成一个系统。

（三）测量设备

测量设备（measuring equipment）是指为实现测量过程所必需的测量仪器、软件、测量标准、标准物质、辅助设备或其组合。它包括检定、校准、试验或检验等过程中使用的全部测量设备。可见它并不是指某台或某类设备，而是测量过程所必需的测量仪器相关的硬件和软件的统称。测量设备有以下几个特点：

1）概念的广义性。测量设备不仅包含一般的测量仪器，而且包含了各等级的测量标准、各类标准物质和实物量具，还包含和测量设备连接的各种辅助设备，以及进行测量所必需的资料和软件。测量设备还包括了检验设备和试验设备中用于测量的设备。定义的广义性是从 GB/T 19001 标准的生产全过程实施质量控制所决定的。

2）内容的扩展性。测量设备不仅仅是指测量仪器本身，而需扩大到辅助设备，因为有关的辅助设备将直接影响测量的准确性和可靠性。这里主要指本身不能给出量值而没有它又不能进行测量的设备，也包括作为检验手段用的工具、工装、定位器、模具、夹具等试验硬件或软件。可见作为测量设备的辅助设备对保证测量的统一和准确十分重要。

3）测量设备不仅是指硬件还有软件。软件是指测量仪器本身所属的测量软件，还包括“进行测量所必需的资料”，这是指设备使用说明书、作业指导书及有关测量程序文件等资料，没有这些资料就不能给出准确可靠的数据。因此测量设备是硬件和软件的统称，软件也应视为是测量设备的组成部分。

测量设备是一个总称，它比测量仪器或测量系统的含义更为广泛。提出此术语有利于对测量过程进行控制。

三、测量仪器的分类

测量仪器按其结构、功能、作用、性质或不同专业，具有很多的分类方法。测量仪器按其结构和功能特点可分为以下几类。

（一）指示式测量仪器

指示式测量仪器（indicating measuring instrument）是指提供带有被测量量值信息的输出信号的测量仪器。例如电压表、测微仪、温度计和电子天平。

（二）显示式测量仪器

显示式测量仪器（displaying measuring instrument）是指输出信号以可视形式表示的指示式测量仪器。

（三）记录式测量仪器

记录式测量仪器（recording measuring instrument）是指提供示值记录的测量仪器，这是相对显示式测量仪器而言的。这类测量仪器能将被测量值的示值记录下来。给出的记录可以是模拟的（连续或断续线条），也可以是数字的；可记录一个量或多个量的值，如温度记录仪、记录式光谱仪等。这类测量仪器具有记录器，记录器把被测量值记录到媒质上，记录媒质可以是带状、盘状、片状或其他形状的，也可以是磁带、磁盘等存储器；有时数字式测量仪器也可通过接口配以打印机、记录仪进行记录。绝大多数记录式测量仪器也具有显示功能，当然其主要的功能是记录，即记录式仪器也可带有指示装置以提供示值。

（四）累计式测量仪器

累计式测量仪器（totalizing measuring instrument）是指通过对来自一个或多个源中，同时或依次得到的被测量的部分值求和，以确定被测量值的测量仪器。它是为了获得被测量在一段时间间隔内的累计值，即被测量值求和的测量仪器。这是从测量仪器的使用功能上来进行分类的，有些情况下，测量的目的不是为了获得被测量的瞬时值，如需要称量在一段时间内皮带传送的散装物料的总重量，或一列货车所载货物的总重量等。通常测量仪器的示值所反映的是被测量的瞬时值，因此为了给出累计量就必须使测量仪器增加一个累计的功能，这个功能由累计器来实现。电子轨道衡也是一种累计式测量仪器。

（五）积分式测量仪器

积分式测量仪器（integrating measuring instrument）是指通过一个量对另一个量积分，以确定被测量值的测量仪器。有些被测量按其定义或实际性质本来就是一个积分量。例如，家庭用的电能表，就是两次付费时刻之间的一段时间内，所耗用的功率对时间的积分。家用电能表中的积分机构能随时将所用电能的量累积计算出来，并通过指示装置加以显示。

家用电能表和皮革面积测量仪都是积分式测量仪器。积分式测量仪器不能将积分变量分割为无限小的微分，而只是分割为可认为足够小的分段就行了。可见，累计式测量仪器，如果将分量量值设法加以足够的细分，也就成了积分式测量仪器了。

（六）模拟式测量仪器或模拟式指示仪器

模拟式测量仪器或模拟式指示仪器是指其输出或显示为被测量或输入信号连续函数的测量仪器。即测量仪器的输出或显示为被测量的量值，或为与输入信号相对应的连续函数值。通常遇到的被测量，如长度、角度、温度、电流、电压等，均被看作是可以无限细分的连续量。在一定条件下，任何两个这种量之间均可以建立起数值上的对应关系即函数关系，这就是说，输出量是输入量的一种模拟信号的关系。例如，用热电偶测温，热电偶作为感温元件又将被测对象的温度值（非电量）变换为相应的热电动势（电量），两者之间具有函数关系，然后通过配套的显示仪表，将其输出变换为表针的偏转角度，从而指示出被测温度的大小。

模拟式测量仪器仅仅是就输出或显示的表现形式而言，与测量仪器的工作原理无关。如电测量仪器中不同原理的磁电系仪表、电磁系仪表、电动系仪表均属于模拟式测量仪器。模拟式测量仪器，有的可以显示被测量值，有的可以输出某一个已知量值，故有模拟式指示仪器或模拟式测量仪器两个术语。

（七）数字式测量仪器或数字式指示仪器

数字式测量仪器或数字式指示仪器是指提供数字化输出或显示的测量仪器。这是从测量仪器输出或显示的不同形式来分类的。只要其输出或显示是以十进制数字自动显示的，则就是数字式测量仪器，而与仪器的工作原理无关。例如，通常使用的数字电压表、数字电流表、数字功率表、数字频率计等。数字式测量仪器具有准确度高、灵敏度高、重复性好、测量速度快、可同时测量多种参数，特别是具有便于与计算机相连以进行自动化测量和控制等一系列优点。数字式测量仪器可以提供数字化输出，也可以提供数字化显示，故采用了数字式测量仪器和数字式指示仪器两个名称。

四、测量链、测量传感器、检测器和敏感器

（一）测量链

测量链（measuring chain）是指从敏感器到输出单元构成的单一信号通道测量系统中的单元系列。具体地说，是测量仪器或测量系统从测量信号输入到输出所形成的一个通道，这一通道由一系列单元组成。如由传声器、衰减器、滤波器、放大器和电压表组成的电声测量链如一个压力表的机械测量链由波登管、机械传动系统和刻度盘构成。

（二）测量传感器

测量传感器（measuring transducer）是指用于测量的，提供与输入量有确定关系的输出量的器件或器具。它的作用就是将输入量按照确定的对应关系变换成易测量或处理的另一种量，或大小适当的同一种量再输出。在实践中，一些被测量往往不能找到能将它与已知量值直接进行比较的测量仪器来测量，或者测量准确度不高，如温度、流量、加速度等量，直接同它们的标准量比较是相当困难的，但可以将输入量变换成其他量，如电流、电压、电阻等易测的电学量；或变换成大小不同的同种量，如将大电流变换成较易测量的安培量级的电流，这种器件就称为测量传感器。通常测量传感器的输入量就是被测量。如热电偶输入量为温度，经其转变输出为热电动势，根据温度与其热电动势的对应关系，可从温度指示仪或电子电位差计上得到被测的温度值，因此热电偶就是一种测温的传感器。

传感器的种类很多，按被测量分类，可分为温度传感器、力传感器、压力传感器、应变传感器、速度传感器等；按测量原理分类，可分为电阻式、电感式、电容式、热电式、压电式、光电式等。计量器具中所用的传感器种类繁多。

有时提供与输入量有给定关系的输出量的器件，并不直接作用于被测量，而是测量仪器的通道中间的某个环节，或是测量仪器本身内部的某一部件，则这种器件也称为测量变换器；如输入和输出为同种量，也称为测量放大器；输出量为标准信号的传感器通常也称为变送器，如温度变送器、压力变送器、流量变送器等。

（三）检测器

检测器（detector）是指当超过关联量的阈值时，指示存在某现象、物体或物质的装置或物质。检测器的用途是为了指示某个现象、物体或物质是否存在，即反映该现象、物体或物质的某特定量是否存在，或者是为了确定该特定量是否达到了某一规定的阈值的器件或物质。检测器并不是与被测量值无关，其测量的信息结果是由被测量值决定的，并且具有一定的准确度，其特点是不必提供具体量值的大小。例如，在电离辐射中为了确定辐射水平阈

值，所用的给出声和光信号的个人剂量计等。有的检测器直接作用于被测量，提供与输入量有确定关系的输出量，也是一种测量传感器。有的检测器本身也是一种敏感器。

（四）敏感器

敏感器（sensor）又称敏感元件，是指测量系统中直接受带有被测量的现象、物体或物质作用的测量系统的元件。敏感元件是直接受被测量作用，能接受被测量信息的元件。

例如，热电高温计中热电偶的测量结（热端）、铂电阻温度计的敏感线圈、涡轮流量计的转子、压力表的波登管、双金属温度计的双金属片等。它是测量仪器或测量链中输入信号的直接接受者，可以是一种元件，也可以是一种器件。必须注意敏感元件与传感器、检测器的区别，三者的概念是不同的。传感器是提供与输入量有确定关系的输出量的器件，检测器是用于指示某个现象的存在而不必提供有关量值的器件或物质。例如，热电偶是测量传感器，但它并不是敏感元件，因为只有热电偶的测量结（热端）直接处于被测量温度中，所以测量结是敏感元件。敏感元件只能说是传感器直接受被测量作用的那一部分，两者是有区别的。

五、显示器、指示器、测量仪器的标尺和仪器常数

（一）显示器

显示器（displayer）是指测量仪器显示示值的部件。显示器通常位于测量仪器的输出端。显示器与指示装置虽为同义词，但严格地讲，两者是有差异的。指示装置是显示器的一种，指示装置通常具有指示器，可以用指针刻度等进行显示，也可以用数字进行显示，而某些复杂的信号则要靠文字、图形和图像来显示，甚至应用计算机及其显示器进行显示，以供人观察分析，因此显示器具有广义性。测量仪器上应用的多数仍是指示装置。

指示装置提供示值的方式通常有三种：模拟式、数字式和半数字式。模拟式指示装置提供模拟示值，通常带有标尺和指示器，将被测量变换为长度或角度量值进行显示。数字式指示装置提供数字示值，把模拟量转换为以脉冲信号的频率或时间间隔形式出现的数字量，然后用电子计数器计数并进行显示。半数字式指示装置是以上两种的组合，即除末位数为模拟示值外，其他均为数字化示值，它通过末位由有效数字的连续移动进行内插的数字式指示，或通过由标尺和指示器辅助读数的数字式指示来提供半数字示值。

示值的概念既适用于测量仪器，也适用于实物量具，因此指示（显示）装置也包括实物量具的指示器或定位装置。但应注意，并不是所有的测量仪器都带有显示器，例如，有时实物量具用其标称值作为其示值，如量块、标准电阻等，这不能作为显示装置，因为它没有显示示值的部件。一些可调式量具也具有显示装置，如电阻箱、多刻度的玻璃量器等。

（二）指示器

指示器（index）是指根据相对于标尺标记的位置即可确定示值的，显示单元中固定的或可动的部件。显示单元中用以确定示值的部件，可以是固定的，也可以是活动的。如何确定示值呢？通常由指示器相对于标尺标记的位置来确定。通常指示装置具有测量仪器的标尺，标尺上带有一组或多组有序的带有数码的标记，这就是测量仪器标尺上与被测量值有对应关系的刻线、点及数字等记号，即标尺标记。指示器正是在上述标记上确定被测量示值的固定的或不动的部件。例如，指示式电流表、电压表、动圈式温度测量仪的指示器就是可动的指针；如玻璃温度计、体温计、U形管压力计的指示器就是可上下升降的液面；对于记录式测量仪器，其指示器就是可移动的记录笔。也存在着固定的指示器，如人体秤的分度盘，

其指示器是固定的，而其标尺或度盘在转动。又如，常用的千分尺、微分筒是可转动的，而在固定套筒上相对微分筒棱边的垂直线即作为指示器，它是固定的。如家用电能表、煤气表，其读数窗口具有指示标线，这就是固定的指示器。这里必须注意指示装置和指示器的区别，指示器是指示装置中确定示值的部件，因此它直接影响着示值读数的准确度。

（三）测量仪器的标尺

测量仪器的标尺（scale of a measuring instrument）是指测量仪器显示单元的部件，由一组有序的带数码的标记构成。标尺标记上所标注的数字可以用被测量单位表示，也可以用其他单位表示，或仅为一个纯数。标尺通常固定或标注在度盘上。一个度盘可以有一个或多个标尺（如万用表）。度盘可以是固定的，也可以是活动的，所以标尺也可以是固定的或活动的。例如，各种指示式电表、压力表、直尺、刻度量器等的度盘是固定的，而有些人体秤的度盘是活动的。

在模拟式测量仪器中，标尺使用十分广泛，带有指示器的显示单元均带有标尺。标尺是确定测量仪器被测量值示值大小的重要部件，因为标尺的准确性直接影响着测量仪器的准确度。是否所有测量仪器都具有标尺？不一定，关键决定于该测量仪器是否有指示装置，即是否有指示示值的部件，如量块、标准电阻、砝码只有其标称值，并无指示示值的部件，就没有标尺；同样，数字显示的测量仪器也不存在标尺。测量仪器的标尺是对测量仪器而言的，但通常使用时简称标尺。

与标尺有关的术语及含义如下：

1）标尺长度（scale length）是指在给定标尺上，始末两条标尺标记之间且通过全部最短标尺标记中点的光滑连线的长度。这条光滑连线也可称为标尺基线。

2）标尺间距（scale spacing）是指沿着标尺长度的同一条线测得的两相邻标尺标记间的距离。它以长度单位表示，而与被测量的单位和标在标尺上的单位无关。标尺间隔相同时，如果标尺间距大，则有利于减小读数误差。

3）标尺间隔（分度值）（scale interval）是指对应两相邻标尺标记的两个值之差。标尺间隔用标在标尺上的单位来表示，而与被测量的单位无关，人们习惯上称为分度值，即标尺间隔和分度值是同义词。

4）标尺分度（scale division）是指标尺上任何两相邻标尺标记之间的部分。标尺分度主要说明标尺分成了多少个可以分辨的区间，决定标尺分度的数目是分得粗一点，还是分得细一点。

（四）仪器常数

仪器常数是指为给出被测量的指示值或用于计算被测量的指示值，必须与测量仪器直接示值相乘的系数。例如，有些同一标尺单个显示的多量程的测量仪器，如万用表，它对应不同选择开关位置有不同的测量范围。如测量电阻值，则与示值相乘的×1、×10、×100、×1k、×10k 就是仪器常数；有的测量仪器是通过计算得到被测量值的，在计算中所得的系数就是仪器常数。当仪器常数为 1 时，通常不必在仪器上标明。

六、测量系统的调整和零位调整

（一）测量系统的调整

测量系统的调整（adjustment of a measuring system）简称调整，是指为使测量系统提供相应于给定被测量值的指定示值，在测量系统上进行的一组操作。测量系统调整的类型包括：测量系统调零、偏置量调整、量程调整（有时称为增益调整）。调整是为了确保测量系统具有正常性能，消除可能产生的偏差，使系统能进入使用状态所要做的一种操作。调整的方式可以是自动的、半自动的或手动的。

测量系统的调整不应与测量系统的校准相混淆。测量系统调整后，通常必须再校准。

（二）测量系统的零位调整

测量系统的零位调整（zero adjustment of a measuring system）简称零位调整，是指为使测量系统提供相应于被测量为零值的零示值，对测量系统进行的调整。

第二节　测量仪器的特性

一、测量仪器特性的相关概念

（一）示值

示值（indication）是指由测量仪器或测量系统给出的量值。示值可用可视形式或声响形式表示，也可传输到其他装置。示值通常由模拟输出显示器上指示的位置、数字输出所显示或打印的数字、编码输出的码形图、实物量具的赋值给出。示值与相应的被测量值不必是同类量的值。

假定所关注的量不存在或对示值没有贡献，而从类似于被研究的量的现象、物体或物质中所获得的示值，称为空白示值（blank indication）又称本底示值（background indication）。

（二）示值区间

示值区间（indication interval）是指极限示值界限内的一组量值。示值区间可以用标在显示装置上的单位表示，例如：(99~201)V。在某些领域中，示值区间也称“示值范围”（range of indication）。

（三）标称量值

标称量值（nominal quantity value）简称标称值，是指测量仪器或测量系统特征量经化整的值或近似值，以便为适当使用提供指导。例如：标在标准电阻器上的标称量值：100Ω；标在单刻度量杯上的量值：1000ml；盐酸溶液 HCl 的物质的量浓度：0.1mol/L；恒温箱的温度：-20℃。

（四）标称示值区间

标称示值区间（nominal indication interval）简称标称区间，是指当测量仪器或测量系统调节到特定位置时获得并用于指明该位置的、化整或近似的极限示值所界定的一组量值。标称范围通常以最小和最大示值表示，例如(100~200)V。在某些领域，此术语也称标称范围（nominal range）。

（五）标称示值区间的量程

标称示值区间的量程（range of a nominal indication interval，span of a nominal indication interval）是指标称示值区间的两极限量值之差的绝对值。例如：标称示值区间(-10~+10)V，其标称示值区间的量程为20V。

（六）测量区间

测量区间（measuring interval）又称工作区间，是指在规定条件下，由具有一定的仪器不确定度的测量仪器或测量系统能够测量出的一组同类量的量值。在计量标准中，此术语称“测量范围”（measuring range），某些领域中有时也称“工作范围”。注意：测量区间的下限不应与检测限相混淆。

二、测量仪器的计量特性

（一）测量系统的灵敏度

测量系统的灵敏度（sensitivity of a measuring system）简称灵敏度，是指测量系统的示值变化除以相应的被测量值变化所得的商。灵敏度是反映由于被测量（输入）变化引起仪器示值（输出）变化的程度。它用被观察变量的增量即响应（输出量）与相应被测量的增量即激励（输入量）之商来表示。如被测量变化很小，而引起的示值（输出量）改变很大，则该测量仪器的灵敏度就高。

对于线性测量仪器来说，其灵敏度 S 为

$$S=\frac{\Delta y}{\Delta x}=k=\text{常数}$$

式中的 k 叫传递系数，当响应 y 与激励 x 是同一种变量时，又叫放大系数。对于非线性的测量仪器，则灵敏度表示为

$$S=\frac{\mathrm{d}y}{\mathrm{d}x}=f'(x)$$

这时灵敏度随激励变化而变化，它是一个变量，它与激励值有关。

例如，在磁电系仪表中，响应特性是线性关系，灵敏度就是个常数；而在电磁系仪表中响应特性呈平方关系，灵敏度就随激励值变化。又如电动系仪表，测量功率时灵敏度是个常数，而测量电流或电压时却又随激励值变化。因此在表述测量仪器的灵敏度时，往往要指明对哪个量而言。例如，对检流计，就要说明是指电流灵敏度还是电压灵敏度。

在某些情况下，使用下式表示相对灵敏度

$$S_{\mathrm{r}}=\frac{\Delta y}{\frac{\Delta x}{x}}$$

式中　x——激励即输入的被测量值。

灵敏度可能与被测量的增量即激励值有关，被测量值的变化必须大于分辨力。灵敏度是测量仪器中一个十分重要的计量特性。但有时灵敏度并不是越高越好，为了方便计数，使示值处于稳定，还需要特意地降低灵敏度。

（二）鉴别阈

鉴别阈（discrimination threshold）是指引起相应示值不可检测到变化的被测量值的最大变化。它是指当测量仪器在某一示值给予一定的输入，这种激励变化缓慢从单方向逐步增加，当测量仪器的输出产生有可觉察的响应变化时，此输入的激励变化称为鉴别阈，同样可在反行程进行。

例如，在一台天平的指针产生可觉察位移的最小负荷变化为10mg，则此天平的鉴别阈

为 10mg；如一台电子电位差计，当同一行程方向输入量缓慢改变到 0.04mV 时，指针产生了可觉察的变化，则其鉴别阈为 0.04mV。为了准确地得到其鉴别阈，激励的变化（输入量的变化）应缓慢匀速地在同一行程上进行，以消除惯性或内部传动机构的间隙和摩擦的影响。通常一台测量仪器的鉴别阈还应在标尺的上、中、下不同示值范围的正向及反向行程进行测定，其鉴别阈是不同的，可以按其最大的激励变化来表示测量仪器的鉴别阈。

例如，电感测微仪鉴别阈的测定，将量程开关置于最小一档，并将仪器的示值调零，然后给传感器一个分度值的位移量，观察仪器的示值的变化量。要求仪器的鉴别阈应为最小量程档的一个分度值。

有时人们也习惯地称鉴别阈为灵敏阈或灵敏限。产生鉴别阈的原因可能与噪声（内部或外部的）、摩擦、阻尼、惯性等有关，也与激励值有关。要注意灵敏度和鉴别阈的区别和关系，这是两个概念，灵敏度是被测量（输入量）变化引起了测量仪器示值（输出量）变化的程度；鉴别阈是引起测量仪器示值（输出量）可觉察变化时被测量（输入量）的最小变化值，是指使测量仪器指针移动所要输入的最小量值，但二者是相关的，灵敏度越高，其鉴别阈越小；灵敏度越低，其鉴别阈越大。

（三）显示装置的分辨力

显示装置的分辨力（resolution of a displaying device）是指能有效辨别的显示示值间的最小差值。也就是说，显示装置的分辨力是指指示或显示装置对其最小示值差的辨别能力。指示或显示装置提供示值的方式，可以分为模拟式、数字式和半数字式三种。

模拟式指示装置提供模拟示值，最常见的是模拟式指示仪表，用标尺指示器作为读数装置，其测量仪器的分辨力为标尺上任何两个相邻标记之间间隔所表示的示值差（最小分度值）的一半。如线纹尺的最小分度值为 1mm，则分辨力为 0.5mm。

数字式显示装置提供数字示值，带数字显示装置的测量仪器的分辨力，是最低位数字变化一个字时的示值差。如数字电压表最低一位数字变化 1 个字的示值差为 1μV，则分辨力为 1μV。

半数字式指示装置是以上两种的综合。它通过由末位有效数字的连续移动进行内插的数字式指示，或通过由标尺和指示器辅助读数的数字式指示来提供半数字示值。如家用电能表，如图 5-1 所示，此标尺右端数字能连续移动，这样能读到示值为 26352.4kWh，分辨力为 0.1kWh（1kWh 即 1 度电）。

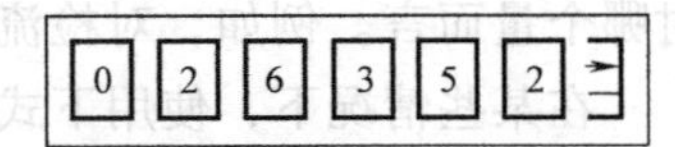

图 5-1　半数字标尺示意图

要区别分辨力和鉴别阈的概念，不要把二者相混淆。因为鉴别阈是在测量仪器处于工作状态时通过实验才能评估或确定的量值，它说明响应的觉察变化所需要的最小激励值。而分辨力是只需观察指示或显示装置，即使测量仪器不工作也可确定，是说明最小示值差的辨别能力。分辨力高可以降低读数误差，从而减少由于读数误差引起的对测量结果的影响。要提高分辨力，往往有很多因素，如指示仪器可增大标尺间距，规定刻线和指针宽度，规定指针和度盘间的距离等。有的测量仪器用改进读数装置来提高分辨力，如广泛使用的游标卡尺，利用游标读数原理，用游标来提高卡尺的分辨力，使分辨力达到 0.10mm、0.05mm 和 0.02mm。

（四）测量仪器的稳定性

测量仪器的稳定性（stability of a measurement instrument）简称稳定性，是指测量仪器保持其计量特性随时间恒定的能力。

稳定性可以进行定量的表征，主要是确定计量特性随时间变化的关系。通常可以用以下两种方式：用计量特性发生某个规定的量的变化所需经过的时间，或用计量特性经过规定的时间所发生的变化量来进行定量表示。

例如，上限温度为（150~300)℃的一等标准水银温度计示值的稳定性测量方法如下：

1）将温度计插入恒温槽中，局部浸没、露出液柱 10℃左右，在上限温度处理 30min，取出冷却，测定零位。

2）再在上限温度处理 24h，取出冷却，测定零位。

3）在上限温度下处理 10min 后，关闭恒温槽的加热电源，待水银柱面降至高于局部浸没线 2℃左右时，将温度计向下插至浸没在上限温度标线处，使之随介质缓冷至接近室温，取出测定零位。

上述方法 2）中测得的零位减去 1）中测得的零位，为温度计零位的永久性上升值，由上述方法 2）中测得的零位减去 3）中测得的零位，即为零位的低降值；应符合表 5-1 的规定。

表 5-1　测量仪器稳定性示例

上限温度/℃	零位永久性上升值/℃	零位低降值/℃
150,200	≤0.02	≤0.10
250,300	≤0.03	≤0.25

上述稳定性指标均是划分准确度等级的重要依据。对于测量仪器，尤其是计量基准、计量标准或某些实物量具，稳定性是重要的计量性能之一，示值的稳定是保证量值准确的基础。测量仪器产生不稳定的因素很多，主要原因是元器件的老化、零部件的磨损以及使用、储存、维护工作不仔细等所致。测量仪器进行的周期检定或校准，就是对其稳定性的一种考核，稳定性也是科学合理地确定检定周期的重要依据之一。

（五）仪器漂移

仪器漂移（instrument drift）是指由于测量仪器计量特性的变化引起的示值在一般时间内的连续或增量变化。在漂移过程中，示值的连续变化既与被测量的变化无关，也与影响量的变化无关。如有的测量仪器的零点漂移，有的线性测量仪器静态特性随时间变化的量程漂移。如热导式氢分析器，规定用校准气体将示值分别调到量程的 5%和 85%，经 24h 后，分别记下前后读数，则 5%示值变化称为零漂移，其 85%示值的变化减去 5%示值的变化，称为量程漂移，所引起的误差不得超过基本误差。

以电阻应变仪零点漂移的测定为例，将标准模拟应变量标准器的示值置于零位，进行零位平衡后，从被检应变仪读数装置上读取零位值 a_0，在 4h 内，第 1 小时每隔 15min，以后每隔 30min，分别从被检应变仪读数装置上读取相应的零位值 a_i，被检应变仪的零位漂移 Δz_i 为

$$\Delta z_i = a_i - a_0$$

式中　a_i——在 4h 内被检应变仪读数装置上相应的零位值；

　　a_0——$t=0$ 开始测定时被检应变仪读数装置上的零位值。

零位漂移不得超过规定的要求。

产生漂移的原因，往往是由于温度、压力、湿度等变化所引起，或由于仪器本身性能的不稳定。测量仪器使用时采取预热、预先放置一段时间与室温等温，就是减少漂移的一些措施。

（六）响应特性

响应特性（response characteristic）是指在确定条件下，激励与对应响应之间的关系。激励就是输入量或输入信号，响应就是输出量或输出信号，而响应特性就是输入-输出特性。对一个完整的测量仪器来说，激励就是被测量，而响应就是它对应地给出的示值。显然，只有准确地确定了测量仪器的响应特性，其示值才能准确地反映被测量值，因此可以说响应特性是测量仪器最基本的特性。

该定义中“在确定条件下”是一种必要的限定，因为只有在明确约定的条件下，讨论响应特性才有意义。

测量仪器的响应特性，在静态测量中，测量仪器的输入 x（即被测量的量值或激励）和输出 y（即示值或响应）不随时间而改变，它的输入输出特性或静态响应特性可用下式表示

$$y=f(x)$$

此关系可以建立在理论或实验的基础上，除了上述表述外，也可以用数表或图形表示，对于具有线性特性的测量仪器，其静态响应特性为

$$y=kx$$

式中，k 是测量仪器本身的一些固定参数值确定的常数。这是线性测量仪器响应特性的普遍表示式。只要 k 值确定，响应特性也就完全确定。例如，模拟式磁电系电流表理论推导可得出指针偏转角 α（响应）与被测电流 I（激励）有如下关系

$$\alpha=\frac{BSn}{\tau}I=kI$$

式中 B——磁系统缝隙中的磁感应强度；

S——不动线圈的面积；

n——线圈匝数；

τ——游丝或张丝的反抗力矩系数。

它们对一台具体测量仪器来说都是取固定值的参数，即既不随时间改变，也不随被测电流改变（在一定范围内取值），因此 k 就是可唯一确定的常数。也可以用实验方法确定 k 值，这时实际上是将已知的标准量值作为激励，确定仪器的校准曲线，进而通过线性化处理，将校准曲线用一条直线来代替。

确定了线性测量仪器的静态响应特性，就可以方便地根据它来研究测量仪器的一系列静态特性（即用于测量静态量时测量仪器所呈现的特性），如灵敏度、线性、滞后、漂移等特性及由它们引起的测量误差。

关于测量仪器的动态响应特性，在动态测量中，测量仪器的激励或输入随时间 t 而改变，其响应或输出也是时间的函数。一般认为它们之间的关系可以用常系数微分方程来描述，用拉普拉斯积分变换来求解常系数线性微分方程十分方便，当激励按时间函数变化时，传递函数（响应的拉普拉斯变换除以激励的拉普拉斯变换）是响应特性的一种形式。

（七）阶跃响应时间

阶跃响应时间（step responsc timc）是指测量仪器或测量系统的输入量值在两个规定常

量值之间发生突然变化的瞬间，到与相应示值达到其最终稳定值的规定极限内时的瞬间，这两者间的持续时间。这是测量仪器响应特性的重要参数之一。在输入输出关系的响应特性中，随着激励的变化其阶跃响应时间越短越好。阶跃响应时间短，则反映指示灵敏快捷，有利于进行快速测量或调节控制。

在技术规范文件中，测定电流表、电压表、功率表阶跃响应时间的测定有如下规定：对仪表突然施加能使其指示器最终指示在标尺长度2/3处的被测量，持续保持4s之后，其指示值偏离最终静止位置不得超过标尺长度的1.5%。具体方法是，突然施加一个使指示器指示在标尺长2/3处的被测量，当指示器第一次摆动（即一开始移动）时用秒表开始测量，当指示器摆动幅度达到标尺长度1.5%时，停止计时；重复测量5次并取其平均值，所测得的时间即为阶跃响应时间。

（八）死区

死区（dead band）是指当被测量值双向变化时，相应示值不产生可检测到的变化的最大区间。有的测量仪器由于机构零件的摩擦、零部件之间的间隙、弹性材料的变形、阻尼机构的影响或由于被测量滞后等原因，在增大输入时，没有响应输出；或者在减少输入时，也没有响应变化，这一不能引起响应变化的最大的激励变化范围称为死区，相当于不工作区或不显示区。

通常测量仪器的死区可用滞后误差或回程误差来进行定量确定。回程误差，即激励双向变动的区间值。所说的“最大区间”是指在测量仪器的整个测量范围内，其死区的最大变化值。当然死区大小与测量过程中的速率有关，要准确地得到死区的大小则激励的双向变动要缓慢地进行。对于数字式的计量仪器的死区，IEC标准解释为：引起数字输出的模拟输入信号的最小变化。死区过小，会使示值指示不稳定，稍有激励变化，响应就改变。为了提高测量仪器示值的稳定性，方便读数，有时要采取降低灵敏度或用增加阻尼机构等措施，但这些做法加大了死区。

（九）仪器的测量不确定度

仪器的测量不确定度（instrumental measurement uncertainty）简称仪器不确定度，是指由所用的测量仪器或测量系统引起的测量不确定度的分量。

仪器的测量不确定度的大小是测量仪器或测量系统自身计量特性所决定的，对于原级计量标准通常是通过不确定度分析和评定得到其测量不确定度，而对于一般使用的测量仪器或测量系统，其不确定度是通过对测量仪器或测量系统校准得到，由校准证书给出仪器校准值的测量不确定度。

（十）准确度等级

准确度等级（accuracy class）是指在规定工作条件下，符合规定的计量要求，使测量误差或仪器不确定度保持在规定极限内的测量仪器或测量系统的等级或级别。也就是说，准确度等级是在规定的参考条件下，按照测量仪器的计量性能所能达到的允许误差所划分的仪器的等级或级别，它反映了测量仪器的准确程度，所以准确度等级是对测量仪器特性的具有概括性的描述，也是测量仪器分类的主要特征之一。

准确度等级划分的主要依据是测量仪器示值的最大允许误差，当然有时还要考虑其他计量特性指标的要求。等和级的区别通常这样约定：测量仪器加修正值使用时分为等，不加修正值使用时分为级；有时测量标准器分为等，工作计量器具分为级。通常准确度等级用约定数字或符号表示，如0.2级电压表、0级量块、一等标准电阻等。通常测量仪器的准确度等级在相应的技术标准、计量检定规程等文件中做出规定，包括划分准确度等级的各项有关计量性能的要求及其允许误差范围。实际上准确度等级只是一种表达形式，这些等级的划分仍是以最大允许误差、引用误差等一系列数值来定量表述。例如：电工测量指示仪表按准确度等级分为0.1、0.2、0.5、1.0、1.5、2.5、5.0七级，具体地说，就是该测量仪器以示值范围的上限值（俗称满刻度值）为引用值的引用误差，如1.0级指示仪表其引用误差为±1.0%FS（其中FS就是满刻度值的英文Full Scale的缩写）。

有的测量仪器没有准确度等级指标，测量仪器的性能就是用测量仪器示值的最大允许误差来表述。这里要注意，测量仪器的准确度、准确度等级、测量仪器的示值误差、最大允许误差、引用误差等概念是不同的。测量仪器的准确度是测量仪器最主要的计量性能，测量仪器的准确度是定性的概念，它可以用准确度等级、测量仪器示值误差等来定量表述。

要注意区分测量仪器的准确度和准确度等级的区别。准确度等级只是确定了测量仪器本身的计量要求，它并不等于用该测量仪器进行测量时所得测量结果的准确度高低，因为准确度等级是指仪器本身而言的，是在参考条件下测量仪器误差的允许极限。

（十一）示值误差

示值误差（error of indication）是指测量仪器示值与对应输入量的参考量值之差，也可简称为测量仪器的误差。示值是由测量仪器所指示的被测量值，示值概念具有广义性，如测量仪器指示装置标尺上指示器所指示的量值，即直接示值或乘以测量仪器常数所得到的示值。对实物量具，量具上标注的标称值就是示值；对模拟式测量仪器而言，示值概念也适用于相邻标尺标记间的内插估计值。测量仪器的示值误差是测量仪器的最主要的计量特性之一，其实质反映了测量仪器准确度的大小，示值误差大，则其准确度低，示值误差小，则其准确度高。

示值误差是对真值而言的，由于真值是不能确定的，实际上使用的是约定真值或标准值。为确定测量仪器的示值误差，当其接受高等级的测量标准器检定或校准时，则标准器复现的量值即为约定真值，通常称为标准值或实际值，即满足规定准确度的用来代替真值使用的量值。所以指示式测量仪器的示值误差=示值-标准值；实物量具的示值误差=标称值-标准值。例如，被检电流表的示值I为40A，用标准电流表检定，其电流标准值为$I_0=41\text{A}$，则示值误差Δ为

$$\Delta=I-I_0=40\text{A}-41\text{A}=-1\text{A}$$

即该电流表的示值比其约定真值小1A。

如一工作玻璃量器的容量的标称值V为1000mL，经标准玻璃量器检定，其容量标准值（实际值）V_0为1005mL，则量器的示值误差Δ为

$$\Delta=V-V_0=1000\text{mL}-1005\text{mL}=-5\text{mL}$$

即该工作量器的标称值比其约定真值小5mL。

通常测量仪器的示值误差可用绝对误差表示，也可以用相对误差表示。确定测量仪器示值误差的大小，是为了判定测量仪器是否合格，或为了获得其示值的修正值。

在日常计算和使用时要注意示值误差、偏差和修正值的区别，不要相混淆。偏差（deviation）是指一个值减去其参考值。对于实物量具而言，偏差就是实物量具的实际值（即标

准值或约定真值)；对于标称值偏离的程度，即偏差=实际值-标称值；而示值误差=示值(标称值)-实际值，修正值=-示值误差。

【案例】 考评员在考核长度测量室时，问检定员小王：“有一块量块，其标称值为10mm，经检定其实际值为10.1mm，则该量块的示值误差、修正值及其偏差各为多少?”小王回答：“其示值误差为+0.1mm，修正值为-0.1mm，偏差为-0.1mm”。

【案例分析】 小王的回答是错误的。依据JJF 1001—2011《通用计量术语及定义》7.32条，示值误差是指测量仪器示值与对应输入量的参考量值之差。由于真值不知，用约定真值代替，经检定的实际值10.1mm为约定真值；实物量具量块的示值就是它的标称值。所以量块的示值误差=标称值-实际值=10mm-10.1mm=-0.1mm，说明此量块的标称值比约定真值小了0.1mm。因为修正值=-示值误差，在使用时，要在标称值加上+0.1mm的修正值。

对实物量具而言，偏差是指其实际值对于标称值偏离的程度，即实物量具的偏差=实际值-标称值=10.1mm-10mm=+0.1mm，说明此量块的实际尺寸比10mm标称尺寸大了0.1mm，在修理时要磨去0.1mm才能够得到正确的值。

(十二) 最大允许测量误差

最大允许测量误差 (maximum permissible measurement errors) 简称最大允许误差，是指对给定的测量、测量仪器或测量系统，由规范或规程所允许的，相对于已知参考量值的测量误差的极限值。这是指在规定的参考条件下，在技术标准、计量检定规程等技术规范中，测量仪器所规定的允许误差的极限值。测量仪器的最大允许误差也可称为测量仪器的误差限。当它是对称双侧误差限，即有上限和下限时，可表达为：最大允许误差=±MPEV (MPEV为最大允许误差的绝对值的英文缩写)。最大允许误差可用绝对误差形式表示，如$\Delta=\pm\alpha$；或用相对误差形式表示，$\delta=|\Delta/x_0|\times100\%$，$x_0$为被测量的约定真值；也可以用引用误差形式表示，即$\delta=\pm|\Delta/X_n|\times100\%$，$X_n$为引用值，通常是量程或满刻度值。

1级材料试验机的最大允许误差“±1.0%”，是以相对误差形式表示的。0.25级弹簧式精密压力表的最大允许误差为“0.25%×示值范围上限值”，是以引用误差形式表示的，在仪器任何刻度上的允许误差限不变。

要区别和理解测量仪器的示值误差、测量仪器的最大允许误差和测量结果的测量不确定度之间的关系。三者的区别是：最大允许误差是指技术规范 (如标准、检定规程) 所规定的允许的误差极限值，是判定仪器是否合格的一个规定要求；而测量仪器的示值误差是测量仪器的示值与参考量值 (测量标准复现的量值或约定量值) 之差，即示值误差的实际大小是通过检定、校准所得到的一个值，可以评价是否满足最大允许误差的要求，从而判断该测量仪器是否合格，或根据实际需要提供修正值，以提高测量结果的准确度；测量不确定度是表征被测量的量值分散性的一个参数，可表达成一个区间或一个范围，说明被测量的量值以一定概率落在其中，它是用于说明测量结果的可信程度的。可见，最大允许误差、测量仪器的示值误差和测量不确定度具有不同概念。测量仪器的示值误差是某一点示值对真值 (约定真值) 之差，测量仪器的示值误差的值是确定的，其符号也是确定的，可能是正误差或负误差；示值误差是实验得到的数据，可以用示值误差获得修正值，以便对测量仪器进行修正，而最大允许误差只是一个允许误差的规定范围，是人为规定的一个区间范围。在文字表述上，最大允许误差是一个专用术语，要规范化，可以把所指最大允许误差的对象作为定语放在前面，如“示值最大允许误差”，而不采用“最大允许示值误差”“示值误差的最大允许值”等。而测量仪器的示值误差前面不应加±号，测量仪器的示值误差只对某一点示值而言，并不是一个区间。过去有的把带有±号的最大允许误差作为“示值误差”，只是一种习惯使用方法，实际上是指示值最大时的允许误差的要求。测量仪器的示值误差和最大允许误差的具体关系，是通常用测量仪器各点示值误差的最大值去和最大允许误差比较，判断是否符合最大允许误差要求，即是否在最大允许误差范围之内，如在范围内，则该测量仪器的示值误差为合格。

（十三）基值测量误差

基值测量误差（datum measurement error）是指在规定的测得值上测量仪器或测量系统的测量误差，可简称为基值误差。为了检定或校准测量仪器，人们通常选取某些规定的示值或规定的被测量值，在该值上测量仪器的误差称为基值误差。

选用规定的示值，如对普通准确度等级的衡器来说，载荷点50e和200e是必检的基本点（e是衡器的检定分度值），它们在首次检定时基值误差分别不得超过±0.5e和±1.0e。如对于中（高）准确度等级的衡器，载荷点500e和2000e是必须检的，它们在首次检定时的基值误差分别不得超过±0.5e和±1.0e。

标准热电偶的检定或分度，通常选用锌、锑及铜3个温度固定点进行示值检定或分度，则在此3个值上被检标准热电偶的示值误差，即为基值误差。通常将测量仪器的零值误差作为基值误差对待，因为零值对考核测量仪器的稳定性、准确性具有十分重要的作用。

（十四）零值误差

零值误差（zero error）是指测得值为零值的基值测量误差。即测得值为零值时，测量仪器示值相对于标尺零刻线之差值。也可以说是当测得值为零时，测量仪器的直接示值与标尺零刻线之差。通常在测量仪器通电情况下，称为电气零位；在不通电的情况下，称为机械零位。零位在测量仪器检定、校准或使用时十分重要，因为它无须标准器就能确定其零位值，如各种指示仪表和千分尺、度盘秤等都具有零位调节器，可以作为检定、校准或用作使用者调整，以便确保测量仪器的准确度。有的测量仪器零位不能进行调整，则此时零值误差应作为测量仪器的基值误差进行测定，应满足最大允许误差的要求。测量仪器的零值误差与指示装置的结构相关。

（十五）固有误差

固有误差（intrinsic error）是指在参考条件下确定的测量仪器或测量系统的误差，通常也称为基本误差。固有误差主要来源于测量仪器自身的缺陷，如仪器的结构、原理、使用、安装、测量方法及其测量标准传递等造成的误差。固有误差的大小直接反映了该测量仪器的准确度。一般固有误差都是对示值误差而言，因此固有误差是测量仪器划分准确度等级的重要依据。测量仪器的最大允许误差就是测量仪器在参考条件下，反映测量仪器自身存在的所允许的固有误差极限值。

固有误差是相对于附加误差而言的。附加误差就是测量仪器在非参考条件下所增加的误差。额定操作条件、极限条件等都属于非参考条件，非参考条件下工作的测量仪器的误差，必然会比参考条件下的固有误差要大一些，这个增加的部分就是附加误差，它属于外界因素所造成的误差，因此测量仪器在使用时与检定、校准时的环境条件不同而引起的误差，就是附加误差。测量仪器在静态条件下检定、校准，而在实际动态条件下使用，则也会带来附加误差。

（十六）仪器偏移

仪器偏移（instrument bias）是指重复测量示值的平均值减去参考量值。人们在用测量仪器测量时，总希望得到真实的被测值，但实际上多次测量同一个被测量时，往往得到不同的示值，这说明测量仪器存在着误差，这些误差由系统误差和随机误差组成。形成测量仪器示值的系统误差分量的估计值，称为仪器偏移。造成仪器偏移的原因有很多，如仪器设计原理上的缺陷、标尺或度盘安装得不正确、使用时受到测量环境变化的影响、测量或安装方法的不完善、测量人员的因素以及测量标准器的传递误差等。测量仪器示值的系统误差，按其误差出现的规律，除了固定的系统误差外，有的系统误差是按线性变化、周期性变化或复杂规律变化的。

为了确定仪器偏移，通常用适当次数重复测量的示值误差的平均值来估计，这样可以排除仪器示值的随机误差的分量。在确定仪器偏移时，应考虑不同的示值上可能偏移不同。

仪器偏移直接影响着测量仪器的准确度。因为在大多数情况下，测量仪器的示值误差主要取决于系统误差，有时系统误差比随机误差往往会大一个数量级，并且不易被发现。测量仪器要定期进行检定、校准，主要就是为了确定测量仪器示值误差的大小，并给予修正值进行修正，控制仪器偏移，以确保测量仪器的准确度。

（十七）引用误差

引用误差（fiducially error）是指测量仪器或测量系统的误差除以仪器的特定值。特定值一般称为引用值，它可以是测量仪器的量程也可以是标称范围或测量范围的上限等。测量仪器的引用误差就是测量仪器的绝对误差与其引用值之比。

例如，一台标称范围（0~150）V 的电压表，当在示值为 100.0V 处，用标准电压表检定所得到的实际值（标准值）为 99.4V，则该处的引用误差为

$$\frac{100.0\text{V}-99.4\text{V}}{150\text{V}}\times 100\% = 0.4\%$$

上式中 100.0V−99.4V=+0.6V 为 100.0V 处的示值误差，而 150V 为该测量仪器的标称范围的上限（即引用值），所以引用误差是对满刻度值而言的。上述例子所说的引用误差与相对误差的概念是有区别的，100.0V 处的相对误差为

$$\frac{100.0\text{V}-99.4\text{V}}{99.4\text{V}}\times 100\% = 0.6\%$$

相对误差是相对于被检定点的示值而言的，是随示值而变化的。

当用示值范围的上限值作为引用误差时，通常可在误差数字后附以缩写字母 FS（Full Scale）。例如，某测力传感器的满量程最大允许误差为±0.05%FS。

采用引用误差可以十分方便地表述测量仪器的准确度等级，例如，指示式电工仪表分为 0.1、0.2、0.5、1.0、1.5、2.5、5.0 七个准确度等级，它们的仪表示值的最大允许误差都是以量程的百分数（%）来表示的，即 1 级电工仪表的最大允许误差表示为±1%FS，实际上就是用引用误差表示的仪器最大允许误差。

三、测量仪器的使用条件

测量仪器的计量特性受测量仪器使用条件的影响，通常测量仪器允许的使用条件有以下三种。

（一）参考工作条件

参考工作条件（reference operating condition）简称参考条件，是指为测量仪器或测量系统的性能评价或测量结果的相互比较而规定的工作条件。这是指测量仪器在进行检定、校准、比对时的使用条件，参考条件就是标准工作条件或称为标准条件。测量仪器具有自身的基本计量性能，如准确度、测量仪器的示值误差、测量仪器的最大允许误差以及其他性能。而这些性能是在有一定影响量的情况下考核的，严格规定的考核测量仪器计量性能的工作条件就是参考条件，参考条件一般包括作用于测量仪器影响量的参考值或参考范围，只有在参考条件下才能真正反映测量仪器的计量性能和保证测量结果的可比性。

开展检定、校准工作时，通常参考条件就是计量检定规程或校准规范上规定的工作条件。测量仪器的基本计量性能就是这种标准条件下所规定的。

（二）额定工作条件

额定工作条件（rated operating condition）是指为使测量仪器或测量系统按设计性能工作，在测量时必须满足的工作条件。额定工作条件就是指测量仪器的正常工作条件。额定工作条件一般要规定被测量和影响量的范围或额定值，只有在规定的范围和额定值下使用，测量仪器才能达到规定的计量特性或规定的示值允许误差，满足规定的正常使用要求。有的测量仪器的影响量的变化对计量特性具有较大的影响，而随着影响量的变化，会增大测量仪器的附加误差，则还需要规定影响量如温度、湿度、振动及其环境的范围和额定值的要求，通常在仪器使用说明书中应做出规定。在使用测量仪器时，搞清楚额定工作条件十分重要。只有满足这些条件时，才能保证测量仪器的测量结果准确可靠。当然在额定工作条件下，测量仪器的计量特性仍会随着测量或影响量的变化而变化。但此时变化量的影响，仍能保证测量仪器在规定的允许误差极限内。

（三）极限工作条件

极限工作条件（1imiting operating condition）是指为使测量仪器或测量系统所规定的计量特性不受损害也不降低，其后仍可在额定工作条件下工作，所能承受的极端工作条件。这是指测量仪器能承受的极端条件。承受这种极限工作条件后，其规定的计量特性不会受到损坏或降低，测量仪器仍可在额定操作条件下正常运行。极限工作条件应规定被测量和影响量的极限值。通常测量仪器所进行的型式试验，其中有的项目就属于是一种极端条件下对测量仪器的考核。

第三节　测量仪器的选用与配置

一、测量仪器的选配原则

选配时应坚持与本单位科研、生产、试验和经营相适应的原则，既要考虑仪器的先进性，又不盲目追求高技术指标，还要注意经济实用，以达到满足预期使用要求的目的。选配决策时，应综合考虑本单位的规模、产品类型或服务对象、技术指标、工艺流程等特点。

（一）实用原则

坚持按被测对象的实际需要选配测量仪器，如：产品的结构、批量、技术性能参数，生产工艺过程中需要测量和监督的有关参数，化学分析中需要检测、控制和调节的参数，进料、出库、投入以及经销方面的测量需要，能源计量、安全与环境监测的需要，建立计量标准开展量值传递的需要等进行配备。

(二) 选配测量仪器应从测量、技术、经济特性综合考虑

1. 测量特性

明确测量仪器的计量特性以及确保计量特性的必要条件是：

1）测量仪器应具有预期使用要求的测量特性，包括准确度、稳定性、测量范围、分辨力和灵敏度等，保证测量结果可靠是首要条件。

2）测量仪器应能实现量值传递和量值溯源要求。测量仪器的检定或校准能符合现行有效检定规程或校准技术规范的要求。

3）接受检定或校准方法和对测量对象进行测量的方法要科学、合理、可行、简便。

4）具有合理的检定周期（或确认间隔）。

5）能对测量结果进行评价。

2. 技术特性

明确测量仪器的基本而通用的结构特性，必须达到以下要求：

1）测量仪器的计量特性在使用中保持不变。

2）测量结果可靠，简单明确。

3）使用方便、操作简单可靠。

4）运输、拆卸、组装、安装方便，并易与检定或校准装置连接或装配。

5）在使用保存期间，易于防护、防损坏、防污染，抗干扰性能良好。

6）明确所需专用辅助设备（安装、读数、记录、电源等）易于配备。

7）对环境、操作人员条件要求合适，不苛刻。

8）使用计算机软件的测量仪器应确保测量结果准确可靠。

3. 经济特性

1）测量仪器购置费用少。在保证测量准确度和功能的前提下，应尽量避免采用高准确度、价格昂贵的测量仪器，在技术指标和准确度等级指标相同的情况下，首选国内产品。

2）操作、维护、保护、检定（或校准）费用少。

3）能修理、使用寿命长。

4）利用率高。

5）使用时所需场地小。

6）需要操作人员少。

4. 其他要考虑的因素

除以上因素外，还有一些其他综合影响因素也需要考虑。

1）测量仪器应有 CMA（中华人民共和国制造、修理许可证英文缩写）标志，同时要求供 应商提供质量证明文件（如型式批准书、产品合格证、质量体系认证证明等）。进口的测量仪器应符合《中华人民共和国进出口监督管理办法》的规定要求。

《中华人民共和国进出口监督管理办法》规定，凡进口或外商在中国境内销售《中华人民共和国进出口计量器具型式审查目录》中的计量器具，必须办理型式批准手续，型式批准包括计量法制审查和定型鉴定。

《中华人民共和国进出口计量器具型式审查目录》见《中华人民共和国进出口计量器具

监督管理办法》的附录。

2）测量仪器标准化要求。审查生产厂商是否有制造该仪器、设备的企业标准。

3）部分类型（如专用测试设备）没有检定规程或计量校准规范，应首先解决量值溯源和校准方法等问题。如签订技术协定时，必须明确验收时的校准方法。

4）随着微电子技术、计算机技术的高度发展，测量仪器将计算机技术与测量控制技术相结合，产生了智能化测量控制仪器，特别是虚拟仪器技术的发展，主要取决于计算机、软件、A/D 采集卡、调理放大器与传感器等关键技术。这些新的技术怎么进行综合评审，需要确定相应的技术规范和标准。

5）应排除传统习惯影响。

总之，测量仪器选配在综合考虑风险、成本、利润、利益的基础上，对诸多因素进行技术论证、评审和裁决活动。其中最关键是测量特性的选择，特别是准确度是保证测量结果准确可靠的首要条件。

二、准确度选择

（一）正确区别和使用测量误差、准确度和不确定度

测量误差和测量不确定度的主要区别见表 5-2。测量结果、测量仪器和计量标准的误差、准确度和不确定度的区别见表 5-3。误差和不确定度是两个完全不同而相互有联系的概念，它们相互之间并不排斥。不确定度不是对误差的否定，相反，它是误差理论的进一步发展。误差与不确定度的概念是不同的，因此不能混淆和误用。应该根据误差和不确定度的定义来加以判断。应该用误差的地方就用误差，应该用不确定度的地方就用不确定度。

表 5-2　测量误差和测量不确定度的主要区别

序号	内容	测量误差	测量不确定度
1	定义	表明测量结果偏离真值	表明被测量之值的分散性，是一个区间。用标准偏差、标准偏差的倍数或给定概率下置信区间的半宽来表示
2	分类	按出现于测量结果中的规律，分为随机误差和系统误差，它们都是无限多次测量的理想概念	按是否用统计的方法求得，分为 A 类评定和 B 类评定，它们都以标准不确定度表示。测量不确定度评定时，一般不必区分其性质。若需要区分时，应表述为由随机效应引入的测量不确定度分量和由系统效应引入的不确定度分量
3	可操作性	由于真值未定，往往不能得到测量误差的值。当用约定真值代替真值时，可以得到测量误差的估计值	测量不确定度可以根据实验、资料、经验等信息进行评定，从而可以定量确定测量不确定度的值
4	数值符号	非正即负，不能用正负号（±）表示	是一个无符号的参数，当由方差求得时，取其正平方根
5	合成方法	各误差分量的代数和	当各分量彼此独立时用方和根法进行合成，否则应考虑加入相关项
6	结果修正	已知系统误差的估计值时，可以对测量结果进行修正，得到已修正的测量结果	不能用测量不确定度对测量结果进行修正。对已修正测量结果进行不确定度评定时，应考虑修正不完善引入的不确定度分量

（续）

序号	内容	测量误差	测量不确定度
7	结果说明	误差是客观存在的，不以人的认识程度而转移。误差属于给定的测量结果，相同的测量结果具有相同的误差，而与得到该测量结果的测量仪器和测量方法无关	测量不确定度与人们对被测量、影响量以及测量过程的认识有关。合理赋予被测量的任一个值，均具有相同的测量不确定度
8	实验标准偏差	来源于给定的测量结果，它不表示被测量估计值的随机误差	来源于合理赋予的被测量之值，表示同一观测列中，任一个估计值的标准不确定度
9	自由度	不存在	可作为评定测量值可靠程度的指标
10	包含概率	不存在	当了解分布时，可按包含概率给出置信区间

表 5-3 测量结果、测量仪器和计量标准的误差、准确度和不确定度的区别

测量结果	误差	定义：测量结果减去被测量的真值 测量结果的误差与真值或约定真值有关，与测量结果有关 是一个量值，有符号，不能用“±”号表示 测量结果的误差等于系统误差和随机误差的代数和
	准确度	定义：测量结果与被测量的真值之间的一致程度 测量结果的准确度是一个定性的概念，不要和数字连用而将其定量化
	不确定度	定义：表征合理地赋予被测量之值的分散性，与测量结果相联系的参数 表示一个区间，无符号。用标准不确定度或扩展不确定度表示
测量仪器	误差	定义：测量仪器的示值与对应输入量真值之差。也称为示值误差 示值误差与真值有关，实际上常用约定真值而得到示值误差的近似值 示值误差是对于某一特定仪器和某一指定的示值而言的，同型号不同仪器的示值误差一般是不同的，同一台仪器对应于不同示值的示值误差也可能不同 最大允许误差是对某型号仪器的人为规定的误差限，它不是误差，实际上是扩展不确定度的概念
	准确度	定义：测量仪器给出接近于真值的响应能力 是一定性的概念，但可以用准确度等级或测量仪器的示值误差来定量表述。目前大部分仪器说明书上给出的准确度实际上是指最大允许误差
	不确定度	无定义，因此尽量不要用“测量仪器的不确定度”这种说法 有时，测量仪器的不确定度是指经校准后所得示值误差的不确定度 在计量标准建标或考核中，如果没有给出仪器的示值误差，或虽已知其示值误差，但未对测量结果进行修正，则可将“测量仪器的不确定度”理解为在测量结果中，由于仪器所引入的不确定度分量
计量标准	误差	无定义 有些计量标准直接就是实物量具或测量仪器。可参照测量仪器的误差
	准确度	有定义 对直接由实物量具或测量仪器构成的计量标准，可参照测量仪器的准确度
	不确定度	无定义，因此尽量不要用“计量标准的不确定度”这种说法 对于某些能提供一量值的计量标准，则可将计量标准的不确定度理解为计量标准所提供量值的不确定度 在计量标准建标或考核中，可将“计量标准的不确定度”理解为在用该计量标准进行测量时，由计量标准所引入的不确定度分量

(二) 准确度选择原则

1. 按不确定度选择

测量仪器的测量扩展(区间)不确定度 U 满足 $U \leqslant U_0$,则准确度满足预期使用要求。

2. 测量允许误差极限 U_0 的确定

$$U_0 = \frac{T}{2\mathrm{Mcp}} \tag{5-1}$$

式中 T——测定量值时的测量允许误差范围或检验监控时的受检参数允许变化范围(或公差);

Mcp——对应于测定量值的允许超差率或检验与监控的允许误差误判断率的测量能力指数。

3. 测量允许误差下极限 U'_0

当 $U \leqslant U_0$,并且 $U > U'_0$,则准确度满足使用要求,且准确度适中。

$$U'_0 = T/2.6 \quad (\text{测定量值}) \tag{5-2}$$

或

$$U'_0 = T/10 \quad (\text{检验或监控}) \tag{5-3}$$

4. 检测能力指数 Mcp 值分级的确定

在量值传递过程中,为确保其量值的准确性,通常选择标准器的准确度为被检测量器具准确度的1/2~1/10。具体讲,在高准确度的量值传递中,考虑到标准器制造的困难和经济性,尚可取1/2;在一般准确度的量值传递中是取1/3~1/5;在低准确度的量值传递中是取1/6~1/10。

在测量领域中通常用所谓准确度系数来选择测量仪器和测量方法,结合上述原则即可确定 Mcp 值。

测量准确度系数 k 定义为

$$k = \frac{U_0}{T} \tag{5-4}$$

式中 U_0——测量允许误差极限;

T——测量允许误差范围或允许公差范围。

将式(5-4)代入式(5-1)得 $\mathrm{Mcp} = \frac{1}{2k}$。若 $k = \frac{1}{2} \sim \frac{1}{10}$,则 $\mathrm{Mcp} = 1 \sim 5$。

按上述原则,可根据参数检验、参数监控和参数测量,由不同要求分别确定 Mcp 值。

(1) 参数检验、参数监控的 Mcp 值 根据参数检验、监控的特点,要求 $U_0 < T$,也就是 Mcp 值以取得大一些为好。根据测量准确度系数 k 的范围是1/2~1/10的要求,故 Mcp 值取在1~5的范围。因此把 Mcp 值的1~5范围分成4档,即"3~5""2~3""1.5~2""1~1.5",再加上"<1"共5档,见表5-4所列。

表5-4 检测能力分级及 Mcp 值(适用检验和监控)

级档	A	B	C	D	E
Mcp	3~5	2~3	1.5~2	1~1.5	<1
误判率	0.16~0.3	0.3~0.6	1.0~1.6	1.3~3.2	>3.2
能力评价	合适	基本满足	低	不足	严重不足

(2) 参数测量的 Mcp 值 根据参数测量的特点,要求 $U_0 \leqslant \delta_{\text{允}}$($\delta_{\text{允}}$ 为测量允许误差),

也就是 Mcp≥1，即可认为测量仪器满足要求，其相应测量准确度系数 $k<1/2$。因此把测量值的检测能力分为五档，见表 5-5 所列。

表 5-5 检测能力分级及 Mcp 值（适用测定量值）

级档	A	B	C	D	E
Mcp	1.1~1.3	1.0~1.1	0.9~1.0	0.7~0.9	<0.7
超差率 $P_{差}$(%)	0.1~0.027	0.26~0.10	0.7~0.26	3.85~0.7	<3.85
能力评价	合适	基本满足	低	不足	严重不足

三、稳定性选择

（一）定义

稳定性指在规定条件下，测量仪器保持其测量特性随时间恒定的能力。稳定性通常是相对时间而言，分长稳定性和短稳定性。长期与短期是相对的。如标准电池规定了 3 年电动势变化幅度，同时也规定了（3~5）天内变化幅度。又如规程规定了标准洛氏硬度块的稳定度在一年内不应超过 0.4HR。某微波信号发生器频率短期稳定度不应超过 1×10^{-4}/15min，长期稳定度不超过 5×10^{-4}/3h。

（二）考核方法

一般采用以下两种方法考核稳定性：

1）若有关的计量检定规程和测量仪器技术规范对测量仪器稳定性的要求和考核方法有明确规定，可按该规定执行。

2）若有关的计量检定规程或测量仪器技术规范对测量仪器稳定性的要求和考核方法无明确规定，购买方应根据预期使用要求，指出稳定性考核指标。其具体方法是：选一稳定的被测对象，每隔一段时间（大于 1 个月），用该测量仪器进行几次的测量，取其算术平均值 $\overline{Y}$ 作为该组的测量结果。观测 m 组（$m\geqslant4$），取 m 组测量结果中的最大值和最小值之差，作为新购买测量仪器在该时间段内的稳定性。

（三）选择稳定性应考虑的因素

1）测量仪器工作原理结构设计。

2）构成材料、制造方法和组装以及关键元器件抗老化程度、能源消耗特性、耐磨损情况等。

3）维护难易程度。

4）样机考核情况及制造厂商资料与建议。

（四）稳定性选择原则

总的原则是：测量仪器稳定性指标要优于使用要求指标。一般情况测量仪器的稳定性应小于该测量仪器最大允许误差的绝对值或扩展不确定度（$k=2$）。

四、其他测量特性指标的选择

测量仪器的测量特性除了要满足准确度、稳定性要求以外，还要求满足量程、分辨力等的要求。

（一）量程选择

量程的选择主要根据使用要求的测量范围来选定。鉴于测量准确性和安全性的考虑，测量设备预期使用的实际测量范围建议处于测量设备所能显示测量范围的1/3～2/3。测量范围是指能保证规定准确度，满足误差在规定极限内的量值范围。量程是指标称范围上限值和下限值之差的模。

（二）分辨力选择

分辨力作为能有效辨别的显示示值的最小差值，在选择时，通常模拟式显示装置的分辨力小于标尺分度值的1/5，即用肉眼可分辨到一个分度值的1/5～1/10；数字式显示装置的分辨力为末位数字的一个数码，半数字式的显示装置的分辨力为末位数字的一个分度。记录式仪器的分辨力选择也适用。

（三）灵敏度选择

灵敏度是测量仪器中一个十分重要的测量特性，它是反映测量仪器准确度的重要指标。如电子式材料试验机中使用的力传感器和电子式引伸计均要考核其灵敏度。灵敏度要适中，有时灵敏度并不是越高越好，为了方便读数，使示值处于稳定，还需要降低灵敏度。

（四）鉴别阈的选择

在选择鉴别阈时，应特别注意与灵敏度的区别和联系，因为灵敏度是被测量（输入量）变化引起了测量仪器示值（输出量）变化的程度，所以，灵敏度越高，其鉴别阈越小；灵敏度越低，其鉴别阈越大。例如，在一台电子式万能试验机的显示装置变化末位数字的一个数码为10N，则此试验机的鉴别阈为10N。

五、技术、经济特性选择

在准确度等测量特性满足预期使用要求的条件下，同时对技术、经济特性全面衡量评审，保证所选配测量仪器技术先进、性能可靠、使用方便，并且节省投资。

例：某厂生产弹簧，其弹簧的压力规定为$60^{+0.25}_{-0.25}$kN，试选配测量仪器。

1）判断测量性质：属于测定量值。

2）确定准确度预期使用要求：允许测量误差范围$T=0.45$kN。

3）确定Mcp：因属直接影响安全的参数，选A级检测能力，查表5-5取Mcp＝1.1。

4）确定测量允许误差上限U_0：

$$U_0=\frac{T}{2\mathrm{Mcp}}=\frac{0.45\mathrm{kN}}{2\times 1.1}\approx 0.21\mathrm{kN}$$

5）确定测量允许误差下限U'_0：

$$U'_0=\frac{T}{2.6}=\frac{0.45\mathrm{kN}}{2.6}\approx 0.17\mathrm{kN}$$

6）初选1级100kN的压力试验机，评估测量扩展不确定度U。

从该试验机校准证书得知，在60kN处测量误差的测量扩展不确定度为0.55%（$k=2$），则$U=60\mathrm{kN}\times 0.55\%=0.33\mathrm{kN}$。

7）判断：因$U>U_0$，故准确度不符合使用要求。

8）另选0.5级100kN的电子万能试验机，从校准证书得知在60kN处测量误差的测量扩展不确定度为 0.32%（$k=2$），则 $U=60\text{kN}\times0.32\%=0.19\text{kN}$。

9）判断：因 $U<U_0$，并且 $U>U'_0$，故准确度满足使用要求，并且准确度适中。

10）稳定性、量程、分辨力和鉴别阈均满足要求，从技术、经济特性综合分析，可选择 0.5 级 100kN 电子万能试验机。

第六章 量值传递

第一节 量值传递的基本概念

一、量值

一个量在被观测时，表征其真实大小的量值，称为该量的真值。量的真值是个理想概念，一般不可能准确知道，因为不可能得到没有误差的计量器具，也不可能创造完全理想的测量条件，所以人们实际所从事的计量都是“不完善”的，测量结果中都不可避免地包含误差。严格地说，任何计量活动，只有当知道它的测量误差或误差范围时，其计量结果才具有使用价值。各种计量活动的目的不同，所要求的测量准确度也不一样：当测量误差满足规定的准确度要求时，则可认为测量结果所得量值接近于真值，并可用来代替真值使用。这个满足规定准确度要求，并用来代替真值使用的量值，称为“实际值”。

在计量检定工作中，通常将高一级（根据准确度高低所划分的等级）的计量标准复现的量值作为实际值，用它来校准有关量的其他等级的计量标准或工作计量器具，或为其定值。在一国范围内，具有最高准确度的计量标准，就是国家计量基准。国家计量基准具有保存、复现和传递计量单位量值三种功能，是统一全国量值的最高依据。

二、量值传递的定义

在 JJF 1001—2011《通用计量术语及定义》中，对“量值传递”的定义是：通过对测量仪器的检定或校准，将国家测量标准所复现的计量单位量值通过各等级的测量标准传递到工作测量仪器，以保证测量所得的准确和一致。量值传递通常是通过检定来实现的。

三、量值传递的途径

国际（计量）基准是世界各国测量单位量值定值的最初依据，也是溯源的终点。国际（计量）基准是指经国际协议承认的测量标准，在国际上作为对有关量的其他测量标准定值的依据。它们必须经国际协议承认，并在国际范围内具有最高计量学特性。

经国际协议承认的测量标准是指经国际米制公约组织下设的国际计量委员会（CIPM）和国际计量局（BIPM）所研究、建立、组织和监督的国际测量标准。

国际（计量）基准首先传递到世界各国的国家基准，然后再通过各等级计量标准传递到工作计量器具，这样就形成了一套完整的量值传递体系。

任何一种计量器具（包括经检定合格的计量器具），在运输、使用，甚至放置过程中，由于种种原因，都会引起计量器具的计量特性发生变化。另外，对新制造的计量器具，由于设计、加工、装配和元件质量等各种原因引起的误差是否在允许范围内，也必须用适当等级的计量标准来检定，从而判断其是否合格。由此可见，定期用规定等级的计量标准对其进行检定，根据检定结果做出进行修理或继续使用的判断，经过修理的计量器具是否达到规定的要求，也必须用相应的计量标准进行检定。因此量值传递的必要性是显而易见的，只有这样才有可能保证量值的准确、统一。

国内的量值传递由国家法制计量部门以及其他法定授权的计量组织或实验室执行。各国除设置本国执行量值传递任务的最高法制计量机构外，可根据本国的具体情况设置若干地区或部门的计量机构，以及经国家批准的实验室，负责一定范围内的量值传递工作。

量值传递实行的路径是从国家计量基准传递到各级社会公用计量标准，最后传递到企业或用户的工作计量器具。各级计量标准均要接受计量建标、设备、人员考核以及定期检定等监督管理。

第二节　我国的量值传递体系

一、我国的量值传递体系结构

量值传递体系是国家计量体系中最重要的部分。我国的量值传递体系是国家根据经济合理、分工协作的原则，以城市为中心，就地就近组织起来的量值传递网络。其目的是为了保证我国量值的准确、统一。

（一）量值传递体系的构成

量值传递体系大致由三部分内容构成：

1）从能复现单位量值的国家基准开始，通过各级（省、市、县、区）计量标准器具逐级传递，最后传递给工作计量器具，这就是平时说的量值传递。为了达到量值传递时测量不确定度损失小、可靠性高和便于操作的要求，量值传递时应按国家计量检定系统（表）的规定逐级进行（特殊情况经上级同意方可越级传递）。

2）国家基准由国务院计量行政部门负责建立。各级法定计量机构的计量标准接受同级人民政府计量行政部门的管理，为了使各级计量标准具有法律性，要受到计量建标、设备、人员考核等监督管理，同时各类计量标准和工作计量器具应按国家计量检定规程进行周期检定，不得超周期使用。

3）各级人民政府计量行政部门最终受国务院计量行政管理部门领导。

可以看出，现行量值传递体系是一个以人为因素起主导作用的、分层按级的依法管理的封闭系统，是我国计量工作法制管理的具体体现。它强调的是自上而下的途径，主要的方法是检定。

（二）计量法规体系

法规体系就由母法及属于母法的若干子法所构成的有机联系的整体。在我国，《计量法》就是计量法规体系的母法。我国的量值传递体系是根据《计量法》建立的。按照审批的权限、程序和法律效力的不同，计量法规体系可分为三个层次：第一层次是计量法律，即《计量法》；第二层次是计量行政法规；第三层次是计量规章。按其法规属性可将这个法规体系中的法规分成计量行政法规（法律、行政法规、规章，规章包括地方性法规、部门规章、地方政府规章等）和计量技术法规。若没有计量法规体系做保障，量值传递体系是无法正常运行的。

二、我国量值传递体系的形式

每一个量值传递或溯源体系只允许有一个国家计量基准。计量基准由国务院计量行政部门根据社会、经济发展和科学技术进步的需要，统一规划，组织建立。基础性、通用性的计量基准，建立在国务院计量行政部门设置或授权的计量技术机构（如中国计量科学研究院建立并保存了129项计量基准和副基准）；专业性强、仅为个别行业所需要或工作条件要求特殊的计量基准，可以建立在有关部门或者单位所属的计量技术机构。2017年11月29日，原国家质检总局发布《中华人民共和国国家计量基准名录》（质检总局公告2017年第62号），2020年5月29日国家市场监督管理总局计量司对其进行了更新补充，现收录的182项计量基准涵盖几何、热工、力学、电磁、无线电、时间频率、光学、电离辐射、声学、化学十个计量专业领域，有12项处于国际领先水平，115项达到国际先进水平。截至2020年5月29日，已授权其他技术机构建立和保存的计量基准（含副基准）有五种。它们分别是：工频大电流比例基准装置，建在国家高电压计量站；直流电压副基准装置，建在航天科工集团第203所；10cm热噪声基准装置，建在航天科工集团第203所；0.633μm波长副基准装置，建在中航工业第304所；300kN副基准测力机，建在中航工业第304所。较高准确度等级的计量标准，大多数设置在省级或部委级计量技术机构及计量准确度要求很高的少数大企业内。其他准确度等级的计量标准，大多数设置在地、县级计量技术机构及计量要求较高的大、中型企业中。而工作计量器具则广泛应用于工矿、企业、商店、医院、研究机构、院校中，由此构成了量值传递体系。该体系的形式呈三角形或树形结构，如图6-1所示。

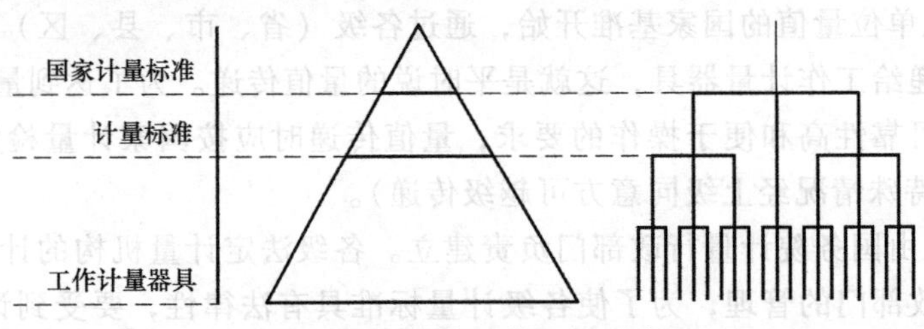

图6-1 量值传递体系的形式

分布在各大区的国家计量测试中心是国家组织建立的承担跨地区计量检定、测试任务的国家法定计量检定机构。它们是由原国家质检总局批准建立，承担跨地区量值传递及检定测试任务的国家法定计量技术机构，是国家级量值传递体系和科研测试基地的组成部分。全国设立7个大区中心，分别称为华北、东北、华东、中南、华南、西南、西北国家计量测试中心，分别设在北京、辽宁、上海、湖北、广东、四川、陕西省级市场监督管理部门，主要技术依托所在地省（直辖市）计量院。我国的全国量值传递体系如图6-2所示。

国防系统根据自身特点建立了量值传递体系，国防最高标准由国家计量基准进行传递。国防一、二级计量技术机构的设置由国防科工局直接以行政许可的方式进行，其中一级计量技术机构按专业设置，二级计量技术机构按行政区域设置。国防三级计量技术机构由国防科工局授权各省、自治区、直辖市国防科工局（办）自主设立。

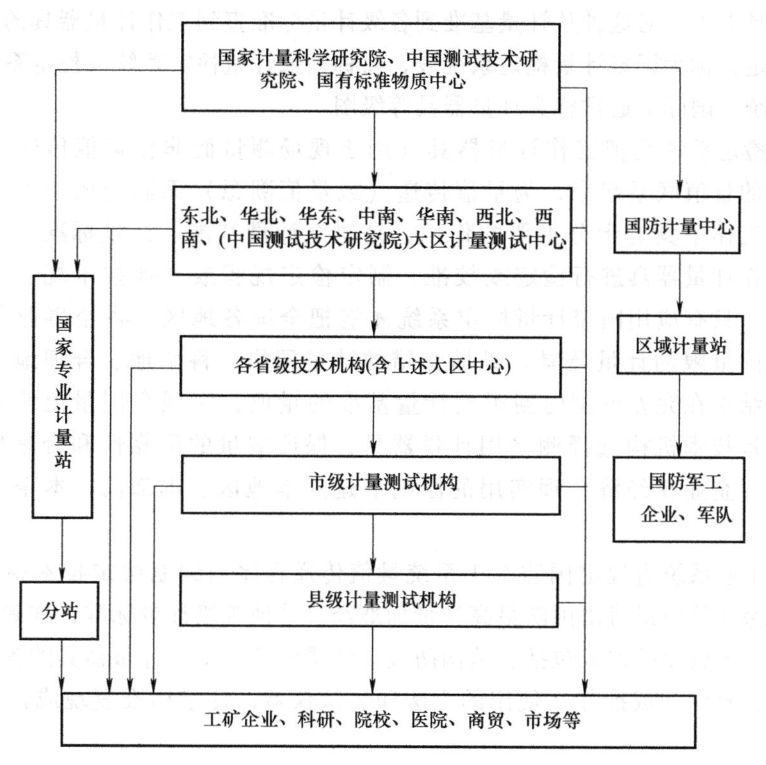

图 6-2 全国量值传递系统示意图

综上所述，国家计量基准复现的单位量值，通过各级计量标准，逐级传递到工作计量器具，由此形成了量值传递系统。在我国，具体用国家计量检定系统表的形式表达量值传递体系。

三、我国现行量值传递体系的不足

经过多年的努力，我国建立形成了相对较为完整的量值传递与溯源体系，在社会经济发展和国防建设方面发挥了重要作用。但是在战略性新兴产业、高技术产业以及现代农业等其他经济、社会快速发展的重点领域存在着不同程度的量值传递与溯源的空白。现有的量值传递与溯源体系中还存在技术指标、测量范围难以满足需求的情况，现有计量基准、标准及配套设施存在着不同程度的设备设施老化、自动化程度低的状况，急需进行技术升级与改造。仅靠“自上而下”的量值传递系统已经不能完全满足我国经济发展的要求，因此需要通过“自下而上”的量值溯源来补充其不足。

四、国家计量检定系统表

（一）国家计量检定系统表介绍

我国《计量法》规定“计量检定必须按照国家计量检定系统表进行。国家计量检定系统表由国务院计量行政部门制定。”

为了保障某物理量计量单位制的统一、量值的准确可靠，国家建立了该物理量具有最高计量特性的基准及各等级的计量标准，通过计量检定把计量基准所复现的单位量值逐级传递到工作计量器具上去。对这种从计量基准到各级计量标准直到工作计量器具的检定主从关系所做的技术规定，称为国家计量检定系统表，简称国家计量检定系统或检定系统。在我国也曾称为量传系统。国际上通常称为计量器具等级图。

国家计量检定系统是把工作计量器具（用于现场测量而非作量值传递用）的量值和国家计量基准的量值联系起来，为量值传递（或量值溯源）而制定的一种法定性技术文件。它在计量工作中具有十分重要的作用，是建立计量基准、计量标准，对各等级计量标准器具和工作计量器具进行检定或校准，制定检定规程或其他技术规范，组织量值传递的重要依据。只有应用国家计量检定系统才能把全国各地区、各企事业单位所使用的不同等级、不同量限的计量器具，纵横交错的计量网络，科学地、合理地组织起来，才能使计量检定结果在允差范围内溯源到计量基准的量值，实现全国量值统一、准确的目的。有利于计量技术机构选择测量用计量器具，保证测量的可靠性和合理性，指导并确保地方、部门、企业在经济合理实用的原则下建立本地区、本部门、本企业的量值传递与溯源体系。

国防科技工业系统为规定国防军工系统量值传递程序而编制法定技术性文件——等级图，其目的是保证单位量值由国防最高计量标准经过其他等级计量标准，准确可靠地传递到工作计量器具。等级图的构成包括：从国防最高计量标准到工作计量器具的各级计量器具和量值传递关系；允许（或推荐）使用的方法和测量仪器；计量标准复现或保存量值的不确定度要求。

（二）国家计量检定系统的内容

国家计量检定系统，一般是用图表结合文字说明的形式来表达。其主要内容包括：

1. 引言

引言主要说明该检定系统的适用范围。

2. 计量基准

计量基准应规定国家计量基准的用途、组成国家计量基准的全套主要计量器具名称、国家计量基准复现的量的范围、国家计量基准器具的总不确定度（U）及包含因子（k）。

如果按实际需要还建立了副基准、工作基准，那么还应当分别把组成副基准的全套主要计量器具名称、副基准的复现范围、副基准的总不确定度（U）及包含因子（k）、工作基准的计量范围及总不确定度（U）和包含因子（k）表达清楚。

3. 计量标准器具

给出了各等级计量标准的计量范围、各等级计量标准器的总不确定度（U）及包含因子（k）或允许误差（Δ）。

4. 工作计量器具

分别给出各种工作计量器具的计量范围及允许误差（Δ）。

5. 检定系统框图

检定系统框图的格式如图 6-3 所示。检定系统框图分三部分：计量基准器具、计量标准器具、工作计量器具，各区域用点画线分开，表明各等级计量器具在图框中的位置和量值上的相互传递关系。从图中可以看出，某些高准确度的工作计量器具，可以越过低等级的标准计量器具，直接受高等级的计量标准，甚至工作基准的检定。

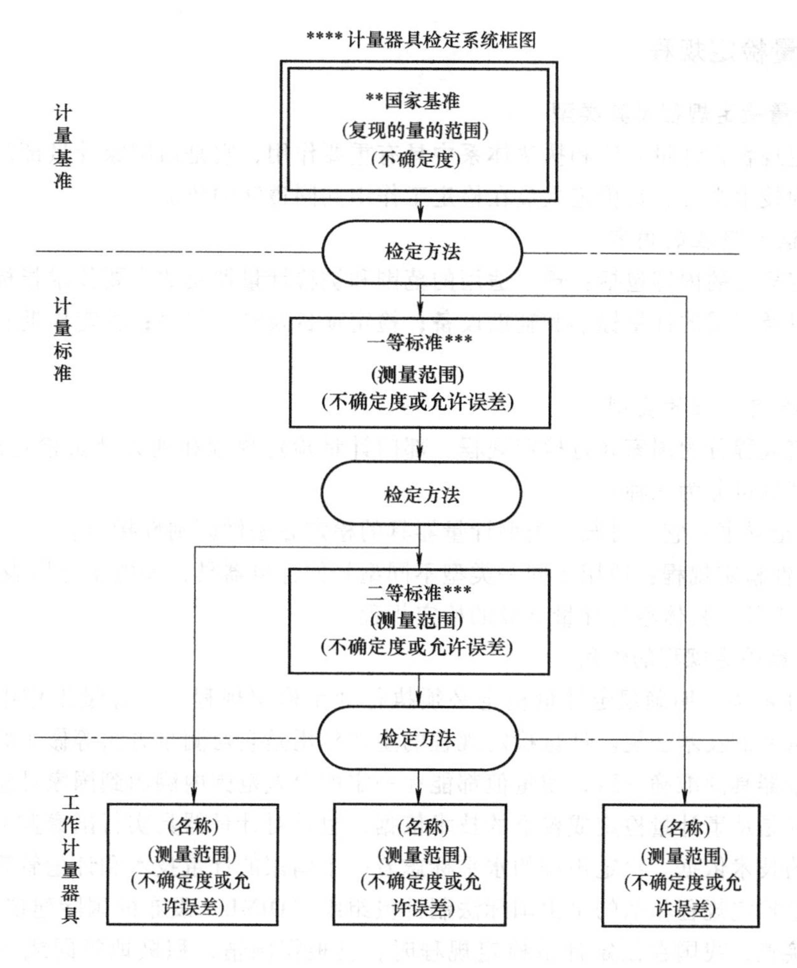

图 6-3 检定系统框图格式

(三) 国家计量检定系统的管理

我国《计量法》规定国家计量检定系统表由国务院计量行政部门制定。检定系统基本上是按各类计量器具分别制定的。在我国，一般是每建立一项国家计量基准，就要制定一个相应的计量检定系统。计量检定系统的起草工作，通常由建立或保存该项计量基准的单位负责。由国务院计量行政部门根据制定、修订计量技术法规的规划，起草单位负责组织起草工作，经过修改审定后，上报国务院计量行政部门批准，颁布施行。

国家计量检定系统的代号为 JJG 2×××—××。其中，JJG 为计量技术法规的缩写；2××× 为检定系统颁布的序号；—后面的××为检定系统颁布的年份。

制定检定系统的目的，是为了保证工作计量器具应有的准确度，所以在制定检定系统时，各等级计量标准的准确度要求，必须从工作计量器具的准确度要求开始，自下向上逐级确定。标准计量器具的等级数目应以保证单位量值向全国在用的全部工作计量器具进行合理传递为原则。按照检定系统进行计量检定，既可保证被检计量器具的准确度，又可避免用过高准确度的计量标准检定低准确度计量器具所造成的浪费。所以一个科学、先进和经济合理的检定系统，可以使用最少的人力、物力来保证全国量值准确一致，因此它具有明显的经济效益和社会效益。

五、计量检定规程

(一) 计量检定规程及其类型

计量检定规程在计量立法和执法体系中具有重要作用，它是由国家计量部门颁布的一种具有法规性的技术文件，是检定人员在检定工作中共同遵守的依据。

1. 计量检定规程的内容

计量检定规程的内容包括：规程适用的范围和被检计量器具的主要技术指标；检定的环境条件要求以及所需的计量标准和辅助设备；检定项目及检定程序；检定周期；检定结果的处理。

2. 计量检定规程的类型

计量检定规程分为国家计量检定规程、部门计量检定规程和地方计量检定规程 3 大类，再细分检定规程可分为三种：

1）检定指导书：它只对某一类型计量器具的检定方法做原则性指导。

2）综合性检定规程：适用于同一类型不同型号的计量器具，如电子电压表检定规程。

3）适用于某一具体型号计量器具的检定规程。

(二) 计量检定规程的作用

我国《计量法》明确规定计量检定必须执行计量检定规程。在计量工作中，计量检定规程是十分重要的技术法规。计量检定规程的主要作用是它对测量方法等做了统一规定，因此确保了计量器具的准确一致，使量值都能在一定的允差范围内溯源到国家计量基准。计量检定规程不仅是从事计量检定或校准的技术依据，也是对计量器具实行国家监督和对计量纠纷进行仲裁的技术依据。检定规程的水平标志着一个国家的计量技术和计量管理水平。在国际上，与计量检定规程相似的是由国际法制计量组织（OIML）发布的国际建议和国际文件。为了和国际接轨，我国在制定计量检定规程时，已根据国情，积极地等同或等效采用国际建议。

(三) 计量检定规程的管理

对检定规程分国家计量检定规程、部门计量检定规程和地方计量检定规程三类进行管理。其中，国家计量检定规程是国家开展计量检定的法律依据。

(1) 国家计量检定规程的管理　国家计量检定规程由国务院计量行政部门负责组织制定、批准颁布在全国范围内施行；部门、地方检定规程由国务院有关部门或省、自治区、直辖市人民政府的计量行政部门负责组织制定、批准颁布，在本部门、本行政区内施行。

(2) 部门、地方计量检定规程的管理　部门、地方计量检定规程应向国务院计量行政主管部门备案，经审核批准后，也可在全国范围内推荐使用。

(3) 部门、地方计量检定规程与国家计量检定规程之间的关系　相同类型的计量器具，国家计量检定规程一旦批准颁布，相应的部门、地方计量检定规程即行废止。如因特殊需要保留施行的，其各项技术规定不得与国家计量规程相抵触。

国家计量检定规程的效力高于部门的或地方的计量检定规程。地方计量检定规程是地方处理跨部门的计量纠纷的主要依据。部门计量检定规程是处理部门纠纷的主要依据。

(4) 计量检定规程的制定和修订　国家计量检定规程的制定、修订程序一般包括制定计量技术法规的规划、计划、组织起草、报审、审定、报批、批准、颁布、宣贯和复审等环节。凡制定、修订、审批、发布、复审计量检定规程应遵守《国家计量检定规程管理办法》的规定。

在我国的计量检定规程中采用国际建议是我国计量工作引进国外计量技术的一项重要技术政策，也是我国作为国际法制计量组织正式成员国的义务。在我国计量检定规程中采用国际建议可分为三种形式：等同采用、等效采用、参照采用。

计量检定规程应在颁布施行后（3~5）年进行复审，目前计量检定规程的复审应由归口单位或专业计量技术委员会组织进行。

第三节 量值传递的方式

由于世界各国政治和经济制度不同，发展水平各异，使得量值传递体制有所不同，但是各国采用的量值传递方式基本相似。目前国内外通常采用的量值传递的方式主要有以下四种：实物标准逐级传递，用计量保证方案（measurement assurance program，MAP）进行传递，发放有证标准物质（CRM）传递和发播标准信号传递。

目前我国的基本情况是：采用实物标准逐级进行量值传递仍然是基本的、主要的方式；发放标准物质目前主要用于化学计量领域，由于这种量值传递方式具有不送被检器具，检定迅速方便，而且可用于现场使用等优点，今后应逐步拓宽到其他计量领域；发布标准数据（或称对测量结果的管理）是指有关专家按照国家规程的程序经过严格评定，由国家主管部门正式公布，推荐使用的各种数据（美国、俄罗斯等国也称标准参数数据）。它不仅是量值传递的重要方式，也是对计量结果管理的重要内容。关于这方面的内容我们国家今后需拓宽。

计量保证方案是一种新型的量值传递方式。早在20世纪50年代末，美国便针对如何保证更高的计量准确度的问题开始了探索，20世纪70年代末，已形成了比较完整和可行的“计量保证方案”。为适应形势的发展，特别是市场经济的发展，从20世纪80年代开始，结合我国国情，用计量保证方案进行了量值传递的试点，并取得了可喜的成绩。MAP是统计学的原理用于计量领域，通过测量过程的统计控制，保证了测量的质量。

一、实物标准逐级传递的方式

这是一种传统的量值传递方式，也是我国目前在长度、温度、力学、电学等领域常用的一种传递方式。根据《计量法》的有关规定，由计量检定机构或授权有关部门或企事业单位计量技术机构进行，其基本步骤是：

1）被传递机构将其最高计量标准定期送计量检定机构去检定，对于不便于运输的计量器具，则请上级计量检定机构派人携带计量标准来现场检定。

2）上级计量检定机构依照国家计量检定系统表和检定规程对被传递机构的最高标准或工作计量器具进行检定及修理。检定结果合格的，给出检定合格证书；不合格的，给出检定结果通知书。

3）被传递机构接到检定合格证书，并具有计量标准考核合格证时才能进行量值传递或直接使用此计量器具进行测量；被传递机构接到检定结果通知书时，可确定本计量器具降级使用或报废。

这种量值传递方式比较费时、费钱，有时检定好的计量器具经过运输后，受到振动、撞击、潮湿或温度的影响，丧失了原有的准确度。而且它只对送检的计量器具进行检定，没有对其使用时的操作方法、操作人员的技术水平、辅助设备及环境条件等进行考核。对于该计量器具两次周期检定之间缺乏必要的技术考核，因此很难确保该计量器具在日常测试中量值的可靠。尽管有这些缺点，但到目前为止，它还是量值传递的主要方式。

大型、笨重或安装在线的计量器具不便于送检，这时可将能搬运的计量标准包括辅助设备，组装成检定车，到现场对受检计量器具进行检定。有时检定车本身就是一个计量标准，如用检衡车检定轨道衡。

二、用计量保证方案进行传递的方式

（一）计量保证方案介绍

计量保证方案是源于美国的一种新型量值传递方案。它采用了现代工业生产中质量管理和质量保证的基本思想，控制论中的闭路反馈控制方法和数理统计知识，对测量过程中影响检测质量的环节和因素进行有效控制。它能定量地确定测量过程相对于国家基准或其他指定标准的总的测量不确定度并验证总的不确定度是否能够满足规定的要求，使计量的质量得到保证，做到测量数据不仅准确而且是可靠的。

这种传递方式不是将被检计量器具送上一级检定，而是上一级计量技术机构将经过长期稳定性考核合格的可携式计量标准、计量条件和方法寄给被传递的下一级计量技术机构，该标准的校准结果（即实际值）则不寄出；下一级机构得到传递标准后，作为“未知标准”按计量条件和方法，在本单位的计量标准上进行校准，得出数据，将传递标准和校验数据寄回上一级机构；上一级机构收到寄回的标准后进行复校，若该标准的稳定性符合要求，则对数据进行分析处理，并写出试验报告，将试验报告寄到下一级机构，该机构根据报告决定是否需修正。

美国国家标准局（NBS；1988年该局更名为美国国家标准与技术研究院，NIST）在20世纪70年代率先开展了用MAP进行量值传递（或溯源）。MAP是一种测量过程的品质保证方案，它使参加MAP活动的计量技术机构的量值能更好地溯源到国家计量基准。它用数理统计的方法，对参加的计量技术机构的校准质量进行控制，定量地确定校准的总不确定度，并对其进行分析，因此能及时地发现问题，使总不确定度小到能够满足用户要求的程度。

从概念上说，参加MAP活动的计量技术机构，可以看作对整个参加实验室进行检定的一种办法。

（二）计量保证方案的设计过程

计量保证方案的设计过程包括：研究测量系统的物理模型；确定MAP总体方案；设定（核查和量传/溯源）测量过程的数学模型；开发核查标准和传递标准；设计统计控制的数学模型（包括核查和闭环量传/溯源过程的模式）；写出测量不确定度评定程序；制定计量技术规范。其中的关键是设计测量过程统计控制的数学模型。

（三）实施MAP的一般步骤

MAP的实施有几种模式，具体实施程序如图6-4所示，包括如下步骤：

1）参加实验室向上一级实验室（称为主持实验室）提出申请，主持实验室通过了解参加实验室的情况，制订出合适的方案。

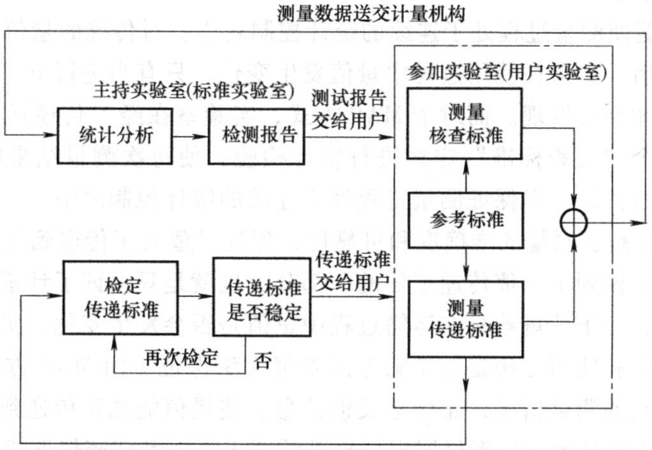

图 6-4　计量保证方案实施程序

2）确定合适的“传递标准”和“核查标准”。“传递标准”要求准确度等级较高，量值准确；“核查标准”要求量值稳定、可靠。“传递标准”由主持实验室提供，“核查标准”既可由主持实验室提供，也可由参加实验室自备。

3）参加实验室通过对“核查标准”进行反复多次测量，建立过程参数，掌握由随机影响引起的不确定度分量，使测量过程处于受控状态。

4）主持实验室将“传递标准”准确测量后送交参加实验室，参加实验室将“传递标准”作为未知样进行测量，通过测量“传递标准”，可确定参加实验室由系统影响引起的不确定度分量。然后将测量数据包括对“核查标准”的测量数据连同“传递标准”交回主持实验室。

5）主持实验室再次对“传递标准”进行测量以确定量值是否有变化，然后根据参加实验室提交的数据进行数据分析，出具测试报告送交参加实验室，并提供必要的技术咨询。

传递标准的定义是在计量标准相互比较中用作媒介的计量标准。具体说是指一个或一组计量性能稳定的、特制的、可携带（或运输）的计量标准。所谓“核查标准”，也是一种计量标准，它要求随机误差小、长期稳定性好，并经久耐用。这种计量标准专门用于核查本实验室的计量标准。核查标准提供了一种表征测量过程状态的手段。通过在一个相当长的时间周期内和变化中的环境条件下，对同一计量标准进行重复测量而达到表征测量过程的目的，它重视的是测量数据库，因为正是这些测量值，才能准确地描述测量过程的性能。

进行 MAP 时，被传递的单位可以是一个或若干个。MAP 方式不仅国家一级计量技术机构可以采用，部门、地区的计量技术机构也可采用。原则上只要能制成传递标准的计量项目都可采用 MAP 方式，且不受准确度的限制。

（四）MAP 方式的优点和作用

MAP 方式与传统量值传递方式相比具有以下优点和作用：

1）MAP 方式综合考核了实验室的测量能力。传统的量值传递方式只是检定了计量器具，无法了解用户实验室的测量过程。而 MAP 不仅限于计量器具本身，通过对实验室由随机影响引起的不确定度分量和由系统影响引起的不确定度分量进行全面评定，考核了实验室的综合情况，即包括实验室的标准、方法、人员、环境、仪器等。因而 MAP 是考核实验室综合能力的理想方法。

2）MAP 方式能使测量过程处于连续的统计控制之中。对传统的量值传递方式，实验室计量器具检定合格后，如果在使用过程中量值发生变化，只有当进行下一次周期检定或出现严重的数据错误时才会被发现。而对于 MAP 方式，实验室在经“传递标准”校准后的较长时间内，要采用一个“核查标准”定期进行统计检验，使每次测量结果能随时与所建立的过程参数的数据进行比较，以保证测量过程处于连续的统计控制之中。

3）MAP 方式提高了测量的准确度和可靠性，保证量值真正传递到现场。逐级检定的传统量值传递方式只是做到了量值传递工作的一部分，也就是只保证了计量器具在上级计量部门检定的这一部分，至于计量器具在运输过程中量值是否会发生变化、实验室环境是否符合规定、技术人员操作和使用方法是否正确等因素都无法保证。而 MAP 方式能够克服这些缺点，通过了解实验室的测量情况，正确地反馈信息，使量值能真正传递到现场。

4）MAP 方式能满足大型精密仪器现场校准的要求。大型精密仪器或测量系统运输不方便，送检困难，或只能对部分部件送检，因此传统的量传方式不能满足该类仪器检定的要求，而 MAP 方式通过把“传递标准”送到实验室，可在现场作为一个被测单元，全面考核该类仪器，达到校准的目的。

5）MAP 方式可以对国家标准起到监控作用。MAP 方式能够直接溯源到国家标准，如果国家标准量值发生了变化，由于 MAP 方式是全过程的质量控制，当确定不是传递过程的环节出现问题时，就可检查是否是标准本身的问题，这样可以间接地对标准起到一种监控作用。

6）MAP 方式为确定合理的检定周期提供科学依据。我国的计量器具检定周期大多为一年，而由于计量器具的不同特点，有的在一年有效期内已超差，有的在几个检定周期内量值都很稳定。采用 MAP 方式后，可根据所建立的过程参数进行统计控制，适时地调整检定周期，把检定周期建立在符合计量器具实际使用情况和可靠数据的基础上。

（五）MAP 方式与传统的量值传递方式的比较

1）以美国为例，MAP 与传统量值传递方式的比较如图 6-5 所示。

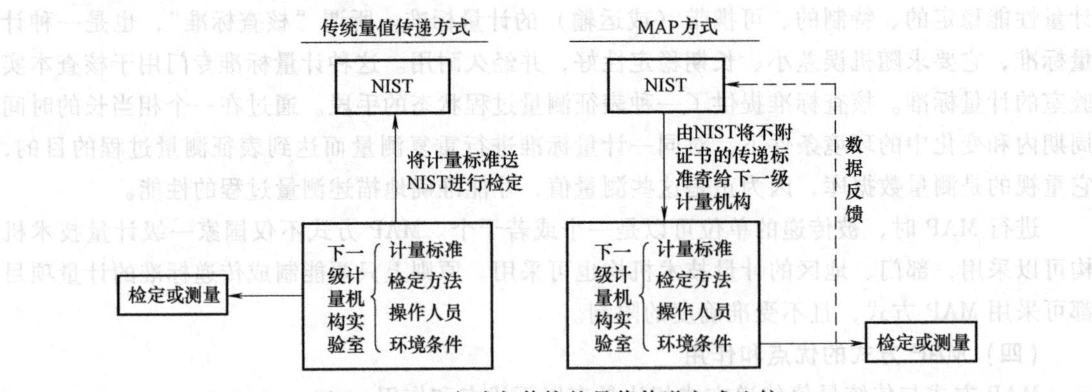

图 6-5　MAP 方式与传统的量值传递方式比较

MAP 方式是闭环的，有数据反馈，而传统量值传递方式是开环的，无数据反馈。由此可见，MAP 方式能对参加实验室（即图 6-5 中下一级计量机构实验室）的计量标准、检定方法、操作人员和环境条件进行全面考核。而且它要求参加实验室必须有核查标准，用它对本单位的计量标准进行周期的、长期的核查，从而使本单位的计量标准一直处于统计控制之中，因此参加实验室出具的检测数据是可靠的。而传统量值传递方式只是将计量标准送到上一级计量机构去检定，因此仅能对计量标准本身进行考核。

2）MAP 方式免除了计量标准的送检，因此基本上不影响参加实验室的日常检测工作。

3）MAP 方式免除了送检计量标准在运输过程中可能造成的损伤。

尽管 MAP 方式有这些优点，但它不能全部代替传统量值传递方式（即检定服务），因为要开展 MAP 方式，必须要求有传递标准，这不是所有物理量量值传递所能做到的；而且要发展最高准确度等级的 MAP 方式，所付出的代价是昂贵的，这就限制了 MAP 方式的发展。以美国为例，NIST 传递的检定服务约有 400 项，而开展 MAP 的目前只有质量、直流电压（标准电池）、电阻、电容、激光功率和能量、电能（瓦时计）、温度（铂电阻温度计）、微波功率、透光度和量块等 10 多个物理量。待开展 MAP 方式的项目有：X 射线剂量、γ 射线剂量、漫反射系数、逆反射系数及低温温度计等。

在开展任何新的 MAP 之前，必须进行充分的论证，这种论证应证明 MAP 服务是必要的，并且一旦开展这种服务，将能推广应用。

MAP 方式已经引起许多国家计量界的极大关注，我国也不例外。原国家计量局于 1987 年已将推广 MAP 方式作为“量值传递改革的研究”，列入重大课题计划，并已经取得一定的进展。

三、用发放有证标准物质进行传递的方式

标准物质由国家计量部门授权的单位进行制造，并附有合格证书才有效，这种有效的标准物质称为“有证标准物质”（Certified Reference Material，CRM）。

用发放有证标准物质进行量值传递如图 6-6 所示。

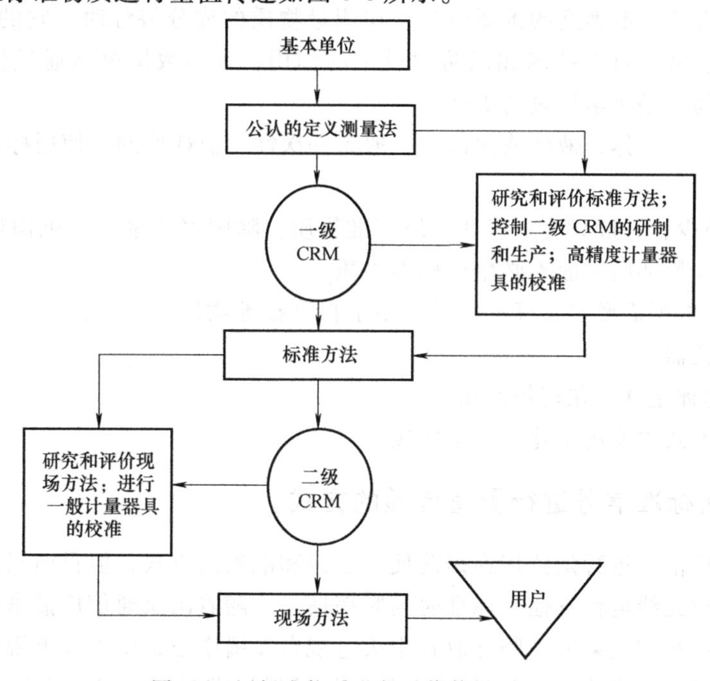

图 6-6　用标准物质进行量值传递示意图

图 6-6 中包括了六个重要的技术组成部分，或者说有六个环节。

1）国际单位制的基本计量单位。在理论上它是七个基本单位的定义真值。在实际上是复现定义的基准，它是测定系统中具有最高准确度的环节，是实验室溯源测量准确度的源头。

2）绝对测量法。也称公认的定义计量法或权威性方法。它是指有正确的理论基础，量值可直接由基本单位计算，或间接用与基本单位有关的方程计算，方法的系统误差可以基本上消除，因而可以得到约定真值的计算结果。化学分析方面经典的重量分析法、库仑分析法、电能当量测定法、同位素稀释质谱法及中子活化分析法等均属于这种权威性方法。实现这种方法需要高精度的设备和技术熟练的科技人员，耗费较多的资金和时间，所以这种方法一般只用来测定一级标准物质的特性值。

3）一级标准物质。它是用来研究和评价标准方法，控制二级标准物质的研制和生产，用于重要计量器具的校准以及重大的质量控制，是测量系统的中心环节，负有承上启下的作用。

4）标准方法。它是指具有良好的计量重复性和再现性的方法。这种方法有的已经与定义计量法进行过比较验证，可给出方法的准确度；有的只知道其精密度，这时就需要采用两种以上原理的标准方法进行比较，以确定有无系统误差。用标准方法可测定二级标准物质的特性值。

5）二级标准物质。二级标准物质用来研究和评价现场方法及用于一般计量器具的校准。

6）现场方法。这是一些相对测量的方法，即大量应用于工厂、矿山、实验室和监测单位的各种计量方法。

以上六个技术组成部分是将准确量值传递到现场，达到测量一致性的重要保证。而标准物质是传递和溯源测量准确度的重要媒介，在测量物质的成分特性时，它的作用尤为突出。化学计量在国民经济、科学技术和国防建设中的作用，大多数情况是通过标准物质来实现的，所以说标准物质是化学计量的支柱。

标准物质可以是气体、液体或固体，一般为一次性、消耗性的。使用标准物质进行量值传递的优点是：

1）传递环节少，一般只有一级和二级标准物质。除国家计量研究机构生产部分一级标准物质外，其他计量部门一般不必生产标准物质。

2）用户可以根据需要购买标准物质，用于自己校准物质、校准计量器具及评价计量方法，可免去送检仪器。

3）可以快速评定并可在现场使用。

目前，这种方式主要用于化学计量领域。

四、用发播标准信号进行量值传递的方式

通过发播标准信号进行量值传递是简便、迅速和准确的方式，但目前只限于时间频率计量。我国早就通过无线电台发播了标准时间频率信号。随着国家通信广播事业的发展，中国计量科学研究院将小型铯束原子频标放在中央电视台发播中心，由中央电视台利用彩色电视副载波定时发播标准频率信号，并于 1985 年开始试播标准时间信号。这样，用户可直接接

收并可在现场直接校正时间频率计量器具。

随着卫星技术的发展，出现了利用卫星发播标准时间频率信号的方式。卫星电视发播标准时间频率信号的原理如图 6-7 所示。

这种传递方式具有很好的前景，因为时间频率计量的准确度比其他基本量高几个数量级。因此计量科学家正在研究使其他基本量与频率量之间建立确定的联系，这样便可以像发播时间频率信号那样来传递其他基本量了。

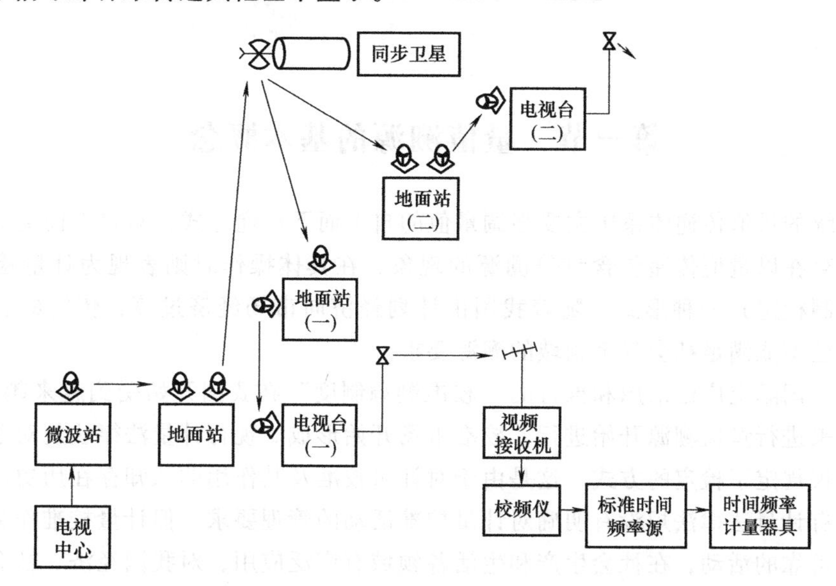

图 6-7　卫星电视发播标准时间频率信号的原理图

第七章 量值溯源

第一节 量值溯源的基本概念

我国传统的量值传递体系中主要强调量值的自上而下传递方式，对自下而上的量值溯源不够重视，存在以量值传递包含量值溯源的现象，在具体操作时则表现为计量检定（强制检定和非强制检定）一种形式。随着我国由计划经济向市场经济过渡，传统的、单一的检定传递方式已不能满足社会各个领域的溯源要求。

近年来，国际上广泛采用和推行的“校准溯源制度”在我国开始受到越来越多的重视，以校准方式来进行量值溯源开始进行，校准市场开始形成。现行计量法律法规对于计量器具的量传溯源仅规定了检定的方式，这是由于对计量校准及其作用的认知存在历史局限性造成的。尽管现有计量法律法规没有明确对计量校准活动的管理要求，但计量校准作为实现量值统一和准确可靠的活动，在社会生产和生活各领域有广泛应用，对我国经济、社会发展和科技进步有着不可替代的影响作用。由于长期形成的量值传递与量值溯源不分、检定与校准不分的情况没有完全改观，我国的校准市场呈现较为混乱的局面。

为适应新形势下对计量校准活动监督管理的需要，规范计量校准市场，加强事后监督，突出责任主体，原质检总局计量司组织有关单位起草了《计量校准管理办法》（质检量函〔2017〕6 号文），将计量校准纳入国家计量体系予以统一规范，这也符合国务院《计量发展规划（2013-2020 年）》和《计量法》最新修订稿的要求和精神。

一、量值溯源的定义

量值溯源国际上通常称为溯源性。JJF 1001—2011《通用计量术语及定义》中对计量溯源性的定义是：通过文件规定的不间断的校准链，测量结果与参照对象联系起来的特性，校准链中的每项校准均会引入测量不确定度。

这条不间断的比较链称为“溯源链”。也就是说，任何一项测量业务，其结果都可以按照这条溯源链一直追溯到国家基准上去。若需要，则可溯源到国际基准上去，从而使测量的准确性和一致性得到技术保证。否则，量值出于多源或多头，必然会在技术上和管理上造成混乱。随着量子计量基准的建立与发展，基准仪器将会进一步简化，成本也会大幅度降低，这样，将来有些基准有可能在基层实验室直接溯源。

量值溯源的含义包括如下几个方面：

1）量值溯源是计量器具通过连续不间断的各等级测量标准相比较来实现的，比较可能是检定、校准、比对、测量、测试等形式。即量值溯源是通过溯源链实现的。目前实现量值溯源的最主要的技术手段是校准和检定。

2）量值溯源是由计量器具开始，将其测量结果自下而上的追溯到国家测量基准或国际测量基准。即量值溯源是不间断向上的计量单位量值的统一。

3）量值溯源的结果是保证计量器具的测量结果能够与参考标准，直到国家测量基准或国际测量基准联系起来。即量值溯源的证据，也是计量器具量值准确可靠的“可追溯性”证据。

4）量值溯源往往是计量器具使用、生产、经营的企业或单位自身的要求，希望获得准确的量值，并被认可。

由于溯源性的定义强调把测量结果与有关标准联系起来，因此它强调数据的溯源，从而体现数据的管理特征。溯源性反映了测量结果或计量标准量值的一种特性，也就是任何测量结果和计量标准的量值，最终必须与国家的或国际的计量基准联系起来，这样才能确保计量单位统一，量值准确可靠，才具有可比性、可重复性和可复现性，而其途径就是按比较链，向测量（计量）基准的追溯。

与量值传递相反，量值溯源是自下而上的过程，是非强制性的，往往是企业自愿的行为。由于比较链的存在，可以越级也可以逐级溯源，因此企业可根据测量准确度的要求，自主地寻求具有较佳不确定度的参考标准进行测量设备的校准。

二、量值溯源的必要性

量值准确一致的前提是测量结果必须具有溯源性，具有溯源性的被测量的量值必须具有能与国家计量基准或国际计量基准相联系的特性。要获得这种特性，就要求用以测量的计量器具必须经过具有适当准确度的计量标准的检定，而该计量标准又受到上一等级计量标准的检定，逐级往上追溯，直至国家计量基准或国际计量基准。由此可见，溯源性的概念是量值传递的逆过程。大力进行溯源性的宣传教育，是使人们正确认识计量工作的重要环节。

对于新制的或修理后的计量器具，必须用适当等级的计量标准来确定其计量特性是否合格；对于使用中的计量器具，由于磨损、使用不当、维护不良、环境影响或零件、部件内在质量的变化等引起的计量器具的计量特性的变化，是否仍在允许范围之内，也必须用适当等级的计量标准来确定其示值和其他计量性能。

与量值传递相比，量值溯源要优越、灵活得多。目前的量值传递系统存在的诸多问题仅靠其自身是无法解决的，因此必须建立量值溯源系统，以弥补量值传递的不足，实现量值的准确、可靠传递和溯源。

三、量值溯源的途径和方法

量值溯源主要是通过校准来实现。

计量技术机构可以通过多种途径直接或间接实现量值溯源，包括：

1）依据计量法规建立的内部最高计量标准（即参考标准，通常应取得计量标准器具核准的证明），通过使用校准实验室或法定计量检定机构所建立的适当等级的计量标准的校准或定期检定，溯源至国家计量基（标）准；获认可机构内部使用最高计量标准，需要时按照国家量值传递的要求实施向下传递，直至工作计量器具。

2）将工作计量器具送至被认可的校准实验室或法定计量检定机构，通过使用相应等级的社会公用计量标准进行定期计量检定或校准实现量值溯源。

3）将工作计量器具（需要时）按照国家量值溯源体系的要求溯源至本部门（或本行业）的最高计量标准，进而溯源至国家计量基（标）准。

4）必要时，工作计量器具的量值可直接溯源至工作基准、国家副计量基准或国家计量基准。

5）当已认可机构使用标准物质进行测量时，只要可能，标准物质必须追溯至SI测量单位或有证标准物质。

6）当溯源至国家计量基（标）准不可能或不适用时，则应溯源至公认实物标准，或通过比对试验、参加能力验证等途径提供证明。

四、量值溯源与量值传递的主要区别

为了正确理解量值传递与量值溯源，有必要对这两个概念进行区分。

所谓“量值溯源”，是指自下而上通过不间断的校准而构成溯源体系；而“量值传递”，则是自上而下通过逐级检定而构成检定系统。它们之间的区别主要体现在以下几个方面。

（一）意志不同

“量值传递”含有自上而下的意志，从“自上而下”中可以体现出一种政府的意志，政府建立了从上到下的传递网络，直到企业使用的测量设备都在这个网络之内，因此“量值传递”往往体现出政府的行为，有一种强制性的含意。

“量值溯源”含有自下而上的意志，从“自下而上”中可以体现出一种自发性，自觉地寻找源头——“溯源”，体现出企业的自身需要；而“溯源性”往往指企、事业行为，有一种非强制的特点。

世界各个国家，都存在“量值传递”和“溯源性”两种方式，使用这两种方式的场合不一样。在市场经济体制的国家，在对政府涉及社会关心的利益的行为时往往使用“量值传递”这个方式，而对企业行为时通常称之为“溯源”。在我国今后也将逐步与国际通行做法相一致，逐步对涉及企业的非强检行为也使用“溯源性”的概念。

（二）方式不同

在“量值传递”的方法中强调“通过对计量器具的检定或校准”这两种方式；而在“溯源性”的方法中是采用连续的“比较链”。由于“比较链”没有特别指出哪种方式，实际上是承认多种方式。目前世界上量值传递方式的改革向更多样化和增加深度、广度的方向发展。

量值溯源是一种自下而上追溯的自愿行为，可通过检定、校准、比对、测试等形式，将测量结果与计量基准相联系，以保证被测量值的统一和准确。它与我国传统的按照国家计量检定系统表，自上而下将计量基准复现的单位量值通过计量标准、工作计量器具逐级传递的法制行为相比要优越、灵活得多。但应该注意溯源的起点是测量结果或测量标准的值，终点是国家基准或国际基准。此外，量值传递是逐级传递，而溯源是自主行为，可根据需要和经济合理的原则在不间断的比较链中选择向上溯源的标准器，可以跨区、跨国进行。

（三）限制不同

“量值传递”一般按等级传递。“溯源性”由于“比较链”的存在可以越级，也可以逐级溯源，因此“溯源”可以不受等级的限制，可根据用户自身的需要来决定。等级过细往往容易造成多次累计的不确定度，易损失准确度。

（四）重点不同

从“溯源性”的定义中可以看出：强调把测量结果与有关标准联系起来；而“量值传递”的定义中强调传递到工作计量器具。因而“溯源性”强调数据的溯源，“量值传递”强调器具的传递。一个体现了数据管理的特点，一个体现了器具管理的特点。在某些新的溯源方式中就是直接将测量数据送到校准实验室中，而不用把器具送到校准实验室。

我国需要对现有的量值传递体系进行调整和完善，除了加强计量的法制管理外，还要补充工业企业需要的量值溯源的校准方式，以适应现代化工业发展的要求，并和国际通行做法相一致。比如采用计量器具 ABC 分类管理、实验室认可制度、计量保证方案等。随着量值传递体制的改革，量值溯源越来越为人们所接受并广泛使用。

第二节　我国的量值溯源体系

一、概述

我国的量值溯源体系（图 7-1）是基于《计量法》建立起来的。图中的国家计量基准、副计量基准、工作计量基准保存在中国计量科学研究院、中国测试技术研究院、国家标准物质研究中心及其他技术机构。现有国家专业计量站 18 个、计量分站 34 个，业务范围包括：高电压、轨道衡、铁路罐车、原油大流量、大容量、蒸汽流量、水大流量、海洋、纤维、纺织、矿山安全、通信、气象、船舶舱容积、家用电器等。

中国合格评定国家认可委员会（英文缩写：CNAS）承认我国法定计量体系量值溯源的有效性。CNAS 承认 BIPM（国际计量局）框架下签署 MRA（互认协议）并能证明可溯源至 SI 国际单位制的国家或经济体的最高计量基（标）准。目前我国已经建立了以中国计量科学研究院、中国测试技术研究院和国家标准物质研究中心及国防科技工业第一、第二计量测试中心等 18 家一级计量技术机构为最高等级校准实验室的国家和国防量值溯源网络，建立了国家计量基准和各个等级的工作计量标准，形成了完整的量值溯源系统。

境外已认可机构的量值应能溯源至 BIPM 框架下，签署 MRA 并能证明可溯源至 SI 国际单位制的国家或经济体的最高计量基（标）准。CNAS 承认 APLAC（亚太实验室认可合作组织）、ILAC（国际实验室认可合作组织）多边承认协议成员所认可的校准实验室的量值溯源性。

当境内已认可机构的进口设备无法溯源到中国国家基准时，应提供有效的证明以证实其能够溯源至满足该要求的境外计量基准。

二、国家量值传递体系和国家量值溯源体系特性比较

国家量值传递体系和国家量值溯源体系特性比较见表 7-1。

三、溯源等级图

溯源等级图是一种代表等级顺序的框图，用以表明计量器具的计量特性与给定量的基准之间的关系。溯源等级图是对给定量或给定型号计量器具所用的比较链的一种说明，以此作为其溯源性的证据。建立溯源等级图的目的是要对所有的测量（包括最普通的测量），在其

溯源到基准的途径中尽可能减少测量误差又能给出最大的可信度。

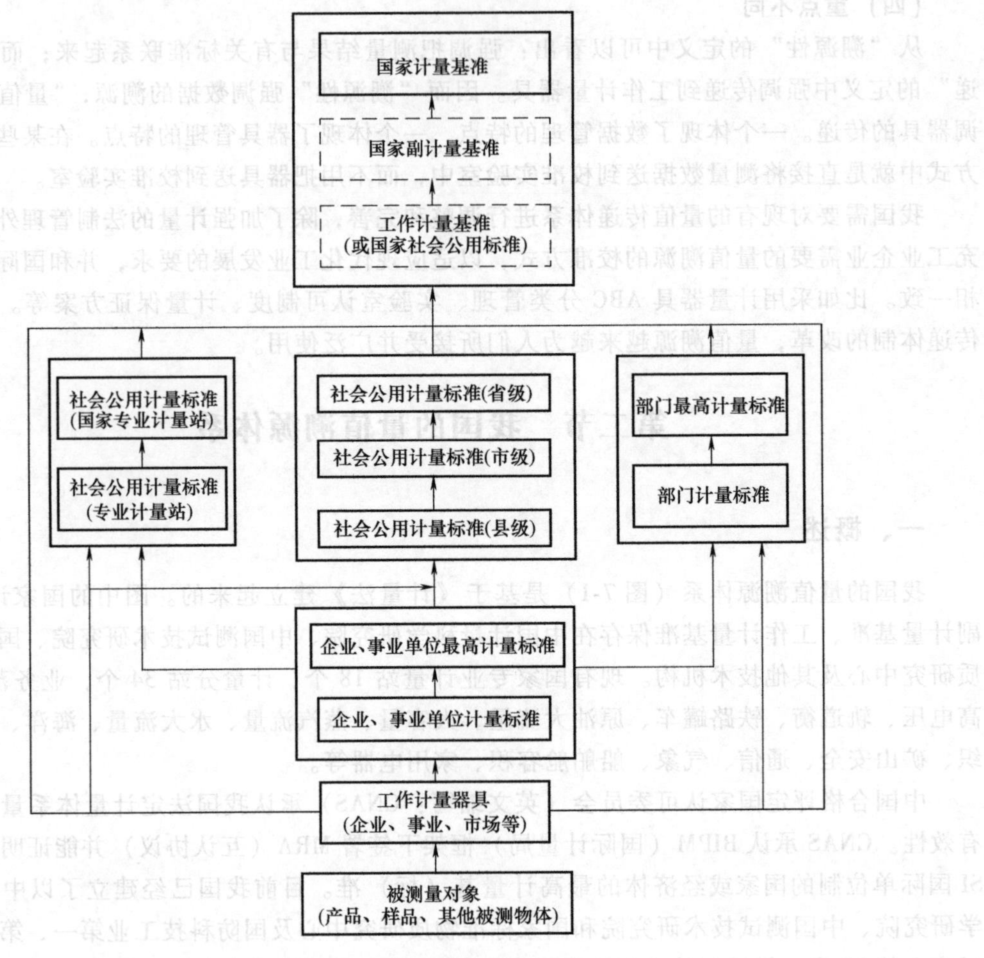

图 7-1　中国量值溯源体系

表 7-1　国家量值传递体系和国家量值溯源体系特性比较

	国家量值传递体系	国家量值溯源体系
目的	保证计量单位制的统一和量值的准确	
法律属性	强制性,属命令规范或强制规范	非强制性,属一般规范
方式	自上而下,传递	自下而上,溯源
手段	检定	校准
依据	检定系统(表)、检定规程	溯源链、校准规范或校准合同
资格(确认)	社会公用计量标准(建标、考核)	可溯源至国家基准(实验室认可)
对象	强制计量检定器具	非强制计量检定器具
组成机构性质	法定计量检定机构(含授权机构),法定	计量校准机构,中介
产品	合格:检定证书 不合格:检定结果通知书	校准证书或校准报告
结论	合格与否	测试结果+不确定度,可赋予被测量以示值,可给出计量特性

计量技术机构的每一项测量标准都制定有相应的溯源等级图，用框图说明本单位最高测量标准（即参照标准）向上溯源和向下量值传递链。框图按测量标准的主要计量特性，将其分为多个测量层次，检定用测量标准与被测量标准的测量不确定度比，或测量标准的测量不确定度与被检工作测量器具的允许误差极限之比一般在1/3～1/10之间确定。对于某些特殊的量在量值传递技术上难以达到时，可在1/2～1/3之间确定。

对持有某一等级计量器具的部门或企业，其至少应该按溯源等级图明确其上一级标准器具特性的信息，才能实现其向国家基准的溯源。

一个被检测量标准或器具可以有不同参量的多个测量标准完成量值传递，同样，一个测量标准也可以量值传递到多种测量器具。如果参照标准或工作标准不能满足量值传递要求时，工作测量器具也可以跨级溯源，直到国家计量基准。

国家溯源等级图是在一个国家内对给定量的计量器具有效性的一种溯源等级图，它包括推荐（或允许）的比较方法和手段。国家溯源等级图的第一级应为国家基准。在我国目前还是用国家计量检定系统表来代替国家溯源等级图。它是一种法定技术文件，由国务院计量行政部门组织制定，批准发布。

实际上，现有的计量检定系统表仅适用于目前尚属于检定范畴的、已经建立了国家基准的计量器具的量值传递。而大量进行校准的计量器具尚需要由国家计量行政部门进一步安排制定出国家溯源等级图。

四、溯源性证明文件

表明测量或计量的结果具有溯源性的证据或证明文件，通常应是如下几种之一：

1）所用的计量器具或测量标准每一台都应具有由有资格的计量技术机构定期检定或校准的证书，这种检定证书或校准证书能证明所用的测量标准具有适当的准确度，并在有效期内受控。

2）溯源到本领域国际公认的测量标准的证明文件。

3）溯源到适当的有证标准物质的证明文件。

4）溯源到经多方协商同意，并在文件中规定的协议测量标准的证明文件。

5）参加校准实验室间的比对或能力测试，溯源到比对结果平均值的证明文件。

6）用比例测量法或其他公认的方法来验证的证明文件。

上述各种溯源性证明文件，以符合要求的检定证书或校准证书最为有效和有力。这是在可以通过检定和校准来证明溯源性的情况必须具有的证明文件，即国内具有适当准确度的测量标准和国家测量标准。当不具备相应的国家测量标准，或国家测量标准不能满足量值溯源要求时，可采用其他几种证明文件之一，可以是报告，也可以是证书，以其证明溯源性保证。

五、比对测试结果的溯源性

比对测试结果作为一种测量结果，一般要求它应该是溯源的，因此也应说明比对测试结果的溯源性。这里仅对那些在国内外尚未建立起计量基准的物理量来说是例外。说明比对结果的溯源性就要求说明比对测试结果或被比对的计量标准的量值是通过什么，以及它是如何与我国的国家计量基准或国际计量基准联系起来的。

第三节　量值溯源的实施

一、量值溯源的要求

任何计量器具，由于种种原因，都具有不同程度的误差。计量器具的误差只有在允许范围内才能应用，否则将得出错误的测量结果。如果没有国家计量基准、计量标准及进行量值传递或溯源，欲使新制的、使用中的、修理后的、不同形式的、分布于不同地区的、在不同环境下测量的同一量值的计量器具，都能在允许的误差范围内工作，是不可能的。

对于新制的或修理后的计量器具，必须用适当等级的计量标准来确定其计量特性是否合格；对于使用中的计量器具，由于磨损、使用不当、环境影响或零件、部件内在质量的变化等引起计量器具计量特性的变化，是否仍在允许范围之内，也必须用适当等级的计量标准来确定其示值和其他计量性能，因此量值传递及溯源的必要性是显而易见的。ISO/IEC 17025：2017 规定：当设备投入使用或重新投入使用前，实验室应验证其符合规定要求。用于测量的设备应能达到所需的测量准确度和（或）测量不确定度，以提供有效结果。在下列情况下，测量设备应进行校准：当测量准确度或测量不确定影响报告结果的有效性；为建立报告结果的计量溯源性，要求对设备进行校准。同时，实验室应通过形成文件的不间断的校准链将测量结果与适当的参考对象相关联，建立并保持测量结果的计量溯源性。已认可机构应选择溯源体系图中适当等级的法定计量检定机构和校准实验室或满足该要求的校准实验室提供的校准服务。

校准实验室提供的校准证书（报告）应提供溯源性的有关信息，包括不确定度及其包含因子和包含概率的说明。已认可和申请认可机构应尽量确保从外部校准服务机构（包括法定计量机构和认可校准实验室）获得的校准/检定证书符合下列要求：

1）校准证书应在认可校准实验室认可范围以内，并具有量值溯源信息（如：上一级标准器的标识和检定或校准证书号），有具体的校准数据，有校准的技术依据，有测量不确定度及包含因子和包含概率等信息。

2）检定证书应在实验室的授权范围以内，并具有量值溯源信息（如：上一级标准器的标识和检定或校准证书号），具有检定的技术依据（检定规程）和检定结果，在可能的情况下具有校准数据、测量不确定度及包含概率信息。

3）测试报告应在实验室的授权范围以内，并具有量值溯源信息（如：上一级标准器的标识和检定或校准证书号），具有测试的技术依据和测试结果，在可能的情况下具有测量不确定度及包含因子和包含概率信息。

已认可机构对其测量设备进行自校准时，应符合国家有关的规定，并能证实其具备从事校准的能力。自校准的方法必须形成文件并经过评审和确认，校准结果必须加以记录，校准人员应经过必要的培训，并获得相应的资格。

二、量值溯源的保障

我国的《计量法》及与其配套的法规性文件，如检定系统表、检定规程（JJG）与计量技术规范（JJF）等，为量值溯源提供了法制保证和技术依据。组织上有一套计量行政机构和计量技术机构，这些机构在履行各自的职能、为社会各界提供计量技术服务和管理服务，已形成了一支计量专业服务队伍，从而确保国家计量单位制的统一和量值的准确可靠。技术上已形成科学的、严密的、先进的计量技术，并有完整的计量基础体系和计量标准体系，在中国计量科学研究院和中国测试技术研究院建立了门类齐全的计量基准、标准，并多次参加国际比对，实现了国际互认（MRA）。

计量设备校准是客户的自主行为，是量值的溯源，而我国长久以来大多采用的是量值传递，带有一定的法制要求，从法制计量的量值传递转变为自愿的量值溯源，必须加大对用户宣传和贯标的力度。

三、量值溯源的实施

（一）确认量值溯源的仪器、设备

凡是对检测/校准结果的准确性和有效性有影响的设备都应纳入需要量值溯源的范围内，不论用于测量过程的哪一环节，如抽（采）样、制样、分样、测量等。不论是主要设备还是辅助设备（如各类箱、锅、槽、室及其监控设备）。

（二）制定检定/校准计划和程序

根据需要和为达到量值溯源的目的，制定实验室仪器、设备的检定/校准计划，这一个计划不仅仅是一个送检、校计划，还要求根据对所测量结果的不确定要求和其他特定要求（设备特性、检测特征等），制定出到哪里去溯源、确认校准周期、是否需要期间核查、授权使用范围和操作人员、正常维护保养等一整套控制措施。

（三）量值溯源的实现

除了按照量值溯源计划分别实施以实现量值溯源外，实验室至少还应知道：自身对校准的技术要求；会正确使用校准证书/报告，如修正值的正确使用；证书无数据时，应知道其“合格”的含义是在多大的允差范围，等级的误差范围有多大，以便在测量中正确应用。

（四）量值溯源的后续工作

1）检定/校准之后应根据其结果对仪器、设备做出标识和文件存档工作。

2）当校准产生一组修正因子时，应按 ISO/IEC 17025 的要求，将这些修正因子在所有文件和场合得到更新，并得到控制和保护，以免失效。

3）必要时通过期间核查、比对、能力验证等活动监控仪器、设备，实现测量结果的质量保证。

第四节 标准物质的溯源性

如果是物理特性标准物质，通过一系列的仪器校准，通常可用适当的 SI 基本单位建立起溯源性。而化学成分标准物质建立溯源性是很困难的。在研制标准物质的任何一个过程或全部过程都是溯源链中的环节，带有自身的不确定度。在化学成分定值时大多数以质量分数或质量浓度来表示，而不是以摩尔表示物质的量。

标准物质的量值在测量系统中，通过给出的不确定度，即可了解标准物质量值传递的可靠程度。标准物质的研制，应从各工序，如均匀性的检验、测量结果的可靠性、定值的准确

性以及稳定性，层层把关，而标准物质的定值工作是直接建立标准值的，是溯源性的关键。

一、标准物质量值溯源的基本方式

标准物质可通过以下公认的基本方式实现量值溯源：

1）溯源至SI单位，如采用库仑基准方法为标准物质定值，其值可溯源至电流、时间等基本SI物理量及单位，这种通过基准方法进行的溯源是标准物质量值溯源的最高级别。

2）通过国际公认并准确定义的标准测量方法实现某一特定单位的复现，并使标准物质的特性量值溯源至严格按照该标准测量方法，或根据该标准测量方法制定出的标准程序所得到的结果上，如传统标度pH标准物质的定值。

3）溯源至其他国际或国内公认的测量标准，包括有证标准物质，比较常见的是通过使用有证标准物质进行校准，来实现溯源。

二、我国标准物质的量值溯源及分级体系

根据标准物质量值溯源的级别，以及溯源过程中的计量学控制水平即计量学有效性的高低，标准物质可被分为有证标准物质（CRM）和其他标准物质两个基本级别。前者主要用于量值溯源及测量方法确认，包括基准标准物质（Primary Reference Material，PRM），它是由基准方法定值的最高级别的有证标准物质，而后者则包括质控用、工作用标准物质等。同样，标准物质所提供的特性量值也被分为认定值（CRM专有）和认定值以外的参考值、信息值等。在国际标准化组织/标准物质委员会（ISO/REMCO）给出的标准物质溯源体系图（图7-2）中，对这种依据溯源性建立的标准物质分级体系进行了较为清晰的图示。

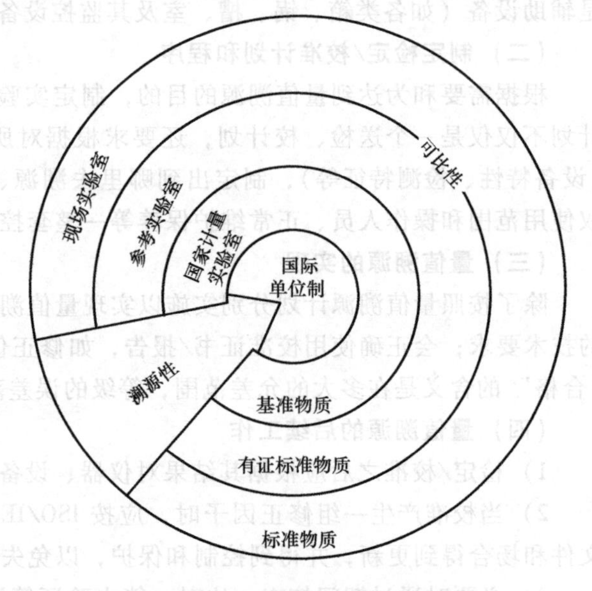

图7-2　国际标准化组织/标准物质委员会标准物质溯源体系图

目前，我国将标准物质分为一级和二级两种，二者都需要经过国家计量行政审批，都是国家有证标准物质。我国标准物质的量值溯源及分级体系如图7-3所示。但其中的基准物质目前并没有单独地分级，而是列入一级标准物质中进行管理。

在具体的分级判定方面，一级标准物质采用绝对测量法或两种以上不同原理的准确可靠方法定值，若只有一种方法，可采用多个实验室合作定值，它的不确定度具有国内最高水平。二级标准物质采用与一级标准物质进行比较测量的方法或一级标准物质的定值方法来定值，其不确定度和均匀性均未达到一级标准物质的水平，但能够满足一般测量的需要。在国家一级、二级标准物质的判定上，还有诸如有效期或是否已有同类同水平标准物质等方面的限定条件。此外，在标准化领域还存在国家标准样品。

标准物质的分级对于确保量值溯源和标准物质的正确使用具有重要意义。

三、标准物质定值结果的溯源性

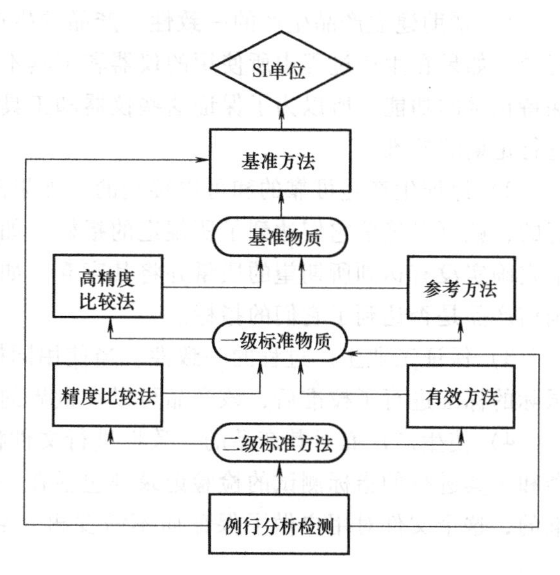

图 7-3 我国标准物质量值溯源及分级体系图

标准物质研制的过程就是赋予标准物质准确量值溯源性的过程。如对标准物质研制单位进行计量认证，定期对测量仪器进行计量校准，对所采用的分析测量方法进行深入的研究，保证定值方法在理论过程和样品处理过程所固有的系统误差和随机误差，例如样品溶解、消化、浓缩、分离、萃取、富集等过程中被测样品的沾污和损失，对测量样品不确定度的贡献。要考虑对测量过程中的基体效应等进行研究，选用具有可溯源的基准试剂，要有可靠的质量保证体系，这些都保证了标准物质定值结果的溯源性。

基准物质是可以通过基准装置、基本方法直接将量值溯源至国家基准的一类物质，它起着保持、复现和传递基准量值的作用。一级标准物质量值可通过高精密测量法直接溯源至基准物质，它们包括纯物质、固体、气体和水溶液的标准物质。二级标准物质是属现场分析的工作标准，可以通过比较方法与一级标准物质的比对分析来实现其溯源性。

第五节 计量校准

一、校准的基本概念

（一）校准的定义

JJF 1001—2011《通用计量术语及定义》中对“校准”的定义为：在规定条件下的一组操作，其第一步是确定由测量标准提供的量值与相应示值之间的关系，第二步是用此信息确定由示值获得测量结果的关系，这里测量标准提供的量值与相应示值都具有测量不确定度。

该定义的含义是：在规定的条件下，用一个可参考的标准，对包括参考物质在内的测量器具的特性赋值，并确定其示值误差；将测量器具所指示或代表的量值，按照校准链，将其溯源到标准所复现的量值。

（二）校准的目的

校准的目的是：确定示值误差，并可确定是否在预期的允差范围之内；得出标称值偏差的报告值，可调整测量器具或对示值加以修正；给任何标尺标记赋值或确定其他特性值，给参考物质特性赋值；确保测量器具给出的量值准确，实现溯源性。

（三）校准的依据

校准的依据是校准规范或校准方法，可统一规定也可自行制定。校准的结果记录在校准证书或校准报告中，也可用校准因数或校准曲线等形式表示校准结果。

(四) 实施校准的优点

1) 帮助建立产品生产的一致性。产品的生产通常是根据一组指标和规定的质量标准进行的。如果在生产过程中所使用的仪器和工具不能达到它们的指标，生产过程就不能连续地保持正常的功能。所以为了保证这些仪器和工具可以按照规定的指标正常工作，就必须对其进行定期的校准。

2) 保证生产是可靠的和可以接受的。如果产品的生产是用经过校准的仪器或工具来进行的，就可以确信它们达到了所规定的指标。如果一个产品没能达到其指标，生产者就可确信它确实没有达到所期望的质量并将其废弃。如果用于生产的仪器没有经过校准，没有人能确信产品是否达到了它们的指标。

3) 保证工业生产过程的一致性。当使用同样的过程，并且当仪器用可以溯源至国家或国际的标准进行了校准后，该产品可以在世界的任何地方进行复制生产。

4) 使生产厂商对其产品的一致性进行文件档案记录。生产的产品以及用经过校准的仪器和工具进行的指标测试的检验记录都包括在一致性的文件中，它可用来证明产品是符合标准的，这个文件对用户做了保证而不需要再对到货的产品进行检测，从而使产品更具有竞争力。

二、校准与检定的比较

实现量值溯源的最主要的技术手段是校准和检定。随着市场经济的发展，计量校准正逐渐被国内更多的用户所接受。校准在国内计量技术机构开展的计量活动中的比重正在逐步加大，已经作为一种新型的计量活动与检定相提并论。因此正确认识校准与检定的关系，正确开展检定和校准活动，正确利用检定和校准结果，最终实现量值统一，保证社会生产活动的正常进行就显得尤为重要。校准与检定的比较见表 7-2。

表 7-2　校准与检定的比较

	项目	检定	校准
不同点	目的	对测量器具的计量特性及技术要求进行全面评定	确定测量器具的示值误差
	依据	按法制程序审批的检定规程，分国家、地区、部门三种	校准规范、校准方法，或参照检定规程，可作统一规定，也可自行规定
	要求	对所检的测量仪器做出合格与否的结论	不判断测量器具合格与否，以满足顾客使用要求为准
	范围	强制检定和依法管理的计量器具	非强制检定的工作计量器具和专用测试设备
	证书	对检定合格的测量仪器发检定证书，不合格的测量仪器发检定结果通知书	校准证书或校准报告，报告中可给出示值误差，给出示值的修正值、校准因子或校准曲线
	印章	计量检定专用章	校准专用章
	周期	不得超过规程的规定	按照顾客要求提出下次校准间隔的建议
	效力	具有法制性，属于计量管理范畴的执法行为	不具有法制性，是企业自愿溯源行为
	执行技术机构	法定计量检定机构	法定计量检定机构或经过国家认可的校准实验室

（续）

	项目	检定	校准
不同点	比较链	按计量器具检定系统框图进行	在比较中产生的测量不确定度应该满足要求
	测量不确定度的评定	一般不予提供	需要提供
	数据传递方式	量值传递，由上而下	量值溯源，由下而上
	非标准方法的合法化	不允许	双方可以对标准方法进行协商并使其合法化
	分包	不允许	允许
	区域管理	县级以上人民政府计量行政部门实施区域管理	不实施区域管理
	人员	取得计量检定员证，可进行考核合格专业项目的检定工作	取得计量检定员证，可进行考核合格专业或相似专业项目的校准工作
	背景	法制计量要求，计划经济体制下较多采用	技术计量要求，市场经济体制下较多采用
相同点	1. 都是测量仪器的评定形式，确保仪器示值正确 2. 都是实现单位统一、量值准确可靠的活动，即都属于计量范畴 3. 在大多数情况下，两者都是按照相同的测量程序进行的		

计量检定和校准是评定计量器具计量性能的两种基本方式。虽然《计量法》将计量检定划分为强制检定和非强制检定两类，但从现实情况和发展趋势来看，非强制检定的特性已经越来越接近校准。

从国际上多数国家看，检定是属于法制计量范畴，其对象主要是强制检定的计量器具，而大量的非强制检定的计量器具，为确保其准确可靠，为使其测量结果具有溯源性，一般通过校准进行管理。因而校准是实现量值统一和准确可靠的重要途径。实际上，校准一直起着这个作用，只是在我国没有明确地确定它在量值传递及量值溯源中的地位，而一直由政府统一管理，实施单一的量值传递体系，仅仅采用检定作为唯一合法的方式，这已不适应目前经济和技术发展的需要。此外，根据校准的定义，它可以直观地理解为确定示值误差及其他计量特性的一组操作，所以在实施检定的计量性能检查中就包含着校准。了解检定与校准的区别及其相互关系，有利于实现我国的量值传递体制改革及开放校准市场。

随着市场经济和技术的快速发展，校准以其灵活多样的技术依据和分包方式等特点已经逐渐被接受。同时，随着实验室认可工作的开展，由于国际实验室认可准则中，为了解决溯源性，强调校准，特别是国际上校准实验室的认可和互认的开展，校准的作用日益重要。在加强检定法制建设的同时，校准开始成为实现单位统一和量值准确可靠的主要方式，以往以检定取代校准的现象正在扭转。一个经过检定不合格的计量器具经过校准后只要能够满足使用要求是完全可以使用的。凡正式通过中国合格评定国家认可委员会（CNAS）认可的实验室都可以对外开展检测和校准工作，校准结果能获得与 CNAS 签署互认协议国家和地区实验室认可机构的承认，有利于消除非关税贸易壁垒，促进工业、技术、贸易的发展。

第六节　计量确认

一、概述

（一）计量确认的概念

GB/T 19022—2003《测量管理体系　测量过程和测量设备的要求》中对“计量确认（metrological confirmation）”的定义为：“为确保测量设备符合预期使用要求所需的一组操作。”从定义可知，计量确认的前提是已经明确预期的使用要求，是根据测量设备的使用目的，在测量设备的使用要求已经明确的基础上进行的活动。通过计量确认，可以确定该测量设备是否符合预期的使用要求。而为了实现这个判断，计量确认的关键过程包括校准、计量验证和合格判定，如图 7-4 所示。

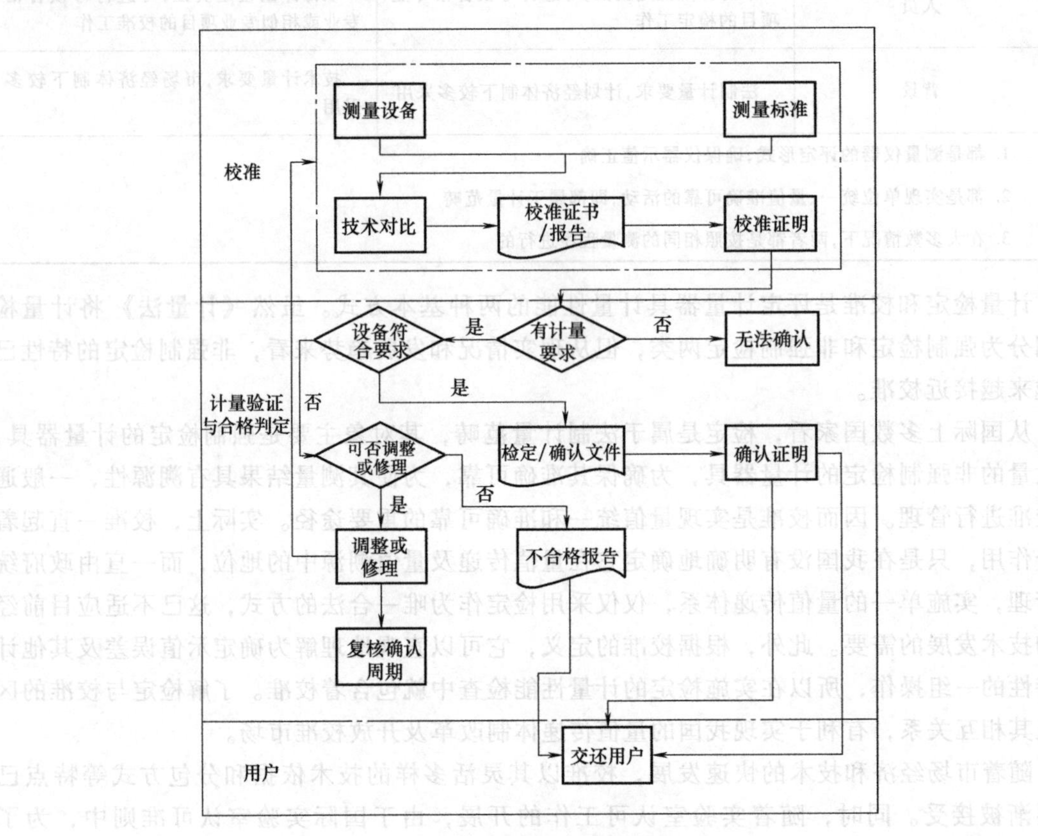

图 7-4　计量确认概念图

在 GB/T 19022—2003 的总要求中明确提出“测量管理体系内所有的测量设备应经确认”，并强调“满足规定的计量要求是测量管理体系的根本目的”。测量管理体系一般由“计量确认”“测量的实现”“管理职责”“资源管理”等四个关键过程构成，计量确认和测量的实现过程是测量管理体系的主要基本过程，即测量设备的计量确认过程和持续有效控制的测量过程。

1）计量确认通常包括：校准和验证、各种必要的调整或维修及随后的再校准、与设备预期使用的计量要求相比较以及所要求的封印和标签。

2）只有测量设备已被证实适合预期使用并形成文件，计量确认才算完成。

3）预期用途要求包括：测量范围、分辨力、最大允许误差等。

4）计量要求通常与产品要求不同，并不在产品要求中规定。

实际上计量确认就是指对测量设备进行的校准、调整、修理、验证、封印和标签等一系列活动，当然也包括检定、比对等工作。它的目的是：为了保证测量设备处于满足使用需要的状态而进行的活动。由于所有测量设备在使用中随着时间的变化都会发生偏移，不可能总保持在某一个误差范围内，为了使它们保持原有误差，必须在使用一定时间后对它们进行校准→调试或修理→再校准、加封印和标签等，通过这些活动，使测量设备在相当长的一段时间内保持满足使用要求的准确度。计量确认首先是在考虑成本与错误测量风险的基础上，用最大允许误差（MPE，Maximum Permissible Errors）来表达测量设备的计量要求；其次对设备进行校准，以确定其计量特性；最后将设备的示值误差与MPE相比较。如果示值误差不超出MPE，说明符合要求，确认该设备可以使用；反之，则需进行调整、维修、再校准或更新，直至符合计量要求。

计量确认所实施的这组操作不是单纯的技术操作，而是要综合考虑满足规定的计量要求，同时在防止和避免测量设备失控的原则下进行的一系列技术管理活动。测量设备的计量确认应满足顾客、组织和法律法规所规定的计量要求。顾客的测量要求应通过企业内部顾客如技术、工艺部门，将外部顾客对产品的质量要求转化为用技术、工艺文件（含图样）表示的可测量的计量要求。组织应根据自身设备状况和工艺能力选择和配备满足内部顾客规定计量要求的测量设备。在选择和配备测量设备时，企业技术、工艺部门和计量部门首先应考虑充分满足顾客对产品的质量要求及相应的计量要求，同时也应考虑生产成本，不是一味地追求测量设备的“高、精、尖”。但是同时必须充分考虑不满足规定的计量要求所可能造成的风险，如生产工艺过程失控、测量设备超差失准等。

当然，测量设备的计量确认还必须符合国家计量法律法规的要求，如采用法定计量单位，强检测量设备的定期送检，最高计量标准的建标考核，计量检定人员持证上岗等。

（二）校准与计量确认的关系

由图7-4可以看出，校准是计量确认中的一个部分，是计量确认的第一个阶段。校准将测量设备与测量标准进行技术比较，目的是确定测量设备示值误差的大小。同时，校准通过测量标准将测量设备的量值与整个量值溯源体系相联系，使测量设备的量值具有溯源性。

计量验证是计量确认的第二个阶段，通常包括使用校准结果与计量要求进行比较，判定该测量设备是否符合预期的使用要求。当校准结果表明测量设备准确度不满足计量要求时，进行必要的调整或维修及随后的再校准；而当测量设备的准确度满足设备预期使用的计量要求时，出具计量确认报告或文件，按照要求适当标识，如封印和（或）贴标签。

校准是计量确认的技术基础，计量确认是将校准结果与计量要求比较的过程。计量要求与测量设备的预期使用目的有关。明确的计量要求与合理的校准结果进行比较，才能完成计量确认，确定该测量设备是否适合用于特定的应用。从这个意义上说，校准则不需要判断是否合格。尤其是对于为社会提供服务的校准机构，其客户千差万别，同样的仪器用在不同场合，计量要求就会不同，校准机构无法按照统一的要求进行合格性判断。但是当用户明确告知使用目的，或给出了计量要求时，校准机构就可以根据已知的计量要求或相关标准判断被校测量设备合格与否。这个判断是协助企业完成计量验证工作，包含了合格性判断的校准证书，具有计量确认报告的功能。

（三）校准与计量确认的应用

为了保证测量设备的计量确认，用户必须通过生产过程管理和测量过程管理，提出测量设备的计量要求。委托有能力的实验室进行计量校准，获得具有足够准确度的校准结果。校准实验室声称的校准测量能力是用户选择实验室的依据，校准报告中的测量不确定度是用户对测量设备进行计量确认，使用测量设备时评估测量结果不确定度的重要依据。因此校准必须给出测量不确定度。

受传统的影响，少数测量设备用户不分析自己的计量需求，将测量设备按照检定规程送检，拿到检定证书后即投入使用；或者将测量设备送校后，不进行计量确认，往往造成超差仪器的误用，影响产品的质量。这些现象说明用户没有掌握计量概念，无法通过计量活动保证产品质量，其质量活动是失控的。

二、计量确认的过程

GB/T 19022—2003 中采用了“过程方法”，把计量确认设计成一个“过程”，将有助于提高和保证计量确认结果的有效性。例如，校准是计量确认的一个方面，如果我们只注意校准结果，不注意校准的过程，当发现校准结果有误时，再去重新寻找问题、重新校准，就已经造成了人力、物力的浪费；如果从校准一开始就注重每一个操作过程，把校准当成一个过程认真对待，发现问题及早纠正，不要等到最终结果出来以后再回头寻找问题，就可以减少很多人力、物力、财力的浪费，这就可体现“过程方法”的优越性。计量确认过程如图 7-5 所示。

在图 7-5 中可以看出计量确认过程中包括许多子过程：

（1）测量设备的校准过程　其输入是被校测量设备和上一等级标准器。输出是校准结果及校准状态的标志。活动是校准，即被校测量设备与上一等级标准器的比较。所需资源是校准人员、校准方法、校准的环境条件等。

（2）导出计量要求的过程　其输入是顾客或生产要求，输出是计量要求。活动是：查找顾客要求，可以从合同、产品标准、产品技术要求或生产过程控制文件中找出，或从其他相关的法律规定、规范或文件中找出。

（3）验证过程　验证过程有两个输入，一个是计量要求，一个是测量设备本身的计量特性。其输出是验证证书，记录不能验证或不符合计量要求的验证结论。其活动是将计量要求与计量特性进行比较。所需资源是验证人员、资料等。此过程一般不需要测量设备等硬件条件。

（4）调整或维修过程　如果校准结果不能符合计量要求，该测量设备还要经过调整或维修过程。调整或维修过程的输入过程是验证过程的一种输出，即不符合计量要求的验证结论。其输出是调整或维修报告。活动是调整或维修。所需资源是调整或维修的设备、设施、人员、方法等。

（5）再校准（或称复核）过程　输入是调整或维修后的测量设备及其报告，输出是再校准状态的证书和标志。活动是校准以及校准前对校准间隔的评审。资源是再校准用的测量标准装置、人员、校准规范等。

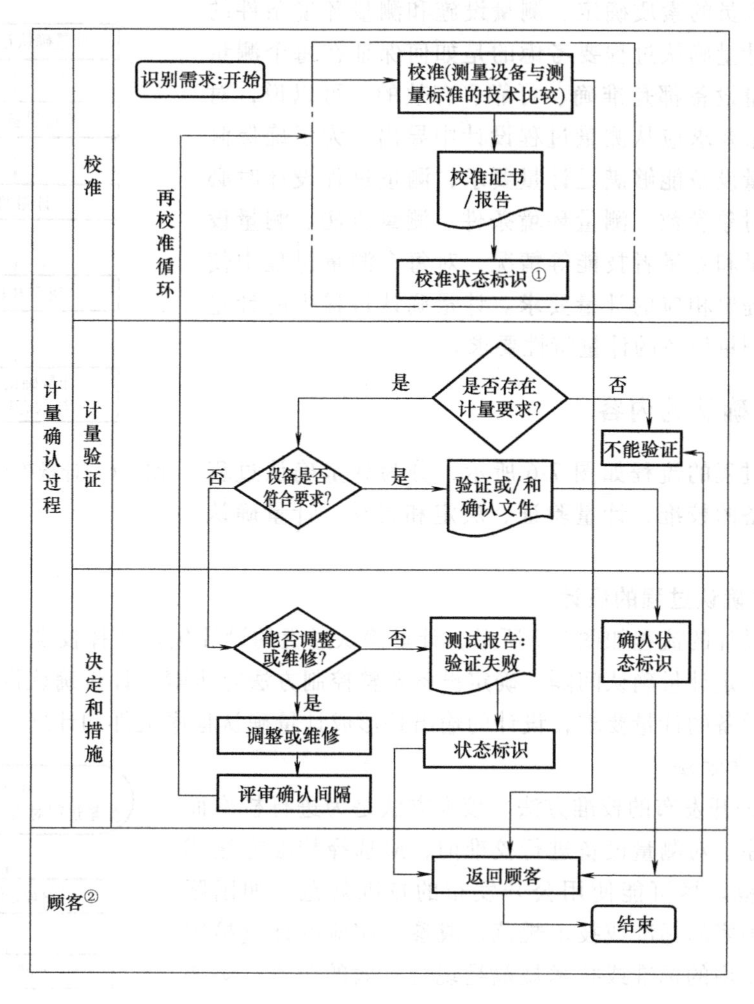

图 7-5 计量确认过程框图

①标准标识和（或）标签可用计量确认标识代替。

②接收产品的组织或个人（例如：消费者、委托人、最终使用者、零售商、受益者和采购方）。顾客可以是组织内部的或外部的（见 GB/T 19000—2000 中 3.3.5）。

（6）确认状态标志的标注过程　确认状态标志共有两种：一种是确认合格标志，另一种是确认失效标志（无法维修或调整）。该过程的输入是验证/确认文件，或验证失败记录。输出是确认合格标志，或确认失效标志。活动是领取标志，张贴或挂在测量设备上。所需资源是人员、登记等文件。

由上述 6 个过程构成了一个完整的计量确认过程（如果一次验证合格，则只有四个过程），因此计量确认过程不能理解为单一的校准过程。概括地说，计量确认过程的输入有两个：一个是测量过程对测量设备的计量要求，一个是测量设备具有的计量特性。计量确认过程的输出是：测量设备处于计量确认状态。计量确认活动始终围绕保证测量设备能处于满足使用需要状态而进行。

需要强调的是，测量过程和计量确认过程是两个不同的概念。测量过程针对的是进行测量的全过程；计量确认过程针对的是测量设备。测量过程要考虑测量设备的配备、测量方法的选择、测量人员的素质确定、测量设施和测量环境条件的配置等方面；计量确认过程要考虑的是如何保证在每个测量点所使用的测量设备都是准确、可靠、有效的。可以说，对测量设备的计量要求应从测量过程设计中导出。为了确保测量过程所用测量设备能够满足计量要求，测量过程设计时必须根据被测量对象参数、测量环境条件、测量方法、测量设施、测量影响量和测量者技能等情况，对每个测量过程中使用的测量设备提出相应的计量要求。计量确认过程中的计量要求侧重于对测量设备的计量特性要求。

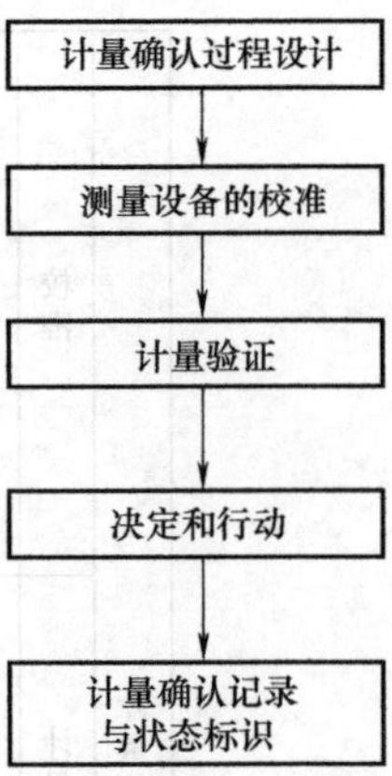

计量确认过程设计
测量设备的校准
计量验证
决定和行动
计量确认记录
与状态标识

图 7-6　计量确认过程的流程

三、计量确认的内容

计量确认过程的流程如图 7-6 所示，分为计量确认过程设计、测量设备的校准、计量验证、决定和行动、计量确认记录。

（一）计量确认过程的设计

计量确认设计的流程如图 7-7 所示，计量确认过程的设计包括选择校准方法、分析校准的不确定度、确定计量确认间隔、确定设备调整控制方法等步骤。计量确认设计的输入是测量过程对测量设备的计量要求，设计的输出是形成计量确认程序文件和计划。

1. 选择校准方法

（1）使用公开发布的校准方法　校准方法是为进行校准而规定的技术程序。对测量设备进行校准前，应选择校准方法或适宜的校准规范。尽可能使用公开发布的校准规范。如国际的、地区的或国家的标准或技术规范，或参考相应的计量检定规程。应确保使用的标准或技术规范是现行有效的版本。必要时，应采用附加细则对标准或技术规范加以补充，以确保应用的一致性。

（2）自行制定校准方法的确认　如果无公开发布的校准规范，则根据需要自行制定校准方法，或者必须使用在校准规范中未包含的方法或超出其预定的使用范围时，应对方法进行确认，以证实该方法适用于预期的用途。对校准方法的确认是通过核查并提供客观证据，以证实某一特定预期用途的特殊要求得到满足。

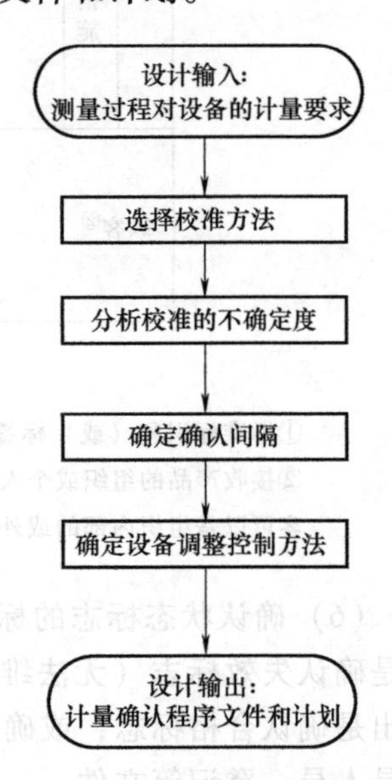

图 7-7　计量确认设计流程图

（3）委托校准时，校准方法的确认　如果将校准工作委托给其他计量检定或校准机构进行时，该机构所选择的校准方法应取得用户的同意，以确保所用的方法满足测量设备的预期使用要求。

2. 分析校准的不确定度

（1）提出不确定度的要求　为了确保校准结果的不确定度满足预期使用的要求，在开展校准前，用户应提出不确定度的要求。

（2）确定不确定度的评定方法　在评定不确定度时，对给定条件下的所有重要的不确定度分量，均应采用国家计量技术规范 JJF 1059.1—2012《测量不确定度评定与表示》所推荐的方法或其他规范规定的方法进行评定和表示。如果将校准工作委托给其他计量检定或校准机构进行时，应要求接受委托的机构提供相应的不确定度的分析报告。

3. 确定确认间隔

（1）确定确认间隔的意义 合理地确定测量设备的确认间隔是计量确认设计中的重要环节。如果确认间隔过短，不仅会增加对确认人员和设备的要求，从而增加测量管理的成本，而且会影响生产的正常进行或增加测量设备的需要量，造成浪费。而确认间隔过长，则会增加使用不合格测量设备的风险，甚至因不准确的测量结果而产生废品，造成经济损失。首次确认间隔的选择，应全面考虑 GB/T 19022—2003 附录 A“计量确认过程概述”中的顾客的计量要求（CMR）、测量设备的计量特性（MEMC）、验证与计量确认三项要点。合理地确定确认间隔是一件非常重要而细致的工作。

（2）确认间隔的确定与调整方法 虽然体系的有效性可依靠验证实现，但也必须包括对整个测量过程的体系考虑和评审，以确保测量设备是否符合顾客要求。为规范确认工作，选择确认间隔时应考虑有关的数据和资料，并制订专门的判定准则。制定计量确认间隔管理程序，并按程序规定的方法合理确认测量设备的确认间隔。确认间隔确定的方法可参考国际法制计量组织文件 OIML D10《用于检测实验室的测量设备的校准间隔的确定指南》。在计量确认实施过程中，测量设备的校准间隔和确认间隔是一致的。

选择确认间隔应考虑的相关因素一般包括测量设备的稳定性、测量准确度、测量结果的重要性、使用情况、环境条件等。①通常结构简单的测量设备比结构复杂的稳定性要好，稳定性好的测量设备的确认间隔可适当延长；②测量设备的准确度要求高，确认间隔应缩短，这样才能保证测量能力；③用于企业贸易结算、安全防护、环境监测、产品质量检测等测量设备，测量数据要求高，失准数据将引起后续昂贵代价，此类测量设备的确认间隔应适当缩短，并且还应在确认间隔时间内，在测量设备的准确度变化对其使用可能产生明显影响之前再次进行确认；④测量设备的使用频次高，操作者缺乏良好素质，确认间隔应缩短；⑤测量设备环境条件恶劣，如：高温、高粉尘、强烈振动、磨损等，或环境条件变化剧烈，应缩短确认间隔。

确认间隔的确定，一般可由所在单位的测量管理部门统一编制“计量确认间隔评定标准”，根据其稳定性、使用的环境条件、使用的频次及对测量准确度的要求，初步确定确认间隔。编制相关的“测量设备分类管理目录”，并将确定后的测量设备确认间隔在测量设备台账中明确。

初步确定确认间隔后，计量管理人员应根据测量数据结果、测量设备的使用状况等及时调整。调整原则包括符合性、实用性和经济性。①符合法规的原则。强制检定类测量设备的确认间隔应不超过相应检定规程的最长间隔；②结合实际的原则。诸如：测量设备制造商的建议；工艺、工序对测量结果有特殊要求或高准确度要求；拆卸的难易程度、是否关系到测量设备寿命、安全、风险等因素；③经济合理的原则。根据应用统计技术分析得到的测量设备计量特性的保持情况，在最大限度地避免测量设备产生错误数据进而产生技术风险的前提下，可适当延长确认间隔，以维持最少的确认费用。

为使测量风险和年度费用两者的平衡最佳化，必须采用科学的方法，积累大量的实验数据，使所确定的时间间隔趋于科学合理。此外，参照检定/校准人员填写的测量设备调整或维修记录，为该测量设备的计量确认间隔调整和产品性能评价提供数据依据。

目前各类测量设备的确认间隔通用的调整方法有五种：阶段式调整法、控制图法、日程表时间法、“在用”时间法、“黑匣子”测试法。

1）阶梯式调整法。当设备按常规确认时，如果误差在允许范围内，应延长下一次确认间隔时间；如超出允许误差，则应缩短确认间隔。这种“阶梯式”方法可以迅速调整确认间隔，不需要花费更多的时间，容易进行。当保存和使用记录时，处理成组设备可能出现的麻烦是较难指明适应需求的技术性改进或预防性维护。

单个处理设备的方法，其缺点是难以保持确认工作负荷的稳定和平衡，而且需要事前制定详细的计划。

2）控制图法。从每次确认中选择同一校准点，将校准结果按时间间隔描点绘图，根据这些点的分散性和漂移曲线计算出有效漂移。漂移可以是一个确认间隔内的平均漂移，或是在设备很稳定的情况下几个间隔内的漂移。

应用这种方法一般需要基于对设备或类似设备变化规律的熟知，事实上只有在采用自动数据处理时才能使用。并且这种方法对复杂设备的应用及实现均衡的工作负荷均比较困难。如果能计算可靠性，并且至少在理论上可给出有效的确认间隔，那么只要计算有效，允许对确认间隔做较大的改动。而且，分散性计算可表明制造商技术规范的要求是否合理，漂移分析可帮助找出漂移的原因。

3）日程表时间法。根据测量设备的结构、预期可靠性和稳定性的情况，将测量设备初步分组，然后根据工程直观知识初步决定各组的确认间隔。

对每一组设备，统计在规定间隔内返回并发现其超差的设备数或其他不合格的设备数，计算在给定的间隔内这些设备与该组被确认的设备总数之比。在确定不合格设备时，应排除明显损坏或由用户因可疑或有缺陷而返回的设备，因为这些设备不大可能产生测量误差。

如果不合格设备所占的比例很高，应缩短确认间隔。如果发现某一分组的设备（如某一厂家制造的或某一型号）不能像组内其他设备一样工作时，应将该组划为具有不同确认间隔的其他组。

对一组设备来说，评定性能的时间应尽可能短，应与该组被确认的设备的统计平均值相匹配。如果证明不合格设备所占的比例很低，则延长确认间隔应该是经济合理的。

概括地说，日程表时间法就是根据测量设备在规定的间隔内的总数和不合格数。若不合格数所占的比例过高，缩短确认间隔；反之，延长确认间隔。

4）“在用”时间法。这种方法是根据上述各种方法演变而来的，基本方法不变，只是确认间隔使用小时表示，而不用日历月数表示。将设备与计时指示器相连，当指示器达到规定值时，将该设备送回确认。这种方法的理论优点是进行确认的设备数和确认费用与设备使用的时间成正比，此外可自动核对设备的使用时间。但是这种方法在实践中有如下缺点与不足：

① 不能与被动式测量器具（如衰减器），或被动式测量标准（如电阻、电容等）一起使用。

② 当设备在储存、搬运或承受多次短时开关循环而发生漂移或损坏时，则不应使用本方法，而应返回使用日历时间法。

③ 提供和安装合适的计时器，起点费用高，而且由于可能受到使用者干扰需要在监督

下进行，增加了费用。

④ 由于校准实验室不了解设备确认间隔的结束日期，因而比上述其他方法更难平衡校准实验室的工作负荷。

5）“黑匣子”测试法。这种方法是选用便携式校准装置频繁地检查关键参数，或采用特制的“黑匣子”检查经过选择的参数。发现测量设备不合格，就重新全部确认。这种方法是根据方法一和方法二演变而来，是对全面确认的一个补充，它能对两次全面确认间隔期内的测量设备提供有用的使用信息，并能对确认计划的合理性提供指导，尤其适合复杂的仪器和试验台。

这种方法最大的优点是为用户提供了最大的可用性，实用性强，非常适合设备与校准实验室不在同一地点的情况，因为只有当认为有必要时或延长了确认间隔时才进行全面确认。这种方法的难点是如何确定关键参数和如何设计“黑匣子”。

虽然在理论上，这种方法能提供非常高的可用性，但是由于设备可能在某些没有用“黑匣子”测量的参数上发生问题，而使其可靠性受到怀疑。另外，“黑匣子”本身的特性也有可能发生变化，而且也需要定期确认。

五种方法各有利弊，应根据自身的具体情况，综合考虑后选择适合的方法，并在实践中不断加以完善。此外，需要特别强调的是，计量管理人员在确认间隔的确定和调整中，需具有丰富的计量学知识和实践经验，熟悉本单位测量设备，并累积一定数量的检定、校准数据，才能进行确认间隔的科学调整。

4. 确定设备调整控制的方法

（1）调整控制的目的　在被计量确认的测量设备中，有些测量设备上具有影响其计量性能的调整装置（硬件调整）或调整程序（软件调整）。在设计计量确认过程时，应对调整控制的方法和措施进行认真的设计，以防止未经授权擅自调整测量设备的计量性能，并且一旦被改动即可发现。

（2）设计的具体内容　确定哪些测量设备的调整装置应当实施保护；确定应采取哪些保护措施；一旦保护措施被损坏应采取哪些行动。

（二）测量设备的校准

1. 校准的目的

校准是在规定条件下，为确定测量设备所指示的量值与对应的由标准所复现的量值之间关系的一组操作。校准结果既可赋予被测量以示值，又可确定示值的修正值。同时，校准也可确定其他计量特性，如影响量的作用等。因此在计量确认过程中对测量设备进行校准的目的就是为了确定测量设备的计量特性。

2. 校准的要求

1）测量设备的校准是实现计量确认的关键环节。校准应按规定的确认间隔和校准规范进行。

2）用于校准的计量标准的量值必须溯源至国家计量基准或社会公用计量标准。

3）校准结果应形成文件，例如校准证书或校准报告（当校准是由外部完成时）或校准结果记录（当校准全部是由组织内部的计量实验室完成时）。校准结果是下一步实施计量验证的重要输入。因此校准结果的信息应该完整、准确，以便于计量验证工作的顺利进行。由于测量设备的计量特性（MEMC）常常是由校准（或几次校准）决定的，计量确认体系中的计量职能部门应规范并控制所有这类必要的活动。校准过程的输入是测量设备、测量标准和说明环境条件的程序。

4）校准结果必须包括测量不确定度表述。这是一个重要的特性，因为当使用这种设备进行测量时会产生测量过程的不确定度，而校准不确定度是测量不确定度的一个输入要素。

3. 校准的注意事项

1）校准工作可以由本组织自己实施，也可以委托社会其他检定或校准机构进行。所委托的机构必须取得国家规定的相应资格，并具备所承担的校准项目的能力。

2）按照《中华人民共和国计量法》和计量法规规章的规定，组织的最高计量标准器具和用于贸易结算、安全防护、环境检测和医疗卫生的工作计量器具应按规定实施强制检定。强制检定必须按国家检定系统表和检定规程进行，检定周期由人民政府计量行政部门或其授权的计量检定机构按检定规程确定。

（三）测量设备的计量特性（MEMC）

校准结果得到的是测量设备的计量特性。测量设备的计量特性是指测量设备的影响测量结果的可区分的特性。测量设备通常有若干个计量特性。测量设备的计量特性包括测量范围、偏移、重复性、稳定性、滞后、漂移、影响量、分辨力、鉴别阈、误差、死区等参数，详见第五章第二节。

（四）计量验证

1. 计量验证的概念

GB/T 19000—2015 标准对“验证（Verification）”的定义为“通过提供客观证据对规定要求已得到满足的认定。”

1）验证所需的客观证据可以是检验结果或其他形式的确定结果，如：变换方法进行计算或文件评审。

2）为验证所进行的活动，有时计量验证被称为鉴定过程。

3）“已验证”一词用于表明相应的状态。

GB/T 19022—2003 标准指出：顾客的计量要求（CMR）与测量设备的计量特性（MEMC）的直接比较，常常被称为验证。

测量设备在校准后，将通过校准获得的测量设备的计量特性与测量过程对测量设备的计量要求（测量过程的计量要求）相比较，以评定测量设备是否能满足预期用途，这种比较常常被称为计量验证。

2. 测量过程计量要求的导出

计量要求是为满足被测对象量值的测量而提出的要求。根据 GB/T 19022—2003 标准，测量管理体系应确保满足规定的计量要求。规定的计量要求由产品要求导出。计量职能的管理者应确保：①确定顾客的测量要求并转化为计量要求；②测量管理体系满足顾客的计量要求；③能证明符合顾客的计量要求。应根据顾客、组织和法律法规的要求确定计量要求。企业建立测量管理体系的目的就是为了满足预期的计量要求，而控制测量过程的前提首先要明确计量要求。从测量要求中正确导出计量要求是测量过程控制的基础。

计量要求可以说是对测量过程各要素提出的要求，这些要求可从顾客的产品要求和组织的要求、能源、经营管理、法律法规的测量要求中导出。顾客的计量要求往往是通过产品的要求，以产品的技术规范、合同书和技术标准的形式表现出来；组织的计量要求往往是通过对企业生产控制、监视、物料交接、能源计量管理等需要提出；法律法规的计量要求往往是通过对企业生产安全、环境保护、贸易结算等需要提出。这些要求对具体测量设备来说，可表示为常用的测量范围、分辨力、准确度等级、扩展不确定度（或最大允许误差）等；对一个测量过程来说，计量要求不仅针对测量设备，还包括测量方法、环境条件、操作者技能等。

实践证明，利用测量能力指数的概念，从测量要求中导出测量过程对测量设备的计量要求（测量过程的计量要求）是一种行之有效方法。

（1）测量能力指数　测量能力指数是为了保证测量数据的准确而提出的一种评定指标，通常称为 Mcp 值（Measuring Capability Parameter）。它的本质是被测对象的允许误差与测量误差的比值。

测量设备的 Mcp 值，不仅是衡量计量器具和测量方法准确度能否满足生产和管理中参数范围要求的重要质量指标，也是合理选用计量器具的科学依据。Mcp 值的计算和评定，需要根据生产实际情况，具体问题具体分析。从测量过程的综合情况（表 7-3）分析，被测参数一般可分为以下两大类：

1）质量检验、工艺控制等数据（检验与监控类）。这一类被测参数本身的量值是确定的，如（10±0.5）mm 等，测量的目的是判定这个量值是否在允许的误差范围内，也就是说，10mm 是确定的，要计量它们是否在±0.5mm 公差范围之内。

2）物资量、能源量等检测数据（参数测量类）。这类被测参数是不确定的，只对测量提出准确度要求，例如：在电子产品测量中，数字电压表测得的电压值是不确定的，只是要求测量的误差不超过多少，这种误差称为允许误差，记作“$\delta_{允}$”。

表 7-3　测量系统（设备）Mcp_0 评价情况

类别 \ 级别	A	B	C	D	E
参数检验与监控 Mcp_0	3~5	2~3	1.5~2	1~1.5	< 1
参数测量 Mcp_0	1.7~2	1.3~1.7	1~1.3	0.7~1	< 0.7
能力评价	高	足够	基本满足	不足	低

注：1. 参数检验与监控是通过检测将参数控制在某个事先规定的范围内；而参数测量仅要求测定参数的具体数值，只对测量准确度提出要求。
2. 根据参数的重要程度，尽量选取 Mcp_0 在 B 级以上的测量系统（设备）；测量系统（设备）Mcp_0 不得低于 C 级的规定。

（2）测量能力指数 Mcp 值的计算公式

1）检验与监控类 Mcp 值用下述公式计算：

$$\mathrm{Mcp}=\frac{T}{6\sigma}=\frac{T}{2U}=\frac{T}{2\sqrt{2}U_1}\approx\frac{T}{3U_1}$$

则

$$U_1=\frac{T}{3\mathrm{Mcp}},U=\frac{T}{2\mathrm{Mcp}} \tag{7-1}$$

式中　σ——测量的标准差；

T——产品加工制造允许的误差范围，或工艺过程监测控制参数允许变化范围，或参数测量允许测量误差范围；

U_1——在检验与监控类中所希望得到的测量设备的计量要求；

U——测量过程的计量要求。

参数检验与监控的共同之处有两点：一是对参数都事先规定出允许的范围，给出 T 值；二是校准/检测准确度要与 T 保持一定的关系。通常测量的极限误差 U 比范围 T 应尽量小，以保证检验与监控的可靠性。

2）参数测量类 Mcp 值一般用下述公式计算：

$$\mathrm{Mcp}=\frac{\delta_{允}}{U}=\frac{\delta_{允}}{\sqrt{2}U_1}\approx\frac{2\delta_{允}}{3U_1}$$

可得 $$U_1=\frac{2\delta_{允}}{3\mathrm{Mcp}} \tag{7-2}$$

式中 $\delta_{允}$——测量的允许误差；

U_1——在检验与监控类中所希望得到的测量设备的计量要求；

U——测量过程的计量要求。

当选定 Mcp 值后，通过式（7-2）即可求得 U_1，即我们所希望得到的参数测量类被测设备的计量要求。

（3）应用实例

例 1：加工一件直径为 100.00mm 的轴，图样标注的公差为 0.02mm，试求出此测量过程的 U_1 和 U。

解：显然，公差带为 $T=|T_M-T_1|=|0.02\text{mm}-(-0.02\text{mm})|=0.04\text{mm}$

选测量能力指数 Mcp=2，根据式（7-1）求出：

测量设备的计量要求：$U_1=\frac{T}{3\mathrm{Mcp}}=\frac{0.04\text{mm}}{3\times2}\approx0.007\text{mm}$

测量过程的计量要求：$U=\frac{T}{2\mathrm{Mcp}}=\frac{0.04\text{mm}}{2\times2}\approx0.01\text{mm}$

由此，测量设备和测量过程的计量要求都得到了。

例 2：企业收购某原材料的计量误差不得超过±0.3%，需配备地中衡进行计量，求地中衡的最大允许误差。

解：此为参数测量类，根据题意：$\delta_{允}=\pm0.3\%$。选 Mcp=1.3，根据式（7-2）可求出地中衡的准确度要求。

$$U_1=\frac{2\delta_{允}}{3\mathrm{Mcp}}=\frac{2\times0.3\%}{3\times1.3}\approx0.15\%$$

例 3：工艺文件规定，某压力测量点的测量范围为（12~14）MPa，试导出此测量点的 U_1 和 U。

解：将（12~14）MPa 视为公差带 T，则 $T=14\text{MPa}-12\text{MPa}=2\text{MPa}$。

选 Mcp=2，根据式（7-1）可求出此测量过程的 U 和测量设备的 U_1 分别为：

$$U=\frac{T}{2\mathrm{Mcp}}=\frac{2\text{MPa}}{2\times2}=0.5\text{MPa}$$

$$U_1=\frac{T}{3\mathrm{Mcp}}=\frac{2\text{MPa}}{3\times2}\approx0.3\text{MPa}$$

3. 计量验证的过程

计量验证是计量确认过程中最为关键的环节。正如 GB/T 19022—2003 标准中所描述的："只有测量设备已被证实适合预期使用要求并形成文件，计量确认才算完成"。计量验证的过程就是把测量设备的计量特性与测量设备的计量要求相比较。例如，测量设备的误差（计量特性）与最大允许误差（计量要求）比较，如果误差小于最大允许误差，说明设备的准确度指标符合要求，能够确认使用；如果误差大于最大允许误差。就说明准确度指标不符合要求。为此，计量验证结果的输出有两种可能：一是当测量设备的计量特性符合计量要求时，应给出验证确认文件；二是当测量设备的计量特性不满足计量要求时，则应转入下一过程，对测量设备采取纠正措施。

测量设备计量特性主要包括测量范围、分辨力、准确度等级、扩展不确定度（或最大允许误差等，具体可参考 GB/T 19022—2003 的 7.1.1)；测量设备预期使用要求通常以测量过程（产品加工、工艺控制、质量检测等）控制量允许公差范围（控制限）以及测量过程所选用测量设备最低准确度等级等方式来体现。

下面分别以测量设备计量特性中较为常用的测量范围、分辨力、准确度等级、扩展不确定度（或最大允许误差）等 4 种参数为例来谈谈测量设备的计量验证。

（1）测量范围　测量设备所能显示的测量范围应不低于其预期使用的实际测量范围；鉴于测量准确性和安全性的考虑，测量设备预期使用的实际测量范围建议处于测量设备所能显示测量范围的 1/3~2/3 为宜。

（2）分辨力　测量设备的分辨力应处于其预期使用测量过程控制量允许公差（控制限变动范围）的 1/10 为宜。

（3）准确度等级　当测量设备预期使用要求以测量过程所选用测量设备最低准确度等级来表示时，测量设备的实际准确度等级应不低于其预期使用要求所规定的最低准确度等级。

例 4：GB 17167—2006《用能单位能源计量器具配备和管理通则》的 4.3.8 款规定：作为Ⅲ类用户，用于进出本单位有功交流电能计量的电能表的准确度等级为 1.0 级；作为该类用户，实际使用的进出本单位有功交流电能计量的电能表准确度等级应不低于 1.0 级，故该项目实际使用的电能表可选用 1.0 级、0.5 级及以上级别。

例 5：GB/T 19022—2003 的附录 A 中举了一例：对于一个关键操作，要求反应堆中的压力控制在（200~250) kPa 之间。这个要求必须转换并表达成压力测量的计量要求(CMR)。这可能得出需要一台压力测量范围为（150~300) kPa，最大允许误差为 2kPa，测量不确定度为 0.3kPa（不包括与时间有关的影响）和在每个规定的时间周期的漂移不大于 0.1kPa 的测量设备。顾客将 CMR 与设备制造者规定的特性（明显的或隐含的）比较并选择与 CMR 匹配最好的测量设备和程序。顾客可规定一个准确度等级为 0.5%级、量程为（0~400) kPa 的特定供方的压力计。按照这个例子，假设经过校准，发现在 200kPa 时，误差为 3kPa，而校准不确定度为 0.3kPa，因此仪器不满足最大允许误差的要求。在调整后，经校准发现误差为 0.6kPa，校准过程的测量不确定度是 0.3kPa。仪器现在满足最大允许误差，可以被确认能够使用（假设证明符合漂移要求的证据已经获得)。仪器在提交重新确认时，应告知顾客第一次校准的结果，因为仪器被撤出使用以进行重新校准前，在产品生产中已经过一定时期的使用，可能需要采取纠正措施。

（4）扩展不确定度（或最大允许误差） 当测量设备预期使用要求以测量过程（产品加工、工艺控制、质量检测等）控制量允许公差范围（控制限）来表示时，可以通过计算求得实际测量系统测量能力指数（Mcp_1）与测量设备预期使用要求应达到的理论测量能力指数（Mcp_0）两者之间比较的方法来验证。

对于一个实际的测量系统，存在如下函数关系：

$$Mcp_1=\frac{T}{6u_c}=\frac{T}{2U} \tag{7-3}$$

式中 Mcp_1——测量系统实际测量能力指数；

T——产品加工制造允许公差范围，或工艺过程监测控制参数允许变化范围，或参数测量允许误差范围；

u_c——测量系统实际合成标准不确定度；

U——测量设备（装置或系统）的扩展不确定度（包含概率 $p=99.73\%$）。

对于单台（件）测量设备组成的简单测量系统，其实际合成标准不确定度仅由其示值误差测量不确定度决定（其他因素引起的测量不确定度可以忽略），式（7-3）可以简化为

$$Mcp_1=\frac{T}{6u_c}=\frac{T}{6(\delta_{max}/\sqrt{3})}\approx\frac{T}{3\delta_{max}} \tag{7-4}$$

式中 δ_{max}——测量设备最大允许误差。

理论测量能力指数（Mcp_0）应符合表 7-3 的规定。

例 6：现有试金用熔炼炉，要求工作时的温度控制在（1120±20）℃的范围内。现计划应用经计量检定合格的 XMTA（H）-2000 型温度显示控制仪和 S 型热电偶组成的测量控制系统进行控制（图 7-8）；温度显示控制仪使用说明书给出的参数：测量范围为（0～1600）℃，准确度为 0.5 级，分辨力为 1℃；S 型热电偶使用说明书给出的参数：测量范围为（0～1600）℃，准确度为Ⅱ级。试问，该测量系统是否满足预期使用要求？

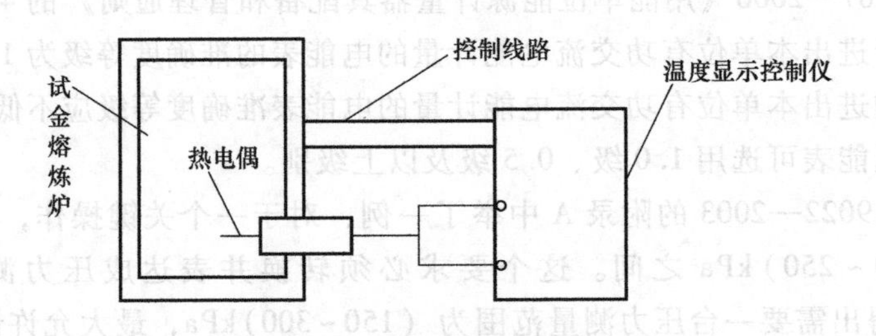

图 7-8 测量控制系统

依据表 7-3 的规定容易得到理论测量能力指数（Mcp_0）的最小值 $Mcp_{0min}=1.5$。

对于所选用的实际测量系统，由于仪表显示的温度 t_0 就是炉温的实际温度 t，因此相应的数学模型为：$t=t_0$；t 的扩展不确定度（U_1）主要来源于计量检定时标准设备和环境条件带来的标准不确定度 $u(t_1)$、显示仪表分辨力分别带来的标准不确定度 $u(t_0)$ 以及显示仪表和 S 型热电偶示值误差带来的标准不确定度 $u(d)$ 和 $u(b)$。

由于检定时计量标准设备和环境条件满足相关检定规程的要求，所以 u（t_1）可以忽略。下面着重对显示仪表分辨力带来的标准不确定度 u（t_0）、显示仪表和 S 型热电偶示值误差带来的标准不确定度 u（d）和 u（b）进行分析。

对于显示仪表，采用B类评定方法，参考JJF 1059.1—2012《测量不确定度评定与表示》，不难得到：

$$u(t_0)=\frac{1}{\sqrt{3}}\times\frac{1}{2}\times 1℃=0.29\times 1℃=0.29℃$$

$$u(d)=|\delta_{仪\max}|/\sqrt{3}=(1600\times 0.5\%)℃/\sqrt{3}=4.62℃$$

由于 $u(t_0)<<\frac{1}{3}u(d)$，因此可以忽略。

根据JJG 141—2013《工作用贵金属热电偶》的规定，Ⅱ级S型热电偶的最大允许误差 $\delta_{偶\max}=\pm 0.25\%t$（$t$ 表示实际测量温度），得到：

$$\delta_{偶\max}=\pm 0.25\%\times 1120℃=\pm 2.8℃$$

依据JJF 1059.1—2012可得

$$u(b)=|\delta_{偶\max}|/\sqrt{3}=2.8℃/\sqrt{3}=1.62℃$$

由于 $u(d)$ 和 $u(b)$ 相互独立，由此得出测量系统合成不确定度

$$u_c(t)=\sqrt{u^2(d)+u^2(b)}=\sqrt{4.62^2+1.62^2}℃=4.9℃$$

那么，实际选用测量系统的扩展不确定度 $U_1=ku_c(t)=3\times 4.9℃=14.7℃\approx 15℃$（$k$ 为包含因子，这里取 $k=3$，包含概率 $p=99.73\%$）。故得到：

$$Mcp_1=\frac{T}{2U_1}=40℃/(2\times 15℃)=1.33$$

可以看出 $Mcp_1<Mcp_{0\min}$，选用的测量系统不能满足预期使用要求。

例7：假如对以上测量系统进行了校准，温度显示控制仪校准证书上给出1120℃测量点的修正值为3℃，扩展不确定度 $U_D=2℃$，包含因子 $k=2$；Ⅱ级S型热电偶校准证书上给出了1120℃测量点的修正值为2℃，扩展不确定度 $U_S=1.8℃$，包含因子 $k=2$；其中，两台测量设备校准所使用计量标准设备的测量不确定度可以忽略。

那么就可对以上测量系统进行修正，修正后的数学模型为 $t=t_0+\Delta t_1+\Delta t_2$（$\Delta t_1$、$\Delta t_2$ 分别为显示仪表和S型热电偶的温度修正值）；修正后测量系统的扩展不确定度（U_2）主要来源于显示仪表分辨力带来的标准不确定度 $u(t_0)$ 以及显示仪表和S型热电偶修正值带来的标准不确定度 $u(\Delta t_1)$ 和 $u(\Delta t_2)$。

根据相应的校准证书不难得到：

$$u(\Delta t_1)=U_D/2=1℃\ ,\ u(\Delta t_2)=U_S/2=0.9℃$$

由此得出：$U_2=k\sqrt{u^2(t_0)+u^2(\Delta t_1)+u^2(\Delta t_2)}=4.13℃\approx 4.2℃$（$k$ 为包含因子，这里取 $k=3$，包含概率 $p=99.73\%$）。从而可以得到：

$$Mcp_1=\frac{T}{2U_2}=40℃/(2\times 4.2℃)=4.76$$

因为 $Mcp_1>Mcp_{0\min}$，所以采用修正值后测量系统满足预期使用要求。

在实际工作中建议优先选取满足预期使用要求的测量系统；当实际的测量系统无法满足预期使用要求或经济上不适用时，可考虑对原测量系统进行修正，修正后设法满足预期使用要求。

（五）决定和行动

计量验证的本质是评价测量设备是否满足测量过程预期使用的计量要求，作为计量确认

来说将根据计量验证的结果采取相应的决定和行动。决定和采取措施的过程有一个输入，即验证结论，其输出是计量确认标识。在这个过程中，又包含了调整或维修、检定/校准、确认状态标识的标注三个小过程。

1. 计量确认合格状态

对经验证合格的测量设备，应在设备上给出计量确认合格状态标识，以清楚地表明该设备可使用于某测量过程。

2. 对验证不合格的测量设备

对经验证不合格的测量设备，如果该设备能够进行调整或修理，应进行调整或修理，并在调整和修理后重新对该设备进行计量确认，如果经过重新确认符合要求，则可按合格的设备采取相应的行动。但是应对该设备的确认间隔重新进行评定，必要时应对确认间隔进行调整，以确保在确认间隔期间的正确使用。如果该设备已经不能进行调整或修理，则给出验证不合格的报告，并在设备上清楚地给出不合格状态标识，以防止不合格设备的错误使用。

由于不同测量过程对测量设备的计量要求不同，因此被确认的测量设备只能用于被确认的测量过程。为防止测量设备的误用，必须在验证确认结果中明确说明，并在测量设备的确认状态标识中清楚地表述。

测量设备在调整或维修前，经计量验证不满足预期使用要求时，计量确认部门应组织对不合格原因进行分析，并应制定相应的措施。这些措施通常包括：

1）对不合格造成的影响后果进行评价，并对以往的测量结果或任何受影响的产品作一次性追溯处理。必要时，应通知相关顾客。

2）同类测量设备（或同类测量设备中相同准确度、同一参量）存在批量性异常时（如同类测量设备测量可靠性目标明显低于 90%），应对其计量确认间隔进行重新评审，具体可参照 JJF 1139—2005《计量器具检定周期确定原则和方法》执行，本书不再作详细介绍。

（六）计量确认记录与状态标识

1. 计量确认记录

由于不同测量过程对测量设备的计量要求不同，测量设备可确认用于某些特定的测量过程，而不确认用于其他测量过程。为防止此类设备的误用，必须进行计量确认记录，并在验证确认文件中明确说明。

测量设备的计量确认可由测量设备的使用人员或相关指定人员来负责实施，建议单独设计计量确认记录表，并将测量设备的计量要求、计量特性和计量验证的结论记录在计量确认记录表中，记录内容一般应包括：设备制造者的表述和唯一性标识、型号、系列号等；完成计量确认的日期；计量确认结果；评定的计量确认间隔；计量确认程序的标识；规定的最大允许误差；相关的环境条件和必要的修正说明；设备校准引入的测量不确定度；调整和维修情况；使用限制；执行计量确认的人员标识；对信息记录正确性负责的人员标识；校准证书或报告以及其他相关文件的唯一性标识（如编号）；校准结果的溯源性的证明；预期使用的计量要求；调整、修改或维修后的校准结果以及要求时的调整、修改或维修前的校准结果。

计量确认记录表参考格式见表 7-4。

2. 计量确认状态标识

计量确认状态标识是指测量设备经过验证，确定其是否符合使用要求、是否可以用于某特定测量过程所给出的管理标识。对于经过验证的测量设备，均应加贴计量确认状态标识。

其目的主要是表明测量设备被确认的状态，使测量设备的使用者根据标识直观判断其是否能够使用，方便计量检测现场管理。

表 7-4 计量确认记录表（参考格式）

测量设备名称	型号/规格		设备编号
溯源机构		记录编号	
溯源证书编号		使用部门	
溯源证书类型		溯源日期	
计量确认间隔		服务供应商评价	
溯源证书的正确性和有效性		是否符合要求	
被检测量设备的名称、型号、序列号、日期等信息的正确性			
溯源机构所选用的方法（规程、规范）的名称及正确性			
量值溯源活动与溯源等级图（量值溯源和传递框图）的符合性			
技术指标名称	测量过程的计量要求（使用技术指标要求）	测量设备的计量特性（检定/校准结果）	计量验证（确认分析）
测量范围及测量参数/分辨力/准确度等级/测量不确定度/最大允许误差等	（逐一列出“测量过程的计量要求”所对应的测量范围及测量参数/测量不确定度/最大允许误差/准确度等级等指标）	（逐一列出“测量过程的计量要求”与“测量设备的计量特性”所对应的测量范围及测量参数/测量不确定度/最大允许误差/准确度等级等指标）	（逐一对“测量过程的计量要求”和“测量设备的计量特性”所对应的测量范围及测量参数/测量不确定度/最大允许误差/准确度等级进行定量对比分析）
确认结论			
确认人员		确认日期	
核验人员		核验日期	
批准人员		批准日期	

计量确认状态标识一般包括：合格、准用、限用、禁用等。

1）合格：测量设备的计量特性满足计量要求。经验证合格后确认为“合格”状态。

2）准用：在某一段范围内可以合格，但在靠近最大量程（或限用）或最小量程的范围时，测量设备的计量特性可能不满足计量要求，这时就有一定的限制使用的范围；或者虽然能满足顾客的计量要求，但不一定满足计量检定规程要求，这就要限制该测量设备可以作为企业生产和管理使用，不能作为对外贸易等涉及法定要求的场合使用，或者该测量设备只能降级使用在要求较低的场合，不能按其原来标称的高等级准确度下使用，这也必须加以特别说明；有些测量对有经验的操作人员使用可以充分利用，对新操作人员可能就达不到原指标要求（理化仪器往往具有这些特点），也需要有特别说明等。因此，对于有特别限制或特殊用处的测量设备，其确认状态应该是“限用”或“准用”，并必须同时在其确认状态的标识上注明其限用的场合、范围或条件。包括：限制使用条件或特殊要求等。

3）禁用：往往是对不合格测量设备的确认状态。

以上各种确认状态，特别是限用或准用状态的信息，通过校准、验证、调整、修理等过程可以获得。操作人员应该获得与计量确认状态有关的信息。

四、计量确认中的常见问题

(一) 计量检定或校准与计量确认概念界定不清

计量确认包括测量设备校准和测量设备验证，测量设备在确认有效前应处于有效的检定或校准状态。

1. 目的不同

检定是为了查明和确认测量仪器符合法定要求，依据计量检定规程，对检定结果做出合格与否的结论，具有法制性，属法制计量管理范畴。校准是确定由测量标准提供的量值与相应示值之间的关系，并用此信息确定由示值获得测量结果的关系。

检定、校准都完成了测量仪器的量值溯源，但在测量仪器特性评定上却有很大区别。检定合格的测量仪器是全面符合国家计量检定规程要求的，而校准一般不给出评定结论，只给出对应标准量值的示值及其不确定度。

计量确认的目的是确保满足规定的计量要求，测量数据准确，测量结果可靠。计量确认是要验证测量设备是否能满足实际的使用要求。

2. 计量检定周期与计量确认间隔相混淆

计量检定的周期由检定规程规定，计量确认间隔由计量管理部门规定。计量确认间隔可以大于也可以小于检定周期。但可以肯定地说计量确认标识的签发日期一般与计量检定标识的签发日期相同或滞后，不可能提前。

3. 计量确认标识不规范、信息不完整

计量确认标识必须是唯一的，同一个测量设备不能同时使用计量检定标识和计量确认标识。计量确认合格的测量设备贴计量确认合格标识，不可贴测量设备合格的状态标识；计量确认不合格的测量设备进行必要的调整或维修，进行再校准、再计量验证。

计量确认状态标识的内容一般应包括：确认（检定、校准）的结果，包括确认结论，使用是否有限制等。确认（检定、校准）情况，包括本次确认时间、下次确认时间、确认负责人等。备注，可以注明需要特别加以说明的其他问题，如测量设备一部分重要能力没有被确认。

为便于管理在标识中还应增加其他的内容，如测量设备名称、统一编号等，具体应由其程序文件做出规定。

(二) 预期使用要求导出不完整

1. 测量设备和测量过程的计量要求缺一不可

测量设备和测量过程都有计量要求，所以计量要求又分为测量设备的计量要求和测量过程的计量要求。测量设备的计量要求包括：量程、分辨力、最大允许误差、示值误差、稳定性、量程、测量范围等与测量设备的计量特性有关的参数；测量过程的计量要求包括：最大允许误差、测量结果的不确定度、环境条件、操作人员技能等与测量过程相关的要求。

2. 计量要求导出不充分

计量要求中有一部分是定量的，有一部分是定性的，往往是这些定性的计量要求容易遗漏或计量不完全，如只导出了环境条件中的温度、湿度、防振等计量要求，未导出环境条件中的防尘、防爆、防腐等计量要求，从而导致此项计量要求导出是不充分的。计量要求一般根据顾客需求、法律法规和企业规定来导出，但是当顾客的计量要求与相关法律法规所规定的计量要求相矛盾的时候，不能取代法律法规的要求，同时该计量也要满足企业自身所制定的计量要求。

（三）计量验证过程中的常见问题

1. 与测量设备计量要求的比较

当我们将测量设备的计量特性与测量设备的计量要求进行比较时需要满足的条件有：测量设备的最大允许误差不大于测量设备的计量要求；测量设备的测量范围大于测量设备的计量要求。

如油田选择标准孔板流量装置作为油田天然气贸易交接计量，选择了 1.0 级标准孔板流量装置，且检定合格。计量验证：测量设备的计量特性为 1.0 级，测量设备的计量要求为 1.0 级，测量设备的准确度级别不大于测量设备的计量要求，计量验证通过，计量确认合格。

2. 与测量过程计量要求的比较

当测量设备的计量特性与测量过程的计量要求比较时一般需满足：测量设备的最大允许误差不大于测量过程的计量要求的三分之一，特殊情况下测量设备的最大允许误差不大于测量过程计量要求的二分之一。如何确定应采用几分之一，判断的依据是以测量过程的不确定度不大于测量过程的计量要求为准。在对测量结果的不确定度进行评定的过程中，如果测量设备引入的不确定度分量占主导作用，则测量设备的最大允许误差不大于测量过程的计量要求的二分之一就能满足要求，否则可能测量设备的最大允许误差就要以不大于测量过程的计量要求的三分之一为准。

如某水泥厂在化验室对三氧化硫进行测定，依据 GB/T 176—2008《水泥化学分析方法》对称量的规定要求为：称取约 0.5g 试样，精确至 0.1mg，这就是对测量过程的计量要求。如果水泥厂化验室配备了 AL204 级电子天平，测量范围为 1mg~200g，经检定合格，计量特性在称量小于 50g 时，最大允许误差为±0.5g，计量验证：在此计量过程中得到的结果是计量确认不合格。

第八章

型式评价

《计量法》第十三条规定：制造计量器具的企业、事业单位生产本单位未生产过的计量器具新产品，必须经省级以上人民政府计量行政部门对其样品的计量性能考核合格，方可投入生产。

我国的《计量器具新产品管理办法》对计量器具新产品的概念、计量器具新产品法制管理的要求、计量器具新产品法制管理体制、型式批准的申请程序、型式评价程序、型式批准程序以及型式批准的监督管理等内容做出了明确的规定。

第一节　型式评价的目的和范围

计量器具的型式指某一计量器具的样机及其技术文件（图样、设计资料、软件文档等）。这个组合决定了计量器具的工作原理、结构型式、所用材质和工艺质量，并最终决定了该仪器的计量性能和可靠性。

一、型式评价的目的和要求

型式评价（type/pattern evaluation）是指根据文件要求对测量仪器指定型式的一个或多个样品性能所进行的系统检查和试验，并将其结果写入型式评价报告中，以确定是否可对该型式予以批准。

型式批准（type approval）是指根据型式评价报告所做出的符合法律规定的决定，确定该测量仪器的型式符合相关的法定要求并适用于规定领域，以及它能在规定的期间内提供可靠的测量结果。

型式评价是法制计量领域中的计量技术活动之一，其目的是为型式批准提供技术数据和技术评价，作为给予或拒绝给予所申请的计量器具型式批准的依据。

型式评价作为计量技术活动，要求科学严谨。无论什么机构承担型式评价工作，应执行统一的标准和要求。

二、型式评价的范围和实施机构

型式批准的对象是那些准备用于社会公众关心其测量工作质量的计量器具，这些应用涉及特定种类的物体、商品、现象、材料或条件的测量。例如，由于出租汽车计价器一般用于确定出租汽车的车费，因此要求对其进行型式批准。

目前在我国，需要办理型式批准的计量器具，是指列入《中华人民共和国依法管理的计量器具的目录（型式批准部分）》（2005）的装置、仪器仪表和量具。

需要办理型式批准的进口计量器具，是指列入《中华人民共和国进口计量器具型式审查目录》（2006）的装置、仪器仪表和量具。

上述两个目录的内容是一致的，即对国内计量器具的管理范围和进口计量器具的管理范围是协调一致的，完全符合 WTO/TBT 的规定。

承担国家计量器具型式评价的技术机构，通常是法定计量技术机构，是经考核合格，获得国家相关质量技术监督部门授权的，其必须具备独立执行型式评价大纲所有试验项目的技术能力（防爆试验等项目除外），专业技术水准处于国内领先等条件要求。

承担型式评价的技术机构在质监部门的监督管理之下，必须按照规定，保护客户的利益。技术机构对申请单位提供的样机和技术文件、资料必须保密。违反规定的，应当按照国家有关规定，赔偿申请单位的损失，并给予直接责任人行政处分；构成犯罪的，依法追究刑事责任。技术机构出具虚假数据的，由国家市场监督管理总局或省级市场监督管理部门撤销其型式评价技术机构资格。

型式评价结束后，经审查合格的，由受理申请的人民政府计量行政部门向申请单位颁发型式批准证书。

第二节　型式评价的程序和要求

一、型式评价的程序

在按照规定程序向人民政府计量行政部门递交申请书，并获得受理后，受理申请的人民政府计量行政部门将委托有条件的技术机构进行型式评价，并通知申请单位。申请国内计量器具型式批准的单位向省级人民政府计量行政部门递交型式批准申请书；申请进口计量器具型式批准的外商或其代理人向国务院计量行政部门递交申请书。

（一）提交资料和试验样机

型式批准申请获得受理后，申请单位向执行型式评价任务的技术机构提交完整的技术资料和试验样机。

1. 申请单位提交的技术文件和资料

申请单位应提交的技术文件和资料包括：样机照片，产品标准（含检验方法），总装图、电路图和主要零部件图，使用说明书，制造单位或技术机构所做的试验报告。

如果到现场试验，可以先提交该部分资料清单，型式评价人员到达现场后进行审查。

2. 申请单位应提供自己生产的试验样机

申请单位可以按单一产品提出申请，也可以按系列产品提出申请。

凡按单一产品申请的，一般情况下应提供三台样机；大型或价值昂贵的产品，提供两台或一台样机。

按系列产品申请的，每个系列产品中抽取三分之一有代表性的规格产品；每种规格提供试验样机的数量，按申请单一产品的原则执行；按以上原则，数量太多的，可适当减少样机数量。具有代表性的规格，由受理申请的人民政府计量行政部门与承担试验的技术机构根据申请单位提供的技术文件确定。

一般情况下，样机由申请单位自行送样。对于大型或者在线检测的计量器具，在技术机构的实验室安装、试验有困难的，可由技术机构提出，经委托的人民政府计量行政部门同意后，技术机构派技术人员到申请单位的生产现场或者使用现场进行试验。

【案例】 某产品申请型式批准时，提交的资料中，没有总装图、电路图和主要零部件图，样机照片看起来只是CAD的效果图，因此拒绝受理该申请，要求重新提交资料。

【案例分析】 型式批准针对已经定型的产品，而不是针对设计中的产品。型式批准是批准符合相关的法定要求，并适用于规定的领域，可以期望它在所规定的时间间隔内能够提供可靠的测量结果的测量仪器进入市场的法制性决定。这个决定是根据对该测量仪器的设计和工艺的考察和样机试验结果做出的。如果一种测量仪器还在设计阶段，或者工艺过程还在调整阶段，则型式评价的结果不能代表测量仪器的批量生产型式。

总装图、电路图、主要零部件图和样机照片均是已经形成批量生产的证据，便于计量行政部门接受申请时的初步判断。如果说为了技术安全，暂不提交总装图、电路图、主要零部件图还情有可原，没有实拍的样机照片就无法证明该仪器已经完成生产工艺设计和试生产。拒绝受理该申请，要求重新提交资料的决定是正确的。

（二）型式评价的阶段划分

计量机构收到完整的技术资料和样机后，开始型式评价工作，包括下列阶段：审查技术文件、资料，制定型式评价大纲，试验，出具型式评价报告等技术文件，并上报。

二、型式评价的要求

开展计量器具型式评价时，应使用国家统一的型式评价大纲或包含型式评价要求的计量检定规程。如果没有国家统一制定的大纲，机构可根据JJF 1015—2014《计量器具型式评价通用规范》、JJF 1016—2014《计量器具型式评价大纲编写导则》以及相关计量技术规范和产品标准的要求拟定型式评价大纲。大纲应履行论证、审核和批准程序。

（一）技术文件、资料审查内容和要点

1. 技术资料的完整性、科学性和合理性

1）通过样机照片确定样机已经完成。

2）通过产品标准（含检验方法）确定产品已经有特定的型式和评价准则。

3）通过总装图、电路图和主要零部件图确认产品已经具有完整的设计。

4）通过使用说明书了解仪器的使用方法和功能。

5）通过制造单位或技术机构所做的试验报告，确认制造单位了解产品的性能指标。

2. 样机和技术资料在法制管理要求方面的符合性

1）计量器具采用法定计量单位。

2）准确度符合国家计量检定系统表和检定规程相应等级的规定。国家计量检定系统表或者检定规程中没有准确度等级或者最大允许误差要求的，其准确度等级可参照《计量器具的准确度等级》（OIML 国际建议 No. 34）或 JJF 1094—2002《测量仪器特性评定》的要求。

3）必须在计量器具的铭牌或面板、表头等明显部位标注计量器具标识，要求清晰、牢固；计量器具标识包括的内容有：计量器具的生产厂名，计量器具的名称、规格（型号），准确度（或等级标识），计量器具的其他主要技术指标，需要限制使用场合的特殊说明（仅适用于特殊用途的计量器具）。

4）对不允许使用者自行调整的计量器具，应该采用封闭式结构设计或者留有加盖封印的位置；对需要进行现场检测的计量器具，应该有方便现场检测的接口、接线端子等结构。

5）对安装不当会影响准确度等性能的计量器具应该有安装说明的标识。

3. 计量器具的计量性能指标

计量器具的计量性能指标可以包括测量区间、准确度等级、最大允许误差、灵敏度、鉴别阈、显示装置的分辨力、仪器漂移、响应特性、稳定性等特性。选择要评价计量器具的哪些计量特性应该遵循下列原则：

1）计量特性的选择应保证这些计量特性是可测量的。

2）计量特性的评价条件和状态应该与仪器的使用条件和状态一致。

3）评价方法的成本应该是可接受的。

4）所选择的计量特性组合应该可以对计量器具的性能进行全面的评估。

4. 计量器具的技术要求

1）计量器具支架和外壳机械方面的适用性，包括防止错误操作的控制装置，标尺和度盘数字的可读性，器具双面读数的可见性，由于疏忽引起连接线路开路时的安全性，防止弄虚作假的防护措施等。

2）计量器具在不同气候环境条件下的适应性，包括温度、湿度、气压、盐雾、霉菌、空气腐蚀、生物损害、沙尘、淋雨、太阳辐射等。

3）计量器具在不同机械环境条件下的适应性，包括振动、冲击、碰撞、跌落等。

4）计量器具在防爆、绝缘等方面的安全性能要求，应根据计量器具的结构类型、使用条件、准确度等的不同加以区别。

5）计量器具在抗电磁干扰、电源突变等方面的性能。

5. 型式评价结论的确定原则和判断准则

1）系列产品中，凡有一种规格不合格的，该系列判定为不合格。

2）对每一规格的判定，一般分为单项判定和综合判定。

单项判定要写出每个项目的技术要求、实测数据和是否合格的结论，其中有一台样机不合格时，此单项结论判为不合格。

试验项目可划分为主要单项和非主要单项。主要单项一般是指涉及法制管理要求、计量性能、安全性能等的项目。非主要单项一般是指不涉及法制管理要求、计量性能、安全性能等的其他项目。

综合判定要依据单项判定的结论做出：凡有一项以上（含一项）主要单项不合格的，综合判定为不合格；有两项以上（含两项）非主要单项不合格的，综合判定为不合格。

6. 编制试验记录表格

记录表格应包括试验中涉及的各种细节，包括时间、地点、人员、标准设备的资料、样机的资料、环境条件等。记录内容应尽可能保证在必要时可以复现试验过程和结果。

（二）型式评价的条件和方法

试验一般按下列项目进行：样机型号（规格）、数量的验收，外观检查，标志及法制性结构要求的检查，读出部分检查，基本安全试验，参考条件下计量性能试验，额定操作条件下计量性能变化量试验，重复性试验，短期稳定性试验，模拟运输、储存情况下计量性能适应性的试验，抗干扰试验，可靠性与寿命试验，特殊试验，关键材料和元器件试验。

有些产品是在老产品的基础上做了部分改进，如果改进部分与原产品在结构上有一定独立性时，可以只做改进部件的试验；有些产品在研制单位做过可靠性、寿命试验，且数据准确可靠，可以免做这些时间长、耗费大的试验；特殊试验可以采用分包形式，利用其他单位的条件进行。

进行计量性能试验时，所用的计量标准器具及高准确度计量器具应置于参考条件下。参考条件要符合国家有关技术文件要求。

进行基本安全试验、可靠性与寿命试验以及模拟储存、运输等环境试验时，计量器具要置于其额定操作条件下。

进行试验的机械类仪器及其他辅助设备可以置于一般室内条件下。有特殊要求的，要符合其要求的条件。

（三）计量器具可靠性试验

在型式评价试验中包含可靠性与寿命试验。型式评价试验中可靠性试验是为了证实计量器具（包括系统、设计、零部件及材料）的可靠性而进行的试验，是获得可靠性数据的重要手段。JJF 1024—2006《测量仪器可靠性分析》给出了可靠性分析程序和方法、可靠性评估等方面的指南。型式评价主要利用其中的可靠性评估部分。下面就该部分内容进行简要介绍。

计量器具的可靠性（reliability/performance）指计量器具在规定条件下和规定时间内，完成规定功能的能力。

计量器具的可靠性指标规定为平均故障间隔时间（MTBF）或平均失效前时间（MTTF）和可靠度 $R(t)$，根据具体计量器具可选择其一或两者作为可靠性要求指标。

可靠性试验通常指寿命试验。寿命试验可根据试验场所、试验截止情况、是否允许更换试验计量器具等进行分类。

1. 根据试验场所分类

（1）现场寿命试验　这是产品在实际使用条件下观测到的实际寿命数据，最能说明产品可靠性的特征，可以说是最终的客观标准。然而现场寿命试验也会遇到各种困难，需要时间长，工作情况也难以一致，而且要有相应的组织管理工作，因此在型式评价中无法采用。

（2）实验室寿命试验　实验室寿命试验是模拟现场情况的试验，并加以人工的控制，也可设法加速取得试验的结果，缩短试验时间。在型式评价中通常采用实验室寿命试验。

2. 根据试验截止情况分类

（1）全数寿命试验　样本全部失效才停止试验。这种试验可以获得较完整的数据，统计分析结果也较为可信。但是所需试验时间较长，甚至难以实现。

（2）实时截尾试验　试验到规定的时间 t，不管样本已失效多少，试验就截止。由于型式评价中的寿命试验目的主要是验证计量器具在规定的检定周期内的可靠性，因此实时截尾试验比较适合型式评价试验采用。

（3）定数截尾试验　试验到规定的失效数 r 时试验就截止。若规定失效数为全部试样 n，即为全数寿命试验。在型式评价中可以将这种试验与实时截尾试验结合使用，当没有达到规定的试验时间，失效数已经超过了规定数量，试验即告结束，可靠性不满足要求；否则在达到规定的试验时间，统计失效数，以确定试验结论。

3. 根据试验中失效的计量器具是否允许替换分类

根据试验中失效的计量器具是否允许替换，寿命试验又可分为两类：一类是无替换试验，试验中失效计量器具不用相同的计量器具替换；另一类是有替换试验，试验中失效计量器具要用相同的计量器具替换或对失效计量器具立即修复，然后继续试验。

假定受试验计量器具数为 n，试验时间为 t，规定的失效数为 r，按上述分类，可以组成四种类型：

1）取 n 个计量器具进行有替换定时截尾试验，记为（n，有，t）；

2）取 n 个计量器具进行有替换定数截尾试验，记为（n，有，r）；

3）取 n 个计量器具进行无替换定时截尾试验，记为（n，无，t）；

4）取 n 个计量器具进行无替换定数截尾试验（包括全数寿命试验），记为（n，无，r）。

此外还有分组最小值寿命试验、中止寿命试验等。分组最小值寿命试验是将 n 个试件分为 m 个组，各组试件同时试验到 1 个失效就截止试验，以节省试验时间。中止寿命试验是在试验开始时，样本大小为 n，随着试验的进行，有些试件中途失效，试验截止。

【案例】 某电子秤产品上市后，周检合格率很低。

【案例分析】 该电子秤产品上市后，周检合格率很低，说明在检定规程规定的检定周期内，大量产品出现了失准现象，其可靠性不能达到“在所规定的时间间隔内能够提供可靠的测量结果”的要求。而型式评价中没有能够发现该产品的这个缺陷。说明型式评价试验中可靠性试验不够充分。

第三节 型式评价的实施流程和结果判定

一、型式评价的实施流程

JJF 1015—2014《计量器具型式评价通用规范》中规定：

申请单位应向承担型式评价的技术机构提供型式评价所需的技术资料和试验样机。

型式评价工作一般应在 3 个月内完成。有的测量仪器有长期稳定性、可靠性试验项目的，可适当延长试验时间，但应事先向委托型式评价的人民政府计量行政部门和申请单位说明。

首次试验不合格的，由技术机构通知申请单位，可在 3 个月内对样机和技术资料进行一次改进。改进后，送原技术机构重新进行型式评价。

具体实施中包括下列阶段和工作：

1）在受理申请单位的申请时，人民政府计量行政部门已进行了初审，但申请单位提交的资料从技术的角度可能仍然不够齐全，在审查技术资料期间需要技术机构与申请单位沟通，以获得全部必要的资料。

2）完成型式评价大纲起草工作后，应与申请单位沟通，使申请单位了解大纲的内容，避免日后的争议。公开发布的技术文献中已经包含型式评价大纲的，也需要通过沟通，以达成对大纲内容的共识。

3）提出样机要求或清单，等待样机到位；或与申请单位协商现场试验的地点和时间，形成协议。

4）上述工作结束后，如果已经消耗了过多的时间，应向委托型式评价的人民政府计量行政部门和申请单位说明，并提交后续工作的时间计划。

5）首次试验不合格的，由技术机构通知申请单位，可在3个月内对样机和技术资料进行一次改进。改进后，送原技术机构重新进行型式评价。此时也应向委托型式评价的人民政府计量行政部门说明，并提交后续工作的时间计划。

6）技术机构向委托型式评价的人民政府计量行政部门提交以下材料一式三份：型式评价大纲、型式评价报告、计量器具型式注册表（带有样机照片）。不合格的，不报注册表。

7）技术机构向申请单位交付所有试验用的样机、图样和需要保密的其他技术资料。

8）型式评价完成后，技术机构应该保留有关资料和原始记录，保存期不少于3年。

二、型式评价的结果判定

根据技术资料审查阶段和试验阶段获得的数据，在型式评价报告中应给出下列结论。

（1）技术资料审查结论　应明确是否符合 JJF 1015—2014《计量器具型式评价通用规范》的有关要求。

（2）型式评价总结论　应明确是否合格，是否符合型式评价大纲的要求。对系列产品，应给出系列产品是否合格的结论。某些情况下需增加其他说明，包括说明分包项目和单位、现场试验等情况。

三、型式批准标志和编号的使用

型式评价结束后，技术机构向委托的人民政府计量行政部门报送型式评价大纲、型式评价报告、计量器具型式注册表。受理申请的人民政府计量行政部门对型式评价报告进行审查。经审查合格的，向申请单位颁发型式批准证书，并准予使用国家统一规定的型式批准标志和编号。经审查不合格的，书面通知申请单位；以后再申请须重新办理申请手续。

对获得型式批准的计量器具，可以在计量器具的铭牌或面板、表头等明显部位标注计量器具型式批准标识和编号。

四、试验样机的处理

（一）合格样机的处理

1. 样机的封印和标记

承担型式评价的技术机构应在合格样机或关键零部件进行有效的封印和标记。标记应粘贴在显著位置。封印和标记应保证样机的关键零部件和材料不被更换和调整。承担型式评价的技术机构应对粘贴的样机进行拍照，照片上应能清晰地看清标记上的文字，照片列入型式评价报告的附件。

2. 样机的保存

为满足已批准型式符合性检查工作的需要，承担型式评价的技术机构将经封印和标记的试验样机交给申请单位，申请单位应妥善保存封印和标记好的试验样机，应保存试验样机至停止生产该型式计量器具后的第五年。

（二）不合格样机的处理

型式评价结束后对于不合格的样机在复议期过后退回申请单位。

五、技术资料的处理

型式评价结束后（无论是否合格），申请单位提交的两套技术资料按如下方式处理：一套返还给申请者，另一套由技术机构按照 JJF 1069—2012 的要求进行保存。保存的技术资料包括各种文件、型式评价报告和各种记录。

第九章 计量授权

第一节 计量授权的原则和作用

计量授权是指人民政府计量行政部门通过履行一定的法律程序，将贯彻实施《计量法》所进行的计量检定、技术考核、型式评价、计量认证、仲裁检定等技术监督管理权限授予经过考核合格的相关技术机构。

人民政府计量行政部门设置的计量检定机构，作为法定的计量技术机构，是实施计量检定、测试任务的基本保证。由于计量器具门类多，分布广，数量大，使用情况非常复杂，人民政府计量行政部门所属的法定计量检定机构难以包揽全部法律规定的计量检定、测试任务。因此《计量法》第二十条规定了一种必要的计量授权形式，即人民政府计量行政部门可根据实际需要，选择其他具备条件的计量技术机构，按照统筹规划、经济合理、就地就近、方便生产、利于管理的原则，授权其执行强制检定和其他检定、测试任务。其目的在于充分利用社会计量资源，协调社会各方面的技术力量，打破行政区划和部门的限制，解除条块分割的桎梏，共同执行《计量法》。根据《计量授权管理方法》（2021 年 4 月 2 日修订），全国各级人民政府计量行政部门已授权几千个中央和地方的计量技术机构承担授权范围的各项计量检定、测试任务，为人民政府计量行政部门实施计量监督管理提供了更广泛的技术保证，增强了人民政府计量行政部门的执法能力。

第二节 计量授权的形式

县级以上人民政府计量行政部门可以根据需要，采取以下四种形式，授权其他单位的计量检定机构，执行规定范围的计量检定、测试任务。

一、授权专业性或区域性的计量技术机构作为法定计量检定机构

根据专业需要，国务院有关主管部门现已授权建立了国家轨道衡、铁路罐车容积、大容量、高电压、原油大流量、海洋等国家专业计量站和专业计量站分站共 37 家。

根据地区需要，现已授权东北、中南、西北、华东、华北、华南、西南等大区计量测试中心作为国家级区域性计量技术机构。各省级人民政府计量行政部门，同样可以根据本地区的需要，授权省辖市的计量机构，作为省级区域性计量技术机构。

二、授权建立计量基准、社会公用计量标准

一般是通过授权有关部门或企事业单位的计量标准作为社会公用计量标准，来承担当地

人民政府计量行政部门依法设置的计量技术机构不能覆盖的某一项或几项量值传递任务。以这种形式授权必须慎重，因为《计量法》规定：处理因计量器具准确度所引起的纠纷，以国家计量基准器具或者社会公用计量标准器具检定的数据为准。社会公用计量标准对实施社会上的计量监督具有公正作用。在授权建立社会公用计量标准时，一定要认真分析不同计量标准的性质，最终决定是以社会公用计量标准形式授权还是以面向社会开展非强制检定或强制检定形式授权。

三、授权有关单位对其内部使用的强制检定的计量器具执行强制检定

这种授权形式一般针对部门、企事业单位计量技术机构。当这类机构建立了计量标准，具备了相应强制检定能力时，计量行政部门可以根据强制检定实施定点定期管理的原则，授权其对内部使用的强制检定的计量器具执行强制检定。一旦这些部门、企事业单位的计量技术机构获得了授权，就应当按照计量授权管理的规定，依法开展强制检定工作，上报工作动态和工作总结，接受人民政府计量行政部门的监督。

四、授权有关计量技术机构承担法律规定的其他考核、检定、测试任务

这是一种广义的授权。计量法律法规规定：计量标准考核，制造、修理计量器具许可证的考核，计量器具的型式评价，计量纠纷的仲裁检定，产品质量检验机构的计量认证评审等测试任务以指定的形式进行授权，被授权机构以相应的报告或者证书的形式表明授权任务的完成。而授权有关计量检定机构面向社会开展强制检定或非强制检定，是一种使用较为广泛的形式。可以授权部门、企事业单位的计量技术机构面向社会开展强制检定或非强制检定，也可以授权依法设置的计量技术机构，作为区域性计量技术机构，承担跨区域的强制检定或非强制检定任务。

第三节 我国计量授权工作概况

自 1989 年 11 月 6 日原国家技术监督局发布《计量授权管理方法》以来，我国的计量授权工作在有利于管理、方便生产、经济合理、就地就近、统筹规划的原则下规范地开展。

一、授权建立了国家专业计量站

经国务院有关主管部门批准，授权有关部门或单位成立了国家专业性或区域性计量检定机构，作为对专业性、特殊性的计量器具进行检定的法定计量检定机构。

原国家技术监督局已授权建立国家高电压计量站，国家轨道衡、国家原油大流量、水大流量计量站，国家大容量、铁路罐车计量站、国家船舶舱容计量站，国家通信、海洋、纺织、纤维、矿山安全计量站等国家专业计量站。它们承担了大量对国民经济和贸易发展起重要作用的计量器具的检定测试工作，这些工作绝大部分是政府设立的技术机构无力承担的。

二、授权建立了地方法定计量检定机构

各级地方人民政府计量行政部门授权的法定计量检定机构约有 1000 个。主要为了使企事业单位能就近对使用中的计量器具依法进行检定，扩大了地区检定工作的覆盖面，也减轻

了政府计量检定机构的压力。

三、授权有关部门或单位建立了国家计量基准

根据《计量法》规定，国务院计量行政部门负责建立各种计量基准，作为统一全国量值的最高依据。基本的、通用的、为各行各业服务的计量基准，主要建立在国家专门设置的法定计量检定机构。专业性强，或者工作条件特殊的计量基准，通过授权建立在其他部门的技术机构。2017 年 11 月 29 日，原国家质检总局发布了《中华人民共和国国家计量基准名录》（质检总局公告 2017 年第 62 号），2020 年 5 月 29 日国家市场监督管理总局计量司对其进行了更新补充，明确我国现有 182 项计量基准，其中有 12 项处于国际领先水平，115 项达到国际先进水平。现有计量基准涵盖了几何、热工、力学、电磁、无线电、时间频率、光学、电离辐射、声学、化学等十个计量专业领域。

四、授权有关部门或单位建立了社会公用计量标准

据不完全统计，由各级政府单项授权的社会公用计量标准已达数千项。例如：原机械部机床研究所建立的二等标准金属线纹尺标准装置，原铁道部铁路通信计量站建立的电信载频衰减标准装置、毫瓦功率计、铷原子频率标准，海军计量站的微波小功率计、微波衰减器、微波阻抗测量仪标准等这些建立在不同机构的计量标准被授权作为社会公用计量标准。

五、开展其他授权工作

各级人民政府计量行政部门，根据实际工作的需要，授权有关部门或单位的计量检定机构或技术机构，承担计量标准考核、申请制造修理计量器具许可证技术考核、仲裁检定、计量器具新产品型式评价、标准物质定级鉴定、计量器具产品质量监督试验等工作。

如：国务院有关主管部门授权了七个大区的国家计量测试中心执行相应的计量标准技术考核工作。并根据考核任务的需要，采取临时授权部门计量检定机构和技术机构执行有关的计量标准技术考核任务。

第四节　计量授权的办理程序

计量行政部门应当按照统筹规划、经济合理、就地就近、方便生产、利于管理的原则，制定本区域内计量授权工作规划，明确项目发展要求、建设规模、管理模式，并且公布授权规划，组织辖区内各类计量机构为了更好地贯彻执行《计量法》，携手并进，共同努力。

计量授权工作的办理程序如下：

1）申请单位向有关计量行政部门提交计量授权申请书及有关技术资料。

2）申请授权的法定计量检定机构应经受理申请的计量行政主管部门的主管领导审批，申请社会计量标准授权的，还要征求本行政区域内已设立的法定计量检定机构的同意。

3）受理申请的计量行政部门负责对申请资料进行初审，资料齐全并符合计量授权要求的，受理申请，发送受理决定书；不符合要求的，发送补正告知书，告知需要补正的全部内容；不属于受理范围的，发送不予受理决定书，并将有关资料退回申请单位的主管部门。

4）受理申请的计量行政部门委托考核组，依据考核规范的要求对申请单位进行授权考核。

5）考核组将考核后的材料上报下达考核任务的计量行政部门。

6）受理申请的计量行政部门对考核结果进行审核。审核合格的，对通过的项目颁发《计量授权证书》和工作印、章；不合格的，发送考核结果通知书，并将申请资料退回申请单位的主管部门。

一、计量授权的申请

（一）申请授权必须具备的条件

申请授权单位所申请的授权项目相对应的计量标准必须通过授权单位主持的考核，取得计量标准考核证书。其对应计量标准具体要求如下：

1）计量标准、检测装置和配套设备必须与申请授权项目相适应，满足授权任务的要求。

2）工作环境能适应授权任务的需要，保证有关计量检定、测试工作的正常进行。

3）检定、测试人员必须适应授权任务的需要，掌握有关专业知识和计量检定、测试技术，并经授权单位考核合格，取得检定员证。

4）具有保证计量检定、测试结果公正、准确的有关工作制度和管理制度。

（二）申请授权单位应提交的技术文件及资料

申请计量授权应提交计量授权申请书一式三份。计量授权申请书可以向计量行政部门申请，应提交的技术文件和资料有：

1）计量标准器及配套设备有效检定/校准证书复印件。

2）由授权单位或授权单位上级计量行政部门颁发的计量检定员证复印件。

3）证明计量标准运行准确、可靠的证据，如计量标准运行检查记录、计量标准中间核查记录、计量标准比对记录。

4）计量标准的工作制度和管理制度，提供质量手册的应指明具体章节、条款。

（三）申请与受理的对接单位

1）申请建立计量基准，申请承担重点管理计量器具新产品型式评价的授权，向国务院计量行政部门提出申请。

2）申请承担其他计量器具新产品型式评价的授权，向当地省级人民政府计量行政部门提出申请。

3）申请对本部门内部使用的强制检定计量器具执行强制检定的授权，向同级人民政府计量行政部门提出申请。

4）申请对本单位内部使用的强制检定的工作计量器具执行强制检定的授权，向当地县（市）级人民政府计量行政部门提出申请。

5）申请作为专业性、区域性法定计量检定机构，申请建立社会公用计量标准，申请承担计量器具产品质量监督试验，申请对社会开展强制检定、非强制检定等授权，应根据申请承担任务的区域和性质，向相应的人民政府计量行政部门提出申请。

（四）申请书格式及申报资料

申请成为法定计量检定机构，建立社会公用计量标准的申请格式及申报资料见 JJF 1069—2012《法定计量检定机构考核规范》的考核章节。

二、计量授权的受理与考核

（一）计量授权的受理

有关人民政府计量行政部门在接到计量授权申请书和报送的材料之后，必须在六个月内，对提出申请的有关技术机构审查完毕并发出是否接受申请的通知。

（二）计量授权的考核

1）申请作为法定计量检定机构、建立本地区最高社会公用计量标准的，由受理申请的人民政府计量行政部门报请上一级人民政府计量行政部门主持考核。

2）申请建立非本地区最高社会公用计量标准，对内部使用的强制检定计量器具执行强制检定，承担计量器具产品质量监督试验，新产品型式评价和对社会开展强制检定、非强制检定的，由受理申请的人民政府行政部门主持考核。

3）根据原国家质检总局国质检量〔2002〕301号《关于加强计量检定授权管理工作的通知》，对申请承担单位内部强制检定工作的单位或向社会开展非强制检定工作的单位，统一按照JJF 1033—2016《计量标准考核规范》进行考核授权；对申请向社会开展强制检定工作的单位，统一按照JJF 1069—2012《法定计量检定机构考核规范》进行考核授权，国家市场监督管理总局不再制定新的计量授权考核规范。

（三）计量授权考核的内容

1）计量标准的计量特性与申请授权项目相适应，满足授权任务的要求，计量标准器具及配套设备按期检定/校准，溯源有效。

2）工作环境能适应授权任务的需要，保证有关计量检定、测试工作的正常进行。

3）检定、测试人员必须适应授权任务的需要，掌握有关专业知识和计量检定、测试技术，并经考核合格。

4）建立了保证计量检定、测试结果公正、准确的有关工作制度和管理制度并能够严格执行。

5）申请作为法定计量检定机构、建立社会公用计量标准的考核见JJF 1069—2012《法定计量检定机构考核规范》的考核章节。

（四）计量授权考核结果的处理

1）对考核合格的单位，由受理申请的人民政府计量行政部门批准，颁发相应的计量授权证书和计量授权检定、测试专用章，并公布被授权单位的机构名称和所承担授权的业务范围。

2）计量授权证书由授权单位规定有效期，最长不得超过五年。被授权单位可在有效期满前6个月提出继续承担授权任务的申请；授权单位根据需要和被授权单位的申请在有效期满前进行复查，经复查合格的，延长有效期。

三、计量授权后的管理与监督

计量授权不是权力的再分配，更不是弃权、让权。它是根据计量法律、法规、规章确定的法律关系和法律秩序进行的，被授权单位和授权单位双方都有各自的权利和义务。授权部门负有法律赋予的监督责任，应经常检查被授权单位的工作。被授权单位则要信守授权职责约定，而这种制约实际上起着规范的作用。在必要时授权部门可以收回其所授予的权力。因此被授权单位必须遵守下列规定：

1）相应计量标准必须接受计量基准或者社会公用计量标准的检定。

2）执行检定、测试任务的人员必须经授权单位考核合格。

3）承担授权范围的检定、测试工作，要接受授权单位的监督，提供的技术数据应保证其正确性和公正性。

4）一旦成为计量纠纷当事人一方时，在双方协商不能自行解决的情况下，要由人民政府计量行政部门进行调解和仲裁检定。

5）必须按照授权范围开展工作，需新增计量授权项目时，应按照《计量授权管理办法》有关规定，申请新增项目的授权。

6）要终止所承担的授权工作时，应提前6个月向授权单位提出书面报告，未经批准不得擅自终止工作。

第十章

计量比对

第一节　比对的定义与作用

一、比对的定义

比对（comparison）是在规定条件下，对相同准确度等级或指定不确定度范围的同种测量仪器复现的量值之间比较的过程。

比对又称计量比对，通常是指两个或两个以上实验室，在一定时间范围内，按照预先规定的条件，对相同准确度等级或者规定不确定度范围内的同种计量基准、计量标准之间所复现的量值进行传递、比较、分析的过程。一般通过测量同一个性能稳定的传递标准器，通过分析测量结果的量值，确定量值的一致程度，确定该实验室的测量结果是否在规定的范围内，从而判断该实验室量值传递的准确性的活动。

实验室认可活动中的测量审核，是指由实验室对被测物品进行实际测试，将测试结果与参考值进行比较的活动。典型的测量审核活动是将一个已校准具有参考值的样品寄送给实验室，将实验室结果与参考值进行比较，从而判断该实验室的测量结果是满意结果、可疑结果，还是不满意结果。

目前，比对是国际上保证计量器具量值统一的最重要也是最常用的手段之一。国际的量值比较称为国际比对。关键比对是指由国际计量委员会的相关咨询委员会（CIPM/CC）选择、组织的一套比对，包括基本单位和导出单位的倍量、分量及人造标准物的比对。

在比对中，为提高比对工作效率，增加比对结果的可比性和准确性，对比对手段和比对方法与程序做出相应的规定是至关重要的。为了确保计量基准、计量标准量值统一、准确、可靠，加强对计量比对工作的监督管理，2008 年 5 月原国家质检总局审议通过了《计量比对管理办法》，自 2008 年 8 月 1 日起施行。

自 20 世纪 80 年代以来，许多国家的计量部门为了考察计量量值的一致性，先后在质量、力值、压力、电压、电阻、温度等计量领域进行计量比对，其中包括双边比对和多边比对。1990 年开始，国际计量委员会（CIPM）及国际计量局（BIPM）组织签署了各国计量院的量值和试验室互认协议（MRA）。实现该协议的基础是通过国际关键量值比对（KC）和辅助比对（SC），确认各国相应基准、标准的一致性及校准能力。各国计量组织之间为了考察其校准结果的一致性，包括校准方法和数据处理的一致性，举行了若干双边和多边的校准比对，如标准水听器、力传感器、称重传感器的比对等。

自 21 世纪初以来，原国家质检总局组织中国计量科学研究院等技术机构的国家计量基准积极参与国际物理、化学关键量比对，组织各大区、部分省之间计量标准的量值比对，确保我国量值传递、溯源体系的计量数据与国际上保持一致，以满足我国加入 WTO 后经济全球化的发展对测量数据互认的需要。

二、比对的作用

（一）国际比对的作用

已建国际或国家计量标准之间的比对，为实现国际量值统一和实现国际互认协议签订提供了坚实的科学和技术基础。随着科技水平的不断提高，大多数产品和服务的技术复杂性显著增加；国际贸易迅速发展，国际合作制造商品的活动日益频繁，贸易全球化的趋势不断增强，以及人们对健康、安全和环境的影响日益关注，都需要各国计量组织确保本国与其他国家计量标准之间的一致程度或等效度。同时，当产品从一国销往另一国时，为节省人员、时间成本，没有必要既在出口国又在进口国重复进行校准或检测，因此对产品校准或检测结果有效性的要求也就意味着对各国计量标准数据等效度和一致性的要求。因为校准或检测结果准确与否直接依赖于所在国家计量标准的水平与能力，所以通过国际上各国家计量标准之间的比对，确定并互相承认国家计量标准的等效度和一致性，进而承认各签署国家标准证书的有效性，从而逐步实现全球国家计量标准等效的目的，以促进世界各国之间经济的合作。

其次，很多导出单位的物理量或非物理量，国际上没有建立公认的国际计量基准。各国计量基准的原理和结构往往也是不完全相同的，在分析误差时，可能未将某些系统误差考虑进去，或者结构上出现缺陷而未被发觉，因此造成各国间的测量结果的不一致。为了谋求国际上测量结果的量值统一和数据准确，组织并实施国际比对是最有效的途径。

这种国际比对，国际计量组织可以发起，各国的国家计量研究机构也可以发起。可以进行全球性比对，也可以进行区域性比对，甚至两国之间的比对。

（二）验证准确度

当研制一套计量基准、计量标准或一种新的计量器具时，仅靠误差分析，确定其测量结果的不确定度，不足以证明其误差分析是否合理和周全。当缺乏更高准确度的计量器具检定手段时，则必须借助于几种工作原理或结构不同的、准确度等级相同或相近的同类计量器具进行相互比对，旁证其计量性能，以便对相应的计量器具进行质量评价。

国内计量器具量值比对是保证国内量值统一的有效手段，比对反馈的信息可作为发现计量技术机构自身问题（包括机构管理、人员、检测方法和计量基准、标准的问题）和量值传递系统中的问题并进行处理的重要资料；作为计量主管部门可及时确定并监控参加比对的各计量机构进行某些特定校准检测的能力，从而及时方便地掌握全国有关部门的计量标准资源配置和能力水平。

（三）临时统一量值

当某一个量尚未建立国家计量基准，而国内又有若干个单位持有同等级准确度的计量标准时，可用比对的方法临时统一国内量值。具体的做法与国际比对相似。若比对的计量标准的稳定性、复现性均很好，而且比对结果表明具有不大的系统误差时，则可采取这几台计量标准的平均值作为约定真值，以对每套计量标准给出修正值。这样，实质上就等于把参加比对的几套计量标准作为临时基准组了。

这里应注意的一点是，如果这几台计量标准是同一制造厂生产的同一型号仪器，则比对结果往往发现不了其系统误差，因此不宜作为临时基准组。

（四）实施量值传递

对一些不便或不宜送检的计量器具，通常以传递标准作为媒介，采用所谓的巡回比对的方式，通过计量保证方案进行量值传递。这种方式的优越性在于能从每个实验室的比对测试结果显示出相互的系统误差分量和随机误差分量。这不仅能给出有效的修正方法，而且便于寻找更合理和科学的量值传递方式。

第二节　比对的组织与条件

一、比对的组织

由比对的组织者确定主导实验室和参比实验室，必要时设立专家组；召集比对实施方案讨论会和比对总结会；对比对实施方案和比对总结报告进行审批并备案，并对比对全过程进行监督。按照 JJF 1117—2010《计量比对》的规定，应具备相应条件才能作为主导实验室，主导实验室和参比实验室应承担相应的责任。

（一）主导实验室

主导实验室是在比对中起主导作用的实验室。

1. 主导实验室应具备的条件

1）在技术上具备优势，参加过相关量的国际比对或对比对有较深入了解。

2）在比对涉及的领域内有稳定、可靠的计量基准或者计量标准，其测量不确定度符合比对的要求。

3）具有与所承担比对主导实验室工作相适应的技术能力的人员。

4）环境条件、材料供应满足要求。

2. 主导实验室承担的责任

1）预先估计比对的有效性，设计或选择比对结果明确、可靠、溯源性清晰的比对方案并起草比对实施方案。

2）确定稳定、可靠的传递标准及适当的传递方式。

3）开展前期实验，包括但不限于传递标准的重复性、均匀性和稳定性实验以及运输特性实验。

4）对传递标准采取必要的包装措施，保证传递过程的安全。

5）澄清或解释比对实施方案，协调或解决比对过程中出现的问题，监督比对实验进程，记录比对过程，特别是可能引起争议和分歧的问题的处理过程。

6）汇总参比实验室的实验数据及相关资料，分析结果，编写比对总结报告。

7）遵守有关比对的保密规定。

（二）参比实验室

参加比对的实验室，称为参比实验室。责任如下：

1）当收到比对组织者发布的比对计划时，应按要求及时书面表明是否参加比对。

2）参与比对实施方案的讨论，正确理解所确定的比对实施方案。

3）按比对实施方案的要求接收和交送（或发运）传递标准，确保其安全和完整，如果出现意外情况，应及时报告主导实验室。

4）按照比对实施方案的进度完成比对工作，并记录比对过程。按时向主导实验室上报比对原始数据、测量结果及其不确定度。

5）参与比对总结报告的讨论，参加比对总结会及相关技术活动。

6）遵守有关比对的保密规定。

二、比对的条件

通常比对是在规定条件下在一定时间范围内，对相同准确度等级或者规定不确定度范围内的同种计量基准、计量标准之间所复现的量值进行传递、比较、分析的过程。因此比对通常应具备组织者、参比实验室、主导实验室（一般在该领域中技术水平比较领先的实验室）、计量特性优良的传递标准（测量不确定度应小于被比对象，或同一量级但性能稳定）。

为了确定比对计量器具，尤其是计量基准、标准的量值之间的联系，必须对比对手段、比对方法的程序做出明确的规定。具体来说，这包括比对实验条件（其中包括环境条件和设备条件），依据的比对技术规范，其中包括有关规程或产品标准，比对器具的准确度等级，选择关键的比对物理量，比对参量、量程、关键测量点及有关影响量的量值范围等。选择的原则是既能涵盖计量器具的主要计量特性，又要限制其数量，不增加过重的测量负担。

如果比对采用传递标准作为媒介，则对传递标准应提出主要技术要求。如：比对前，必须经法定计量检定机构检定后予以赋值（即比对参考值，其值应对参加比对单位封闭），其准确度等级一般应比被比对计量器具高或至少为相同准确度等级，而且其稳定度应足够好，对温度、振动等条件的适应能力要强。在传递过程中比对传递标准性能良好，不应该发生量值漂移和时间跃变，其结构牢固、不易损坏、有很好的包装并便于装卸、运输等。

在组织管理上，比对应有主持单位，全面负责比对工作事宜。这其中包括：制定比对工作计划，拟定比对技术方案和比对数据处理的有关技术文件或比对人员的培训等。

第三节　比对的类型与方式

一、比对的类型

（一）国际比对

1. 国际计量局（BIPM）组织的比对

（1）关键比对　根据互认协议，由国际计量委员会的各咨询委员会或国际计量局实施而取得关键比对参考值的比对。

（2）辅助比对　由国际计量委员会的各咨询委员会和国际计量局实施，旨在满足关键比对未涵盖的特定需求的比对。

（3）双边比对　如某一研究院参加了相关的关键比对或辅助比对，则此研究院可以作为主导实验室，采用同关键比对或辅助比对相同或相似的技术方案，与另一研究院开展双边比对。

以上比对一般由米制公约成员国的国家计量院参加，其结果进入关键比对数据库。

2. 亚太区域计量规划组织（APMP）组织的区域比对

（1）关键比对　由 APMP 组织实施的与 BIPM 关键比对相对应的比对。它通过参加 BIPM 关键比对的实验室的数据，以关联方式采用 BIPM 关键比对的参考值。

（2）辅助比对　由 APMP 组织实施，旨在满足关键比对未涵盖的特定需求的比对，包括支持由参加比对的计量院签发的校准及测量证书有效性的相互信任的比对。

以上比对一般由区域计量组织成员和其他研究院参加，其结果进入关键比对数据库。

3. 双边或多边比对

（1）政府协定中安排的比对　两个或多个政府或国家计量院可以根据签订的协议组织双边或多边比对，其结果可以按照协议规定使用。一般可以用于检测证书的互认以及相关研究工作。

（2）其他形式的比对　各计量实验室可以根据自己的需要开展非官方比对。

（二）国内比对

国内比对应当按照原国家质检总局 2008 年 6 月发布的《计量比对管理办法》和 2010 年 6 月发布的 JJF 1117—2010《计量比对》的要求实施。

1. 国家计量比对

经国家市场监督管理总局考核合格，并取得计量基准证书或者计量标准考核证书的计量基准或计量标准量值的比对，称国家计量比对。

国家计量比对的组织如下：

1）可以由全国专业计量技术委员会或者大区国家计量测试中心向国家市场监督管理总局提交国家计量比对计划申报书。国家市场监督管理总局审查批准后，委托有关单位或机构组织实施国家计量比对。

2）也可以由国家市场监督管理总局直接指定全国专业计量技术委员会或者大区国家计量测试中心作为组织单位，组织实施国家计量比对。

2. 地方计量比对

经县级以上地方市场监督管理部门考核合格，并取得计量标准考核证书的计量标准量值的比对，称地方计量比对。

3. 其他形式的比对

各计量实验室可以根据自己的需要开展非官方的实验室间比对。

按照比对对象之间的关系，通常比对分直接比对和间接比对。直接比对是指参加比对的对象可直接进行的比较测量。例如，同一个实验室的两台频率标准器间的直接比较测量属直接比对。间接比对是指必须通过“比对传递标准”或其他中间媒介物进行的二个或多个比对对象之间的比对。例如，在时间频率计量领域，利用一台经过检定的小型铯原子钟（或铷原子钟）作媒介，将它搬运到各个需要的用户那里分别进行比对，将比对数据进行处理可得到各地钟的钟差和频率差。这里的“搬运钟”实际上就是上面所说的“比对传递标准”。又如，利用电磁波信号、电视信号和卫星信号的接收比对，实质上都属于间接比对的范畴。

按照比对目的的不同，可将计量比对分成两类—量值比对和检定/校准比对。量值比对的目的是考察基准/标准量值的一致性，如各国质量基准/标准的一致性等。检定/校准比对的目的是考察不同检定/校准实验室出具的检定/校准证书的一致性。如标准测力仪的检定/校准比对，称重传感器的校准比对，电子计价秤型式评价试验能力比对等。

二、比对的方式

比对方式随比对的目的、条件等的不同而不同。比对规模可大可小，比对时间可长可短。具体操作由主导实验室根据实际情况自行选取。通常采用的比对方式有所谓的一字式、循环式、花瓣式和星形式，如图10-1所示。图中O为主持单位，A、B、…、F为参加单位。如果比对采用“比对传递标准”，则箭头表示比对标准的传递方向。

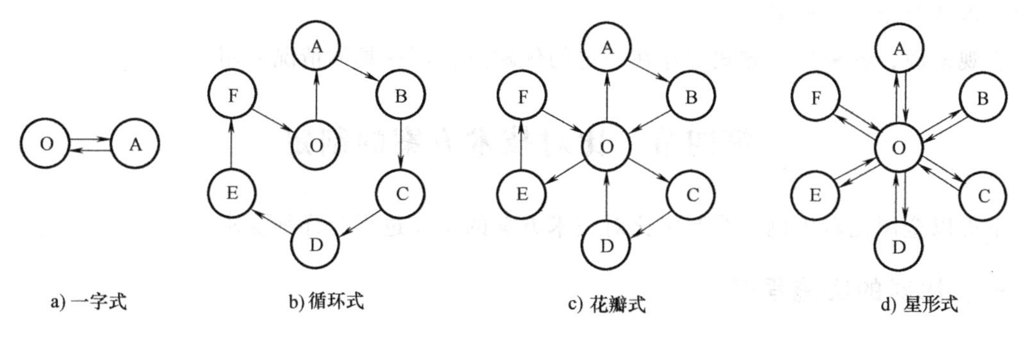

图10-1　比对方式示意图

为使比对客观、公正，除主持单位外，所有参加比对单位只按商定的比对程序要求进行测试，而不应知道其他比对单位的测试结果。整个比对过程，传递标准赋的值及所有比对（测试）结果除主持单位外，相互都应该是“封闭”的。

（一）一字式

由主持单位“O”将传递标准在本单位参加比对的计量仪器上进行校准，然后及时地将传递标准、校准数据和校准方式一并送到参加单位“A”。当传递标准操作需很仔细或较复杂时，“O”单位一般派人员到“A”单位，并与“A”单位操作人员一起工作，严格按照“O”单位的操作方法进行，得出校准数据。然后“O”单位把传递标准运回，再次在本单位仪器上校准，以考察传递标准经过运输后示值是否发生变化。若变化在允许范围内，则比对有效。“O”单位可取前后两次的平均值作为“O”单位值，就可算出“O”“A”两单位仪器的差异。若差异较大，两个单位可各自检查自己的仪器是否存在系统误差，若找到了，并采取了措施，又可进行第二轮比对。第二轮比对的顺序一般与第一轮相反，即由“A”单位派人员并携带传递标准去“O”单位，其余相同。

这是最基本的比对方式，国际上经常采用。

（二）循环式

循环式比对往往适用于为数不多的参加单位，而且传递标准结构比较简单，便于搬运。一般主持单位不必派人去，只要把传递标准及校准的数据、方法寄到“A”单位。“A”单位将传递标准在本单位计量器具（或计量标准）校准后，把校准数据寄给“O”单位，而将传递标准及“O”单位校准的数据及方法寄到“B”单位。以下依此类推，最后传递标准返回到“O”单位时，“O”单位必须复检，以验证传递标准示值变化是否正常。

采用这种比对方式时，因为经过一圈循环，时间较长，比对结果中往往会引入由于传递标准的不稳定而引起的误差，而且传递标准经过多次装卸运输，损坏概率较高，往往会导致比对的失败。比对结果由主持单位整理，并寄发各参加单位，各参加单位不仅可知道与主持单位间的差值，也可知道与其他参加单位之间的间接差值。

（三）花瓣式

花瓣式由三个小的循环式组成，需要三套传递标准，优点是可缩短比对周期。

（四）星形式

星形式相当于由五个一字式组成。主持单位需同时发出五套传递标准。星形式的优点是比对周期短，即使某一个传递标准损坏，也只影响一个单位的比对结果。缺点是所需传递标准多，主持单位的工作量大。

客观地说，各种比对方式都存在一定的优缺点，可视具体情况采用。

第四节 比对技术方案的制定

下面以全国比对为例说明制定比对技术方案的具体过程与详细要求。

一、比对的实施程序

计量比对应遵循以下流程和程序：

1）国家市场监督管理总局（或国防科技工业主管部门或军队主管部门）下达比对计划任务。

2）比对组织者确定主导实验室和参比实验室。

3）主导实验室针对传递标准进行前期实验，起草比对实施方案，并征求参比实验室意见，意见统一后执行。

4）主导实验室和参比实验室按规定运送传递标准（或样品），开展比对实验、报送比对数据及资料。

5）主导实验室按比对实施方案完成数据处理，撰写比对报告，比对组织者召开比对总结会。

6）向比对组织者报送比对报告，并在一定范围内公布比对结果。

二、比对实施方案的制定

由主导实验室起草比对实施方案，征求参比实验室的意见后执行。比对实施方案应包括以下几方面的内容：

1. 概述

说明比对任务来源、比对目的、范围和性质。

2. 总体描述

说明比对所针对的量及选定的量值，对设备和环境的要求。

3. 实验室

明确主导实验室和参比实验室，标明联系人与有效联系方式，包括单位、姓名、地址、邮编、电话、Email等。

4. 传递标准（或样品）描述

应对所选用的传递标准（或样品）进行详细描述，包括尺寸、重量、制造商、所需的附属设备、与比对实验相关的特性及操作所需的技术数据；传递标准应稳定可靠，必要时需开展稳定性、运输、高低温等相关实验，为制定比对方案提供依据；当可靠性不理想时，可以采用两台传递标准同时进行比对的方案。

以热能表检测装置比对用传递标准——热水流量计为例，在比对前应通过实验确定水温变化时其仪表系数是否会变化，变化是否有规律，变化率是多少；安装条件的影响有多大，用何种方法能更好消除其影响；运输能力是否满足实验要求，应做实验设计以得到传递标准稳定性要求。

5. 传递路线及比对时间

根据比对所选择的传递标准（或样品）的特性确定比对路线。应充分考虑实验和运输中各因素的影响，确定一个实验室所需的最长比对工作时间，从而确定各参比实验室的具体日程安排。

6. 传递标准（或样品）的运输和使用

针对传递标准（或样品）特性提出搬运处理要求，包括拆包、安装、调试、校准、再包装。

7. 传递标准（或样品）的交接

规定发送、接收传递标准（或样品）时采取的措施及交接方式。设计传递标准（或样品）交接单。表10-1是传递标准交接单示例。主导实验室确定传递标准的运输方式，并保证传递标准在运输交接过程中的安全。各参比实验室在接到传递标准后应立即核查传递标准是否有损坏，核对货物清单，填好交接单并通知主导实验室。交接单一式三联，交接双方各执一联，第三联随传递标准传递。参比实验室完成比对实验后应按比对实施方案的要求将传递标准传递到下一站，并通知主导实验室。

表10-1 传递标准交接单示例

<table>
<tr><td colspan="5">交 接 单</td></tr>
<tr><td colspan="5">经检查，如果没有问题，请在相应方框内打√，否则打×。</td></tr>
<tr><td colspan="5">1. 交接物品外包装是否完好 □
2. 标准流量计 共1箱(流量计1台，编号7626501001；电缆1根；……) □
3. 标准铂电阻温度计 2支(编号：×××，×××) □
4. 请在收到后和送出前仔细检查，如有问题请在下面注明并及时与主导实验室联系。
5. 交接地点：</td></tr>
<tr><td></td><td>单位</td><td>经办人签字</td><td>日期</td><td>如有问题请注明</td></tr>
<tr><td>交送方</td><td></td><td></td><td></td><td></td></tr>
<tr><td>接收方</td><td></td><td></td><td></td><td></td></tr>
</table>

此表一式三份，接收方、发送方各存留一份，另一份随货物装箱送到下一站。

8. 比对方法和程序

明确比对的方法和程序，包括安装要求、预热时间、实验点、实验次数、实验顺序等。明确数据处理方法。比对方法应由主导实验室提出，由参比实验室讨论通过。比对方法应遵循科学合理的原则，首选国际建议、国际标准推荐的并已经过适当途径确认的方法和程序，也可以采用国家计量检定规程或国家计量技术规范规定的方法和程序。如果采用其他方法，应在比对实施方案中给出清晰的操作程序。

9. 意外情况处理程序

明确传递标准（或样品）在运输过程中出现意外故障的处理程序，及传递标准（或样品）在某实验室比对过程中因意外发生延时的处理程序。

10. 记录格式

规定原始记录的内容和格式，应包含比对结果分析所需的所有信息。对于原始记录格式，主导实验室应进行一次试填写，以确定其可用性。必要时应提供规定格式的电子文件，以利于后期数据分析。

11. 参比实验室报告

明确参比实验室提交证书、报告的时间、内容和要求。可以要求提交实验原始记录的复印件及电子文件，但实验结果应以校准证书所示为准。可以要求提交由参比实验室独立完成的测量结果的不确定度分析报告，但测量结果的不确定度应以校准证书所示为准。由于资料汇总和分析的需要，可以要求提交标准器的情况描述及标准器校准证书复印件。

对于国家计量比对，参比实验室的测量结果的不确定度应与该装置建标考核时给出的不确定度基本一致，并考虑比对实际测量条件和要求与建标不确定度评定的差异。

12. 参考值及数据处理方法

明确参考值的来源及计算方法，明确比对数据处理方法及比对结果判定原则。

13. 保密规定

明确规定在比对数据尚未正式公布之前，所有与比对相关的实验室和人员均应对比对结果保密，不允许出现任何数据串通，不得泄露与比对结果有关的信息，以确保比对数据的公正性。

14. 其他注意事项

说明在传送和比对过程中应注意的事项。

三、对传递标准的要求

由主导实验室提供传递标准、样品及其附件；主导实验室可根据具体条件针对以下情况采取相应措施：

1）传递标准应稳定可靠，必要时可以采用一台主传递标准和两台或多台副传递标准同时投入比对。

2）根据比对所选择的传递标准的特性确定比对路线，可以选择循环式、花瓣式、星形式三种典型的路线形式中的一种，如图 10-1b、c、d 所示。当传递标准器稳定性水平高时可采用循环式，当传递标准器稳定性容易受环境、运输等影响时，为了比对结果的有效性，应选择花瓣式。

3）当传递标准中途发生问题时主导实验室应能提供辅助措施，保证比对按计划进行。

4）应按比对实施方案所规定的时间开展比对工作，当比对时间延误时，主导实验室应通知相关的参比实验室，必要时修改比对日程表或采取其他应对措施。

5）主导实验室确定传递标准的运输方式，并保证传递标准在运输交接过程中的安全。各参比实验室在接到传递标准后应立即检查传递标准是否有损坏，填好交接单并通知主导实验室。

6）参加比对的实验室完成比对实验后应按比对实施方案的要求将传递标准传递到下一

站，并通知主导实验室。

四、参考值及数据处理方法

参考值及数据处理方法按 JJF 1117—2010《计量比对》、JJF 1117. 1—2012《化学量测量比对》，参考值确定是比对的关键，参考值及比对数据处理方法应在比对实施方案中明确。

（一）数据处理原则

主导实验室在接到所有有效参比实验室的测量结果后，应及时组织并按规定进行数据的统计分析。对数据的处理，应遵循比对实施方案，不得随意变更处理方法。传递标准的稳定性应有实验数据作支持，并有合理的计算方法。

当参考值为各实验室测量结果平均值时，在计算 E_n 值时，要考虑实验室测量结果与参考值间的相关性。

（二）比对数据中离群值处理

当参考值为各实验室测量结果平均值时，如果个别实验室的测量结果偏离过大，为了公平起见，需要将该实验室的测量结果剔除出去。格拉布斯准则是常用的判别与剔除离群值的方法之一。

（三）参考值及数据处理常见方法

参考值及数据处理方法应在比对实施方案中明确。参考值的计算通常采用算术平均法、加权平均法、中位值法等方法。参考值的确定方法由主导实验室提出并征得参比实验室同意后确定。鼓励各主导实验室根据比对的具体情况采用合理的方式来确定参考值。参考值一般来源有：以权威数据的量值作为参考值，如以计量基准或上一级计量标准的量值作为参考值。也可由多个参比实验室的量值经计算得到参考值。对于这类情况，需要首先分析参比实验室量值的独立性与相关性，确定用哪些实验室的测量结果计算参考值，如何分组计算；需考虑各测量结果的不确定度数值差异及评定可靠性，选择合适的计算方法。

通常确定参考值的几种常见方案主要有：

1）以权威实验室的量值作为参考值。由主导实验室将传递标准送国家计量基准校准并给出不确定度，以对传递标准的校准值作为参考值。此时，参考值是保存在主导实验室的已知值。

2）主导实验室提供传递标准，当其标准考核证书上的测量不确定度及实际分析的校准传递标准校准值的不确定度明显小于参比实验室测量结果的不确定度时，可采用主导实验室传递标准的校准值作为参考值。此时参考值的不确定度为主导实验室测量结果的不确定度。

主导实验室应在比对报告中给出参考值的来源及其测量不确定度的分析过程。

3）各参比实验室测量结果的算术平均值作为参考值。当参与参考值计算的各实验室量值的不确定度接近时，可采用算术平均法计算参考值；当各实验室量值的测量不确定度可靠性不能被确认且实验室数量较多时，为体现权益上的“平等”，算术平均法也常被采用。

比对实验第 i 个测量点的参考值 Y_{ri} 由式（10-1）计算。

$$Y_{ri} = \frac{1}{n}\sum_{j=1}^{n} Y_{ji} \tag{10-1}$$

式中　j——参与参考值计算的实验室序号；

i——比对实验的测量点序号；

n——参与参考值计算的实验室数量；

Y_{ji}——第 j 个实验室在第 i 个测量点上的测量结果。

若各实验室的不确定度之间完全不相关，且比对实验中传递标准引入的不确定度的影响可以忽略，参考值 Y_{ri} 的不确定度按式（10-2）计算。

$$u_{ri}=\frac{1}{n}\sqrt{\sum_{j=1}^{n}u_{ji}^{2}} \tag{10-2}$$

式中 u_{ji}——第 j 个实验室在第 i 个测量点上测量结果的标准不确定度；

u_{ri}——第 i 个测量点的参考值的标准不确定度。

4）各参比实验室测量结果的加权平均值作为参考值。当参与参考值计算的各实验室量值的测量不确定度可靠性可被确认而且有显著差异时，可采用加权平均法计算参考值。若比对实验中传递标准引入的不确定度的影响可以忽略，则权重与各实验室宣称的不确定度平方成反比，即 $W_{ji}=1/u_{ji}^{2}$。

第 i 个测量点的参考值 Y_{ri} 用式（10-3）计算。

$$Y_{ri}=\frac{\sum_{j=1}^{n}\frac{Y_{ji}}{u_{ji}^{2}}}{\sum_{j=1}^{n}\frac{1}{u_{ji}^{2}}} \tag{10-3}$$

此时加权算术平均值的标准不确定度按式（10-4）计算。

$$u_{ri}=\sqrt{\frac{1}{\sum_{j=1}^{n}\frac{1}{u_{ji}^{2}}}} \tag{10-4}$$

5）参考值为主导实验室和部分参比实验室测量结果的加权算术平均值。比如在某量值计量比对中，参比实验室的测量方法有两种（甲方法与乙方法），其中乙方法与主导实验室测量方法一样，且均为可靠的测量方法。而甲方法是由乙方法溯源的，且与乙方法相比，该装置的不确定度偏大，因此在确定参考值时，可以仅采用主导实验室乙方法和部分参比实验室乙方法测量结果的加权平均值。

比如在流量装置比对中，参比实验室的测量装置有原始法装置和标准表法装置两种，因为标准表法装置的量值是来自于原始法装置，也就是说它的量值不是独立的，而是与某一原始法装置相关，且与原始法装置相比，该装置的不确定度偏大，因此在确定参考值时，可以仅采用原始法装置测量结果的加权平均值。

6）参考值为在同种类仪器测量结果的平均值基础上的不同种类仪器测量结果的算术平均值。当用同一种测量设备和测量方法可能会产生系统偏差时可以采用此种方案。例如在全国衰减量值比对中，比对的参考值计算采用不同种类标准设备间不加权平均的方法，但当两个或两个以上的实验室采用同一型号的标准设备和相同的测量方法时，则这些具有同种类标准设备的每个实验室的权重为 $1/N$（N 为相同标准设备和方法的实验室个数）。例如有 5 个实验室均采用 HP8902 作为标准设备时，这 5 个实验室中每个实验室的权重为 0.2。将这 5 个实验室的平均值再与其他具有不同测量设备的实验室的测量结果进行算术平均。此时的计算方法自然是先按 3）或 4）的计算方法把各种标准设备自己的参考值及不确定度计算出来，再按3）的计算方法将各种标准设备的值进行算术平均，即可得到参考值及其不确定度。

第五节　比对结果的评价和判别

计量比对结果评价包括工作评价和技术评定。

工作评价：对于不同类型的方案，所采用的工作评价值计算模型是不同的。对测量比对方案，计算 E_n 值；对检测比对方案，则求取稳健 Z 比分数。

技术评定：是基于工作评价基础上，由技术专家参与的工作，协调人应充分听取具有丰富经验的技术专家的意见，最终形成该检测项目的技术评定。

比对结果一般可采用 E_n、CD 值、Z_Δ 值、Z 比分数等方法，其中优先采用 E_n 值的方法；通过适当的图形方法（如量值等效度图、Youden 图、Z 比分数柱状图等）对比对结果进行表述或评价。

也可采用专业公认的评价方法进行结果判定。如国际临床经验领域进行评价方式为比对参考值±最大允许误差（MPE）（可以是比对参考值的百分数、固定值或多少倍组间标准偏差）。但是所有的评价方法需经专家组确认，并在比对方案中详细说明其可行性与必要性。

一、E_n 值计算评价

比对结果的评价方法和依据取决于比对的目的，由主导实验室提出，参比实验室同意后确定。比对结果通常用比对判据 E_n 值进行评价，E_n 值又称为归一化偏差，为各实验室比对结果与参考值的差值与该差值的不确定度之比。这种方法比较适用于校准实验室。

比对测量结果一致性评判原则：

$$E_n=\frac{x_i-x_0}{\sqrt{U_i^2+U_0^2}} \tag{10-5}$$

式中　x_i——参比实验室示值；

x_0——参考值；

U_i——参比实验室结果的不确定度，通常 $p=95\%$，或包含因子 $k=2$ 时的扩展不确定度；

U_0——参考值的不确定度，通常 $p=95\%$，或包含因子 $k=2$ 时的扩展不确定度。

当 $|E_n|\leqslant 1$，比对结果“满意”，表明参比实验室的测量结果与参考值之差与不确定度之比在合理的预期范围之内，比对结果可接受；当 $|E_n|>1$，比对结果“不满意”，表明参比实验室的测量结果与参考值之差与不确定度之比超出合理的预期，应分析原因。

例 1：对 1V 直流电压标准装置的 6 个实验室参加计量比对，比对测量结果见表 10-2。

表 10-2　比对测量结果

实验室	实验结果/V	$U_i/\mu V(k=2)$	实验室	实验结果/V	$U_i/\mu V(k=2)$
Lab1	0.9999990	2	Lab4	1.0000020	1
Lab2	1.0000020	2	Lab5	1.0000005	1.5
Lab3	0.9999970	3	Lab6	1.0000025	2

其中，主导实验室参考值为 $x_0=1.000000\text{V}$，$U_0=1\mu\text{V}$。试问：本次比对中，6 个实验室计量比对结果是否均满意。

解：根据式（10-5）计算。当 $|E_n|\leqslant 1$ 时，参比实验室的测量结果与参考值之差与不确定度之比在合理的预期范围之内，比对结果可接受；当 $|E_n|>1$ 时，参比实验室的测量结果与参考值之差与不确定度之比超出合理的预期，比对结果不可接受，应分析原因。现将本次比对计算列于表 10-3。

表 10-3　比对计算结果

实验室	实验结果/V	$U_i/\mu\text{V}$ $k=2$	实验结果与参考值之差/V	E_n	比对结果
Lab1	0.9999990	2	−0.0000010	−0.45	满意
Lab2	1.0000020	2	0.0000020	0.89	满意
Lab3	0.9999970	3	−0.0000030	−0.95	满意
Lab4	1.0000020	1	0.0000020	1.41	不满意
Lab5	1.0000005	1.5	0.0000005	0.28	满意
Lab6	1.0000025	2	0.0000025	1.12	不满意

从表 10-3 计算结果可看出：Lab4、Lab6 为本次比对不满意（不可接受）；Lab1、Lab2、Lab3、Lab5 为本次比对满意（可接受）；其中，Lab2、Lab3 虽然接收，但已在临界状态，需要检查实验室技术能力，采取预防措施。

例 2：实验室比对，已知主导实验室及参比实验室 A、B、C、D、E 测量值及标准不确定度（表 10-4）：

表 10-4　比对测量结果

结果参数	主导实验室	A	B	C	D	E
测量值/mm	530.1	534.5	533.2	531.1	530.4	532.3
标准不确定度/mm	0.6	1.2	1.0	1.0	0.6	0.8

1）以主导实验室的测量结果为参考值，写出 A、B 实验室的比对结果。

2）求各参比实验室测量结果的加权算术平均值及其标准不确定度。

3）提供另外三种以上的确定参考值方法内容。

解：1）以主导实验室的测量结果为参考值，写出 A、B 实验室的比对结果（表 10-5）。

根据 $E_n=\dfrac{x_i-x_0}{\sqrt{u_i^2+u_0^2}}$ 计算，u_i、u_0 分别为参比实验室与主导实验室测量结果的标准不确定度。

表 10-5　A、B 实验室比对结果

实验室	测量结果/mm	标准不确定度/mm	测量结果与参考值之差/mm	E_n	比对结果
主导实验室	530.1	0.6	—	—	
A	534.5	1.2	4.4	1.64	不满意
B	533.2	1.0	3.1	1.33	不满意

2）求以各参比实验室测量结果的加权算术平均值及其标准不确定度。

$$\bar{x}_p=\frac{\sum_{i=1}^{n}\frac{x_i}{U_i^2}}{\sum_{i=1}^{n}\frac{1}{U_i^2}}=\frac{\frac{534.5}{1.2^2}+\frac{533.2}{1.0^2}+\frac{531.1}{1.0^2}+\frac{530.4}{0.6^2}+\frac{532.3}{0.8^2}}{\frac{1}{1.2^2}+\frac{1}{1.0^2}+\frac{1}{1.0^2}+\frac{1}{0.6^2}+\frac{1}{0.8^2}}\text{mm}=531.7\text{mm}$$

$$u_p=\sqrt{\frac{1}{\sum_{i=1}^{n}\frac{1}{U_i^2}}}=\sqrt{\frac{1}{\frac{1}{1.2^2}+\frac{1}{1.0^2}+\frac{1}{1.0^2}+\frac{1}{0.6^2}+\frac{1}{0.8^2}}}\text{mm}=0.38\text{mm}$$

3）提供另外三种以上的确定参考值方法内容。

① 以主导实验室的参考值作为比对参考值。

② 以各参比实验室测量结果的算术平均值作为参考值。

$$\bar{x}=\frac{\sum_{i=1}^{n}x_i}{n}=\frac{534.5+533.2+531.1+530.4+532.3}{5}\text{mm}=532.3\text{mm}$$

③ 以主导实验室与部分（D、E）参比实验室测量结果的加权算术平均值作为参考值。

$$\bar{x}_p=\frac{\sum_{i=1}^{n}\frac{x_i}{U_i^2}}{\sum_{i=1}^{n}\frac{1}{U_i^2}}=\frac{\frac{530.1}{0.6^2}+\frac{530.4}{0.6^2}+\frac{532.3}{0.8^2}}{\frac{1}{0.6^2}+\frac{1}{0.6^2}+\frac{1}{0.8^2}}\text{mm}=530.7\text{mm}$$

二、CD值计算评价

当参比实验室对比对结果的不确定度缺乏正确的评定或由于某原因无法评定，而用于比对的技术法规中有可靠的重复性标准差 σ_R 和复现性标准差 σ_r 时，可采用 *CD* 值（临界值）对比对结果进行评价：

$$CD=\frac{1}{\sqrt{2}}\sqrt{(2.8\sigma_R)^2-(2.8\sigma_r)^2\left(\frac{n-1}{n}\right)} \tag{10-6}$$

若实验室在重复条件下 n 次测量的算术平均值 $\bar{x}$ 与参考值 x_0 之差 $|\bar{x}-x_0|$ 不大于临界值，则该实验室的测量结果可以接受，实验室结果判定为满意结果，否则判定为不满意结果。

三、Z_Δ 值计算评价

当 E_n 值及 *CD* 不可获得时，如果技术规范中规定了测量结果的最大允许误差，可以 Z_Δ 值进行评价：

$$Z_\Delta=\frac{x-x_0}{\Delta} \tag{10-7}$$

式中 x——参比实验室的示值；

x_0——比对参考值；

Δ——技术规范中规定或需溯源的仪器、设备的最大允许误差。

若$|Z_{\Delta}|\leqslant 1$，则判定比对实验室的结果为合格，否则为不合格。

在国际临床检验领域通行评定方式为比对参考值±最大允许误差（可以是比对参考值的百分数、固定值或多少倍组标准差），但需专家组研讨确认，并在比对方案中详细说明其可行性与必要性。

四、Z比分数计算评价

稳健统计通常使用中位值代替平均值、标准化四分位间距估计数据的分散度。此时，比对参考值为中位数，用稳健统计的 Z 比分数值来评价比对结果。比较适用于检测实验室。

当采用中位值法确定参考值时，比对结果用 Z 比分数值进行评价。

先将数据 Y_{ji}按大小顺序排列。如果数据排序的结果为 $Y_{1i}\leqslant Y_{2i}\leqslant\cdots\leqslant Y_{ni}$，则某个实验室的 Z 比分数值为：

$$Z=\frac{Y_{ji}-Y_{ri}}{s} \tag{10-8}$$

式中 Y_{ji}——参考值，即中位数；

s——所有参比实验室比对结果发散性的估计量，一般用样本标准偏差或标准化四分位间距（NIQR）作为结果发散性的量度。

NIQR 与标准偏差相类似。稳健的处理方法是采用 NIQR：

$$s=\mathrm{NIQR}=\mathrm{IQR}\times 0.7413$$

式中 IQR——低四分位数值和高四分位数值的差值。

$$\mathrm{IQR}=Q_3-Q_1$$

式中，低四分位数值 Q_1是低于结果的四分之一处的最近值，高四分位数值 Q_3是高于结果四分之三处的最近值。在大多数情况下 Q_1和 Q_3通过数据值之间的内插法获得。

参比实验室的比对结果是否有效的评判原则：当$|Z|\leqslant 2$ 时，比对结果在合理的预期范围之内；当 $2<|Z|<3$，比对结果与合理的预期结果有差距，结果可疑，应分析原因；当$|Z|\geqslant 3$，比对结果没有达到合理的预期，应分析原因。

五、其他方法计算评价

计量量值比对结果评价，也可采用专业公认的评定方法进行结果判定，但需专家组研讨确认，并在比对方案中详细说明其可行性与必要性。

第六节 比对总结报告及相关事项

一、收集及查验数据

（一）比对数据的收集

主导实验室应检查参比实验室提交文件的完整性。如果缺少相关的资料，则视为没有完成，应退回补充。经主导实验室催促后，在规定的时间内仍不能提交资料的，则该实验室的结果在比对报告中不予考虑。为方便使用，可以要求参比实验室提供电子文档数据，但需以校准证书数据为准。

（二）数据的修改

在比对总结报告发出之前，参比实验室对数据的任何修改均应以正式书面形式提交给主导实验室，且应在报告中体现修改过程和原因。主导实验室不得以任何理由提示参比实验室修改数据或报告。

如果在处理完全部数据后，主导实验室发现某参比实验室的结果出现异常，可以通过适当途径了解比对细节，以便分析原因。但不允许该实验室对比对数据和结论做任何修改。

（三）数据的保密

在整个比对过程中主导实验室应注意数据保密，直至报告发出。

二、数据处理

（一）数据统计分析

主导实验室在接到所有参比实验室的有效测量结果后，应及时组织并按规定进行数据的统计分析。

1）对数据的处理，应遵循比对实施方案，不得随意变更处理方法。

2）传递标准的稳定性应有实验数据作支持，并有合理的计算方法。

（二）计算 E_n 值

当参考值为各实验室测量结果平均值时，在计算 E_n 值时，要考虑实验室测量结果与参考值间的相关性。

（三）异常值剔除

当参考值为各实验室测量结果平均值时，如果个别实验室的测量结果偏离过大，为了公平起见，需要将该实验室的测量结果剔除出去。格拉布斯准则是常用的判别与剔除异常值的方法之一。设 y_r 为参考值，在一组比对结果 y_i 中，y_i 与参考值之差的绝对值最大者为可疑值 y_d，在给定的包含概率为 $p=99\%$ 或 $p=95\%$，也就是显著性水平 $a=1-p$ 为 1%或 5%时，如果满足式（10-9），则可以判定 y_d 为异常值。

$$\frac{|y_d-y_r|}{s} \geq G(a,n) \tag{10-9}$$

式中 $G(a, n)$——与显著性水平 a 及与参加比对的实验室数量 n 有关的格拉布斯临界值，见表 10-6；

s——各实验室测量结果的实验标准偏差。

表 10-6 格拉布斯准则的临界值 $G(a, n)$ 表（$a=0.01$，即 $p=0.99$）

n	3	4	5	6	7	8	9	10	11	12
G	1.155	1.492	1.749	1.944	2.097	2.221	2.323	2.410	2.485	2.550

三、比对总结报告的内容

1. 比对概况及相关说明

对比对实施情况进行综合描述，并对相关情况进行说明，包括比对的实施过程、参比实验室的完成情况、比对计划偏离等。

2. 传递标准（或样品）技术状况的描述

传递标准（或样品）的技术状况包括传递标准（或样品）的稳定性和运输性能。传递标准的稳定性应有实验数据作支持；稳定性的实验设计应合理并充分考虑各种因素影响。

3. 比对数据记录及必要的图表

报告中应给出主导实验室的原始数据，以便于参比实验室核验；参比实验室的记录也应在报告中给出；报告中所列计算结果均应明示其测量模型及所有假设和边界条件。参比实验室应该可以从报告中给出的数据完成比对结果的计算。

4. 比对结果及不确定度分析

比对结果及不确定度分析包括参比实验室上报的测量结果及测量不确定度、比对参考值及其测量不确定度、参比实验室的测量结果与参考值之差及测量不确定度、E_n值等。

5. 结论及分析

（1）比对结论　比对结论一般用比对结果评价图或E_n值表的方式给出。凡$|E_n|$值大于1的实验室数据，表明比对结果与评定的不确定值不符合概率预期。

（2）问题分析　对比对过程作补充说明，如问题原因、整改方案等。

（3）明确给出比对结论　通常由比对组织者召集主导实验室、参比实验室、比对主要实施人员及专家组成员，以比对技术评价和研讨会形式给出比对结果和比对结论。

四、比对总结会

1）主导实验室应在规定的时间内完成比对初步报告，向参比实验室公布并征求意见，并要求参比实验室在规定的日期内向主导实验室返回意见。如果到期没有返回意见，则按没有意见处理。

2）主导实验室在修改初步报告的基础上应在规定的时间内完成最终报告。

3）最终报告由比对组织者召开会议审查通过。

五、比对结果举例

（一）比对结果评价示例图

以涡轮流量计的仪表系数 K 为例，10 个参比实验室的比对结果评价示例图如图 10-2 所示。

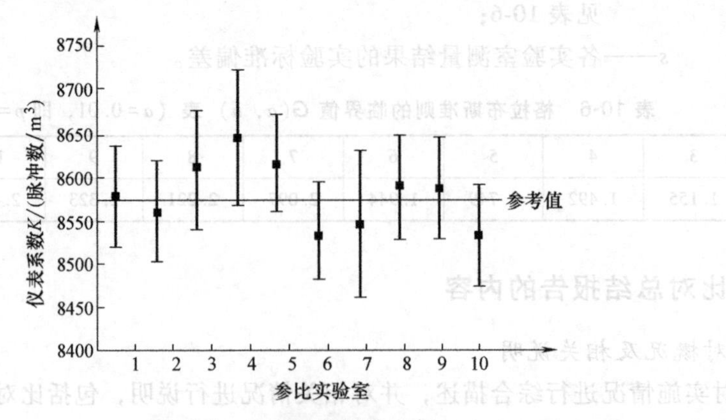

图 10-2　比对结果评价示例

（二）某次实验室比对的结果举例

某次实验室比对的结果见表 10-7。

表 10-7　1V 直流电压标准装置比对结果（示例）

	参考值 $Y_r=0$	参考值的不确定度 $U_r=1\mu V$	
实验室编号 j	实验室结果与参考值之差 (Y_j-Y_r) /μV	U_j/μV	E_n
1	-1	2	-0.45
2	2	2	0.89
3	-3	3	-0.95
4	2	1	1.41
5	0.5	1.5	0.28
6	2.5	2	-1.12

表 10-7 中 U_j是每个实验室自报的测量结果的扩展不确定度（$k=2$）。

由 E_n值计算结果看，第 4 和第 6 实验室的结果的 $|E_n|$值大于 1，存在问题。

可见，如果一个实验室报告了过小的测量不确定度，则有可能会导致 $|E_n|$值大于 1 而离群，第 4 号实验室有可能是这种情况。参加比对的第 2 和第 3 实验室虽然 $|E_n|$值小于 1，但已经接近 1，也应从比对结果中看到自己存在薄弱之处，应查找原因，采取预防措施，加以改进。

第十一章

期间核查

综观目前实验室与计量技术机构期间核查工作的总体状况，由于存在概念理解和技术实施上的差异，实际在开展对参考标准、基准、传递标准或工作标准以及标准物质（参考物质）、测量仪器、辅助设备等（简称测量设备）的期间核查方面，普遍存在核查工作不科学、不到位的情况，不能真正实现监控其技术状态，保证测量结果质量的最终目的。同时，评审员在现场审核过程中，也因对期间核查概念与理论的认识差异，存在着评审尺度掌握宽严不一的问题。因而在现场评审中期间核查存在的问题相对也较多。为此，非常有必要根据相关国际标准、校准规范、实验室认可规则、认可准则、认可指南和相关管理规定的要求，切实强化实验室与计量技术机构期间核查的理解实施与现场评审工作。

对于测量设备在相邻两次校准期间内，如何保持测量设备校准状态与性能的可信度与信心（confidence），使测量过程处于受控状态，进而确保测量结果的质量，在国际标准 ISO/IEC 17025《检测和校准实验室能力的通用要求》2005 版和 2017 版、ISO 10012《测量管理体系测量过程和测量设备的要求》、国家校准规范 JJF 1069—2012《法定计量检定机构考核规范》、JJF 1033—2016《计量标准考核规范》以及我国国家、国防、军用实验室认可标准和测量管理体系中均有相关具体要求。如何科学、系统、合理地实施测量设备的期间核查，是校准/检测实验室、计量技术机构、计量从业人员、实验室认可评审员都必须认真学习和科学把握的课题。

第一节　期间核查概述

一、期间核查的概念及目的

根据 JJF 1001—2011《通用计量术语及定义》的定义，期间核查（intermediate check）就是“根据规定程序，为了确定计量标准、标准物质或其他测量仪器是否保持其原有状态而进行的操作。”保持其原有状态即保持测量设备原有校准状态与性能。当需要利用期间核查以保持对测量设备校准状态与性能的信心时，应按程序进行核查。对于校准测量设备，则核心是核查校准状态与性能的保持情况。对于非校准测量设备（如 ISO 9001：2015《质量管理体系要求》中的功能性监视设备），则重点是核查其性能（含功能）是否持续满足校准/检测方法或标准的要求。因此对于绝大部分测量设备来说，期间核查实质上是核查测量设备示值的系统误差，或者说核查系统效应对测量设备示值的影响。其目的与方法同 JJF 1033—2016《计量标准考核规范》中所述的稳定性考核是相似的。对测量设备是否保持原有校准状态与性能的可信度或信心的核查，本质上是对测量设备示值（或其修正值或修正因子）在规定的时间间隔内是否保持其规定的最大允许误差或扩展不确定度或准确度等级的一种核查。

影响测量设备“校准状态”的因素包括示值在系统漂移和短期稳定性。如图 11-1 所示，系统漂移可能是单方向的（曲线 1 和 2），也可能是起伏变化的（曲线 3），或是单方向起伏变化的（曲线 4）。期间核查的目的是核查参考标准、基准、传递标准或工作标准以及标准物质（参考物质）、测量仪器、辅助设备等的校准状态与性能在有效期内是否得到保持，也就是监控在有效期内校准值 X_R 的变化是否超出其允许误差限±Δ。

期间核查的目的是保持测量设备校准状态与性能的可信度与信心（confidence）。这里的“保持”与时间有关，所以期间核查必须确定保持的时间间隔；而“校准状态”是指“示值误差”“修正值”或“修正因子”等校准结果的状态。该状态的“可信度”则意味着某个“尺度”，用它对校准状态进行分析、比较和判断；而这个尺度就是其示值的最大允许误差或扩展不确定度或准确度等级。从理论上说，只要可能，实验室应对其所用的每台测量设备（包含校准测量设备和非校准测量设备）进行期间核查并保存相关记录；但针对不同测量设备，其核查方法、频率可以不一样。

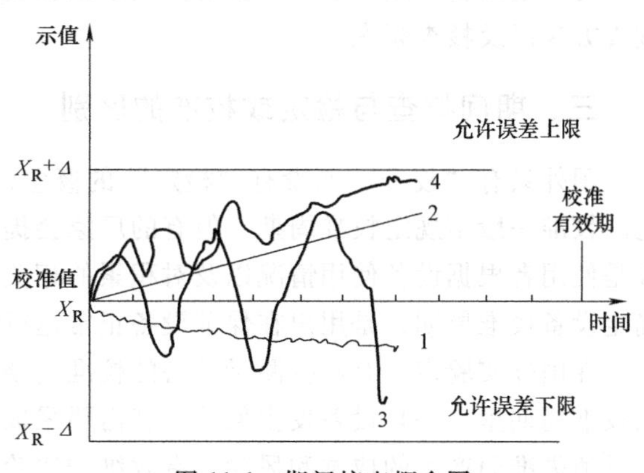

图 11-1 期间核查概念图

二、相关国际标准、校准规范对期间核查的要求

在 ISO/IEC 17025：2005《检测和校准实验室能力的通用要求》中，对测量设备期间核查的要求涉及如下两条：

> 5.5.10 当需要利用期间核查以保持设备校准状态的可信度时，应按照规定的程序进行。
>
> ……
>
> 5.6.3.3 期间核查：应根据规定的程序和日程对参考标准、基准、传递标准或工作标准以及标准物质（参考物质）进行核查，以保持其校准状态的置信度。

在 ISO/IEC17025：2017《检测和校准实验室能力的通用要求》中，对测量设备期间核查的要求涉及如下两条：

> 6.4.10 当需要利用期间核查以保持对设备性能的信心时，应按程序进行核查。
>
> ……
>
> 7.7.1 实验室应有监控结果有效性的程序。记录结果数据的方式应便于发现其发展趋势，如可行，应采用统计技术审查结果。实验室应对监控进行策划和审查，适当时，监控应包括但不限于以下方式：
> e）测量设备的期间核查。

ISO/IEC 17025：2017 与 ISO/IEC17025：2005 相比，期间核查扩展至所有测量设备，即校准测量设备与非校准测量设备。同时，测量设备的期间核查已作为实验室确保结果有效性的 11 种内部质量监控方式之一。

JJF 1069—2012《法定计量检定机构考核规范》（2012 年 6 月 2 日实施）关于期间核查

的要求体现在以下两个条款中：

> 6.4.5.6　当需要利用期间核查以维持设备检定或校准状态的可信度时，应按照规定的程序进行。
>
> ……
>
> 7.6.3.3　期间核查：应根据规定的程序和日程对计量基（标）准、传递标准或工作标准以及标准物质进行核查，以保持其检定或校准状态的置信度。

考虑到在溯源链中的地位，对计量标准应根据规定的程序和日程进行核查；而从广义上讲，对测量设备的期间核查，实验室应根据测量设备的类型，科学、系统地确定核查方案、核查方法以及核查频次。

三、期间核查与检定或校准的区别

国外只有“校准”而没有“检定”的概念，也就不存在检定规程和检定周期的硬性规定。校准一般不规定校准周期，但有的厂家会提出建议校准周期。国外测量设备校准周期一般是使用者根据设备使用情况以及对积累的相关运行数据的统计分析后，自行确定的。所以确定设备校准周期，是用户在保证设备正常运行情况下成本与利益之间的一种平衡。

在国外实验室，有不少测量设备的校准周期都不止一年，有两年、三年甚至更长。而在长校准周期里，一旦设备发生偏移，就需要采取适当的方法或措施，尽可能地减少和降低由于量值失准而产生的成本和风险，有效维护实验室和客户的利益。为此采取期间核查的方式保证设备校准的可信度也就十分必要了。

期间核查的要求不是盲目提出的，采用什么核查方法、针对什么设备开展期间核查，都是基于上述原因而统一制定的。既不能不顾实验室的具体情况不计成本地单纯强调期间核查，也不能只考虑成本而忽视了期间核查对测量结果质量的保证作用。

期间核查和检定或校准的不同点如下：

（1）实施的目的不同　期间核查的目的是维持测量仪器校准状态与性能的可信度与信心，即确认上次校准时特性不变。检定或校准的目的是确定被校准对象与对应的由计量标准所复现的量值的关系。

（2）采用的方法不同　期间核查的方法包括参加实验室间比对，使用有证标准物质，与相同准确度等级的另一个或几个测量设备的量值进行比较，对稳定的被测件的量值重新测定（即利用核查标准进行期间核查）。在资源允许的情况下，可以进行高等级的自校。检定或校准应采用高等级的计量标准。

（3）实施的人员不同　检定或校准必须由有资格的计量技术机构用经考核合格的计量标准按照规程或规范的方法进行。期间核查是由本实验室人员使用自己选定的核查标准按照自己制定的核查方案进行。

（4）依据的标准不同　测量设备检定或校准依据的是国家已经颁布的检定规程、校准规范或经过法定计量管理机构备案批准的校准程序。测量设备期间核查依据的是实验室自己制订的设备期间核查作业指导书，不需要报法定计量部门备案。

（5）核查的参数不同　测量设备检定或校准是对需要检定或校准的设备进行系统性的校准，涉及稳定性、精密度、灵敏度等整体功能或技术指标，一般还需要给出判定和不确定度的评定，由校准机构出具校准证书或检定报告。测量设备期间核查可以在某次核查过程中只对设备的个别或部分的功能或技术指标进行核查，并不一定需要给出不确定度的评定，也不需要出具正式的校准报告。

（6）针对的对象不同 期间核查的对象是使用者对其计量性能存疑的测量设备，检定或校准的对象是对测量结果有影响的测量设备。期间核查的测量设备一般是自有的。检定或校准的测量设备不仅包括自有的，还包括顾客的。

（7）执行的时间不同 检定或校准的间隔周期执行的是国家法定颁布的测量设备检定或校准周期，或是当测量设备经过故障修复后需要送校准机构重新校准，带有强制性质。期间核查在两次相邻的校准时间间隔内进行，期间核查的周期频率可以由实验室根据测量设备的使用频率、数据争议程度、设备的新旧和稳定水平自行确定，不带有强制性。

四、计量标准稳定性考核与期间核查的区别

（一）计量标准稳定性考核与期间核查依据的规范

计量标准稳定性考核的依据是 JJF 1033—2016《计量标准考核规范》，其中 4.2.3 条规定："新建计量标准一般应当经过半年以上的稳定性考核，证明其所复现的量值稳定可靠后，方能申请计量标准考核；已建计量标准一般每年至少进行一次稳定性考核，并通过历年的稳定性考核数据比较，以证明其计量特性的持续稳定。"

计量标准期间核查的依据是 JJF 1069—2012《法定计量检定机构考核规范》、ISO/IEC 17025《检测和校准实验室能力的通用要求》2005 版和 2017 版，具体规定见本节"二、相关国际标准、校准规范对期间核查的要求"。

（二）计量标准稳定性考核与期间核查的目的、对象、方法及量值关系

1. 计量标准稳定性考核与期间核查的目的

计量标准稳定性考核是指利用稳定的被测对象作为核查标准，对计量标准是否保持随时间恒定的计量特性的考核。

计量标准期间核查是指使用简单实用并具相当可信度的方法，对可能造成不合格的测量设备或参考标准、基准、传递标准或工作标准以及标准物质（参考物质）的某些参数，在两次相邻的检定或校准的时间内进行检查，以判定设备是否保持着检定或校准时的准确度，以确保检测和校准结果的质量。

从两者的概念来看，期间核查范围更宽泛一些，应用的领域更广一些，计量标准稳定性考核的定义更具体一些，应用的范围仅限于计量标准。

计量标准稳定性考核的目的是为了判断计量标准是否保持随时间恒定的计量特性，从而来确保检定和校准结果的质量。期间核查的目的是为了判定仪器、设备或计量标准是否保持着校准或检定时的准确度，以确保检定和校准结果的质量。两者都是为了保证检定和校准结果的质量而进行的，所以目的是相同的。

2. 计量标准稳定性考核与期间核查的对象、方法

计量标准的稳定性考核的对象是计量标准。计量标准期间核查的对象是可能造成不合格的测量设备或参考标准、基准、传递标准或工作标准以及标准物质（参考物质）。从考核对象方面看，计量标准期间核查的对象范围要比计量标准稳定性考核的对象范围更广些。但是法定计量检定机构主要是利用计量标准来开展检定、校准工作的，仅仅要求计量标准器或配套设备的可靠是不能保证检定和校准结果质量的，因此在法定计量检定机构中，计量标准期间核查的对象也应该是计量标准。所以在法定计量检定机构中两者的考核对象也是大致相

同的。

计量标准稳定性考核的方法是利用稳定的被测对象作为核查标准进行考核，当计量标准不存在量值稳定的核查标准时，是不可能也不要求进行稳定性考核的。计量标准期间核查是使用简单实用并具相当可信度的方法进行考核。从经济性、实用性、可靠性、可行性等方面综合考虑，一般进行计量标准期间核查有本章第三节“期间核查方法及其判定原则”中介绍的七种方法。

3. 计量标准稳定性考核与期间核查的量值关系

稳定性考核曲线与期间核查曲线如图 11-2 所示。稳定性考核与期间核查都是设备示值核查的一部分，但期间核查是核查实际值，实际值控制限为 Y_c，控制的中心线 Y_0（原点）为 0（示值误差或修正值）或标称值（实际值为标定值）。稳定性考核是核查实际值的变化量，控制限为技术法规规定的周期间稳定性控制指标 Y_{cw}或稳定性统计控制指标。如实际评定的设备的扩展不确定度作为控制限，控制的中心线 Y_{0w}（原点）为由高一等级计量标准给出的初值；未给出初值时，取期间核查控制的中心线 Y_0。两个核查量的控制限不同，对示值的控制区域也不同。只有当中心线与控制限完全相同（未给出初值或标定且 $Y_c=Y_{cw}$）时，两项核查结果才会偶然重合。对实际值允许范围和稳定性均有符合性要求的设备，控制范围应为两者控制限的交集，可将两项工作合并进行。稳定性考核的核查值 Y_1、Y_2、Y_3测量与上述期间核查相同。稳定性考核分为对初值变化和核查值之间最大变化两种情况。计算方法如下：核查量为对初值变化的，核查结果 $Y_{xw}=|Y_{wi}|_{max}$为多次核查差值绝对值最大者，核查差值 $Y_{wi}=Y_i-Y_1$；核查量为核查值之间最大变化的（JJF 1033—2016《计量标准考核规范》的新建计量标准要求），核查结果 $Y_{xw}=Y_{imax}-Y_{imin}$为多次核查值的最大差值。核查结果 Y_{xw}应不大于稳定性的控制限 Y_{cw}，即 $Y_{xw} \leqslant Y_{cw}$。稳定性核查判据：$P_w=Y_{xw}/Y_{cw} \leqslant 1$。

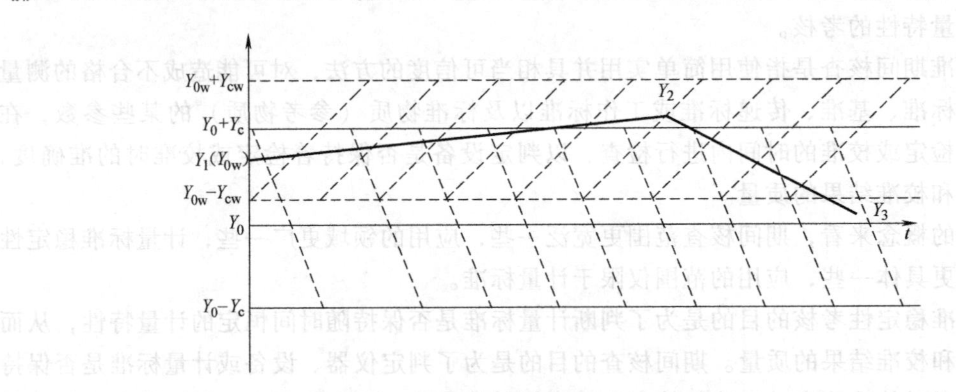

图 11-2 稳定性考核曲线与期间核查曲线

第二节 期间核查的对象与核查标准的选择

一、期间核查的对象选择

ISO/IEC 17025：2005 的 5.6.1 指出“实验室应制定设备校准的计划和程序，该计划应当包含一个对测量标准、用作测量标准的标准物质（参考物质）以及用于检测和校准的测量与检测设备进行选择、使用、校准、核查、控制和维护的系统”。可见核查是实验室量值溯源计划系统的一个重要组成部分。ISO/IEC 17025：2017 的 6.4.10 条款强调了期间核查对保持测量设备校准状态与性能的信心和计量溯源性的重要性；7.7.1 e）条款强调了期间核查对确保结果有效性的重要作用。从理论上说，只要可能，所有测量设备都应进行期间核查。

在实际情况下，考虑到在溯源链中的地位，对计量标准应根据规定的程序和日程进行核查；而对测量设备的期间核查，应根据测量设备的类型、稳定性和实际使用情况结合以下因素来综合考虑：测量设备校准周期的长短，历次校准结果的优劣，质量控制结果的好坏；是否具备核查标准和实施的条件；成本和风险之间的均衡，期间核查并不能完全排除风险，应寻求实验室具体的成本和风险平衡点以做出选择。此外，如期间核查的费用超过校准或检定的费用且校准或检定所需时间满足实验室要求，则实验室可以只进行校准或检定。

一般应对处于下列十种情况之一的测量设备进行核查：

1）不够稳定、易漂移、易老化且使用频繁的（包括使用频繁的参数和量程）。

2）使用或储存环境严酷或发生剧烈变化的。

3）使用过程中容易受损、数据易变或对数据存在疑问的。

4）脱离实验室直接控制的（如借出后返回的）。

5）使用寿命临近到期的。

6）首次投入运行，不能把握其性能的。

7）测量结果具有重要价值或重大影响的。

8）有较高准确度要求的关键测量标准装置。

9）分析历年校准或检定证书，示值的校准状态变动较大的。

10）测量设备的操作人员或使用范围有重大变化的。

二、期间核查标准的选择

期间核查标准是计量性能满足核查要求、用于核查的测量设备，是通过受控测量过程实现验证特定测量设备或测量系统性能的装置。通常核查标准稳定性应优于核查控制限的1/3，用于多周期核查应优于 1/5。由于各专业技术特点的差异性，可对核查标准的稳定性、分辨力等计量性能指标单独提出要求，通常可选用符合上述要求的实物量具。

选择核查标准有以下几个原则：

1）核查标准应具有核查对象所需的参数，能由被核查仪器或计量标准对其进行测量。

2）核查标准应具有良好的稳定性，某些仪器的核查还要求核查标准具有足够的分辨力和良好的重复性，以便进行期间核查时能观察到被核查仪器及计量标准的变化。

3）核查标准应可以提供指示，以便再次使用时可以重复前次核查实验时的条件，如环规使用刻线标示测量直径的方向。

4）核查标准主要是用来观察测量结果的变化，因此不一定要求其提供的量值准确。

5）一些仅用于量值传递的最高标准，其准确度等级很高，平时很少使用，一旦损坏损失很大，这样的仪器就不适于作为核查标准使用。比如用作最高标准的量块，一般仅用作量值传递，而不用于期间核查。这是因为频繁的核查会磨损量块，重新配置费用较高，而且标准器的稳定性数据将全部失效，这样对实验室来说会带来很大的损失。

三、期间核查的种类

根据期间核查标准的用途和特性，大体上可以将期间核查分为三大类。

（一）参考标准、基准、传递标准或工作标准的期间核查

1）被校准对象为实物量具时，可以选择一个性能比较稳定的实物量具作为核查标准。

2）参考标准、基准、传递标准或工作标准由实物量具组成，而被校准对象为测量仪器。鉴于实物量具的稳定性通常远优于测量仪器，此时可以不必进行期间核查；但需利用参考标准、基准、传递标准或工作标准历年的校准证书，画出相应的标称值或实际值/校准值随时间变化的曲线。

3）参考标准、基准、传递标准或工作标准和被校准的对象均为测量仪器。若存在合适的比较稳定的实物量具，则可用它作为核查标准进行期间核查；若不存在可作为核查标准的实物量具，则此时可以不进行期间核查。

（二）测量设备的期间核查

1）若存在合适的比较稳定的实物量具，即可用它作为核查标准进行期间核查。

2）若存在合适的比较稳定的被测物品，即可用它作为核查标准进行期间核查。

3）若对于被核查的检测设备来说，不存在可作为核查标准的实物量具或稳定的被测物品，则可以不进行期间核查。

（三）标准物质的期间核查

标准物质是指具有一种或多种足够均匀和很好的确定了的特性，用以校准测量装置、评价测量方法或给材料赋值的一种材料或物质。标准物质通常分为有证标准物质和非有证标准物质。

1. 有证标准物质

有证标准物质是附有认定证书的标准物质，其一种或多种特性量值用建立了溯源性的程序确定，使之可溯源至准确复现的表示该特性值的测量单位，每一种认定的特性量值都附有给定包含概率的不确定度。所有有证标准物质都需经国家计量行政主管部门批准、发布。有证标准物质在研制过程中，对材料的选择、制备、稳定性、均匀性、检测、定值、储存、包装、运输等均进行了充分的研究，为了保证标准物质量值的准确可靠，研制者一般都要选择（6~8）家的机构共同为标准物质进行测量、定值。

对于有证标准物质的期间核查，实验室在不具备核查的技术能力时，可采用核查其是否在有效期内、是否按照该标准物质证书上所规定的适用范围、使用说明、测量方法与操作步骤、储存条件和环境要求等进行使用和保存等方式进行核查，以确保该标准物质的量值为证书所提供的量值。若上述情况的核查结果完全符合要求，则实验室无须再对该标准物质的特性量值进行重新验证；如果发现以上情况出现了偏差，则实验室应对标准物质的特性量值进行重新验证，以确认其是否发生了变化。对于不分具体情况，以盲目对有证标准物质的特性量值重新进行验证来作为对标准物质的期间核查的做法是不适宜的，它不仅增加了实验室的工作量，而且也增加了实验室的经济负担（有的标准物质非常昂贵），如果核查方法不当，还有可能做出误判，加大测试风险。

一次性使用的有证标准物质，可以不进行期间核查。

2. 非有证标准物质

非有证标准物质是指未经国家行政管理部门审批备案的标准物质，它包括参考（标准）物质、质控样品、校准物、自行配置的标准溶液和标准气体等。对非有证标准物质的核查方法如下。

1）定期用有证标准物质对其特性量值进行期间核查。

2）如果实验室确实无法获得适当的有证标准物质时，可以考虑采用的核查方法有：通过实验室间比对确认量值；送有资质的校准机构进行校准；测量近期参加过水平测试结果满意的样品，以及检测足够稳定的与被核查对象的不确定度相近的实验室质量控制样品。

总之，对标准物质的期间核查，应具体问题具体分析，切忌盲目地对标准物质的特性量值进行测量，或采用不当的方法对标准物质进行期间核查。

第三节 期间核查方法及其判定原则

实验室应从经济性、实用性、可靠性、可行性等方面综合考虑，依据有关标准、规程、规范，或参照仪器技术说明书中提供的方法进行期间核查。期间核查方法的一般来源有以下几种：

1）测量标准方法或技术规定中的有关要求和方法。

2）测量设备检定规程的相应部分。

3）测量设备的使用说明书、产品标准或供应商提供的方法。

4）自行编制的期间核查作业指导书。

5）测量设备自带校准的方法（注意：虽然期间核查不是再校准，但设备校准的某些方法也可用于核查，如采用标准物质、标准仪器等）。

一、自校准法

若实验室自身拥有的仪器，其某一参数的示值不确定度小于被核查仪器不确定度的1/3，即可用前者对后者进行核查。当结果表明被核查的性能满足要求时，则核查通过。例如，用自身拥有的0.1级力标准机对0.3级标准测力仪某一测点进行核查时，得到的结果为y_2，而最近一次校准/检定的结果为y_1。参照JJG 144—2007《标准测力仪检定规程》，若力值长期稳定性$\frac{|y_1-y_2|}{y_1}\leqslant 0.3\%$，则核查通过。

二、多台（套）比对法

如果实验室没有更高等级的仪器，但拥有准确度相同的同类多台（套）仪器，此时可采用多台（套）比对法。首先用被核查的仪器对被测对象进行测量，得到测量值y_1及其扩展不确定度U_1；然后用其他几台仪器分别对该被测对象进行测量，得到测量结果y_2，y_3，…，y_n。计算y_2，y_3，…，y_n的平均值$\bar{y}$，代入

$$|y_1-\bar{y}|\leqslant\sqrt{\frac{n-1}{n}}U_1 \tag{11-1}$$

若式（11-1）成立，则核查通过。

三、核查标准法

如果实验室拥有一个足够稳定的被测对象（例如砝码、量块或性能稳定的专用于核查的测量仪器等）作为“核查标准”，则当被核查仪器经校准/检定返回实验室后，立即测量该核查标准的某一参数，得到结果 x_0及其扩展不确定度 U_0，此后，核查时再次对核查标准进行测量，得到结果 x_1及其扩展不确定度 U_1，代入

$$E_{n1}=\frac{|x_1-x_0|}{\sqrt{U_1^2+U_0^2}}<1 \tag{11-2}$$

若式（11-2）成立，则核查通过。

类似地，进行第 2、3、4……次核查，得到一系列值 E_{n2}、E_{n3}、E_{n4}……当 $0.7\leqslant E_{ni}<1$ 时，建议实验室分析原因并采取预防措施，以避免仪器性能进一步下降对结果造成影响。

四、临界值评定法

当实验室对测量不确定度缺乏评定信息，而用于该测量的标准方法提供了可靠的重复性标准差 σ_r和复现性标准差 σ_R时，可采用临界值（*CD* 值）评定法。根据 GB/T 6379.6—2009 按式（11-3）计算 *CD* 值。

$$CD=\frac{1}{\sqrt{2}}\sqrt{(2.8\sigma_R)^2-(2.8\sigma_r)^2\left(\frac{n-1}{n}\right)} \tag{11-3}$$

在重复性条件下 *n* 次测量的算术平均值$\bar{y}$与参考值 u_0（如校准/检定证书给出的值）之差的绝对值$|\bar{y}-u_0|$小于 *CD* 值，则核查通过。

五、允差法

在 E_n值及 *CD* 值均不可获得时，依据相应规程、规范或标准规定的测量结果的允差 Δ 判断，若式（11-4）成立，则核查通过。

$$X_{lab}-X_{ref}\leqslant\Delta \tag{11-4}$$

式中 X_{lab}——实验室的测量结果；

X_{ref}——被测对象的参考值。

当将标准物质作为被测对象，其参考值 X_{ref}采用标准物质证书中的值时，该方法也称为“标准物质法”。用于期间核查的标准物质应能溯源至 SI 或在有效期内的有证标准物质。当无标准物质时，可用已定值的标准溶液对仪器（如 pH 计、离子计、电导仪等）进行核查。

六、常规控制图法

常规控制图应用于仪器的核查，通常是用被核查对象定期对测量对象进行重复测量，或用测量对象定期对被核查对象进行重复测量，并利用得到的特性值绘制出平均值控制图和极差控制图。此后，若核查值落在控制限内，则核查通过。测量对象的测量范围应接近于被核查对象，并具有良好的稳定性和重复性。如果测量对象是一台仪器，还应具有足够的分

辨力。

七、计量标准可靠性核查法

1）选一稳定的被测对象，用被核查的计量标准对某参量的某测点，在短时间内重复测量 n 次（$n \geqslant 6$），得测量结果 x_i（$i=1, 2, \cdots, n$），则实验标准偏差为：

$$s_n(x)=\sqrt{\frac{\sum_{i=1}^{n}(x_i-\bar{x})^2}{n-1}} \tag{11-5}$$

依据 JJF 1033—2016《计量标准考核规范》，对已建计量标准每年至少进行一次重复性测量，若测得的重复性不大于新建计量标准时测得的重复性，则该计量标准的检定或校准结果的重复性核查通过；依据 GJB 2749A—2009《军事计量测量标准建立与保持通用要求》，若 s_n（x）小于该计量标准考核时确认的合成标准不确定度的 2/3，则其重复性核查通过。

2）用被核查的计量标准对被测对象的某参量的某测点重复测量 n 次（$n \geqslant 6$），在不同时间段测得 m 组（$m \geqslant 4$）结果，则组间实验标准偏差为：

$$s_m=\sqrt{\frac{\sum_{i=1}^{m}[(\bar{x}_n)_i-\bar{x}_m]^2}{m-1}} \tag{11-6}$$

式中　$\bar{x}_n$——一组测量中 n 个测量值的算术平均值；

$\bar{x}_m$——m 组测量结果的算术平均值。

依据 JJF 1033—2016，若计量标准在使用中采用标称值或示值，即不加修正值，则计量标准的稳定性应当小于计量标准的最大允许误差的绝对值；若计量标准需要加修正值使用，则计量标准的稳定性应当小于修正值的扩展不确定度。当相应的计量检定规程或计量技术规范对计量标准的稳定性有具体规定时，则可以依据其规定判断稳定性是否合格。依据 GJB 2749A—2009《军用计量测量标准建立与保持通用要求》，若 s_m 小于该计量标准考核时确认的合成标准不确定度，则其稳定性核查通过。

八、休哈特（Shewhart）控制图

期间核查结果控制图的制定和运用，是对测量过程的状态按照预防为主、科学合理、经济有效的原则进行控制的手段，是用来及时反映和区分正常波动与异常波动的一种工具，便于查明原因和采取纠正措施，以达到测量过程受控的目的。机构内部质量控制图大多采用休哈特（Shewhart）控制图。常用的休哈特控制图包括 $\bar{X}$-R（均值-极差）控制图、$\bar{X}$-s（均值-标准偏差）控制图、M_e-R（中位数-极差）控制图和 X-R_s（单值-移动极差）控制图。在实验室日常工作中，通常是绘制更为简便、实用的平均值 $\bar{X}$ 控制图和极差 R 控制图即可。

（一）平均值 $\bar{X}$ 控制图

平均值 $\bar{X}$ 控制图主要用于控制测量过程的系统影响。每次核查时对被核查标准进行 n 次测量作为一组，取 n 次测量的平均值为本组核查的结果，国家标准推荐组内测量次数 n 取

4或5，共核查 m 组。将各组核查的结果，按时间先后顺序画在控制图上，就是平均值 $\overline{X}$ 控制图，简称 $\overline{X}$ 图。

（二）极差 R 控制图

极差 R 控制图用于观察测量过程的分散或变异情况的变化，主要是对 n 太小时（$n<10$）使用的。同一组测量值中的最大值与最小值之差称为极差 R。同样，将所得到的极差值 R 按时间顺序画在控制图上，就是极差 R 控制图，简称 R 图。绘制内部质量控制图时，应先绘制 R 图，等 R 图判稳后，再作 $\overline{X}$ 图。如果先作 $\overline{X}$ 图，则由于这时 R 图还未判稳，$\overline{X}$ 的数据不可用，故不可行。

综上所述，不同的期间核查方法耗费成本不一，实验室应尽可能采取经济、简便、可靠的方法。例如，对综合型校准实验室的许多仪器通常采用自校准法；当稳定的被测对象易于获取时，常采用核查标准法和常规控制图法；计量标准在新建标准考核后，可通过对其重复性考核和稳定性考核进行核查；当实验室拥有多台（套）功能相同、准确度一致的仪器时，多台（套）比对法不失为一种可选的方法；在实验室内部无法获得支持的情况下，有时也采用实验室间比对来进行核查。

应注意区分仪器的使用前核查与期间核查。在每次使用前利用仪器自带或内置的标准样块或自动校准系统进行核查，属于使用前核查。例如，按照仪器说明书规定的方法利用内置砝码对电子天平进行核查。再如，选用数字多用表对标准电压源5V的直流输出进行核查时，首先调整电压源，使数字多用表显示5V，得到修正值 e；然后再次调整电压源输出，使其指示5V，此时数字多用表显示结果为 E，则 $E+e$ 为核查结果；最后根据标准电压源的技术要求，即可判定其性能是否令人满意。

第四节　期间核查的参数量程选择及频次控制

一、期间核查仪器、设备参数和量程的选择

期间核查主要是核查测量仪器、测量标准或标准物质的系统漂移，而稳定性考核是考核其短期稳定性。可以从以下三个方面考虑核查参数和量程的选择。

1）选择使用最频繁的参数和量程。

2）必须分析历年的校准证书/检定证书，选择示值变动性最大的参数和量程作为核查参数和量程。

3）对于新购测量设备，期间核查的参数和量程应选择设备的基本参数和基本量程。

二、期间核查的频次控制

期间核查可以提高校准/检测质量，降低出错的风险，但并不能完全排除风险。期间核查的实施及其频次应结合行业自身的特点，寻求成本和风险的平衡点。此外，不同实验室所拥有的测量设备和参考标准的数量和技术性能不同，对校准/检测结果的影响也不同，实验室应从自身的资源和能力、测量设备和参考标准的重要程度等因素考虑，确定期间核查的频率，并且应在相应文件中对此做出规定。

期间核查的频次选择大致可以从下列六个方面进行考虑：

1）实验室所配备的测量设备和标准的数量。

2）实施期间核查的资源，如核查标准、核查人员、核查结果评判人员、环境设施。

3）测量设备或标准使用的范围及主要面向的客户。

4）测量设备或标准对测量不确定度要求的严格程度。

5）测量设备或标准历次校准或检定周期的长短以及校准结果的一致性、稳定性。

6）测量设备或标准的技术成熟度以及使用频率。

期间核查的频次根据核查过程的难易、费时程度决定，也要考虑不应频繁使用核查标准。期间核查的时间间隔取决于对测量过程控制的情况，建议每年至少应进行三次期间核查，即主标准器送检前、送检后及送检周期的中间三次。通过对被考核标准的主标准器周期送检前后核查数据的比较，可发现主标准器送检过程中其状态的保持情况；在送检周期的中间进行一次核查以确保被考核标准处于受控状态，尽量缩短标准失常的追溯期。对于使用频率比较高的测量设备，应增加核查的次数。

在开展期间核查时，应注意所编写工作程序的针对性、可操作性以及实施的经济性。在确定期间核查的时间间隔时，对检验结果有重大影响的、稳定性差的、频繁携带外出使用的测量设备，以及因送修、外借等原因脱离实验室直接控制的测量设备，应加强期间核查，而对其他测量设备可以放宽核查间隔。另外对因使用频率较低而延长校准周期的测量设备，使用前应通过期间核查保持其校准状态的准确度，或者通过核查发现其准确度的变化，从而及时调整校准周期。期间核查的频次还需要从质量活动的成本和风险、测量设备或标准的重要程度以及实验室资源和能力等因素综合考虑，确定测量设备和标准的期间核查频次。

第五节　期间核查的组织实施与结果处理

一、期间核查组织实施的总体要求

编写期间核查专门程序文件（包括目的、适用范围、职责、工作程序及记录表格等）、作业指导书。

编制期间核查的计划，内容至少应包括：核查对象的名称、型号、规格、编号，期间核查的时间或频次，核查的方法，执行人员，判定人员以及记录格式等。

期间核查工作应由具有一定资格和能力的人员实行，核查结果判定人员应独立于执行人员。

按照制定的计划实施期间核查。当出现以下情况时，也应考虑进行期间核查：

1）使用环境条件发生较大变化，可能影响仪器、设备的准确性时。

2）在质量活动中，发现所测数据可疑，对设备仪器的准确性、稳定性提出怀疑时。

3）遇到重要的质量活动时。

4）维修或搬迁后等。

实验室对期间核查计划的执行情况进行统计分析，定期进行评审。

妥善归档保存期间核查的所有记录以及相关文件。

二、期间核查作业指导书

期间核查作业指导书的作用是保证每次期间核查工作都按照同样的核查方法、核查过程规范地进行，不会因为人员变动等因素而使其发生变化进而影响到核查结果的稳定性，使期间核查工作具有前后一致性。

实验室应对已确定的核查项目编制相应的期间核查作业指导书，按规定进行评审、批准。一份期间核查的作业指导书通常应包括以下内容：

1）所要控制的测量设备/过程的工作特性与技术指标，及被核查的参数（或量）和范围，包括设备名称、编号、测量范围、分辨率、不确定度、稳定度、重复性、复现性等。

2）所选定的核查方法，相应的核查标准及技术指标、稳定性；当两个设备的差值作为核查标准时，被测样品及其技术指标、稳定性。

3）核查的环境条件。

4）核查人员的能力要求。

5）操作步骤与方法。

6）需要记录的数据与分析和表达的方法，相应的记录表格。

7）接受（或拒绝）的准则和要求，及测量设备/过程是否在控的判断方法。

8）核查间隔。

9）相关不确定度评定（如适用）。

10）其他一些影响测量可靠性因素的说明（如适用）。

作业指导书可以是独立的文件形式，也可以包含在其他文件（如设备的操作规程）中，实验室可以根据自身实际情况选择适当的形式。

三、期间核查的记录

期间核查记录的内容包括期间核查计划、采用的核查方法、选定的核查标准、核查的过程数据、判定原则、核查结果的评价、核查时间、核查人和判定人的签名等，同时一般还应包括环境条件（如温度、湿度、大气压力）等。

期间核查工作结束后，建议编写核查报告，并且与原始记录一同进行审核批准并归档保存。核查报告一般应包括以下内容：

1）被核查测量设备与核查标准的名称、编号，当用两个设备差值作为核查标准时，被测样品的名称与编号。

2）核查时间、环境条件与核查人员。

3）数据的分析处理。

4）核查结论，即测量设备/过程是否在控。

5）其他，如建议、相关说明。

四、期间核查结果的处理

当期间核查发现测量设备性能超出预期使用要求时，首先应立即停用；其次要采取适当的方法或措施，对上次核查后开展的检测/校准工作进行追溯，分析当时的数据，评估由于使用该仪器对结果造成的影响，必要时追回检测/校准结果。

第六节 现场评审与考核中的尺度把握

由于计量法律法规及计量监督体制的差异，国外只有“校准”而没有“检定”的概念，也就不存在检定规程和检定周期的硬性规定。国外校准一般不规定校准周期，主要由使用者根据测量设备使用情况以及对积累的相关运行数据进行统计分析后自行确定，可以说测量设备校准周期的确定，是用户在保证设备正常运行情况下成本与利益之间的一种平衡。有不少测量设备的校准周期都不止一年，有两年、三年，甚至更长。而在长校准周期里，测量设备存在发生偏移的风险，这就需要采取适当及有效的方法或措施，尽可能地减少和降低由于量值失准而产生的成本和风险，有效维护实验室和客户的利益。因此提出并采取期间核查的方式保持对测量设备校准状态与性能的可信度与信心也就十分必要了。

测量期间核查的要求不是盲目提出的，采用什么核查方法，针对什么设备开展期间核查，都是基于上述原因而统一制定的，即不能不顾实验室的具体情况，不计成本而单纯强调期间核查，也不能只考虑成本而忽视了期间核查对结果质量的保证作用。需要强调的是ISO/IEC 17025：2017将期间核查扩展至所有设备，是与ISO/IEC 17025：2005相比较而言。在2005版中只要求对需要校准的设备考虑是否需要进行期间核查，对于其他测量设备是没有硬性要求的。但ISO/IEC 17025：2017要求对所有测量设备都需要考虑是否需要进行期间核查。在实际工作中，实验室需要根据测量设备的类型、稳定性、使用频率等信息，决定哪些测量设备需要期间核查，哪些不用。如果是需要期间核查的，应科学、系统地确定期间核查的程序和频次。

考虑到我国计量工作的实际情况，我们的计量标准都需要依据JJF 1033—2016《计量标准考核规范》进行稳定性考核，同时，法定计量检定机构还需符合JJF 1069—2012《法定计量检定机构考核规范》的要求，并且我们的检定规程均规定明确的检定周期（有一年甚至半年的）。所以在实验室认可的现场评审与计量技术机构的考核中，应当正确理解并客观看待期间核查。过分强调期间核查，对所有测量设备都机械地硬性要求实施期间核查是不现实的；反之，对期间核查条款不理解、不实施，只要实验室的体系文件中有相关条款规定或提供了期间核查的记录表格，就认为实验室进行了有效的期间核查，这也是不可取的。

一、期间核查与确保结果有效性要素的关系

在实验室认可的现场评审中，针对期间核查工作的评审，应当着重结合ISO/IEC 17025：2005的5.9要素“检测和校准结果质量的保证”和ISO/IEC 17025：2017的6.4.10条款与7.7.1e）条款的具体要求，全面审核实验室两者是否有效结合。

ISO/IEC 17025：2005的5.9要素中规定“实验室应有质量控制程序以监控检测和校准的有效性。所有数据的记录方式应便于发现其发展趋势，如可行，应采用统计技术对结果进行审查。……定期使用有证标准物质（参考物质）进行监控和/或使用次级标准物质（参考物质）开展内部质量控制。……应分析质量控制的数据，当发现质量控制数据将要超出预先确定的判据时，应采取有计划的纠正措施来纠正出现的问题，并防止报告错误的结果”。

ISO/IEC 17025：2005的5.9要素明确要求通过监控，应用统计技术对结果进行审查，发现监控数据的发展趋势，采取相应措施防止错误结果。

ISO/IEC 17025：2017 的 6.4.10 条款强调了期间核查对保持测量设备校准状态与性能的信心和计量溯源性的重要性；ISO/IEC 17025：2017 的 7.7.1e）条款明确了测量设备的期间核查已作为实验室确保结果有效性的 11 种内部质量监控方式之一，强调了期间核查对确保结果有效性的重要作用。

综上所述，无论是 ISO/IEC 17025：2005，还是 ISO/IEC 17025：2017，都明确强调期间核查是确保结果有效性的重要监控手段。可见期间核查并不是在两个校准时间间隔之间的简单再校准，而是要用一定的技术手段对这些数据进行统计分析，发现测量设备的主要参数的稳定性及变化趋势，以便对可能出现的偏离正常检测或校准情况采取有效的预防措施。如果实验室质量控制比较严格有效，有可能会通过每年的周期检定，建立核查数据库，通过绘制极差控制图、平均值-标准差控制图等方式来监测校准/检测设备的计量性能。这样测量设备的不确定度、长期稳定性及其变化趋势就会一目了然。仅仅找一个稳定的核查标准得到几组核查数据并不能说明问题，因为期间核查最后的落脚点在于对核查数据的分析，通过数据分析，对测量设备的计量性能是否符合使用要求做出判断。

评审时应注意作为监控手段之一的期间核查，并应将侧重点放在实验室是否对核查数据进行了分析，是否通过数据分析对测量设备的计量性能做出判断。在现场评审中，不应僵化地审核实验室有没有制定期间核查计划，有没有期间核查记录，关键是要建立与 ISO/IEC 17025：2005 的 5.9 要素和 ISO/IEC 17025：2017 的 7.7.1e）条款紧密结合的一套质量监控措施，对它们进行了有效的监控，从而达到期间核查的最终目的。

二、对期间核查相关文件、记录的评审

（一）对期间核查相关文件的评审

年度期间核查计划应包括实施期间核查的测量设备、需核查的参数、核查间隔的设置、核查方式等信息，该计划应经过审批。实验室应指定专人负责按计划实施设备的期间核查。

1）实验室体系文件的岗位职责中应包括有关期间核查的职责，如哪个岗位的人员负责决定对哪类仪器、设备或标准物质实施期间核查。

2）实验室的管理体系文件（无论是哪个层次）中应规定实施期间核查的条件，并对其使用的仪器、设备、参考标准、基准、传递标准或工作标准以及标准物质等进行识别，明确是否需要开展期间核查，并制订相应的操作程序。

3）当体系文件规定要对设备开展期间核查后，应对实验室的在用设备从稳定性、使用状况、上次校准的情况、使用频次、设备操作人员的熟练程度、设备使用环境等方面进行分析，并得出对哪些设备在何种情况下要进行期间核查，以及期间核查的间隔。

4）实验室对需进行期间核查的测量设备进行分析识别的人员资格，应有明确的规定。

5）根据识别出的需进行期间核查的测量设备，制订相应的年度期间核查计划，对计划的执行情况进行统计分析，定期进行评审，并由专人负责实施和督查。

6）对已确定的核查项目编制相应的期间核查方案，按规定进行评审、批准。一份期间核查的作业文件（指导书）通常应包括的内容见本章第五节“二、期间核查作业指导书”。

（二）对期间核查相关记录的评审

对期间核查相关记录的评审应按本章第五节“三、期间核查的记录”中叙述的内容进行。

三、期间核查结果的应用

实验室应明确专人对核查的结果进行分析，以判定其结果是否出现异常，是否出现异常趋势需进一步监控。异常现象的判定依据等内容应在作业指导书中体现。当期间核查的结果表明该测量设备出现偏差时，应根据情况对测量设备进行维护调试，或将测量设备送至校准机构进行校准。还应分析偏差对以前检测或校准工作产生的影响，科学系统地进行风险识别与评估，及时启动“不符合工作程序”和（或）“纠正措施程序”，进行必要的追溯。

实验室期间核查整体实施情况、核查结果等应作为计量技术机构计量综合管理与实验室年度管理评审重要输入材料和记录。

第十二章

计量测试系统防干扰技术

测量的质量除了与测量仪器、测量标准和测量人员有关外，还与测量环境关系很大，各种可能存在的自然干扰和人为干扰是影响测量质量的重要因素，因此防干扰技术的研究和应用，越来越受到重视。各计量测试专业都大量、普遍地使用各种测量仪器和测量标准，营造和保持良好的环境，掌握和应用基本的、必要的电磁干扰防护技术，对提高测量质量是十分重要的。

第一节　电磁干扰和干扰源

一、电磁环境

一切电、磁设备包括测量仪器、测量系统，控制、测量（校准/检定或测试）工作，使用设备进行控制、测量工作的人员，都处于一定的环境之中。温度、湿度、尘埃、振动、声、光等是易被人们直接感觉、受到重视的环境，而电磁环境时常被忽视。可是，电、磁设备和使用人员本身的健康对电磁环境却十分敏感。特别是随着科学技术的进步，微电子技术的应用，计算机的普及，通信技术的发展，工业、科学、医疗用设备的广泛使用，使电磁环境恶化，电磁干扰日趋严重。在给定场所存在的有意产生或无意产生的所有电磁现象的总和称为电磁环境（Electromagnetic Environment，EME）。

根据无线电管理、电磁环境保护的需要，国家制定了各种应用场所的电磁环境标准，包括工业标准和卫生标准，对电磁辐射环境、作业电磁环境、生活区电磁波卫生要求等作了明确规定。如果特定的电磁环境超过规定的电磁干扰强度，可能会使设备工作不正常，通信质量下降或中断，人体健康也可能受到伤害。在我国，各种技术标准包括检定规程，都对实验室的电磁环境加以限制，规定除地磁场外，应“不存在影响测量结果的电磁干扰”。但目前，我国还没有对各类实验室给出电磁干扰允许值的定量标准。美国仪表协会规定，Ⅰ等、Ⅱ等实验室的电磁干扰平均场强不应大于100μV/m；对于电源线上传导的电磁能量，测量的开路电压不应大于100mV。俄罗斯干扰技术规范《最大允许工业干扰标准》规定，在电子实验室，屏蔽室外干扰源在屏蔽室内产生的射频干扰场强不应超过2μV/m。这些数据可以作为对实验室电磁环境进行控制的参考，必要时，应采取专门的屏蔽和滤波措施，以获得安全的电磁环境，保证测量的质量。

二、电磁干扰

各种电、磁设备工作的同时，往往要产生一些有用或无用的电磁能量，影响其他设备的工作。如继电器的断（或通）可产生瞬态电磁脉冲，使计算机工作失常；门前驶过汽车或飞机低空飞过时，将干扰电视机的正常工作，产生电磁干扰。电磁干扰是指使测量设备、装置或系统性能下降、工作不正常或发生故障的电磁骚扰。任何可能引起设备、装置或系统性能下降或对有生命或无生命物质产生损害的电磁现象叫作电磁骚扰（Electromagnetic Disturbance）。电磁骚扰可能是电磁噪声或无用信号。电磁噪声（Electromagnetic Noise）通常是脉冲式的、随机的，是一种与有用信号无关的电磁现象，可以与有用信号叠加或组合，扰乱信号传输，导致原有信号畸变。例如，所有具有电阻的元件产生的热噪声，静电放电产生的放电噪声，切断电感性负载或接通电容性负载产生的尖峰噪声等，均不带任何有用信息。所谓无用信号是指一些功能性信号，例如，卫星通信、移动电话、广播、电视、雷达等，本身是有用信号，但如果影响其他设备或系统的正常工作，或对人体健康造成损害，对被干扰对象而言，这些有用信号就成为“无用信号”。严格地说，在任何电磁环境中，电磁骚扰是客观存在的，只有当电磁骚扰强度大到影响设备性能或正常工作时，才构成“电磁干扰”。而在测量领域，人们常把来自测量设备或系统外部的无关信号称为干扰，把由设备、系统内部产生的无关信号叫噪声。进行测量时，对技术指标合格并在规定条件下使用的测量仪器，可不考虑内部噪声的影响。虽然电磁干扰、电磁骚扰和电磁噪声或噪声的定义有别，而且可能并不统一，但在实际应用中，大都协调混同使用，多数情况下是无妨的。

三、电磁兼容

说到电磁干扰，人们总是和电磁兼容性（Electromagnetic Compatibility，EMC）联系在一起。电磁兼容性是指设备或系统在其电磁环境中能正常工作且不对该环境中任何事物构成不能承受的电磁骚扰的能力。包含两层意义：①电子设备在预定的电磁环境中工作不因受到干扰而降低特性的能力；②电子设备在规定的电磁环境中工作而不干扰其他设备的能力。也就是说，电磁兼容是研究同一电磁环境中，各种电子设备、系统、分系统如何能正常工作，互不干扰，达到兼容的一门学科。目前，已有不少电子设备特别是测量标准设备通过 EMC 测试，达到电磁兼容标准，但更多的工业电子电气设备并未进行 EMC 测试，更不要说达到电磁干扰排放标准；即使所有设备已达到 EMC 标准，人们所处环境电磁干扰的强弱还取决于产生干扰设备的多少、性质和分布以及所处环境对电磁干扰大小的要求。

四、电磁干扰源

电磁干扰源种类繁多，可按不同的方法进行分类。可以按干扰产生的原因，也可以按干扰的性质、波形、持续时间，还可以按干扰的传输途径、频率分布等各种表现或特点进行分类。不同分类方法适用于各种分析目的的需要。对测量环境中直接影响测量及测量设备的干扰来源可分为自然干扰源和人为干扰源。

（一）自然干扰源

（1）大气噪声干扰　如雷电产生的火花放电，属于脉冲宽带干扰，其覆盖的频谱从数赫到 100MHz 以上，传播的距离相当远。

（2）太阳噪声干扰　指太阳黑子的辐射噪声。在太阳黑子活动期，黑子的爆发，可产生比平稳期高数千倍的强烈噪声，致使通信中断。

（3）宇宙噪声　指来自银河系的噪声。

(4) 静电放电（ESD） 人体、设备上所积累的静电电压可高达几万伏直到几十万伏，常以电晕或火花方式放掉，称为静电放电。静电放电产生强大的瞬间电流和电磁脉冲，会导致静电敏感器件及设备的损坏。静电放电属脉冲宽带干扰，频谱成分从直流一直连续到中频频段。

(二) 人为干扰源

人为干扰源指由电气电子设备和其他人工装置产生的电磁干扰。按干扰信号属性分为功能性干扰源和非功能性干扰源。前者属于功能上的需要，只是因寄生耦合等的存在或受干扰对象过于敏感而引起的干扰；后者是完成功能时的副产品或寄生杂波信号。本书所说的人为干扰源都是指无意识的干扰。至于为了达到某种目的而有意施放的干扰，如电子对抗等不在本书讨论范围。

任何电子电气设备都可能产生人为干扰。常见的干扰测量环境的干扰源有：无线电发射设备；工业、科学、医疗（ISM）设备；电力设备；汽车、内燃机点火系统；电网；高速数字电子设备等。

上述电磁干扰源，就其产生的机理而言，有放电噪声（雷电、静电放电、辉光放电等）、接触噪声、电路的过渡现象、电磁波反射现象等。传输线中电磁波反射是高频测量与数字设备必须认真对待的干扰源。

五、电磁干扰的传输途径

电磁干扰从发生地向远处传输，根据传输途径，大体分为两类：空间传输的辐射干扰和导体传输的传导干扰，如图 12-1 所示。

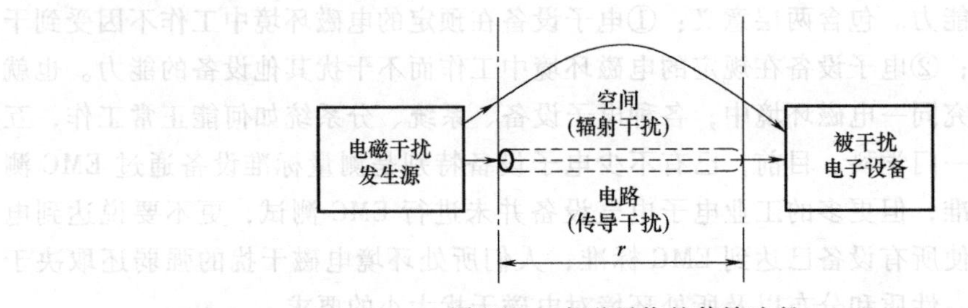

图 12-1 电磁干扰的传输途径

(一) 辐射干扰

干扰源周围存在电场和磁场。干扰源的电磁能量通过空间以场的形式向远方传输，影响远处的敏感设备。除了功能性信号（如广播电视台、无线电通信、雷达等）通过天线向空间发射电磁能量外，干扰源的泄漏、起着辐射天线作用的干扰源电源线、信号线、控制线等也向空间辐射电磁能量。当高频电流信号通过电磁干扰发生源的金属外壳时，电磁干扰发生源的外壳也成为辐射天线，向空间辐射干扰电磁波。被干扰设备以接收天线、金属外壳或电缆将干扰引入设备，形成干扰。

被干扰设备接收干扰能量的大小与干扰源的性质及距干扰源的距离有关。干扰源有电场源与磁场源之分。高电压、小电流干扰源为电场源，低电压、大电流干扰源为磁场源。根据敏感设备距干扰源距离 r 的大小（图 12-1），工程上分为三个区：远区、近区和过渡区。

当自由空间某点距干扰源的距离 $r \gg \lambda/2\pi$（λ 为干扰源波长），即远大于波长的 1/6 时，则称为“远区”，该区内的电磁场称为“远场”。

远场的电磁场是平面电磁波，波阻抗等于自由空间特性阻抗，为固定值 377Ω。

自由空间中距干扰源距离 $r \ll \lambda/2\pi$ 的区域称为“近区”，该区内的场称为“感应场”或“近场”。该区中波阻抗的数值决定于干扰源是电场干扰源还是磁场干扰源。

影响测量的工频电网干扰，因仪器距工频电网电力线的距离 r 与波长 λ 相比，满足 $r \ll \lambda/2\pi$，所以工频电网对测量仪器产生的干扰场主要是近场，即“感应场”，一般习惯于用电路观点进行分析。

$r=\lambda/2\pi$ 及其附近的区域称为“过渡区”。在过渡区，电场源和磁场源产生的场，其波阻抗接近于 377Ω，等于自由空间特性阻抗。

（二）传导干扰

传导干扰的表现形式包括：干扰源通过导线进行传输，如通过信号线、电源线、控制线等直接侵入敏感设备；当产生干扰的仪器与被干扰仪器共用同一电源时，干扰将通过电源内阻耦合沿电源线进行传输；共地设备间将产生共地阻抗干扰。另外，干扰通过各种分布电容、分布电感的电场、磁场耦合对测量的影响也不能忽略，造成测量结果的误差。

1. 导线直接耦合

干扰通过导线直接耦合是最简单、最常见的传输耦合方式。如各种工业干扰通过电力线传输的干扰比通过空间传输的干扰要大得多。这时，干扰通过直接连接两设备（或系统）之间的传输线（双导线、电缆等）从干扰源传输到被干扰设备的输入端，影响受干扰设备。

2. 公共阻抗耦合

测量装置中的公共阻抗最常见的是电源内阻和接地电阻。当几台仪器、几个实验底板或电路单元共用一组直流电源时，高电平工作电路输出电流的一部分或全部将可能流经电源。如果电源内阻不够低，此电流在电源内阻上形成干扰源，影响其他仪器、实验电子线路或电路单元的正常工作。

进行电子测量实验时，要求各仪器间有公共接地点，提供零电位基准。大地的阻抗非常低，在性能设计时认为它为零，作为零电位基准。但对电磁干扰而言，大地阻抗是造成干扰的重要原因。由于大地阻抗包括地线本身电阻、接点氧化和搭接阻抗的存在，形成一定的公共阻抗，外界电磁干扰（特别是强大的 50Hz 工频干扰）以及各个仪器或电路单元共用地线等原因，将在地电阻上检测到一个明显的干扰电压，在接地回路中形成地线环路电流，流过测量装置，引起测量误差。

3. 分布参数耦合

干扰除了通过空间传输、传输线直接耦合（分短线与长线）和公共阻抗耦合外，还有一种情况介于两者之间，即近场耦合。短传输线间通过电容性耦合或电感性耦合产生传导干扰，影响测量电路的正常工作。

实际上，同一干扰源往往会通过多种途径影响被干扰对象。例如，工业干扰影响被干扰对象的途径可以有：①直接辐射，干扰信号在空间传输时被设备的天线接收，有时设备本身也起天线作用；②沿电力线传播，通过被干扰设备的电源线直接传导；③通过与有干扰的电力线之间的分布电容耦合或电感耦合而进入被干扰设备；④直接辐射的干扰还可能遇到障碍产生反射，反射波再辐射、传导或耦合，影响被干扰设备。所以干扰传输途径是综合的。图 12-2 示出这种综合传输的一例。

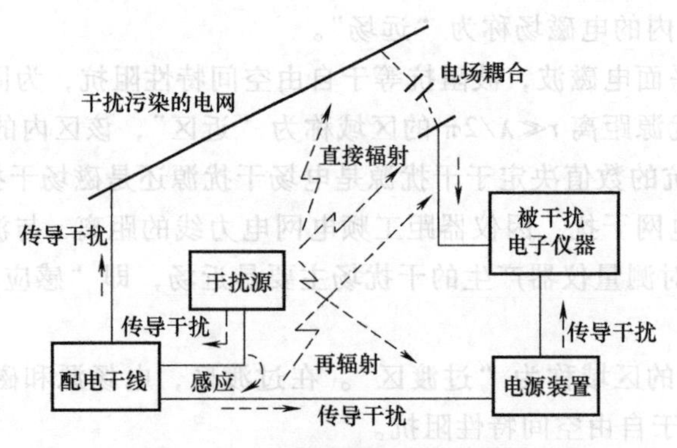

图 12-2　电磁干扰综合传输途径

如上分析，从干扰源的角度看，干扰能量从干扰源传送到被干扰对象有两种方式：辐射方式和传导方式。相应地，从被干扰对象的角度看，干扰能量耦合也分为两类：辐射耦合和传导耦合，其类型可归纳如下：

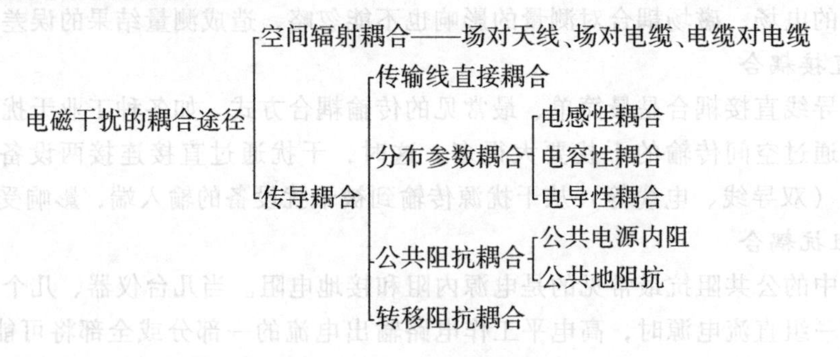

第二节　接地和屏蔽

任何测量仪器其电子电路均有接地点。为保证信号正常传输，接地点的选择和接地方式是十分重要的。从电路的观点看，地是电位的参考点。不同系统，参考点可以不同。电力系统把大地表面作为参考点，因此电力系统接地多数把电路中的某一点与大地相连。便携式仪器仪表往往选择直流电源的某一极作为参考点，如选电源正极为“地”，则为负电源，反之为正电源。测量中选择合适的接地点，是防止电磁干扰的重要手段。正确认识地的概念、目的、方法和正确测量接地电阻是十分必要的。

一、接地的目的和类型

接地的目的，一是为了安全，把电气、电子仪器、设备金属外壳接大地，防止人身触电。二是电路正常工作需要，选择系统参考点作为“地”，多数情况这一参考点是电源的某一极。三是防止电磁干扰采取的技术措施，如仪器外壳接大地防止静电干扰。为防止电磁干扰采取的屏蔽保护措施实施起来比较复杂，要针对不同的干扰源采取不同的接地方式。

“地”的类型可根据其应用的特点和信号的性质有多种名称：安全地、静电地、电源地、电路地、屏蔽地、信号地、模拟地、数字地等。安全地指的是为了保护电子设备及工作人员不受突发性的电磁环境的侵害而设置的。静电地主要指的是在电子设备的生产和操作中，保护电子设备和元器件不被静电的积累而击穿损坏或影响其性能。如实验室或生产车间的防静电工作台和工作服等都要用到静电接地。电源地也就是电源的地线，其电位和大地等电位。信号地是指在测量仪器及装置构成的线路中，信号参考电位的基准点。在实际测量中，测量系统的信号可以和电源地相连，也可不接地（浮地）。电路地是测量仪器内部信号变换和处理过程中局部信号的参考点。一般情况下有统一的电路地，并和信号地相连。屏蔽地一般指静电屏蔽地，也就是被保护体外的屏蔽体的接地。数字地和模拟地分别是测量设备（或信号源）内部数字线路和模拟线路的接地点。

虽然“地”的名称繁多，但从安全的目的，“地”只有一个，就是大地。从保证电路正常工作的目的，“地”也只有一个，即系统的电位参考点，此参考点可以是大地，也可以不是大地。作为防止电磁干扰的屏蔽保护措施，“地”有多种：信号地、模拟地、数字地、静电地等。实际上，归纳起来接地只有两种：安全接地和工作接地（或技术接地），前者是保证设备及人身安全的需要，后者主要指信号接地，为了电路的正常工作和用于电磁干扰控制。

二、电子设备接地技术

在测量中，一定要注意地线的正确接法。有几种基本的接地方式：浮地、单点接地、多点接地以及混合接地。

（一）浮地

浮地是将电路或设备与公共地以及可能引起回路环流的共用连接线完全隔离开而采用的一种接地方式。采用浮地的连接方式，可使公共地中存在的干扰电流不致耦合到信号电路。对高频而言，实现真正的浮地是做不到的。这种接地方式可能堆积静电荷，形成危害，或引起静电放电，形成干扰电流。除防止公共地线或附近导体有干扰大电流流动影响信号系统外，一般不采用浮地的接地方式。

（二）单点接地

单点接地指的是在测试或测量系统中只存在一个物理接地点。在这种接地方式下，各测量设备或分系统有各自独立的连接地线接到共用的物理参考点。根据连接方式的不同，分单点串联接地和单点并联接地两种。单点接地的缺点是接地线太长，地线阻抗大。

（三）多点接地

为降低地线阻抗，可采用多点接地方式，使地线尽可能短，将需要接地的电路按最小距离原则就近接入低阻抗接地平面。与单点接地比较，多点接地的构成和接法简单。各分系统（具有独立接地连接线）因接地连接线而引起的高频驻波显著减小。因此这种多点接地方式是高频电测量系统及高频电路常采用的接地方式。采用多点接地方式以后，由于各分系统内部可以通过不同的接地点形成回路，因此对接地体的质量和要求大大提高；需要接地体具有等电位。这样各分系统的干扰电流就不会影响到其他系统。

（四）混合接地

当使用频率范围为宽频带时，可采用低频下一点接地，高频下多点接地的混合接地方式。

三、接地电阻的计算与测量

（一）接地电阻

把设备的某一部分通过接地装置同大地连接起来称为接地。直接与大地接触的金属导体称接地极或接地体，用来连接接地体与设备接地点的导线叫接地线。接地体和接地线的总和称接地装置。为了满足系统接地的要求，接地装置的接地电阻应符合设计要求。

由图 12-3 可知，接地电阻是指当接地极上流过电流时，此电流在大地土壤中向四周流散，于是接地极相对无穷远处大地电位产生电位升。这种状态下，接地电阻定义为：

$$R_E = \frac{E}{I} \tag{12-1}$$

式中 E——接地极相对无穷远处大地的电位升（V）；

I——流过接地极电流（A）；

R_E——接地电阻（Ω）。

理论上规定无穷远处大地的电位为零，实验证明，距接地极或接地短路点 20m 左右的地方，或距接地极距离大于 $11r_e$（r_e为接地装置等效半径）时，电位已趋于零。我们把电器的接地部分（仪器外壳、接地线、接地体等）与零电位之间的电位差，称为电器设备接地部分的对地电压。接地电阻就是接地极对地电压与流过电流的比值。图 12-3c 为等效电路。

接地电阻分工频接地电阻和冲击接地电阻。所谓工频接地电阻是指接地装置流过工频电流时所表现的电阻值。而冲击接地电阻是指接地装置流过雷电等冲击电流时所表现的电阻值。两者有如下关系：

$$R_{cj} = aR \tag{12-2}$$

式中 R_{cj}——冲击接地电阻（Ω）；

R——工频接地电阻（Ω）；

a——冲击系数，$a=0.2\sim1.25$。

一般情况下，冲击电阻都小于工频接地电阻。这是因为雷电等冲击电流通过接地装置时，电流密度大，波头陡度很高，在接地体周围土壤中产生局部火花放电，其效果相当于增大了接地体的尺寸，从而降低了接地电阻值。土壤电阻率越高，冲击电流越大，接地体越短，冲击接地电阻越小。当采用长接地体时，冲击接地电阻有可能大于工频接地电阻。

接地电阻的大小除了与接地线、接地极电阻、接地极与大地接触电阻有关外，主要是指入地电流从接地体向四周土壤流散时的流散电阻，与土壤电阻率密切相关。对不同结构的接地体、不同性质的土壤，接地电阻可通过计算获得，但主要是依靠测量决定。

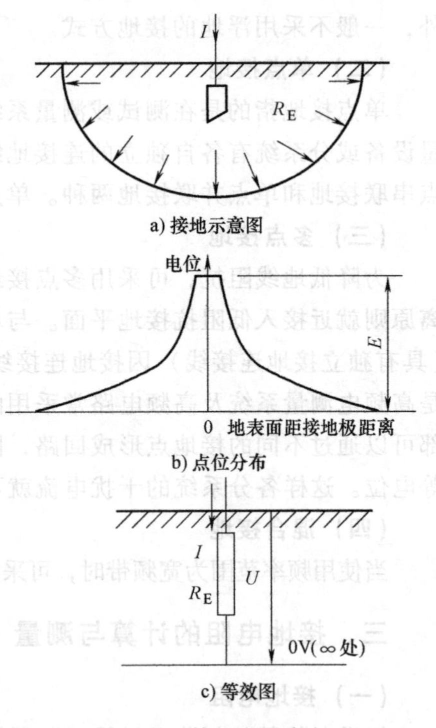

图 12-3 接地电阻定义

（二）接地电阻测量方法

1. 一般要求

为了保证安全，发挥接地装置应有的效能，各种接地装置都需要进行定期检测。检测内容包括外观检查和必要的测量。外观检查主要查看接地装置是否正常，螺栓连接的部位是否牢固可靠，焊接接头有无脱焊、锈蚀现象等。测量主要是指接地电阻的测量。衡量接地装置性能好坏的关键指标是接地电阻。前面已经指出接地电阻与土壤电阻率密切相关。由于土壤内所含的水分、盐分解量以及地下温度等在一年四季会发生变化，所以土壤电阻率也随着变化。根据季节变化规律，应在土壤最干燥季节或冬季气温最低时期安排接地电阻的测量。如这些季节测得的接地电阻合格，则其他季节一般也能保证在合格范围之内。

接地电阻测量包括工程竣工时的验收测量和运行期间的定期测量。对电力系统和防雷接地装置的接地电阻定期测量，一般有如下规定：

1）变电所接地装置（接地网）的接地电阻，每年测量一次。

2）车间内接地装置的接地电阻，根据运行情况，每年测量（1~2）次。

3）架空线路的防雷接地装置的接地电阻，每两年测量一次。

4）独立避雷针接地装置的接地电阻，每年测量一次。

接地电阻的每次测量要与接地装置的检查结合起来一起进行。对有腐蚀土壤的接地装置，根据运行情况一般每五年左右挖开局部地面检查一次。每次测量、检查的记录要与接地装置设计计算数据、施工图样、工程竣工图、验收报告等技术资料一起永久保存。

2. 接地电阻测量方法

通常，测量接地电阻的方法有利用电流表-电压表的间接测量方法和使用接地电阻测量仪的直接测量方法。

（1）电流-电压表法　用电流表-电压表测量接地电阻，接线如图 12-4 所示。图中 T 是测量用的变压器，接工频交流电，提供不大于 30V 的电压，大于 1000VA 容量；E 为被测接地体；C 为辅助电流接地极，其接地电阻不宜太大，可用直径（4~5）cm、长 2.5m 的钢管；P 是辅助电压接地极，使用直径 2.5cm、长约 1m 的钢管即可。如选交流电流表和高输入阻抗交流电压表的准确度优于 1.5 级，即可保证接地电阻测量的不确定度小于 3%。

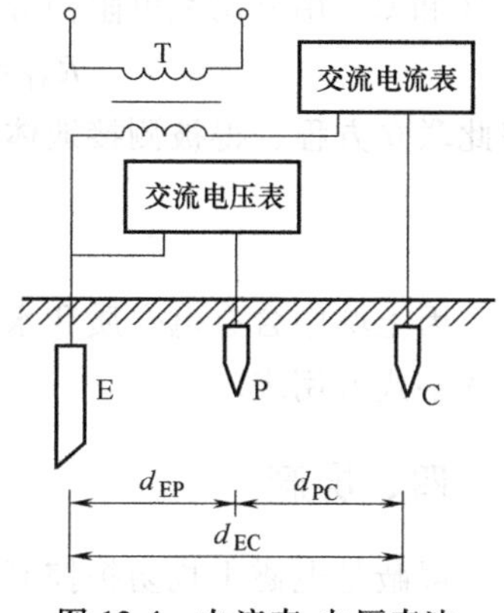

图 12-4　电流表-电压表法测量接地电阻

接通电源后，接地电流通过 E、C 构成的回路，由回路中的电流表读取电流值；若电流接地极 C 距被测接地体 E 足够远，则中间存在一段对地电压为零的地段，将电压接地极插入此处，电压表测得的电压认为是被测接地装置的对地电压。于是被测接地电阻

$$R_E = \frac{U_E}{I_E} \tag{12-3}$$

式中　U_E——电压表读数（V）；

I_E——电流表读数（A）；

R_E——被测接地电阻（Ω）。

为了测量准确，对单一接地体，电流接地极与被测接地体的距离 d_{EC} 应大于 40m，电压极与 E、C 距离 d_{EP} 和 d_{PC} 要大于 20m。对于接地网，上述距离还需加大：$d_{EC}=(4\sim5)D$，d_{EP} 与 d_{PC} 为 $(0.5\sim0.6)d_{EC}$，D 为接地网对角线的长度。若采用较大的极间距离有困难，d_{EC} 可减少至 $(2\sim3)D$。这些要求都是对电极直线排列而言的。

电流-电压表法测量接地电阻可获得较高的测量准确度，但测量时要注意安全，因为被测接地体和辅助电极都呈现较高的对地电压。

(2) 接地电阻表法 使用各种模拟、数字接地电阻表测量接地电阻的基本原理同电流-电压表法。要根据仪器说明书的要求连接测量线路。测量交流源已装在仪器之中，可直接读出被测接地电阻值，并附有电压、电流辅助接地电极和测量用连接导线等附件，使用简单，携带方便，测量过程较安全，因而使用十分广泛。

(3) 接地电阻的简单测量 在接地电阻要求不高或检查接地体是否脱焊、螺栓断裂等情况时，可使用钳形接地电阻表进行检测；也可按图 12-5 连线，用一般接地电阻表进行简单测量。

图 12-5 中 R_X 为被测接地体，R_E 为 R_X 附近接地电阻已知的接地体，如电网接地装置、接地的自来水管、暖气管等。测量时，把接地电阻表接线柱 E 接被测接地体，把接线柱 P、C 短接后接 R_E，根据电阻表读数，被测接地体接地电阻为

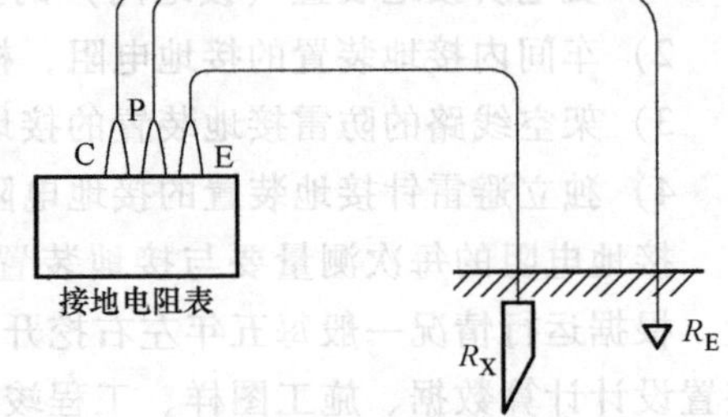

图 12-5 二电极法接地电阻的简单测量

$$R_X = R_r - R_E$$

式中 R_r——接地电阻表读数；

R_E——已知接地体电阻。

没有专用的接地电阻表时，也可使用普通指针式万用表进行接地电阻的简易测量。在被测接地装置 A 点的左右各 3m 处加装两个临时接地体 B 和 C，用万用表电阻档分别测出 AB、AC 和 BC 间的电阻 R_{AB}、R_{AC} 和 R_{BC}，即有

$$R_{AB} = R_A + R_B,\ R_{AC} = R_A + R_C,\ R_{BC} = R_B + R_C$$

解此联立方程，得被测接地体的接地电阻 R_A

$$R_A = \frac{1}{2}(R_{AB} + R_{AC} - R_{BC})$$

因土壤中含有电介质和水分，各电极间可能会产生一定的电动势，故不宜使用内阻较高的数字式万用表。

四、屏蔽

屏蔽是电磁干扰防护控制的最基本方法之一。根据屏蔽性质主要分为电场屏蔽、磁场屏蔽和电磁场屏蔽。

(一) 电场屏蔽

电场屏蔽是为了消除或抑制由电场耦合引起的干扰。电场可以分为静电场和交变电场，以下对它们的屏蔽原理分别进行讨论。

1. 静电场屏蔽

如果孤立导体 A 带有电荷量+Q，它在空间要产生电场。表征电场强度的电力线向四周辐射，终止于无限远处的负电荷上。为消除导体 A 在空间产生的电场，可用密封的金属球壳把带电体包围起来。若金属壳体不接地，在金属球壳内壁将感应出负电荷；金属球壳外壁则有等量的正电荷，该电荷在球壳外部空间产生电场。可见，金属球壳体不接地没有起到屏蔽作用。如果将金属球壳接地，则球壳外壁的正电荷被引入大地，球壳外壁电位为零，不存在静电场，电场被局限在金属球壳内的空间，起到了屏蔽作用。这是对静电场干扰源的屏蔽，所以也叫静电场的主动屏蔽。

对于被静电场干扰的测量电路，可将测量电路用一金属球壳罩住，与该静电场隔开。根据静电感应原理，金属球壳外壁两侧感应出等量的正负电荷。而金属球壳内部没有电荷，是等电位的。不论球壳接地与否，其内部都不存在由外界感应的静电场，阻止干扰静电场进入球壳内部，起到了屏蔽外界静电场的作用。这是对被干扰对象的屏蔽，所以也叫静电场的被动屏蔽。

实际应用中，屏蔽壳体不可能是全封闭的。如果不接地，电力线会通过未封闭的孔缝侵入屏蔽壳体内部，影响屏蔽性能。所以金属屏蔽体接地仍是静电场屏蔽的必要条件。

2. 交变电场屏蔽

静电场是由静止电荷产生的，电荷量和极性不随时间的变化而变化。实际应用中，电路的电荷是流动的，而且外电场环境也是随时间变化的，因此不管是由带电导体产生的电场还是空间电场，一般都是交变的。因此交变电场的屏蔽更有实际意义。

设导体 G 上有一交变电压 U_g，则在其周围产生交变电场，在该交变电场中有另一导体 S，通过电容耦合到 S 上的感应电压为 U_S。

当频率较低时，$U_S \approx j\omega C_j Z_S U_g$，感应电压与耦合电容的大小呈正比，耦合电容越大，感应电压越强。

在导体 G 和导体 S 之间插入一个金属板，如图 12-6 所示，金属板的插入使两导体间耦合电容变成 C_{j1}、C_{j2} 和 C_{j3} 的串并联组合。在忽略 C_{j3} 的情况下，金属板上感应的干扰电压为：

$$U_j = \frac{j\omega C_{j1} Z_j}{1 + j\omega C_{j1}(Z_{g+} Z_j)} U_g \tag{12-4}$$

式中 C_{j1}——导体 G 与金属板之间的耦合电容（F）；

Z_j——金属板的对地阻抗（Ω）；

U_j——金属板感应电压（V）。

导体 S 上的感应电压 U_S 为

$$U_S = \frac{j\omega C_{j2} Z_S}{1 + j\omega C_{j2}(Z_{j+} Z_S)} U_j \tag{12-5}$$

式中 C_{j2}——导体 S 与导体 G 之间的耦合电容。

当金属板接地时，$Z_j = 0$，金属板的感应电压 $U_j = 0$，从而使导体 S 上的感应电压也为零。表明接地的金属板起到了电场屏蔽的作用。

（二）磁场屏蔽

磁场屏蔽是为了消除或抑制磁场干扰源与敏感设备间由磁场耦合引起的干扰。对不同的频率应当采用不同的磁场屏蔽措施。

1. 低频磁场屏蔽

当线圈中有电流通过时，线圈周围就会产生磁场，闭合磁力线分布于整个空间，可能对附近的敏感设备产生干扰。在磁场频率较低（100kHz 以下）时，通常采用铁、硅钢片、坡莫合金等材料进行屏蔽。由于这些铁磁材料的磁导率比周围空气的磁导率要大得多（一般大

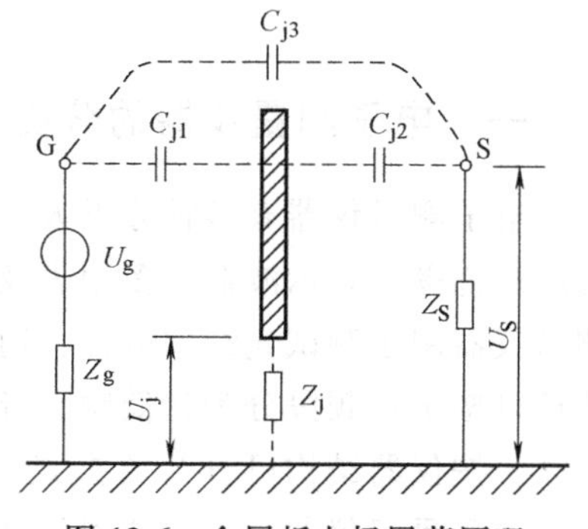

图 12-6 金属板电场屏蔽原理

$10^3 \sim 10^4$倍），具有很低的磁阻。磁力线总是选择低磁阻磁路，所以磁力线被集中在铁磁材料内部通过。若将线圈绕在由铁磁材料制成的闭合环中，则磁力线主要在该闭合环的磁路中通过，向空气中发散的漏磁通很少，抑制了磁场源对敏感设备的干扰，起主动屏蔽作用。

同样，铁磁材料制成的屏蔽箱置于干扰磁场中，磁力线被集中在屏蔽体通过，不会泄漏到屏蔽体包围的内部空间中去，保证屏蔽箱内的电路、设备不受外部磁场的干扰，起被动屏蔽作用。同时也把内部磁场封闭在屏蔽体内，阻止向外发散。所以屏蔽箱同时起主动屏蔽和被动屏蔽的双重作用。

铁磁材料的磁导率越大，屏蔽效能越高；屏蔽层越厚，屏蔽效能也会增加。因此实际应用中，在铁磁材料一定的条件下，采用多层屏蔽提高磁屏蔽的效能。

2. 高频磁场屏蔽

由于铁磁材料的磁导率随频率的升高而下降，从而使屏蔽效能下降。另外，高频时铁磁材料的磁损增加（包括由磁滞现象引起的磁损和电磁感应产生的涡流的损失）。所以低频磁场屏蔽的方法不能用于高频磁场的屏蔽。

高频磁场屏蔽依据的是另一种原理。高频磁场屏蔽材料使用铜、铝等良导体。当高频磁场穿过金属板时在金属板上产生感应电动势。由于金属板的电导率很高，所以产生很大的涡流，涡流又产生反磁场。结果使金属板周围的磁场加强，而直接穿过金属板的磁场减弱。总的效果是使磁力线避开金属板绕行而过。如果用金属壳将磁场源（如线圈）包围，则线圈电流产生的高频磁场在金属壳内壁产生涡流，把磁场限制在金属壳内，不向外泄漏，起主动屏蔽作用；金属壳体外的高频磁场同样由于涡流的作用只能绕过金属壳体，不能进入金属壳体内，又起到了被动屏蔽的作用。

磁场的屏蔽与电场的屏蔽不同，屏蔽体接地与否不影响磁屏蔽的效果；但磁屏蔽体对电场也起一定的屏蔽作用，因此一般也接地。

（三）电磁场屏蔽

单纯的电场或磁场是很少见的，通常所说的电磁干扰均是电场和磁场同时存在的高频辐射电磁场。电磁场屏蔽用于抑制干扰源和敏感设备距离较远时通过电磁场耦合产生的干扰。电磁场屏蔽必须同时屏蔽电场和磁场，通常采用电阻率小的良导体材料。空间干扰电磁波在入射到金属体表面时会产生反射和吸收，电磁能量被衰减，从而起到屏蔽作用。

第三节　电子测量仪器的保护

一、电子测量仪器的分类

电子测量仪器有多种分类方法，总的可分为通用和专用两大类。通用电子仪器有较宽广的应用范围，如示波器、多用表及通用计数器等。专用电子仪器有特定的用途，例如，光纤测试仪器用于测试光纤的特性，通信测试仪器用于测试通信线路及通信设备。另外，电子仪器还可按工作频段分为超低频、音频、视频、高频及微波等；按电路原理可分为模拟式和数字式；按仪器结构可分为便携式、台式、架式、模块式及插件式等；按使用条件又可分为Ⅰ、Ⅱ和Ⅲ组仪器。Ⅰ组仪器为高精确度仪器，要求工作环境温度为（10~30）℃，湿度为

30℃、(20~75)%RH，只允许有轻微的振动；Ⅱ组仪器要求环境温度为（0~40)℃，湿度为40℃、(20~90)%RH，仪器在使用中允许有一般的振动和冲击，通用仪器应符合该组要求；Ⅲ组仪器可工作在室外环境，要求温度为（-10~50)℃，湿度为50℃、(5~90)%RH，在运输过程中允许受到振动与冲击。

按照被测参量的特性的，电子仪器可分为下列几类：

1. 测量电信号的仪器

该类仪器用于测量电信号的特性。它们又可分为时域测试仪器、频域测试仪器及调制域测试仪器三大类。

（1）时域测试仪器　这类仪器用于测试电信号在时域的特性，例如观察和测试信号的时基波形（示波器），测量电信号的电压、电流及功率（电压表、电流表及功率计），测量电信号的频率、周期、相位及时间间隔（通过计数器、频率计、相位计及时间计数器等），测量脉冲占空比、上升沿、下降沿、上冲，测量失真度及调制度等。

（2）频域测试仪器　该类仪器用于测量信号的频谱、功率谱、相位噪声功率谱等，典型仪器有频谱分析仪、信号分析仪等。

（3）调制域测试仪器　调制域描述了信号的频率、周期、时间间隔及相位随时间的变化关系，如图12-7所示。美国HP公司于1987年首先推出了调制域分析仪。使用调制域分析仪可测量诸如压控振荡器（VCO）暂态过程和频率漂移，调频和调相的线性及失真，数据和时钟信号的相位抖动，脉宽调制信号，扫描范围、周期及线性，锁相环路的捕捉及跟踪范围等。当然也可无间隔地测量稳态信号的频率、周期及相位等。

2. 测量电子元器件及电路网络参数的仪器

这类仪器包括：测量电阻、电容、电感、阻抗、导纳及Q值等电子元件参数的仪器；测量半导体分立器件、模拟集成电路及数字集成电路的传输系数、频率特性、冲激响应、灵敏度、驻波比及耦合度等特性的仪器。

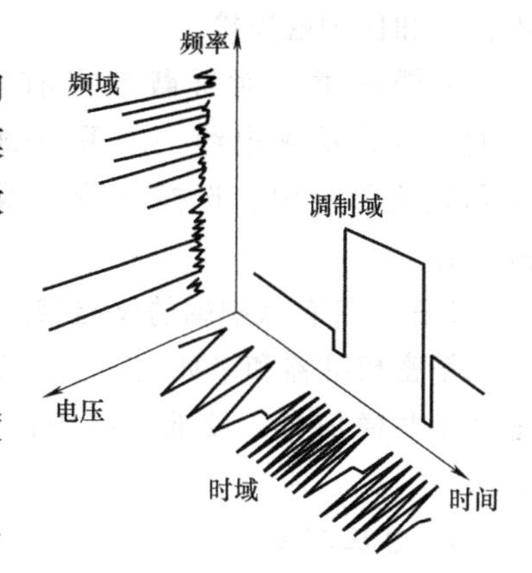

图12-7　时域、频域和调制域

3. 数据域测试仪器

这类仪器所测试的不是电信号的特性，而是各种数据，主要是二进制数据流。它们所关心的不是信号波形、幅度及相位等信息，而是信号在特定时刻的状态“0”和“1”，这些特定时刻包括时钟、读/写、输入/输出、选通及芯片选择等信号的有效沿。因此用数据域测试仪器测试数字系统的数据时，除了输入被测数据流外，还应输入选通信号，以正确选通输入数据流。数据域测试的另一个特点是输入通道数多，例如，当测试微型计算机的地址或数据总线时可达32或64路以上。该类仪器还有丰富的显示、触发及跟踪等功能。

二、仪器的保护技术

仪器的保护是指对仪器（表、源等）进行独立的屏蔽，并将此屏蔽引出作为仪器的保护端。其目的有两个：一是电场屏蔽，即屏蔽外电场对屏蔽区域的作用。二是提高抑制共模干扰电压的能力。

（一）有源保护技术

有源保护技术是为了在保护端已保护连接的情况下，提高保护端与信号地端（G）并联的负载阻抗，从而减小保护端及其连线对信号地端的影响。要达到这个目的，一方面要保证保护端和信号低端（Lo）的等电位，另一方面，还要给保护连线提供相应的电流。

一般用保护放大器的方法来实现上述目的。使保护放大器的增益为1，来保证保护端和信号地（G）端的等电位。另一方面，放大器的输入端具有很高的输入阻抗，从而给信号低端（Lo）带来的负载效应很小。保护线上的电流由放大器的输出端来提供。

（二）输入（信号）屏蔽技术

合理选择输入信号连接线对测量结果有很大的影响。一般测量仪器的信号接入端（Hi，Lo）分离的连接线可能耦合空间的电磁场而使信号输入端串入干扰信号，造成测量误差。图12-8是采用同轴屏蔽线实现输入信号屏蔽。信号高端和信号低端分别用同轴屏蔽线，屏蔽层作为保护连线，同时也作为电场屏蔽保护输入信号不受外界电场的干扰。另外这种连接方法还能抑制外界磁场耦合，是目前大多数电测量仪器常采用的方法。

双线屏蔽电缆也是常采用的输入信号保护措施。双线屏蔽电缆由两条绞合导线作为信号输入线，内屏蔽层作为保护端连接线，外层屏蔽层作为电磁场的屏蔽层。绞合导线对空间磁场有良好的抑制能力，屏蔽层提供对电场的屏蔽作用，并和保护端连接。

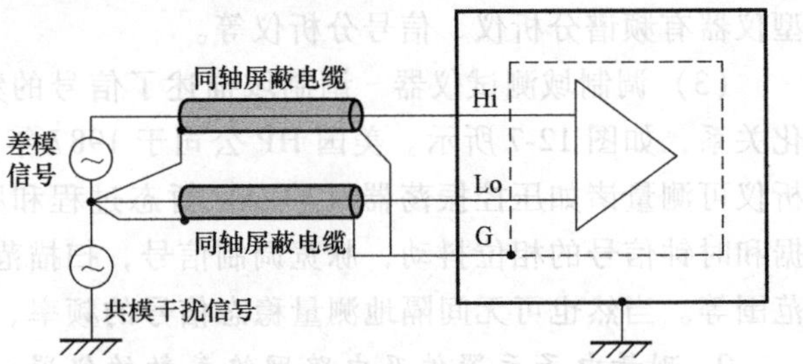

图12-8　输入屏蔽保护技术

电缆的类型对屏蔽效果有很大的影响，双线屏蔽电缆一般采用铜芯，用金属箔作为屏蔽层（并带有连接线）。一般在低频和直流测量中，选择屏蔽双线式输入信号电缆，对干扰电场和干扰磁场有很好的抑制作用。

（三）带有保护端的仪器相互连接方法

精密校准器和诸如数字电压表等，一般都带有保护端，有的还带有接地端。为了更有效地抑制共模信号，校准系统中的仪器应按特定原则进行连接，对不同电量有不同的连接方法。

1. 电压测量

图12-9所示校准器（简称源）的信号高端（Hi）、信号低端（Lo）、保护端和数字电压表（简称表）的对应端相连。信号低端（Lo）、保护端与地在校准器一测相连，不要在表的一侧把保护端和地连在一起。类似的连接按以下原则进行：

1）进行低幅度、高频电流测量时，由于漏阻抗的影响容易产生比较大的误差，因此使用有源保护技术。

2）如需要尽可能地把电容（引线的分布电容）减到最小，则使用两根单独的同轴线更合适。这时，内导体用作信号线。而屏蔽层用来连接表的保护端、源的保护端和源的Lo输出端。

3）在不需要连接保护端时，在源端将信号低端、保护端和地相连；在表端仅将保护端和信号低端相连。

4）对任何仪器，都必须将仪器的保护端和信号低端连接。

2. 电阻测量

对于准确度较低的欧姆表可以采用二线制的连接方式，不需要保护端的连接。对于精密电阻测量，一般要涉及四线连接方式，有四个测量输入端和一个保护端。把这种类型的欧姆表连到校准器时需使用四线连接方式，连接方法如图 12-10 所示。使用两条屏蔽双线电缆，一条用于电流，一条用于电压。保护端在电缆的两端连到两条电缆的屏蔽层上，但 Lo 端、保护端、接地端只在校准器一侧连在一起，即只在源的一侧接地。若欧姆表还带有欧姆保护端，则此欧姆保护端应连到包围电流 Hi 端引线的屏蔽层上。

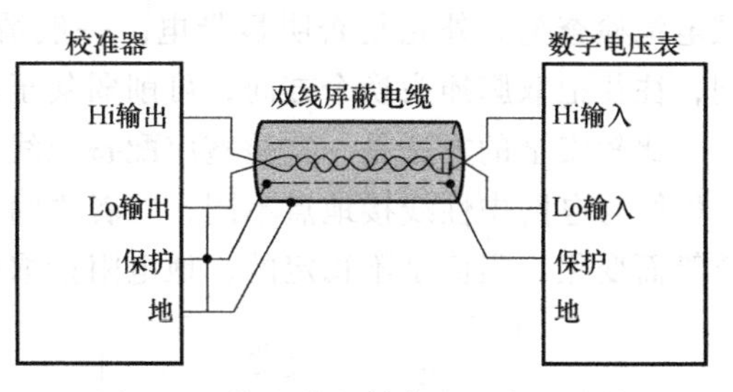

图 12-9　校准器和数字电压表的连接

（四）保护的频率限制

使用仪器保护端主要是为了消除共模干扰信号的影响。因为保护端对仪器的保护是建立在电磁屏蔽的基础上，所以在直流和低频情况下，这种保护方法的效果较明显，当信号频率增加时，这种保护措施的效果会越来越差，甚至会使仪器测量准确度恶化。所以在高频时，有些仪器会自动切断保护端，这时，保护只起到接地屏蔽的作用。一般在 100kHz 以上时，保护会不起作用，而应当遵循高频测量规范。

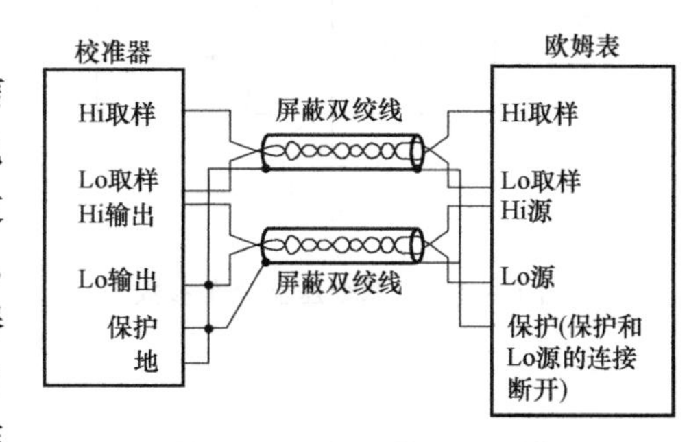

图 12-10　带保护端仪器四线电阻测量屏蔽线连接方法

第四节　实验室电源种类及使用

实验室的供电电源是保证计量测试质量的重要设施。通常，电子设备的供电都取自 220V 交流电网。要对实验室电源进行正确配置和使用，特别要注意地线的连接。

一、单相二线电源的使用

早期建造的实验室供电系统，大多从强电和人员安全考虑采用三线四线制。绝大多数实验室用仪器、设备都由 220V 交流供电。供电线路中，有一根中性线（Neutral，俗称零线），已在发电厂用良导体接大地。另一根是相线（Line，俗称火线）。那时，一些电子管、晶体管的电子设备也只使用单相二线电源供电，使用单相双孔电源插座。220V 电网电压一般加到仪器电源变压器的一次侧。变压器铁芯和一次侧、二次侧间的屏蔽层均直接与金属外壳即电路公共连接点相连接，二次绕组的一端或中心抽头也与此点相连，如图 12-11 所示。图中 R_1、R_2、R_3。分别为变压器一次侧、二次侧对铁心及机壳对大地之间的绝缘电阻（漏电阻）。正常情况下，它们的阻值很大（10^2MΩ 量级）。这时，仪器单相双脚插头无论以什么方向插入电源插座，人体接触金属外壳都不会触电。

如果气候潮湿，或变压器质量低劣，绝缘电阻 R_1阻值下降，通电后，金属外壳可能会带高达数十伏至一百多伏的电压，人体接触就可能触电。为避免触电事故发生，通电后可用试电笔检查金属外壳是否明显带电。一般情况下，电源变压器一次绕组两端的漏电阻不相同，往往把双脚插头换个方向，可削弱甚至消除漏电现象。

比较安全的方法是，实验室应配备地线，把金属外壳接地，如图 12-12 所示。由于实验室地线与电网中性线接地点不同，二者之间存在一定的地电阻 R_g，且 R_g 随地区、距离、季节等而变化，阻值是不稳定的，地电阻拾取的各种干扰形成地电流而干扰敏感测量设备。

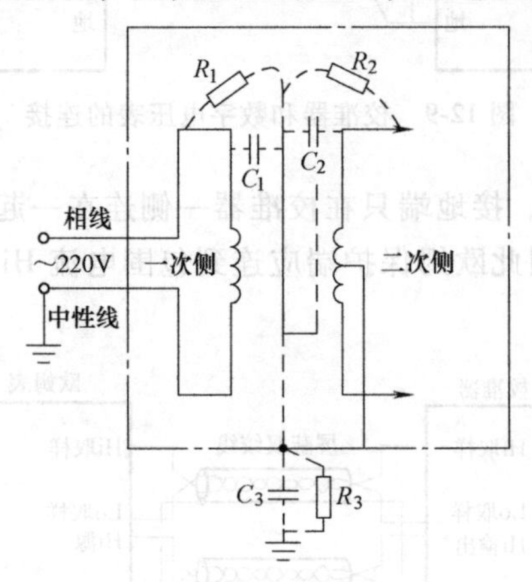

图 12-11　电源变压器分布参数

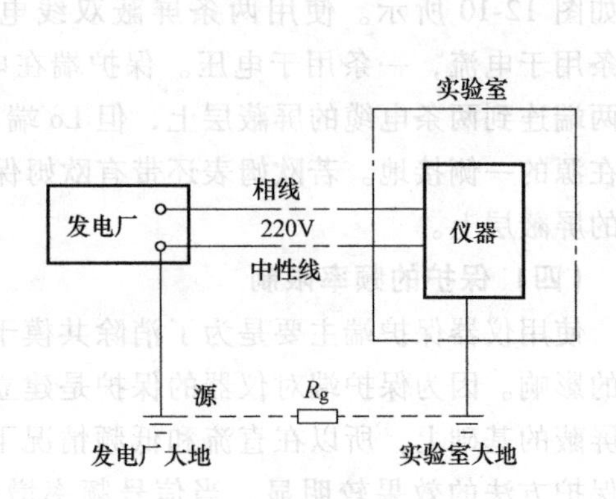

图 12-12　电网中性线与实验室地线间地电阻

二、单相三线电源的使用

随着大规模集成电路、计算机及其网络系统、数字通信设备的大量使用，单相二线电源不适应现代电子仪器、设备的使用要求。从抗电磁干扰观点，理想的实验室供电电网应是三相五线制（或单相三线制），在整个供电系统中，中性线与保护地线是严格分开的。这就是 IEC 标准中的 TS-N 制，国外实验室大都采用这种供电系统。

目前，我国多数新建实验室的供电系统使用 TN-C-S 制，即系统中部分为三相四线制，部分为三线五相制，或称三相四线-五线制。实验室（大楼）外部为三相四线，在实验室配电系统重复接地后，从电网中性线单独接出一根保护地线，以单相三线进入实验室各标准电源插座的相应位置，如图 12-13 所示。通常情况下，绝大部分现代电子设备为单相三线电源供电，使用三芯电源电缆和三脚电源插头。如图 12-14 所示，三脚电源插头的中间（上）插脚直接连接是源保护地（PE）线，并与仪器机箱外壳相连；电源插头的左侧插脚直接连接电源相线；电源插头的右侧插脚直接连接电源中性线。这样仪器机箱外壳通过电源插头和插座的地线直接与大地相连，使用起来非常安全。在实际使用中，应特别注意电源相线、中性线和地线的严格区分与正确连接，否则将是极为不安全的。

在单相二线供电的实验室中使用单相三线电子设备时，有人使用“三线-二线转接器”而不将转接器中的地线接地，使用如图 12-15 接线的电源插座，将电源中性线插孔与地线插孔在插座内直接连接在一起。这种接法是十分危险的，其危险性在于：其一，万一中性线出现断裂时，电源电压将通过相线插孔、插脚—用电设备—中性线插脚、插孔而直达仪器外壳；其二，当电源线接反时，无论是插座电源线接反还是供电线路电源线接反，同样会造成

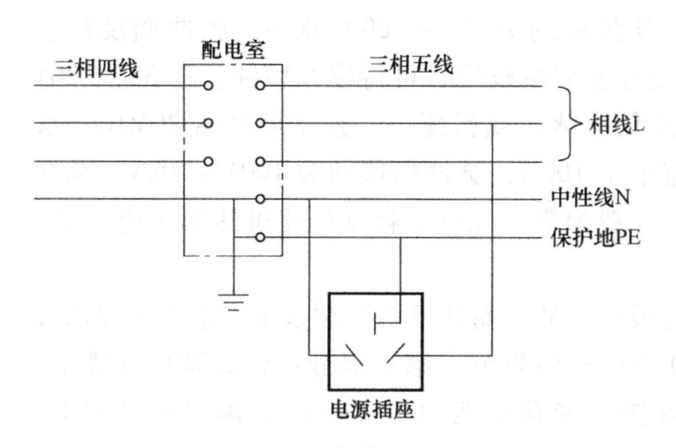

图 12-13　三相四线-五线电源

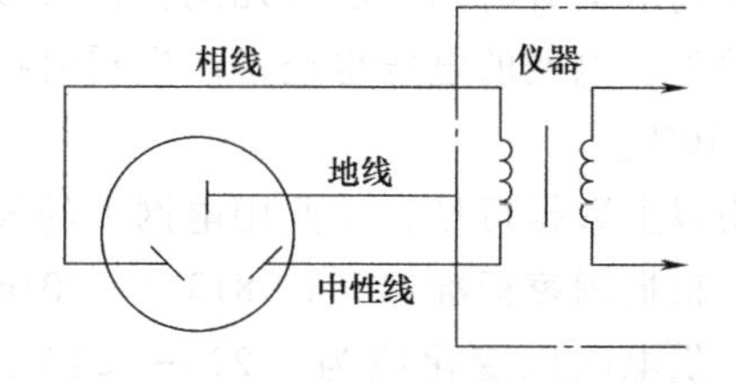

图 12-14　单相三线电源插头的连接

电源电压直达仪器、设备外壳的危险。这两种情况下，用电设备仍可照常工作，但外壳所带电压随时可能发生触电事故，因此图 12-15 的接线方法必须严格禁止。

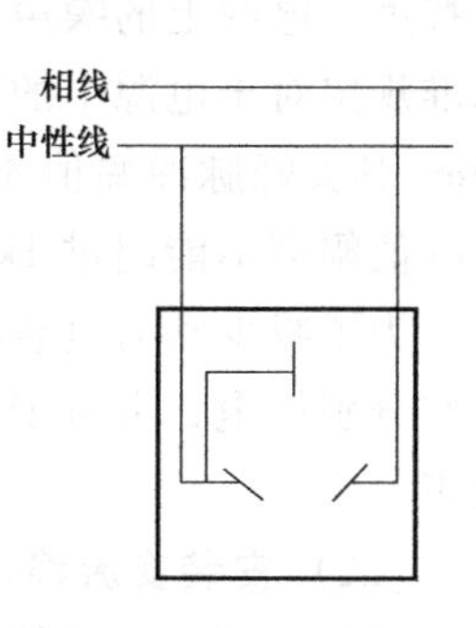

图 12-15　错误的插座连线

在很多大型综合实验室，仪器、设备种类繁多，电源线插头的配置也五花八门，哪国的标准都有，给使用带来不便。于是有人购置多用电源接线板，让各种电源插头都能插入使用。殊不知这样一来的后果是，可能会出现电源相线、中性线反接事故。表 12-1 列出几个国家电源插头的标准。从表中可见，各国插头标准及相线、中性线位置是不一样的。我国的电源接线标准是：对电源插座，“左零、右火、中间（上）地”，对电源插头则是“左火、右零、中间（上）地”。国外仪器制造商对每台设备都备有符合各国标准的电源电缆选件，一旦确定后，仪器内部电源就按此标准连接。在订购国外仪器、设备时，应指明符合我国标准的电源电缆的选件号；若收到的电源线不符合我国标准，说明机内电源也未按我国标准连接，应及时退换。

表 12-1　电源插头

国家	澳大利亚	丹麦	欧洲	英国	瑞士	美国	美国
插头标准	E L N 250V 6A	N L E 250V 6A	E N L 250V 6A	E L N 250V 6A	N E L 250V 6A	L N E 120V 10A	L N E 240V 10A

L—Line，相线　N—Neutral，中性线　E—Earth or Safety Ground，接大地或安全地

三、电网干扰的预防与处理

为有效预防和减小测量设备或系统的电网干扰，通常需要对供电回路采取一些措施。

（一）分路供电

计算机控制系统的供电应该和大功率的动力负载供电分开。因为大功率用电设备的工作都会在供电电源中产生很严重的脉冲噪声、谐波、高频噪声及电压瞬时跌落或中断现象等。研究表明，在高压电网上产生的脉冲噪声大多数为重复性的振荡脉冲，振荡频率约为5kHz~

10MHz，每个脉冲宽度不大于 50μs，脉冲重复频率约为（1～100）次/s，脉冲幅度约为(200～3 000)V，有效电流小于 50A，整个瞬变过程衰减较慢，可持续几秒钟。在 380/220V 的低压电网上的脉冲噪声大多数是无规律的正负尖脉冲或振荡波，频率可高达 20MHz，尖峰脉冲前沿上升时间一般为几纳秒，有效电流小于 100A，脉冲峰值约为 100V～10kV。除尖峰脉冲外，电网的电压也经常产生瞬时扰动，一般为零点几秒，幅度变化可达额定电压的-50%～10%。

由以上数据可见，工业用电网上的噪声是很严重的，而计算机控制系统对电源的要求比较高。根据国家标准 GB/T 9813.1—2016《计算机通用规范　第 1 部分：台式微型计算机》规定，供电电压变化应为（220±22）V，电源频率变化应为（50±1）Hz。国家标准 GB/T 17618—2015《信息技术设备抗扰度限值和测量方法》则规定了计算机设备电源输入端口的抗扰度，电源上的噪声不允许超过设备的抗扰度，否则就可能导致计算机性能故障或损坏。标准规定对于电源中的快速瞬变脉冲群，上升时间为 5ns，脉宽 50ns，重复频率 5kHz，持续 15ms 其尖峰脉冲幅值不能超过 1kV。对于电源中的浪涌，上升时间为 2μs，脉宽为 50μs，其峰值幅度不能超过 1kV（电源线—线之间浪涌）或 2kV（电源线—地之间浪涌）。

为了减少动力负载产生的噪声通过电源传导到计算机系统中，应该对计算机机房和生产车间分别供电，并在计算机配电箱中安装电源线路滤波器，用于抑制外电源传导过来的噪声。

（二）安装交流稳压器

对于电网电压较长时间的欠电压、过电压和电压波动，则需要安装交流稳压器。交流稳压器的类型有电子磁饱和交流稳压器、铁磁谐振式稳压变压器、抽头式交流稳压器等类型。

电子磁饱和交流稳压器采用自耦变压器，一次、二次侧没有隔离，所以抗干扰能力差。

抽头式交流稳压器一次侧和二次侧是相互隔离的，一次侧绕组有多个抽头，由晶闸管无触点开关进行切换，来控制输出电压。这种稳压器反应快，波形失真小，抗干扰性能较好。

使用最普遍的是铁磁谐振式稳压变压器。这种变压器的优点是一、二次绕组在结构上隔离较好，所以一、二次分布电容小，约（20～30）pF，一般电源变压器为（800～1500）pF，同时它具有较强的抗浪涌电压和脉冲噪声的能力。缺点是输出波形失真较大，近似梯形波。

（三）安装电源滤波器

电源滤波器通常是由各个设备专用的，往往装在设备交流电源的入口处，起到抑制共模噪声和差模噪声的作用。电源滤波器的选择应该考虑以下问题：

1）可以通过的最大额定电流。对于差模滤波，当电流太大时会使差模滤波用的电感器的铁心产生磁饱和，从而使电感量大幅降低，失去抑制作用。

2）滤波器的漏电流不能过大，避免触电或使漏电保护器动作。滤波器中用于共模滤波的电容器是接机壳的，存在漏电现象，滤波器安装在位置固定且接地的设备内时其漏电流应小于 3.5mA，如设备内有多个滤波器，其漏电流总和不能超过 15mA。

3）应考虑滤波器的噪声抑制范围，包括幅度和频率范围。通常滤波器的频率范围在(0.15～30)MHz，但如果电源中高压脉冲噪声比较多，则应选用能在更宽的频带上有较大衰减的耐高压脉冲电源滤波器。这类滤波器中的电感较大，而且铁心不易磁饱和。

电源滤波器的安装是否正确对滤波器的抑制作用的发挥十分重要，安装时应注意：

1）滤波器一般安装在机柜底部交流电源线入口处，不能让输入交流电源线在机柜内绕行很长距离后再接滤波器，以免该线在机柜内辐射噪声。如果该线必须经过熔断器和电源开关等器件后才能接到滤波器上，则这段线路应施加屏蔽措施。

2）滤波器金属机壳最好直接安装在金属机柜上，而且应与机柜的接地端子靠得越近越好，如图 12-16a 所示。滤波器中抑制共模噪声的滤波电容是接滤波器金属机壳的，高频共模噪声将通过滤波器接地端和机柜接地端之间的连接线入地，所以该连接线的电感越小越好。图 12-16b 中连接线较长，高频噪声电流将在机柜内产生辐射。图 12-16c 中虽然滤波器安装在机柜上了，但离机柜接地端距离较远，高频噪声电流在机柜内侧金属面上流过时仍会产生辐射。所以应避免采用图 12-16b、c 的安装方式。

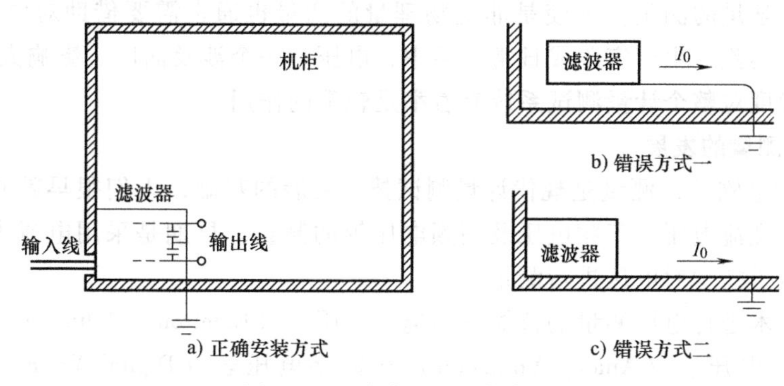

图 12-16　滤波器的安装位置

3）滤波器的输入输出线要分开布置，不能平行走线，更不应该捆扎在一起，否则输入线中的噪声将不经滤波器直接耦合到输出线上。输出线最好用双绞线，加强抗磁场干扰能力。

（四）使用隔离变压器和电源滤波器

隔离变压器能使差模和共模噪声降低（10~15)dB，同时切断与电源零线的连接。滤波器又能使噪声进一步降低（40~60)dB，同时还抑制 PLC 所用的开关电源向外发射噪声。

隔离变压器和滤波器的功能也可用一种新型的噪声隔离变压器（Noise Cutout Transformer）来取代。由于其特殊的结构和铁心材料使其能够既抑制共模噪声又抑制差模噪声。普通的电源变压器虽然一次侧的电流、电压不能直接传递到二次侧上去，但是它的一次绕组和二次绕组在铁心上是重叠绕制的，因此一次绕组的磁通基本上可以通过二次绕组，铁心通常采用高磁导率材料，对于电源频率 50Hz 而言具有很高的能量传递效率。但这种结构对电源中的噪声抑制能力很差，对于差模噪声可以完全通过磁通铰链从一次侧耦合到二次侧，即使频率很高时铁心磁导率下降，但因为一、二次绕组是重叠的，磁通铰链依然存在。对于共模噪声，普通变压器只对频率较低的电源谐波成分有隔离作用，但由于一、二次之间的分布电容较大，噪声频率稍高些就会通过这些分布电容耦合到二次侧。如果在一、二次侧之间加一层静电屏蔽并接地，即屏蔽变压器，它抑制共模噪声的能力有所加强，频率可提高到几兆赫。如果采用双层屏蔽，效果会更好些。但是对于差模噪声，由于静电屏蔽层不会影响一、二次之间的磁通铰链，所以屏蔽变压器仍然起不到抑制作用。噪声隔离变压器对此做了改进，它的一、二次绕组是不重叠的，磁通只能通过铁心铰链，一、二次绕组的位置选择应能使穿过空气的漏磁通互相平行而没有铰链。一、二次绕组各自都有屏蔽接地，两绕组之间又加有屏蔽接地，最后把整个变压器用屏蔽外壳包起来并接地。

第五节　电压测量中的干扰及抑制

一、电压测量技术的发展与分类

电压也称作电势差或电位差，是基本的物理量之一。就其定义而言是衡量单位电荷在静电场中由于电势不同所产生的能量差的物理量。电子技术中常用的各种参量，如增益、衰减、功率、驻波比、失真度、噪声系数和频谱等直接或间接地与电压量有关。在十大计量领域中，不仅是电学量的测量，即使是非电物理量的测量也通常需要借助对电压的测量来实现。因此在科学实验、生产实践或日常生活中，电压是一个涉及面广、影响大的参量，提高电压测量的准确度对整个计量测试系统有着举足轻重的作用。

（一）电压测量的发展

电学（也称电磁学）测量是现代计量测试技术发展的基础，人们很早就开始电压测量，包括直流电压、交流电压、工频电压及高频电压等的测量。早期是采用电流表作为指示器；而后人们借助电子技术对电压进行测量。

借助电子技术进行电压测量的仪器称为电子电压表（Electronic Voltmeter）。一般电子电压表又分为模拟电压表（Analog Voltmeter）和数字电压表（Digital Voltmeter，习惯称为DVM）两种。模拟电压表采用模拟电子技术并以表头指示测量结果；而数字电压表主要采用模数转换技术并以数码显示测量结果。早在1915年，美国R.A. 海辛首先提出峰值电压表的设计，到1928年美国General Radio公司生产出第一批电子电压表。1952年美国NLS（Non-Linear-System）公司首先研制出数字电压表，而后其产品层出不穷。目前具有世界领先水平8½位数字多用表已经相对比较成熟，例如：美国Fluke 8508A数字多用表，可用来做参考标准，具有功能强、稳定度高、量程宽的特点，电流上限为20A；美国Agilent公司的3458A数字多用表，具有速度快、噪声低、线性好的特点，电流上限为1A；尤其值得一提的是，Fluke公司的两个约瑟夫森超导电压基准（美国华盛顿的公司总部和德国卡塞尔市的标准实验室）用的都是Agilent公司的3458A。另外，还有英国Solatron公司生产的7801数字多用表；美国吉时利公司的2002型数字多用表等。

（二）电压测量的分类

由于被测电压的幅值、频率以及波形的差异很大，因此电压测量的种类也很多，通常有以下几种分类方法：

1）按频率范围分类，有直流电压测量和交流电压测量，交流电压测量中按照频段范围又分为低频、高频和超高频三类的电压测量。

2）按测量技术分类，有模拟电压测量技术和数学电压测量技术。

3）按测量结果的表示形式分类，有峰值测量、有效值测量及平均值测量，如未作说明，均指以有效值表示被测电压的大小。

（三）电压测量的基本要求

由于计量测试工作中，尤其在电学和无线电领域，被测电压的幅值、频率以及波形千变万化，所以对选用电压测量仪器提出了一系列不同的要求。概括地说，电压测量仪器的基本选用要求是：足够宽的电压测量范围，足够宽的频率响应范围，足够高的输入阻抗，足够高的分辨率，足够高的测量准确度，足够高的抗干扰能力。

电压表的输入阻抗 Z_i，包括输入电阻 R_i和输入电容 C_i。为尽量减小电压表接入测试电路时的影响，就要求应具有足够高的输入阻抗。目前，直流数字电压表的输入电阻，在小于 10 V 量程时可高达 10 GΩ，甚至更高（可达 1000 GΩ）；高量程时由于分压器的接入，一般可达 10 MΩ。至于交流电压的测量，由于需 AC/DC 变换电路，故即使是数字电压表，其输入阻抗也不可能太高，一般典型数值为输入电阻 10 MΩ，输入电容 15pF。

电压表测量准确度一般用下列三种方式之一来表示：$\beta\% V_m$，即满度值的百分数；$\alpha\% V_x$，即读数值的百分数；$\alpha\% V_x+\beta\% V_m$。第一种最通用，一般具有线性刻度的模拟电压表中都采用这种方式；第二种在对数刻度的电压表中用得最多；目前，第三种方法是用于有线性刻度电压表的一种较严格的准确度表征方式，数字电压表都用这种方式表示。

由于电压测量的基准是直流标准电池，同时，在直流测量中，各种分布性参量的影响极小，因此直流电压的测量可获得很高的准确度。例如，目前数字电压表测量直流电压的准确度可达±（$0.0005\% V_x+0.0001\% V_m$），通常为 $10^{-5}\sim10^{-7}$量级，最高可达 10^{-8}量级；而模拟电压表一般只能达到 10^{-2}量级。至于交流电压的测量，一般需要通过交流/直流（AC/DC）检波（变换）电路，特别当测量高频电压时，分布性参量的影响不容忽视，再加上波形误差，即使采用数字电压表，交流电压的测量准确度目前也只能达到 $10^{-2}\sim10^{-4}$量级。

二、电压测量的方法

通常电压测量有模拟测量和数字测量两种方法，相应的仪器可统称为模拟电压表和数字电压表。虽然数字电压表越来越普及，但就目前的技术发展现状来说，尤其是针对超高频率信号的测量，数字电压表还不能完全取代模拟电压表。

（一）电压的模拟测量方法

对于交流电压的测量通常有两种基本方式：放大-检波式和检波-放大式，如图 12-17 所示。

它们都是利用检波器将交流电压变为直流电压并用表头指示测量结果，图 12-17a 测量灵敏度高，但频率范围只能达到几百千赫；图 12-17b 频率范围可以从直流到几百兆赫，但是由于检波器的限制，其灵敏度较低。对于图 12-17b 来说，在提高灵敏度的同时受到噪声的影响；由于噪声的频谱很宽，而被测量信号正弦波是单频的，因而有时利用外差原理借助中频放大器的优良选择性来克服噪声影响。

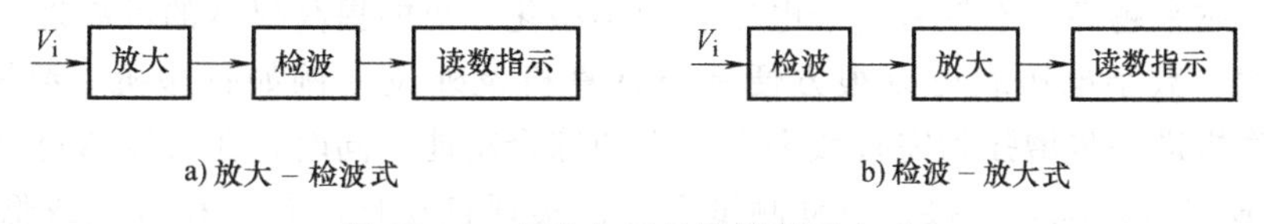

图 12-17 交流电压的模拟测量方法

在进行交流电压测量时，国际上通常用有效值来表征被测电压的大小，因为有效值反映了被测信号的功率。但在实际测量中由于检波器的工作特性不同，所得结果就有峰值、平均值、有效值之分。因此无论用哪一种特性的检波器做成的电压表，其读数大多按正弦有效值进行刻度。

正弦交流电压可表示为

$$V(t)=V_{P}\sin(\omega t+\phi) \tag{12-6}$$

式中 $V(t)$——交流电压瞬时值；

V_{P}——交流电压的峰值；

ω——交流电压的角频率；

ϕ——交流电压的初始相位。

则交流电压的平均值为

$$V_{AV}=\frac{1}{T}\int_{0}^{T}|V(t)|\mathrm{d}t \tag{12-7}$$

式中 T——交流电压的周期。

将式（12-6）代入式（12-7），并设 $\phi=0$，则可得

$$V_{AN}=0.637V_{P} \tag{12-8}$$

交流电压的有效值，即方均根值为

$$V_{rms}=\sqrt{\frac{1}{T}\int_{0}^{T}V^{2}(t)\mathrm{d}t} \tag{12-9}$$

将式（12-6）代入式（12-9），并设 $\phi=0$，得

$$V_{rms}=0.707V_{P} \tag{12-10}$$

因此对于正弦波而言，若采用峰值检波时输出为 V_{P}，则用平均值检波时输出为 $0.637V_{P}$，有效值检波时输出为 $0.707V_{P}$。

（二）电压的数字测量方法

对于直流电压，数字电压表是将被测电压 V_{i} 经输入电路后进行模数转换，再由数字电路进行数据处理并以数码表示测量结果，图 12-18 为其原理框图。

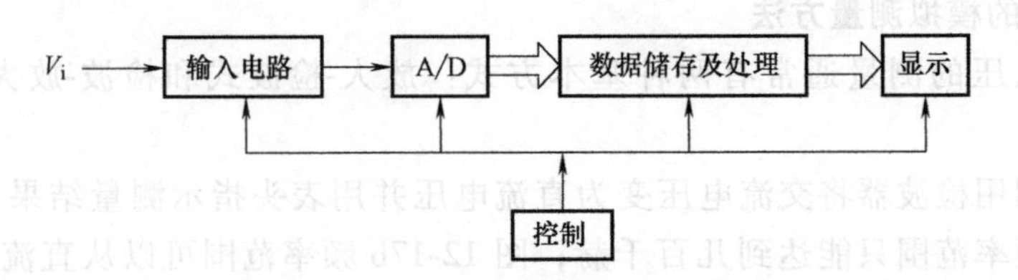

图 12-18　电压的数字测量原理框图

电压的数字测量方法，可以将一些处理模拟量的问题转化为处理数字量的问题。现在数字电路集成度越来越高，不仅有利于电压表的小型化，更能提高仪器的可靠性。同时，由于采用数字技术，数字电压表可以很方便地与计算机及外设（例如打印机、绘图仪）相连。可以通过计算机进一步增强和完善数字电压表的综合功能，同时，还可以通过标准接口总线（如 IEC/IEEE 接口系统等）接入自动测试系统，实现自动化测量。在直流或低频交流电压测量方面，数字电压表完全有取代模拟电压表的技术趋势。

通常将具有微处理器的数字电压表称为微机化数字电压表或智能数字电压表，其组成如图 12-19 所示。

（三）数字多用表技术

直流电压的测量是电压测量技术的基础，在此技术的基础上，可以实现对其他参量的测量，例如交流电压、电流的测量，电阻的测量，甚至声压、温度、压力等非电量的测量。对

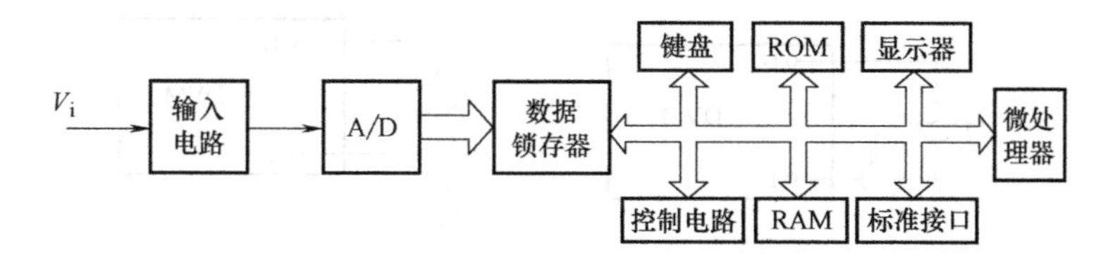

图 12-19　智能化 DVM 简化框图

这些参量的测量都是在直流电压数字测量的基础上实现的，与此相应的仪器称为数字多用表(Digital Multimeter，简写为 DMM)，其组成如图 12-20 所示。图中，通过 ACV/DCV 变换器将交流电压变为直流电压，通过 R/V 变换器将电阻变为直流电压，通过 I/V 转换器将电流变为直流电压，然后再用数字电压表对这些直流电压进行测量。

三、电压测量中的干扰及其抑制技术

电子技术中常用的各种参量，如增益、衰减、功率、驻波比、失真度、噪声系数和频谱等直接或间接地与电压量有关。在十大计量领域中，即使是非电物理量的测量也通常需要借助对电压的测量来实现。因此在科学实验、生产实践，或日常生活中，电压是一个涉及面广、影响大的参量，提高电压测量的准确度对整个计量测试系统有着举足轻重的作用。被测电压的幅值、频率以及波形千变万化，所以选用电压测量仪器时要考虑的因素有：电压测量范围、频率响应范围、输入阻抗、分辨率、测量准确度、抗干扰能力。

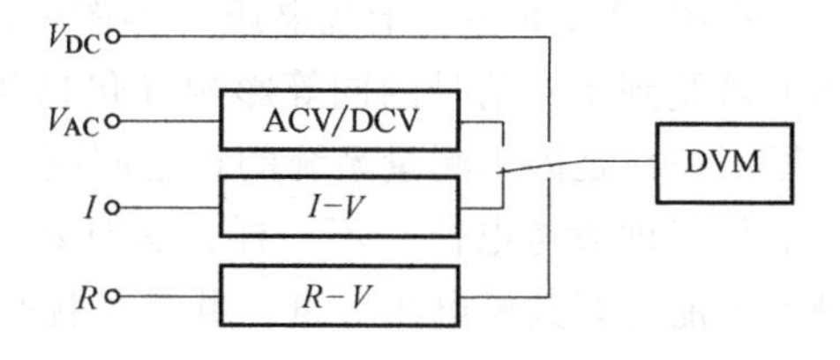

图 12-20　数字多用表的组成

通常电压测量有模拟和数字测量两种方法，相应的仪器可统称为模拟电压表和数字电压表。虽然数字电压表越来越普及，但就目前的技术发展现状来说，尤其是超高频率信号的测量，数字电压表还不能完全取代模拟电压表。为提高计量测试系统电压测量准确度，尤其在被测信号为小信号、微弱信号，或者信噪比不够高时，还必须有效抑制并减小各种干扰。

(一) 电压测量中的干扰

通常，电压测量中有以下两类干扰。

(1) 随机性干扰　在电压测量的过程中这种干扰信号是不确定的。例如数字电压表内部电子的热噪声、器件的散弹噪声（Shot Noise）以及测量现场的电磁干扰等。

(2) 确定性干扰　通常分为串模（Series Model，SM）干扰和共模（Common Model，CM）干扰两种，如图 12-21 所示。在图 12-21a 中，干扰电压 V_n 与被测电压 V_x 串联地加到数字电压表两个测量输入端 H 和 L（即测量电位的高端和低端）之间，故称串模干扰，以 V_{sm} 表示。串模干扰一般来自被测信号本身，例如与信号线平行铺设的电源线、大电流控制线所产生的空间电磁场、信号源本身固有的漂移和噪声、稳压电源中的纹波电压、电源变压器屏蔽不良、测量接线上感应的工频或高频电压等均会引入串模干扰。

在计量测试系统中，连接传感器的信号线会长达一二百米，此时干扰源通过电磁感应和静电耦合作用，再加上如此长的信号线，其感应电压数值是相当可观的。当系统的电源线与信号线平行敷设时，信号线上的电磁感应电压和静电感应电压都可达到毫伏级，此时，来自

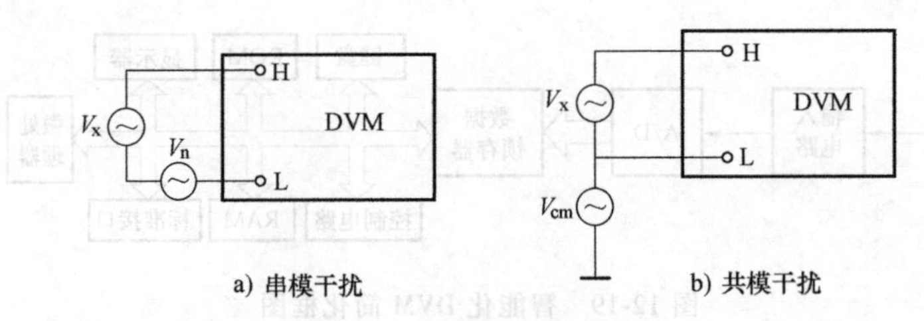

图 12-21　串模干扰和共模干扰

传感器的有效信号电压的动态范围也只有几十毫伏，甚至更小。另外，对计量测试系统而言，由于采样时间短，电源的工频感应电压也会渐变为干扰电压。这种干扰信号与有效直流信号一起被采样和放大，造成有效信号失真。

串模干扰的频率范围从直流、低频直至超高频；其波形有周期性的正弦或非正弦波，也有非周期性的脉冲和随机干扰。

在图 12-21b 中，干扰电压（即图中的 V_{cm}）同时作用于数字电压表的 H 和 L 端，即 H 和 L 端受到干扰信号的同等影响（包括幅度和相位），故称为共模干扰 V_{cm}。产生共模干扰的原因往往是因为测量系统的接地问题，由于被测电压与数字电压表相距较远，因此两者的地电位（即参考电位）不一样，有时共模电压 V_{cm} 高达几伏甚至几百伏。此外，被测信号本身也可能含有共模电压分量。共模干扰是在信号线与地之间传输，属于非对称性干扰。

（二）串模干扰的抑制方法

常见抑制串模干扰的方法有两种：输入滤波法和积分平均法。输入滤波法是利用低通滤波器滤除被测电压中的高频干扰分量，但这要影响数字电压表对被测信号的响应速度，降低读数速率，因此在数字电压表中主要采用积分法来消除串模干扰。

1. 积分式数字电压表对串模干扰的平均作用

假设被测电压 V_x 上叠加了一个平均值为零的正弦波干扰电压 V_n（即使是非正弦波电压也可以分解为各种频率的正弦波分量），即

$$V_n(t)=V_n\sin(\omega_n t+\phi) \tag{12-11}$$

式中　V_n——干扰电压的幅值；

ω_n——干扰电压的角频率；

ϕ——干扰电压的初相角，它以 T_1 期（采样期）开始积分的时刻为参考。

因此，双斜式数字电压表的输入电压 V_i 为

$$V_i=V_x+V_n(t)$$

它在 T_1 期内的平均值为

$$\overline{V}_i=\frac{1}{T_1}\int_0^{T_1}V_i\,dt=\frac{1}{T_1}\int_0^{T_1}[V_x+V_n(t)]\,dt=\overline{V}_x+\overline{V}_n \tag{12-12}$$

式中　$\overline{V}_x$——被测电压在 T_1 期内的平均值；

$\overline{V}_n$——干扰电压在 T_1 期内的平均值，它表征串模干扰引起测量误差的大小。

为了抑制串模干扰对测量的影响，应该使 $\overline{V}_n=0$。因为

$$\overline{V}_n=\frac{1}{T_1}\int_0^{T_1}V_n\sin(\omega_n t+\phi)\,dt$$

经演算得

$$\overline{V}_{\mathrm{n}}=\frac{V_{\mathrm{n}}T_{\mathrm{n}}}{\pi T_1}\sin\frac{\pi T_1}{T_{\mathrm{n}}}\sin\left(\frac{\pi T_1}{T_{\mathrm{n}}}+\phi\right) \tag{12-13}$$

式中 T_{n}——干扰信号的周期，$T_{\mathrm{n}}=2\pi/\omega_{\mathrm{n}}$。

以式（12-13）为依据讨论对串模干扰的抑制问题。串模干扰引起的误差电压既与 T_1 和 T_{n}有关，也与初相角 ϕ 有关。欲使$\overline{V}_n=0$，该式中必有一个因子为零，可分以下两种情况。

1）设 $\sin\frac{\pi T_1}{T_{\mathrm{n}}}=0$，则$\frac{\pi T_1}{T_{\mathrm{n}}}=k\pi$（$k=1, 2, 3, \cdots$），故得

$$T_1=kT_{\mathrm{n}} \tag{12-14}$$

2）设 $\sin\left(\frac{\pi T_1}{T_n}+\phi\right)=0$，$\frac{\pi T_1}{T_{\mathrm{n}}}+\phi=n\pi$（$n=1, 2, 3, \cdots$），故得

$$\phi=\left(n-\frac{T_1}{T_{\mathrm{n}}}\right)\pi \tag{12-15}$$

若能满足式（12-14）或式（12-15）条件，则串模干扰就能全部被抑制掉，这证明了积分对串模干扰的平均作用，而实际的实验情况会有所差异。

2. $\overline{V}_{\mathrm{n}}$与 T_1/T_{n}的关系

鉴于干扰信号的初相角是随机的，因此式（12-13）中最后一项因子的取值在-1 和$+1$之间，现考虑最不利情况为+1，则式（12-13）可能表示为

$$\overline{V}_{\mathrm{n}}=\overline{V}_{\mathrm{nmax}}=\frac{V_{\mathrm{n}}T_{\mathrm{n}}}{\pi T_1}\sin\frac{\pi T_1}{T_{\mathrm{n}}} \tag{12-16}$$

现以串模抑制比（Series Model Reject Rate，SMRR）定量表示数字电压表对串模干扰的抑制能力，它定义为

$$\mathrm{SMRR}=20\lg\frac{V_{\mathrm{n}}}{\overline{V}_{\mathrm{n}}} \tag{12-17}$$

式中 V_{n}——串模干扰电压的幅度值；

$\overline{V}_{\mathrm{n}}$——干扰电压引起的最大测量误差。

SMRR 的单位为 dB。将式（12-16）代入式（12-17）得

$$\mathrm{SMRR}=20\lg\frac{\dfrac{\pi T_1}{T_{\mathrm{n}}}}{\sin\dfrac{\pi T_1}{T_{\mathrm{n}}}} \tag{12-18}$$

针对积分式数字电压表，根据式（12-18）并以 T_1为参变量，可以得到如下几点结论：

1）当 T_1/T_{n} 为整数，即双斜式 A/D 的采样期 T_1 为干扰信号周期 T_{n} 的整数倍时，$\mathrm{SMRR}=\infty$，此时称为理想抑制条件。

2）当采样期 T_1一定时，干扰信号频率f_{n}越高（即 T_{n}越小），双斜式 A/D 对串模干扰的抑制能力越强；同理，当 T_{n}一定，采样期 T_1一定时，采样期 T_1越大，对串模干扰抑制能力也越强。

3）当干扰信号的周期偏离理想抑制点，使 T_1/T_n 不等于整数时，SMRR 便急剧下降。如果干扰周期偏离理想抑制点不远，例如工频周期偏离理想点（20 ms）为 1%，则代入式（12-18），可得 SMRR≈40dB，即减小到原来的 1/100。

3. $\overline{V}_n$ 与 ϕ 的关系

在讨论 $\overline{V}_n$ 与干扰信号初相角 ϕ 的关系时，根据式（12-16）可以将式（12-13）表示为

$$\overline{V}_n=\overline{V}_{nmax}\sin\left(\frac{\pi T_1}{T_n}+\phi\right) \tag{12-19}$$

由式（12-19）可见，当 T_1 和 T_n 为定值时，干扰信号的 $\overline{V}_{nmax}$ 也一定，因此 $\overline{V}_n$ 将是一个随干扰信号初相角 ϕ 变化的正弦函数。如果合理选择 ϕ，使其正弦函数值为零，那么串模干扰的影响也将被完全抑制。由式（12-19）可知，使 $\overline{V}_n=0$ 的最佳初相角为 $\phi=-(\pi T_1/T_n)$。

（三）共模干扰的抑制方法

1. 共模抑制比的定义

通常数字电压表和被测信号源相距较远，需要较长的接线。这样不仅因为长线会引入串模干扰，而且还会因为接地不良引入共模干扰，如图 12-22 所示。图中 V_{cm} 为共模的等效干扰电压；r_{cm} 为接地电阻；r_1、r_2 为测量接地电阻（测量线内阻）；r_s 为信号源内阻；Z_1 为数字电压表（DVM）的输入阻抗。现在讨论由于共模干扰电压 V_{cm} 的影响，在 DVM 的输入端 H 和 L 之间产生的等效干扰电压 V_{cn}（图 12-21b）。在图 12-22 中因为 $Z_1\gg r_1$、$Z_1\gg r_2$、$Z_1\gg r_s$、$Z_1\gg r_{cm}$，故得

$$V_{cn}\approx V_{cm}\frac{r_2}{r_{cm}+r_2}\times\frac{Z_1}{Z_1+r_1+r_s}\approx\frac{r_2}{r_{cm}+r_2}V_{cm} \tag{12-20}$$

又因为 $r_{cm}\ll r_2$，式（12-20）可以表示为

$$V_{cn}\approx V_{cm}$$

现在定义共模抑制比 CMRR（Common Model Reject Rate）为

$$\text{CMRR}=20\lg\frac{V_{cm}}{V_{cn}} \tag{12-21}$$

式中 V_{cm}——电压测量系统中数字电压表受到的共模干扰电压；

V_{cn}——共模干扰电压在数字电压表的 H、L 端引入的等效干扰电压（相当于串模干扰电压）。

CMRR 的单位为 dB。

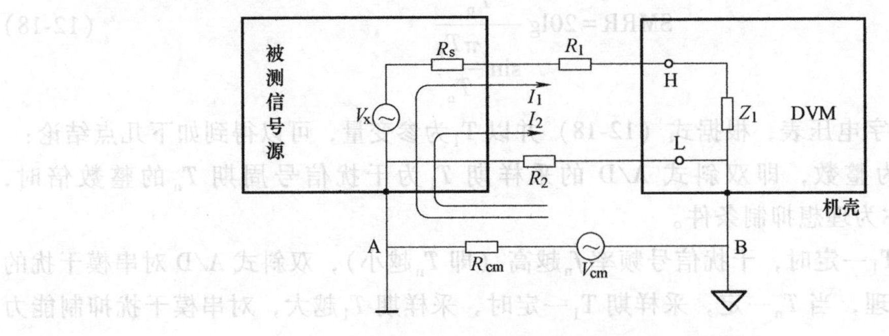

图 12-22 测量系统中的共模干扰等效

将式（12-20）代入式（12-21），得

$$\mathrm{CMRR}=20\lg\frac{r_{cm}+r_2}{r_2}$$

因为 $r_{cm} \ll r_2$，故 $\mathrm{CMRR}\approx 20\lg 1$，即

$$\mathrm{CMRR}\approx 0\mathrm{dB} \tag{12-22}$$

从式（12-20）可见，数字电压表的共模干扰可以转换为串模干扰电压，串模干扰电压和被测电压串联后加到数字电压表的输入端，所以对于测量误差来说最终仍是由串模干扰引起的；图 12-22 的测量系统不能抑制共模干扰（因为 CMRR=0dB），故需要采取改进措施。

2. 提高共模抑制比的措施

为了在电压测量中提高抗共模干扰能力，减小测量误差，必须对图 12-22 所示测量系统的结构进行改进。通常有这样一些方法：浮置数字电压表（DVM）的低端；采用双端对称差分输入电路；浮置双端对称输入电路；双重屏蔽和浮置。本书重点介绍浮置数字电压表的低端和双重屏蔽和浮置两种措施。

（1）浮置 DVM 的低端　在图 12-22 的电路中，共模干扰的影响主要由 I_2 造成的，因此要设法削弱 I_2 的影响。有效方法是浮置低端，即将 DVM 的 L 端与仪器的机壳相隔离（在 DVM 中 L 端的电位是其模拟电路的参考电位），如图 12-23 所示。图中的 L 端与机壳之间有一个很大的阻抗 Z_2 表示它们之间是相隔离的，这里在 DVM 输入端的等效干扰电压为（考虑到 $Z_1 \gg r_2$）

$$V_{cn}\approx V_{cm}\frac{r_2}{Z_2+r_{cm}+r_2}\times\frac{Z_1}{Z_1+r_1+r_s} \tag{12-23}$$

因为 $Z_1 \gg r_1$、$Z_1 \gg r_s$，所以

$$V_{cn}\approx\frac{r_2}{r_{cm}+r_2+Z_2}V_{cm} \tag{12-24}$$

又因为 $Z_2 \gg r_2$、$Z_2 \gg r_{cm}$，所以 $V_{cn}\approx\frac{r_2}{Z_2}V_{cm}$，代入式（12-21）得

$$\mathrm{CMRR}\approx 20\lg\frac{Z_2}{r_2} \tag{12-25}$$

对比式（12-25）和式（12-22）可以看出：由于浮置 DVM 的 L 端，并且 $Z_2/r_2 \gg 1$，所以 CMRR 不再为零。由此可见，浮置 DVM 的 L 端可以提高电压测量的抗共模干扰能力；并

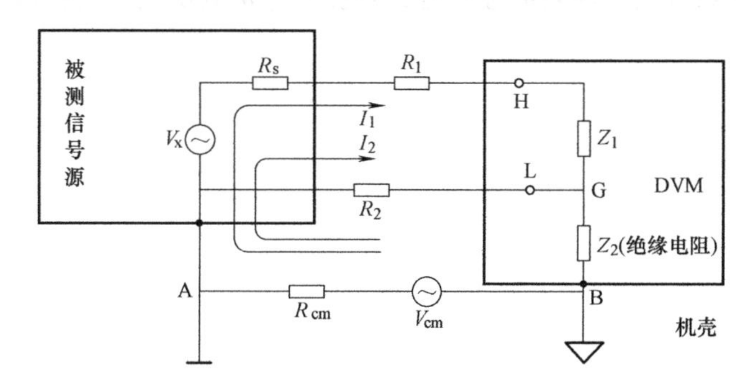

图 12-23　浮置 DVM 低端的电压测量系统

且 L 端与机壳之间隔离得越好，Z_2值就越大，共模抑制比也就越高。

（2）采用双重屏蔽和浮置　目前高精度数字电压表都采用这种技术，如图 12-24 所示，用机壳作为外屏蔽，在机壳内设置一个内屏蔽盒，将数字电压表的模拟电路屏蔽起来，在数字电压表模拟电路被浮置的 L 端与内层屏蔽之间、内外层屏蔽之间都是高度绝缘的，绝缘阻抗 Z_2、Z_3都很大。由图 12-24 可见，共模干扰电压 V_{cm}经 Z_3、r_{cm}和 r_3分压，并认为 r_{cm}很小可以忽略不计，因此 r_3上的压降 V'_{cm}为

$$V'_{cm}=\frac{r_3}{r_3+Z_3}V_{cm}$$

V'_{cm}再经 Z_2和 r_2分压，又因为 $Z_2 \gg r_2$，$Z_3 \gg r_3$，故在 r_2上的压降为 $V_{cn} \approx \frac{r_2}{Z_2} \times \frac{r_3}{Z_3} \times V_{cm}$，因此得共模抑制比为

$$\mathrm{CMRR}=20\lg\frac{Z_2Z_3}{r_2r_3} \tag{12-26}$$

上式表明，要提高 CMRR 就要加大 Z_2、Z_3，即将内部电路浮置起来，内屏蔽层也要浮置起来，例如，当 $Z_2=Z_3=10^6\Omega$，$r_2=r_3=1\mathrm{k}\Omega$，由式（12-26）得 CMRR=120dB，达到了较高的共模抑制水平。在图 12-24 中一共有三条线和 DVM 相连接，基于上述原因，通常采用具有屏蔽的双芯线，这主要是因为屏蔽层就相当于具有内阻 r_3的接线，而双芯线具有的内阻则分别为 r_1和 r_2。由于屏蔽能使 CMRR 有很大提高，因此在实际测量中使用的信号线应尽量采用优质屏蔽线并按要求正确连接。

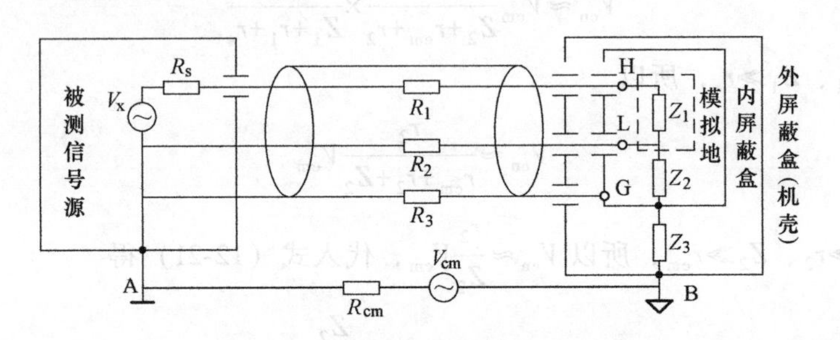

图 12-24　双重屏蔽与浮置的电路原理图

科学分析并有效识别系统电压测量中存在的各种干扰，深入研究并有效抑制或消除各种干扰，提高计量测试系统电压测量的准确度，对提升计量测试系统的整体性能极为重要。

第十三章

计量标准的建立、考核及使用

按照 JJF 1001—2011《通用计量术语及定义》，计量是实现单位统一、量值准确可靠的活动。量值是否准确可靠取决于一个国家计量标准体系的技术水平和管理水平。确保量值准确可靠是通过逐级量值传递来实现的，即通过国家计量基准、副基准、工作基准、各级工作标准传递到各领域、各行业现场使用的工作计量器具，或通过其逆过程——量值溯源来实现。在这个量值传递或溯源的环节中，各级计量标准具有十分重要的作用。因此计量标准是国家依法强制管理的重点对象，其措施是实行计量标准考核制度。

第一节　计量基准与计量标准

一、计量基准

计量基准是计量基准器具的简称，是在特定计量领域内复现和保存计量单位（或其倍数单位）并具有最高计量特性的计量器具，是统一全国量值的最高依据。对每项测量参数而言，全国只能有一个计量基准，其地位由国家以法律形式予以确定。“计量基准”这一术语，主要是俄罗斯和东欧的一些国家以及我国使用，其他国家则多使用“原级标准”（primary standard）或“测量标准”（measurement standard，etalon）。

建立计量基准器具的原则是：根据国民经济发展和科学技术进步的需要，由国家市场监督管理总局负责统一规划，组织建立。属于基础性、通用性的计量基准，建立在国家市场监督管理总局设置或授权的计量技术机构；专业性强、仅个别行业需要，或工作条件要求特殊的计量基准，可以建立在有关部门或者单位所属的计量技术机构。每一种国家计量基准均有一个相应的国家计量检定系统表。

（一）计量基准的分类

计量基准的类别一般按层次等级和组合形式分。

1. 按层次等级分

一般可分为国际计量基准、国家计量基准、副基准和工作计量基准四种。

（1）国际计量基准　国际计量基准也称国际测量标准，是由国际协议签约方承认、在全世界使用的测量标准。国际计量基准是具有当代科学技术所能达到的最高计量特性的计量基准，成为给定量的所有其他计量器具在国际上定值的最高依据。

根据国际协议，由国际米制公约组织下设的国际计量委员会（CIPM）和国际计量局（BIPM）两个机构负责研究、建立、组织和监督国际计量基准（标准）。各国根据国际计量大会和国际计量委员会的决议，按照单位量值一致的原则，在本国内调整并保存相关量值的国际基准，它们必须经国际协议承认，并在国际范围内具有最高计量学特性，它是世界各国计量单位量值定值的最初依据，也是溯源的最终点。

(2) 国家计量基准和副基准　国家计量基准是经国家承认的最高测量标准，在一个国家内作为对有关量的其他测量标准定值的依据。国家计量基准标志着一个国家科学计量的最高水平，能以国内最高的准确度复现和保存给定的计量单位。在给定的计量领域中，所有计量器具进行的一切测量均可溯源到国家基准上，从而保证这些测量结果准确可靠和具有实际的可比性。我国的国家基准是经国务院计量行政部门批准，作为统一全国量值最高依据的计量器具。

副基准是由国家基准直接校准或比对来定值的计量标准，它作为复现测量单位的地位仅次于国家基准。一旦国家基准损坏时，副基准可用来代替国家基准。根据实际工作情况，可设副基准，也可以不设副基准。国家基准和副基准绝大多数设置在国家计量研究机构中。

(3) 工作计量基准　工作计量基准是指经与国家计量基准或副基准比对，并经国家鉴定，实际用以检定计量标准的计量器具。设置工作计量基准的目的，是不使国家计量基准和副基准由于频繁使用而降低其计量特性或遭受损坏。工作计量基准一般设置在国家计量研究机构中，也可根据实际情况设置在工业发达的省级或部门的计量技术机构中。

除了上述四种基准外，国外也有设“作证基准”的，主要是验证国家基准的计量特性，必要时可代替国家基准工作。国家计量基准、作证计量基准、副基准和工作计量基准的原理与结构可以相同，也可以不同。有时可同时研制两套或更多基准，分别作为国家计量基准、副基准和工作计量基准。除国家计量基准和工作计量基准必须设置外，其他计量基准可视情况而定，一般情况下可以不设。

2. 按组合形式分

一般可分为单件计量基准、集合计量基准及计量基准组三类。

(1) 单件计量基准　单件计量基准可以是一个简单的量具或一台结构复杂的仪器或装置，它可以单独地复现或保存测量单位。例如，铂铱合金千克基准砝码就是一个简单的量具；而时间频率基准就是由铯束管、激励源、倍频链和伺服控制系统等组成的一台结构复杂、庞大的装置。

(2) 集合计量基准　集合计量基准是通过联合使用而起计量基准作用的一组相同的实物量具或计量器具，其目的在于提高测量单位复现的准确度和保存的可靠性。集合基准的量值就是集合基准中各个计量基准量值的加权平均值。例如，由20个基准电池组成的伏特基准。组成集合计量基准的各个计量基准是固定的，若要更换，必须经过国家计量行政部门的批准。

(3) 计量基准组　计量基准组由一组不同量值的计量基准构成，它们单个地或在适当的组合下复现给定范围内的一系列量值。例如，1mg~20kg 砝码基准组、液体密度计基准组等。

(二) 计量基准的特点

(1) 科学性　计量基准都是运用最新科学技术研制出来的，所以具有当代本国的最高准确度。

(2) 唯一性　对每一个测量参数来说，全国只能有一个。

(3) 国家性　因为计量基准是统一全国量值的最高依据，所以计量基准的准确度必须经过国家鉴定合格并确定其准确度。

(4) 稳定性　计量基准都具有良好的复现性，性能稳定，计量特性长期不变。计量基准的稳定性是至关重要的计量特性，是计量科学家研究的重要课题。为了追求高稳定性，有些计量基准经历了“初级人工基准→宏观自然基准→高级人工基准→微观自然基准”的发展道路。目前，7 个 SI 基本单位中，有 6 个基本单位已经实现了微观自然基准，只有质量单位“千克”仍处于高级人工基准阶段。

(三) 计量基准的管理

计量基准由国务院计量行政部门根据社会、经济发展和科学技术进步的需要，统一规划，组织建立。通常情况下，基础性、通用性的计量基准建立在国务院计量行政部门设置或授权的计量技术机构（如中国计量科学研究院建立并保存了 129 项计量基准和副基准）；专业性强、仅为个别行业所需要或工作条件要求特殊的计量基准，可以建立在有关部门或者单位所属的计量技术机构。截至 2020 年 5 月 29 日，已授权其他技术机构建立和保存的计量基准和副基准有 5 项。

建立计量基准，可以由相应的计量技术机构向国务院计量行政部门申报。申报计量基准的计量技术机构应当具备以下 6 个条件：①能够独立承担法律责任；②具有从事计量基准研究、保存、维护、使用、改造等项工作的专职技术人员和管理人员；③具有保存、维护和改造计量基准装置及正常工作所需实验室环境（包括工作场所、温度、湿度、防尘、防振、防腐蚀、抗干扰等）的条件；④具有保证计量基准量值定期复现和保持计量基准长期可靠稳定运行所需的经费和技术保障能力；⑤具有相应的质量管理体系；⑥具备参与国际比对、承担国内比对的主导实验室和进行量值传递工作的技术水平。

建立计量基准的计量技术机构向国务院计量行政部门申报，受理申报后，国务院计量行政部门委托专家组对计量技术机构申报的计量基准进行文件资料审查和现场评审。由专家组出具评审报告，国务院计量行政部门对专家组的评审报告进行审核；对审核合格的，批准并颁发《计量基准证书》，向社会公告。

国务院计量行政部门对计量基准进行定期复核和不定期监督检查，复核周期一般为 5 年。复核和监督检查的内容包括：计量基准的技术状态、运行状况、量值传递情况、人员状况、环境条件、质量管理体系、经费保障和技术保障状况等。

二、计量标准

计量标准器具简称计量标准，是指准确度低于计量基准、用于检定其他计量标准或工作计量器具的计量器具。所有计量标准器具都可检定或校准工作计量器具。

(一) 计量标准的分级和分类

1. 计量标准的分级

按照我国计量法律法规的规定，计量标准可以分为最高等级计量标准和其他等级计量标准。最高等级计量标准又有 3 类：最高社会公用计量标准、部门最高计量标准和企事业单位最高计量标准。其他等级计量标准也有 3 类：其他等级社会公用计量标准、部门次级计量标准和企事业单位其他等级计量标准。

在给定地区或在给定组织内，其他等级计量标准的准确度等级要比同类的最高计量标准低，其他等级计量标准的量值一般可以溯源到相应的最高计量标准。对于一个计量技术机构而言，如果一项计量标准器具需要外送到其他计量技术机构溯源，而不能由本机构溯源，一般将该项计量标准认为是最高计量标准。

我国对最高计量标准和其他等级计量标准的管理方式不同。最高社会公用计量标准应当由上一级计量行政部门考核，其他等级社会公用计量标准则由本级计量行政部门考核，部门最高计量标准和企事业单位最高计量标准应当由有关计量行政部门考核，而部门和企事业单位的其他等级计量标准则不需计量行政部门考核。

2. 计量标准的分类

计量标准可按照不同的指标进行分类。

(1) 按精度等级分

1) 在某特定领域内具有最高计量学特性的基准。

2) 通过与基准比较来定值的副基准。

3) 具有不同精度的各等级标准。高等级的计量标准器具可检定或校准低等级的计量标准。

(2) 按组成结构分

1) 单个的标准器。

2) 由一组相同的标准器组成的，通过联合使用而起标准器作用的集合标准器。

3) 由一组具有不同特定值的标准器组成的，通过单个或组合提供给定范围内的一系列量值的标准器组。

(3) 按适用范围分

1) 经国际协议承认，在国际上用以对有关量的其他标准器定值的国际标准器。

2) 经国家官方决定承认，在国内用以对有关量的其他标准器定值的国家标准器。

3) 具有在给定地点所能得到的最高计量学特性的参考标准器。

(4) 按工作性质分

1) 日常用以校准或检定测量器具的工作标准器。

2) 用作中介物以比较计量标准或测量器具的传递标准器。

3) 具有特殊结构，可供运输的搬运式标准器。

(5) 按工作原理分

1) 由物质成分、尺寸等来确定其量值的实物标准。

2) 由物理规律确定其量值的自然标准。

需要说明的是，上述几种分类方式不是排他性的。例如，一个计量标准可以同时是国家标准器和自然标准。

(二) 计量标准的计量特性

1. 计量标准的测量范围

测量范围用计量标准所复现的量值或测量范围来表示。对于可以测量多种参数的计量标准，应分别给出每种参数的测量范围。计量标准的测量范围应满足开展检定或校准的需要。

2. 计量标准的不确定度、准确度等级或最大允许误差

计量标准的不确定度、准确度等级或最大允许误差，应当根据计量标准的具体情况，按标准所属专业和行业的规定进行明确表述。对于可以测量多种参数的计量标准，应当分别给出每种参数的不确定度、准确度等级或最大允许误差。计量标准的不确定度、准确度等级或

最大允许误差应当满足开展检定或校准的需要。

3. 计量标准的重复性

计量标准的重复性通常用测量结果的分散性来定量表示，即用单次测量结果 y_i 的实验标准偏差 $s(y_i)$ 来表示。计量标准的重复性通常是检定或校准结果的一个不确定度来源。新建计量标准应当进行重复性试验，并提供试验的数据；已建计量标准至少每年进行一次重复性试验，测得的重复性应满足检定规程或技术规范对测量不确定度的要求。

4. 计量标准的稳定性

新建计量标准一般应经过半年以上的稳定性考核，证明其所复现的量值稳定可靠后，才能申请计量标准考核；已建计量标准应当保存历年的稳定性考核记录，以证明其计量特性的持续稳定。若计量标准在使用过程中采用标称值或示值，则计量标准的稳定性应当小于计量标准最大允许误差的绝对值；若计量标准需要加修正值使用，则计量标准的稳定性应当小于修正值的扩展不确定度。

5. 计量标准的其他计量特性

计量标准的其他计量特性，如灵敏度、鉴别阈、分辨力、漂移、滞后、响应特性、动态特性等，也应当满足相应计量检定规程或技术规范的要求。

三、标准物质

标准物质（reference material）是具有足够均匀和稳定的特定特性的物质，其特性被证实适用于测量中或标称特性检查中的预期用途。有证标准物质（certified reference material）则是附有由权威机构发布的文件，提供使用有效程序获得的具有不确定度和溯源性的一个或多个特性量值的标准物质。

标准物质用以校准测量装置、评价测量方法或给材料赋值，可以是纯的或混合的气体、液体或固体。标准物质在国际上又称为参考物质。

标准物质已成为量值传递的一种重要手段，是统一全国量值的法定依据。它可以作为计量标准来检定、校准或校对仪器设备，作为比对标准来考核仪器设备、测量方法和操作是否正确，测定物质或材料的组成和性质，考核各实验室之间测量结果的准确度和一致性，鉴定所试制的仪器设备或评价新的测量方法，以及用于仲裁检定等。

（一）标准物质的分级和分类

1. 标准物质的分级

标准物质特性量值的准确度是划分其级别的主要依据。此外，均匀性、稳定性和用途等对不同级别的标准物质也有不同的要求。从量值传递和经济观点出发，常把标准物质分为两个级别，即一级（国家级）标准物质和二级（部门级）标准物质。

一级标准物质采用定义法或其他准确、可靠的方法对其特性量值进行计量，其不确定度达到国内最高水平，主要用来标定比它低一级的标准物质、检定高准确度的计量仪器、评定和研究标准方法或在高准确度要求的关键场合下应用。

二级标准物质采用准确、可靠的方法或直接与一级标准物质相比较的方法对其特性量值进行计量，其不确定度能够满足日常计量工作的需要，主要作为工作标准使用，作为现场方法的研究和评价。

2. 标准物质的分类

标准物质的种类繁多，按照技术特性，可将标准物质分为以下三类：

（1）化学成分标准物质　这类标准物质具有确定的化学成分，并用科学的技术手段对其化学成分进行准确的计量，用于成分分析仪器的校准和分析方法的评价，如：金属、地质、环境等化学成分标准物质。

（2）物理化学特性标准物质　这类标准物质具有某种良好的物理化学特性，并经过准确计量，用于物理化学特性计量器具的刻度、校准和计量方法的评价，如：pH值、燃烧热、聚合物分子量标准物质等。

（3）工程技术特性标准物质　这类标准物质具有某种良好的技术特性，并经准确计量，用于工程技术参数和特性计量器具的校准、计量方法的评价及材料或产品技术参数的比较计量，如：粒度标准物质、标准橡胶、标准光敏褪色纸等。

（二）标准物质的特点

（1）稳定性　稳定性是指标准物质在规定的时间和环境条件下，其特性量值保持在规定范围内的能力。影响稳定性的因素有：光、温度、湿度等物理（环境）因素；溶解、分解、化合等化学因素和细菌作用等生物因素。稳定性表现在：固体物质不风化、不分解、不氧化；液体物质不产生沉淀、不发霉；气体和液体物质对容器内壁不腐蚀、不吸附等。

（2）均匀性　均匀性是指物质的一种或几种特性在物质各部分之间具有相同的量值。大多数情况下，标准物质证书中所给出的标准值是对一批标准物质的定值资料，而使用者在使用标准物质时，每次只是取用其中一小部分，所取用的那一小部分标准物质所具有的特性量值应与证书所给的标准值一致，所以要求标准物质必须是非常均匀的物质或材料。

（3）准确性　准确性是指标准物质具有准确计量的或严格定义的标准值（也称保证值或鉴定值）。当用计量方法确定标准值时，标准值是被鉴定特性量真值的最佳估计，标准值与真值的偏离不超过测量不确定度。在某些情况下，标准值不能用计量方法求得，而用商定一致的规定来指定。这种指定的标准值是一个约定真值。通常在标准物质证书中都同时给出标准值及其测量不确定度。当标准值是约定真值时，还给出使用该标准物质作为“校准物”时的计量方法规范。

四、计量基准、计量标准的发展趋势

计量基准、计量标准发展趋势大致可归纳为下列几点。

（一）提高测量准确度

根据量子理论，微观世界的量只能是跃进式的改变，而不能发生任意微小的变化，即“稳定性”好。另外，同一类原子、分子无论何时何地都是严格一致的，即“齐一性”好。所以利用这两种特性建立起来的量子计量基准比实物基准有很多优越性，从而大幅度提高了测量的准确度。目前，七个基本单位中，已有六个基本单位实现了微观量子计量基准，已建量子计量基准主要有长度单位米、时间单位秒、电单位中电阻和电压等。使计量基准测量准确度大幅度提高，对已经建立的量子计量基准，各国计量科学家仍在不断地完善、改进和提高。

（二）扩大测量范围

在力值测量方面，火箭发动机需测量达$5×10^7$N的特大力值，而生物研究中需测量单根

肌肉纤维产生 5×10^{-7}N 的特小力值，两者相差 14 个数量级。在压力计量方面，人工合成金刚石要求测量达 10^{12}Pa 的超高压，而核反应堆仪表和某些飞行仪表要求测量出 10^{-10}Pa 的超低压，两者相差 22 个数量级。这些“超大”“超小”的测量，对科学技术的发展有着非常重要的意义。如 1024 兆位芯片集成电路的线宽约为 0.1μm，可视为现有电子元件的发展极限。超小距离的测量，对微电子学的发展具有非常重要的意义。进一步发展，便要开发量子效应元件，即量子元件，制作以纳米（10^{-9}m）计的量子薄膜、量子细线等，即需要纳米测量。目前的计量基准、计量标准，一般只适应常规的测量范围，所以尚需向两端扩展，以适应科学技术发展的迫切需要。

（三）多参数综合测量

美国三坐标测量机测量的分辨力为 1.25μm，检定这种仪器要求确定各个误差分量和 21 个修正值。在电子测量中，自动网络分析仪可以测量传输反射特性、相移、驻波比、功率、带宽、频响、噪声系数等各种参量。在力值测量中出现可测量六分量的力传感器，这也要求计量标准能与之相适应，需要开展多参数、多维空间综合测量。

（四）动态、连续、跟踪与快速测量

生产自动化使很多计量器具已经成为生产线的组成部分，由它们输出各种信息反馈到电子计算机中进行自动控制，要求在现场进行实时连续校准。这种技术很早就出现，现在正迅速发展，它要求计量标准的研制尽快跟上，以适应生产发展的需要。

（五）检定工作自动化、智能化

从 20 世纪 70 年代开始，微处理机、电子计算机已大量应用于各种计量器具中，为检定工作的自动化、智能化创造了条件。实现检定工作自动化、智能化，不但可以提高检定工作的效率，消除检定时的人为误差，使检定工作由“主观”向“客观”过渡，而且还可以在短时间内获得大量的测量信息以便进行统计处理，以提高测量精度，或直接进行实时误差修正，这均是手工方式进行检定难以实现的。

第二节　计量标准的建立

一、建立计量标准的依据和条件

（一）法律法规依据

1）《中华人民共和国计量法》（全国人大通过，国家主席令 28 号，1985 年 9 月 6 日发布，1986 年 7 月 1 日起实施）第六条、第七条、第八条及第九条。

2）《中华人民共和国计量法实施细则》（国务院 1987 年 1 月 19 日批准，1987 年 2 月 1 日起实施）第七条、第八条、第九条及第十条。

3）《计量标准考核办法》（原国家质量监督检验检疫总局令第 72 号，2005 年 1 月 14 日发布，2005 年 7 月 1 日起实施，2020 年 10 月 23 日修订，共二十三条）。

（二）技术依据

1）国家计量技术规范 JJF 1033—2016《计量标准考核规范》、JJF 1022—2014《计量标准命名与分类编码》。

2）相应的国家计量检定系统表。

3）相应的计量检定规程或计量技术规范。

二、建立计量标准的准备工作

（一）建立计量标准的策划

建立计量标准要从实际需求出发，科学决策，讲求效益，减少建立计量标准的盲目性。

1. 策划时应当综合考虑的要素

进行需求分析，研究其对国民经济和科技发展的重要和迫切程度，尤其分析被测量对象的测量范围、测量准确度和需要检定或校准的工作量；需建立的基础设施与条件，如房屋面积、恒温条件及能源消耗等；建立计量标准应当购置的标准器、配套设备及其技术指标；是否具有或需要培养使用、维护及操作计量标准的技术人员；计量标准的考核、使用、维护及量值传递保证条件；建立计量标准的物质、经济、法律保障等基础条件。

2. 策划时应当进行评估

人民政府计量行政部门组织建立社会公用计量标准前，应当对行政辖区内的计量资源进行调查研究、科学调配、统筹规划、合理组织，建立社会公用计量标准体系，尽可能避免重复投资，最大限度地发挥现有的计量资源的作用。提高法定计量技术机构的技术保障水平，增强对社会开展计量检定和校准的服务能力。

当社会公用计量标准不能覆盖或满足不了部门专业的特殊需求时，国务院有关部门和省、自治区、直辖市有关部门可以根据部门的特殊需要建立部门内部使用的计量标准。

3. 社会经济效益分析

只有具有良好的社会效益或经济效益的计量标准，才有必要建立。人民政府计量行政部门建立社会公用计量标准，应当根据本行政区域内统一量值的需要，着重考虑社会效益，同时兼顾经济效益；部门和企事业单位建立计量标准应当根据本部门和本单位的实际情况，重点建立生产、科研等需要的计量标准，主要考虑经济效益。

（二）建立计量标准的技术准备

申请新建计量标准的单位，应当按 JJF 1033—2016《计量标准考核规范》的要求进行准备，并按照以下 7 个方面的要求做好准备工作：

1）科学合理配置计量标准器及配套设备。

2）计量标准器及主要配套设备进行有效溯源，并取得有效检定或校准证书。

3）新建计量标准应当经过半年或至少半年的试运行，在此期间考察计量标准的重复性及稳定性。

4）申请考核单位应当完成《计量标准考核（复查）申请书》和《计量标准技术报告》的填写。

5）环境条件及设施应当满足开展检定或校准工作的要求，并按要求对环境条件进行有效检测和控制。

6）每个项目配备至少两名持证的检定或校准人员。

7）建立计量标准的文件集。

三、计量标准命名与分类编码

(一) 计量标准命名的基本类型

计量标准命名的基本类型分为标准装置、检定装置、校准装置、工作基准装置四类。

(二) 计量标准命名

1. 标准装置的命名

以计量标准中的"主要计量标准器"或其反映的"参量"名称作为命名标识。该原则一般适用于以下场合。

1) 同一计量标准可开展多项检定或校准项目的场合。

2) 计量标准中主要计量标准器与被检定或被校准计量器具名称一致的场合。

以此原则命名的计量标准，在"主要计量标准器"或其反映的"参量"名称后面加后缀"标准装置"，如贝克曼温度计量标准器。当计量标准仅由实物量具构成时，如为单一实物量具，则在"主要计量标准器"或其反映的"参量"名称后而加后缀"标准器"，如显微标尺标准器。当计量标准器为一组实物量具，则在计量标准器的名称或其反映的"参量"名称后面加后缀"标准器组"，如高频电容标准器组。

2. 检定装置、校准装置的命名

以被检定或被校准"计量器具"或其反映的"参量"名称作为命名标识。该原则一般适用于以下场合。

1) 同一被检定或被校准计量器具需要多种计量标准器进行检定或校准的场合。

2) 计量标准中"主要计量标准器"的名称与被检定或被校准计量器具名称不一致的场合。

3) 计量标准中计量标准器等级概念不易划分，而用被检定或被校准"计量器具"或其反映的"参量"名称作为命名标识，更能反映计量标准特征的场合。

用该原则命名计量标准时，在被检定或被校准"计量器具"或"参量"的名称后面加后缀"检定装置"或"校准装置"。如流量积算仪检定装置、坐标测量机校准装置。当计量标准仅由实物量具构成时，则在被检定或被校准"计量器具"或其反映的"参量"名称前加前缀"检定"或"标准"，在其后面加后缀"标准器具"，如检定标准阿贝折射仪的标准器组。

3. 工作基准装置的命名

以"计量标准器"或其反映的"参量"作为命名的标识，并在名称后面加后缀"工作基准装置"，如电容工作基准装置。

4. 计量标准命名的其他约定

为了使计量标准名称能准确地反映计量标准的特性，根据计量标准的特点，在计量标准的计量标准器、被检定或被校准计量器具名称或参量前可以用测量范围、等别或级别、原理及状态、材料、形状、类型等基本特征词加以描述。如静态质量法液体流量标准装置、立式金属罐容积检定装置、超声波测量仪校准装置、0.02 级活塞式压力真空计标准装置。

当同一计量标准有多个计量标准器，可开展多项检定或校准项目时，应遵循更能反映计量标准特征的原则进行命名。优先考虑计量标准器名称作为命名标识。

用最具代表性的计量标准器或被检定、被校准计量器具或其反映的参量名称作为命名标识。

以主要计量标准器、被检定或被校准计量器具或其反映的参量类别名称作为命名标识。

另外，计量标准命名在遵循命名原则的同时，还可兼顾专业和行业沿用习惯。

（三）计量标准分类及编码原则

1. 分类

计量标准代码分四个层次，第一层体现计量标准所属计量专业大类及专用计量器具应用领域，01 几何量、04 热学、12 力学、15 电磁学、23 无线电、25 时间频率、28 光学、33 声学、37 电离辐射、46 物理化学、51 纺织、53 铁路、55 气象、57 海洋、59 邮电、61 交通运输、63 建材、65 农林牧渔。第二、第三、第四层次体现计量标准的计量标准器或被检定、被校准计量器具，依次表示具有相同原理、功能用途或测同一参量的计量标准大类、项目及子项目，下一层次为上一层次计量标准的进一步细分。

2. 编码原则

计量标准的代码用八位数字表示，每个层次使用两位阿拉伯数字。

若各层次代码不再细分，在它们的代码后面补“0”，直至第八位。

各层次均留有空码，备收录的计量标准。

对于 JJF 1022—2014《计量标准命名与分类编码》发布后新增的计量标准，该规范在代码的第一、第二、第三层次均设有收容类目，代码为“90”或“91”。国家和各省级计量行政管理部门可依据该规范规定的命名和编码原则，确定临时计量标准的名称和代码。如计量标准代码“01219000”，对应计量标准名称为“其他线纹类计量标准”，相关单位可对本规范未收录的线纹类计量标准进行收容，自行编码为“012190××”，以便于将来规范修订时统一确定后四位编码。

（四）命名原则的应用

计量标准名称与分类代码可在 JJF 1022—2014《计量标准命名与分类编码》附录 A“计量标准名称与分类代码”中查找，该附录收录了共计 1261 项计量标准名称与分类代码。当涉及某项计量标准的命名时，可以首先在附录 A 中查找。若在附录 A 中没有列入，可按上述原则进行命名。

第三节　计量标准的考核要求

《中华人民共和国行政许可法》的颁布、原国家质量监督检验检疫总局《计量标准考核办法》的发布，以及我国市场经济的不断发展，都对计量标准考核工作提出了新的要求；国际法制计量组织也对计量标准的批准、使用、保存、文件集及管理等提出了许多新的要求。

JJF 1033—2016《计量标准考核规范》（以下简称《规范》）中计量标准的考核要求包括计量标准器及配套设备、计量标准的主要计量特性、环境条件及设施、人员、文件集以及计量标准测量能力的确认等 6 个方面共 30 项内容，其中有十项内容是重点考评项目。它既是对建标单位建立计量标准的要求，也是计量标准的考评内容。

一、计量标准器及配套设备

（一）计量标准器及配套设备的配置

1.《规范》原文

> 4.1.1　计量标准器及配套设备的配置
>
> 建标单位应当按照计量检定规程或计量技术规范的要求，科学合理、完整齐全地配置计量标准器及配套设备（包括计算机及软件，下同），并能满足开展检定或校准工作的需要。

2. 要点理解

1）计量标准器及配套设备是保证建标单位正常开展检定或校准工作，并取得准确可靠测量数据的最重要装备，因此《规范》对计量标准器及配套设备的配置提出了详细和严格的要求，并列入重点考评项目。

2）计量标准器及配套设备的配置要求如下。

① 计量标准器及配套设备的配置依据是相应的计量检定规程或计量技术规范。

② 计量标准器及配套设备不仅包括硬件部分，也包括用于测量和数据处理的各种软件。

③ 配置计量标准器及配套设备的基本原则是科学合理、完整齐全。科学合理是指应当严格按照相应计量检定规程或计量技术规范的要求合理配置计量标准器及配套设备，把握合理的性价比，不能低配，也不要求高配，要求做到科学合理、经济实用。完整齐全是指按照相应计量检定规程或计量技术规范的要求，既要配齐计量标准器，也要配齐主要配套设备，还要配齐开展检定或校准工作所需要的各种配件、工具和易耗品。

④ 对计量标准器及配套设备配置的最终要求是满足开展检定或校准工作的需要。

（二）计量标准器及主要配套设备的计量特性

1.《规范》原文

> 4.1.2　计量标准器及主要配套设备的计量特性
>
> 建标单位配置的计量标准器及主要配套设备，其计量特性应当符合相应计量检定规程或计量技术规范的规定，并能满足开展检定或校准工作的需要。

2. 要点理解

1）计量标准的计量特性主要由计量标准器及主要配套设备的计量特性决定，因此《规范》对计量标准器及主要配套设备的计量特性提出了要求，并列入重点考评项目。

2）计量标准器及主要配套设备的计量特性包括测量范围、不确定度、准确度等级或最大允许误差、稳定性、灵敏度、鉴别阈、分辨力等。

3）计量标准器及主要配套设备计量特性需满足相应计量检定规程或技术规范的规定。

4）计量标准器及主要配套设备的计量特性应当满足开展检定或校准工作的需要。

（三）计量标准的溯源性

1.《规范》原文

> 4.1.3　计量标准的溯源性
>
> 计量标准的量值应当溯源至计量基准或社会公用计量标准；当不能采用检定或校准方式溯源时，应当通过计量比对的方式确保计量标准量值的一致性；计量标准器及主要配套设备均应当有连续、有效的检定或校准证书（包括符合要求的溯源性证明文件，下同）。
>
> 计量标准的溯源性应当符合如下要求：

1）计量标准器应当定点定期经法定计量检定机构或县级以上人民政府计量行政部门授权的计量技术机构建立的社会公用计量标准检定合格或校准来保证其溯源性；主要配套设备应当经检定合格或校准来保证其溯源性。

2）有计量检定规程的计量标准器及主要配套设备，应当按照计量检定规程的规定进行检定。

3）没有计量检定规程的计量标准器及主要配套设备，应当依据国家计量校准规范进行校准。如无国家计量校准规范，可以依据有效的校准方法进行校准。校准的项目和主要技术指标应当满足其开展检定或校准工作的需要，并参照JJF 1139《计量器具检定周期确定原则和方法》的要求，确定合理的复校时间间隔。

4）计量标准中使用的标准物质应当是处于有效期内的有证标准物质。

5）当计量基准和社会公用计量标准无法满足计量标准器及主要配套设备量值溯源需要时，建标单位应当经国务院计量行政部门同意后，方可溯源至国际计量组织或其他国家具备相应测量能力的计量标准。

2. 要点理解

1）计量标准的溯源性是指通过文件规定的不间断的比较链，将计量标准所提供的标准量值与规定的参照对象，通常是与（国家）计量基准或国际测量标准联系起来的特性。这里，不间断的比较链是指不确定度不间断。

计量标准的溯源性是计量标准考核的关键环节之一，是保证检定或校准结果准确可靠的基础，因此《规范》将其列入重点考评项目。

2）计量标准的量值应当溯源至计量基准或社会公用计量标准。溯源的方式可以采用检定或校准，当不能采用检定或校准方式溯源时，应当通过计量比对的方式确保计量标准量值的一致性。

3）计量标准溯源性的证明文件包括所有计量标准器及主要配套设备的检定证书、校准证书或符合要求的其他溯源性证明文件。溯源性证明文件应当连续、有效。“连续”的含义是时间上的连续不间断，“有效”含义见以下各条。

4）计量标准器和主要配套设备的有效溯源机构。计量标准器应当向法定计量检定机构或县级以上人民政府计量行政部门授权的计量技术机构建立的计量基准或社会公用计量标准溯源；主要配套设备可以向具有相应测量能力的计量技术机构溯源。

计量标准的计量特性一般主要由计量标准器确定，为了保证计量标准的量值准确统一，计量标准器应当定点定期溯源。《中华人民共和国计量法》第九条和《中华人民共和国计量法条文解释》第九条严格规定：社会公用计量标准，部门和企业、事业单位使用的最高计量标准，为强制检定的计量标准。强制检定是指由县级以上人民政府计量行政部门指定的法定计量检定机构或授权的计量检定机构，对强制检定的计量器具实行的定点定期检定。检定周期由执行强制检定的计量检定机构根据计量检定规程，结合实际使用情况确定。因此《规范》规定计量标准器应当定点定期溯源。

“定期”的含义是指如果是通过检定溯源，检定周期不得超过计量检定规程规定的周期；如果是通过校准溯源，复校时间间隔不得超过国家计量校准规范的规定；如果国家计量校准规范或者其他技术规范没有明确规定复校时间间隔，当校准机构给出了复校时间间隔，应当按照校准机构给出的复校时间间隔定期校准，当校准机构没有给出复校时间间隔，建标单位应当按照JJF 1139《计量器具检定周期确定原则和方法》的要求制定合理的复校时间间隔并定期校准；当不可能采用计量检定或校准方式溯源时，则应当定期参加实验室之间的比对，以确保计量标准量值的可靠性和一致性。

5）计量标准器和主要配套设备的检定溯源要求。凡是有计量检定规程的计量标准器及主要配套设备，应当按照计量标准器及主要配套设备对应的计量检定规程的要求进行周期检定。检定项目必须齐全，检定周期不得超过计量检定规程的规定。有计量检定规程的计量标准器及主要配套设备应当以检定方式溯源，不能以校准方式溯源。

6）计量标准器和主要配套设备的校准溯源要求。没有计量检定规程的计量标准器及主要配套设备，或者有计量检定规程，但不能完全覆盖其测量范围的，应当依据国家计量校准规范或参照相应的计量检定规程进行校准。如果无国家计量校准规范或相应的计量检定规程，可以依据有效的校准方法进行校准。校准的项目和主要技术参数应当满足其开展检定或校准工作的需要。校准的参数应当齐全。国家计量校准规范或计量检定规程对复校时间间隔有规定的应从其规定；如果没有规定，则应参照 JJF 1139《计量器具检定周期确定原则和方法》的要求，确定合理的复校时间间隔。

JJF 1139《计量器具检定周期确定原则和方法》适用于制定或者修订计量检定规程对计量器具检定周期的确定，同时，可作为在用计量器具检定时间间隔的调整与在用计量器具校准时间间隔确定的参考。JJF 1139 提出了确定计量器具检定周期或者校准时间间隔的三个基本原则：一是制定或修订计量器具检定规程时，应当根据所适用计量器具的本身特征（如计量器具的工作原理、结构型式及所用材质等）、计量器具的性能要求（如最大允许误差及稳定性等）以及计量器具使用情况（如环境条件、使用频率与维护状况等）来确定其检定周期；二是确定计量器具检定周期时，应当明确所适用计量器具的测量可靠性目标 R（一般计量器具的测量可靠性目标 $R \geq 90\%$）；三是计量器具检定周期的确定应当恰当地选用反应法或最大似然估计法中某一种或某几种合适的方法进行分析测算。

JJF 1139 给出了确定计量器具检定周期或者校准时间间隔的方法，方法包括反应法和最大似然估计法两种方法。反应法是指通过响应最近获得的检定结果，采用简单直接的方式或最简便的算法，对计量器具检定周期或者校准时间间隔进行调整与确定的方法，反应法又主要有固定阶梯调整法、增量反应调整法与间隔测试法三种具体方法；最大似然估计法是指通过对似然函数的概率分布来研究评价被检计量器具超出允许误差的状况，最终确定计量器具检定周期或者校准时间间隔的方法，最大似然估计法是建立在数理统计和大量数据分析的基础上，最大似然估计法也有三种具体的计算法：经典法、二项式法与更新时间法。在确定计量器具检定周期或者校准时间间隔时，应当选择上述合适方法进行可靠性分析和数理测算。

7）采用比对的原则。只有当不能以检定或校准方式溯源时，才可以采用比对方式来保证计量标准量值的一致性。比对也应当定期进行，以保证计量标准量值持续一致。

8）计量标准中的标准物质应当使用处于有效期内的国家一级标准物质或国家二级标准物质进行溯源。

9）对溯源到国际计量组织或其他国家具备相应能力的计量标准的规定。

① 当（国家）计量基准不能满足计量标准器及主要配套设备量值溯源的需要时，应当按照有关规定向国务院计量行政部门提出申请，经国务院计量行政部门同意后方可溯源到国际计量组织或其他国家具备相应能力的计量标准。

② 溯源到国际计量组织或其他国家具备相应能力的计量标准时，有效的溯源性证明文件可以是校准证书，也可以是标明了溯源结果、不确定度等信息的校准报告。

10）溯源结果的使用。当计量标准器及主要配套设备溯源后，如果给出修正因子或者修正值时，则应当确保其所有备份（例如计算机软件中的备份）得到及时正确的更新。

二、计量标准的主要计量特性

（一）计量标准的测量范围

1.《规范》原文

> 4.2.1 计量标准的测量范围
>
> 计量标准的测量范围应当用计量标准能够测量出的一组量值来表示，对于可以测量多种参数的计量标准，应当分别给出每种参数的测量范围。计量标准的测量范围应当满足开展检定或校准工作的需要。

2. 要点理解

1）计量标准的测量范围应当用计量标准能够测量出的一组量值来表示。例如：三等量块标准装置的测量范围为（0.5～100）mm，0.02级活塞式压力计标准装置的测量范围为（-0.1～60）MPa。

2）对于可以测量多种参数的计量标准，应当分别给出每种参数的量值或量值范围。例如：单相交流电能表检定装置的测量范围：ACV：220V；ACI：（0.1～100）A；$\cos\varphi$：0.25(L)～1～0.25(C)；f：(45～65)Hz。

3）计量标准的测量范围应当满足所开展检定或校准工作的需要。

（二）计量标准的不确定度或准确度等级或最大允许误差

1.《规范》原文

> 4.2.2 计量标准的不确定度或准确度等级或最大允许误差
>
> 计量标准的不确定度或准确度等级或最大允许误差应当根据计量标准的具体情况，按照本专业规定或约定俗成进行表述。对于可以测量多种参数的计量标准，应当分别给出每种参数的不确定度或准确度等级或最大允许误差。计量标准的不确定度或准确度等级或最大允许误差应当满足开展检定或校准工作的需要。

2. 要点理解

1）不确定度、准确度等级和最大允许误差三个计量特性都与计量标准所提供的标准量值的准确程度有关，它们的含义各不相同，分别用于不同的场合。

① 计量标准的不确定度是指计量标准所复现的标准量值的不确定度，或者说是在测量结果中由计量标准所引入的不确定度分量。它适用于在测量中采用计量标准的实际值，或加修正值使用的情况。

② 准确度等级是指符合一定的计量要求，并使不确定度或误差保持在规定极限以内的计量标准的等别或级别。准确度等级通常采用约定的数字或符号来表示，并称为等级指标。注意术语“准确度”和“准确度等级”之间的区别，准确度是一个定性的概念。

③ 最大允许误差是指对给定的计量标准，由规范、规程、仪器说明书等文件所给出的允许的误差极限值。有时也称计量标准的允许误差限。

2）计量标准不确定度或准确度等级或最大允许误差应当满足开展检定或校准的需要。

3）计量标准中的计量标准器和配套设备可能有各自的不确定度，或准确度等级，或最大允许误差。

4）应当根据计量标准在使用中是否采用修正值、是否有等别或级别的划分等具体情况，选用不确定度或准确度等级或最大允许误差中的一种来表述，表述时应当用明确的通用符号指明所给出数值的含义。

5）对于可以测量多种参数的计量标准，应当分别给出每种参数对应的不确定度或准确度等级或最大允许误差。

6）判断某项目计量标准给出的不确定度或准确度等级或最大允许误差是否合适，要看能否满足开展检定或校准工作的需要。

（三）计量标准的稳定性

1.《规范》原文

> 4.2.3　计量标准的稳定性
>
> 计量标准的稳定性用计量标准的计量特性在规定时间间隔内发生的变化量表示。新建计量标准一般应当经过半年以上的稳定性考核，证明其所复现的量值稳定可靠后，方可申请计量标准考核；已建计量标准一般每年至少进行一次稳定性考核，并通过历年的稳定性考核记录数据比较，以证明其计量特性的持续稳定。计量标准的稳定性考核按照附录 C.2 的要求进行。
>
> 若计量标准在使用中采用标称值或示值，则计量标准的稳定性应当小于计量标准的最大允许误差的绝对值；若计量标准需要加修正值使用，则计量标准的稳定性应当小于修正值的扩展不确定度（U_{95}或 U，$k=2$）。当计量检定规程或计量技术规范对计量标准的稳定性有规定时，则可以依据其规定判断稳定性是否合格。

2. 要点理解

1）在计量标准考核中，计量标准的稳定性用计量标准的计量特性在规定时间间隔内发生的变化量来表示。《规范》将其列入重点考评项目。

2）新建计量标准一般应当经过半年以上的稳定性考核，证明其所复现的量值稳定可靠后，方能申请计量标准考核；已建计量标准一般每年至少进行一次稳定性考核，并通过历年的稳定性考核记录数据比较，以证明其计量特性的长期持续稳定。

3）计量标准的稳定性考核方法按照《规范》附录 C.2 和本章第六节的要求进行。《规范》将计量标准的稳定性考核方法归纳为“采用核查标准进行考核”“采用高等级的计量标准进行考核”“采用控制图法进行考核”“采用计量检定规程或计量技术规范规定的方法进行考核”和“采用计量标准器的稳定性考核结果进行考核”等 5 种，建标单位应当根据计量标准的具体情况选用适当的考核方法。

4）计量标准稳定性考核的通用判定标准：若计量标准在使用中采用标称值或示值，则稳定性应当小于计量标准的最大允许误差的绝对值；若计量标准需要加修正值使用，则稳定性应当小于修正值的扩展不确定度（U，$k=2$ 或 U_{95}）。当计量检定规程或计量技术规范对计量标准的稳定性有规定时，则可以依据其规定判断稳定性是否合格。

5）对于有效期内的有证标准物质，可以不进行稳定性考核。

（四）计量标准的其他计量特性

1.《规范》原文

> 4.2.4　计量标准的其他计量特性
>
> 计量标准的灵敏度、分辨力、鉴别阈、漂移、死区及响应特性等计量特性应当满足相应计量检定规程或计量技术规范的要求。

2. 要点理解

1）计量标准的其他计量特性包括灵敏度、分辨力、鉴别阈、漂移、死区、响应特性等。具体定义和要求参照 JJF 1001—2011《通用计量术语及定义》和 JJF 1094—2002《测量仪器特性评定》。

2）不同的计量标准所要求的计量特性可能不同。

3）计量标准的其他计量特性应当满足相应计量检定规程或计量技术规范的要求。

三、环境条件及设施

（一）环境条件

1.《规范》原文

> 4.3.1　环境条件
>
> 温度、湿度、洁净度、振动、电磁干扰、辐射、照明及供电等环境条件应当满足计量检定规程或计量技术规范的要求。

2. 要点理解

1）《规范》对环境条件所提出的要求是保证检定或校准工作正常进行，并确保检定或校准结果的有效性和准确性所必需的。因此《规范》将其列入重点考评项目。

2）环境条件包括大气环境条件（例如：温度、湿度等）、机械环境条件（例如：振动、冲击等）、电磁兼容（例如：电磁屏蔽、电磁干扰、辐射等）、供电条件（例如：电源电压、频率、功率稳定性等）和照明条件（例如：照度、光源色温度、均匀度等）等。对环境条件的要求由所开展检定或校准的技术文件（例如：计量检定规程、计量技术规范及使用说明书等）给出。

（二）设施

1.《规范》原文

> 4.3.2　设施
>
> 建标单位应当根据计量检定规程或计量技术规范的要求和实际工作需要，配置必要的设施，并对检定或校准工作场所内互不相容的区域进行有效隔离，防止相互影响。

2. 要点理解

1）设施包括空调系统、消声室、暗室、屏蔽室、隔离电源、防振动、防辐射等设施，设施的配置应当满足开展检定或校准所依据的技术文件的要求。

2）应当对检定或校准工作场所内互不相容的区域进行有效隔离，防止相互干扰，防止相互影响。比如实验室恒温工作区和非恒温工作区隔离，高压区域一般以“警示牌”方式如“高压危险”等标明。对于影响计量检定或校准工作安全和计量检定或校准结果的其他因素，也应当加以控制，并根据具体情况确定控制的范围。

（三）环境条件监控

1.《规范》原文

> 4.3.3　环境条件监控
>
> 建标单位应当根据计量检定规程或计量技术规范的要求和实际工作需要，配置监控设备，对温度、湿度等参数进行监测和记录。

2. 要点理解

1）只有当计量检定规程或计量技术规范有明确要求或实际检定或校准工作有需要时，建标单位才需要配置必要的监控设备。

2）监控设备监测和记录的主要环境条件一般是温度、湿度，也可以包括其他环境参数。

3）当环境条件可能危及计量检定或校准结果时，应当停止计量检定或校准工作。

4）当“环境条件及设施发生重大变化”时，《规范》增加了对于建标单位在计量标准环境条件及设施发生变化后应当进行自查和评估的要求。

四、人员

（一）计量标准负责人

1.《规范》原文

4.4.1　计量标准负责人 建标单位应当配备能够履行职责的计量标准负责人，计量标准负责人应当对计量标准的建立、使用、维护、溯源和文件集的更新等负责。

2. 要点理解

1）人力是最宝贵的资源之一，建标单位的计量标准能否正常运行，很大程度上取决于人员的素质与水平，特别是关键岗位的人员素质与水平。因此人员对于计量标准是至关重要的，《规范》对计量标准负责人和检定或校准人员的能力和资格提出了要求。

2）计量标准负责人应当具有能够履行职责的能力，且熟悉计量标准的组成、结构、工作原理和主要计量特性，掌握相应计量检定规程或计量技术规范以及计量标准的使用、维护和溯源等规定，具备对检定或校准结果进行测量不确定度评定的能力。计量标准负责人应当对计量标准的日常使用管理、维护、量值溯源及文件集的更新等事宜总负责。

（二）检定或校准人员

1.《规范》原文

4.4.2　检定或校准人员 建标单位应当为每项计量标准配备至少两名具有相应能力，并满足有关计量法律法规要求的检定或校准人员。

2. 要点理解

1）检定或校准人员的技术能力决定了检定或校准结果的正确性，因此《规范》将其列入重点考评项目，要求每项计量标准应当配备至少两名具有开展本项目检定或校准工作能力的人员。

2）检定或校准人员的资格应当满足有关计量法律法规要求。建标单位应当为每项计量标准配备至少两名具有相应能力，并满足有关计量法律法规要求的检定或校准人员。

① 对于法定计量检定机构和人民政府计量行政部门授权的计量机构的检定或校准人员，应当持有相应等级的《注册计量师资格证书》和人民政府计量行政部门颁发的具有相应项目的《注册计量师注册证》，或持有人民政府计量行政部门颁发的具有相应项目的有效《计量检定员证》，或持有当地省级人民政府计量行政部门或其规定的市（地）级人民政府计量行政部门颁发的具有相应项目的“计量专业项目考核合格证明”。

② 对于其他企、事业单位的检定或校准人员，不要求必须持有人民政府计量行政部门颁发的计量检定人员证件，但是应当经过计量专业理论和实际操作培训或考核合格，确保具

有从事检定或校准工作的相应能力。其能力证明可以是“培训合格证明”，也可以是其他能够证明具有相应能力的计量证件。

注意：①“培训合格证明”可以是建标单位内部培训合格证明，也可以是外部培训合格证明，如行业学会、协会或计量检定机构签发的培训合格证明。②可以证明企、事业单位检定或校准人员其他能够证明具有相应能力的其他计量证件有《注册计量师资格证书》和具有相应项目的《注册计量师注册证》，其主管部门或人民政府计量行政部门或各行业学会、协会颁发的具有相应项目的有效《计量检定员证》，以及当地省级人民政府计量行政部门或其规定的市（地）级人民政府计量行政部门颁发的具有相应项目的“计量专业项目考核合格证明”等。

五、文件集

（一）文件集的管理

1.《规范》原文

4.5.1　文件集的管理

每项计量标准应当建立一个文件集，文件集目录中应当注明各种文件的保存地点、方式和保存期限。建标单位应当确保所有文件完整、真实、正确和有效。

文件集应当包含以下文件：

1)《计量标准考核证书》(如果适用)(格式见附录K)；

2)《社会公用计量标准证书》(如果适用)；

3)《计量标准考核（复查）申请书》(格式见附录A)；

4)《计量标准技术报告》(格式见附录B)；

5)《检定或校准结果的重复性试验记录》(参考格式见附录E)；

6)《计量标准的稳定性考核记录》；

7)《计量标准更换申报表》(如果适用)(格式见附录G)；

8)《计量标准封存（或撤销）申报表》(如果适用)(格式见附录H)；

9)《计量标准履历书》(参考格式见附录D)；

10) 国家计量检定系统表（如果适用）；

11) 计量检定规程或计量技术规范；

12) 计量标准操作程序；

13) 计量标准器及主要配套设备使用说明书（如果适用）；

14) 计量标准器及主要配套设备的检定或校准证书；

15) 检定或校准人员能力证明；

16) 实验室的相关管理制度；

17) 开展检定或校准工作的原始记录及相应的检定或校准证书副本；

18) 可以证明计量标准具有相应测量能力的其他技术资料（如果适用）。如：检定或校准结果的不确定度评定报告、计量比对报告、研制或改造计量标准的技术鉴定或验收资料等。

2. 要点理解

1）计量标准文件集是关于计量标准的选择、批准、使用和维护等方面的文件集合。为了满足计量标准的选择、使用、保存、考核及管理等的需要，应当建立计量标准文件集。文件集是原来计量标准档案的延伸，是国际上对于计量标准文件集合的总称。

2）每项计量标准都应当建立一个文件集，建标单位应当对文件的完整性、真实性、正确性和有效性负责。计量标准负责人对计量标准文件集中数据的完整性和真实性负责，对计量标准文件集保存和正确处理负责。文件的正式批准、发布、更改、评价等均应当受控。计量标准的文件应当为有效的版本，应当便于有关人员取用。

3）计量标准文件集包括上述 18 个方面的文件，当有些文件对于该项计量标准不适用时，可不包含这些文件。

4）每项计量标准都应当建立文件集目录，并在文件集目录中注明各种文件保存的地点和方式。文件集可以承载在各种载体上，如实物载体或网络。文件集可以是电子的或纸质的。

5）建标单位自己编写文件的要求：文字表述应当做到结构严谨、层次分明、用词确切、叙述清楚，不致产生不同的理解；所用的术语、符号、代号要统一，同一术语应当始终表达同一概念，并与有关技术规范协调一致；按国家规定表述量的名称、单位和符号，测量不确度的表述与符号也应当符合国家的相关规定；数据、公式、图样、表格及其他内容应当真实可靠、准确无误地按有关要求表述；使用规范汉字书写。

（二）计量检定规程或计量技术规范

1.《规范》原文

4.5.2　计量检定规程或计量技术规范
建标单位应当备有开展检定或校准工作所依据的有效计量检定规程或计量技术规范。如果没有国家计量检定规程或国家计量校准规范，可以选用部门、地方计量检定规程。 对于国民经济和社会发展急需的计量标准，如果没有计量检定规程或国家计量校准规范，建标单位可以根据国际、区域、国家、军用或行业标准编制相应的校准方法，经过同行专家审定后，连同所依据的技术规范和实验验证结果，报主持考核的人民政府计量行政部门同意后，方可作为建立计量标准的依据。

2. 要点理解

1）计量检定规程或计量技术规范是重点考评项目，是建立计量标准、开展检定或校准工作的必备技术文件，建标单位应使用符合规定要求的计量检定规程或计量技术规范。

2）开展计量检定时，应当使用与检定项目对应的、现行有效的国家计量检定规程，如无国家计量检定规程，则可使用部门或地方计量检定规程。

3）开展计量校准时，应当使用与校准项目对应的、现行有效的国家计量校准规范或参考相应的国家计量检定规程，在没有国家计量校准规范或相应的国家计量检定规程时，可以使用部门或地方计量检定规程。

4）对于国民经济和社会发展急需的计量标准，当无国家计量校准规范或相应的计量检定规程时，建标单位可以根据国际、区域、国家、军用或行业标准编制满足校准需要的校准方法作为校准的依据，编制的校准方法应当经建标单位组织同行专家审定后，连同所依据的技术规范和实验验证结果，报主持考核的人民政府计量行政部门同意后，方可作为建立计量标准和考核的依据。

（三）计量标准技术报告

1.《规范》原文

4.5.3 计量标准技术报告

4.5.3.1 总体要求

新建计量标准，应当撰写《计量标准技术报告》，报告内容应当完整、正确；已建计量标准，如果计量标准器及主要配套设备、环境条件及设施、计量检定规程或计量技术规范等发生变化，引起计量标准主要计量特性发生变化时，应当修订《计量标准技术报告》。

建标单位在《计量标准技术报告》中应当准确描述建立计量标准的目的，计量标准的工作原理及其组成，计量标准的稳定性考核、结论及附加说明等内容。

4.5.3.2 计量标准器及主要配套设备

计量标准器及主要配套设备的名称、型号、测量范围、不确定度或准确度等级或最大允许误差、制造厂及出厂编号、检定周期或复校间隔以及检定或校准机构等栏目信息应当填写完整、正确。

4.5.3.3 计量标准的主要技术指标及环境条件

计量标准的测量范围、不确定度或准确度等级或最大允许误差及计量标准的稳定性等主要技术指标以及温度、湿度等环境条件应当填写完整、正确。对于可以测量多种参数的计量标准，应当给出对应于每种参数的主要技术指标。

4.5.3.4 计量标准的量值溯源和传递框图

根据相应的国家计量检定系统表、计量检定规程或计量技术规范，正确画出所建计量标准溯源到上一级计量器具和传递到下一级计量器具的量值溯源和传递框图。

4.5.3.5 检定或校准结果的重复性试验

按照附录C.1的要求进行检定或校准结果的重复性试验。新建计量标准应当进行重复性试验，并将得到的重复性用于检定或校准结果的不确定度评定；已建计量标准，每年至少进行一次重复性试验，测得的重复性应当满足检定或校准结果的不确定度的要求。

4.5.3.6 检定或校准结果的不确定度评定

按照附录C.3的要求进行检定或校准结果的不确定度评定，评定步骤、方法应当正确，评定结果应当合理。必要时，可以形成独立的《检定或校准结果的不确定度评定报告》。

2. 要点理解

1）《计量标准技术报告》全面反映了计量标准的技术状况。《计量标准技术报告》编写的好坏反映了建标单位该项目计量人员的技术水平和能力。《计量标准技术报告》的审查是计量标准考评的重要工作之一。《计量标准技术报告》共涉及7个考评项目，其中检定或校准结果的测量不确定度评定是重点考评项目。

2）新建计量标准应当撰写《计量标准技术报告》，报告内容应当完整、正确；建立计量标准后，如果计量标准器及主要配套设备、环境条件及设施、计量检定规程或计量技术规范等发生变化，引起计量标准主要计量特性发生变化时，应当重新修订《计量标准技术报告》。

3）《计量标准技术报告》一般由计量标准负责人撰写。《计量标准技术报告》用计算机打印，要求字迹工整清晰。

4）对检定或校准结果的重复性试验和计量标准的稳定性考核的编写要求参见《规范》附录C.1和C.2条。

5）对于仅用于开展计量检定，并列入《简化考核的计量标准项目目录》中的计量标准（见《规范》附录N），由于这些计量标准构成简单、准确度等级低、对环境条件要求不高，其稳定性考核、检定结果的重复性试验、检定结果的测量不确定度评定以及检定结果的验证等4个项目列入简化考核项目，所以计量标准的这4个项目在《计量标准技术报告》中对应的栏目可以不填写。

（四）检定或校准的原始记录

1.《规范》原文

4.5.4　检定或校准的原始记录
4.5.4.1　检定或校准的原始记录格式规范、信息齐全，填写、更改、签名及保存等符合有关规定的要求。
4.5.4.2　原始数据真实、完整，数据处理正确。

2. 要点理解

1）检定或校准的原始记录的格式应当符合计量检定规程或计量校准规范的要求，每份原始记录应当包含足够的信息量，以保证该检定或校准结果能在尽可能与原来接近的条件下复现；原始记录应当包括检定或校准人员和核验人员的签名。

2）当在记录中发生错误时，对每一错误应当划改，不可擦涂掉，以免字迹模糊或丢失，应当将正确值填在其旁边。对记录的所有改动应当有改动人的签名或签名缩写。对电子存储的记录也应当采取同等的措施，以避免原始数据的丢失或者更改。

3）原始记录中的观测结果、数据和计算应当在检定或校准时准确及时予以记录。

4）数据处理正确，离群值的剔除、数据修约和有效数字处理应当符合有关规定。

（五）检定或校准证书

1.《规范》原文

4.5.5　检定或校准证书
4.5.5.1　检定或校准证书的格式、签名、印章及副本保存等符合有关规定的要求。
4.5.5.2　检定或校准证书结果正确，内容符合计量检定规程或计量技术规范的要求。

2. 要点理解

1）检定或校准证书的格式应当适用于所进行的计量检定或校准，并尽量减少产生误解或误用的可能性。检定证书和检定结果通知书的格式应当按人民政府计量行政部门规定的统一格式和计量检定规程的要求设计，校准证书的格式按有关的规定执行。

2）检定或校准证书应当能准确、清晰和客观地报告每一项计量检定或校准结果，检定结论或校准数据准确，并符合计量检定规程或计量校准规范等技术文件的要求。在证书中，应当包含顾客必需的和所用方法要求的全部信息。

3）检定或校准证书应当实行三级签名制，即检定人员或校准人员、核验人员和批准人员均应当签名。

4）开展计量检定工作，必须按照《计量检定印、证管理办法》的规定，出具检定证书或加盖检定印，结论准确，内容符合要求。开展计量校准工作，必须出具符合相关计量校准规范的校准证书。若对校准结果做符合性判断，应当在校准证书中指明符合或不符合相应校准规范的具体条款；若对被校准的仪器进行了调整或修理，在证书中应当给出该仪器在调整或修理前后的校准结果。

5）检定证书中计量器具检定周期应当严格按照计量检定规程执行；校准证书一般不给出计量器具校准时间间隔；若对法制管理的计量标准器具进行校准，应当给出复校时间间隔的建议。复校时间间隔可按 JJF 1139《计量器具检定周期确定原则和方法》的要求进行确定。

6）调整计量器具检定周期或计量器具校准时间间隔也可以参考 2000 年 10 月 23 日原国

家质量技术监督局发布的《关于加强调整强制检定工作计量器具检定周期管理工作的通知》（质技监局量发［2000］182号）的要求。该通知的目的是为了加强对法定（含授权）计量检定机构强制检定工作计量器具检定周期的管理，规范调整强制检定周期的行为，保证强制检定工作科学、公正、有效，该通知对计量器具的检定周期作了四点规定：

① 国家计量检定规程或部门、地方计量检定规程中规定的检定周期是常规条件下的最长检定周期，普遍适用于强制检定的工作计量器具，法定（含授权）计量检定机构要严格执行，一般情况不需要进行调整。

② 凡连续两个检定周期检定合格率低于95%（计量器具主要计量性能指标）或某台（件）计量器具连续两个检定周期主要计量性能指标不合格的，法定（含授权）计量检定机构可以根据相关的规程，结合实际使用情况适当缩短其检定周期，但缩短后的检定周期不得低于规程规定的检定周期的50%；缩短检定周期的工作计量器具，若连续两个检定周期检定合格率在97%以上（含97%）或三次检定合格，应当恢复执行规程规定的检定周期。

③ 在调整强制检定周期前，法定（含授权）计量检定机构必须向当地省级市场监督管理局提出调整检定周期的申请方案，报送检定原始记录及数据统计分析表等资料的复印件，经审核批准备案后，方可调整强制检定周期。

④ 各省级市场监督管理局要加强对法定（含授权）计量检定机构强制检定工作的监督，严格审核调整强制检定周期的申请方案，必要时可聘请技术专家评议。对任意或未经批准备案调整强制检定周期的，要及时纠正，严重的要撤销对该项目的强制检定的授权。

（六）管理制度

1.《规范》原文

4.5.6　管理制度

建标单位应当建立并执行下列管理制度，以保证计量标准处于正常运行状态。

1）实验室岗位管理制度；

2）计量标准使用维护管理制度；

3）量值溯源管理制度；

4）环境条件及设施管理制度；

5）计量检定规程或计量技术规范管理制度；

6）原始记录及证书管理制度；

7）事故报告管理制度；

8）计量标准文件集管理制度。

上述管理制度可以单独制订，也可以包含在建标单位的管理体系文件中。

2. 要点理解

1）建标单位应当建立上述8项计量标准的管理制度，并保持其持续、有效运行；各项管理制度可以单独制订，也可以包含在建标单位的管理体系文件中。

2）实验室岗位管理制度应当明确实验室管理人员、计量标准负责人和检定或校准、核验人员的具体分工和职责。

3）计量标准使用维护管理制度应当明确计量标准的保存、运输、维护、使用、修理、更换、改造、封存及撤销以及恢复使用等工作的具体要求和程序。应当包括：计量标准器及配套设备在使用前的检查和（或）校准，唯一性标识和检定或校准状态，出现故障的处置方法，计量标准器及配套设备的使用限制和保护措施等。

4）量值溯源管理制度应当明确计量标准器及主要配套设备的周期检定或定期校准计划和执行程序，包括偏离程序应当采取的措施。

5）环境条件及设施管理制度应当确保实验室的设施和环境条件适合计量标准的保存和使用，同时应当满足所开展计量检定或校准项目的计量检定规程或校准规范的要求。应当对温度、湿度等环境条件进行监测和记录，对实验室互不相容的活动区域进行有效隔离。

6）计量检定规程或计量技术规范管理制度应当能确保开展计量检定或校准时采用符合规定的计量检定规程或校准规范。

7）原始记录及证书管理制度应当明确计量检定或校准过程原始记录、数据处理、证书填写、数据核验和证书签发等环节的工作程序及要求。

8）事故报告管理制度应当明确仪器设备、人员安全和工作责任事故的分类和界定，以及各种事故的发现、报告和处理的程序规定。

9）计量标准文件集管理制度应当明确计量标准文件集的管理内容和要求，对文件的起草、批准、发布、使用、更改、评价、存档及作废等做出明确规定，设置专人负责，确定其借阅、保存等方面的具体要求。

六、计量标准测量能力的确认

（一）技术资料的审查

1.《规范》原文

4.6.1　技术资料审查 通过建标单位提供的计量标准的稳定性考核、检定或校准结果的重复性试验、检定或校准结果的不确定度评定、检定或校准结果的验证以及计量比对等技术资料，综合判断计量标准测量能力是否满足开展检定或校准工作的需要以及计量标准是否处于正常工作状态。

2.要点理解

1）计量标准测量能力的确认是对于计量标准器及配套设备、计量标准的主要计量特性、环境条件及设施、人员、文件集等方面的全面检查，综合判断该计量标准是否具有相应的测量能力并处于正常工作状态。

2）考评员通过审查建标单位提供的计量标准的稳定性考核、检定或校准结果的重复性试验、检定或校准结果的测量不确定度评定、检定或校准结果的验证、计量比对等技术资料中的数据，综合判断该计量标准是否具有相应的测量能力并处于正常工作状态。

3）计量标准复查时，考评员可以通过建标单位提供的技术资料来判断计量标准的实际工作状态和真实测量能力。考评员还应当特别关注那些未获得满意结果的计量比对、测量能力验证活动。检查建标单位是否进行整改，整改的效果如何，是否能保持其原来的测量能力。

（二）现场实验

1.《规范》原文

4.6.2　现场实验 通过现场实验的结果、检定或校准人员实际操作和回答问题的情况，判断计量标准测量能力是否满足开展检定或校准工作的需要以及计量标准是否处于正常工作状态。现场实验应当满足以下要求： 4.6.2.1　实际操作 检定或校准人员采用的检定或校准方法、操作程序以及操作过程等符合计量检定规程或计量技术规范的要求。

4.6.2.2 检定或校准结果

检定或校准人员数据处理正确，检定或校准的结果符合附录C.5的有关要求。

4.6.2.3 回答问题

计量标准负责人及检定或校准人员能够正确回答有关本专业基本理论方面的问题、计量检定规程或计量技术规范中有关问题、操作技能方面的问题以及考评中发现的问题。

2. 要点理解

1）本条是通过现场实验判断计量标准是否具有相应的测量能力，是现场考评时的考评重点。

2）现场实验是确认计量标准测量能力的主要方法之一。它包括实际操作、检定或校准结果、回答问题等三个项目，其中实际操作、检定或校准结果两个项目为重点考评项目。

3）现场实验最好的方法是采用盲样作为测量对象。在无法得到盲样的情况下，可以使用建标单位的核查标准作为测量对象。如无核查标准，也可以挑选近期经检定或校准过的计量器具作为测量对象。

4）现场实验时，考评员应当观察检定或校准方法是否正确、操作过程是否规范、操作是否熟练等内容。考评员应当在实验现场观察、记录检定或校准人员的实验过程，并确定是否能满足计量检定规程或计量技术规范的要求。

5）现场实验时，考评员应当检查检定或校准人员的数据处理是否正确，并根据测量结果和参考值之差的大小来判断测量结果是否处于合理范围内。具体要求参见本章第五节“现场考评”中的有关内容。

6）现场实验时，考评员通过提问的方式确认检定或校准人员的技术水平和能力。提问的问题包括本专业基本理论方面的问题、计量检定规程或计量技术规范中的有关问题、操作技能方面的问题、书面审查发现的问题以及现场实验中发现的问题。

第四节 计量标准考核的程序

计量标准考核是国家行政许可项目，其行政许可项目的名称为“计量标准器具核准”。计量标准器具核准行政许可实行分级许可，即由国务院计量行政部门和省、市（地）及县级地方人民政府计量行政部门对其职责范围内的计量标准实施行政许可。其行政许可事项应当按照《行政许可法》的要求和规定的程序办理。

计量标准考核的程序主要包括计量标准考核的申请、受理、组织与实施及审批。

一、计量标准考核的申请

（一）申请计量标准考核前的准备

1.《规范》原文

5.1.1 申请考核前的准备

5.1.1.1 申请新建计量标准考核，建标单位应当按本规范第4章的要求进行准备，并完成以下工作：

1）科学合理、完整齐全地配置计量标准器及配套设备；

2）计量标准器及主要配套设备应当取得有效的检定或校准证书；

3）计量标准应当经过试运行，考察计量标准的稳定性等计量特性，并确认其符合要求；

4）环境条件及设施应当符合计量检定规程或计量技术规范规定的要求，并对环境条件进行有效监控；

5）每个项目配备至少两名具有相应能力的检定或校准人员，并指定一名计量标准负责人；

6）建立计量标准的文件集。文件集中的计量标准的稳定性考核、检定或校准结果的重复性试验、检定或校准结果的不确定度评定以及检定或校准结果的验证等内容应当符合附录C的有关要求。

注：对于研制或改造的计量标准，应当经过技术鉴定或验收后方可申请考核。

5.1.1.2　申请计量标准复查考核，建标单位应当确认计量标准持续处于正常工作状态，并完成以下工作：

1）保证计量标准器及主要配套设备的连续、有效溯源；

2）按规定进行检定或校准结果的重复性试验；

3）按规定进行计量标准的稳定性考核；

4）及时更新计量标准文件集中的有关文件。

2. 要点理解

1）计量标准考核分为新建计量标准考核和计量标准复查考核，两者需要做的前期准备工作是不一样的。

2）申请新建计量标准考核的单位，在提交《计量标准考核（复查）申请书》之前，须按照《规范》规定的6个方面要求做好前期准备工作，这些准备工作是申请计量标准考核的必要条件。

① 建标单位应当根据相应计量检定规程或计量技术规范的要求，配齐计量标准器及配套设备，包括必需的计算机及软件。配置应当做到科学合理，经济实用。

② 计量标准器及主要配套设备应当溯源至计量基准或社会公用计量标准。对于社会公用计量标准及部门、企事业单位的最高计量标准，其计量标准器应当经法定计量检定机构或人民政府计量行政部门授权的计量技术机构建立的社会公用计量标准检定合格或校准来保证其溯源性。主要配套计量设备可由本单位建立的计量标准或由有权进行计量检定或校准的计量技术机构检定合格或校准，并取得有效检定或校准证书。

注意：在计量标准考核中，计量标准器是指在量值传递中对提供量值起主要作用并需要溯源的那些计量器具，有时也称为主标准器。

③ 新建计量标准应当经过试运行，考察计量标准的稳定性等计量特性。试运行时间一般在半年左右。在此期间进行计量标准的稳定性考核和检定或校准结果的重复性试验。具体方法按照《规范》附录C的要求进行。

④ 计量标准的环境条件应当满足相应计量检定规程或计量技术规范的要求，并具有有效的监控措施和相应的记录。

⑤ 建标单位应当为每项计量标准配备至少两名具有相应能力，并满足有关计量法律法规要求的检定或校准人员，并指定一名计量标准负责人。

⑥ 每项计量标准应当建立一个文件集，文件集包括了18个方面的文件。建标单位应当保持文件的完整性、真实性、正确性和有效性。建标单位应当完成《计量标准考核（复查）申请书》和《计量标准技术报告》的填写。《计量标准技术报告》中计量标准的稳定性考核、检定或校准结果的重复性试验、测量不确定度评定以及检定或校准结果的验证等内容的填写应当符合《规范》附录C的有关要求。

⑦ 对于新研制或重新改造后的计量标准，应当经过技术鉴定或验收，必要时应当进行量值溯源，符合要求后方可申请计量标准考核。

3）申请计量标准复查考核的单位，应当按照《规范》规定的4个方面要求做好计量标准日常维护工作，保证计量标准始终处于正常工作状态。

建标单位在《计量标准考核证书》有效期内应当有计划地进行连续、有效的溯源，进行重复性试验和稳定性考核，并积极参加由主持考核的人民政府计量行政部门组织或其认可的实验室之间的比对等测量能力的验证活动，妥善保存有关测量数据及技术资料。通过这些技术保障，使计量标准能持续维持在良好的运行状态，并为计量标准复查考核提供技术依据。

① 在《计量标准考核证书》有效期内应当保证计量标准器和主要配套设备的连续、有效溯源。

② 计量标准在运行中应当定期进行检定或校准结果的重复性试验并保存相关数据。检定或校准结果的重复性试验至少每年进行一次，其方法参见《规范》附录C.1的要求。

③ 计量标准在运行中应当定期进行计量标准稳定性考核并保存相关数据。稳定性考核至少每年进行一次，其方法参见《规范》附录C.2的要求。

④ 及时更新计量标准文件集中的有关文件。

（二）申请资料的提交

1.《规范》原文

5.1.2 申请资料的提交

5.1.2.1 申请新建计量标准考核，建标单位应当向主持考核的人民政府计量行政部门提供以下资料：

1）《计量标准考核（复查）申请书》原件一式两份和电子版一份；

2）《计量标准技术报告》原件一份；

3）计量标准器及主要配套设备有效的检定或校准证书复印件一套；

4）开展检定或校准项目的原始记录及相应的模拟检定或校准证书复印件两套；

5）检定或校准人员能力证明复印件一套；

6）可以证明计量标准具有相应测量能力的其他技术资料（如果适用）复印件一套。

5.1.2.2 申请计量标准复查考核，建标单位应当在《计量标准考核证书》有效期届满前6个月向主持考核的人民政府计量行政部门提出申请，并向主持考核的人民政府计量行政部门提供以下资料：

1）《计量标准考核（复查）申请书》原件一式两份和电子版一份；

2）《计量标准考核证书》原件一份；

3）《计量标准技术报告》原件一份；

4）《计量标准考核证书》有效期内计量标准器及主要配套设备连续、有效的检定或校准证书复印件一套；

5）随机抽取该计量标准近期开展检定或校准工作的原始记录及相应的检定或校准证书复印件两套；

6）《计量标准考核证书》有效期内连续的《检定或校准结果的重复性试验记录》复印件一套；

7）《计量标准考核证书》有效期内连续的《计量标准的稳定性考核记录》复印件一套；

8）检定或校准人员能力证明复印件一套；

9）《计量标准更换申报表》（如果适用）复印件一份；

10）《计量标准封存（或撤销）申报表》（如果适用）复印件一份；

11）可以证明计量标准具有相应测量能力的其他技术资料（如果适用）复印件一套。

2. 要点理解

（1）申请计量标准考核的规定 《中华人民共和国计量法》第六、七、八条，《计量法实施细则》第八、九、十条以及《计量标准考核办法》对下述4类不同情况计量标准的考核申请做出了规定。

1）国务院计量行政部门组织建立的社会公用计量标准以及省级人民政府计量行政部门组织建立的本行政区域内最高等级的社会公用计量标准，应当向国务院计量行政部门申请考核。市（地）、县级人民政府计量行政部门组织建立的本行政区域内各项最高等级的社会公用计量标准，应当向上一级人民政府计量行政部门申请考核；各级地方人民政府计量行政部门组织建立的其他等级的社会公用计量标准，应当向组织建立计量标准的人民政府计量行政部门申请考核。即县级以上人民政府计量行政部门建立的本行政区域内的各项最高等级的社会公用计量标准，应当向上一级人民政府计量行政部门申请考核；其他等级的社会公用计量标准，应当向当地人民政府计量行政部门申请考核。

注意：社会公用计量标准是指经过人民政府计量行政部门考核、批准，在社会上实施计量监督具有公证作用的计量标准。最高等级的社会公用计量标准作为统一本地区量值的依据，必须经上级人民政府计量行政部门考核合格才能使用。其他等级的社会公用计量标准即次级社会公用计量标准应向当地人民政府计量行政部门申请考核。

2）国务院有关主管部门和省、自治区、直辖市人民政府有关主管部门组织建立本部门的各项最高计量标准，应当向同级人民政府计量行政部门申请考核。

① 国务院有关主管部门是指国务院下属的部级行业主管部门；省、自治区、直辖市人民政府有关主管部门是指省、自治区、直辖市人民政府下属的厅（局）级行业主管部门。

② 国务院有关主管部门建立的本部门的各项最高计量标准应当向国务院计量行政部门申请考核；省级人民政府有关主管部门建立本部门的各项最高计量标准，应当向省级人民政府计量行政部门申请考核。

注意：国务院有关主管部门建立本部门的各项最高计量标准，须经同级人民政府计量行政部门主持考核合格后，才能在本部门内部开展计量检定。省级以上人民政府有关主管部门根据本部门的特殊需要建立的各项最高计量标准，在本部门内使用作为统一本部门量值的依据。

3）企业、事业单位建立的本单位的各项最高计量标准，应当向与其主管部门同级的人民政府计量行政部门申请考核。

① 有主管部门的企业、事业单位的计量标准，无论是用于检定还是校准，其各项最高计量标准，都应当经与其主管部门同级的人民政府计量行政部门主持考核合格后，才能开展检定或校准工作。

② 无主管部门的企业单位建立的本单位内部使用的各项最高计量标准，应当向该单位工商注册地的人民政府计量行政部门申请考核。民营、私营和三资企业单位一般都属于无主管部门的单位，这些单位在建立计量标准时，其各项最高计量标准应当向本单位工商注册地的人民政府计量行政部门申请考核。

4）承担人民政府计量行政部门计量授权任务的单位建立的相关计量标准，应当向授权的人民政府计量行政部门申请考核。

对社会开展强制检定、非强制检定或对内部执行强制检定应当按照《计量授权管理办法》的规定向有关人民政府计量行政部门申请计量授权。其计量标准应当向计量授权的人民政府计量行政部门申请考核。

（2）提交资料注意事项　申请新建计量标准考核的单位向主持考核的人民政府计量行政部门提交资料应注意以下事项。

1）《计量标准考核（复查）申请书》的所有栏目应当详尽填写。原件应当在“建标单位意见”和“建标单位主管部门意见”栏目加盖公章，电子版的内容应当与原件一致。

2)《计量标准技术报告》的所有栏目应当详尽填写。

3) 关于“计量标准器及主要配套设备有效检定证书”的理解详见《规范》4.1.3条款。

4) 提交开展检定项目的原始记录及相对应的模拟检定证书各两套（复印件）；如果开展校准，应当提交开展校准项目的原始记录和模拟校准证书各两套（复印件）。

5) 提供《计量标准考核（复查）申请书》中列出的所有检定或校准人员能力证明复印件一套。

6) 如果有可以证明计量标准器具有相应测量能力的其他技术资料，建标单位也应当提供。

证明计量标准具有相应测量能力的其他技术资料包括：检定或校准结果的测量不确定度评定报告、计量比对报告、研制或改造计量标准的技术鉴定或验收资料等。

(3) 其他注意事项　申请新建计量标准考核除了提交《规范》要求的6个方面的资料外，还需要注意以下两点：

1) 如果采用国家计量检定规程或国家计量校准规范以外的技术规范，应当提供相应技术规范文件原件一套。

2) 在《计量标准技术报告》的“检定或校准结果的重复性试验”和“计量标准的稳定性考核”中提供《检定或校准结果的重复性试验记录》和《计量标准的稳定性考核记录》。

(4) 申请复查考核的期限　建标单位应当在《计量标准考核证书》有效期届满前6个月向主持考核的人民政府计量行政部门提出计量标准复查考核申请。未按规定期限提交复查考核申请，建标单位应当承担不能按期考核、计量标准超过有效期使用、不具备法律效力的责任；超过《计量标准考核证书》有效期的，建标单位应当按照新建计量标准重新申请考核。

(5) 申请复查考核提交资料的注意事项　申请计量标准复查考核的单位，应当按《规范》向主持考核的人民政府计量行政部门提供11个方面的资料，同时应注意以下事项。

1)《计量标准考核（复查）申请书》的所有栏目应详尽填写，其填写方法详见“《计量标准考核（复查）申请书》的填写与使用说明”。原件应当在“建标单位意见”和“建标单位主管部门意见”栏目加盖公章，电子版的内容应当与原件一致。

2)“《计量标准考核证书》有效期内计量标准器及主要配套设备的连续、有效的检定或校准证书复印件一套”。其中“连续”是指计量标准自上一次考核以来计量标准器及主要配套设备历年的所有检定或校准证书，有效期要保持连续，不应中断。

3) 建标单位每年至少进行一次检定或校准结果的重复性试验，因此应提交《计量标准考核证书》有效期内连续的《检定或校准结果的重复性试验记录》复印件一套。

4) 建标单位每年应当至少进行一次稳定性考核，因此应提交《计量标准考核证书》有效期内连续的《计量标准的稳定性考核记录》复印件一套。

5) 在《计量标准考核证书》有效期内计量标准器或主要配套设备如有更换，申请计量标准复查考核时应当提供《计量标准更换申报表》复印件一份。同时“计量标准考核（复查）申请书”中的计量标准器及主要配套设备按更换后填写。

6) 如果在《计量标准考核证书》有效期内发生了封存（或撤销），申请计量标准复查考核时应当提供计量标准封存（或撤销）申报表复印件一份。

7) 申请计量标准复查考核时还应提供其他可以证明计量标准具有相应测量能力的技术资料。

二、计量标准考核的受理

（一）计量标准考核的受理要求

1.《规范》原文

> 5.2 计量标准考核的受理
>
> 主持考核的人民政府计量行政部门收到建标单位申请考核的资料后，应当对资料进行初审，确定是否受理。
>
> 初审的内容主要包括：
>
> 1）申请考核的计量标准是否属于受理范围；
>
> 2）申请资料是否齐全，内容是否完整，所用表格是否采用本规范规定的格式；
>
> 3）计量标准器及主要配套设备是否具有有效的检定或校准证书；
>
> 4）开展的检定或校准项目是否具有计量检定规程或计量技术规范；
>
> 5）是否配备至少两名具有相应能力的检定或校准人员。
>
> 申请资料齐全并符合本规范要求的，受理申请，发送受理决定书。
>
> 申请资料不符合本规范要求的：
>
> 1）可以立即更正的，应当允许建标单位更正。更正后符合本规范要求的，受理申请，发送受理决定书。
>
> 2）申请资料不齐全或不符合本规范要求的，应当在5个工作日内一次告知建标单位需要补正的全部内容，经补充符合要求的予以受理；逾期未告知的，视为受理。

2. 要点理解

（1）初审是一种形式审查　受理考核申请的人民政府计量行政部门应当对建标单位申报的技术资料进行审查，称作“初审”。初审是一种形式审查，初审的主要内容是检查申报的资料是否齐全、完整和规范，是否符合考核的基本要求，其目的是确定是否受理该计量标准考核的申请。

（2）初审的主要内容　初审的主要内容有如下五项：

1）申请建立的计量标准是否符合国家计量法律、法规及《规范》的有关规定，是否属于本级人民政府计量行政部门的受理范围。

2）建标单位提供的技术资料是否齐全、完整和规范。“齐全”是指提交的申请材料种类、数量与要求应当相符；“完整”是指申报的每一份技术资料均应当按要求填写，所有表格均应当填写完整；“规范”是指申报的技术资料所用表格应当符合《规范》附录中规定的格式。

对于建标单位提交的《计量标准考核（复查）申请书》和《计量标准技术报告》的内容是否完整并符合《规范》的规定，初审要求如下：

① 所有栏目是否均按照填写要求详尽填写。

②“建标单位意见”栏目中建标单位是否签署意见并加盖单位公章。

③ 有主管部门的建标单位，“建标单位主管部门意见”栏目中主管部门是否有明确意见并加盖公章。

3）计量标准器的检定或校准证书是否是国家法定计量检定机构或授权计量技术机构出具的有效期内的检定或校准证书，主要配套计量设备是否具有有效检定或校准证书。

4）拟开展的检定或校准项目，是否具有相对应的有效计量检定规程或计量技术规范。

5）审查建标单位是否有至少两名具有相应能力的检定或校准人员。

（二）初审结果的处理

1. 申请资料符合《规范》要求的处理

申请资料齐全并符合《规范》要求的，受理申请，发送《行政许可受理决定书》。

2. 申请资料不符合《考核规范》要求的处理

1）可以立即更正的，应当允许申请人更正。更正后符合《规范》要求的，受理申请，发送《行政许可受理决定书》。

2）申请资料不齐全或不符合《规范》要求的，应当在5个工作日内一次告知申请人需要补正的全部内容，发送《行政许可申请材料补正告知书》，经补正符合要求的予以受理。逾期未告知的，视为受理。

3）申请不属于受理范围的，发送《行政许可申请不予受理决定书》，并将有关申请资料退回建标单位。

三、计量标准考核的组织与实施

（一）计量标准考核的组织

1.《规范》原文

5.3　计量标准考核的组织与实施 5.3.1　主持考核的人民政府计量行政部门受理考核申请后，应当及时确定组织考核的人民政府计量行政部门。主持考核的人民政府计量行政部门所辖区域内的计量技术机构具有与被考核计量标准相同或更高等级的计量标准，并有该项目的计量标准考评员（以下简称考评员）的，应当自行组织考核；不具备上述条件的，应当报上一级人民政府计量行政部门组织考核。 5.3.2　组织考核的人民政府计量行政部门应当及时委托具有相应能力的单位（即考评单位）或组成考评组承担计量标准考核的考评任务，并下达计量标准考核计划。计量标准考核的组织工作应当在10个工作日内完成。

2. 要点理解

本条明确了计量标准考核的组织原则和实施要求。按照我国计量法律、法规的规定，主持考核的人民政府计量行政部门有国家、省级、市（地）及县四级。

1）主持考核的人民政府计量行政部门根据申报计量标准的准确度等级组织考核，具体实施如下：

① 如果主持考核的人民政府计量行政部门所辖区域内的计量技术机构具有与被考核的计量标准相同或更高等级的计量标准，并有该项目的持证计量标准考评员，主持考核的人民政府计量行政部门应当自行组织考核，考核合格的签发《计量标准考核证书》。

② 如果主持考核的人民政府计量行政部门所辖区域内的计量技术机构没有相应的计量标准考评员或没有相应的计量标准，也就是说不具备对申请考核的计量标准进行考评的能力，该项目应当呈报上一级人民政府计量行政部门组织考核，考核合格后由主持考核的人民政府计量行政部门签发《计量标准考核证书》。注意：如果上一级人民政府计量行政部门也不具备考核能力，应当逐级上报。

2）组织考核的人民政府计量行政部门应当制定考核计划，把考评任务以下达计量标准考评任务书的方式委派给具有相应能力的单位或考评组。此处“具有相应能力的单位”即考评单位，是指有能力承担并完成考评任务的计量技术机构，该单位应当具有与被考核的计量标准相同或更高级的计量标准并有相应项目的持证计量标准考评员。通常情况下，计量标准考核由组织考核的人民政府计量行政部门委派给有能力的计量检定机构或有关的计量技术机构承担，或由组织考核的人民政府计量行政部门根据需要聘请计量标准考评员，组成考评组执行考评任务。

3）主持考核的人民政府计量行政部门应当将组织考核的人民政府计量行政部门、考评单位以及考核计划等考核相关事宜告知建标单位，以便建标单位做好考评前的准备工作。为了和建标单位沟通以及是否启动考评员回避制度，必要时，主持考核的人民政府计量行政部门也可征询建标单位意见后再确定考核计划。如果是现场考评，考评组组长确定考评日期时应当同建标单位联系，共同协商具体的考评事宜。

4）计量标准考核的组织工作应当在10个工作日内完成。

（二）考评员的聘请及考评组的组成

1.《规范》原文

5.3.3　考评员的聘请及考评组的组成 计量标准考评实行考评员负责制，每项计量标准一般由1至2名考评员执行考评任务。 组织考核的人民政府计量行政部门一般聘用本行政区内的考评员执行考评任务，需要跨行政区域聘用考评员的，聘用时应当通过考评员所在地的人民政府计量行政部门认可。安排考评任务时，委托考评项目应当与考评员所取得的考评项目一致。如果考评员所持考评项目不足以覆盖被考评项目，组织考核的人民政府计量行政部门可以聘请有关技术专家和相近专业项目的考评员组成考评组执行考评任务。 考评单位应当根据有关人民政府计量行政部门下达的计量标准考核计划，聘请本单位的考评员执行考评任务。 如果是现场考评，组织考核的人民政府计量行政部门或考评单位应当组成考评组，并指派其中1名考评员担任考评组组长。

2. 要点理解

1）考评员的聘用原则。计量标准考核实行考评员考评制度，这是计量标准考核的基本原则之一。每项计量标准一般由1至2名考评员执行考评任务。

国务院计量行政部门在主持考核时，原则上应当聘用国家计量标准一级考评员。在国务院计量行政部门下达计量标准考核任务给考评单位后，由考评单位根据考核任务聘用本单位的国家计量标准一级考评员执行考评任务。

省级及以下各级人民政府计量行政部门在组织考核时，可聘用本行政区内的国家计量标准一级或二级考评员执行考评任务。考评单位根据有关人民政府计量行政部门下达的计量标准考核任务，聘用本单位的国家计量标准一级或二级考评员执行考评任务。

注意：计量标准考评员是指经省级以上人民政府计量行政部门培训考核合格并备案，具有承担计量标准考评资格的计量技术专家。

2）跨行政区域聘用考评员一般适用于执行次级计量标准的考评。如果需要跨行政区域聘用考评员执行考评任务时，组织考核的人民政府计量行政部门应当与考评员所在地的省级人民政府计量行政部门协商后聘用。

3）聘用计量标准考评员时，其考评项目应当与考评员所取得的考评项目相同。如果考评员所取得的考评项目不足以覆盖被考评项目时，组织考核的人民政府计量行政部门可聘请有关技术专家和相近专业项目的考评员组成考评组共同执行考评任务。

4）考评单位应当根据有关人民政府计量行政部门下达的计量标准考评任务，聘请本单位的考评员承担考评工作，如果个别项目本单位的考评员不能覆盖时，考评单位应当及时向组织考核的人民政府计量行政部门反映。

5）如果现场考评的考评员为2名或2名以上时，组织考核的人民政府计量行政部门或考评单位应当组成考评组，并指派其中一名考评员担任考评组组长。如果只有1名考评员，则就由该名考评员负责整个考评工作。

6）考评员应严格遵守考评纪律并认真履行规定的职责。

（三）计量标准的考评

1.《规范》原文

5.3.4　考评组及考评员应当按照本规范第6章的要求实施考评。

2. 要点理解

1）计量标准的考评是计量标准考核的技术审查环节。

2）计量标准的考评由考评组及考评员负责实施。

3）考评组或考评员实施考评应当按照《规范》第6章的要求进行，本章第五节进行详细讲解。

四、计量标准考核的审批

1.《规范》原文

> 5.4　计量标准考核的审批
>
> 主持考核的人民政府计量行政部门对组织考核的人民政府计量行政部门、考评单位或考评组上报的考评资料及考评员的考评结果进行审核，批准考核合格的计量标准，确认考核不合格的计量标准。审批工作一般应当在20个工作日内完成。
>
> 主持考核的人民政府计量行政部门应当根据审批结果，在10个工作日内，向考核合格的建标单位下达准予行政许可决定书，颁发《计量标准考核证书》，退回《计量标准考核（复查）申请书》和《计量标准技术报告》原件各一份；向考核不合格的建标单位发送不予行政许可决定书或计量标准考核结果通知书，将有关资料退回建标单位；主持考核的人民政府计量行政部门应当保留《计量标准考核（复查）申请书》和《计量标准考核报告》（见附录J）各一份存档。

2. 要点理解

1）主持考核的人民政府计量行政部门对考评单位或考评组上报的《计量标准考核报告》等考核材料进行审核。审核的重点为：计量标准的技术指标是否满足量值传递工作的需要；开展的检定或校准项目栏填写是否正确；考评意见是否明确，是否有考评员的签字；考评单位意见是否明确，是否有负责人签字并加盖公章。

2）考核合格的，由主持考核的人民政府计量行政部门发给建标单位《准予行政许可决定书》，并签发《计量标准考核证书》。

3）考核不合格的，由主持考核的人民政府计量行政部门向建标单位发送《不予行政许可决定书》或计量标准考核结果通知书，说明其不合格的主要原因，并退回有关申请资料。

4）计量标准考核的审批时间为20个工作日。主持考核的人民政府计量行政部门应当在20个工作日内完成计量标准考核的审批工作。

5）计量标准考核的发证时间为10个工作日。主持考核的人民政府计量行政部门应当在10个工作日内完成《计量标准考核证书》的签发。

6）《计量标准考核证书》的有效期为4年。例如：发证时间为2018年3月10日，有效期至2022年3月9日。

第五节　计量标准的考评

一、计量标准的考评方式、内容和要求

1.《规范》原文

> 6.1　计量标准的考评方式、内容和要求
>
> 计量标准的考评分为书面审查和现场考评。新建计量标准的考评首先进行书面审查，如果基本符合条件，再进行现场考评；复查计量标准的考评一般采用书面审查的方式来判断计量标准的测量能力，如果建标单位提供的申请资料不能证明计量标准能够保持相应测量能力，应当安排现场考评；对于同一个建标单位同时申请多项计量标准复查考核的，在书面审查的基础上，可以采用抽查的方式进行现场考评。
>
> 计量标准的考评内容包括计量标准器及配套设备、计量标准的主要计量特性、环境条件及设施、人员、文件集以及计量标准测量能力的确认等6个方面共30项要求（见附录J《计量标准考核报告》中的“计量标准考评表”）。其中重点考评项目（带*号的项目）有10项；书面审查项目（带△号的项目）有20项；可以简化考评项目（带○号的项目）有4项。考评时，如果有重点考评项目不符合要求，则为考评不合格；如果重点考评项目有缺陷，或其他项目不符合或有缺陷时，则可以限期整改，整改时间一般不超过15个工作日。超过整改期限仍未改正者，视为考评不合格。
>
> 计量标准的考评应当在80个工作日内（包括整改时间及考评结果复核、审核时间）完成。
>
> 注：对于仅用于开展计量检定，并列入《简化考核的计量标准项目目录》（见附录N）中的计量标准，其稳定性考核、检定结果的重复性试验、检定结果的测量不确定度评定以及检定结果的验证等4个项目可以免于考评。

2. 要点理解

（1）计量标准考核的原则和方式　计量标准考核坚持逐项考评的原则。计量标准的考评方式有书面审查、现场考评两种方式。新建计量标准的考核采用书面审查和现场考评相结合的方式：考评员接受任务后，首先进行书面审查，如果基本符合条件，再进行现场考评。计量标准的复查考核一般采用书面审查，当建标单位所提供的技术资料不能证明计量标准具有相应的测量能力，或计量检定规程或计量技术规范发生变更时，其技术要求或方法发生实质性变化，以及计量标准的环境条件及设施发生重大变化可能影响计量标准计量特性的保持时，应当进行现场考评；对于一个单位多项计量标准同时进行复查考核的，在书面审查的基础上，可以采用现场抽查的方式安排现场考评。

（2）重点考评项目　凡属于法律、法规对计量标准要求以及对计量标准测量能力有重要影响的项目，在规范中将其列入重点考评的项目，在计量标准的考评中应当予以高度重视，并严格遵照执行。重点考评项目有：计量标准器及配套设备的配置、计量标准器及主要配套设备的计量特性、计量标准的溯源性、计量标准的稳定性、环境条件、检定或校准人员、计量检定规程或计量技术规范、检定或校准结果的测量不确定度评定、现场实验中的检定或校准方法以及检定或校准结果。

（3）书面审查项目　凡是可以通过查阅建标单位所提供的申请资料确认计量标准是否符合规范要求的项目列入书面审查项目。所有计量标准的考评都要进行书面审查。书面审查

项目见《规范》附录J中的“计量标准考评表”中带“△”号的项目，共计有20项。书面审查中重点考评项目有6项。包括计量标准器及配套设备的配置、计量标准器及主要配套设备的计量特性、计量标准的溯源性、计量标准的稳定性、检定或校准人员以及检定或校准结果的测量不确定度评定。

（4）允许简化考评的项目　对于仅用于开展计量检定，并列入《简化考核的计量标准项目目录》中的计量标准（见《规范》附录N），其稳定性考核、检定结果的重复性试验、检定结果的测量不确定度评定以及检定结果的验证等4个项目（带“○”号的项目）可以免于考评。原国家质量监督检验检疫总局已经发布了两批《简化考核的计量标准目录》。在计量标准考评时，考评员对于计量标准的稳定性考核、检定结果的重复性试验、检定结果的测量不确定度评定以及检定结果的验证等4个项目，可以免于考评。

（5）考评判定标准　考评时，如果有重点考评项目（带“*”号的项目）不符合要求，则为考评不合格；重点考评项目有缺陷，或其他项目不符合或有缺陷时，可以限期整改，整改时间一般不超过15个工作日。超过整改期限仍未改正到位者，视为考评不合格。

（6）计量标准的考评时间　计量标准的考评时间为80个工作日（包括整改时间及考评结果复核时间、审核时间）。考评员应当保质保量按时完成考评任务，如果遇到特殊情况无法完成考评，考评员应当在《计量标准考核报告》“需要说明的内容”中说明情况，并及时将建标单位的申请资料交回组织考核的人民政府计量行政部门。

二、书面审查

（一）书面审查的要求

1. 《规范》原文

6.2.1　书面审查 6.2.1.1　书面审查是考评员通过查阅建标单位提供的资料，确认所建计量标准是否满足法制和技术的要求，是否符合有关考核要求，并具有相应测量能力。如果考评员对建标单位提供的资料存有疑问时，应当与建标单位进行沟通。

2. 要点理解

书面审查是考评员通过查阅建标单位所提供的申请资料，对所建计量标准是否满足法制和技术的要求等内容进行书面审查。审查的目的是确认其计量标准是否符合考核要求，并具有相应测量能力。如果考评员认为建标单位所提供的申请资料不能够证明其计量标准符合考核要求，或不具有相应测量能力或存在其他疑问时，考评员应当及时与建标单位进行沟通，索取相关证明材料。

（二）书面审查的内容

1. 《规范》原文

6.2.1.2　书面审查的内容见“计量标准考评表”带“△”的项目。重点审查的内容为： 1）计量标准器及主要配套设备的配置是否完整齐全，是否符合计量检定规程或计量技术规范的要求，并满足开展检定或校准工作的需要； 2）计量标准的溯源性是否符合规定要求，计量标准器及主要配套设备是否具有有效的检定或校准证书； 3）计量标准的主要计量特性是否符合要求； 4）是否采用有效的计量检定规程或计量技术规范；

> 5）原始记录、数据处理以及检定或校准证书是否符合要求；
> 6）《计量标准技术报告》填写内容是否齐全、正确，并及时更新，重点关注计量标准的稳定性考核、检定或校准结果的重复性试验、检定或校准结果的不确定度评定以及检定或校准结果的验证等内容是否符合要求；
> 7）是否配备至少两名本项目具有相应能力的检定或校准人员；
> 8）计量标准具有相应测量能力的其他技术资料是否符合要求。

2. 要点理解

1）考评员在接到考评任务后，首先应当对建标单位的申请资料进行仔细的审查核对。审核的重点主要是确认申请资料中填写的内容是否完整、正确，是否符合规定并满足考核规范的要求。通过建标单位提供的原始记录、稳定性、重复性、检定或校准结果的测量不确定度评定以及检定或校准结果的验证等资料和数据，判断其是否具有相应的测量能力。

2）书面审查的内容是《规范》附录J中的“计量标准考评表”中带“△”的项目，共20项，其中包括重点考评项目中的6项，即既带“△”又带“*”的项目。书面审查时，应当逐项审查带“△”的20项项目，并应当重点审查其中既带“△”又带“*”号的重点考评项目。

（三）书面审查结果的处理

1. 《规范》原文

> 6.2.1.3 对新建计量标准书面审查结果的处理：
> 1）如果基本符合考核要求，考评组组长或考评员应当与建标单位商定现场考评事宜，并将现场考评的具体时间及有关事宜提前通知建标单位。
> 2）如果发现某些方面不符合考核要求，考评员应当与建标单位进行交流，必要时，下达“计量标准整改工作单”（格式见附录J）。如果建标单位经过补充、修改、纠正、完善，解决了存在的问题，按时完成了整改工作，则应当安排现场考评；如果建标单位不能在15个工作日内完成整改工作，则考评不合格。
> 3）如果发现存在重大或难以解决的问题，考评员与建标单位交流后，确认计量标准测量能力不符合考核要求，则考评不合格。
> 6.2.1.4 对复查计量标准书面审查结果的处理：
> 1）如果符合考核要求，考评员能够确认计量标准保持相应测量能力，则考评合格。
> 2）如果发现某些方面不符合考核要求，考评员应当与建标单位进行交流，必要时，下达“计量标准整改工作单”。如果建标单位经过补充、修改、纠正、完善，解决了存在的问题，按时完成了整改工作，考评员能够确认计量标准测量能力符合考核要求，则考评合格；如果建标单位不能在15个工作日内完成整改工作，则考评不合格。
> 3）如果对计量标准测量能力有疑问，考评员与建标单位交流后仍无法消除疑问，则应当安排现场考评。
> 4）如果发现存在重大或难以解决的问题，考评员与建标单位交流后，确认计量标准测量能力不符合考核要求，则考评不合格。

2. 要点理解

考评员对建标单位提供的申请资料进行书面审查的结果，通常有三种情况：一是建标单位提供的申请资料符合考核要求；二是建标单位提供的申请资料基本符合考核要求，但存有一些问题或不太完善；三是建标单位提供的申请资料存在重大问题或难以解决的问题。

（1）对新建计量标准考核书面审查结果的三种处理方式

1）基本符合考核要求的，考评员将书面审查情况和现场考评有关事宜报告考评组组长，考评组组长与建标单位协商现场考评事宜，并将确定后的现场考评具体时间及有关要求（包括现场实验的两名检定或校准人员的名单）提前通知建标单位。

注意：①现场实验的两名检定或校准人员的名单由考评员确定后报告考评组组长，由考评组组长统一通知建标单位。②现场实验的两名检定或校准人员应当从《计量标准考核（复查）申请书》中填写的检定或校准的人员中选择。③建议优先选择那些从事检定或校准工作时间短、学历低、本项目工作经历少的检定或校准人员进行现场实验。④如果是一个考评员承担考评，就由该考评员与建标单位协商并确定现场考评事宜。

2）存在一些小问题或某些方面不太完善的，考评员应当及时与建标单位交流，必要时，下达“计量标准整改工作单”。如果建标单位经过补充、修改、完善，在15个工作日内解决了存在问题后，考评员将书面审查情况和现场考评有关事宜报告考评组组长，考评组组长将确定后的现场考评具体时间及有关要求提前通知建标单位；如果建标单位不能在15个工作日内完成整改工作，则考评不合格。

3）存在重大或难以解决的问题的，考评员应当及时与建标单位交流后，确认该计量标准测量能力不符合考核要求的，建标单位不能在短时间内解决有关问题的，考评员确认该计量标准测量能力不符合考核要求，则考评不合格。

对确认考评不合格的项目，考评员应当填写《计量标准考核报告》，在考评结论及意见中填写考评不合格的意见，并在“计量标准考评表”中注明不符合项目及其原因。将《计量标准考核报告》及申请资料交回考评单位或考评组组长。

（2）对计量标准复查考核书面审查结果的四种处理方式

1）符合考核要求的，则考评合格。考评员填写《计量标准考核报告》后，将《计量标准考核报告》及申请资料交回考评单位或考评组组长。

2）发现某些方面存在缺陷，不符合考核要求的，考评员应当及时与建标单位进行交流，必要时，下达“计量标准整改工作单”。如果建标单位经过补充、修改、完善，在15个工作日内完成整改工作的，则考评合格；如果建标单位不能在15个工作日内完成整改工作，则考评不合格。考评员填写《计量标准考核报告》后，将《计量标准考核报告》及申请资料交回考评单位或考评组组长。

3）对计量标准的检定或校准能力有疑问的，考评员与建标单位交流后仍无法消除疑问，应当安排现场考评。

4）存在重大或难以解决的问题，考评员与建标单位交流后，确认计量标准的检定或校准能力不符合考核要求，则考评不合格。考评员填写《计量标准考核报告》后，将《计量标准考核报告》及申请资料交回考评单位或考评组组长。

三、现场考评

（一）现场考评的定义

1.《规范》原文

6.2.2　现场考评
6.2.2.1　现场考评是考评员通过现场观察、资料核查、现场实验和现场提问等方法，对计量标准是否符合考核要求进行判断，并对计量标准测量能力进行确认。现场考评以现场实验和现场提问作为考评重点、现场考评的时间一般为1~2天。

2. 要点理解

在计量标准的现场考评中，考评员一般采用现场观察、资料核查、现场实验和现场提问等方法，重点对计量标准的测量能力进行确认。现场实验和现场提问是重点环节。通常情况下，现场考评的时间一般为（1~2）天。由于某些专业考核的特殊要求，现场考评的时间可以根据现场实验的具体情况确定。

（二）现场考评的内容及要求

1.《规范》原文

> 6.2.2.2　现场考评的内容为6个方面共30项要求。进行现场考评时，考评员应当按照“计量标准考评表”的内容逐项进行审查和确认。在考评过程中，考评员应当对发现的问题与建标单位有关人员交换意见，确认不符合项或缺陷项，下达“计量标准整改工作单”。

2. 要点理解

1）计量标准现场考评的内容为“计量标准考评表”中6个方面30项内容，具体见表13-1。

2）进行现场考评时，考评员应当按照“计量标准考评表”的内容逐项进行审查和确认。对每项考评记录均应当有明确的意见，用“√”来表示。“考评记事”栏目可以对相应的项目作必要的简要说明。

3）在考评过程中，考评员对发现的问题应当与该项计量标准的负责人、有关检定或校准人员充分交换意见，确认不符合项或缺陷项。

4）对于确认的不符合项或缺陷项，考评员应当给建标单位下达“计量标准整改工作单”。

表13-1　计量标准现场考评的内容

<table>
<tr><th colspan="2">6个方面</th><th>30项内容</th></tr>
<tr><td colspan="2" rowspan="3">一、计量标准器及配套设备</td><td>1. 计量标准器及配套设备的配置</td></tr>
<tr><td>2. 计量标准器及主要配套设备的计量特性</td></tr>
<tr><td>3. 计量标准的溯源性</td></tr>
<tr><td colspan="2" rowspan="4">二、计量标准的主要计量特性</td><td>1. 测量范围</td></tr>
<tr><td>2. 不确定度或准确度等级或最大允许误差</td></tr>
<tr><td>3. 计量标准的稳定性</td></tr>
<tr><td>4. 计量标准的其他计量特性</td></tr>
<tr><td colspan="2" rowspan="3">三、环境条件及设施</td><td>1. 环境条件</td></tr>
<tr><td>2. 设施的配置</td></tr>
<tr><td>3. 环境条件监控</td></tr>
<tr><td colspan="2" rowspan="2">四、人员</td><td>1. 计量标准负责人</td></tr>
<tr><td>2. 检定或校准人员</td></tr>
<tr><td rowspan="4">五、文件集</td><td>（一）文件集的管理</td><td>1. 文件集的管理</td></tr>
<tr><td>（二）计量检定规程或计量技术规范</td><td>2. 计量检定规程或计量技术规范</td></tr>
<tr><td rowspan="2">（三）计量标准技术报告</td><td>3. 计量标准技术报告总体要求</td></tr>
<tr><td>4. 计量标准器及主要配套设备信息的填写</td></tr>
</table>

（续）

6个方面		30项内容
五、文件集	(三)计量标准技术报告	5. 计量标准的主要技术指标及环境条件的填写
		6. 计量标准的量值溯源和传递框图
		7. 检定或校准结果的重复性试验
		8. 检定或校准结果的不确定度评定
		9. 检定或校准结果的验证
	(四)检定或校准原始记录	10. 原始记录格式、信息、填写、更改、签名及保存等要求
		11. 原始记录数据、数据处理要求
	(五)检定或校准证书	12. 证书的格式、签名、印章及副本保存等要求
		13. 检定或校准证书结果及内容要求
	(六)管理制度	14. 管理制度
六、计量标准测量能力的确认	(一)技术资料审查	1. 技术资料审查
	(二)现场实验	2. 检定或校准方法、操作程序、操作过程等要求
		3. 检定或校准结果
		4. 回答问题正确

(三) 现场考评的程序和方法

1. 《规范》原文

6.2.2.3　现场考评的程序

1）首次会议

首次会议的主要内容为：考评组组长宣布考评的项目和考评员分工，明确考核的依据、现场考评日程安排和要求；建标单位主管人员介绍本单位概况和计量标准考核准备工作情况。

2）现场观察

考评员在建标单位有关人员的陪同下，对考评项目的相关场所进行现场观察。通过观察，了解计量标准器及配套设备、环境条件及设施等方面的情况，为进入考评做好准备。

3）资料核查

考评员应当按照“计量标准考评表”的内容对申请资料的真实性进行现场核查，核查时应当对重点考评项目以及书面审查未涉及的项目予以关注。

4）现场实验和现场提问

现场实验由检定或校准人员用被考核的计量标准对考评员指定的测量对象进行检定或校准。根据实际情况可以选择盲样、建标单位的核查标准或近期已检定或校准过的计量器具作为测量对象。现场实验时，考评员应当对检定或校准的操作程序、操作过程以及采用的检定或校准方法等内容进行考评，并按照附录C.5的要求将现场实验数据与已知参考数据进行比较，对现场实验结果进行评价，确认计量标准测量能力是否符合考核要求。

现场提问的内容包括：本专业基本理论方面的问题、计量检定规程或计量技术规范中的有关问题、操作技能方面的问题以及考评中发现的问题。

5）末次会议

末次会议由考评组组长或考评员报告考评情况，宣布现场考评结论；需要整改的，应当确认不符合项或缺陷项，提出整改要求和期限；建标单位有关人员表达意见。

2. 要点理解

进行现场考评时，考评员应当按照《规范》规定的程序进行，即首次会议、现场观察、资料核查、现场实验和现场提问及末次会议。

（1）首次会议　首次会议是现场考评的第一次会议，会议的主要目的是明确现场考评的项目、考核依据、考评安排和现场实验等内容。首次会议由考评组组长主持，考评组全体成员、建标单位主管人员、计量标准负责人和项目组成员参加，时间一般不超过半小时。首次会议的主要议程：

① 双方介绍出席会议的人员的工作单位、姓名等基本信息。

② 考评组组长或考评员宣布考评项目和考评组成员分工，明确考核的依据、现场考评程序和要求，确定考评日程安排和现场实验的内容以及现场实验的人员名单。

③ 建标单位主管人员介绍本单位概况和计量标准考核准备工作情况。

④ 确认考评工作安排中不明确的事项。

（2）现场观察　首次会议结束后，考评组成员在建标单位有关人员的陪同下对考评项目的相关场所进行现场观察。通过观察，了解计量标准的计量标准器及配套设备、环境条件及设施等方面的情况，为进入考评做好准备。

（3）申请资料的核查　考评员应当按照“计量标准考评表”的内容对申请资料的真实性进行现场核查，核查时应当对重点考评项目（带“*”号的考评项目）以及书面审查没有涉及的项目予以重点关注。

（4）现场实验和现场提问

1）现场实验的方法：在考评员的监督下，检定或校准的人员用被考核的计量标准对指定的测量对象进行检定或校准。考评员通过对检定或校准操作程序、过程、采用的检定或校准方法的观察，以及通过对现场实验数据与已知参考数据进行比较，确认被考核计量标准的测量能力。

2）现场实验测量对象的选择：根据实际情况可以选择盲样、建标单位的核查标准或近期经检定或校准过的计量器具作为测量对象。三种测量对象优先次序是：最佳的测量对象是考评员自带的盲样；在考评员无法自带盲样的情况下，可以选用建标单位的核查标准作为测量对象；若建标单位无适合的核查标准可供使用时，可以从建标单位的仪器收发室中，挑选一近期已检定或校准过的外单位送检仪器作为测量对象。

3）现场实验的人员选择：应当由事先确定的两名检定或校准人员进行现场实验。必要时，考评员可以增加现场实验人员，增加的现场实验人员也应当从《计量标准考核（复查）申请书》中填写的检定或校准人员名单中选择。

4）现场实验过程的考评：考评员应当从现场实验的检定或校准人员采用的检定或校准方法是否正确，操作过程是否规范、熟练等方面进行考评。考评员应当在实验现场观察、记录检定或校准人员的实验过程，并确定是否符合计量检定规程或计量技术规范的要求。

5）现场实验结果的评价：对于考评员自带盲样的情况，现场测量结果与参考值之差应当不大于两者的扩展不确定度（U_{95}或 U，$k=2$，下同）的方和根。若现场测量结果和参考值分别为 y 和 y_0，它们的扩展不确定度分别为 U 和 U_0，则应当满足：

$$|y-y_0| \leqslant \sqrt{U^2+U_0^2}$$

若使用建标单位的核查标准作为测量对象，则建标单位应当在现场测量前提供该核查标准的参考值及其不确定度。若采用外单位送检的仪器作为测量对象，建标单位也应当在现场测量前提供该仪器的检定或校准结果及其不确定度。在此两种情况下，由于测量结果和参考值都是采用同一套计量标准进行测量，因此在扩展不确定度中应当扣除由系统效应引起的测量不确定度分量，例如由计量标准器引入的不确定度分量，由测量仪器的示值误差引入的不确定度分量等。若现场测量结果和参考值分别为 y 和 y_0，它们的扩展不确定度均为 U，扣除由系统效应引入的不确定度分量后的扩展不确定度为 U'，则应当满足：

$$|y-y_0| \leqslant \sqrt{2}\,U'$$

完成现场实验后，应当将与现场实验有关的原始记录附在“计量标准考评表”上。

6）现场提问的内容：有关本专业基本理论方面的问题、计量检定规程或计量技术规范中有关的问题、操作技能方面的问题以及考评中发现的问题。

7）现场回答问题的人员的选择：现场回答问题的人应当从计量标准负责人和《计量标准考核（复查）申请书》中填写的检定或校准的人员中选择。

8）现场提问的评价：现场回答问题的人员应能够正确回答有关本专业基本理论方面的问题、计量检定规程或计量技术规范中有关问题、操作技能方面的问题以及考评中发现的问题。

（5）末次会议　末次会议的目的是通报考评情况与结论。末次会议由考评组组长主持，考评组全体成员、建标单位主管人员、计量标准负责人和项目组成员参加。会议先由考评组组长或考评员通报考评情况，说明考评的总评价，宣布现场考评结论，并对考评中发现的主要问题加以说明，需要整改的，应当下达“计量标准整改工作单”确认不符合项和缺陷项，提出整改要求和期限。然后双方进行交流，确认考评结果，如果双方在技术上存在重大不同意见，应当通过书面形式予以记载。最后建标单位主管领导或计量标准负责人应对考评结果和整改工作表述意见。

四、整改要求

1.《规范》原文

6.3　整改
对于存在不符合项或缺陷项的计量标准，建标单位应当按照“计量标准整改工作单“的整改要求对存在的问题进行改正、完善，并在15个工作日内完成整改工作。考评员应当对不符合项或缺陷项的纠正措施进行跟踪确认。 建标单位如果不能在15个工作日内完成整改工作，视为自动放弃，考评员可以确认考评不合格。

2. 要点理解

1）建标单位应当按照“计量标准整改工作单”的要求进行整改，将整改结果反映在“计量标准整改工作单”上，加盖建标单位公章，并在规定的整改截止日期前将“计量标准整改工作单”连同整改证明材料送达考评员。

2）考评员应当及时审查建标单位提供的整改证明材料，对不符合项和缺陷项的纠正措施进行跟踪、确认，必要时可以到现场核查。审查完毕后，在“计量标准整改工作单”上考评员确认签字栏签名，连同《计量标准考核报告》及申请资料及时交回考评单位或考评组组长。

五、考评结果的处理

1.《规范》原文

6.4　考评结果的处理 考评员在考评时应当正确填写《计量标准考核报告》，并给出明确的考评结论及意见。完成考评后，将《计量标准考核报告》以及申请资料交回考评单位或考评组组长。 考评单位或考评组组长应当在5个工作日内对考评结果进行复核，并在《计量标准考核报告》相应栏目中签署意见后，报组织考核的人民政府计量行政部门审核，审核应当在5个工作日内完成，组织考核的人民政府计量行政部门审核后交由主持考核的人民政府计量行政部门审批。 建标单位对计量标准考评工作及考评结论有意见的，可以填写《计量标准考评工作评价及意见表》(格式见附录L)，寄送组织考核的人民政府计量行政部门或主持考核的人民政府计量行政部门。

2. 要点理解

1）考评员在考评时应当正确填写《计量标准考核报告》，对于来自《计量标准考核（复查）申请书》《计量标准技术报告》中的有关内容，例如：计量标准的主要计量特性、计量标准器及主要配套设备、开展的检定或校准项目等信息，应当逐一进行核对确认后，再将正确的内容填写到《计量标准考核报告》上去。考评结束前，考评员应当及时完成《计量标准考核报告》的编写，并填写考评结论及意见。

2）完成考评后，考评员将《计量标准考核报告》及申请资料交回考评单位或考评组组长。提交的文件应当正确完整，应当提交的文件目录为：

①《计量标准考核报告》(包括“计量标准考评表”，如果有整改，还包括“计量标准整改工作单”)。

② 由建标单位提供的全部申请资料，如《计量标准考核（复查）申请书》等。申请新建计量标准有6项资料（见《规范》5.1.2.1)，申请计量标准复查有11项资料（见《规范》5.1.2.2)。

③ 如果是现场考评，需提交现场实验原始记录及相应的检定或校准证书一套。

④ 如果有整改，还需要提交建标单位的整改证明材料。

3）考评单位主管计量标准考核工作的负责人或考评组组长应当对考评员上报的《计量标准考核报告》及有关材料进行认真复核，并在《计量标准考核报告》相应栏目中签署意见，复核的负责人应当签名并加盖公章。

《计量标准考核报告》复核的重点是：报告中所填写的内容是否完整，并符合《规范》的要求；报告中测量能力是否与所建计量标准的技术指标相适应；考评记录是否完整，考评结果评判是否正确；考评员是否签字并检查该计量标准是否与考评员核准的考评项目相一致。

以上所提的是重点复核内容，其他方面的内容也应当进行复核。

4）组织考核的人民政府计量行政部门应当对考评单位或考评组上报的《计量标准考核报告》及有关材料进行认真审核，审核的负责人应当签名并加盖组织考核的人民政府计量行政部门公章。上报给主持考核的人民政府计量行政部门的材料必须完整正确。

5）复核工作的时间规定：应当在5个工作日内完成；审核工作的时间规定：应当在5个工作日内完成。

6）建标单位如果对考评工作或结论有异议，可填写“计量标准考评工作意见表”寄送组织考核的人民政府计量行政部门或主持考核的人民政府计量行政部门。组织考核的人民政府计量行政部门或主持考核的人民政府计量行政部门收到申诉后，应当及时进行核查和处理。

第六节　计量标准考核中的技术问题

计量标准考核是一项技术性很强的工作，本书将按照《规范》附录 C“计量标准考核中有关技术问题的说明”，对检定和校准结果的重复性、计量标准的稳定性、在计量标准考核中与不确定度有关的问题、检定或校准结果的验证、现场实验结果的评价以及计量标准的量值溯源和传递框图等进行详细说明。

一、检定或校准结果的重复性

（一）关于检定或校准结果的重复性

术语“检定或校准结果的重复性”在计量标准考核的历史上一直称为“计量标准的重复性”，JJF 1033—2016 标准根据计量标准考核的实际要求，将其改为“检定或校准结果的重复性”。

计量标准考核要求进行重复性试验，其目的是要给出在检定或校准过程中所有的随机效应对检定或校准结果的影响，因为它直接就是检定或校准结果的一个不确定度来源。如果重复性太差，可能直接影响到检定或校准结果的不确定度能否满足要求。

由于重复性中必须要包括被测对象的影响，因此在重复性试验时必须选择常规的被检定或被校准的对象（以下简称被测对象）。

检定或校准结果（以下简称测量结果）的重复性是指在重复性测量条件下，用被考核的计量标准对常规的被测对象重复测量所得示值或测得值之间的一致程度。通常用重复性测量条件下所得测得值的分散性定量地表示，即用单次测量结果 y_i 的实验标准偏差 $s(y_i)$ 来表示。测量结果的重复性通常是测量结果的不确定度来源之一。

（二）检定或校准结果的重复性试验方法

在重复性测量条件下，用被考核的计量标准对常规的被测对象进行 n 次独立重复测量，若得到的测得值为 y_i，（$i=1$，2，$\cdots n$），则其重复性 $s(y_i)$ 按式（13-1）计算：

$$s(y_i)=\sqrt{\frac{\sum_{i=1}^{n}(y_i-\bar{y})^2}{n-1}} \tag{13-1}$$

式中　$\bar{y}$——n 个测得值的算术平均值；

n——重复测量次数，n 应当尽可能大，一般应当不少于 10 次。

如果测量结果的重复性引入的不确定度分量在测量结果的不确定度中不是主要分量，允许适当减少重复测量次数，但至少应当满足 $n\geqslant 6$。

如果计量标准可以测量多种参数，则应当对每种参数分别进行重复性试验。

如果计量标准的测量范围较大，对于不同的测量点，其重复性也可能不同，此时原则上应当给出每个测量点的重复性。如果在测量结果的不确定度中，重复性所引入的不确定度分量不是主要分量，可以用各测量点中的最大重复性表示，或分段采用不同的重复性，也以该分段中的最大重复性表示。

（三）重复性试验的测量条件

术语“重复性”是“重复性精密度”的简称，它是指在重复性测量条件下得到的精密度。它表示测量过程中所有的随机效应对测得值的影响。

重复性测量条件是指：相同测量程序、相同操作者、相同测量系统、相同操作条件和相同地点，并在短时间内对同一或相类似被测对象重复测量的一组测量条件。

在进行检定或校准结果的重复性试验时，其测量条件应当与测量不确定度评定中所规定的测量条件相同。该测量条件通常是重复性测量条件，但在特殊情况下也可能是复现性测量条件或期间精密度测量条件。

（四）重复性与重复性引入的不确定度分量

在测量不确定度评定中，当检定或校准结果由单次测量得到时，由式（13-1）计算得到的测量结果的重复性直接就是测量结果的一个不确定度分量。当测量结果由 N 次重复测量的平均值得到时，由测量结果的重复性引入的不确定度分量为$\frac{s(y_i)}{\sqrt{N}}$。

（五）分辨力与重复性

被检定或被校准仪器（以下简称被测仪器）的分辨力也会影响测量结果的重复性。在测量不确定度评定中，当由式（13-1）计算得到的重复性所引入的不确定度分量大于被测仪器的分辨力所引入的不确定度分量时，此时重复性中已经包含分辨力对测得值的影响，故不应当再考虑分辨力所引入的不确定度分量。当重复性引入的不确定度分量小于被测仪器的分辨力所引入的不确定度分量时，应当用分辨力引入的不确定度分量代替重复性引入的不确定度分量。

若被测仪器的分辨力为 δ，则分辨力引入的不确定度分量为 0.289δ。

（六）合并样本标准偏差

对于常规的计量检定或校准，若无法满足 $n \geqslant 10$ 时，为了使得到的实验标准偏差更可靠，如果有可能，可以采用合并样本标准偏差得到测量结果的重复性，合并样本标准偏差 s_p 按式（13-2）计算：

$$s_\mathrm{p} = \frac{\sum_{j=1}^{m}\sum_{k=1}^{n}(y_{kj} - \bar{y}_j)^2}{m(n-1)} \tag{13-2}$$

式中　m——测量的组数；

n——每组包含的测量次数；

y_{kj}——第 j 组中第 k 次的测得值；

$\bar{y}_j$——第 j 组测得值的算术平均值。

（七）重复性试验对测量对象的要求

为确保评定得到的不确定度将来可用在所有的同类测量中，重复性试验所用的测量对象必须是常规测量对象。“常规”的意思是指其性能是将来大多数的同类测量对象都能达到的。

（八）对检定或校准结果的重复性的要求

对于新建计量标准，测得的重复性应当直接作为一个不确定度来源用于检定或校准结果的不确定度评定中。只要评定得到的测量结果的不确定度满足所开展的检定或校准项目的要求，则表明其重复性也满足要求。

对于已建计量标准，要求每年至少进行一次重复性测量，如果测得的重复性不大于新建计量标准时测得的重复性，则重复性符合要求；如果测得的重复性大于新建计量标准时测得的重复性，则应当依据新测得的重复性重新进行测量结果的不确定度的评定，如果评定结果仍满足所开展的检定或校准项目的要求，则重复性符合要求，并将新测得的重复性作为下次重复性试验是否合格的判定依据；如果评定结果不满足所开展的检定或校准项目的要求，则重复性试验不符合要求。

二、计量标准的稳定性

（一）定义

计量标准的稳定性是指计量标准保持其计量特性随时间恒定的能力。因此计量标准的稳定性与所考虑的时间段长短有关。计量标准的稳定性应当包括计量标准器的稳定性和配套设备的稳定性。如果计量标准可以测量多种参数，应当对每种参数分别进行稳定性考核。

计量标准的稳定性是考核计量标准所提供的标准量值随时间的长期慢变化。

（二）计量标准的稳定性考核方法

稳定性的考核方法有五种：采用核查标准进行考核，采用高等级的计量标准进行考核，采用控制图法进行考核，采用计量检定规程或计量技术规范规定的方法进行考核，采用计量标准器的稳定性考核结果进行考核。

在进行计量标准的稳定性考核时，应当优先采用核查标准进行考核；若被考核的计量标准是建标单位的次级计量标准时，也可以选择高等级的计量标准进行考核；若符合《规范》附录 C. 2. 2. 3. 3 的条件，也可以选择控制图进行考核；若有关计量检定规程或计量技术规范对计量标准的稳定性考核方法有明确规定时，也可以按其规定进行考核；当上述方法都不适用时，方可采用计量标准器的稳定性考核结果进行考核。

1. 采用核查标准进行稳定性考核

用于日常验证测量仪器或测量系统性能的装置称为核查标准或核查装置。在进行计量标准的稳定性考核时，测得的稳定性除与被考核的计量标准有关外，还不可避免地会引入核查标准本身对稳定性测量的影响。为使这一影响尽可能地小，必须选择量值稳定的，特别是长期稳定性好的核查标准。

（1）考核方法　对于新建计量标准，每隔一段时间（大于一个月），用该计量标准对核查标准进行一组 n 次的重复测量，取其算术平均值为该组的测得值。共观测 m 组（$m \geqslant 4$）。取 m 组测得值中最大值和最小值之差，作为新建计量标准在该时间段内的稳定性。

对于已建计量标准，每年至少一次用被考核的计量标准对核查标准进行一组 n 次的重复测量，取其算术平均值作为测得值。以相邻两年的测得值之差作为该时间段内计量标准的稳定性。

（2）核查标准的选择　核查标准的选择大体上可按下述几种情况分别处理：

1）被测对象是实物量具。实物量具通常具有较好的长期稳定性，在这种情况下可以选择性能比较稳定的实物量具作为核查标准。

2）计量标准仅由实物量具组成，而测量对象是非实物量具的测量仪器。实物量具通常可以直接用来检定或校准非实物量具，因此在这种情况下，无法得到符合要求的核查标准。此时应该采用其他方法来进行稳定性考核。

3）计量标准器和被检定或校准的对象均为非实物量具的测量仪器。如果存在合适的比较稳定的对应于该参数的实物量具，可以作为核查标准来进行稳定性考核，否则应该采用其他方法来进行稳定性考核。

2. 采用高等级的计量标准进行稳定性考核

当被考核的计量标准是建标单位的次级计量标准，或送上级计量技术机构进行检定或校准比较方便的话，可以采用本方法。

考核方法与采用核查标准的方法类似。对于新建计量标准，每隔一段时间（大于一个月），用高等级的计量标准对新建计量标准进行一组测量。共测量 m 组（$m \geqslant 4$），取 m 个测得值中最大值和最小值之差，作为新建计量标准在该时间段内的稳定性。对于已建计量标准，每年至少一次用高等级的计量标准对被考核的计量标准进行测量，以相邻两年的测得值之差作为该时间段内计量标准的稳定性。

3. 采用控制图方法进行稳定性考核

控制图是对测量过程是否处于统计控制状态的一种图形记录。它能判断测量过程中是否存在异常因素并提供有关信息，以便于查明产生异常的原因，并采取措施使测量过程重新处于统计控制状态。

采用控制图方法的前提也是必须存在量值稳定的核查标准，并要求其同时具有良好的短期稳定性和长期稳定性。

采用控制图法对计量标准的稳定性进行考核时，用被考核的计量标准对选定的核查标准作连续的定期观测，并根据定期观测结果计算得到的统计控制量（例如平均值、标准偏差、极差等）的变化情况，判断计量标准所复现的标准量值是否处于统计控制状态。

由于控制图方法要求定期（例如每周或每两周等）对选定的核查标准进行测量。同时还要求被测量接近于正态分布，故每个测量点均必须是多次重复测量结果的平均值，因此要耗费大量的时间。同时对核查标准的稳定性要求比较高。因此在计量标准考核中，控制图的方法仅适合于满足下述条件的计量标准：

1）准确度等级较高且重要的计量标准；

2）存在量值稳定的核查标准，要求其同时具有良好的短期稳定性和长期稳定性；

3）比较容易进行多次重复测量。

自 JJF 1033—2008 开始提出在稳定性考核中可以采用控制图法以来，在标准考核中成功采用控制图并对计量标准进行长期而连续监测的实例并不多。2016 版虽然仍将控制图法作为可以采用的方法之一，但删去了建立控制图的原理、方法和控制图异常的判断准则等内容，这部分内容可参见本节后面的内容或 GB/T 4091—2001《常规控制图》。

4. 采用计量检定规程或计量技术规范规定的方法进行考核

当相关的计量检定规程或计量技术规范对计量标准的稳定性考核方法有明确规定时，可以按其规定的方法进行计量标准的稳定性考核。

5. 采用计量标准器的稳定性考核结果进行考核

当前述四种方法均不适用时，可将计量标准器的溯源数据，即每年的检定或校准数据，制成计量标准器的稳定性考核记录表或曲线图（参见《规范》附录 D《计量标准履历书》中的“计量标准器的稳定性考核图表”），作为证明计量标准量值稳定的依据。该方法的缺点是仅考虑了计量标准中计量标准器的稳定性，而没有包括配套设备的稳定性。

（三）对计量标准稳定性的要求

若计量标准在使用中采用标称值或示值，即不加修正值使用，则计量标准的稳定性应当小于计量标准的最大允许误差的绝对值；若计量标准需要加修正值使用，则计量标准的稳定性应当小于修正值的扩展不确定度（U_{95}或 U，$k=2$）。当相应的计量检定规程或计量技术规范对计量标准的稳定性有具体规定时，则可以依据其规定判断稳定性是否合格。

（四）稳定性及其测量不确定度

在本节讨论检定或校准结果的重复性时，可以很容易给出测得的重复性是否满足要求的判定，因为重复性直接就是测量结果的一个不确定度来源，在不确定度评定报告中无疑会有一个与重复性有关的不确定度分量。而稳定性则不同，在不确定度评定报告中往往找不到直接与稳定性相关的不确定度分量。

如果估计一下测得的稳定性的不确定度，就可以发现，测得的稳定性数值往往与其不确定度相近，因此建标单位有时很难对其测得的稳定性做出是否合格的判定。或者说，稳定性合格判定的可靠性较差。

如果测得的稳定性满足要求，则该计量标准在其证书的有效期内可以继续使用。如果测得的稳定性不满足要求，则可能的确是被考核计量标准的稳定性变坏引起的，但也可能仅仅是由稳定性的测量不确定度太大造成的。此时应当立即将被考核的计量标准送上级计量技术机构重新进行检定或校准，由上级计量技术机构来判定该计量标准是否合格。

（五）测量过程的统计控制——控制图

测量过程是否处于统计控制状态，是否存在异常因素，通常可以采用控制图的方法进行统计控制和图形记录，以便于及时查明测量过程产生异常的原因，适时采取措施使测量过程重新处于统计控制状态。对于准确度较高又比较重要且较容易进行多次重复的测量过程，建议尽可能采用控制图对其测量过程进行连续和长期的统计控制。GB/T 4091—2001《常规控制图》对于控制图进行了详细的描述。

1. 控制图的分类

根据控制对象的数据性质，即所采用的统计控制量来分类，控制图通常均成对地使用，在测量过程控制中常用的控制图有平均值-标准偏差控制图（$\bar{x}$-s 图）和平均值极差控制图（$\bar{x}$-R 图）。

平均值控制图主要用于判断测量过程中是否受到不受控的系统效应的影响。标准偏差控制图和极差控制图主要用于判断测量过程是否受到不受控的随机效应的影响。

标准偏差控制图比极差控制图具有更高的检出率，但由于计算标准偏差要求重复测量次数 $n\geqslant10$，对于某些计量标准可能难以实现。而极差控制图一般要求 $n\geqslant5$，因此在计量标准考核中推荐采用平均值-标准偏差控制图，对于有些计量标准也可以采用平均值-极差控制图。

根据控制图的用途，可以分为分析用控制图和控制用控制图两类。

（1）分析用控制图　用于对已经完成的测量过程或测量阶段进行分析，以评估测量过程是否稳定或处于受控状态。

（2）控制用控制图　对于正在进行中的测量过程，可以在进行测量的同时进行过程控制，以确保测量过程处于稳定受控状态。

具体建立控制图时，应当首先建立分析用控制图，确认过程处于稳定受控状态后，将分析用控制图的时间界限延长，于是分析用控制图就转化为控制用控制图。

2. 建立控制图的步骤

（1）确定所采用的统计控制量　确定所采用的统计控制量，即确定所采用的控制图类型。通常采用平均值-标准偏差控制图（$\bar{x}$-s 图）或平均值-极差控制图（$\bar{x}$-R 图）。注意：在测量不确定度评定中，被测量习惯上用符号“y”表示。但在测量过程控制的控制图中，通常用符号“x”表示被测量。

（2）预备数据的取得　预备数据是建立分析用控制图的基本取样数据，要求取样过程处于随机控制状态中。

1）在重复性条件下，对选择好的核查标准做 n 次独立重复测量。当采用标准偏差控制图时，要求测量次数 $n \geqslant 10$；当采用极差控制图时，测量次数 $n \geqslant 5$。该 n 次测量结果称为一个子组。

2）在计量检定规程或计量技术规范规定的测量条件下，重复上面的过程，共测量 k 个子组。要求子组数 $k \geqslant 20$，在实际工作中最好取 25 组，即使当个别子组数据出现可以查明原因的异常而被剔除时，仍可保持多于 20 组的数据。

（3）计算统计控制量　当采用平均值-标准偏差控制图（$\bar{x}$-s 图）时，应当计算的统计控制量为：每个子组的平均值 $\bar{x}$，每个子组的标准偏差 s，各子组平均值的平均值 $\bar{\bar{x}}$ 和各子组标准偏差的平均值 $\bar{s}$。

当采用平均值-极差控制图（$\bar{x}$-R 图），应当计算的统计控制量为：每个子组的平均值 $\bar{x}$，每个子组的极差 R，各子组平均值的平均值 $\bar{\bar{x}}$ 和各子组极差的平均值 $\bar{R}$。

（4）控制界限的计算　计算每个控制图的中心线（CL）、控制上限（UCL）和控制下限（LCL）。对于不同的控制图，其控制界限的计算公式是不同的。

1）平均值-标准偏差控制图（$\bar{x}$-s 图）。

① 平均值控制图——$\bar{x}$ 图（仅指与标准偏差控制图联用的平均值控制图），其中心线 CL、控制上限 UCL 和控制下限 LCL 分别为：

$$\mathrm{CL}=\bar{\bar{x}} \tag{13-3}$$

$$\mathrm{UCL}=\bar{\bar{x}}+A_3\bar{s} \tag{13-4}$$

$$\mathrm{LCL}=\bar{\bar{x}}-A_3\bar{s} \tag{13-5}$$

② 标准偏差控制图——s 图，其中心线 CL、控制上限 UCL 和控制下限 LCL 分别为：

$$\mathrm{CL}=\bar{s} \tag{13-6}$$

$$\mathrm{UCL}=B_4\bar{s} \tag{13-7}$$

$$\mathrm{LCL}=B_3\bar{s} \tag{13-8}$$

2）平均值-极差控制图（$\bar{x}$-R 图）。

① 平均值控制图——$\bar{x}$ 图（仅指与极差控制图联用的平均值控制图），其中心线 CL、控制上限 UCL 和控制下限 LCL 分别为：

$$CL=\bar{\bar{x}} \tag{13-9}$$

$$UCL=\bar{\bar{x}}+A_2\bar{R} \tag{13-10}$$

$$LCL=\bar{\bar{x}}-A_2\bar{R} \tag{13-11}$$

② 极差控制图——R 图，其中心线 CL、控制上限 UCL 和控制下限 LCL 分别为：

$$CL=\bar{R} \tag{13-12}$$

$$UCL=D_4\bar{R} \tag{13-13}$$

$$LCL=D_3\bar{R} \tag{13-14}$$

计算式中各系数 A_2，A_3，B_3，B_4，D_3 和 D_4 之值与样本大小 n（每个子组所包含的测量次数）有关，其值见表 13-2。

表 13-2 计算控制限的系数表

n	A_2	A_3	B_3	B_4	D_3	D_4
2	1.880	2.659	0	3.267	0	3.267
3	1.023	1.954	0	2.568	0	2.574
4	0.729	1.628	0	2.266	0	2.282
5	0.577	1.427	0	2.089	0	2.114
6	0.483	1.287	0.030	1.970	0	2.004
7	0.419	1.182	0.118	1.882	0.076	1.924
8	0.373	1.099	0.185	1.815	0.136	1.864
9	0.337	1.032	0.239	1.761	0.184	1.816
10	0.308	0.975	0.284	1.716	0.223	1.777
11	0.285	0.927	0.321	1.679	0.256	1.744
12	0.266	0.886	0.354	1.646	0.283	1.717
13	0.249	0.850	0.382	1.618	0.307	1.693
14	0.235	0.817	0.406	1.594	0.328	1.672
15	0.223	0.789	0.428	1.572	0.347	1.653
16	0.212	0.763	0.448	1.552	0.363	1.637
17	0.203	0.739	0.466	1.534	0.378	1.622
18	0.194	0.718	0.482	1.518	0.391	1.608
19	0.187	0.698	0.497	1.503	0.403	1.597
20	0.180	0.680	0.510	1.490	0.415	1.585
21	0.173	0.663	0.523	1.477	0.425	1.575
22	0.167	0.647	0.534	1.466	0.434	1.566
23	0.162	1.633	0.545	1.455	0.443	1.557
24	0.157	0.619	0.555	1.445	0.451	1.548
25	0.153	0.606	0.565	1.435	0.459	1.541

(5) 制作控制图并在图上标出测量点　控制图的纵坐标为计算得到的各统计控制量，横坐标为时间坐标。并在图上画出 CL、UCL 和 LCL 三条控制界限。在图上标出各子组相应统计控制量的位置（称为测量点）后，将相邻的测量点连成折线，即完成分析用的控制图（图 13-1 中的实线）。

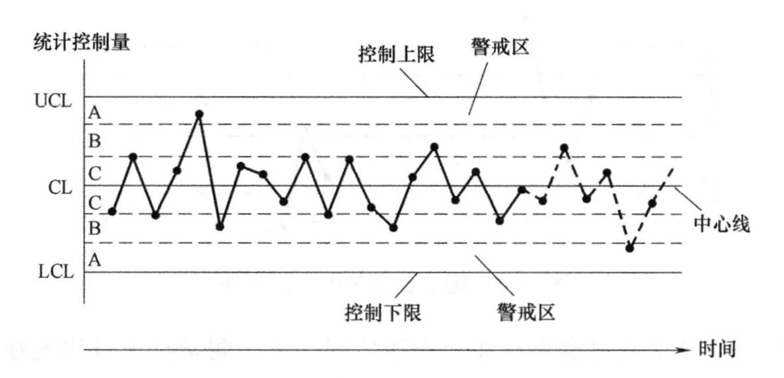

图 13-1　控制图式样

(6) 判断测量过程是否处于统计控制状态　按照控制图对异常判断的各项准则，对分析用控制图中各测量点的状况进行判断。若测量点的分布状况没有任何违背判断准则的情况，即表明测量过程处于统计控制状态。

(7) 将分析用控制图转化为控制用控制图　将分析用控制图的时间坐标延长，每隔一规定的时间间隔，再进行一组测量，在控制图上标出测量点位置后，将连接测量点的折线逐次延长（图 13-1 中的虚线），就成为可以对测量过程进行日常监控的控制用控制图。

一旦控制用控制图中测量点的分布出现异常，应当立即分析原因，并将其减小或消除，直到控制图恢复正常。

如果测量的工作量较大，一时无法完成 20 组以上的预备数据测量，也可以在完成（6~10）组测量后就开始建立初步的分析用控制图。在测量点分布状况没有任何异常的条件下将其转化为控制用控制图。按常规每隔一定的时间间隔进行控制测量。当累计的子组数（包括预备测量在内）达到 $k=20$ 时，重新计算中心线 CL 和控制界限 UCL、LCL，并按新的计算结果建立新的满足 $k\geqslant 20$ 要求的分析用控制图。

3. 控制图中测量点分布异常的判断准则

(1) 控制图的控制范围分区　为方便起见，将常规控制图的控制范围均分为 6 个区，每个区的宽度均相当于所采用统计控制量的标准差 σ。如图 13-1，自上而下分别标记为 A、B、C 和 C、B、A。

测量点出现在控制图 A 区中的概率为 4.28%，因此偶尔有测量点出现在 A 区中是允许的，但此时至少应当密切注意控制图此后的发展趋势，故 A 区常称为警戒区。

(2) 测量过程异常的判断准则　控制图异常主要表现形式可以分为测量点超出控制界限和测量点的分布不随机。现行的国家标准 GB/T 4091—2001 归纳了测量过程异常的 8 种分布模式，从而给出了对应的 8 种异常判据。

如果平均值控制图出现异常，则表明测量过程受到不受控的系统效应的影响。而若标准偏差控制图或极差控制图出现异常，则表明测量过程受到不受控的随机效应的影响。

8 种异常分布模式如下。

1）模式 1：测量点出现在 A 区之外。图 13-2 中“X”点表明出现了异常。测量点出现在 A 区之外的概率仅为 0.27%，因此任何测量点出现在 A 区之外均可立即判为测量过程异常。测量点超出上界，表明统计控制量的均值增大；而当测量点超出下界，表明其均值减小。

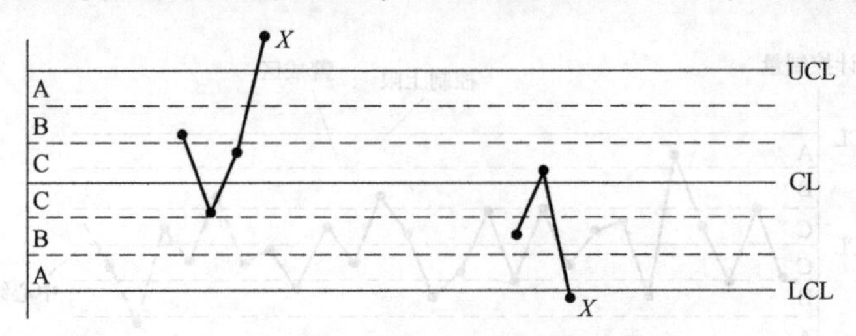

图 13-2　测量点出现在 A 区之外

2）模式 2：连续 9 个测量点出现在中心线的同一侧。测量点连续出现在控制图中心线的同一侧的现象称为“链”。计算表明，9 点链出现的概率为 0.38%，最接近于规定的显著性水平 0.27%。如图 13-3 所示，当测量点 X 出现时，由于出现了 9 点链，故可以判断测量过程出现异常。链的出现表明统计控制量分布的均值向出现链的一侧偏移。

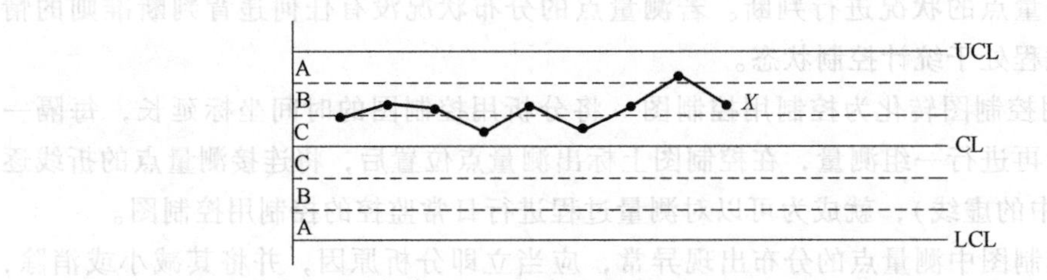

图 13-3　连续 9 个测量点出现在中心线同一侧

3）模式 3：连续 6 个测量点出现单调递增或递减。控制图中测量点的排列出现单调递增或递减的状态称为“趋势”。计算表明，6 点趋势出现的概率为 0.27%，与规定的显著性水平相一致。如图 13-4 所示，当测量点 X 出现时，由于出现了 6 点趋势，故可以判断测量过程出现异常。趋势的出现表明统计控制量的均值随时间增大或减小。

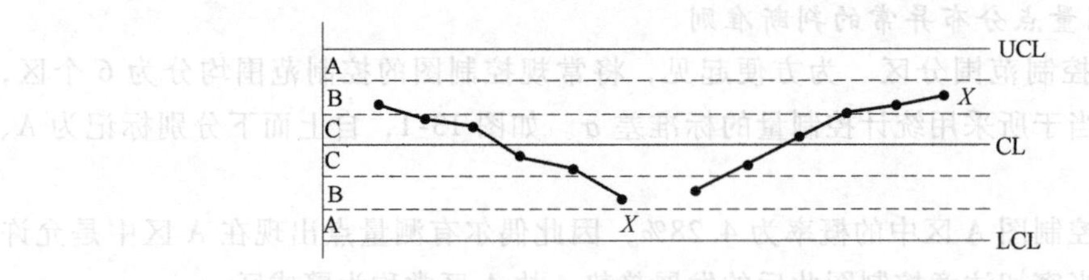

图 13-4　连续 6 个测量点单调递增或递减

4）模式 4：连续 14 个测量点呈现上下交替排列。计算表明，连续 14 个测量点呈现上下交替排列的概率为 0.37%，最接近于规定的显著性水平。如图 13-5 所示，当测量点 X 出现时，由于已有连续 14 点出现了上下交替排列，故可以判断测量过程出现异常。此时表明测量过程受到某种周期性效应的影响。

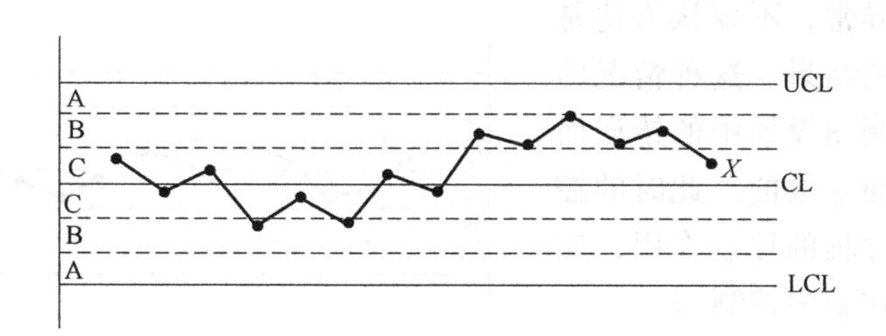

图 13-5　连续 14 个测量点上下交替排列

5）模式 5：连续 3 个测量点中有两点出现在中心线同一侧 A 区中。虽然 A 区也在控制范围之内，但若测量点频繁出现在 A 区之中仍是不允许的。计算表明，连续 3 个测量点中有两点出现在中心线同一侧 A 区中的概率为 0.27%，与规定的显著性水平相一致。如图 13-6中所示的三种情况，当测量点 X 出现时，由于在连续 3 个测量点中有两点出现在中心线同一侧 A 区中，故可以判断测量过程出现异常。

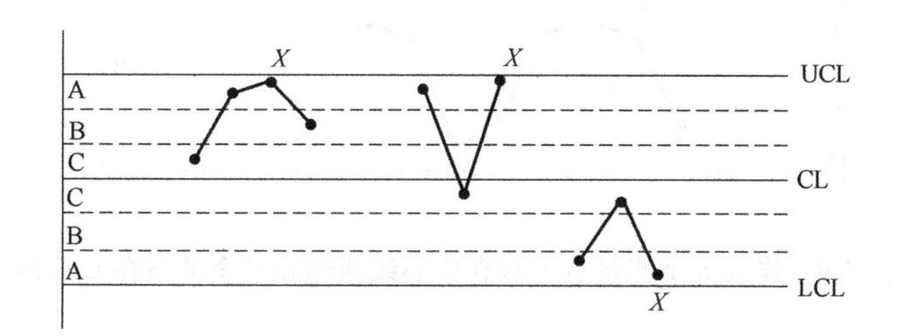

图 13-6　连续 3 个测量点中有两点出现在中心线同一侧 A 区中

6）模式 6：连续 5 个测量点中有 4 点出现在中心线同一侧的 B 区或 A 区中。计算表明，连续 5 个测量点中有 4 点出现在中心线同一侧的 B 区或 A 区中的概率为 0.51%，比较接近于规定的显著性水平。如图 13-7 中所示的两种情况，当测量点 X 出现时，由于在连续 5 个测量点中有 4 点出现在中心线同一侧的 B 区或 A 区中，故可以判断测量过程出现异常。此时表明该控制图所选用的统计控制量向该侧偏移。

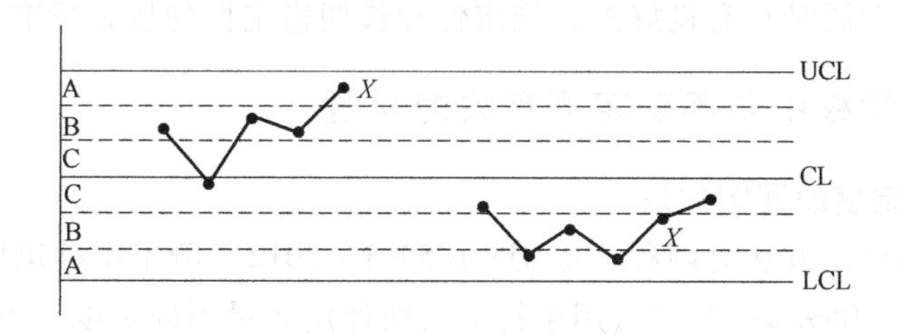

图 13-7　连续 5 个测量点中有 4 点出现在中心线同一侧的 B 区或 A 区中

7）模式 7：连续 15 个测量点出现在中心线两侧的 C 区中。计算表明，连续 15 个测量点出现在中心线两侧的 C 区中的概率为 0.33%，比较接近于规定的显著性水平。如图 13-8 所示，当测量点 X 出现时，由于已有连续 15 个测量点出现在中心线两侧的 C 区中，故可以判断测量过程出现异常。

对于这种分布异常，不要认为这是测量过程得到改进的结果。这种情况的出现往往是由于控制图设计中的错误而导致控制界限过宽而造成的。此时的控制图已失去对测量过程的控制作用，应当重新采集数据制作新的控制图。

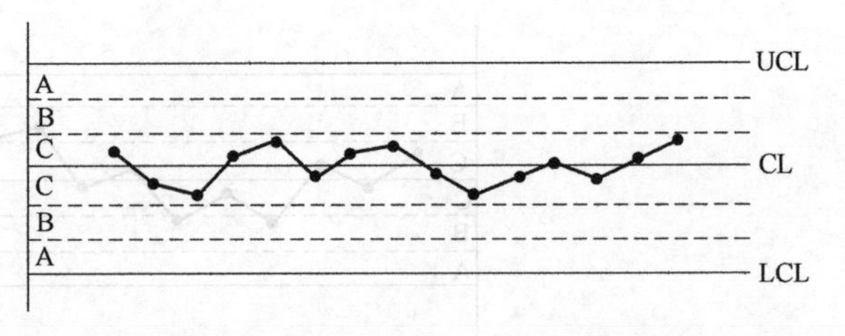

图 13-8　连续 15 个测量点出现在中心线两侧的 C 区中

8）模式 8：连续 8 个测量点出现在中心线两侧并且全部不在 C 区内。如图 13-9 所示，当测量点 X 出现时，由于已有连续 8 个测量点出现在中心线两侧，并且全部不在 C 区中，故可以判断测量过程出现异常。

出现这种情况，往往表明该统计控制量的分布是两种不同分布的混合，并且其中一个分布的均值与另一个分布的均值有明显的差异，同时在测量过程中两种分布交替地出现。

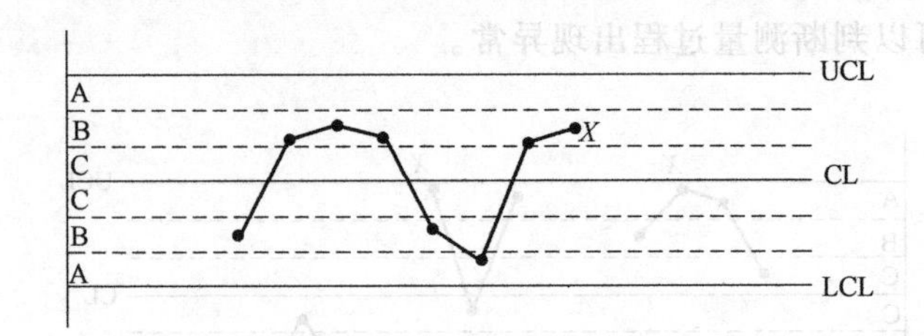

图 13-9　连续 8 个测量点出现在中心线两侧并且全部不在 C 区内

上述 8 种控制图异常的检验模式可以作为测量过程异常的基本检验模式，在采用控制图进行测量过程控制时，使用者还应当留意可能出现的控制图异常的其他独特模式。一旦出现任何类型的控制图异常，均应当对其进行诊断并采取纠正措施。

4. 控制图的几点说明

1）对于准确度较高且重要的计量标准，若比较容易进行多次重复测量，可以采用控制图对其测量过程进行连续和长期的统计控制。

2）测量结果除了会受到测量过程的影响外，还会受测量对象的影响，因此采用控制图方法的前提是存在一个同时具有良好短期稳定性和长期稳定性的核查标准。

三、计量标准考核中与不确定度有关的问题

（一）测量不确定度的评定方法

测量不确定度的评定方法有两种，由 JJF 1059.1—2012《测量不确定度评定与表示》给出的 GUM 法和由 JJF 1059.2—2012《用蒙特卡洛法评定测量不确定度》给出的蒙特卡洛法。在国际标准 ISO/IEC GUIDE 98—3：2008 中，有关蒙特卡洛法的文件是作为 GUM 方法文件的附件形式给出的，而我国的计量技术规范 JJF 1059.2—2012 则指出，JJF 1059.2—2012 是 JJF 1059.1—2012 的补充件，它等同采用 ISO/IEC GUIDE 98—3：2008 的附件。

GUM 法是根据不确定度传播规律，通过方差合成得到合成标准不确定度，从而得到被测量估计值的测量不确定度，GUM 法的主要适用条件是可以假设各输入量和输出量（即被测量）的概率密度分布呈对称分布。

蒙特卡洛法（简称 MCM 法）则是采用概率分布传播，通过计算机技术对每个输入量 X_i 按其概率密度函数（PDF）进行离散抽样，并通过数值计算获得输出量 Y 的离散抽样值，并进而获取输出量的最佳估计值、标准不确定度和对应于所需包含概率的包含区间。该法的优点是不要求每个输入量 X_i 和输出量 Y 的概率密度分布呈对称分布，缺点是无法处理各输入量之间可能存在的相关性。

JJF 1059. 2—2012 提供了检查 GUM 法是否适用的方法，GUM 法若明显适用，则是不确定度评定的主要方法。

在计量标准考核中，测量不确定度的评定方法应当依据 JJF 1059. 1—2012《测量不确定度评定与表示》。对于某些计量标准，如果需要，也可以同时采用 JJF 1059. 2—2012《用蒙特卡洛法评定测量不确定度》评定测量不确定度，以便进行比较。如果相关国际组织已经制定了该计量标准所涉及领域的测量不确定度评定指南，则测量不确定度的评定也可以依据这些指南进行（在这些指南的适用范围内）。

在测量不确定度的评定中，使用的计量术语应当执行 JJF 1001—2011《通用计量术语及定义》的规定。

（二）测量不确定度评定步骤

1）明确被测量，必要时给出被测量的定义及测量过程的简单描述。

2）列出所有对测量不确定度有影响的输入量 X_i（其估计值为 X_i），并给出用以评定测量不确定度的测量模型，要求测量模型中包含所有需要考虑的输入量。

3）通过 A 类评定或 B 类评定的方法，评定各输入量估计值的标准不确定度 $u(x_i)$，并通过灵敏系数 c_i 给出与各输入量的估计值 x_i 对应的不确定度分量 $u_i(y)=|c_i|u(x_i)$。灵敏系数 c_i 通常可由测量模型对输入量 X_i 求偏导数得到。

4）将各标准不确定度 $u(x_i)$ 合成得到合成标准不确定度 $u_c(y)$，合成时应当考虑各输入量之间是否存在值得考虑的相关性，对于非线性测量模型还应当考虑是否存在值得考虑的高阶项。

5）列出不确定度分量的汇总表，表中应当给出对应于每一个不确定度分量的尽可能详细的信息。

6）对被测量 Y 的分布进行估计，如能估计出被测量 Y 的分布，则根据估计得到的分布和所要求的包含概率 p 确定包含因子 k_p。

7）包含概率通常均取 95%，如取非 95% 的包含概率，必须指出所依据的技术文件名称。

8）在无法确定被测量 y 的分布时，或该测量领域有规定时，也可以直接取包含因子 $k=2$。

9）由合成标准不确定度 $u_c(y)$ 和包含因子 k 或 k_p 的乘积，分别得到扩展不确定度 U 或 U_p。

10）给出测量不确定度 U 或 U_p 的最后陈述，其中应当给出关于扩展不确定度的足够信息。利用这些信息，至少应该使用户能从所给的扩展不确定度重新导出检定或校准结果的合成标准不确定度。

（三）评定过程的简要说明

1. 找出所有测量不确定度的来源

根据测量原理和对测量过程的了解，列出对测量结果有明显影响的所有测量不确定度来源（即影响量），并要做到不遗漏和不重复。如果所给出的测量结果是经过修正后的结果，应当考虑由修正值（或修正因子）所引入的不确定度分量。

2. 写出测量模型

测量模型是指被测量 Y 与各输入量 X_i 之间的具体函数关系，若被测量 Y 的测量结果为 y，各输入量 X_i 的估计值为 x_i，则测量模型的一般形式可以写为：$y=f(x_1, x_2, \cdots, x_n)$。

测量模型中应当包括所有对测量结果及其不确定度有影响的影响量。此后不确定度评定中所考虑的不确定度分量应当与测量模型中的各影响量一一对应。

3. 输入量估计值 x 的标准不确定度 $u(x)$

（1）测量不确定度的 A 类评定　如果输入量估计值 x 由实验测量得到，则有可能采用 A 类评定来得到其标准不确定度 $u(x)$。

1）单次测量结果 x_k 的标准不确定度 $u(x_k)$。若在重复性条件下对输入量 X 做 n 次独立重复测量，测得值为 $x_k(k=1, 2, \cdots, n)$，则 n 次测量结果的平均值为：

$$\bar{x}=\frac{\sum_{k=1}^{n} x_k}{n} \tag{13-15}$$

单次测量结果 x_k 的标准不确定度 $u(x_k)$ 为：

$$u(x_k)=s(x_k)=\sqrt{\frac{\sum_{k=1}^{n}(x_k-\bar{x})^2}{n-1}} \tag{13-16}$$

2）N 次测量结果平均值 $\bar{x}$ 的标准不确定度 $u(\bar{x})$。若所给的测量结果是 N 次测量结果的平均值，且 N 可以不等于 n，则 N 次测量平均值 $\bar{x}$ 的标准不确定度 $u(\bar{x})$ 为：

$$u(\bar{x})=s(\bar{x})=\frac{s(x_k)}{\sqrt{N}}=\sqrt{\frac{\sum_{k=1}^{n}(x_k-\bar{x})^2}{N(n-1)}} \tag{13-17}$$

式中　n——重复测量的次数，根据贝塞尔公式的要求，通常 $n \geqslant 10$；

N——所给测量结果的测量次数。

式（13-17）中的测量结果是 N 次测量结果的平均值，通常 N 比较小，它是由计量检定规程或计量技术规范规定的。

3）合并样本标准偏差 $s_p(x_k)$。如果可能，输入量的标准不确定度 $u(x_k)$ 也可以用合并样本标准偏差 $s_p(x_k)$ 得到，其表示式为：

$$u(x_k)=s_p(x_k)=\sqrt{\frac{\sum_{j=1}^{m}\sum_{k=1}^{n}(x_{kj}-\bar{x}_j)^2}{m(n-1)}} \tag{13-18}$$

式中　m——测量的组数；

n——每组包含的测量次数；

x_{kj}——第 j 组中第 k 次的测量结果；

$\bar{x}_j$——第 j 组测量结果的平均值。

（2）测量不确定度的B类评定　如果输入量估计值 x 由其他各种信息来源得到，则只能采用B类评定来得到其标准不确定度 $u(x)$。

1）若已知输入量估计值 x 的扩展不确定度 $U(x)$ 和包含因子 k，则 x 的标准不确定度为：

$$u(x)=\frac{U(k)}{k} \tag{13-19}$$

2）若已知输入量估计值 x 的扩展不确定度 $U_p(x)$，此时包含概率 p 为已知，则其包含因子 k 将与 x 的分布有关。若假定 x 接近于正态分布，则对应于不同包含概率 p 的包含因子 k_p 的数值见表13-3。

表13-3　正态分布时的包含因子

p	0.95	0.99	0.9973
k_p	1.960	2.576	3

3）若已知输入量估计值 x 的分布区间半宽度 a（通常为允许误差限的绝对值），则 x 的标准不确定度为：

$$u(x)=\frac{a}{k} \tag{13-20}$$

此时包含因子 k 将与 x 的分布有关。在各种情况下输入量估计值 x 分布的判定原则参见JJF 1059.1—2012。常见分布的包含因子 k 的数值见表13-4。

表13-4　常见分布的包含因子 k

分布类型	k	分布类型	k
反正弦分布	$\sqrt{2}$	三角分布	$\sqrt{6}$
矩形分布	$\sqrt{3}$	正态分布	3
梯形分布	$\sqrt{6/(1+\beta^2)}$ ①	—	—

① β 为梯形分布的角参数，等于梯形的上、下底宽度之比。

4. 不确定度分量 $u_i(y)$

根据各输入量的标准不确定度 $u(x_i)$，并通过由测量模型得到的灵敏系数 c_i 可得到对应于输入量估计值 x_i 的不确定度分量 $u_i(y)$

$$u_i(y)=|c_i|u(x_i)=\left|\frac{\partial y}{\partial x_i}\right|u(x_i) \tag{13-21}$$

原则上，如果无法得到输入量的估计值 x_i 与被测量 Y 的测量结果 y 之间的函数关系，灵敏系数 c_i 可以由数值计算或实验测量得到。

5. 合成标准不确定度 $u_c(y)$

1）如果测量模型为线性模型，即被测量 Y 的测量结果可以表示为：

$$y=y_0+c_1x_1+c_2x_2+\cdots+c_nx_n \tag{13-22}$$

则合成标准不确定度 $u_c(y)$ 为：

$$u_c(y)=\sqrt{\sum_{i=1}^{n}u_i^2(y)+2\sum_{i=1}^{n-1}\sum_{j=i+1}^{n}u_i(y)u_j(y)r(x_i,x_j)} \tag{13-23}$$

式中　$r(x_i,x_j)$——输入量 x_i 和 x_j 之间的相关系数。

若各输入量之间均不相关，或虽存在相关的输入量，但其相关系数较小，则可以忽略，此时合成标准不确定度 $u_c(y)$ 可简化为：

$$u_c(y)=\sqrt{\sum_{i=1}^{n} c_i^2 u^2(x_i)}=\sqrt{\sum_{i=1}^{n} u_i^2(y)} \tag{13-24}$$

2）若测量模型可表示为各影响量幂的乘积，即被测量 Y 的测量结果 y 可以表示为：

$$y=cx_1^{p_1}x_2^{p_2}\cdots x_n^{p_n} \tag{13-25}$$

在可以不考虑指数 p_i 的不确定度的情况下，合成标准相对不确定度 $u_{\text{crel}}(y)$ 可表示为：

$$u_{\text{crel}}(y)=\sqrt{\sum_{i=1}^{n} u_{\text{irel}}^2(y)+2\sum_{i=1}^{n-1}\sum_{j=i+1}^{n} u_{\text{irel}}(y)u_{\text{jrel}}(y)r(x_i,x_j)} \tag{13-26}$$

若各输入量之间均不相关，或虽存在相关的输入量，但其相关系数较小，则可以忽略，于是合成标准相对不确定度 $u_{\text{crel}}(y)$ 可简化为：

$$u_{\text{crel}}(y)=\sqrt{\sum_{i=1}^{n} c_i^2 u_{\text{irel}}^2(x_i)}=\sqrt{\sum_{i=1}^{n} u_{\text{irel}}^2(y)} \tag{13-27}$$

在此情况下，合成标准不确定度的表示形式与标准的线性模型完全相同，其差别仅是应当将原来表示式中所有的不确定度全部改为相对不确定度，也就是说此时所有不确定度分量应该用相对不确定度来表示。绝对不确定度 $u(x)$ 和相对不确定度 $u_{\text{rel}}(x)$ 之间的关系为：

$$u_{\text{rel}}(x)=\frac{u(x)}{x} \tag{13-28}$$

3）若测量模型为非线性模型，则原则上在合成标准不确定度的表示式中应当加入高阶项。考虑到下一个高阶项后的合成方差的表示式为：

$$u_c^2(y)=\sum_{i=1}^{n}\left(\frac{\partial f}{\partial x_i}\right)^2 u^2(x_i)+\sum_{i=1}^{n}\sum_{j=1}^{n}\left[\frac{1}{2}\left(\frac{\partial^2 f}{\partial x_i \partial x_j}\right)^2+\frac{\partial f}{\partial x_i}\times\frac{\partial^3 f}{\partial x_i \partial x_j^2}\right]u^2(x_i)u^2(x_j) \tag{13-29}$$

若与一阶项相比，高阶项较小可以忽略，则表明该非线性模型可以近似作为线性模型处理。反之，则必须考虑高阶项。

6. 扩展不确定度及其表述

扩展不确定度等于合成标准不确定度 $u_c(y)$ 与包含因子 k 或 k_p 的乘积，而包含因子的数值取决于被测量 Y 的分布，因此在得到合成标准不确定度 u_c 后，需对被测量 Y 的分布进行估计。

（1）被测量分布的估计　无论用什么方法去估计被测量 Y 的分布，对被测量估计的结论只有下述三种情况：

1）可以估计被测量接近于正态分布。

2）可以估计被测量接近于某种非正态分布，例如：矩形分布、三角分布、梯形分布等。

3）无法判断被测量的分布。

对应于不同的被测量 Y 的分布，应当采用不同的方法得到包含因子。

（2）不同分布时的包含因子以及扩展不确定度的表述

1）如果可以估计被测量接近于正态分布，则可采用下述两种方法之一得到包含因子 k：

① 估计出对应于各不确定度分量的自由度 v_i 以及对应于合成标准不确定度 $u_c(y)$ 的有效自由度 v_{eff}，最后根据规定的包含概率 p 和有效自由度 v_{eff} 由 t 分布得到 k_p 值。此时扩展不

确定度应该用 U_p 的形式表示，即

$$U_{95}=k_{95}u_c=t_{95}(v_{eff})u_c \text{或} U_{99}=k_{99}u_c=t_{99}(v_{eff})u_c \tag{13-30}$$

② 在正态分布的情况下，若可以估计有效自由度 v_{eff} 不太小，例如不小于 15，则可以简单取包含因子 $k=2$，此时扩展不确定度用 U 表示，即 $U=2u_c$。

此情况下，在对不确定度进行最后陈述时，除了应当给出 U 和 k 之外，还可以进一步指出："由于估计被测量接近于正态分布，且其有效自由度足够大，故所给扩展不确定度对应的包含概率约为 95%"。

2）若可以判断被测量 Y 接近于某种已知的非正态分布，例如：U 形分布、矩形分布、三角分布或梯形分布等。从原则上说，分布确定后包含因子 k_p 的数值可以由规定的包含概率 p 计算得到。但梯形分布是个例外，其包含因子 k_p 不是一个常数，而与梯形的角参数 β 有关。其值可由式（13-31）和式（13-32）计算得到

$$k_{95}=\begin{cases}\dfrac{1-\sqrt{0.05(1-\beta)^2}}{\sqrt{\dfrac{1+\beta^2}{6}}} & \beta\leqslant 0.905\\[2ex] \dfrac{0.95(1+\beta)}{2\sqrt{\dfrac{1+\beta^2}{6}}} & \beta\geqslant 0.905\end{cases} \tag{13-31}$$

$$k_{99}=\begin{cases}\dfrac{1-\sqrt{0.01(1-\beta)^2}}{\sqrt{\dfrac{1+\beta^2}{6}}} & \beta\leqslant 0.980\\[2ex] \dfrac{0.99(1+\beta)}{2\sqrt{\dfrac{1+\beta^2}{6}}} & \beta\geqslant 0.980\end{cases} \tag{13-32}$$

不同分布时包含因子 k_{95} 和 k_{99} 的数值见表 13-5。

表 13-5　被测量接近于 U 形分布、矩形分布、三角分布或梯形分布时的包含因子

被测量分布		$p=0.95$	$p=0.99$
		k_{95}	k_{99}
U 形分布		1.410	1.414
矩形分布	$(\beta=1)$	1.65	1.71
梯形分布	$\beta=0.9$	1.64	1.74
	$\beta=0.8$	1.66	1.80
	$\beta=0.7$	1.69	1.86
	$\beta=0.6$	1.72	1.93
	$\beta=0.5$	1.77	2.00
	$\beta=0.4$	1.81	2.07
	$\beta=0.3$	1.85	2.12
	$\beta=0.2$	1.88	2.17
	$\beta=0.1$	1.90	2.19
三角分布	$(\beta=0)$	1.90	2.20

注：1. 梯形分布的 k 值与其角参数 β 值有关。

2. 当 $\beta=0$，梯形分布成为三角分布；当 $\beta=1$，梯形分布成为矩形分布。

在此情况下，由于包含因子是由规定的包含概率 p 和估计的被测量 Y 的分布得到，因此扩展不确定度应该用 U_p 的形式表示，即：

$$U_{95}=k_{95}u_c \text{或} U_{99}=k_{99}u_c \tag{13-33}$$

最后不确定度陈述中应当给出 U_{95}(或 U_{99})，包含因子 k_{95}(或 k_{99})，以及被测量 Y 的分布。

(3) 当无法判断被测量 Y 的分布时，或该领域有规定时，可直接取包含因子 $k=2$，此时扩展不确定度用 U 表示，即

$$U=2u_c \tag{13-34}$$

最后的不确定度陈述中应当给出 U 以及 $k=2$。

(四) 检定和校准结果的测量不确定度的评定

1) 在《计量标准技术报告》“检定或校准结果的测量不确定度评定”一栏中应当填写在计量检定规程或计量技术规范规定的条件下，用该计量标准对常规的被检定或被校准对象进行检定或校准时所得结果的测量不确定度评定详细过程，并给出各不确定度分量的汇总表。

2) 如果计量标准可以检定或校准多种参数，则应当分别评定每种参数的测量不确定度。

3) 由于被检定或被校准的测量仪器通常具有一定的测量范围，因此检定和校准工作往往需要在若干个测量点进行，原则上对于每一个测量点，都应当给出测量结果的不确定度。

4) 如果计量标准的测量范围很宽，并且对于不同的测量点所得结果的不确定度不同时，检定或校准结果的不确定度可用下列两种方式之一来表示。

① 如果在整个测量范围内，测量不确定度可以表示为被测量 Y 的函数，则用计算公式的形式表示测量不确定度。

② 在整个测量范围内，分段给出其测量不确定度（以每一分段中的最大测量不确定度表示）。

对于校准来说，如果用户只在某几个校准点或在某段测量范围使用，也可以只给出这几个校准点或该段测量范围的测量不确定度。

5) 无论用上述何种方式表示，均应当具体给出典型值的测量不确定度评定过程。如果对于不同的测量点，其不确定度来源和测量模型相差甚大，则应当分别给出它们的不确定度评定过程。

6) 视包含因子 k 取值方式不同，在各种技术文件（包括测量不确定度评定报告、技术报告以及检定或校准证书等）中最后给出的测量不确定度应当采用下述两种方式之一表示。

① 扩展不确定度 U。当包含因子 k 的数值不是由规定的包含概率 p 并根据被测量 Y 的分布计算得到，而是直接取定时，扩展不确定度应当用 U 表示，同时给出所取包含因子 k 的数值。这包括下列两种情况：一种是无法判断被测量 Y 的分布；另一种是可以估计被测量 Y 接近于正态分布并且其有效自由度足够大。一般均取 $k=2$，在能估计被测量 Y 接近于正态分布，并且能确保有效自由度不小于 15 而直接取 $k=2$ 时，还可以进一步说明：“由于估计被测量接近于正态分布，并且其有效自由度足够大，故所给的扩展不确定度 U 所对应的包含概率约为 95%。

② 扩展不确定度 U_{95}(或 U_{99})。当包含因子 k 的数值是由规定的包含概率 p 并根据被测

量 Y 的分布计算得到时，扩展不确定度应该用 U_{95}（或 U_{99}）表示。对应的包含概率为 95%（或 99%）。包含概率 p 通常取 95%，当采用其他数值时应当注明其所依据的技术文件。

在给出扩展不确定度 U_{95}（或 U_{99}）的同时，应当注明所取包含因子 k_{95}（或 k_{99}）的数值，以及被测量 Y 的分布类型。若被测量接近于正态分布，还应当给出其有效自由度 v_{eff}。

四、检定或校准结果的验证

检定或校准结果的验证是指对给出的检定或校准结果的可信程度进行实验验证。由于验证的结论与测量不确定度有关，因此验证的结论在某种程度上同时也说明了所给出检定或校准结果的不确定度是否合理。

（一）验证方法

检定或校准结果的验证一般应当通过更高一级的计量标准采用传递比较法进行验证。在无法找到更高一级的计量标准时，也可以通过具有相同准确度等级的建标单位之间的比对来验证检定或校准结果的合理性。

1. 传递比较法

用被考核的计量标准测量一稳定的被测对象，然后将该被测对象用另一更高级的计量标准进行测量。若用被考核计量标准和高一级计量标准进行测量时的扩展不确定度（U_{95}或 $k=2$ 时的 U，下同）分别为 U_{lab}和 U_{ref}，它们的测量结果分别为 y_{lab}和 y_{ref}，在两者的包含因子近似相等的前提下应当满足：

$$|y_{\text{lab}}-y_{\text{ref}}|\leqslant\sqrt{U_{\text{lab}}^2+U_{\text{ref}}^2} \tag{13-35}$$

当 $U_{\text{ref}}\leqslant\frac{U_{\text{lab}}}{3}$成立时，可忽略 U_{ref}的影响，此时式（13-35）成为：

$$|y_{\text{lab}}-y_{\text{ref}}|\leqslant U_{\text{lab}} \tag{13-36}$$

某些计量标准，例如量块，检定规程规定其扩展不确定度对应于 99% 的包含概率，此时所给出的扩展不确定度所对应的 k 值与 2 相差较大。进行判断时应当先将其换算到对应于 $k=2$ 时的扩展不确定度。经换算后的扩展不确定度变小，即其判断标准将比不换算更严格。

2. 比对法

如果不可能采用传递比较法时，可采用多个建标单位之间的比对。假定各建标单位的计量标准具有相同准确度等级，此时采用各建标单位所得到的测量结果的平均值作为被测量的最佳估计值。

当各建标单位的测量不确定度不同时，原则上应当采用加权平均值作为被测量的最佳估计值，其权重与测量不确定度有关。但由于各建标单位在评定测量不确定度时所掌握的尺度不可能完全相同，故通常仍采用算术平均值 $\bar{y}$ 作为参考值。

若被考核建标单位的测量结果为 y_{lab}，其测量不确定度为 U_{lab}，在被考核建标单位测量结果的方差比较接近于各建标单位的平均方差，以及各建标单位的包含因子均相同的条件下，应当满足：

$$|y_{\text{lab}}-\bar{y}|\leqslant\sqrt{\frac{n-1}{n}}U_{\text{lab}} \tag{13-37}$$

（二）验证方法的选用

传递比较法是具有溯源性的，而比对法则并不具有溯源性，因此检定或校准结果的验证原则上应当采用传递比较法，只有在不可能采用传递比较法的情况下才允许采用比对法进行检定或校准结果的验证，并且参加比对的建标单位应当尽可能多。

五、现场实验结果的评价

现场实验时，考评员以选择自带盲样、建标单位的核查标准或建标单位近期已检定或校准过的计量器具作为测量对象。最佳方案是考评员自带盲样；在考评员无法自带盲样的情况下，可以选建标单位的核查标准作为测量对象；若建标单位无合适的核查标准可供使用，也可以选择建标单位近期已检定或校准过的计量器具作为测量对象。

（一）考评员自带盲样

对于考评员自带盲样的情况，盲样所提供的参考值及其不确定度均为已知。若现场测量结果和参考值分别为 y 和 y_0，它们的扩展不确定度分别为 U 和 U_0，则要求现场测量结果与参考值之间的绝对值不大于两者的扩展不确定度（U_{95} 或 U，$k=2$）的方和根。即应当满足式（13-38）的要求。

$$|y-y_0| \leqslant \sqrt{U^2+U_0^2} \tag{13-38}$$

（二）使用建标单位的核查标准作为测量对象

当使用建标单位的核查标准作为测量对象时，建标单位应当在现场实验前提供该核查标准的参考值及其不确定度。

在这种情况下，由于现场测量结果和参考值都是采用同一套计量标准进行测量得到的，它们的测量不确定度应该相同，即 $U=U_0$。如果不考虑现场测量结果和参考值之间的相关性，则式（13-38）成为 $|y-y_0| \leqslant \sqrt{2}\,U$。但实际上两者之间依然会存在一定的相关性。由于由系统效应引入的不确定度分量对于 $|y-y_0|$ 是没有贡献的，因此在扩展不确定度 U 中应当扣除由系统效应引起的测量不确定度分量。若现场测量结果和参考值分别为 y 和 y_0，它们的扩展不确定度均为 U，扣除系统效应引入的不确定度分量后的扩展不确定度为 U'，则现场测量结果与参考值之差的绝对值应当满足式（13-39）的要求。

$$|y-y_0| \leqslant \sqrt{2}\,U' \tag{13-39}$$

（三）使用近期检定或校准过的计量器具作为测量对象

采用近期检定或校准过的计量器具作为测量对象，与采用建标单位的核查标准情况相同，必须考虑两者之间的相关性。同样，建标单位也应当在现场实验前提供该计量器具的测量结果及其不确定度。并要求现场实验结果和参考值之差的绝对值满足式（13-39）的要求。

六、计量标准的量值溯源和传递框图

根据与所建计量标准相应的国家计量检定系统表、计量检定规程或计量技术规范，画出该计量标准溯源到上一级计量器具和传递到下一级计量器具的量值溯源和传递框图。

（一）国家计量检定系统表

在我国计量法中，明确规定计量检定必须按照国家计量检定系统表进行。因此国家计量检定系统表在计量领域占据着重要的法律地位。自 1987 年至今，发布、实施的国家计量检定系统表已有 95 种，编号为 JJG 2001 至 JJG 2095。计量检定系统表概括了我国量值传递技术全貌，凝聚了我国计量管理经验，反映了我国科学计量和法制计量水平，是我国计量工作者集体智慧的结晶。

国家计量检定系统表是为了规定量值传递程序而编制的一种法定技术文件，它对从计量基准到各等级的计量标准直至工作计量器具的检定程序做出了规定，其目的是保证单位量值由计量基准经过计量标准准确可靠地传递到工作计量器具。

（二）计量标准的量值溯源和传递框图

量值溯源和传递框图是表示计量器具溯源到上一级计量器具（指国家基准或社会公用计量标准）和传递到下一级计量器具的量值溯源和传递框图，它与国家计量检定系统表不一样，只要求画出三级，不要求画到或溯源到计量基准，也不一定传递到工作计量器具。

计量标准的量值溯源和传递框图包括三级三要素。三级是指上一级计量器具、本级计量器具和下一级计量器具；三要素是指每级计量器具都有三要素：上一级计量器具三要素为计量基（标）准名称、不确定度或准确度等级或最大允许误差、计量基（标）准拥有单位（即保存机构），本级计量器具三要素为计量标准名称、测量范围、不确定度或准确度等级或最大允许误差，下一级计量器具三要素为被测计量器具名称、测量范围、不确定度或准确度等级或最大允许误差。三级之间应当注明溯源和传递方式即检定或校准方法。

计量标准的量值溯源与传递框图格式如图 13-10 所示。

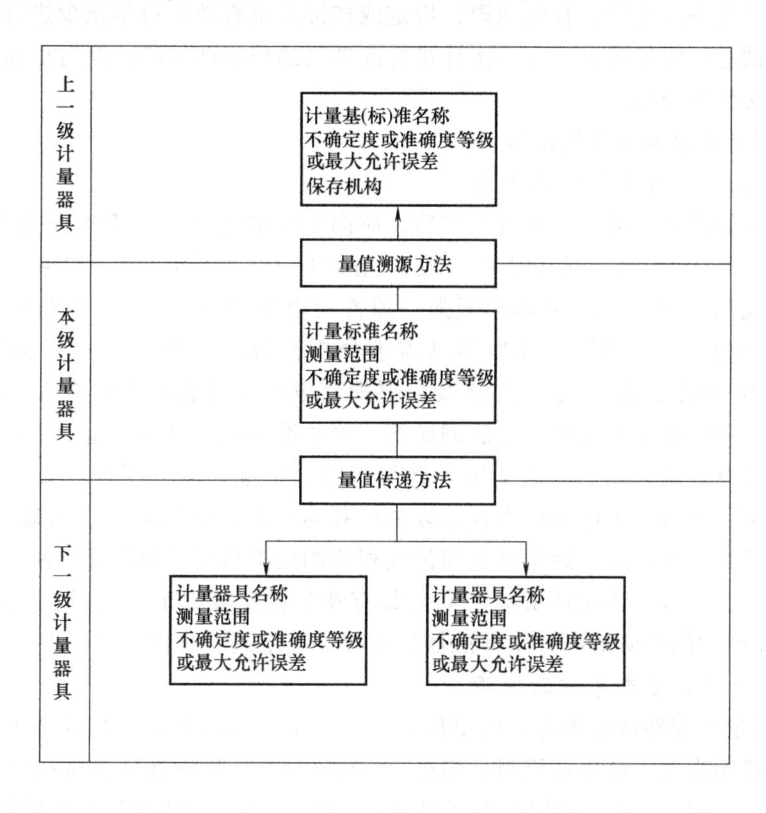

图 13-10　计量标准的量值溯源和传递框图

第七节　国防军工计量标准器具考核要求

一、计量标准器具考核的要求

（一）计量标准器具考核的准备

1. 新建计量标准器具考核的准备

分析武器装备计量保障的需求，确定计量标准器具的性能要求，配置科学合理，并能满足开展检定或校准工作的需要。建立的计量标准器具应当进行有效溯源。选择有效的检定规程或校准规范。主标准器和配套设备应当正常运行半年以上，并考查计量标准器具的重复性及稳定性。按 JJF（军工）3—2012《国防军工计量标准器具技术报告编写要求》，完成《国防军工计量标准器具技术报告》的编写和审核，保证其各项内容填写完整、真实和有效。计量标准器具存放的实验室环境条件必须符合开展检定或校准工作的要求，并按要求配置对环境条件进行监测、控制的设施。应配备至少两名满足检定或校准任务要求的人员，并取得相应项目的国防军工计量检定人员证。建立并有效运行相应的管理制度。建立计量标准器具技术档案并保证其完整性、真实性、正确性。

2. 计量标准器具复查考核的准备

申请复查考核单位应当使计量标准器具保持完好工作状态，并完成以下工作：保证主标准器和主要配套设备的连续、有效溯源；检定或校准人员有效；每年至少进行一次计量标准器具的重复性试验；每年至少进行一次计量标准器具的稳定性试验；及时更新计量标准器具技术档案内的文件和资料。

（二）计量标准器具考核的申请

1. 新建计量标准器具考核的申请

在完成计量标准器具考核的准备工作后，应向相应的计量管理机构提交考核申请资料，包括：《国防军工计量标准器具考核申请表》[格式见 JJF（军工）5—2014《国防军工计量标准器具考核规范》附录 A，A4 幅面纸张] 原件及电子版各一份。《国防军工计量标准器具技术报告》一份。《新建计量标准器具需求分析报告》一份 [格式见 JJF（军工）5—2014 附录 B，A4 幅面纸张]。主标准器及主要配套设备应具有有效的检定或校准证书复印件一套；对于计量标准器具量值暂无法溯源至国家基准或国家最高计量标准的国防特殊计量标准器具，应具有有效的比对方法或国外计量机构的校准证书或其他有效的溯源性证明文件。如采用国家、国防军工计量技术规范以外的技术规范，应当提供技术规范复印件一份。申请开展检定或校准项目的原始记录复印件及相应的模拟检定或校准证书两套。检定人员资格证明复印件一套。可以证明计量标准器具具有相应检定或校准能力的其他技术资料（必要时提供）。新研制的国防最高计量标准器具应提供鉴定或验收报告复印件（必要时提供）。

2. 计量标准器具复查考核的申请

1）申请计量标准器具复查考核的单位，应在计量标准器具证书有效期满前六个月向相应的计量管理机构提交考核申请资料，包括：《国防军工计量标准器具考核申请表》原件及电子版各一份；《国防军工计量标准器具技术报告》一份；《国防军工计量标准器具证书》[见 JJF（军工）5—2014 附录 C] 原件；《国防军工计量标准器具证书》有效期内主标准器和主要配套设备连续、有效的检定或校准证书复印件一套或其他溯源性证明材料；随机抽取该计量标准器具近期开展检定或校准项目的原始记录及出具的检定或校准证书复印件两套；计量标准器具更换申请表、计量标准器具撤销（暂停）申请表（必要时提供）；检定人员资格证明复印件一套。

2）对超过计量标准器具证书有效期不申请复查的，注销其《国防军工计量标准器具证书》；对仍需要继续开展量值传递工作的，按新建计量标准器具申请考核。

（三）计量标准器具考核的受理

组织考核的计量管理机构收到相关申请资料后，需要对申请资料进行形式审查，查阅是否符合考核的基本要求，确定是否受理。

1）形式审查的主要内容：申请考核资料应当齐全，申请考核所用表格应当采用规定的格式；考核申请表、《国防军工计量标准器具技术报告》等资料的内容完整，申请单位和主管部门应当填写明确意见，并加盖公章；构成计量标准器具的主标准器及主要配套设备检定、校准证书等溯源性证明文件的有效性；是否具有拟开展检定或校准项目的有效的计量技术规范；是否配备至少两名持有本专业项目的国防军工计量检定员证的人员。

2）对于符合要求的项目，发放受理通知书；对不符合受理要求的项目，发放不予受理通知书并退回所有申请材料。

（四）计量标准器具考核方法

计量标准器具考核一般分为书面资料审查和现场考核。计量标准器具的考核首先组织计量技术专家进行书面资料审查，如果基本符合条件，依据现场考核计划进行现场考核。

新建计量标准器具的考核采取现场考核的方式，对其申报的测量能力进行确认；计量标准器具的复查考核以书面资料审查、现场考核或现场抽查方式进行。

1. 书面资料审查的内容

1）主标准器和主要配套设备的配置是否符合计量技术规范的要求，是否满足开展检定或校准工作的需要。

2）溯源性是否符合规定，主标准器和主要配套设备是否有持续、有效的检定或校准证书。

3）计量标准器具量值溯源与传递关系是否合理。

4）计量标准器具的主要计量特性是否符合要求；计量标准器具不确定度表述符合 JJF 1059.1—2012、JJF 1059.2—2012 的相关要求。

5）是否采用有效的计量检定规程或校准规范。

6）原始记录、数据处理、检定或校准证书是否正确、规范。

7）《国防军工计量标准器具技术报告》填写内容是否齐全、正确，并及时更新。

8）是否至少有两名本项目持证的检定或校准人员。

9）计量标准器具命名是否规范。

10）提供的其他技术资料能否有效证明计量标准器具具有相应的测量能力。

2. 计量标准器具的现场考核

（1）现场考核人员　计量标准器具的现场考核实行主考员考核制度。每项计量标准器具一般由 2 名主考员执行考核任务，特殊情况也可由相近专业项目的主考员或技术专家共同组成考核组执行考核任务。

（2）现场考核的方式　现场考核是主考员通过现场观察、资料核查、现场实验和现场提问的方法，对计量标准器具的测量能力进行确认。现场考核以现场实验和提问作为考核重点。现场考核的时间根据项目的多少确定。

（3）现场考核的内容　计量标准器具现场考核的内容包括计量标准器具、操作人员、环境条件及规章制度四方面。进行现场考核时，主考员应当按照《计量标准器具考核评审表》（见 JJF（军工）5—2014 附录 D）的内容逐项进行审查和确认。“考核记事”栏可以对相应的项目做必要说明。

（4）现场考核的程序

1）首次会议。首次会议是现场考核的开始，由考核组长主持，考核组全体成员、申请考核单位负责人、计量标准器具负责人和有关人员参加。

首次会议的目的和主要内容：①考评组成员与申请考核单位的负责人及相关人员见面，宣布考核项目和考核组成员分工；②考评组组长明确现场考核的依据、现场考核程序和方法，确认考核日程安排和现场实验的内容以及操作人员名单；③申请考核单位负责人介绍计量标准器具考核准备工作情况。

2）现场考核。计量标准器具现场考核的内容见《计量标准器具考核评审表》中的全部内容。执行现场考核时，计量标准器具主考员应当按照《计量标准器具考核评审表》的内容逐项进行考核或确认。应特别关注带 * 号的考核项目以及书面审查没有涉及的项目。

① 现场实验：现场实验是在主考员监督下，计量检定或校准的人员用被考核的计量标准器具对指定的测量对象进行计量检定或校准的活动。现场实验根据实际情况可以选择盲样、被考核单位的核查标准或经检定或校准过的计量器具作为测量对象。现场实验时，主考员应对检定或校准操作程序、过程、采用的检定或校准方法进行考核，确认是否达到了申请表所提出的计量检定或校准能力。

② 现场提问：现场提问的内容包括有关本专业基本理论方面的问题、计量技术规范中有关问题、操作技能方面的问题以及考核中发现的问题。

3）末次会议。考核组长或主考员报告考核情况，对考核中发现的问题予以说明，与申请考核单位的负责人交换意见。对需要整改的项目，提出计量标准器具考核整改意见、整改要求和期限。整改时间一般不超过 15 个工作日。超过整改期限仍未改正者，则考核不合格。

4）考核结论。根据书面资料审查和现场考核情况，考核组长或主考员应在《国防军工计量标准器具考核申请表》和《计量标准器具考核评审表》相应栏目上签署考核意见及结论。

（五）计量标准器具考核结果的处理

对于新建（复查）考核合格的计量标准器具，由相应的计量管理机构审批后颁发计量标准器具证书。证书有效期为五年。

对于考核不合格的计量标准器具，需向申请单位发送“不合格通知书”，说明其不合格的主要原因，并退回有关申请材料。

二、计量标准器具的变更

（一）计量标准器具的更换

1）在有效期内，更换主标准器或主要配套设备时，计量标准器具技术指标无变化，应填写《计量标准器具更换申请表》(见 JJF（军工）5—2014 附录 E）一式两份，并提供更换后的主标准器或主要配套设备有效期内的检定或校准证书和《计量标准器具证书》复印件，必要时还需提供计量标准器具重复性和稳定性考核记录，由申请计量标准器具更换的计量技术机构填写具体意见并加盖公章后，报相应的计量管理机构批准、备案。

2）在有效期内，更换主标准器或主要配套设备时，如果计量标准器具技术指标发生变化，按新建计量标准器具考核要求进行技术考核。

（二）计量标准器具的暂停与恢复

1）计量标准器具因进行技术改造或保存计量标准器具的实验室搬迁等原因需暂停使用时，应填写《计量标准器具撤销（暂停）申请表》[见 JJF（军工）5—2014 附录 F] 一式两份，经申请单位主管部门审核签署意见并加盖公章后，报相应的计量管理机构审核批准。

2）计量标准器具在有效期内需要恢复使用时，填写《计量标准器具恢复使用申请表》[见 JJF（军工）5—2014 附录 G] 一式两份，并提供主标准器及主要配套设备有效期内的检定或校准证书复印件，必要时还需提供计量标准器具重复性和稳定性考核记录，经申请单位主管部门签署意见并加盖公章后，报相应的计量管理机构批准后使用。超过有效期需要恢复使用时，按新建计量标准要求进行技术考核。

（三）计量标准器具的撤销

计量标准器具需撤销时，应填写《计量标准器具撤销（暂停）申请表》一式两份，经申请单位主管部门同意盖章后，报相应的计量管理机构审批，注销其《计量标准器具考核证书》。

三、计量标准器具运行的监督

为提高计量标准器具考核的质量，保障考核后计量标准器具能够正常运行，组织考核的计量管理机构应当采用量值比对、盲样试验、资料审查等方式，对《计量标准器具考核证书》有效期内的计量标准器具运行状况进行不定期监督抽查。对抽查不合格的，限期整改，整改后仍不合格的，由相应的计量管理机构注销其《计量标准器具考核证书》并予以通报。

四、国防军工计量标准器具技术报告编写要求

（一）一般要求

1. 计量标准器具技术报告的编写和审核

（1）编写　建立国防军工计量标准器具（以下简称计量标准器具）时应编写计量标准技术报告。计量标准技术报告是计量标准器具的重要技术文件，应由计量标准器具负责人按规定编写。

（2）审核　计量标准技术报告应经申报单位的计量技术负责人审核。

2. 计量标准器具技术报告的构成及格式

（1）构成　计量标准技术报告应包括封面、目录、计量标准器具概述、计量标准器具性能、构成计量标准器具的主标准器及主要配套设备、量值溯源与传递关系图、检定人员、环境条件、计量标准器具不确定度评定、计量标准器具重复性、计量标准器具稳定性、计量标准器具不确定度的验证、结论和附录。

(2) 格式　计量标准技术报告用A4复印纸，采用计算机打印或用墨水笔填写。如果用墨水笔填写，字迹应工整清晰。

3. 计量标准器具技术报告中量和单位的表述

有关量、量值、代号、公式、图、表和注的表述以及标点符号和文字的使用应符合国防军工标准、国家标准的要求，测量单位和单位符号应符合我国的法定计量单位的规定。

(二) 详细要求

1. 封面

(1) 内容　封面内容包括国防军工计量标准器具技术报告、版本号、计量标准器具名称、单位名称（公章)、编写及编写时间、审核及审核时间。

(2) 版本号　版本号按“第1版”“第2版”等的格式填写该计量标准技术报告编写或修订的版次。

(3) 计量标准器具名称　计量标准器具名称应简明、扼要，能表征其功能和特点，通常应结合国防军工计量各计量专业、分专业的具体情况，可选用下述四个命名格式中的一种：

1) 以主标准器或计量参量名称为命名标识。此命名类型主要用于通过标准计量器具复现计量单位和量值，或者主标准器和被检计量器具名称一致，或者用计量参量名称标识比较方便的计量标准器具。一般这种计量标准器具可检定/校准多个项目。此命名类型视标准计量器具或计量参量具体情况，可在主标准器或计量参量名称后面加“标准装置”，也可在名称前面加标准计量器具等级标识。示例：中频振动标准装置；一等活塞压力计标准装置。

2) 以被测计量器具或计量参量名称为命名标识。此命名类型主要用于主标准器名称和被测计量器具名称不一致，或者被测计量参量（参数）名称标识比较方便，或者主标准器较多的计量标准器具。此命名方式可在被测计量器具或被测计量参量名称后面加“检定/校准装置”或“测试系统”。示例：酸度计检定装置；天线系数校准装置；水声材料超声波测试系统。

3) 以某一类计量器具名称为命名标识。此命名类型主要用于多种标准器配套检定多种类型计量器具组合的计量标准。此命名类型只在特殊场合使用，即在某一类计量器具名称前面加“检定”，在计量器具名称后面加“标准器组”。示例：检定光学仪器标准器组。

4) 以标准器的名称为命名标识。此命名类型主要用于计量标准器具仅由实物量具构成，可以检定/校准多种计量器具的计量标准器具。此命名类型视实物量具具体情况，可在实物量具名称后面加“标准器”或“标准器组”，也可在标准器名称前面加上标准器等级标识。示例：显微标尺标准器；海水密度计标准器组；一等酒精计标准器组。

(4) 申请考核单位名称　单位名称一栏填写申请考核单位名称的全称并加盖公章。该单位名称应与计量标准器具考核复查申请表中的申请考核单位的名称和公章中名称完全一致。

(5) 编写人　编写人应在“编写”栏签字并填写日期。编写人应是从事该计量标准器具研制或使用该计量标准器具进行量值传递工作的计量人员，编写人一般应取得与该计量标准器相应的专业项目的国防军工计量检定员证。

(6) 审核　审核及审核时间一栏应由申请单位的计量技术负责人签写。

(7) 字号、字体　“国防军工计量标准器具技术报告”用黑体2号字，其余“计量标准器具名称”等标题用楷体 3 号字，填写内容一般应采用小 4 号宋体。

（8）时间　时间应用阿拉伯数字规范书写。

2. 目录

计量标准技术报告应编写目录，目录内容的各项应列出其编号、标题及所在页码。编号一律左对齐，编号与标题之间用“、”。目录中的小标题与页码之间用符号“…”连接，页码右对齐。“目录”标题用楷体 3 号字，填写内容用楷体 4 号字。

3. 计量标准器具概述

说明建立计量标准器具的目的、意义和用途。概述计量标准器具的组成和工作原理。简要说明使用该计量标准器具开展检定/校准工作主要项目的检定/校准方法（必要时可画出框图），以及依据的计量技术规范的代号及名称。

4. 计量标准器具性能

说明整套计量标准器具的主要技术指标，包括整套计量标准器具的参数、测量范围及测量不确定度；计量标准器具有等级的应同时标注准确度等级。

5. 构成计量标准器具的主标准器及主要配套设备

填写构成计量标准器具的主标准器及主要配套设备的名称、研制或购进时间、生产国别及厂家、型号规格、出厂编号、测量范围、最大允许误差或测量不确定度或准确度等级、溯源机构、溯源时间和检定/校准证书号。计量标准器具中复现量值的主标准器，具有多个或多台同类型计量器具时应分别填写。计量标准器具中的主标准器和主要配套设备都应有溯源性证明文件，并且相关信息应与溯源性证明文件中的内容一致。

6. 量值溯源与传递关系图

建立计量标准器具时应编制量值溯源和传递关系图。计量标准器具量值溯源和传递关系图包括上级计量标准器具、本级计量标准器具和下级计量（标准）器具三个层级及各级之间的量值传递方法。每个层级的内容应包括计量标准器具名称、测量范围及最大允许误差或测量不确定度或准确度等级。相邻等级之间的不确定度比应满足量值传递的要求，且上级计量标准器具的测量范围要覆盖下级计量标准器具的测量范围。上级计量标准器具内容应注明保存机构，该机构应为国防军工法定或认可的计量技术机构。

7. 检定人员

填写检定人员的姓名、技术职称、从事本专业年限、检定/校准专业项目和检定员证号。应有两名或两名以上在岗检定人员。检定人员应持有国防计量管理机构颁发的计量检定员证，持证项目应包含该项计量标准器具开展的检定/校准项目。检定员证号应填写国防计量检定员证编号。

8. 环境条件

使用和保存计量标准器具的环境条件应符合检定规程或校准规范等计量技术文件的要求。开展检定/校准工作的环境条件应按影响检定/校准结果的主要影响量（如温度、湿度、振动、电磁场等）逐项说明具体要求和实际情况。对于可测量的影响量，实际情况一栏应填写变化的范围。

9. 计量标准器具不确定度的评定

（1）评定依据　计量标准器具的不确定度依据 JJF 1059.1—2012 进行评定。在计量标准器具的不确定度评定中，一般不包括被测对象引入的不确定度分量。

注意：①对于由于测量过程中与计量标准器具和被测对象同时有关的不确定度分量，且无法单独分开评定时，可在评定过程中给予说明，并使用接近理想状态或较好的被测对象进行该分量的评定。②计量标准器具由单件计量标准器具构成时，应对该计量标准器具的不确定度进行评定。其不确定度分量来源应包括标准器具、使用条件等引入的不确定度。

（2）内容　计量标准器具不确定度评定一般包括：测量方法、数学模型、不确定度来源、标准不确定度分量、合成标准不确定度、扩展不确定度。

1）测量方法。明确输出量，说明测量方法和数据处理方法。

2）数学模型。根据测量方法，建立数学模型。

① 对于间接测量，即被测量 Y 是由 n 个其他量（输入量）X_1，X_2，…，X_n 的函数关系 $y=f(x_1, x_2 \cdots x_n)$ 确定时，应给出其具体数学模型。

② 对于直接测量，可不给出数学模型。

③ 数学模型公式中的符号含义应标注清楚。

3）不确定度来源。根据数学模型列出不确定度来源。

4）标准不确定度分量。标准不确定度分量可按 A 类方法或 B 类方法评定。给出各分量的影响量、概率分布和包含因子，并计算出标准不确定度分量。

注意：不确定度来源和不确定度分量计算可列表给出。

5）合成标准不确定度。写出合成标准不确定度的表达式。当不确定度分量相关时，要考虑相关性。

6）扩展不确定度。确定扩展不确定度时，应根据所依据的技术规范确定包含因子 k。当技术规范中不确定度值是以 U_p 形式给出时，应进行自由度的计算，确定包含因子 k_p。

（3）多参数的不确定度　计量标准器具具有多参数时，其不确定度应按参数分别评定。

（4）不确定度在测量范围内不同时　当计量标准器具的不确定度在测量范围内不同时，其扩展不确定度可按下列方法表示：

1）给出测量范围内不确定度的最小值和最大值。如二等量块标准装置测量范围为(0.5~100)mm，计量标准装置扩展不确定度表示为：

当 $L=0.5$mm 时，$U=0.09\mu m$（$k=3$）

当 $L=100$mm 时，$U=0.11\mu m$（$k=3$）

或　当 $L=0.5$mm 时，$U_p=0.08\mu m$（$p=0.99$，$k_p=2.70$，$v_{eff}=40$）

当 $L=100$mm 时，$U_p=0.12\mu m$（$p=0.99$，$k_p=2.58$，$v_{eff}=\infty$）

2）给出测量范围中不确定度的最大值。如上例中，计量标准装置扩展不确定度表示为：

当 $L=100$mm 时，$U=0.08\mu m$（$k=2$）

或　当 $L=100$mm 时，$U_p=0.12\mu m$（$p=0.99$，$k_p=2.58$，$v_{eff}=\infty$）

3）给出测量范围中特定点的不确定度，并注明测量条件及特定点。如：中频振动标准装置，频率范围为（20~2000）Hz，当 $f=160$Hz 时，加速度为 $100m/s^2$ 时，灵敏度的不确定度为 $U=1\%(k=2)$。

4）分段给出不确定度或不确定度的表达式。

10. 计量标准器具重复性

1）计量标准器具的重复性通常用测量值的实验标准偏差 $s_n(x)$ 表征。

2）选取一稳定测量仪器，在短时间用计量标准器具重复测量 n 次，得到 n 个测量值 x_i，推荐测量次数取 $n \geqslant 6$，按式（13-40）计算。

$$s_n = \sqrt{\frac{\sum_{i=1}^{n}(x_i - \bar{x})^2}{n-1}} \tag{13-40}$$

式中　x_i——被测量 X 的第 i 次测量值；

$\bar{x}$——n 次测量值的算术平均值。

3）应对计量标准器具重复性的测量条件和评估做必要的说明，对测量值和 $s_n(x)$ 计算过程可列表说明。列出测量条件和所用测量仪器的名称、型号、编号。

4）计量标准器具的重复性应小于合成标准不确定度的2/3。

5）计量标准器具的重复性可作为计量标准器具不确定度的一个分量。

11. 计量标准器具的稳定性

1）计量标准器具的稳定性用实验标准偏差 s_m 定量表征。

2）应尽可能选一稳定的、分辨力足够的测量仪器，对计量标准器具的稳定性进行考核。每隔一个月以上用计量标准器具测量一次，取 n 个测量值的算术平均值 $(\bar{x}_n)_i$ 作为一次测量结果，共测量 m 次，至少考核6个月，推荐取 $n \geqslant 6$，$m \geqslant 4$。s_m 按式（13-41）计算：

$$s_m = \sqrt{\frac{\sum_{i=1}^{m}[(\bar{x}_n)_i - \bar{x}_m]^2}{m-1}} \tag{13-41}$$

式中　$\bar{x}_n$——一次测量时 n 个测量值的算术平均值；

$\bar{x}_m$——m 次测量结果的算术平均值。

3）应说明计量标准器具的稳定性考核方法，列出测量条件和所用测量仪器的名称、型号、编号并列出测量数据和计算过程。

4）计量标准器具的稳定性应小于其合成标准不确定度。

5）对于已建计量标准器具，可采用相邻两年的测量结果之差作为该时间段内计量标准器具（包括主标准器及主要配套设备）的稳定性，若计量标准器具在使用中采用标称值或示值，则测得的稳定性应小于其最大允许误差的绝对值；若按实际值使用，则稳定性应小于该修正值的扩展不确定度。对于准确度较高且重要的计量标准器具，尽可能采用控制图对其测量过程进行连续和长期的统计控制。

12. 计量标准器具不确定度的验证

计量标准器具不确定度评定后，应采用传递比较法对其进行验证，如果不能采用传递比较法时，可采用比对法进行验证。

（1）传递比较法　用高一级计量标准器具和被验证的计量标准器具检定/校准同一台分辨力足够且稳定性好的被测对象，其值分别为 y_0 和 y，应满足式（13-42）：

$$|y - y_0| \leqslant \sqrt{U^2 + U_0^2} \tag{13-42}$$

式中　y——被验证计量标准器具给出的测量结果；

y_0——高一级计量标准器具给出的测量结果；

U——被验证计量标准器具的扩展不确定度；

U_0——高一级计量标准器具给出的扩展不确定度。

当 $U_0 \leqslant U/3$ 时可忽略 U_0 的影响，此时应满足：$|y-y_0| \leqslant U_0$

（2）比对法　采用多台相同准确度等级的计量标准器具，对同一被测仪器进行测量，被验证计量标准器具给出的测量结果 y 与所有计量标准器具给出测量结果的算术平均值 $\bar{y}$ 之差的绝对值，应满足式（13-43）：

$$|y-\bar{y}| \leqslant \sqrt{\frac{N-1}{N}}U \tag{13-43}$$

式中　y——被验证计量标准器具给出的测量结果；

$\bar{y}$——所有计量标准器具给出测量结果的算术平均值；

U——被验证计量标准器具的扩展不确定度；

N——参加比对的计量标准器具台数。

13. 结论

根据对计量标准器具不确定度的评定和验证的结果说明可开展的检定/校准项目及符合检定规程（校准规范）的情况的结论意见。

14. 附录

应包括计量标准器具研制报告、开展检定/校准所需要的检定规程（校准规范）的名称和代号、主要测量产品说明书及其他主要的参考文献。

第八节　军事计量测量标准建标要求

GJB 2749A—2009《军事计量测量标准建立与保持通用要求》规定了军队计量技术机构建立和保持测量标准的通用要求。该标准适用于军队计量技术机构测量标准的建立和保持，也适用于计量管理机构对测量标准的考核和监督管理。

一、术语和定义

测量标准的建立（establishment of a measurement standard）：为使测量标准达到一定的计量特性、满足预期使用要求并获得承认而进行的一系列活动。

测量标准的保持（conservation of a measurement standard，maintenance of a measurement standard）：为使测量标准的计量特性保持在规定极限内所必需的一组操作。

注意：测量标准的保持通常包括测量标准的保存，对其预先规定的计量特性的周期检定或校准，必要时的核查，在合适条件下的存放、运输，精心维护和使用。

量值溯源与传递等级关系图（hierarchy scheme of quantity value trace and transfer）：军队计量技术机构编制的本级测量标准向上级测量标准进行量值溯源和向下级测量标准、检测设备或装备进行量值传递的关系图。

二、总要求

军队计量技术机构应建立和保持与装备计量保障需求相适应的测量标准，包括参考测量标准、工作测量标准及专用校准系统，定期对装备和检测设备进行检定、校准或测试，保证其量值的准确统一。

测量标准的性能应满足装备和检测设备的技术保障要求。测量标准的量值应按规定溯源到相应的军队最高测量标准或国家测量标准。

测量标准应按规定经考核合格后，在测量标准考核的有效期限内和溯源的有效期限内，开展相应范围的量值传递。测量标准进行量值传递时，应执行现行有效的检定规程或校准规程。测量标准进行量值传递时，应有符合要求的设施和环境条件。执行现场、机动以及战时计量保障任务的测量标准应有措施保证测量标准的有效性。

测量标准应由持有军事计量检定员证的人员使用和维护。测量标准在平时及战时的使用、维护、存放和运输，应符合测量标准的性能、编配用途和技术规范的要求，并有相应的管理制度。测量标准的变更应经相应的计量管理机构审批。

三、测量标准的建立

（一）测量标准的命名

测量标准的命名应简明、扼要，能表征其功能和特点，通常按照以下几种形式命名：

1. ××××标准装置

1）以测量标准复现的参数名称命名。示例：同轴小功率标准装置。

2）以标准装置中主标准器名称命名。适用于同一测量标准可开展多项检定或校准项目的场合，或测量标准中主标准器与被测对象名称一致的场合。如：一等量块标准装置。

2. ××××检定装置（或校准装置）

以被测对象名称命名。适用于同一被测对象参数较多、需要多种测量仪器组成测量标准，或测量标准中主标准器与被测对象名称不一致的场合。如：信号发生器检定装置、野外长度基线校准装置。

3. ××××标准器（或标准器组）

以实物量具名称命名。适用于测量标准仅由实物量具构成、可检定或校准多种设备的场合。如：氦氖激光标准器、一等千克砝码标准器组。

4. 检定××××标准器组

以实物量具检定的对象名称命名。适用于检定或校准同一项目、需要多种标准器配合检定的场合。如：检定游标量具标准器组。

5. ××××专用校准系统

以被检定或校准的装备或专用校准系统名称命名。如：××××模拟器专用校准系统。

（二）建立测量标准的准备

1. 准备工作的内容

分析保障对象的计量需求，确定测量标准的性能要求和组成。选择配置主标准器及配套设备，确保其溯源性。选择或编写符合规定要求的检定规程或校准规程。设施和环境条件符合检定、校准工作的要求。配备两名以上军事计量检定员。测量标准经过重复性测试和稳定性考核，满足规定的要求。完成测量标准的不确定度评定和验证。完成对典型被测件检定、校准所得测量结果的测量不确定度评定。完成《军事计量测量标准技术报告》（格式见 GJB 2749A—2009 的附录 A）和《军事计量测量标准考核表》（格式见 GJB 2749A—2009 的附录 B）的编制和审核。开展模拟检定、校准并覆盖所申请检定、校准项目。建立测量标准技术档案。

2. 测量标准性能

测量标准性能是指整套测量标准的校准能力。主要包括：参数，测量范围，测量标准的不确定度、准确度等级或最大允许误差。

如果测量标准包含多个参数，则应分别给出每个参数的测量范围及不确定度、准确度等级或最大允许误差。

在测量标准性能中，一般按照以下原则给出测量标准的不确定度、准确度等级或最大允许误差。

1）测量标准仅为实物量具或具有明确的准确度等级规定的测量仪器，直接给出准确度等级及相应的最大允许误差或不确定度。

2）测量标准由单台测量仪器构成，被测量由其直接测得，且测量仪器技术指标中给出最大允许误差，测量标准所实现的量值的不确定度主要由测量仪器的最大允许误差决定时，直接给出最大允许误差。

3）测量标准仅是一次性使用的有证标准物质时，直接给出相应的最大允许误差或不确定度。

4）其他情况，评定并给出测量标准的不确定度。包括：被测量由多台测量仪器组成的测量标准测得，或由单台测量仪器间接测得，或使用测量标准的校准值等情况。

注意：属于上述 1）、2）和 3）情况的测量标准可以不进行测量标准的不确定度的评定。

3. 构成测量标准的主标准器及配套设备

选择配置测量标准的主标准器及配套设备，应符合以下要求：

1）配套齐全，符合依据的检定规程或校准规程的要求。

2）能覆盖被保障对象的参数和测量范围。

3）应比被保障对象具有更高的准确度，测量标准用于进行合格判定时，测试不确定度比一般不得低于 4∶1，某些专业的要求高于 4∶1 时，应按照相应的专业规定执行，对于达不到 4∶1 的专业或领域，应论证并提出合理的解决方案。

4）在校准间隔内的稳定性满足要求。

5）重复性、线性度、分辨力、灵敏度、动态特性等其他计量特性满足要求。

6）仪器设备安全可靠，安装、运输、使用、维护方便，电磁兼容性及环境适应性等其他技术性能满足要求。

7）自研设备应对影响其功能和性能的主要测量参数设置检测接口，满足测试性要求。

8）开发的软件应经过验证。

9）兼顾经济合理性，包括测量标准的设备费用及使用、校准、维护和修理等相关费用。

4. 计量溯源性

测量标准应与相应的军队最高测量标准或国家测量标准之间形成不间断的溯源链，以实现其对国际单位制测量单位的计量溯源性。有计量特性要求的主标准器及配套设备，应按照准确度等级或测试不确定度比的要求，选择有资格的计量技术机构进行溯源，并在相应有效期内使用。

注意：①有资格的计量技术机构一般是指国家测量标准所在计量技术机构和获得认可资格的军用校准实验室或考核合格的军队计量技术机构，且其相应测量标准的校准能力满足要求。②当测量标准在国内无法溯源，需要溯源到国际计量组织或其他国家的计量机构时，尽可能选择参加国际比对活动的计量机构。

无测量标准可溯源时，可溯源到有证标准物质、约定的方法或有关方同意的协议标准等。尚无法溯源或部分测量范围无法溯源的测量标准，应通过比对证明其量值的可信度。

测量标准应编制量值溯源与传递等级关系图（格式参见 GJB 2749A—2009 的附录 C），经审批后使用。量值溯源与传递等级关系图应说明该测量标准的量值向上溯源和向下传递的链接情况，编制要求如下：

1）包括上级测量标准、本级测量标准及下级测量标准或检测设备或装备等三个层次及各级之间的量值传递方法。

2）每个层次的栏目应包括名称、参数、测量范围及不确定度、准确度等级或最大允许误差等信息。

注意："下级测量标准或检测设备或装备"栏目可以列出本级测量标准所能检定、校准的多类对象。

3）相邻等级之间的测试不确定度比应满足上文"3. 构成测量标准的主标准器及配套设备"中 3）的要求。上级测量标准的测量范围一般应覆盖下级测量标准的测量范围。

4）测量标准包含多个参数时，量值溯源与传递等级关系图应包括所有参数的量值等级关系。

5. 计量检定规程或校准规程

测量标准开展量值传递时，应有与所开展的检定、校准项目相适应的方法，并确保使用其最新版本。选用顺序为：国家军用标准、国家计量检定规程或校准规范、依据 GJB 1317 制定的部门检定规程或校准规程、军队计量管理机构组织制定或确认的其他计量技术文件。

6. 设施和环境条件

检定、校准场所可以是固定的、机动的或临时的，应配有与测量标准所开展项目的要求相适应的设施及监测、记录设备，包括电源、接地、照明、空调、屏蔽室、消声室等。

使用和保持测量标准的环境条件应满足检定规程或校准规程等计量技术文件的要求，还应满足维持测量标准计量特性的要求。环境条件一般包括：供电、温度、湿度、电磁干扰、振动、噪声、静电、洁净度及光照度等。

应对检定、校准场所内相互影响的相邻区域进行有效隔离，防止相互影响。

7. 人员

每项测量标准应配备足够的（至少两名）满足检定、校准任务要求的人员。从事检定、校准工作的人员必须经过培训，考核合格，取得相应参数的军事计量检定员证。

每项测量标准应指定负责人。测量标准负责人应熟悉测量标准的组成、工作原理和主要性能，掌握相应的检定、校准方法，具有对测量标准的不确定度和测量结果的测量不确定度进行分析评定的能力，熟悉使用、维护、溯源和核查等程序，并对测量标准技术档案中数据的完整性和真实性负责。

8. 测量标准的重复性测试

测量标准的重复性，通常用该测量标准在重复性测量条件下，对某一重复性好的测量仪器进行重复测量，用所得测量值的实验标准偏差 $s(x)$ 来定量表征。

应尽可能选择一个准确度相当、分辨力足够和重复性良好的测量仪器，对测量标准的重复性进行测试。选择的测量仪器，应能反映出测量标准的特性。本计量技术机构不具备测试条件时，可委托上级计量技术机构测试。

在测试重复性的测量条件下，用测量标准重复测量被选择的测量仪器 n 次，得到 n 个测量值，测量次数 $n \geqslant 6$，按式（13-40）计算实验标准偏差 $s(x)$。

测量标准包含多个参数时，应分别对每个参数的重复性进行测试。

测量标准有较宽的测量范围时，一般应对测量范围内的典型量值点（至少包括高、中、低三点）的重复性进行测试，同时应包括测量标准的不确定度评定的量值点。

应详细记录重复性测试时的条件及数据。测量标准的重复性应作为测量标准的不确定度的一个分量。

9. 测量标准的稳定性考核

新建测量标准的稳定性，通常用该测量标准在规定的一段时间内，对某一稳定性好的测量仪器进行测量，用所得测量结果的实验标准偏差 s_m 来定量表征。

应尽可能选择一个稳定的、分辨力足够的测量仪器，对测量标准的稳定性进行考核。选择的测量仪器，应能反映出测量标准的特性。本级计量技术机构不具备考核条件时，可委托上级计量技术机构考核。

每隔一段时间（至少一个月），用测量标准对所选择的测量仪器进行一组 n 次的重复测量，取其算术平均值作为该组的测量结果。共测量 m 组，至少考核 4 个月，$n \geqslant 6$，$m \geqslant 4$。s_m 按下列方法计算：

（1）当 $m<6$ 时，按极差法计算

$$s_m = \frac{x_{\max} - x_{\min}}{d_m} \tag{13-44}$$

式中 $x_{\max}$——m 组测量结果中的最大值；

$x_{\min}$——m 组测量结果中的最小值；

d_m——与测量组数有关的常数，$d_4 = 2.06$，$d_5 = 2.33$。

（2）当 $m \geqslant 6$ 时，按照贝塞尔公式法计算

$$s_m = \sqrt{\frac{\sum_{j=1}^{m} (\bar{x}_j - \bar{x}_m)^2}{m-1}} \tag{13-45}$$

式中 $\bar{x}_j$——第 j 组测量值的算术平均值；

$\bar{x}_m$——m 组测量结果的算术平均值；

m——测量组数。

注意：根据环境条件和测量标准本身的具体情况来确定稳定性考核时间的长短。当环境条件不易控制或测量标准受环境影响较大时，经历所有环境条件可能需要较长的考核时间。

测量标准包含多个参数时，应分别对每个参数的稳定性进行考核。

测量标准有较宽的测量范围时，一般应对测量范围内的典型量值点（至少包括高、中、低三点）的稳定性进行考核，同时应包括测量标准的不确定度评定的量值点。

测量标准性能用最大允许误差表述时，测量标准的稳定性应小于测量标准的最大允许误差的绝对值；用扩展不确定度表述时，测量标准的稳定性应小于测量标准的扩展不确定度。

新建测量标准仅由实物量具组成，而被测对象为非实物量具的测量仪器，实物量具的稳定性远优于被测对象时，或测量标准仅是一次性使用的标准物质时，可不进行稳定性考核。

10. 测量标准的不确定度评定

依据 GJB 3756 进行测量标准的不确定度评定。评定过程一般包括：根据被测量定义、测量原理和测量方法建立被测量的数学模型；分析并列出与测量标准有关的不确定度来源；定量评定各标准不确定度分量，包括 A 类评定和 B 类评定；计算合成标准不确定度；确定扩展不确定度。

分析不确定度来源时，应充分考虑各项因素的影响，尽可能不遗漏和不重复。当测量标准由多台测量仪器及配套设备组成时，应对各部分引入的标准不确定度分量进行评定。

在测量标准的不确定度评定中，一般不包括被测对象引入的不确定度分量。

注意：对于测量过程中与测量标准和被测对象同时有关的不确定度分量，且无法单独分开评定的，可在评定过程中给予说明，并使用接近理想状态或较好的被测对象进行该分量的评定。

示例：在微波功率校准中，校准结果与测量标准和实际被校准功率座的测量端口的失配程度有关，因此在失配引入的不确定度分量评定时应使用接近理想状态的或较好（驻波比较小）的被测件进行该分量的评定。

确定扩展不确定度时，一般包含因子 k 值取 2 或 3。必要时，可以根据概率分布确定给定包含概率的包含因子 k_p，并说明其来源。

测量标准包含多个参数时，应分别对每个参数进行不确定度评定。

当测量标准在测量范围内的不确定度不同时，应根据具体情况，选用下列方式之一评定不确定度：

1）在测量范围内分段进行评定，给出各段内的最大不确定度。

2）评定并给出整个测量范围内的最小不确定度和最大不确定度，同时注明典型量值点的不确定度。

示例：数字电压表检定装置中的交流电压，测量范围为 100mV～1000V（10Hz～1MHz），$U=1\times10^{-6}\sim1\times10^{-3}(k=2)$，且 $U=1\times10^{-6}(k=2)$，（1V，1kHz）。

3）评定并给出与测量范围有关的公式来表示其不确定度。

示例：三等量块标准装置：$U=1\times10^{-6}L+0.10\mu m$，$L$ 单位为米，$k=2$。

4）如果测量标准仅用于对有限的测量点进行检定、校准，则可以在这些量值点上评定并给出其不确定度。

11. 测量标准性能的验证

测量标准性能由评定得到的不确定度表示时，选用下列方法之一进行验证：

（1）传递比较法　用高一级测量标准和被验证测量标准测量同一个分辨力足够且稳定的被测对象，在包含因子相同的前提下，应满足式（13-42）。

当被验证测量标准与高一级测量标准的测量不确定度比大于或等于4：1时，应满足$|y-y_0| \leqslant U$。

（2）多台比对法 用三台以上（含三台）同等水平的测量标准，对同一个分辨力足够且稳定的被测对象进行测量，在包含因子相同的前提下，应满足式（13-43）。

（3）两台比对法 当无法实现上述验证方法时，可用两台不确定度相当的测量标准，对同一个分辨力足够且稳定的被测对象进行测量，在包含因子相同的前提下，应满足

$$|y_1-y_2| \leqslant \sqrt{U_1^2+U_2^2} \tag{13-46}$$

式中 y_1、y_2——分别为两台测量标准给出的测量结果；

U_1、U_2——分别为两台测量标准的扩展不确定度。

测量标准性能由最大允许误差表示时，采用检定/校准法进行验证。

用高一级测量标准对被验证测量标准进行检定/校准，检定结论或检定/校准结果应符合测量标准性能的要求。

12. 测量结果的测量不确定度评定

测量标准开展检定、校准时所得测量结果的测量不确定度，应依据GJB 3756进行评定。对于不同参数，应分别进行评定。测量范围内的测量不确定度不同时，参照“10. 测量标准的不确定度评定”中选用合适的方式进行评定。

注意：检定和校准的测量结果是指检定、校准得到的被测件的示值误差、校准值或修正值。

对于测量标准所开展检定、校准项目的每类典型被测件，应编制测量结果的测量不确定度评定实例，作为报告测量结果时不确定度评定的范例。

测量标准的不确定度只是测量结果的测量不确定度的一个分量，一般不应直接引用作为测量结果的测量不确定度。

注意：测量结果的测量不确定度，不仅与测量标准、测量原理和测量方法等有关，还与实际被测件有关。

13. 《军事计量测量标准技术报告》的编制

建立测量标准，应编写《军事计量测量标准技术报告》，并采用A4幅面的纸张打印。内容包括：封面、说明、目录、建立测量标准的目的、测量标准的组成和工作原理、测量标准性能、构成测量标准的主标准器及配套设备、量值溯源与传递等级关系图、检定人员、环境条件、测量标准的重复性、测量标准的稳定性、测量标准的不确定度评定、测量标准性能的验证、测量结果的测量不确定度评定、结论、附录。

报告内容应完整正确、表述清晰。报告中术语、量、单位和符号的表述应符合有关国家军用标准、国家标准的要求。

《军事计量测量标准技术报告》一般应由测量标准负责人编写，经审核、批准后在报告封面上加盖申报单位的公章。

14. 测量标准技术档案的建立

测量标准应建立完整的技术档案，一般包括：技术档案目录；《军事计量测量标准证书》（格式见GJB 2749A—2009的附录D，考核合格后获得）；《军事计量测量标准考核表》（审批后的原件）；《军事计量测量标准技术报告》；量值溯源与传递等级关系图；检定规程

或校准规程等计量技术文件；自编的作业指导书；构成测量标准的主标准器及配套设备的说明书、自研设备的研制报告和鉴定证书；测量标准历年的检定证书、校准证书、能力测试报告和实验室间比对报告（必要时）等文件；测量标准的重复性测试记录、稳定性考核记录和核查记录；测量标准履历书；测量标准更换申报表、测量标准封存/启封申报表或测量标准撤销申报表（必要时）。

（1）自编的作业指导书　自编的作业指导书一般包括开展检定或校准工作的操作规程、测量标准核查方案、测量结果的测量不确定度评定实例等。凡自编的作业指导书应经过审批。

1）检定或校准操作规程应依据选用的检定规程或校准规程，结合测量标准设备的实际情况，针对每类被检定、校准对象进行编写。一般应包括：检定或校准系统的组成，环境条件的要求与控制，检定或校准前的准备，检定或校准的参数和量值点，详细的检定或校准步骤，数据处理方法、记录格式及注意事项等。

2）测量标准核查方案一般应包括：选择的核查方法、选用的核查标准或被测件、核查频度和时机、选择的核查参数量值点、核查步骤和测量次数、核查数据处理方法、核查记录的形式（数据表格、控制图、数据库等）、核查结果和异常情况的处理措施等。

3）测量结果的测量不确定度评定实例一般应包括：测量标准对每类典型被测件进行检定或校准所得测量结果的测量不确定度的来源分析，不同参数、不同测量范围的测量不确定度的详细评定过程，并给出各不确定度分量的详细列表。

（2）测量标准履历书　测量标准履历书应清晰全面地反映测量标准的基本信息和重要方面的历史记录。测量标准日常使用和维护记录可随设备保存。基本信息一般应包括：测量标准名称、性能、存放地点、价值、主标准器及配套设备详情登记等；历史记录一般应包括：考核、复查、溯源、核查、能力测试、实验室间比对、修理调整等情况记录，及设备、规程、检定员、测量标准负责人等变更记录。

测量标准技术档案应保存到测量标准报废后两年。

（三）测量标准的考核

1. 测量标准考核的申请

在完成测量标准建立的准备工作后，应向相应的计量管理机构提交考核申请材料。包括：《军事计量测量标准考核表》一式两份；《军事计量测量标准技术报告》一份，构成测量标准的主标准器及配套设备有效期内的检定证书或校准证书复印件一套，无法溯源的测量标准应提交比对报告等证明其量值可信的文件复印件一套，申请开展检定、校准项目的原始记录复印件及相应的模拟检定证书或校准证书原件两套，检定或校准方法复印件一份（当采用国家军用标准、国家计量检定规程或校准规范以外的方法时）。

《军事计量测量标准考核表》，应采用A4幅面的纸张打印。内容包括：封面、测量标准概况、开展的检定或校准项目、依据的检定规程或校准规程、测量标准变更情况说明、检定人员、环境条件、申请单位意见、考核意见、审批意见。

2. 测量标准考核的实施

测量标准的考核由相应的计量管理机构授权有资格的计量主考员进行。

测量标准考核一般分为资料审查和现场审查。

注意：测量标准的现场审查，可以结合军用校准实验室认可或计量技术机构考核同时进行。

测量标准的考核内容一般包括：测量标准命名的正确性，主标准器及配套设备的配置齐全性、计量特性合理性、技术状态完好性，测量标准量值溯源与传递等级的合理性及其量值的溯源性，检定规程或校准规程等计量技术文件的有效性和适宜性，设施和环境条件与开展的检定、校准项目的符合性，检定、校准人员的资格和能力情况，测量标准的重复性测试和稳定性考核的方法、数据处理的正确性和考核结果的符合性，测量标准的不确定度的评定与验证的合理性，测量结果的测量不确定度评定的合理性，原始记录及出具的检定证书或校准证书的正确性和规范性，测量标准技术档案的完整性和规范性。

主考员应按 GJB 2749A—2009 的要求并对照《测量标准考核检查表》的内容逐项进行审查。对于存在不符合项或缺陷项的测量标准，将有关情况和整改要求填写在《测量标准考核整改工作单》（格式见 GJB 2749A—2009 的附录 D）中，并与申请单位交流确认。对于考核合格或整改后考核合格的测量标准，主考员填写《测量标准证书预填表》（格式见 GJB 2749A—2009 的附录 D）。考核完毕后，主考员在《军事计量测量标准考核表》中相应栏目签署考核意见。

考核合格的测量标准，由相应的计量管理机构审批并颁发《军事计量测量标准证书》（格式见 GJB 2749A—2009 的附录 E）。证书有效期为 5 年。

四、测量标准的保持

1. 测量标准的使用和维护

测量标准一般只用于对装备、检测设备或下级测量标准的检定、校准。未经批准，不得用于其他目的。

测量标准应由有资格的人员在满足环境条件要求的场所，按照操作规程使用。原始记录和出具的检定证书或校准证书应格式规范、信息真实全面、数据处理正确、结论准确。

当对测量标准的性能产生怀疑时，应立即停止使用并核查验证。

测量标准的修理、调整应由有资格的机构承担。修理、调整后应重新检定或校准，满足要求方可投入使用。

测量标准应按照管理制度和规定的程序进行维护，同时应考虑生产厂商推荐的方法及使用的频率和环境条件。

当需要携带测量标准到现场进行检定、校准时，应采取相应的安全措施，并在每次外出前和返回后核查其技术状态。

测量标准在机动或临时场所使用时，应采取有效措施保证环境条件满足要求。当测量标准需要到现场进行计量保障且无法满足规定的环境条件时，应进行实验验证，必要时给出偏离规定环境条件下的修正值或修正曲线。

测量标准在战时使用时，应根据快速遂行等特殊保障要求，按战时计量保障预案进行使用、维护、存放和运输，确保测量标准的性能能够满足使用要求。

2. 测量标准的溯源

测量标准应依据量值溯源与传递等级关系图向上进行溯源，并粘贴相应的计量状态标识。测量标准主标准器及配套设备的检定证书、校准证书是测量标准的溯源性证明文件。测量标准可以溯源到军队最高测量标准或国家测量标准时，比对报告和测试报告不能代替检定证书或校准证书。如果上级测量标准发生变化或改变溯源机构时，应重新编制量值溯源与传递等级图，经审批后使用。

测量标准的主标准器及配套设备的检定、校准周期应符合相应的检定规程或校准规程的要求。特殊情况下，可综合考虑其性能状态、使用频率和环境条件等因素，经计量管理机构批准后进行调整。拟延长周期时，应有核查数据证明其在拟采用的周期内技术状态受控、稳定性满足要求。

无测量标准可溯源时应定期进行比对。比对周期应综合考虑其性能状态、使用频率和环境条件等因素来确定。比对报告是证明其量值可信的文件。

3. 测量标准的核查

军队计量技术机构应采用适当的方法对测量标准进行核查，以保证测量结果的可信度。测量标准包含多个参数时，应分别对每个参数进行核查。

应编制测量标准核查方案，经审批后执行。核查方法一般包括：用核查标准进行统计控制，用有证标准物质或有校准值的核查标准进行核查，对保留的被测件再测试，用相同或不同的方法进行重复测试，比较被测件不同特性测量结果的相关性，参加实验室间比对。

军队计量技术机构对准确度较高且重要的参考测量标准的核查一般应采用核查标准进行统计控制。核查标准应与被核查的测量标准相适应，应具有良好的稳定性，必要时还应具有足够的分辨力和良好的重复性，其参数测量范围应满足测量标准的核查要求。采用该方法所做的核查可以作为测量标准的稳定性考核。

应选择恰当的核查时机和频率。在测量标准建立初期、使用频率较高或发现性能有下降趋势时，应适当提高核查频率。在核查数据始终受控的情况下，可适当降低频率，但每年至少核查一次。核查时机选择原则：

1）核查计划规定的时间。

2）开展一批或重要的检定、校准前或结束后。

3）到装备使用现场开展检定、校准前和返回后。

4）测量标准发生过载或怀疑有问题时。

5）测量标准负责人发生变动后。

6）测量标准存放地点变动后。

7）测量标准溯源后及两次溯源中期。

8）其他必要情况。

应记录核查数据，记录方式应易于看出其变化趋势。适用时，应画出控制图。

如果发现核查数据有可能超差的趋势，应及时进行原因分析，采取预防措施。如果发现核查数据个别点超出控制极限，应增加核查次数或使用其他核查方法，验证测量标准是否出现异常。在确认核查数据超出控制极限时，应停止检定或校准工作，查找原因、采取纠正措施、追溯前期工作并建立新的测量过程控制等。

4. 测量标准的复查

测量标准有效期满后仍需要继续开展量值传递的，应在有效期满前6个月提交测量标准复查申请材料。包括：《军事计量测量标准证书》原件，《军事计量测量标准考核表》一式两份，《军事计量测量标准技术报告》一份，测量标准证书有效期内主标准器及主要配套设备连续的检定证书或校准证书等证明文件复印件一套，测量标准近期开展检定、校准的原始记录及出具的检定证书或校准证书复印件两套，实验室间比对和能力测试报告复印件（必要时），测量标准更换申报表、测量标准封存/启封申报表（必要时）。

测量标准复查时，应重新编制《军事计量测量标准技术报告》。其中，测量标准的重复性数据应是近期测试的；测量标准的稳定性数据可以是测量标准证书有效期内历年的检定或校准数据，也可以是历年用核查标准进行统计控制所做的核查数据，相邻两年数据之差的绝对值作为该时间段内测量标准的稳定性，应满足“测量标准性能用最大允许误差表述时，测量标准的稳定性应小于测量标准的最大允许误差的绝对值；用扩展不确定度表述时，测量标准的稳定性应小于测量标准的扩展不确定度”的要求。

测量标准复查与新建测量标准考核的形式和程序相同，内容增加了对测量标准保持期间使用、维护、溯源及核查等情况的审查。经复查合格的，测量标准证书的有效期延长5年。

五、测量标准的变更

1. 测量标准的更换

在测量标准有效期内，增加或更换主标准器，应按新建测量标准申请考核。

在测量标准有效期内，增加或更换主要配套设备引起测量标准的测量范围、不确定度或最大允许误差等发生变化，应按新建测量标准申请考核。

在测量标准有效期内，增加或更换主要配套设备后，不改变原测量标准的测量范围、不确定度或最大允许误差，填写《测量标准更换申报表》(格式见GJB 2749A—2009的附录F)一式两份，同时提供增加或更换设备的有效期内溯源性证明文件复印件一份，及测量标准的重复性测试和稳定性考核记录复印件一份（必要时），报相应的计量管理机构审批、备案，并将有关情况记录在测量标准履历书中。

2. 测量标准的封存和启封

在测量标准有效期内，如果在一段时期（一年以上）无工作任务，需要封存时，应填写《测量标准封存/启封申报表》（格式见GJB 2749A—2009附录G），报相应的计量管理机构审批。

测量标准需要启封时，如果在测量标准证书有效期内，应填写《测量标准封存/启封申报表》相应栏目，经批准后启封，且溯源满足要求后使用；如果超过了有效期，应申请测量标准复查。

3. 测量标准的撤销

在测量标准有效期内，因测量标准的主标准器或配套设备发生故障，不能修复、无法继续开展量值传递的，或因无量值传递需求，需要撤销的，应填写《测量标准撤销申报表》(格式见GJB 2749A—2009附录H)，报相应的计量管理机构审批。撤销的测量标准由原发证机构收回《军事计量测量标准证书》。

第十四章

计量技术机构的考核与管理

第一节　计量检定机构概述

一、计量检定机构的概念

《中华人民共和国计量法》（简称《计量法》）规定，计量检定机构是指承担计量检定工作的有关技术机构。计量检定机构的主要工作是评定计量器具的计量性能，确定其是否合格。计量检定机构包括各级政府计量行政部门设置的专门从事计量技术工作的技术机构，如国家、省级计量科学研究院（所）、计量测试院（所）以及计量检定所等；国防科工局批准设置的国防计量技术机构，如国防计量第一、第二计量测试中心，一级计量技术机构，二级计量技术机构，三级计量技术机构以及有关部门所属的其他计量技术机构。

计量检定机构按照其职责及法律地位的不同，可以分为法定计量检定机构和一般计量检定机构。法定计量检定机构是各级人民政府计量行政部门依法设置或授权建立的计量技术机构，是保障我国计量单位制的统一和量值的准确可靠，为人民政府计量行政部门依法实施计量监督提供技术保证的技术机构。一般计量检定机构是指其他部门或企业、事业单位根据需要所建立的计量技术机构。为了加强对法定计量检定机构的监督管理，在《计量法》《中华人民共和国计量法实施细则》（简称《计量法实施细则》）和《法定计量检定机构监督管理办法》中对法定计量检定机构的组成、职责和监督管理等均做出了明确的规定。根据《计量法》的规定，计量检定机构在从事计量检定时，必须依照计量检定系统表进行，必须执行计量检定规程。

二、法定计量检定机构

法定计量检定机构是各级人民政府计量行政部门依法设置或授权建立的计量技术机构，是保障我国计量单位制的统一和量值的准确可靠，为人民政府计量行政部门依法实施计量监督提供技术保证的技术机构。国家计量基准和社会公用计量标准一般都建立在法定计量检定机构之中。法定计量检定机构具有计量检定工作上的权威性。

（一）法定计量检定机构的特点

法定计量检定机构的特点主要有以下几点：

1）要拥有雄厚的技术实力。计量执法具有很强的技术性，国家要用现代计量技术装备各级计量检定机构，要为社会主义现代化建设服务，为工农生产、国防建设、科学实验、国内外贸易以及人民的健康、安全提供计量保证。

2）要坚持公正的地位。法定计量检定机构不是开放性机构，所从事的工作都具有法制性，不允许有丝毫徇私枉法的行为，要有独立于当事人之外的第三者的立场，不能受当事人任何一方制约，包括经济利益或其他关系而影响自己的形象。

3）要遵守非盈利的原则。法定计量检定机构的经费分别列入各级政府财政预算，也就是说，这类机构不应是盈利单位。收费要按照国家规定进行，不准随意或变相提高收费标准，收取的计量检定费应当纳入政府财政管理。

（二）法定计量检定机构的职责

《计量法实施细则》第二十八条规定的职责是：负责研究建立计量基准、社会公用计量标准，进行量值传递，执行强制检定和法律规定的其他检定、测试任务，起草技术规范，为实施计量监督提供技术保证，并承办有关计量监督工作。

三、专业计量检定机构

专业计量检定机构是经人民政府计量行政部门授权承担专业计量强制检定和其他检定测试任务的法定计量检定机构。自1975年至今，我国已建立了18个国家专业计量站和34个分站，各地人民政府计量行政部门也授权建立了一批地方专业计量站。这些专业计量检定机构在专业项目的量值传递以及确保计量单位量值统一方面起到了积极作用。它是全国法定计量检定机构的一个重要组成部分。

建立专业计量检定机构（包括国家站、分站、地方站）是为了充分发挥社会技术力量的作用。建立专业计量检定机构应遵循统筹规划、方便生产、利于管理、择优选定的原则。专业计量检定机构与人民政府计量行政部门所属的法定计量机构性质基本相同，但也存在区别。主要表现在专业计量检定机构是在本专业领域内行使法定计量检定机构的职权，负责该专业方面的量值传递和技术管理工作，因而专业性较强，但社会性不如人民政府计量行政部门所属的法定计量检定机构鲜明。

专业计量检定机构本身并不具有监督职能，但由于监督体制上的特殊性（不受行政区划限制，按专业跨地区进行），它可以受人民政府计量行政部门的委托，行使授权范围内的计量监督职能。在《专业计量站管理办法》中明确规定了国家专业计量站和地方专业计量站的职责。

四、一般计量检定机构

一般计量检定机构是指部门和企事业单位设立的计量检定机构。它建立在部门或企事业内部，一般也只能在部门和企事业内部进行量值传递，主要满足本部门或本单位内部的检定、校准、检测的需要，不具有社会性，也不具有监督职能。

第二节　计量检定机构的建立和管理

一、计量检定机构的建立

按照计量法的规定，县级以上人民政府计量行政部门可以依法建立法定计量检定机构。人民政府计量行政部门组织建立的社会公用计量标准一般由法定计量检定机构负责使用、运行、维护，社会公用计量标准只有考核合格后才能用于计量检定、校准、检测工作。

国务院有关主管部门和省、自治区、直辖市人民政府有关主管部门可以依据本部门、本行业的需要建立专业计量检定机构，组织建立本部门的各项最高计量标准，向同级人民政府计量行政部门申请考核。考核合格，取得授权后，才能承担与授权内容一致的计量检定、校准、检测工作。

企事业单位可以根据本单位的工作需要建立自己的计量检定机构，其所建立的本单位各项最高计量标准，必须经与其主管部门同级的人民政府计量行政部门考核合格，才能在本单位开展计量检定、校准、检测工作。

二、计量检定机构的管理

为了加强法定计量检定机构的监督管理，保障国家计量单位制的统一和量值的准确可靠，2001 年原国家质量技术监督局根据《计量法》和《计量法实施细则》的有关规定，制定了《法定计量检定机构监督管理办法》（以下简称《办法》）。该《办法》明确了法定计量检定机构的性质和任务，规定了对机构实施监督管理的体制和机制。按照计量法律法规的有关规定及国家市场监督管理总局的职责要求，各级人民政府计量行政部门在各自的职责范围内，对计量检定机构进行管理。根据省以下市场监督管理系统实施垂直管理体制的要求，对法定计量检定机构的管理实施分级管理的模式。国家市场监督管理部门对全国法定计量检定机构实施统一监督管理。省级市场监督管理部门对本行政区域的法定计量检定机构实施监督管理。

国家市场监督管理部门负责受理国家市场监督管理部门依法设置或授权建立的国家级计量检定机构和省级市场监督管理部门依法设置的计量检定机构的考核申请并组织考核。省级以下市场监督管理部门授权建立的计量检定机构，由当地省级市场监督管理部门根据实际情况确定受理考核申请和组织考核的市场监督管理部门。

部门和企事业单位设立的计量技术机构的管理由部门和企事业单位负责，可以参照计量法律法规的规定进行，也可以采取国际通行的 ISO/IEC 17025《检测和校准实验室能力的通用要求》实施监督管理。

三、监督管理的内容与措施

为了强化对法定计量检定机构的监督管理，在《办法》中对法定计量检定机构监督的内容做出了明确的规定，监督管理的内容包括计量行政监督和计量检定人员考核、计量标准考核、法定计量检定机构考核、计量授权考核等。同时，对监督管理中发现的问题应当采取的处理措施也做出了明确规定。

第三节 法定计量检定机构考核

一、考核工作概述

（一）考核的目的

JJF 1069—2012《法定计量检定机构考核规范》（以下简称《考核规范》）的第4章至第8章规定了对法定计量检定机构的基本要求，只有满足这些要求的机构才有资格和能力承担政府下达的法定任务和为社会提供检定、校准和检测服务。人民政府计量行政部门通过科学、合理的考核方法，确定一个机构是否满足《考核规范》规定的全部要求。

政府计量行政部门组织对法定计量检定机构的考核是一项关系全国量值的统一、准确、可靠，并能与国际计量标准保持一致的重要工作。考核工作的总体目标是使所有相关方相信通过考核取得计量授权的法定计量检定机构的管理体系满足规定的要求，取得计量授权的项目具有保证检定、校准和检测结果准确可靠的能力。考核的价值取决于考核组和组织考核的部门通过公正、有能力的考核所建立的公信力的程度。建立信任的原则包括：公正性、能力、责任、公开性、保密性和对投诉的回应。

（二）考核的依据

《考核规范》规定的考核方法是各级法定计量检定机构申请获得计量授权资格和人民政府计量行政部门组织对法定计量检定机构考核的依据。各级法定计量检定机构应遵循《考核规范》的规定进行申请，接受考核和监督管理。人民政府计量行政部门应按照《考核规范》的规定程序和方法组织对机构的考核、评定和监督。有关考核和授权的实施还应按《办法》执行。

《考核规范》规定的考核程序和考核结果评定方法是根据国家标准 GB/T 27011—2005（ISO/IEC 17011：2004）《合格评定 认可机构通用要求》制定的，是国际通用的对实验室考核和评定的做法，是比较成熟和符合科学、合理、客观公正原则的。同时该《考核规范》根据我国《计量法》对计量标准的建立、计量检定人员的要求和考核等方面规定，结合自1997年开始实施的对国家法定计量检定机构进行考核和授权工作，使考核工作得以不断改进，考核的可操作性、有效性和可信性不断提高。综上所述，《考核规范》不仅包括了 ISO/IEC 17025 标准的全部管理要求与技术要求，同时，还增加了我国计量法律、法规对法定计量检定机构的全部要求，以及国际法制计量组织对法制计量实验室的全部要求。

（三）考评员的基本要求与考核组的职责

法定计量检定机构的考核质量很大程度上取决于考评员的素质，各级人民政府计量行政部门的重要职责之一就是按照规定的要求认真做好考评员队伍的培养与监督管理工作。

1. 对考评员的基本要求

原国家质检总局2000年8月31日颁布的《法定计量检定机构考评员管理规范》规定，法定计量检定机构考评员，是指经省级质量技术监督部门培训、考核合格并注册，持有考评员证件，从事法定计量检定机构考核的人员。

法定计量检定机构考评员分为二级：即法定计量检定机构国家级考评员（简称“国家级考评员”）和省级法定计量检定机构考评员（简称“省级考评员”）。

2. 考核组的职责

1）考核组长的职责包括：全面负责考核组的组织工作、制定考核计划、代表考核组与被考核机构交换意见、审定并提交考核报告。

2）考评员的职责包括：策划并完成所承担的任务、报告所承担任务的考核情况、协助考核组长的工作。

《考核规范》中对考核程序做出了明确规定，考核程序包括考核申请、考核准备、现场考核、考核报告、纠正措施的验证和考核结果的评定六个环节。六个环节缺一不可，构成了一个完整的考核过程。其流程图如图 14-1 所示。

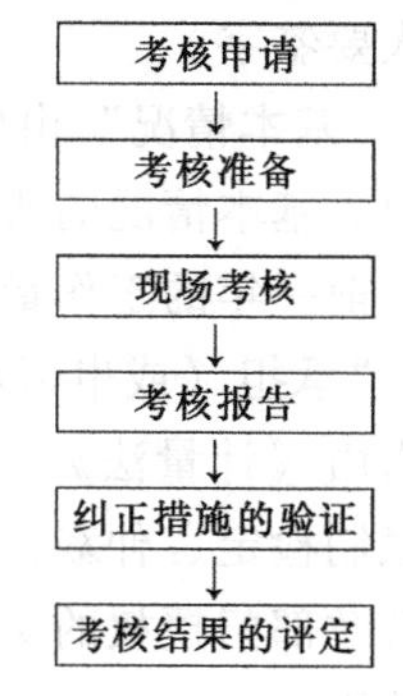

图 14-1 考核程序流程图

二、考核申请

(一)《考核规范》原文

> 9.1.1 提出申请
>
> 机构依据《法定计量检定机构监督管理办法》的规定向有关政府计量行政部门提出考核申请，提交考核申请书（格式见附录 A）、考核项目表（格式见附录 B）、考核规范要求与管理体系文件对照检查表（格式见附录 C）、证书报告签发人员考核表（格式见附录 D）和质量手册以及程序文件目录等申请文件。
>
> 9.1.2 受理申请
>
> 政府计量行政部门在收到申请考核机构的上述文件后，检查文件是否完整。如果文件完整，应按有关规定组织考核；如果文件不完整，应要求申请机构予以补充。

(二) 要点理解

1. 申请的条件

为了适应市场经济的需要和与国际接轨，近年来政府加强了对法定计量检定机构的管理，规定只有取得计量授权证书的机构才有资格承担政府下达的执法任务和为社会提供检定、校准和检测服务，因此对各级法定计量检定机构的考核是强制性的。各级法定计量检定机构必须认真贯彻《考核规范》的要求。这些要求主要体现在《考核规范》的第 4 章~第 8 章。法定计量检定机构必须首先按这些要求建立管理体系，并有效运行一段时间，对所开展的项目在实验室条件、计量标准考核、设备、人员、依据检定规程或其他经确认的方法文件等方面已满足要求，这时方可提出考核申请。法定计量检定机构向哪一级政府计量行政部门申请，按《办法》执行。

2. 申请的实施

机构的考核申请包括申请给予机构授权的意向和申请授权的具体项目几个方面。因此提交的申请资料也包括申请机构的地位、管理体系和检定、校准、检测项目这几方面内容。具体包括考核申请书、考核项目表和考核规范要求与管理体系文件对照检查表。

(1) 申请书的填报　法定计量检定机构考核申请书包括封面、基本情况、承担（或申请承担）法定任务和开展（或申请开展）业务范围、提供文件目录等内容。

封面上申请机构名称、申请机构负责人、申请日期由申请机构填写，其中申请机构要盖公章，申请机构负责人要签字。受理单位名称、受理日期、经办人由受理单位填写，受理经办人要签字。

“基本情况”由申请机构填写，所有栏目应如实填写，栏目内容没有的填“无”，不要空白。基本情况的所有内容都是申请机构的内部情况，其中“工作量”一栏应填写申请日期之前一年的工作量情况。应将年份、全年工作数量填在相应栏目内。

“承担（或申请承担）法定任务”对人民政府依法设置的国家法定计量检定机构而言，是指由《计量法》和有关规章规定，而机构本身又有能力承担的各项任务，如强制检定、非强制检定、仲裁检定、计量器具新产品或进口计量器具型式评价、样机试验等。对政府计量行政部门授权的法定计量检定机构而言，也是承担上述任务，但须说明仅涉及某专业或行业范围。

“开展（或申请开展）业务范围”是指校准服务或其他中介服务。

随申请书提交的文件及文件份数列在申请书第三页中，申请机构应按要求提供以下14个方面的文件：

1）机构依法设立的文件副本1份。

2）机构法定代表人任命文件副本1份。

3）授权的法定计量检定机构授权证书副本1份。

4）考核项目表B1——检定项目1份。

5）考核项目表B2——校准项目1份。

6）考核项目表B3——商品量/商品包装计量检验项目1份。

7）考核项目表B4——型式评价项目1份。

8）考核项目表B5——能源效率标识计量检测项目1份。

9）考核规范与管理体系文件对照检查表1份。

10）证书报告签发人员一览表（D1表）1份。

11）证书报告签发人员考核记录（D2表）1份。

12）质量手册1份。

13）程序文件目录1份。

14）已参加的计量比对和（或）能力验证活动目录及结果1份。

4）~8）项应根据申请的项目填报，如果不申请则不需要填报。以上文件除提供纸质文件外，其中4）~11）项还应提供电子文本各一份。

（2）考核项目表的填报　考核项目表包括B1~B5五份表格。每份表格包括两部分内容，上半部分（“考核记录”以上部分）由申请机构填写；下半部分，即“考核记录”部分由考评员填写。

1）填写考核项目表B1——检定项目的注意事项：

① 填报的内容必须与本项目的《计量基准证书》《计量标准考核证书》或《社会公用计量标准证书》的信息保持完全一致；如果标准装置的状况发生改变的应该首先办理《计量基准证书》《计量标准考核证书》或《社会公用计量标准证书》变更手续。

② 开展检定项目的依据必须是现行有效的计量检定规程。

③ 如果此项目同时开展校准，则在相应栏目做出标注，不需要另外填报B2——校准项目表。

2）填写考核项目表B2——校准项目的注意事项：

① 开展校准项目所依据的计量标准必须经过计量标准考核，取得《计量基准证书》《计量标准考核证书》或《社会公用计量标准证书》。

② 开展项目所依据的校准规范必须是现行有效的校准规范。

③ 计量标准必须溯源或使用有效期内的有证标准物质。

3）填写考核项目表 B3——商品量/商品包装计量检验项目的注意事项：

① 定量包装商品净含量检验项目必须按质量、体积、长度、面积和数量分别填报，并明确测量范围。

② 测量设备必须满足 JJF 1070—2005《定量包装商品净含量计量检验规则》的要求。

③ 商品包装计量检验项目按 JJF 1244—2010《食品和化妆品包装计量检验规则》的要求填报。

4）填写考核项目表 B4——型式评价项目的注意事项：

① 型式评价的依据必须是国家颁布的型式评价大纲或包含对型式评价要求的计量检定规程；如果目前没有上述大纲或规程的，技术机构应在申请前将自编的型式评价大纲报组织考核的计量行政部门。

② 型式评价所需的测量设备和试验设备的配备和技术指标必须满足型式评价大纲的全部要求。

③ 型式评价所需的环境条件必须满足型式评价大纲的要求。

④ 从事型式评价的人员数量和资质必须符合《考核规范》规定的要求。

5）填写考核项目表 B5——能源效率标识计量检测项目的注意事项：

① 开展项目的依据必须是国家市场监督管理总局正式发布的相应产品的能源效率标识计量检测规则。

② 测量设备和环境条件必须满足相应产品能源效率标识计量检测规则的要求。

（3）考核规范要求与管理体系文件对照检查表的填报　该表是对申请机构管理体系考核的调查表和记录表，既要调查《考核规范》的要求是否都在申请机构的管理体系文件中有所反映，又要检查每一项要求在体系运行中执行得怎么样。申请机构应对照《考核规范》每一条，将与之对应的本机构管理体系文件的名称、文件号和条款号填写在该表的第二栏“管理体系文件编号及条款号”中。第三栏“考核记录”由考评员填写。

（4）证书报告签发人员考核表的填报　证书报告签发人员一览表（D1 表）与证书报告签发人员考核记录（D2 表）应该相互对应。填写签发领域时应将检定/校准与检测领域分开描述；签发检定/校准证书的领域应按专业领域描述；签发检测报告的领域应按计量器具类别、商品量类别和能源效率标识计量检测产品类别描述。

三、考核准备

（一）《考核规范》原文

9.2　考核准备 9.2.1　文件审核 组织考核的部门应指派考评员对申请文件进行初审。 初审人员应审核申请文件是否齐全，每一份文件是否清楚地反映了机构的有关情况，这些情况是否满足考核规范的要求，并提出审核意见。

——如果提供的文件齐全，内容清晰、信息完整，并基本满足考核规范的要求，建议组织考核的部门安排现场考核；

——如果提供的文件不齐或文件中的信息不全，建议组织考核部门通知申请机构补充完整；

——如果发现申请机构存在有可能在近期内改正的缺陷，建议组织考核部门通知申请机构进行改正；

——如果发现申请机构的管理体系不符合考核规范的要求，不具备现场考核的条件，建议组织考核部门向申请机构指出，暂不安排考核，待问题解决后再重新申请。

9.2.2 成立考核组

9.2.2.1 对基本具备现场考核条件的申请机构，由组织考核部门组织成立考核组，并负责将考核组名单和现场考核时间以文件形式正式通知申请机构，并征求申请机构意见。

9.2.2.2 考核组成员视被考核机构规模由2人以上组成，至少包括考核组长1人，具备申请考核项目专业知识的专家或考评员数人。申请型式评价项目考核的，每个项目应至少配备1名具备该项目专业知识的专家或考评员。

9.2.2.3 考核时间应视申请机构的规模、考核项目的种类和数量以及现场试验的复杂程度确定。

9.2.3 制定考核计划

考核组组长负责制定现场考核计划并形成文件，经组织考核部门批准后实施。现场考核计划应包括：

——现场考核的目的和范围；

——列出被考核机构有重大直接责任的人员名单；

——考核依据的文件（如考核规范、申请机构的质量手册等）；

——考核组成员分工，确定考核的程序和方法；

——考核工作的作息时间和主要考核活动日程表；

——与申请机构有关人员举行首次会议、末次会议及其他会议的日程安排；

——保守机密的要求。

当申请机构对考核计划有异议时，应立即告知考核组组长，由组长与申请机构协商，并在考核开始前解决。

9.2.4 准备文件资料

由考核组组长负责准备好现场考核的工作文件，包括：考核项目表（见附录B）、考核规范要求与管理体系文件对照检查表（见附录C）及不符合项/缺陷项记录表（见附录E）等。

9.2.5 准备试验项目

确定现场试验操作考核项目，准备用于现场试验的样品。考评员或专家应根据申请考核项目选择有代表性的、技术比较复杂的、能力验证结果为有问题或不满意的项目确定为现场试验操作考核项目。尽可能准备一部分由权威机构检定或校准过的被测样品，用于现场试验考核。确定为现场试验操作考核的项目应不少于申请考核项目总数的三分之一。

注：监督复查时确定为现场试验操作考核的项目应不少于授权项目总数的四分之一。

（二）要点理解

1. 文件审核

（1）确定文件审核人员　负责组织考核的政府计量行政部门在受理了法定计量检定机构的考核申请后，应指派考评员对申请文件进行审核。考评员的资格要求在《办法》中给以规定。按照规定的要求，考评员应由经过培训、有较丰富的计量管理和技术工作经验并经有关部门考核批准的人员担任。考评员依据《考核规范》的要求对申请机构提供的文件资料进行审核。

（2）审核方法　首先应对照考核申请书的第3页，检查所提供的文件是否齐全。然后检查考核申请书的内容是否清楚反映了机构的有关情况，检查各考核项目表是否填写完整，表中除“型号规格”和“检定/校准周期”有可能没有内容以外，其他栏目都应填写相应的内容。

考评员在审核时如果发现提供的文件不齐，该提供的没有提供，或提供的文件中信息不全，该填写的没有填写，或者经审核认为有必要补充进一步的文件或资料，这时考评员应将此情况报告组织考核的人民政府计量行政部门，由组织考核部门通知申请机构补充完整。考评员要特别注意的是，对于校准/检测项目所依据的文件名称编号如果不是在国内公开发行经批准的检定规程、校准规范、国家或行业标准的，应要求申请机构提供文件全文，如申请机构内部人员编写的校准方法文件、某外国机构的标准文件等。

考评员还应对申请机构的质量手册进行评审，根据申请机构提供的《考核规范》要求与管理体系文件对照检查表，逐条查对《考核规范》的要求是否已在申请机构的体系文件中有规定。

（3）审核结果的处理　如果在审核中发现申请机构存在不符合《考核规范》的问题，而这些问题是比较容易改正的，属于有可能在近期改正的缺陷，考评员应明确指出，并向组织考核部门报告。由组织考核部门通知申请机构整改，并要求申请机构将已完成的整改报告交回组织考核部门，再由考评员对整改报告给予审核。

如果在审核中发现的问题是严重的，说明申请机构的管理体系有严重缺陷，且不可能在近期内纠正，因此与《考核规范》的要求还有较大差距。考评员应向组织考核部门报告，由组织考核部门向申请机构指出，并通知其暂不安排考核，待申请机构将问题解决后重新申请。

2. 考核组

（1）成立考核组　经过考评员对申请机构报来的文件资料进行审核，该提供的文件都提供了，文件内容清晰，要求提供的信息都具备了，经审核管理体系文件基本符合《考核规范》的要求，需要改正的小问题已经改正，需要补充一些文件已经补充，这就说明申请机构已经具备了考核条件。此时组织考核部门应立即着手成立考核组，同时就安排现场考核的时间与申请机构进行协商。考核组的组成要根据被考核机构的规模大小、项目多少来决定，最少不低于2人，一般不超过7人。考核组成员都应是具有考评员资格的人员。考核组组长由组织考核部门聘任。考核组成员要兼顾硬件考核和软件考核。硬件考核人员应是申请考核项目的专家或熟悉考核项目的专业技术人员。

（2）确定考核日期　考核时间视考核项目的数量和复杂程度合理安排。考核时间不宜过长，以免过多影响申请机构的日常业务工作。

（3）名单和日期的确认　确定了考核组人员和现场考核日期后，由组织考核部门以文件形式将考核组名单、组长人选、现场考核日期正式通知申请机构，并就考核组成员和现场考核日期征求申请机构意见。被考核机构可以就上述两个问题向组织考核部门表示同意或提出要求改变的意见并说明理由。如果经双方协商对考核组组成或时间安排有所改变的话，将由组织考核部门按最后确认的意见重新发一份文件给申请机构。

3. 制定考核计划

（1）计划内容　现场考核计划由考核组组长负责制定。现场考核计划的内容包括：

1）现场考核的目的和范围。现场考核的目的就是通过实际观察和取证确认申请机构的管理体系是否满足《考核规范》要求，并能够有效运行，其申请考核的项目是否具备了相应的能力和水平。考核范围是指要考核哪些实验室、哪方面业务等。

2）列出与考核目的和范围有重大直接责任的人员名单。这些人一般包括申请机构的最高管理者、技术负责人、质量负责人、授权签字人和考核项目的负责人等，他们都是考核的重点对象。

3）考核依据的文件，如《考核规范》、申请机构的质量文件、考核项目依据的技术文件等。

4）考核组成员的分工，考核的程序和方法。考核组一般分软件组和硬件组，硬件组又按考评员的专业特长分工，负责有关的考核项目。考核组要规定考核的程序和方法，如现场参观、查阅文件记录、现场操作、现场提问、召开座谈会等。

5）考核期间的作息时间和主要考核活动日程表。

6）与申请机构领导人举行首次会议、末次会议及其他会议的日程安排。

7）保守机密的要求。对考核组成员提出为申请机构保守秘密的纪律要求。

（2）计划审批　由考核组组长制定的现场考核计划应形成文件提交组织考核部门审批，经批准后方可实施。经批准的考核计划由组织考核部门负责分发给申请机构和考核组成员。申请机构在收到考核计划后如果对计划有异议，应立即与考核组组长联系，双方进行沟通、说明、解释，务必在考核开始前解决矛盾，统一认识。如果确实需要对原计划进行修改，则修改后的计划要重新报组织考核部门审批，经批准后按新的计划实施。

4. 现场考核准备工作

（1）文件准备　考核组组长负责准备现场考核所用的工作文件，包括考核项目表（见《考核规范》附录B）、《考核规范》要求与管理体系文件对照检查表及不符合项/缺陷项记录表等。考评员将逐条考核管理体系文件是否符合《考核规范》要求，执行情况及效果，并如实做好考核记录。硬件组的考核记录就是申请机构提交的考核项目表。考评员需将每个项目的技术文件是否有效、量值溯源、设备管理、人员能力、环境条件、原始记录、证书报告等考核结果如实填写在这些项目表的考核记录栏内。

（2）试验项目准备

1）应确定现场试验操作考核项目。考评员或专家应根据申请考核项目选择有代表性的、技术比较复杂的、能力验证结果为有问题或不满意的项目确定为现场试验操作考核项目。检定、校准项目应不少于申请考核项目总数的三分之一，监督复查时确定为现场试验操作考核的项目应不少于授权项目总数的四分之一。检测项目一般应全部进行现场试验操作。

2）根据确定的现场试验项目准备试验样品。现场试验操作考核可以采用由考核组提供被测样品和在被考核机构现场抽取样品两种方式。尽可能准备一部分由权威机构检定或校准过的被测样品用于现场试验考核。由考核组提供的被测样品应由硬件组考评员事先准备好，经权威机构检定或校准过，并带到考核现场，但注意在考核前权威机构的检测数据要向被考核机构保密。

四、现场考核

（一）《考核规范》原文

9.3　现场考核

9.3.1　首次会议

首次会议由考核组长主持，考核组全体成员、申请机构最高管理者和有关人员参加会议。首次会议目的是：

——介绍考核组成员和被考核机构负责人及有关人员；

——明确现场考核的目的和范围，说明依据的文件；

——明确现场考核计划、考核的程序和考核的方法；

——确定考核组与被考核机构的联系方法；

——确认考核组开展工作的条件已具备；

——确认考核活动的时间安排；

——澄清考核计划中不明确的内容。

9.3.2　现场参观

首次会议后，考核组成员在被考核机构的负责人或联系人陪同下对整个机构进行一次现场参观。通过参观初步了解该机构管理体系的运行状况、环境条件和仪器设备的大致情况，为下一步分软件组和硬件组考核做好准备。

9.3.3　软件组考核

9.3.3.1　考核的内容

软件组负责考核的主要内容是本规范“4组织和管理”、“5管理体系”、“7.1检定、校准和检测实施的策划”、“7.2与顾客有关的过程”、“7.4服务和供应品的采购”和“8管理体系改进”。

9.3.3.2　考核的程序

软件组考核的基本程序是按照“考核规范要求与管理体系文件对照检查表”（见附录C，以下简称“检查表”）的要求，检查各个过程是否识别、职责是否明确、过程是否实施、实施结果是否有效，并在“检查表”上记录评价结果。对考核中发现的所有不符合或存在缺陷的问题收集客观证据，并填写“不符合项/缺陷项记录表”（见附录E）。

如果发现有可能导致不符合的重要线索，即使不在“检查表”之列，也应予以记录并进行深入调查。对于面谈获得的信息还应通过实际观察、测量或记录等其他方式予以验证。

9.3.3.3　主要条款的考核方法

a）“4组织和管理”的考核。通过查看文件，确认机构的法定地位是否符合本规范要求；通过查看有关记录以及与机构最高管理者面谈确认机构是否遵守相关法律法规，并履行了法定义务；结合其他条款的考核情况，分析、评价机构是否具备了考核规范所规定的基本条件。

b）“5管理体系”的考核。通过与机构最高管理者、质量负责人和其他有关人员面谈，查阅体系文件和体系运行记录等方法，检查机构是否已按照5.1所规定的过程方法建立管理体系并满足要求；检查机构最高管理者是否履行了其对建立、实施管理体系并持续改进其有效性的承诺；检查体系文件、文件和记录的控制是否符合规范的要求，并符合机构的实际情况；检查机构的质量方针是否得到有效贯彻，总体目标是否得以分解、测量、评价和实现。

c）“7.1检定、校准和检测实施的策划”的考核。检查机构是否按规定对检定、校准和检测的各项活动进行了策划，并形成了相应的管理程序和质量计划；策划形成的管理程序是否符合有关法律法规和技术规范的要求。采用在检定、校准、型式评价、商品量及商品包装计量检验和能源效率标识计量检测工作流程的某一环节上随机选取一个或多个工作对象，跟踪调查其在整个工作流程中是否按照体系文件规定执行并满足本规范的要求。

d）“7.2.1要求、标书和合同的评审”考核。通过查阅有关程序文件和顾客要求、标书和合同的评审记录以及已经签订的合同，检查评审的实施过程是否符合程序规定，评审的结果是否有效。

e）“7.2.2服务顾客”考核。通过查阅检定、校准和检测的业务流转单据和收费票据以及顾客的反馈意见，检查机构的服务是否符合工作质量、完成时间和收取费用等规定。

f）“7.4服务和供应品的采购”考核。通过查阅程序文件、采购文件、采购服务和物品的验证记录、服务和供应品的供应商的评价记录和获得批准的供应商名单等，检查机构对服务和供应品采购的控制以及控制结果的有效性。

g）“8管理体系改进”考核。通过查阅有关程序文件和内部审核、管理评审的计划、记录、审核报告、评审报告、不符合工作控制记录、纠正措施和预防措施记录等，检查机构是否建立了持续改进的机制。查阅顾客满意度调查记录和顾客投诉处理记录，评定机构是否树立了“以顾客为关注焦点”观念，并达到了顾客满意的目标。

9.3.4 硬件组考核

9.3.4.1 考核的内容

硬件组负责考核的主要内容是“考核项目表B1~B5”中规定的内容以及本规范“6资源配置和管理”和“7检定、校准和检测的实施”（除7.1、7.2和7.4）。

9.3.4.2 考核的程序

a）按照硬件组专家的专业分工，分别考核所有的申请考核项目。对于每个项目的考核，按照“考核项目表”中规定的考核内容，检查各项要求是否符合规定要求，并记录考核结果。

b）在分项目考核的基础上，按照“检查表”的要求对“6资源配置和管理”和“7检定、校准和检测的实施”（除7.1、7.2和7.4）条款进行考核和评价。

c）现场试验硬件考核的关键环节。现场试验时应全程跟踪试验过程，注意观察试验设备和试验环境，对照技术规范进行核查，并就相关技术问题对试验人员进行提问。

对于耗时比较长的现场试验，考评员可以结合试验关键点的操作、现场提问和现场演示的方式进行考核。当某项试验可由多人进行操作时，应考虑采用人员比对的方式进行现场考核。当某项试验可在多台仪器设备上进行时，应考虑采用设备比对的方式进行现场考核。

d）计量比对和能力验证是机构实际能力的重要证明。检查机构是否建立了计量比对和能力验证的制度和纠正措施程序，是否参加相关专业的计量比对和能力验证活动，结果是否符合要求，对结果不满意的是否采取了有效的纠正措施。

e）对在上述考核中发现的所有不符合或存在缺陷的问题收集客观证据，并填写“不符合项/缺陷项记录表”（见附录E）。

9.3.4.3 检定、校准项目考核

按照“考核项目表B1——检定项目”和“考核项目表B2——校准项目”进行考核。考核的内容包括：计量标准证书及文件集、计量标准器及配套设备、量值溯源、设施与环境条件、人员资质及能力、开展检定（或校准）的依据、原始记录、检定（或校准）证书、测量不确定度评定、期间核查、检定结果的质量控制和现场试验等12个方面。考核的依据是本规范的相关条款，以及开展检定、校准所依据的计量检定规程或校准规范。

9.3.4.4 商品量及商品包装计量检验项目考核

按照“考核项目表B3——商品量及商品包装计量检验项目”进行考核。考核的内容包括：检测依据文件、测量设备、量值溯源、人员资质与能力、环境条件、抽样方案、试验方法、测量不确定度评定、原始记录、检测报告和现场试验等11个方面。考核的依据是本规范的相关条款，以及开展商品量及商品包装计量检验所依据的计量检验规则。

9.3.4.5 型式评价项目的考核

按照"考核项目表B4——型式评价项目"进行考核。考核的内容包括：依据的文件、检测与试验项目、测量设备、量值溯源、试验设备、设施与环境设施、人员资质与能力、型式评价流程、型式评价方法、原始记录、评价报告、测量不确定度评定、检测结果的质量控制和现场试验等14个方面。考核的依据是本规范的相关条款，以及开展型式评价所依据型式评价大纲等计量技术规范和相关的标准。

9.3.4.6 能源效率标识计量检测项目的考核

按照"考核项目表B5——能源效率标识计量检测项目"进行考核。考核的内容包括：计量检测依据的文件、测量设备、量值溯源、设施与环境条件、人员资质与能力、抽样、检测方法、测量不确定度评定、原始记录与数据处理、检测结果的评定、检测报告、检测结果的质量控制和现场试验等13个方面。考核的依据是本规范相关的条款，以及开展能源效率标识计量检测所依据的用能产品能源效率标识计量检测规则。

9.3.5 证书报告签发人员的考核

9.3.5.1 机构申请考核的证书报告签发人员应是由机构明确其职权，对其签发的检定证书、校准证书和检验、检测报告具有最终技术审查职责，对于不符合要求的结果和证书、报告具有否决权的人员。

（二）要点理解

1. 预备会和首次会议

（1）预备会 参加现场考核的全体成员应按规定要求准时到达被考核机构。在正式考核评审开始之前，考核组应召开预备会。预备会参加人员仅限于考核组全体成员。预备会由考核组组长主持，就现场考核的准备工作进行检查和落实，明确考核计划和考核组成员分工，确认现场考核的依据文件、考核记录已准备好，检查由考核组提供的用于现场操作考核的被测样品是否准备就绪。组长和组员之间互相熟悉，就考核计划进行沟通，以便在考核过程中配合协调。

（2）首次会议 首次会议由考核组组长主持，参加人员包括考核组全体成员，申请机构最高管理者和其他有关人员。申请机构参加首次会议人员由申请机构自己决定，但至少应包括申请机构最高管理者、技术负责人和质量负责人，质量管理部门、业务技术管理部门和主要实验室的负责人最好也参加首次会议。

首次会议的目的和主要内容如下：

1）考核组成员与被考核机构的负责人及有关人员见面，互相认识。会上应由考核组组长首先逐一介绍考核组成员的姓名及在考核组内的分工。然后由被考核机构负责人介绍被考核机构到会人员的姓名及其职务。在互相认识的过程中，考核组人员应留意在考核中需要重点考核的对象，或自己分工考核范围的负责人，以便在即将实施的考核中对口联系提高工作效率。

2）明确现场考核的目的和范围，说明依据的文件。由考核组组长阐明现场考核的目的就是验证被考核机构的实际运作与《考核规范》的要求和自己的质量手册是否一致。考核的范围除了质量管理体系所涉及的全部范围以外，对技术能力的考核仅限于申请机构所申请的考核项目。依据的文件包括《考核规范》，申请机构的管理体系文件，检定、校准、检测使用的检定规程、校准规范、检验规则、检测规则、型式评价大纲等技术文件。

3）明确现场考核计划、考核的程序和考核的方法。考核组组长介绍考核计划，并就考核计划再次征求意见，可根据现场实际情况采纳被考核机构或考核组成员的合理化建议。但如果要做重大调整，如涉及增加或减少某些项目或要素，则要请示组织考核的人民政府计量行政部门，经批准后方可调整。对考核的具体程序和方法也由考核组组长进行解释和说明，同时要特别强调考核中坚持客观公正的原则以及为被考核机构保守机密的承诺。

4）确认考核组与被考核机构的联系方法。一般应由被考核机构指定与考核组软件组、硬件组的联系人，并向考核组提供联系人的办公地点及其联系电话（包括手机号码）。

5）确认考核组开展工作的条件已具备。应由被考核机构负责人简要介绍准备工作情况、管理体系运作情况，说明接受考核的人员都已到位，考核项目的环境设施、仪器设备等都处于正常状态。对被考核机构负责人的介绍如有不清楚之处，考核组可以询问，要求解释。被考核机构还应向考核组提供基本的办公条件，如办公室及办公设备等。

6）确认考核活动及末次会议和其他中间会议的时间安排。

7）澄清考核计划中不明确的内容。双方对考核计划或申请项目有何需要澄清的问题，都要在首次会议上提出，经讨论给以澄清，以免对以后的考核工作造成麻烦。

首次会议要简单明了，时间不超过半小时。考核组组长要精心组织好首次会议，努力创造一种既认真严格，又实事求是、真诚和谐的良好气氛，使现场考核有个好的开端。

2. 现场参观

（1）参观目的　首次会议之后，考核组全体成员在被考核机构负责人或联系人陪同下对整个机构进行一次现场参观。这是为考核的目的而参观，要通过参观了解被考核机构的实际情况。

（2）参观重点　软件组考评员在参观中要注意了解被考核机构内部组织的实际情况。有的机构在组织机构图上或质量手册中列出的机构设置，在实际中可能只是一个人，甚至一个人或几个人兼几个机构的职能等。现场参观时还可以通过观察办公室的情况和简短的对话，了解每个部门的实际运行情况。在与部门人员对话时也能了解到他们对自己的职责是否清楚，实际做法与质量体系文件规定是否有出入。软件组考评员通过现场参观应能掌握机构实际的内部组织和业务工作实际流程的大致情况，同时记下与软件组重点考核要素直接有关的部门或人员，为下一步深入考核做好准备。

硬件组考评员主要结合自己分工的项目了解实验室的位置、设施和环境条件，观察设备的实际状态、有无标志，保养维护情况，观察实验室的管理、卫生状况，初步认识从事被考核项目的专业技术人员。

（3）注意事项　所有考评员在现场参观时应随时记录发现的问题或有疑问的地方，以及认为要重点检查的方面。但要注意现场参观不要拖得太长，不要就一些具体问题展开讨论。

3. 软件组考核

（1）考核的内容　软件组负责考核的主要内容是《考核规范》“4 组织和管理”“5 管理体系”“7.1 检定、校准和检测实施的策划”“7.2 与顾客有关的过程”“7.4 服务和供应品的采购”和“8 管理体系改进”。软件组考核的主要任务是确认被考核机构管理体系的符合性和有效性。

（2）考核的程序　软件组考核的基本程序是按照“考核规范要求与管理体系文件对照检查表”（以下简称“检查表”）的要求，检查各个过程是否识别、职责是否明确、过程是否实施、实施结果是否有效，并在检查表上记录评价结果。对考核中发现的所有不符合或存在缺陷的问题收集客观证据，并填写“不符合项/缺陷项记录表”。

如果发现有可能导致不符合的重要线索，即使不在检查表之列，也应予以记录并进行深入调查。对于面谈获得的信息还应通过实际观察、测量或记录等其他方式予以验证。

（3）考核方法

1）关于组织和管理的考核。

① 对申请机构地位的考核。在申请机构的考核申请书中已附上了申请机构依法设置的文件和申请机构法人代表任命文件的副本。考评员应对这些文件进行核实，申请机构设置文件应该是当地人民政府机构编制委员会的正式文件，法人代表的任命文件应该是主管机构的组织人事部门的正式文件。要核实文件的内容和当前的实际是否一致，有无变化，如有变化要提供新的法律地位证明。申请机构还应提供法人资格证明，如事业单位法人证书。应了解申请机构是否有独立的账号，实际上是否独立运作。

对于各级人民政府依法设置的国家法定计量检定机构，只需要核查机构编制委员会的机构设置文件、事业单位法人证书和法人代表任命文件。

对于人民政府计量行政部门授权的法定计量检定机构除核查上述三份文件外，还应核查政府计量行政部门同意授权的文件。对于授权的法定计量检定机构如果不是独立法人，而是某个组织的一部分，则要检查其是否有独立的建制，其负责人是否有法人代表给予的委托书。

② 对申请机构履行责任的考核。通过查看记录和与负责人交谈了解申请机构在遵守法律法规和履行计量法赋予的职责方面的情况。例如有没有受到涉及违法行为的投诉或处理，人民政府计量行政部门下达给该机构的任务有哪些，如强制检定、仲裁检定、执法检查等，完成情况如何，是否自觉接受人民政府计量行政部门的监督和管理，结果如何，有无记录。必要时，应征求主管的人民政府计量行政部门的意见。

③ 基本条件的考核：

a. 根据申请机构提供的有关基本情况和现场参观得到的实际情况，了解机构在组织和管理方面的基本框架，考核其内部机构的设置是否合理，是否满足《考核规范》要求，是否明确规定了各部门各岗位的职责，其相互关系是否统一协调。

b. 根据申请机构提供的公正性声明和有关保证其公正性的政策措施，以及其内部机构的设置，检查申请机构在管理上是否能保证机构工作的公正性，为客户保密，遵守职业道德等。

c. 根据申请机构提供的人员状况表，检查申请机构是否按要求配备了管理人员、监督人员、技术负责人、质量负责人等。

d. 根据申请机构实际运行的业务管理信息系统，首先检查系统是否能满足业务管理、流程控制的要求；其次检查系统运行是否可靠，检查其对编制或使用计算机软件是否进行了有效的控制，是否使用经审核批准的合法软件，有无保护数据安全和合理调用的措施，查看这些文件和有关记录。

e. 根据申请机构提供的财务报表，了解申请机构的财务收支状况，检查申请机构是否具有检定、校准或检测设备更新、改造和维持业务工作正常运行的经费保障能力。

2）关于管理体系的考核。对管理体系的考核是软件组的最主要的任务，也是整个现场考核的主要目的之一。一个机构管理体系的建立是一个系统工程，涉及全部组织机构、所有人员，包括对资源的合理配置和利用以及对各项工作过程的有效控制。要在有限的时间内对其进行全面的考核不是一件简单的事，也是对考评员能力水平的考验。因此软件组考评员必须掌握科学的方法，以高度的责任心，对申请机构的管理体系做出实事求是的客观评价。

① 基本方法。对管理体系的考核，应对管理体系的每个过程检查 4 个基本问题：过程是否确定（检查过程是否形成文件）？职责是否落实（检查与过程有关的部门和人员的职责是否落实）？过程是否按规定实施（查阅质量记录检查过程是否按规定要求实施）？实施结

果是否有效（检查过程实施的结果是否达到预期目标）？

② 重点内容：通过与申请机构最高管理者、质量负责人和其他有关人员面谈，查阅体系文件和体系运行记录等方法，检查申请机构是否已按照5.1所规定的过程方法建立管理体系并满足要求；检查申请机构最高管理者是否履行了其对建立、实施管理体系并持续改进其有效性的承诺；检查申请体系文件（包括质量手册、程序文件、作业指导书、质量记录等），以及文件和记录的控制是否符合《考核规范》的要求，并符合申请机构的实际情况；检查申请机构的质量方针是否得到有效贯彻，总体目标是否得以分解、测量、评价和实现。

3）关于检定、校准和检测的策划的考核。检查申请机构是否按规定对检定、校准和检测的各项活动进行了策划，并形成了相应的管理程序和质量计划；策划形成的管理程序是否符合有关法律法规和技术规范的要求；检定、校准和检测的实施是否按规定的程序和要求执行。

在检定、校准、型式评价、商品量及商品包装计量检验和能源效率标识计量检测工作流程的某一环节上随机选取一个或多个工作对象，跟踪调查其在整个工作流程中是否按照体系文件规定执行并满足《考核规范》的要求。例如随机抽取一份或几份试验原始记录，或证书报告副本，或已完成的被检器具，或申请机构内部使用的作业单、客户委托单等，跟踪调查这个对象从客户委托，对客户申请书、标书、合同的评审，样品的接收、识别、保管，到实验室检测、记录和处理数据，出具证书报告，直至将证书、样品交付客户，收取检测费用的全过程是怎样运作的，查看每一过程的有关记录，看其是否符合相关管理程序和《考核规范》的要求，从而证实实际操作与其策划形成的管理程序的一致性程度。

4）要求、标书和合同的评审的考核。查阅《要求、标书和合同的评审管理程序》，检查对过程是否做出规定；查阅顾客要求、标书和合同的评审记录，检查合同评审过程是否按规定的要求实施；查阅已经签订的合同，检查评审的结果是否有效。

5）服务顾客考核。检查申请机构是否对服务项目、工作质量、完成时间和收费标准等做出明文规定；通过查阅检定、校准和检测的业务流转单据和收费票据以及顾客的反馈意见，检查申请机构的服务是否符合规定的要求；必要时，采取走访顾客和电话采访的方式直接征求顾客的意见。

6）服务和供应品的采购的考核。检查申请机构是否制定了《服务和供应品采购管理程序》；查阅采购文件、采购服务和物品的验证记录，服务和供应品的供应商的评价记录和获得批准的供应商名单等，检查申请机构对服务和供应品采购的控制以及控制结果的有效性。

7）管理体系改进的考核。通过与最高管理者、质量负责人以及有关部门负责人面谈，评定申请机构是否确立了“持续改进”和“以顾客为关注焦点”的理念；通过与最高管理者、质量负责人和机构有关人员面谈、查阅质量方针和总体目标，评定机构是否建立了持续改进的方向和目标；查阅管理评审、顾客满意和投诉、内部审核、不符合工作控制、纠正措施和预防措施等相关程序文件，检查申请机构是否建立了持续改进的机制；查阅内部审核、管理评审的计划、记录、审核报告、评审报告、不符合工作控制记录、纠正措施和预防措施记录等，检查申请机构持续改进的适宜性和有效性；查阅顾客满意度调查记录和顾客投诉处理记录，评价申请机构是否达到了顾客满意的目标。

（4）考核记录　在进行上述考核过程中，软件组考评员要对管理体系所包含的所有管理过程按照“检查表”的要求，逐条对照检查，收集相应的客观证据以证明其符合性或者证明其不符合或存在的缺陷，并做好考核记录。这些证据可能是试验的原始记录、某些质量活动的记录等。

软件组重点考核的“4 组织和管理”“5 管理体系”“7.1 检定、校准和检测实施的策划”“7.2 与顾客有关的过程”“7.3 服务和供应品采购”“8 管理体系改进”等章节的考核记录，既要记录考核要求在管理体系文件中有无反映，是否符合，也要记录执行情况及效果。而对于硬件组重点考核的“6 资源配置和管理”“7 检定、校准和检测的实施”（除 7.1、7.2、7.3）几章节的考核记录则需要硬件组考核记录来补充，尤其是执行情况及效果要由硬件组提供。

如果考核中发现不符合项或缺陷项，应将每个不符合项或缺陷项逐一记录在“不符合项/缺陷项记录表”上。

4. 硬件组考核内容和程序

（1）考核内容　硬件组重点考核“6 资源配置和管理”和“7 检定、校准和检测的实施”（除 7.1、7.2、7.3）。硬件组的主要任务是确认被考核机构所申请授权项目的技术能力的符合性。

硬件组应根据被考核机构提交的考核项目表 B1～B5，对所有申请考核的项目进行逐项考核，不得只抽查部分项目。每个项目考核的具体内容如下：

1）检定和校准项目考核。按照“考核项目表 B1——检定项目”和“考核项目表 B2——校准项目”进行考核。考核的内容包括：计量标准证书及文件集、计量标准器及配套设备、量值溯源、设施与环境条件、人员资质及能力、开展检定（或校准）的依据、原始记录、检定（或校准）证书、测量不确定度评定、期间核查、检定（或校准）结果的质量控制和现场试验等 12 个方面。考核的依据是《考核规范》的相关条款，以及开展检定、校准所依据的计量检定规程或校准规范。

2）商品量及商品包装计量检验项目考核。按照“考核项目表 B3——商品量及商品包装计量检验项目”进行考核。考核的内容包括：检验依据文件、测量设备、量值溯源、人员资质与能力、环境条件、抽样方案、试验方法、测量不确定度评定、原始记录、检测报告和现场试验等 11 个方面。考核的依据是《考核规范》的相关条款，以及开展商品量及商品包装计量检验所依据的计量检验规则。

3）型式评价项目的考核。按照“考核项目表 B4——型式评价项目”进行考核。考核的内容包括：依据的文件、检测与试验项目、测量设备、量值溯源、试验设备、设施与环境条件、人员资质与能力、型式评价流程、型式评价方法、原始记录、评价报告、测量不确定度评定、检测结果的质量控制和现场试验等 14 个方面。考核的依据是《考核规范》的相关条款，以及开展型式评价所依据型式评价大纲等计量技术规范和相关标准。

4）能源效率标识计量检测项目的考核。按照“考核项目表 B5——能源效率标识计量检测项目”进行考核。考核的内容包括：计量检测依据的文件、测量设备、量值溯源、设施与环境条件、人员资质与能力、抽样、检测方法、测量不确定度评定、原始记录与数据处理、检测结果的评定、检测报告、检测结果的质量控制和现场试验等 13 个方面。考核的依据是《考核规范》相关的条款，以及开展能源效率标识计量检测所依据的用能产品能源效率标识计量检测规范。

（2）考核程序

1）按照硬件组专家的专业分工，分别考核所有的申请考核项目。对于每个项目的考核，按照“考核项目表”中规定的考核内容，检查各项目是否符合要求，并记录考核结果。

2）在分项目考核的基础上，按照“检查表”的要求对“6 资源配置和管理”和“7 检定、校准和检测的实施”（除 7.1、7.2 和 7.3）条款进行考核和评价。

3）现场试验是硬件考核的关键环节。现场试验时应全程跟踪试验过程，注意观察试验设备和试验环境，对照技术规范进行核查，并就相关技术问题对试验人员进行提问。

对于耗时比较长的现场试验，考评员可以结合试验关键点的操作、现场提问和现场演示的方式进行考核。当某项试验可由多人进行操作时，应考虑采用人员比对的方式进行现场考核。当某项试验可在多台仪器设备上进行时，应考虑采用设备比对的方式进行现场考核。

4）计量比对和能力验证是申请机构实际能力的重要证明。检查申请机构是否建立了计量比对和能力验证的制度和纠正措施程序，是否参加相关专业的计量比对和能力验证活动，结果是否符合要求，对结果不满意的是否采取了有效的纠正措施。

5）对在上述考核中发现的所有不符合或存在缺陷的问题收集客观证据，并填写“不符合项/缺陷项记录表”。

（3）考核方法 硬件组主要是在被考核项目实验室现场和进行试验操作过程中，通过观察、提问、查阅文件和记录、对现场试验的结果数据与已知数据进行比较分析等方法，验证每一个考核项目是否达到了考核项目表中所表示的能力，包括测量范围、准确度等级或测量不确定度的指标。考核的具体方法如下：

1）计量标准证书及文件集考核。检定和校准项目都是必须经考核建立了计量标准才能开展工作。一个计量标准项目可能开展一项或数项检定/校准项目。考核时首先检查计量标准是否按 JJF 1033—2016《计量标准考核规范》进行了考核，取得了《计量标准考核证书》和《社会公用计量标准证书》，而且两证都必须是在有效期内，有完整的计量标准文件集，包括测量不确定度评定的资料。对于已经变化的情况，如设备更新、精度等级提高或降低，是否办理了变更手续。

2）计量标准器及配套设备。检查开展检定、校准项目的主标准器和配套设备或标准物质是否与申请材料填写一致，是否符合计量检定规程、校准规范和国家计量检定系统表对设备精度等级和其他技术指标的要求，是否有状态标志，是否有有效期内的检定证书或校准证书，查看其设备档案是否完整，设备维护保养是否完善。

3）依据文件。检查所开展的每个检定、校准和检测项目是否配齐所有必需的检定规程、校准规范、检验/检测规则、型式评价大纲、技术标准、说明书、操作规程等技术文件，而且文件的版本必须是现行有效的；对机构自己编制的校准规范、型式评价大纲等技术文件是否按《考核规范》的要求履行了确认、审核和批准手续。

4）测量设备。检查所开展项目所使用的测量设备是否满足文件要求，是否有状态标识，是否具有在有效期内的有效溯源证书，查看其设备档案是否完整，设备维护保养是否完善。

5）量值溯源。检查计量标准、测量设备或标准物质的量值是否能通过一系列的检定或校准溯源到国家基准，并画出量值溯源图，是否按周期检定计划由社会公用计量标准实施了周期检定，或按校准计划实施校准。

6）期间核查。检查计量标准、测量设备或标准物质是否按照程序文件的要求制定了相邻两次周期检定或校准之间的期间核查计划和方法并实施，检查这些计划和实施记录。

7）设施与环境条件。考核实验场地和环境条件是否满足检定、校准和检测所依据的规程、规范、标准的要求，如空间大小、温度、湿度、防振、防电磁干扰、良好的接地、照明、能源等。检查实验室有无监控环境条件的仪器仪表，这些仪器仪表是否经检定合格，查看监控记录。考核实验室是否实行了有效的管理，如无关人员不得进入，仪器设备和检测对象放置合理有序，实验室卫生良好，有必要的人身健康安全和环境保护措施等。

8）人员资质及能力。了解该项目检定、校准或检测配备人员的数量是否足够，所配人员的资质是否满足规定的要求，并能提供相应的证明。对人员的技术能力进行考察。如果是事先确定的进行现场试验的项目，要对考核组提供的样品，或从现场抽取的样品进行试验操作。通过观察操作人员的操作和现场提问，检查其对检定规程（或校准规范、型式评价大纲、检验规则、检测规则）的理解是否正确，执行是否到位。

9）测量不确定度评定。检查申请机构是否制定了评定测量不确定度的程序，并对申请开展的各种类型的检定、校准和检测项目是否都按有关法规、规范所规定的要求进行了测量不确定度的评定；查阅测量不确定度的评定过程和评定结果的表示，检查其是否对给定条件下的所有重要不确定度分量，均采用了 JJF 1059.1—2012《测量不确定度评定与表示》所推荐的方法或其他法规、规范规定的方法进行评定和表示。

10）检定、校准和检测结果的质量控制。

① 检查申请考核项目是否制定了相应的控制程序、控制措施和控制计划，并经过评审确认是有效和可行的。

② 检查申请考核项目所得的质量控制数据是否形成记录，记录方式是否便于发现其发展趋势。

③ 检查是否对质量控制的数据进行了分析，当发现质量控制数据将超出预先确定的判据时，是否遵循已有的计划采取措施来纠正出现的问题，并防止报告错误的结果。

④ 检查申请考核的项目是否参加了相关专业的计量比对或能力验证活动，比对和能力验证的结果是否满意，如果不满意是否采取了相应的纠正措施，并进行了有效性验证。考评员对在近期参加计量比对或能力验证结果满意的项目不必进行现场试验；对于比对和验证结果不满意的项目应进行重点考核，并必须进行现场试验。

⑤ 考评员还应结合原始记录和证书报告的考核，评定监督控制的有效性。

11）原始记录。检查试验原始记录是否有固定格式，其格式是否满足检定规程或其他方法文件的要求，是否有足够的信息，是否妥善保存和管理。试验的原始记录是其证书报告的依据，也是证书报告承担法律责任时的原始凭证，因此考评员要给以重点考核，务必按《考核规范》“7.10 原始记录和数据处理”的内容逐条检查。

12）证书报告。考评员应对每个项目抽查若干份证书报告，对照《考核规范》“7.11 结果报告”按检定证书、校准证书和检测报告的不同要求逐条检查。

13）现场试验。现场试验时，考评员应对检定、校准和检测的操作程序、过程、采用的检定、校准和检测方法进行考评，并通过对现场实验数据与已知参考数据进行比较，确认计量标准测量能力或检测、试验设备的检测能力。

检定、校准项目的现场试验样品，根据实际情况可以选择盲样、被考核机构的核查标准或经检定或校准过的计量器具作为测量对象。商品量/商品包装检验、型式评价试验和能源效率标识计量检测的对象可以是考核组准备的，也可以是现场抽取的。

在现场试验过程中，考评员应对检定、校准或检测人员进行现场提问，现场提问的内容包括有关本专业基本理论方面的问题、计量检定规程或技术规范中有关的问题、操作技能方面的问题以及考核中发现的问题。

如果发现现场考核数据与已知数据有较大偏离，就要查找原因，记录暴露出来的缺陷或不符合项。所有现场试验操作考核的原始记录和证书或报告都作为考核证明予以密封，并由被考核机构存档。

(4) 考核记录 以“考核项目表 B1——检定项目”为例，考核记录的格式见表 14-1。

表 14-1 考核项目表 B1——检定项目

序号：　　　　　　　　　　　　　　　　　　　　　　　　　　　　第　页，共　页

所建计量基准、计量标准名称	测量范围	不确定度/准确度等级/最大允许误差	计量基准、计量标准考核证书号	社会公用计量标准证书号

计量标准器及配套设备	型号规格	制造厂及编号	测量范围	不确定度/准确度等级/最大允许误差	检定/校准周期	末次检定/校准日期	检定/校准证书号

开展检定项目名称	是否同时开展校准	测量范围	不确定度/准确度等级/最大允许误差	依据检定规程名称及编号

考核记录		
考核内容	评价意见	说明
1. 计量基准、计量标准证书及文件集	□符合□有缺陷□不符合	
2. 计量标准器及配套设备	□符合□有缺陷□不符合	
3. 量值溯源	□符合□有缺陷□不符合	
4. 设施与环境条件	□符合□有缺陷□不符合	
5. 人员资质及能力	□符合□有缺陷□不符合	
6. 开展检定、校准的依据	□符合□有缺陷□不符合	
7. 原始记录	□符合□有缺陷□不符合	
8. 检定、校准证书	□符合□有缺陷□不符合	
9. 期间核查	□符合□有缺陷□不符合	
10. 测量不确定度评定	□符合□有缺陷□不符合	
11. 检定、校准结果的质量控制	□符合□有缺陷□不符合	
12. 现场试验	□符合□有缺陷□不符合□无	

考核结论：□符合　□有缺陷　□不符合

注：1. 在选项上打√；2. 评定为不符合或有缺陷的应在说明中指出“不符合项/缺陷项记录表”编号

考核日期：　　年　月　日　　考评员：　　考核组长：　　机构负责人

1）考核记录的填写。通过上述考核，硬件组考评员必须在考核项目表的“考核记录”栏中，对每个考核内容都要在“评价意见”栏目的“符合”“有缺陷”或“不符合”三个

选项中，选择一个打√，只能选择一项，并在“说明”栏做出必要的说明。对于“有缺陷”或“不符合”的可注明“不符合项/缺陷项记录表”的记录编号。

有缺陷与不符合的区别在于，有缺陷的项目是已具备了基本的条件，也开始按管理文件和技术文件的要求去做，但做得还不够或还有些偏差，存在一些短期内可以纠正的不符合要求的地方。而不符合是指基本条件还不完全具备，或实际情况与申请材料有很大出入，或存在重大质量问题的，例如环境条件不符合要求，或设备不配套，或人员素质不具备相应技术能力，或某些质量要素没有受到控制，体系文件和技术文件没有执行等。

2）考核结论的填写。在“考核结论”栏，“符合”“有缺陷”或“不符合”三个选项中，选择一个打√只能选择一项。

考核结论必须依据对考核内容的评价意见，考核结论的评定方法如下：

① 如果“评价意见”全部为“符合”，则考核结论为“符合”。

② 如果“评价意见”中有1个或1个以上为“不符合”的，则“考核结论”为“不符合”。

③ 如果“评价意见”中有项目评价为“有缺陷”，并且在现场考核期间不能完成整改的，则“考核结论”为“有缺陷”。

5. 证书报告签发人员的考核

（1）考核内容　机构申请考核的证书报告签发人员应是由申请机构明确其职权，对其签发的检定证书、校准证书和检验、检测报告具有最终技术审查职责，对于不符合要求的结果和证书、报告具有否决权的人员。

对证书报告签发人的考核内容包括：证书报告签发人员是否具有相应的职责和权利，对证书报告的完整性和准确性负责；是否与检定、校准和检测技术接触紧密，掌握本机构开展项目范围；是否熟悉有关检定、校准和检测的规程、规范、方法及标准；是否有能力对所签发的证书报告的结果及不确定度进行评定；是否了解有关测量设备检定或校准的规定，掌握其检定或校准状态；是否十分熟悉记录、证书报告及其核查程序。

（2）考核方法　考核组长应在硬件组的配合下对所有负责签发检定证书、校准证书和检测报告的人员通过面谈或查阅相关记录等方式进行考核，了解人员的资格、质量意识、对签发证书报告职责的理解和做法以及专业知识，确认其是否具有所承担的签发证书报告职责的能力。根据上述检查，综合判断每一个证书报告签发人员是否符合要求，并确认签发证书报告的领域。

6. 不符合项和缺陷项的确定

（1）评定程序　在软件组和硬件组分别考核以后，考核组依据考核记录和收集到的客观证据，对照《考核规范》要求，通过讨论确定不符合项和（或）存在的缺陷项。

（2）判定依据　不符合项和（或）存在的缺陷项的判定依据为：

1）管理体系文件的判定依据是《考核规范》。

2）管理体系运行过程、运行记录、人员操作的判定依据是管理体系文件（包括质量手册、程序文件、作业指导书等）和计量技术法规（包括计量检定规程、校准规范、型式评价大纲、检验规则和检测规则等）。

3）申请授权项目资质和能力判定的依据是相关的计量法律、法规和规章（包括计量授权管理办法、计量标准考核管理办法、计量器具新产品管理办法等），以及该项目所依据的计量技术法规（包括计量检定规程、校准规范、型式评价大纲、检验和检测规则等）。

（3）评定要求　不符合项或缺陷项应事实确凿，其描述应严格引用客观证据，如具体的原始记录、证书、报告及具体活动等，在保证可追溯的前提下，应简洁、清晰，不加修饰。对于多个同类型的不符合项或缺陷项，通过讨论，应汇总成一个典型的不符合项或缺陷项。每个不符合项或缺陷项都必须填写“不符合项/缺陷项记录表”。记录表格式见表14-2。

表14-2　不符合项/缺陷项记录表

编号

考评员在　□文件评审时完成　□现场考核时完成
被考核部门/岗位：　陪同人： 考核项目： 考核依据：□考核规范　□管理体系文件　□检定规程/校准规范/检测规范 文件编号及名称 条款编号： 详细情况： 结论：上述情况为一个 与 □不符合项 □缺陷项 规定不符合。 □机构采取纠正/纠正措施 □不予推荐/撤销相关项目授权 □向考核管理部门建议暂停相关项目授权 纠正和纠正措施将通过下列方式验证： □提供必要的见证材料 □现场验证考核 考评员： 考核组长：
被考核方确认意见： □确认　□不确认，原因： 机构负责人：
备注：

（4）填表方法　“不符合项/缺陷项记录表”中一共有四个栏目。

第一栏，记录不符合项/缺陷项发现的时间。

第二栏，包括被考核部门/岗位、被考核机构陪同人、考核项目、考核依据、不符合和缺陷事实的描述、评定结论、对不符合项/缺陷项的处理意见或建议以及纠正和纠正措施验证方式等八方面的内容。其中关于事实的描述，必须做到事实确凿，描述应严格引用客观证据，如具体的原始记录、证书、报告及具体活动等，在保证可追溯的前提下，应简洁、清晰，不加修饰。

第三栏，记录被考核方对不符合项/缺陷项确认意见。

第四栏，是备注栏，记录考核组其他需要说明的情况。

（5）不符合项与缺陷项的界定　区别不符合项与缺陷项的主要依据包括，但不限于以下方面：

1）是系统性的不符合规定的要求，还是偶然性的、个别的不符合规定要求。

2）不符合规定要求是否会造成检定、校准和检测结果的严重偏离或结论的错误。

3）不符合规定要求是否会对计量监督管理产生不良后果或使顾客的利益受到损失。

4）是否违反计量法律法规对法定计量检定机构和计量检定人员的行为规范。

（6）机构的确认　考核组长应就讨论确定的不符合项和（或）存在的缺陷项与机构负

责人进行复审或交换意见，以使所有不符合和（或）有缺陷的问题得到申请机构负责人的确认。

在交换意见中被考核机构人员可能会对考核组的结论提出异议。考核组组长应耐心倾听，同时应拿出充分的证据。必要时考核组人员需要和被考核机构人员一起对有争议的问题进行复审。

7. 末次会议

（1）会议时机　考核组经过考核情况的汇总，得出了考核结论，并经过与申请机构负责人交换意见，取得其对考核中发现的不符合项、缺陷项和考核结论的认可，完成了考核计划规定的任务，达到了现场考核的目的，则考核组可以末次会议作为现场考核的结束。

（2）出席人员　末次会议仍由考核组组长主持，考核组全体人员和被考核机构最高管理者和有关人员参加会议。申请机构参加末次会议人员由被考核机构自己决定。

（3）会议内容　末次会议的主要内容就是由考核组向被考核机构人员通报考核结果，并使他们能清楚地理解考核结果。考核组长应对申请机构的管理体系能否确保实现质量目标的提出考核组的结论，并声明考核抽样的局限性和风险性。

要尽量使被考核机构人员能清楚理解考核结果，必要时可由软件组考评员、硬件组考评员分别就发现的不符合项和缺陷项的具体情况进行说明。被考核机构对考核结论如有不清楚或不明白之处可以提出，考核组应做进一步解释。

（4）签字确认　当双方意见都解释清楚，申请机构对结论没有疑义后，由考核组组长和申请机构负责人在每一张“不符合项/缺陷项记录表”“考核项目表”和“项目确认表”上签字确认。参加现场考核的考核组成员在“考核报告”和相关表格上签字，至此现场考核结束。

五、考核报告

（一）《考核规范》原文

9.4　考核报告

9.4.1　考核报告的编制

考核报告应由考核组长负责编制，考核组长对考核报告的准确性和完整性负责。

9.4.2　考核报告的内容

考核报告应按附录F的格式和内容编制。考核报告应如实反映考核的程序和内容，考核报告须标有日期并有考核组长签名，其内容包括经确认的申请机构概况、考核结果汇总、整改要求和考核结论。

9.4.3　考核报告的提交

考核报告应在考核现场完成所有签字手续，并由考核组长负责连同考核记录和证明材料提交组织考核部门。组织考核部门负责将考核报告副本一份提供给申请考核机构。组织考核部门应妥善保管考核报告和所有考核记录及证明材料，并负责保密。

9.4.4　考核文件的保存

考核申请文件、考核文件、纠正措施跟踪验证文件由组织考核部门负责保存。

现场试验操作考核项目的原始记录、证书或报告在申请机构封存。

（二）要点理解

1. 报告的编制

现场考核完成后，应由考核组长负责编制考核报告，并对考核报告的准确性和完整性负责。编制考核报告的依据是考核中收集的客观证据和形成的考核记录。考核报告应如实反映考核过程和考核结果，用词和表达要客观、准确、恰当。

2. 报告的内容

考核报告包括概况、考核结果汇总、不符合项/缺陷项及整改要求、考核结论和考核组成员签字等5个方面的内容。

（1）概况　概况是指被考核机构的名称、地址、主管部门、法定代表人、联系人以及联系方式等信息。概况内容应是经过核实的被考核机构的基本情况。

（2）考核结果汇总　考核结果汇总是采用“考核结果汇总表”的形式，对照《考核规范》中的考核要求，从整体上评价被考核机构管理体系的符合性。考核组应针对《考核规范》的每一条款在“符合”“有缺陷”“不符合”“不适用”中选择，在被选项上打√，只能选一项。对于选择了“有缺陷”或“不符合”的要在后面的“说明”栏中指出缺陷或不符合的具体内容或注明“不符合项/缺陷项记录表”的编号。“考核结果汇总表”格式见表14-3。

表14-3　考核结果汇总表

考核规范条款	符合	有缺陷	不符合	不适用	说明（指出不符合项/缺陷项记录表编号）
4.1　地位					
4.2　责任					
4.3　基本条件					
5.1　总体要求					
5.2　管理职责					
5.3　体系文件					
5.4　文件控制					
5.5　记录控制					
5.6　管理评审					
6.1　总则					
6.2　人员					
6.3　设施和环境条件					
6.4　测量设备					
7.1　检定、校准和检测实施的策划					
7.2　与顾客有关的过程					
7.3　检定、校准和检测方法及方法的确认					
7.4　服务和供应品的采购					
7.5　分包					
7.6　量值溯源					
7.7　抽样					
7.8　检定、校准和检测物品的处置					
7.9　检定、校准和检测质量的保证					

（续）

考核规范条款	符合	有缺陷	不符合	不适用	说明（指出不符合项/缺陷项记录表编号）
7.10　原始记录和数据处理					
7.11　结果报告					
8.1　改进					
8.2　不符合工作的控制					
8.3　顾客满意和投诉					
8.4　内部审核					
8.5　纠正措施					
8.6　预防措施					
合　计					

第　页，共　页

（3）不符合项/缺陷项及整改要求　不符合项/缺陷项及整改要求以“不符合项/缺陷项记录表”的形式表述。需要注意的是“考核结果汇总表”和“不符合项/缺陷项记录表”所填写的内容，应与末次会议上考核组向被考核机构公布的不符合项、有缺陷项和整改要求一致，不应随意增加或减少。这两个表的内容也可以在与被考核机构负责人交换意见之后，末次会议之前草拟。

（4）考核结论　考核结论包括了总体评价，申请考核项目确认，计量比对、能力验证和现场试验情况，整改要求和是否给予申请机构授权的建议等5个方面的内容。

1）总体评价。考核组应对申请机构的法律地位、基本条件、管理体系、技术能力是否符合《考核规范》要求，给以概括的评价。这些评价应反映出被考核机构的特点，符合被考核机构的实际。而不应该是千篇一律的套话。同时要指出存在不符合多少项，有缺陷多少项。在这里只要说明总数，不必具体指出内容。

2）申请考核项目确认。对被考核机构申请考核的每一个项目，确认其属于符合项目，还是需要整改项目，还是不符合项目。确认的依据就是“考核项目表B1——检定项目”“考核项目表B2——校准项目”“考核项目表B3——商品量/商品包装检验项目”“考核项目表B4——型式评价项目”和“考核项目表B5——能源效率标识计量检测项目”中的“考核结论”。这个结论已经考评员、考核组长、申请机构负责人共同签字确认。这5个表的“考核结论”中“有缺陷”即对应这里的“需要整改项目”。每一类确认项目只填写考核项目表的序号。

对于考核合格的项目，分别按照考核项目表的有关内容填报《经确认的检定项目表》《经确认的校准项目表》《经确认的商品量/商品包装计量检验项目表》《经确认的型式评价项目表》和《经确认的能源效率标识计量检测项目表》。经确认的项目表必须由考核组长、承担项目考核的考评员和被考核机构负责人签字。

3）计量比对、能力验证和现场试验情况。计量比对、能力验证试验情况最能说明被考核机构的质量水平和技术能力，这一点越来越受到国内外实验室评审界的重视。因此必须在考核报告中把被考核机构参加计量比对和能力验证的项目、次数、结果以及对考核组提供样品现场操作试验的结果概括地给以说明。一般这些内容会比较多，可以另附较详细的清单。

4）整改要求。对于需要整改的被考核机构，要视需要整改问题的性质和难易程度，规定整改期限。整改期限可由组织考核机构、考核组组长与被考核机构共同协商确定。时间不宜太长，一般在1个月~3个月内。要求被考核机构在规定的日期前将整改报告，包括纠正措施，改正记录，需要改正的“考核项目表B1——检定项目”“考核项目表B2——校准项目”“考核项目表B3——商品量/商品包装计量检验项目”“考核项目表B4——型式评价项目”和“考核项目表B5——能源效率标识计量检测项目”交付组织考核部门。同时也要规定考核组对整改情况的复查应于何时完成。

5）是否给予申请机构授权的建议。如果申请考核项目没有不合格或需要整改的，或者除有个别被考核项目不合格外，其他方面都没有不符合项和有缺陷项的，应选择“对合格项目给予授权”。如果是在一些基本条件上不符合或有缺陷，以至申请机构无法达到对法定计量检定机构的基本要求，且不可能在短时间内完成上述整改的，则选择“由于有重要缺陷和/或不符合项不能给予授权”。介乎两者之间的情况就选择“待整改后对合格项目给予授权”。

（5）考核组成员签字　考核报告完成后，考核组全体考评员应在考核报告上签字以表明其对考核报告的确认。

第四节　国防计量技术机构行政许可

为规范国防计量技术机构设置审批工作程序、行为准则和明确法律责任，根据《中华人民共和国行政许可法》《国防计量监督管理条例》《国务院办公厅关于公开国务院各部门行政审批事项等相关工作的通知》（国办发〔2014〕5号），经国务院批准国防科工局对国防计量技术机构的设置实施审批许可制度。

一、申请与受理

（一）申请单位的条件

1）具有法人资格。

2）遵守国家和国防有关计量的法律、法规和规定，具有保守国家秘密的能力和保证执行被许可任务公正、准确的工作制度和管理制度。

3）具有国防最高计量特性或区域最高计量特性的计量标准及服务对象。

4）具有与所申请计量检定能力相适应的组织结构、人员、设备和设施。

5）按国家军用标准或国家标准建立质量管理体系，且体系认证证书在有效期内。

（二）申请材料目录

1）《国防计量技术机构申请书》/《国防计量技术机构复查申请书》，纸质2份，电子版1份。

2）申请单位营业执照或事业单位法人证书，复印件1份。

3）保密主管部门出具的保密审查合格证明，复印件1份。

4）计量标准器具证书或能证明计量器具最高计量学特性的证明材料，每项计量标准提供1份。

5）国家/国防或军用实验室认可证书或按GJB 9001C编写的质量手册及程序文件，复印件1份。

（三）申请接收

1. 接收方式

接收方式有机要接收和现场接收两种，接收部门为国防科工局科技与质量司。

2. 办公时间

星期一至星期五上午 8：00—12：00，下午 13：00—17：00。

（四）基本流程

1. 建立国防计量技术机构程序

申请单位提交申请材料。在收到申请材料的 15 个工作日内，组织审查申请单位是否符合申请条件，申请材料是否齐全，是否符合国防计量技术机构行政许可机构布局要求。

对符合要求的申请予以受理，向申请单位发《受理通知书》。对不符合申请条件的不予受理，向申请单位发《不予受理通知书》，说明不受理的理由。对申请材料不全的，向申请单位发《补正材料通知书》，一次告知申请单位需要补全的全部内容。

组织专家评审，分为书面审核和现场核查两个阶段，评审标准为《国防计量技术机构设置审批现场评审评分标准》。评审结束后，专家组应就评审结果向国防科工局科技与质量司提交评审报告。

国防科工局科技与质量司在 5 个工作日提出审核意见，报请局领导审批或提请局长办公会审议。国防科工局最终审批工作，将在收到科技与质量司报请的正式审核意见后的 15 个工作日内完成。国防计量技术机构设置审批流程如图 14-2 所示。

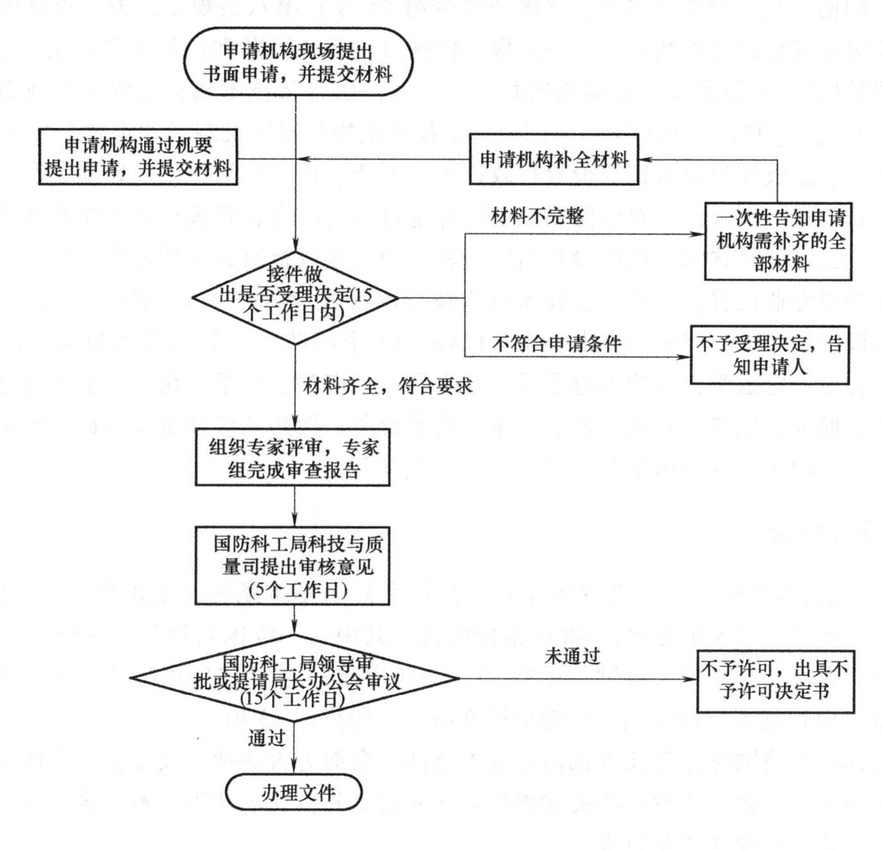

图 14-2　国防计量技术机构设置审批流程图

对通过审批的申请，办理行政许可相关文件，未通过审批的出具不予许可决定书。

2. 国防计量技术机构复查程序

国防计量技术机构按照文件规定的周期实施复查。被许可的机构应在有效期满前六个月提交复查申请，不提交复查申请的，其国防计量技术机构资质自动撤销。国防计量技术机构复查程序与建立国防计量技术机构审查程序相同。

复查不合格的国防计量技术机构，撤销其国防计量技术机构资质。对有违法违规行为，并造成武器装备科研生产重大质量、安全、人身事故，造成严重损失的国防计量技术机构，撤销其国防计量技术机构资质。

（五）办理方式

通常情况下，国防科工局对国防计量技术机构的设置审批工作，会根据年度工作计划集中办理，统一实施，具体时间见当年办理通知。

（六）办结时限

国防计量技术机构的行政审批自受理申请之日起20个工作日，做出机构设置行政许可决定。20个工作日内不能做出决定的，经批准，可以延长10个工作日，并将延长期限及理由书面告知申请单位。自受理申请至专家组提交评审报告为专家评审时间，专家评审时间不计算在行政许可的期限内。

二、管理办法

根据《国防计量监督管理条例》（国务院令第54号）第八条规定，为了规范国防军工计量技术机构设置行政许可及监督检查工作，依据《中华人民共和国行政许可法》《国防计量监督管理条例》，国防科技工业局制定并发布了《国防计量技术机构设置审批现场评审评分标准》（科工技［2016］787号）。《国防计量技术机构设置审批现场评审评分标准》适用于国防军工一、二级计量技术机构设置行政许可的申请、评审考核、结果处理、许可延续及许可后的监督检查。也可作为对国防军工三级计量技术机构设置管理相关工作的参考。

国防一、二级计量技术机构的设置由国防科工局直接以行政许可的方式进行，其中一级计量技术机构按专业设置，二级计量技术机构按行政区域设置。截至2021年1月，国防科工局共许可设置了19个国防一级计量技术机构，53个国防二级计量技术机构，涉及几何量、热学、力学、电磁学、无线电电子学、时间频率、声学、光学、化学、电离辐射十大专业，涵盖核、航天、航空、兵器、船舶、军工电子行业。国防三级计量技术机构由国防科工局授权各省、自治区、直辖市国防科工局（办）自主设立。

三、评分标准

《国防计量技术机构设置审批现场评审评分标准》由基本条件、组织管理、量传能力、科研能力、量传服务等5个方面共48项指标组成。其中，一级国防计量技术机构（以下简称一级机构）基本指标6项，关键指标11项，一般指标31项；二级国防计量技术机构（以下简称二级机构）基本指标6项，关键指标9项，一般指标33项。

基本指标是申请国防计量技术机构的基本条件，全部为否决项；关键指标是评价国防计量技术机构的重要要素，任意两项关键指标得0分或负分，现场评审为不合格；一般指标是评价国防计量技术机构的主要要素。

（一）分值设置

现场评审满分为100分，其中，一级机构组织管理20分、量传能力30分、科研能力25分、量传服务25分；二级机构组织管理20分、量传能力35分、科研能力15分、量传服务30分。基本条件不设分值。

（二）基本条件

基本条件由法人资质、保密资质、安全生产、质量体系、遵章守纪、型号计量保证等6项组成。现场评审主要核实申报材料的真实有效性，任意1项与事实不符，终止审查。

1. 法人资质

申请单位应为独立法人实体，持有效营业执照或事业单位法人证书，以计量为主业或在单位内设有独立建制、独立核算、独立开展工作的计量机构。申请单位法定代表人应兼任机构负责人。

2. 保密资质

一级机构申请单位应通过武器装备科研生产单位二级以上保密资格认证，二级机构申请单位应通过三级以上保密资格认证，证书应在有效期内。已通过保密资格审查（复查）未发证的，须持有保密审查机构出具的证明。

3. 安全生产

申请单位应取得国防科技工业系统安全生产标准化证书，或持有上级主管部门（集团级）出具安全生产符合要求的证明。

4. 质量体系

申请单位应按国家军用标准或国家标准建立质量管理体系，且认证证书在有效期内。

5. 遵章守纪

申请单位应严格遵守国防计量法规、规章和制度，无徇私舞弊、弄虚作假现象，检定校准结果客观公正，五年内未因计量工作违法违规受到有关部门行政处罚。

6. 型号计量保证

申请单位应承担武器装备型号或国防重大科技工程有关计量保证方案策划与组织、计量测试设备研制、计量方法研究、专项测试服务等任务。

（三）组织管理

组织管理由机构负责人能力、计量管理制度、培训计划与实施、培训有效性等8项评价指标组成，均为一般指标。

1. 机构负责人能力（5分）

主要评价机构负责人熟悉国防计量法律法规、机构职责、时事政策、基础知识、业务管理等情况。现场回答5个相关问题，每答对1道题得1分，未答对的不得分。

2. 计量管理制度（3分）

主要评价机构计量标准、测量设备周检、原始记录、证书及印章、计量检定人员、计量确认与标识、计量技术文件、不合格计量标准追溯等8个方面管理制度建设情况。管理制度完整得1分，不完整得0分；管理制度符合国防计量法规规定得1.5分，不符合得0分；管理制度可操作性好得0.5分，可操作性一般得0分。

3. 培训计划与实施（2分）

主要评价机构按计划对计量人员进行国防计量法律法规、规章制度及业务技能培训情况。有正式培训计划得 0.5 分，否则得 0 分；培训内容涵盖法律法规、计量基础知识、专业技术知识三个方面得 0.5 分，否则得 0 分；培训计划实施得 1 分，否则得 0 分。

4. 培训有效性（3 分）

主要对计量技术人员和管理人员掌握相关知识的情况进行抽查，评价机构培训工作的有效性。共 10 道题，每答对一题得 0.3 分。

5. 信息报送（2 分）

主要评价机构按规定报送重要计量工作信息和工作总结情况。本项采用扣分制。每少交 1 份半年或年度工作总结扣 1 分，最低得-1 分；未报送重要计量工作信息，本项得-1 分。

6. 实验室环境（2 分）

主要评价计量实验室内外部环境的整洁程度和样品放置规范性。实验室建筑物外观完整、道路平整清洁得 0.5 分，否则得 0 分；实验室走廊和室内地面清洁、墙面无污物得 0.5 分，否则得 0 分。被检计量器具按已检、待检分区放置且标识清晰得 1 分，否则得 0 分。

7. 量传工作区域分离（2 分）

主要评价机构对量传工作区和其他工作区实行分区管理情况。实行分区管理且界限清晰得 2 分；部分实行分区管理得 1 分；未实行分区管理得 0 分。

8. 仪器设备布局（1 分）

主要评价仪器设备定置管理和布局合理性。有定置图且图物一致得 0.5 分，否则得 0 分。布局合理、互不干扰、电线/电缆集束得 0.5 分，否则得 0 分。

（四）量传能力

量传能力由最高计量标准数量、最高计量标准覆盖率、最高计量标准溯源、最高计量标准状态等 10 项评价指标组成，包括 4 项关键指标和 6 项一般指标。

1. 最高计量标准数量

主要评价机构拥有国防最高或区域最高计量特性的标准器具数量。

（1）一级机构（4 分） 按专业设置的机构，每项国防计量最高标准器具得 0.25 分；按单参数设置的机构，每项国防区域最高计量标准器具得 0.8 分。

（2）二级机构（8 分） 综合计量机构，每项国防区域最高计量标准器具得 0.25 分；专业计量机构，每项国防区域最高计量标准器具得 0.8 分。

2. 最高计量标准覆盖率

主要评价机构所拥有最高计量标准器具的量值覆盖情况。

（1）一级机构（5 分） 覆盖率是指机构拥有某专业（参数）国防最高计量标准器具数量占该专业（参数）现有国防最高计量标准器具总数的比例，得分为所有相关专业（参数）覆盖率的方均根平均值乘以 5。

（2）二级机构（6 分） 覆盖率是指机构拥有某专业（参数）区域最高计量标准器具数量占本区域现有该专业（参数）区域最高计量标准器具总数的比例，得分为所有相关专业（参数）覆盖率的方均根平均值乘以 6。

3. 最高计量标准溯源（关键指标）

主要评价国防最高计量标准器具溯源渠道的规范性。

（1）一级机构（3 分） 主标准器应直接溯源至国家基准或分参数溯源至国防最高计量标准或国家基准，配套设备应溯源至国防最高计量标准；当国防最高计量标准和国家基准不满足溯源要求时，可进行国际或国内比对。本项采用扣分制，主标准器溯源不符合要求的，每台扣3分；配套设备溯源不符合要求的，每台扣1分。

（2）二级机构（4分）　主标准器应直接溯源至国防最高计量标准，配套设备应溯源至国防最高计量标准；当国防最高计量标准不满足溯源要求时，可向国家基准直接溯源。本项采用扣分制，最低得-1分。主标准器溯源不符合要求的，每台扣4分；配套设备溯源不符合要求的，每台扣1分。

4. 最高计量标准状态（3分，关键指标）

主要评价最高计量标准器具运行情况。本项采用扣分制，一级机构最低得0分，二级机构最低得-1分。最高计量标准不能现场演示，每项扣3分；溯源参数不全、测量范围不足或测量不确定度不满足要求，每项扣1分；不满足由2名有效持证人员操作要求，每项扣2分。

5. 最高计量标准水平（关键指标）

主要评价机构拥有最高计量标准器具满足国防特殊需要情况。

（1）一级机构（5分）　国防独有或技术指标高于国家基准（或标准）或获得地方专项授权的标准器具，每项得2分。

（2）二级机构（3分）　拥有国防独有、技术指标高于省级最高计量标准、获得地方专项授权的国防区域最高计量标准器具，每项2分。

6. 量值比对（2分）

主要评价机构主导或参与国际国内量值比对情况。

（1）一级机构　参与国内比对，每次得0.5分；主导国内比对，每次得1分；主导或参与国际比对，得2分。

（2）二级机构　参与区域比对，每次得0.5分；主导区域比对或参与国内比对，每次得1分；主导国内比对得2分。

7. 检定员占比（1.5分）

主要评价计量检定人员占机构人员比例。

（1）一级机构　9%以下得0分；10%~29%得0.5分；30%~59%得1分；60%以上得1.5分。

（2）二级机构　19%以下得0分；20%~39%得0.5分；40%~59%得1分；60%以上1.5分。

8. 检定员学历和职称（1.5分）

主要评价申请单位检定员中具有本科及以上学历或工程师及以上职称的比例。

（1）一级机构　19%以下得0分；20%~49%得0.5分；50%~69%得1分；70%以上得1.5分。

（2）二级机构　9%以下得0分；10%~29%得0.5分；30%~59%得1分；60%以上得1.5分。

9. 最高计量标准维护经费

主要评价申请单位近3年自筹资金维护最高计量标准器具的年度平均额度。

（1）一级机构（4分）　9万元以下得0分；（10~99）万元得2分；（100~199）万元得3分；200万元以上得4分。

（2）二级机构（5分）　4万元以下得0分；（5~19）万元得3分；（20~49）万元得4分；50万元以上得5分。

10. 设施与环境条件（1分，关键指标）

主要评价机构计量工作设施和环境条件情况。本项采用扣分制。环境条件不满足计量技术规范要求，每项扣0.5分；环境监测设备不受控或环境记录不完整，每项扣0.5分。

(五) 科研能力

科研能力由科研项目数量、科研项目完成率、科研项目建标率、起草计量技术规范等9项评价指标组成。一级机构包括2项关键指标和7项一般指标；二级机构均为一般指标。

1. 科研项目数量

主要评价机构承担各种渠道计量科研项目数量。

(1) 一级机构（5分） 承担50万元及以上科研项目，每项得0.2分。

(2) 二级机构（4分） 承担10万元及以上科研项目数量，每项得0.5分。

2. 科研项目完成率（2分）

主要评价机构计量科研项目按计划完成验收情况。完成率100%得2分，否则得0分。

3. 科研项目建标率

主要评价近5年建标类科研项目验收后两年内完成建标情况。

(1) 一级机构（4分） 建标率50%以下得-1分；无建标类课题或建标率51%~60%得0分；建标率61%~70%得1分；建标率71%~80%得2分；建标率81%~90%得3分；建标率91%以上得4分。

(2) 二级机构（2分） 无建标类课题和建标率60%以下得0分；建标率61%~70%得0.5分；建标率71%~80%得1分；建标率81%~90%得1.5分；建标率91%以上得2分。

4. 起草计量技术规范

主要评价机构承担国际、国家、国防、军工计量技术规范编制、修订任务情况。

(1) 一级机构（3分） 国内计量技术规范主起草人，每份得0.5分；国际计量技术规范主起草人，每份得1分。

(2) 二级机构（1分） 起草或参与起草计量技术规范1项及以上得1分。

5. 获得计量奖励

主要评价机构获得省部级以上与计量有关的奖励情况。

(1) 一级机构（4分，关键指标） 省部级荣誉奖，每项得0.5分；省部级科技三等奖，每项得1分；省部级科技二等奖，每项得2分；省部级科技一等奖，每项得3.5分；国家级科技奖励，得4分。

(2) 二级机构（1分） 省部级荣誉奖，每项得0.5分；省部级科技三等奖及以上奖励，每项得1分。

6. 专利数量

主要评价机构获得与计量有关专利授权的数量。

(1) 一级机构（2分） 获得发明专利授权，每项得0.5分。

(2) 二级机构（1分） 获得发明专利授权，得1分；获得实用新型专利授权或软件著作权，每项得0.5分。

7. 论文与专著（2分）

主要评价机构在有刊号、公开发行刊物上发表与计量有关的学术论文或出版专著情况。

(1) 一级机构（关键指标） 无论文和专著，扣1分；发表论文不足6篇，得0分；发表论文6篇及以上的，SCI收录论文每篇得0.5分，其他论文每篇得0.25分；出版专著得2分。

(2) 二级机构　SCI收录论文，每篇得0.75分；其他论文，每篇得0.5分；出版专著得2分。

8. 计量发展研究（1分）

主要评价机构报送国防军工计量技术发展研究报告和区域计量需求报告的情况。

(1) 一级机构　提交研究报告数量齐全得1分，否则得0分。

(2) 二级机构　提交区域需求报告数量齐全得1分，否则得0分。

9. 学术交流

主要评价机构组织国内外本专业计量学术交流情况。一级机构最高得2分，二级机构最高得1分；每组织一次计量学术交流得0.5分。

(六) 量传服务

量传服务为量传单位服务数量、量传计量标准数量、计量仲裁、检定/校准工作规范性等15个评价指标组成，包括5项关键指标和10项一般指标。

1. 量传单位数量

主要评价机构量传军工单位和地方企事业单位数量。

(1) 一级机构（3分）　量传军工单位：9个以下得0分；（10~29）个得1.5分；(30~59）个得2分；（60~99）个得2.5分；100个以上得3分。量传地方企事业单位：(1~19）个得0.5分；20个以上得1分。

(2) 二级机构（5分）　量传军工单位：9个以下得0分；(10~29）个得2分；(30~49）个3分；(50~69）个得4分；70个以上得5分。量传地方企事业单位：(1~19）个得0.5分；(20~39）个得1分；40个以上得2分。

2. 量传计量标准数量

主要评价机构量传计量标准器具年均数量。

(1) 一级机构（3分）　量传国防区域最高计量标准器具：49台件以下得0分；50~199台件得1.5分；(200~499）台件得2分；（500~999）台得2.5分；1000台件以上得3分。量传民用计量标准器具：(20~99）台件得0.5分；100台件以上得1分。

(2) 二级机构（6分）　综合计量机构量传国防企事业最高计量标准器具：49台件以下得0分；(50~199）台件得1分；(200~499）台件得2分；(500~999）台3分；(1000~2999）台件得4分；(3000~4999）台件得5分；5000台件以上得6分。专业计量机构量传国防企事业最高计量标准器具：9台件以下得0分；(10~49）台件得1分；(20~149）台件得2分；(150~249）台件得3分；(250~499）台件得4分；(500~999）台件得5分；1000台件以上得6分。量传民用计量标准器具：(20~99）台件得1分；100台件以上得2分。

3. 计量仲裁

主要评价机构承担并完成计量仲裁检定任务情况。本项采用扣分制，最低得-1分。未承担计量仲裁检定任务或按要求完成，得0分；未按要求完成计量仲裁检定任务，每次扣0.5分；拒绝执行计量仲裁检定任务，扣1分。

4. 检定/校准工作规范性（1分）

主要评价机构使用现行有效的计量检定和校准规范开展量传工作情况。本项采用扣分制。使用已失效或不受控计量技术规范，每份扣0.5分；未按计量技术规范开展工作或检定项目不全，每次扣0.5分。

5. 证书格式与印章（1分）

主要评价机构出具证书格式和印章与《国防军工计量标识印制和使用要求》的符合性。全部符合要求得1分，否则得0分。

6. 证书质量（3分，关键指标）

主要评价机构出具的计量检定/校准证书质量。非检定员或检定员超授权出具证书，本项得0分；未建标量传或超范围量传或使用过期标准量传的，本项得0分；证书差错率：2%以下得3分；3%~5%得2分；6%~10%得1分；11%以上得0分。

7. 原始记录质量（1分，关键指标）

主要评价机构开展量传工作原始记录信息完整性、数据准确性、更改规范性。原始记录差错率5%以下得1分；原始记录差错率6%~10%得0.5分；原始记录差错率11%以上得0分。

8. 测量设备标识（2分，关键指标）

主要评价机构测量设备计量状态标识的规范性，本项采用扣分制。测量设备计量状态标识出现信息不完整、分类状态错误、粘贴位置不明显、超过有效期等情况，每台/件扣0.5分。

9. 计量标准技术考核（2分，关键指标）

主要评价机构承担国防军工计量标准器具技术考核任务情况。未承担考核任务得0分；承担1~10项得0.5分；11项以上得1分；完成率100%得1分，否则得0分。因考核工作完成质量差被国防科技工业计量部门通报的，本项得-1分。

10. 计量人员技术考核（2分，关键指标）

主要评价机构承担国防计量人员技术考核任务情况。未承担考核任务得0分；考核1~4批次或1~49人次得0.5分，5批次或50人次以上得1分；完成率100%得1分，否则得0分；因考核工作完成质量差被国防科技工业计量管理部门通报的，本项得-1分。

11. 技术指导与支持（1分）

主要评价机构为客户提供计量业务指导、技术咨询、计量培训、测量设备维修等技术指导与支持情况。每提供1次有效的技术指导与支持，得0.5分。

12. 经济社会计量服务（1分）

主要评价机构为省级以上重点经济社会发展项目提供计量保证方案策划与组织、测试设备研制、计量方法研究、专项测试服务等情况。提供1次得1分。

13. 服务设施（1分）

主要评价机构接待客户送检计量器具的收发措施和服务设施的完善程度。有基本收发措施和服务设施得0.5分；收发措施到位且服务设施齐全得1分。

14. 客户满意度（2分）

主要评价客户对机构计量服务的满意度。一级机构满意度取其服务的二级机构评价结果平均值；二级机构满意度由省级国防科技工业主管部门负责评价。85分以下得0分；86~90分得1分；91~95分得1.5分；96分以上得2分。

15. 技术支撑（2分）

主要评价机构承担国防科工局计量管理部门、省级国防科技工业主管部门交办任务完成情况。每完成1项得1分。

（七）有关说明

1）现场评审时的取证时间范围，除特殊说明外，已获证的延续申请单位与《国防计量技术机构许可证书》有效期一致。初次申请单位自申请日起向前一个许可周期。

2）未做特殊说明的，评价指标最高得分不超过该项指标的设置分值，最低得分为0分。

3）评价结果涉及的百分数，按四舍五入取整；以区间表述的数量范围，含两端点。

四、评审流程

国防计量技术机构设置审批现场评审工作分为四个阶段：首次会议、现场评审、组内讨论和末次会议。通常一般计量技术机构现场评审工作时间为一天，部分综合性计量技术机构则会安排两天。具体工作流程见表14-4。

表14-4　国防计量技术机构设置审批现场评审工作流程

阶段	主要内容	主持人
首次会议	1. 专家组长介绍现场评审专家组成员；被评审单位介绍参加会议的主要成员 2. 专家组长介绍此次行政许可现场评审依据、工作流程、具体要求和评审安排 3. 所在地国防科技工业主管部门领导讲话 4. 计量技术机构主管领导及上级领导讲话 5. 被考核单位简要介绍本单位计量工作基本情况	专家组长
现场评审	(一)负责人及计量人员考核 1. 考查计量技术机构第一负责人熟悉和掌握国防军工计量法规情况和本机构计量工作开展情况 2. 考核计量技术机构计量人员熟悉和掌握计量工作情况，现场抽十人参加笔试 (二)现场抽样 考核负责人及计量人员的同时，专家组根据《国防计量技术机构设置审批现场评审评分标准》的要求进行现场抽样 (三)现场检查 1. 管理组：按照《国防计量技术机构设置审批现场评审评分标准》的规定，检查技术机构的基本条件、组织管理等方面如机构履职情况、实验室环境、信息报送、保密资质等内容 2. 技术组：按照《国防计量技术机构设置审批现场评审评分标准》的规定，对技术机构的基本条件、组织管理、量传能力、科研能力、量传服务各方面进行检查，具体核查计量标准运行情况、科研项目完成情况等，全面考查计量标准器具和计量人员受控情况及计量机构量值传递和量值溯源情况 3. 专家组长组织评审专家进行集中评议，确保评审内容真实全面	专家组长
组内讨论	现场检查结束后，专家组汇总审查意见，填写《国防计量技术机构设置审批现场评审表》，形成现场评审意见	专家组长
末次会议	末次会议参加人员与首次会议相同 (一)通报现场评审情况 1. 专家组通报现场评审情况。由被评审计量技术机构确认《国防计量技术机构设置审批现场评审表》和现场评审意见的内容 2. 对于存在异议的情况，计量技术机构可进行申述，并提供证明材料，由专家组补充查证后，形成最终《国防计量技术机构设置审批现场评审表》和现场评审意见 (二)签字确认 1. 专家组长和计量技术机构负责人在《国防计量技术机构设置审批现场评审表》和现场评审意见上签字确认 2. 对于未签字确认的内容，由专家组将相关事实证据据实上报 (三)领导讲话 1. 所在地国防科技工业主管部门领导讲话 2. 计量技术机构主管领导及上级领导讲话	专家组长

五、评审工作准备

（一）成立专门工作小组

应按照《国防军工计量技术机构行政许可考核评价标准》进行总体分工，一般可分为四个工作小组，第一工作小组负责“基本条件”“组织管理”部分，第二工作小组负责“量传能力”部分，第三工作小组负责“科研能力”部分，第四工作小组负责“量传服务”部分。每个工作小组建议由三到四名成员组成，第一负责人负责针对相关部分具体条款进行组内细分工，并且应确保现场评审时全程陪同评审专家。

四个工作小组的成员是行政许可准备工作的主要组织者，各装置的负责人和全体计量技术机构人员都是本次行政许可工作的责任人。行政许可准备工作需要全体人员的全力支持与通力配合。

（二）评审资料准备的要求

相关负责人应按照《国防计量技术机构设置审批现场评审表》条款准备文件资料，并要求：每个条款至少保证一个文件盒，需要注明：条款序号、条款内容、盒内的详细资料目录。若部分佐证材料存在几个条款共用且复印工作量特别大的情况时，可以采取“索引”方式则注明是共用第几条款中的什么内容，建议慎用“索引”方式，尽量复印后完整提供。

文件盒及文字标注格式建议使用统一设计格式。根据历次行政许可现场评审的情况，请务必注意以下资料。

1）行政许可现场评审十个表格（表1已建标准现场评审检查表，表2自筹资金投入情况统计表，表3计量科研项目统计表，表4制（修）订计量技术法规登记表，表5获奖、论文、专利统计表，表6组织国内外计量测试学术和技术交流情况统计表，表7对外服务单位统计表，表8检定计量标准器具情况统计表，表9为客户提供技术服务的项目统计表，表10近三年检定人员培训计划及实施记录表）。

2）相关申请材料。

3）《国防计量技术机构设置审批现场评审表》要求的每个考核点。

上述相关材料必须提交与之对应的材料原件（包括法人单位相关资质文件，如事业单位法人证书、营业执照、负责人任命文件、人事编制表、工资发放单、财务核算表、保密资格证书等，以及人员学历、职称证明、计量检定员证等），复印件一般不作为有效证据。

特别注意：个别考核点不同评审组的把握可能会略有差异，对于考核点中个别“可算可不算”的得分点，没有提供有效支撑材料的肯定不能得分，得分的前提是务必提前准备有效支撑材料。

（三）需要提前汇总准备的部分资料及信息

为进一步提高现场评审的工作效率，更加全面客观正确地展示被检查计量技术机构的实力与水平，被检查的计量技术机构应依据《国防计量技术机构设置审批现场评审表》逐一认真准备，并参考下面的工作建议，对相关资料及信息予以提前汇总准备。

1. “量传能力”部分

1）本机构拥有的具有国防最高计量特性的计量标准器具明细一览表，每套装置完整的技术文件资料。

2）本专业（参数）现有国防最高计量标准器具总数及明细一览表。

3）本机构拥有国防独有、技术指标高于国家基标准或获得国家专项授权的国防最高计量标准器具数量及明细信息，每套装置完整的技术文件资料。

4）本机构国防最高计量标准器具主标准器溯源情况汇总（表），溯源证书原件、计量确认记录备查。

5）本机构国防最高计量标准器具配套设备溯源情况汇总（表），溯源证书原件、计量确认记录备查。

6）本机构国防最高计量标准器具持证人员一览表，计量检定员证原件。

7）本机构主导、参与国内、国际计量比对情况一览表，相关计量比对的完整资料。

8）本机构计量检定员一览表（注明计量管理、科研、检定校准与测试人员，注明检定员学历职称），计量检定员证原件及学历职称原件。

9）本机构近3年自筹资金维护国防最高计量标准器具的费用明细，相关凭证备查。

10）本机构计量环境条件控制要求汇总信息，相关计量检定规程、校准规范备查。

2. “科研能力”部分

1）本周期内在研和已验收的由科工局、有关部门、省级国防科技工业主管部门、军工集团、武器型号系统和企业投入50万元（二级机构为10万元）及以上的计量科研项目的立项批复、任务书或合同等。

2）本周期内通过验收项目的验收报告（类别同上）。

3）本周期内验收的科工局计量科研项目的任务书。

4）本周期内正式发布的国家、国防军工计量检定规程与校准规范，以及国际计量技术规范（均要求为主起草单位或主起草人）。

5）本周期内获得的与计量有关的省部级以上奖励证书、文件等。

6）本周期内获得授权的发明专利证书。

7）本周期内计量人员发表在有期刊号、公开发行刊物的与计量有关的学术论文，出版专著。

8）本周期内年国防计量技术发展趋势研究报告。

9）本周期内组织的国内外计量学术交流的会议通知、论文集等资料。

3. “量传服务”部分

（1）量传单位数量

1）量传军工单位、民口配套单位、军队的清单，以及上述单位法人营业执照或机构证明文件。

2）地方企事业单位清单、法人营业执照。

3）每个单位（1~2）份检定证书复印件。

（2）量传计量标准数量

1）提供上述各单位量传计量器具的数量统计表，如××厂：量块×个，热电偶×个。

2）按计量标准装置量传的数量统计表，如二等量块标准装置：××厂：×个，××公司：×个。

（3）检定/校准工作规范性　提供所有开展量传工作的检定规程、校准规范原件。

（4）证书格式与印章　提供开展量传工作时出具的检定/校准证书，每项标准20份证书。

(5) 原始记录质量 提供开展量传工作时出具的检定/校准证书的原始记录，每项标准20份。

(6) 测量设备 计量标准证书的复印件，提供测量设备的清单。

(7) 承担计量标准考核

1) 本周期内计量标准考核的统计表。

2) 上级部门发放的委托书（如有）。

3) 申请表，计量标准考核证书复印件。

(8) 承担计量人员考核

1) 本周期内计量人员考核的统计表。

2) 成绩单、考卷、报名表、通知。

(四) 计量标准装置负责人的工作

计量标准装置负责人务必重点确保每个装置符合《国防军工计量技术机构行政许可考核评价标准》（以下简称《标准》）如下条款的评审要求：

1) 装置的功能和性能正常，人员持证有效、规范（3.4*）。

2) 装置溯源合规、有效、充分（3.3*）。

3) 工作环境符合要求，重复性、稳定性考核及季度核查数据正确有效（4.6、3.10*、3.4*）；

4) 测量设备状态标识正确、规范（5.8*）。

5) 检定规程、校准规范使用正确、规范，原始记录及证书报告正确、规范（5.4、5.5、5.6*、5.7*）。

6) 建标技术资料及相关文档正确、规范、受控（3.4*）。

7) 实验室内外部环境（3.10*、2.6）整洁、分区规范，仪器设备布局及定置规范统一（2.7、2.8、5.8*）。

(五) 计量标准装置的技术状态

根据《标准》“3.3*国防最高计量标准器具的溯源情况”和“3.4*国防最高计量标准器具的保持情况”的要求，计量标准装置应确保做到：

1) 相关装置必须技术状态正常（能正常开展工作或现场演示），装置建标技术资料（含作业文件）完整，审批齐全。

2) 装置定置、标识规范。

3) 主标准器和配套设备至少两个周期（最好按本考核周期，分年度整理成册）溯源（检定）证书有效，溯源证书确认完整（具体要求见“溯源证书确认核查重点”）。

4) 装置稳定性、重复性考核、期间核查数据完整。

5) 有覆盖相应范围的量传、校准的经历证明。

6) 每套装置务必确保有2名有效持证人员。

7) 每套装置每年能提供至少50份以上备查的检定（校准）原始记录、检定证书、校准证书（《标准》“量传服务”的5.4、5.5、5.6*要求：按照一年检定证书、校准证书、测试报告总量的5%抽查，抽查份数最少不少于50份，最多不超过100份），每个装置负责人务必提前整理准备。

溯源证书确认核查重点：溯源证书信息的正确性，如被检计量器具的名称、型号、序列号、日期等信息；溯源证书中所选用方法、规程、规范的正确性。溯源证书提供的溯源参数、数据的充分性，溯源参数、数据是否覆盖并满足计量标准装置建标报告、标准证书的要求，是否满足相关计量检定规程和校准规范的要求。溯源证书提供的最终溯源结果，是否满足计量标准装置建标报告、标准证书的要求，是否满足相关计量检定规程和校准规范的要求。

（六）溯源渠道的合规性

《标准》规定：“主标准器未直接溯源至国家基准，或分参数溯源至国防最高计量标准器具或国家基准，每台扣3分；配套设备未溯源至国防最高计量标准器具的，每台扣1分。”虽然在军民融合的国家战略下，与时代的要求相比该规定有些值得商榷，但究其要求来说，还是与《计量标准器具考核、使用和溯源的管理要求》是基本一致的，其具体规定是：国防科技工业最高计量标准，接受国家计量基准、标准的量值传递或直接进行国际、国内比对；国防科技工业计量技术机构其他计量标准器具的量值应溯源到国防科技工业最高计量标准（第14条）。校准装置、测试系统的量值应能溯源到相应的计量标准，对不能直接溯源的测试系统应采取相应的技术措施加以验证（第15条）。在国防科技工业没有出台新规定的情况下，各计量技术机构还应该认真遵守该管理要求。

（七）证书及原始记录的规范性、完整性及正确性

国防科工局专门下发了《关于印发国防军工计量标识印制和使用要求的通知》（局综技[2013] 52号）（2013年5月6日印发，2013年10月1日实施），不少计量技术机构对《国防军工计量标识印制和使用要求》学习培训不到位。存在问题如下：

（1）证书用章不规范的问题　局综技[2013] 52号明确规定：国防计量技术机构检定专用章为双椭圆形，外椭圆长轴46mm，短轴32mm，边宽1.5mm，内椭圆长轴31mm，短轴20mm，边宽0.5mm。两椭圆之间刊机构法定名称，自左向右居中环行排列，字体为宋体13。内椭圆中央刊“检定专用章”字样，字体为宋体小三号。

（2）证书编号不规范的问题　局综技[2013] 52号明确规定：证书编号规则为“国防军工计量汉语拼音缩写（GFJGJL）”+“机构级别（1位数字，一级机构‘1’，二级机构‘2’）”+“计量技术机构许可证编号（3位数字，如‘001’）”+“当年年份后两位（2为数字）”+“顺序号（7位数字）”。例如：国防科技工业第一计量测试研究中心，证书起始编号为GFJGJL1001130000001。

依据《标准》“5.4 检定校准工作规范性”“5.5 证书格式与印章”“5.6 * 证书质量”和“5.7 * 原始记录质量”的要求，证书及原始记录在现场检查中发现的问题较多，请务必引起足够的重视，提前准备并细致筛查。

现场检查时，检查组会按照一年检定证书（含校准证书、测试报告）总量的5%抽查，抽查份数最少不少于50份，最多不超过100份。因为检查组是抽查，所以在提前准备过程中务必在数量上大于此比例。现场检查中发现的“典型问题”主要有：

1）检定证书、校准证书用章、编号不规范，证书格式不符合《国防军工计量标识印制和使用要求》（局综技[2013] 52号）的要求。

2）计量人员检定/校准概念不清，超范围（参数、量限、不确定度）开展检定/校准。

3）证书有划改等修改现象。

4）证书不保存副本，证书仅保存套打的电子文档（信息不完整），副本不规范、不具有法律效力。

5）检定证书、原始记录中没有计量标准证书编号信息、主标准器及配套设备的溯源有效期信息。

6）检定证书、原始记录只有结论没有数据。

7）检定证书、原始记录与检定规程要求检定的参数和项目不一致，只检少量参数和项目。结论不规范，如“所检项目合格”“除*外所检项目合格”等。

8）原始记录划改不规范，有涂改现象，并且没有签名。

9）原始记录没有页码信息，页面间没有相互关联标志，数据没有结束标志符。

10）证书及原始记录缺少如被测计量器具维修前后的具体数据，维修过程无有效记录。

11）原始记录中实际记录的数据与信息不充分，不能得出最终结论。

（八）机构计量管理制度的完整性、符合性和操作性

根据《标准》“2.2计量管理制度”的要求，需要评价机构计量标准、测量设备周检、原始记录、证书及印章、计量检定人员、计量确认与标识、计量技术文件、不合格计量标准追溯等8个方面的管理制度建设情况，评价机构管理制度的完整性、符合性和操作性。

行政许可工作应该与实验室认可进行适度有效区分，应避免完全用实验室认可的程序文件去代替机构的管理制度。建议以“国防军工计量法律法规汇编”为依托，编制机构专门的《计量管理手册》（第二层），再附以机构的管理体系文件（第三层）。“国防军工计量法律法规汇编”可包括三大部分：第一部分为计量管理，包括法律类、行政法规类、部门规章类；第二部分为科研管理，第三部分为国家相关规章、规范性文件，包括基准与标准、人员、机构、检定与校准等。

机构专门的《计量管理手册》建议包括：计量站人员及工作职责、日常行政管理制度、保密管理制度、技术基础科研项目管理制度、定置管理制度、计量测试任务管理制度、服务客户管理制度、计量检定工作管理制度、计量检定人员管理制度、计量仲裁检定管理制度、测量设备管理制度、计量标准管理制度、计量标准周检制度、原始记录、证书及印章管理制度、计量确认制度、标识管理制度、计量技术文件管理制度、不合格计量标准追溯制度、安全消防管理制度、办公室实验室管理制度等。

（九）机构培训活动的规范性和系统性

根据《标准》“2.3培训计划与实施”的要求，需要评价机构按计划对计量人员进行国防计量法律法规、规章制度及业务技能培训的情况。务必有经过审批的培训计划，培训内容务必涵盖法律法规、计量基础知识、专业技术知识三方面内容。其中的法律法规及规章制度的培训部分应注意：至少包括本周期内历年国防军工计量工作会、《国防科工局关于进一步加强国防军工计量工作的通知》（科工技［2011］740号）、《国防科技工业科研经费管理办法》（财防［2019］12号）、《国防科工局科研项目管理办法》（科工技［2012］34号）《国防科工局关于印发“军工科研项目验收评价暂行办法”的通知》（科工技［2012］1477号）、《关于印发国防军工计量标识印制和使用要求的通知》（局综技［2013］52号）（2013年10月1日实施）、《国防科技工业计量监督管理暂行规定》《计量标准器具管理办法》、《专用测试设备计量管理办法》《检定人员管理办法》《计量监督实施办法》、《计量监督检查细则》等国防军工计量法律法规等。

（十）计量机构计量实验室内外部环境

根据《标准》"2.6实验室环境""2.7量传工作区域分离""2.8仪器设备布局""3.10 *设施与环境条件""5.8 *测量设备标识""5.13服务设施"的要求，计量机构计量实验室内外部环境应确保建筑物外观完整、道路平整清洁；实验室走廊和室内地面清洁、墙面无污物；被检计量器具按已检、待检分区放置，区域标识清晰。计量实验室量传工作区与非工作区应全部实行分离。机构计量实验室仪器设备布局管理，应确保实施有效的定置管理，有定置图且图物一致；仪器设备布局合理、互不干扰、电线/电缆集束。机构计量环境条件与设施应满足计量技术规范要求，环境监测设备应受控，环境记录应完整有效。机构测量设备计量状态标识应确保信息完整、分类状态正确、粘贴位置明显且在有效期内等。为客户提供服务及设施应确保收发措施到位，服务设施齐全。

本部分分值较高（有5分），并且有"*"的是否决项，非常关键，需要引起重视的内容有：实验室内外环境应提前整理，做到清洁、有序；实验室（分区）标识情况；计量检定工作区域与非计量检定工作区域分离；定置管理图（房间定置图和装置定置图）上墙张贴并提供统一装订成册的审批受控文件；装置必需按照要求完成系统集成，互不干扰，电线、电缆集束，设备固定摆放；检定区内无杂物，不能出现长久不用物品；安全生产标准化证书或消防达标证明有效的为合格。相关要求可参考《关于印发国防军工计量标识印制和使用要求的通知》（局综技［2013］52号）。

六、评审要点

因《标准》对国防一、二级计量技术机构的要求基本一致，且国防一级计量技术机构的考核要求高于国防二级计量技术机构，为此以国防一级计量技术机构的考核要求来说明现场评审要点。现场备查的所有文件资料编号请参照本表14-5。

表14-5　国防计量技术机构设置审批现场评审要点（一级）

序号	评价项目	预设分值	评审细则	评审要点	结论/得分
1	基本条件	—	一级、二级基本一致	现场备查的相关资质证书务必是原件	
1.1**	法人资质	—	申请单位同时符合下列条件为合格，否则为不合格。 1）申请单位应为独立法人实体，持有效营业执照或事业单位法人证书； 2）申请单位应以计量为主业，或在单位内设有独立建制、独立核算、独立开展工作的计量机构； 3）申请单位法定代表人应兼任机构负责人。 （注意：以上三条内容应同时符合！）	1）申请单位法人资质证书类型：□事业单位法人证书　□营业执照；（指企业法人） 资质证书有效期至：　　年　　月　　日 注意：查申请单位法人资质证书原件与申请资料是否一致？填写类型和有效期；否则在下面填写说明。 2）□申请单位以计量为主业 □申请单位内设置计量机构（独立建制：□是　□否；独立核算：□是　□否；独立开展工作：□是　□否） 注意：查申请单位法人资质证书的主营业务，确定是否以计量为主业？否则查以下各项 独立建制：查计量站在组织机构图中是否独立存在？计量站常务副站长等领导在中层干部任命文件有无任命，查人力资源管理部门是否有计量站独立的花名册？［需查：①计量站在组织机构图中独立存在或设置的证明（法人管理体系文件或法人机构设置正式文件）；②计量站常务副站长等站领导作为中层干部的正式任命文件；③人力资源管理部门提供的计量站独立的人员名单（花名册），需要盖章］ 独立核算：查计量站是否有独立的工资单、内部账号等证明材料？（需查：计量站独立的工资单、计量站内部财务列支账号汇总证明文件，需要盖章）	

（续）

序号	评价项目	预设分值	评审细则	评审要点	结论/得分
1.1**	法人资质	—	申请单位同时符合下列条件为合格，否则为不合格。 1)申请单位应为独立法人实体，持有效营业执照或事业单位法人证书； 2)申请单位应以计量为主业，或在单位内设有独立建制、独立核算、独立开展工作的计量机构； 3)申请单位法定代表人应兼任机构负责人。 注意：以上三条内容应同时符合！	独立开展工作：查有无单位法人代表授权计量站独立开展计量工作的文件？（建议修改管理体系文件中的“法人单位公正性声明”，不仅仅体现“校准/检测”，还应重点体现“计量检定”工作，以及严格遵守国家、国防相关计量法律法规的要求，需盖法人章） 否则在下面填写说明。 3)单位法人代表是否担任机构负责人：□是 □否；任命形式：□聘书 □任命文件。注意：查单位法人代表是否担任机构负责人的证明文件，是则填写任命方式。 （单位法人代表担任机构负责人的证明材料，如①上级机关层面的任命文件：中国××××集团公司《关于×××同志职务任免的通知》（××人[2016]×××号）；②法人单位层面的任命文件：《关于国防科技工业××一级计量站站长调整的报告》）	
1.2**	保密资质	—	申请单位应具备武器装备科研生产单位二级以上保密资格。符合下列条件之一为合格，否则为不合格 1)取得保密单位资格证书，且证书在有效期内 2)已通过保密资格审查（复查）未发证的，须持有保密审查机构出具的证明	1)查保密资格证书或证明材料原件，填写： 保密资格级别：□一级 □二级 □三级 □无资质 2)对具有相应保密资格的，填写：（查：一级机构必须取得保密一级或二级资质） 保密资格证书：□已取得 □通过审查，待发证（注意：需要注明“审查机构”） □待审查（注意：若“待审查”，则此条不能过） 3)对保密资格证书在有效期内的，填写： 保密资格证书号： 有效期至： 年 月 日 4)对通过相应保密资格审查或待审查的，填写： 其他支持性证明：（注意：“通过审查，待发证”和“待审查”需要填写下面相关信息） 保密审查机构出具的____________________；保密审查机构名称______________	
1.3**	安全生产	—	申请单位安全生产管理应符合国防科技工业相关要求。符合下列条件之一为合格，否则为不合格 1)取得国防科技工业系统安全生产标准化证书，且证书在有效期内 2)未取得安全生产标准化证书的单位，应持有上级主管部门（集团级）出具的安全生产符合要求的证明	查安全生产标准化证书或证明材料原件，填写：（注意：证书或证明材料必须为原件） 安全生产标准化证书（□有 □无），有效期至： 年 月 日 否则填写： 上级主管部门出具的安全生产符合要求证明（□有 □无） 出具证明的部门名称：（注意：能开证明说明合格） 注意：环保合格及排污合格证明材料没有做硬性要求，但建议将材料准备好备查	
1.4**	质量体系	—	申请单位应按国家军用标准或国家标准建立质量管理体系，且体系认证证书在有效期内。符合下列条件之一为合格，否则为不合格	查质量体系认可/认证证书原件与申请材料是否一致，是则填写： 校准测试实验室管理体系认可：□通过 □未通过 实验室认可证书类别：□国家军用 □国家/国防 实验室管理体系认可证书有效期至： 年 月 日 GJB 9001B 或 GB/T 19001 质量管理体系认证：□通过 □未通过 质量管理体系认证证书有效期至： 年 月 日；质	

（续）

序号	评价项目	预设分值	评审细则	评 审 要 点	结论/得分
1.4**	质量体系	—	1）取得国家、国防或军用校准测试实验室认可证书 2）未通过实验室管理体系认可，但通过了 GJB 9001C 质量管理体系认证的单位，其质量手册、程序文件和作业文件应能够覆盖机构计量工作过程	量体系文件（质量手册、程序文件和作业文件）是否能够覆盖机构计量工作过程（□是 □否） 否则记录相关事实：[注意：“评审细则”中二条内容符合一条即可！需查：①法人单位 GJB 9001C 或 GB/T 19001 质量管理体系文件（质量手册、程序文件和作业文件），计量站在组织机构图中独立存在或设置的证明，并在部门职责中明确计量站的具体职责；②有效期内的法人单位 GJB 9001C 或 GB/T 19001 质量管理体系认证证书原件；③计量站的军用实验室、国家实验室或国防实验室认可证书原件]	
1.5**	遵章守纪	—	申请单位同时符合下列条件为合格，否则为不合格 1）严格遵守国防计量法规、规章和制度 2）无徇私舞弊、弄虚作假现象 3）保持检定校准结果的客观性、公正性和准确性，无伪造数据、出具虚假证书等现象 4）3 年内未因计量工作违法违规受到有关部门行政处罚	1）抽查申请单位的管理制度、规定等是否与国防计量法规规章相抵触，确定： 是否能贯彻执行国防计量相关的法律、法规和规章：□是 □否 否则记录相关事实： 2）查申请单位的申请资料与实际材料，确定 是否存在徇私舞弊、弄虚作假现象：□是 □否 是则记录相关事实： 3）抽查申请单位的检定/校准证书，确定： 是否存在伪造变造数据、出具虚假证书等现象：□是 □否 是则记录相关事实： 4）查相关文件，确定： 近 3 年内是否因计量工作违法违规受到有关部门行政处罚：□是 □否 行政处罚发文机关：________ 文件号：________ 受处罚的违规事项： 注意：以法人单位的名义出具一个“国防科技工业×一级计量站遵章守纪证明”，说明国防科技工业××一级计量站在本行政许可周期内能严格遵守国家、国防计量法规、规章和制度；无徇私舞弊、弄虚作假现象；能保持检定校准结果的客观性、公正性和准确性，无伪造数据、出具虚假证书等现象；3 年内未因计量工作违法违规受到有关部门行政处罚。并加盖“法人单位”公章！	
1.6**	型号计量保证	—	申请单位应承担武器装备型号或国防重大科技工程有关计量保证任务。承担过以下型号计量保证任务之一为合格，否则为不合格 1）计量保证方案策划与组织 2）计量测试设备研制 3）计量方法研究 4）专项测试服务	查申请单位承担武器装备型号或国防重大科技工程有关计量保证任务的相关资料，确定： 计量保证方案策划与组织________项； 计量测试设备研制________项； 计量方法研究________项； 专项测试服务等任务________项 需查：承担武器装备型号或国防重大科技工程有关计量保证任务的相关合同、任务书；相关文件或协议；相关计量测试报告等支撑材料。如果有原件则更好。应特别注意：①计量站为军队、国防系统承担“计量测试系统（设备）研制”任务可以在此处，以及“4.1”“5.11”同时得分；②涉及军品型号的仲裁也可算本处“专项测试服务等任务”的有效内容范畴；③为军品型号编制湖海试验大纲可放入“计量保证方案策划与组织”范畴；务必重视！	

（续）

序号	评价项目	预设分值	评审细则	评审要点	结论/得分
2	组织管理	20分	—	—	
2.1	机构负责人能力	5分	主要评价机构负责人掌握国防计量法律法规、机构职责、时事政策、基础知识、业务管理等5方面知识的情况 现场回答5道题，答对1道题得1分	机构负责人是否现场回答：□是　□否　成绩　分 在提供考题的5道题采用一问一答式回答的基础上，必须增加贵站上一年度的计量工作情况，或五年计划的工作设想等1道试题。 注意：法人考试题目必须提前准备到位，同时还应增加的"计量站上一年度的计量工作情况或五年计划的工作设想""什么是先进国防军工计量""如何推进军民融合"等试题	
2.2	计量管理制度	3分	主要评价机构计量标准、测量设备周检、原始记录、证书及印章、计量检定人员、计量确认与标识、计量技术文件、不合格计量标准追溯等8个方面的管理制度建设情况 1）完整性：完整得1分，否则0分 2）符合性：符合国防计量法规规定得1.5分，否则0分 3）操作性：可操作性好得0.5分，否则0分	查申请单位有关计量管理制度等的相关资料，填写： 完整性：□计量标准管理，　□测量设备周检管理，□原始记录管理，□证书及印章管理， □计量检定人员管理，　□计量确认与标识管理，□计量技术文件管理，□不合格计量标准追溯管理 不完整的内容：（注意：不允许用质量管理体系代替管理制度；可以是八个制度，也可以是在一个大制度中详细体现，但建议形成一个专门的经过审批的制度汇编本！） 符合性：□符合；□不符合。不符合的内容： 注意：此项扣分很多，在编制相关管理制度的过程中务必注意与相关国家、国防法律法规及规章制度的符合性！ 操作性：□操作性好；□操作性一般。操作性一般，应指出主要问题： 注意：建议增加计量信息的报送制度，内容可参考《关于进一步加强计量信息报送工作的通知》（局技函〔2012〕172号）中计量技术机构报送信息的主要要求：①按时（12月20日前）报送年度工作总结和（6月20日前）报送半年工作总结；②按时（11月20日）报送专业军工计量技术发展年度研究报告；③各计量技术机构应于每季度最后一周前报送计量技术机构季度计量信息报表（见《关于进一步加强计量信息报送工作的通知》（局技函〔2012〕172号）附件5），包括新建计量标准器具、量值传递、研究计量技术和编制计量技术规范等情况；④计量技术机构报送信息的主要内容：关键技术突破、重大科研成果及应用、计量监督检查情况，以及计量量值传递服务，武器装备与重大专项计量保证的典型事例。要求：一级机构每年不少于2篇，二级机构不少于1篇	
2.3	培训计划与实施	2分	主要评价机构按计划对计量人员进行国防计量法律法规、规章制度及业务技能培训的情况 1）计划制定：有经过审批的培训计划得0.5分，否则0分 2）培训内容：涵盖法律法规、计量基础知识、专业技术知识三方面内容得0.5分，否则0分 3）计划实施：按计划实施得1分，否则0分	查申请单位有关计量培训的相关资料，填写： 是否制定有效计划：□是　□否。无效的理由： 注意：必须要求培训内容涵盖法律法规、计量基础知识、专业技术知识三方面内容的正式培训计划！ 培训内容包括：□法律法规　□计量基础知识　□专业技术知识 注意：培训内容涵盖法律法规、计量基础知识、专业技术知识三方面内容，一项都不能少！ 培训计划实施：□按计划　□按调整计划　□未按计划。未按计划的内容：	

（续）

序号	评价项目	预设分值	评审细则	评审要点	结论/得分
2.4	培训有效性	3分	主要评价计量技术人员和管理人员掌握国防计量法律法规、计量基础知识和计量专业知识的情况 现场答10道题，每答对1题得0.3分	从申请单位计量人员中抽取10人参加考试，其中： 计量技术人员： 计量管理人员（至少2人）： 平均成绩：______分 注意：从申请单位计量人员中抽取10人参加考试，其中计量管理人员至少保证有2人，需要提前准备好考试人员名单。相关人员务必全面准备	
2.5	信息报送	2分	主要评价机构按规定报送重要计量工作信息和工作总结情况。本项采用扣分制，按下列标准评分，最低得-1分 1）每少交1份半年或年度工作总结扣1分 2）未报送重要计量工作信息的，本项得-1分	查申请单位有关报送工作总结的档案资料，核实上报情况： 应报送工作总结6份，实际报送工作总结______份；报送重要计量工作信息______份 注意：《关于进一步加强计量信息报送工作的通知》（局技函〔2012〕172号）中报送信息的要求：①按时（12月20日前）报送年度工作总结和（6月20日前）报送半年工作总结；②按时（11月20日）报送专业军工计量技术发展年度研究报告的报告；③各计量技术机构应于每季度最后一周前报送计量技术机构季度计量信息报表，包括新建计量标准器具、量值传递、研究计量技术和编制计量技术规范等情况；④计量技术机构报送信息的主要内容：关键技术突破、重大科研成果及应用、计量监督检查情况，以及量值传递服务、武器装备与重大专项计量保证的典型事例。要求：一级机构每年不少于2篇，二级机构不少于1篇	
2.6	实验室环境	2分	主要评价机构计量实验室内外部环境情况。按下列标准评分： 1）建筑物外观完整、道路平整清洁得0.5分，否则0分 2）实验室走廊和室内地面清洁、墙面无污物得0.5分，否则0分 3）被检计量器具按已检、待检分区放置，区域标识清晰得1分，否则0分	现场踏勘、判断以下各项： 建筑物外观完整：□完整 □不完整 道路平整清洁： □整洁 □不整洁 实验室走廊和室内地面清洁、墙面无污物：□清洁 □不清洁 被检器具分区放置：□分区 □未分区 □标识清晰 □标识不清晰 注意：①申请机构实验室走廊地面清洁、墙面无污物和室内地面清洁、墙面无污物。此项被扣分的机构特别多！②被检计量器具必须按已检、待检明显分区放置，区域标识清晰明了。此项被扣分的机构特别多！	
2.7	量传工作区域分离	2分	主要评价机构计量实验室量传工作区与非工作区区域分离情况。评分标准： 1）全部实行量传工作区域与其他工作区域分离且界限清晰得2分 2）部分实行量传工作区域与其他工作区域分离得1分 3）未实行分区管理得0分	检定工作区域分离情况：□全部分离 □部分分离 □未分离 注意：①实验室内外环境应提前整理，做到清洁、有序；②检定区内无杂物，不能出现长久不用物品；③实验室量传工作区与非量传工作区、非工作区必须严格分离，有清晰分离界限，量传工作区与非量传工作区及正常工作区绝对不能出现与工作无关的个人物品、水杯、包装箱等物品。此项被扣分的机构特别多！	

（续）

<table>
<tr><th>序号</th><th>评价项目</th><th>预设分值</th><th>评审细则</th><th>评审要点</th><th>结论/得分</th></tr>
<tr><td>2.8</td><td>仪器设备布局</td><td>1分</td><td>主要评价机构计量实验室仪器设备布局管理情况。按下列标准评分：
1）定置管理：有定置图且图物一致得0.5分，否则0分
2）设备布局：布局合理、互不干扰、电线/电缆集束得0.5分，否则0分</td><td>现场踏勘、判断：
定置管理：□是　　□否，否则记录具体未定置管理的问题：
注意：①实验室定置管理图（房间定置图和装置定置图）上墙张贴并提供统一装订成册的审批受控文件；②检定区内无杂物，不能出现长久不用物品
布局合理、互不干扰：□是　　□否，否则记录不合理或互相干扰的问题：
电线/电缆集束：□是　　□否，否则记录电线/电缆未集束的问题：
注意：装置必须按照要求完成系统集成，互不干扰，电线，电缆集束，设备固定摆放；特别是一些公共区域务必特别注意！</td><td></td></tr>
<tr><td>3</td><td>量传能力</td><td>30</td><td>—</td><td></td><td></td></tr>
<tr><td>3.1</td><td>最高计量标准数量</td><td>4分</td><td>评价机构拥有的具有国防最高计量特性的计量标准器具数量，评分标准：
1）按专业设置的机构：每项标准得0.25分
2）按单参数设置的机构：每项标准得0.8分</td><td>根据批准设置原则判断机构情况：□按专业设置　　□按单参数设置
具有国防最高计量特性的标准器具数量：________
注意：水声、光电子、大容量、弱磁、火炸药、大扭矩等计量技术机构均属于按“单参数设置”</td><td></td></tr>
<tr><td>3.2</td><td>最高计量标准覆盖率</td><td>5分</td><td>主要评价机构拥有某专业（参数）国防最高计量标准器具数量占该专业（参数）现有国防最高计量标准器具总数的比例。按下列标准评分：
得分＝所有相关专业（参数）覆盖率的方均根平均值×5分
注：得分保留两位小数</td><td>根据3.1填写：
按专业设置的机构：
<table><tr><th></th><th>长度</th><th>热学</th><th>力学</th><th>电磁</th><th>无线电</th><th>时频</th><th>电离辐射</th><th>声学</th><th>光学</th><th>化学</th></tr><tr><td>N</td><td></td><td></td><td></td><td></td><td></td><td></td><td></td><td></td><td></td><td></td></tr><tr><td>M</td><td></td><td></td><td></td><td></td><td></td><td></td><td></td><td></td><td></td><td></td></tr><tr><td>K</td><td></td><td></td><td></td><td></td><td></td><td></td><td></td><td></td><td></td><td></td></tr></table>注：N表示机构拥有某专业国防最高计量标准器具数量；M表示该专业现有的国防最高计量标准器具的总数；K表示该专业的覆盖率：$(N/M)\times100\%$
平均覆盖率 $k=(\sum k_i^2/I)^{0.5}$，其中 i 为计量专业数（$i=1,..,I$）：
按参数设置的机构：
机构具有某参数的国防最高计量标准器具总数（n）：____；该参数现有的国防最高计量标准数量（m）：____；最高计量标准器具的覆盖率（n/m）×100%：____
注意：计量站有证的××套计量标准装置、校准装置和测试系统均属于国防最高计量标准器具，需要提前做好与国防系统别的单位、中国计量测试技术研究院、中国计量科学研究院的定量对比表！</td><td></td></tr>
</table>

（续）

序号	评价项目	预设分值	评审细则	评审要点	结论/得分
3.3*	最高计量标准溯源	3分	主要评价国防最高计量标准器具的溯源情况。本项采用扣分制，按下列标准评分，最低得0分 1）主标准器未直接溯源至国家基准，或分参数溯源至国防最高计量标准器具或国家基准，每台扣3分 2）配套设备未溯源至国防最高计量标准器具的，每台扣1分	根据3.1检查所有计量标准器具本周期内的溯源证书证明的溯源渠道是否符合要求，确定： 1）主标准器溯源不符合要求的________台/件。具体如下：注意：计量标准装置中：主标准器应直接溯源至国家基准，或分参数溯源至国防最高计量标准器具或国家基准；配套设备应溯源至国防最高计量标准器具 2）配套设备溯源不符合要求的________台/件。具体如下： 注意：计量标准装置中，主标准器应直接溯源至国家基准，或分参数溯源至国防最高计量标准器具或国家基准；配套设备应溯源至国防最高计量标准器具。同时，应充分考虑部分国家、国防双建标的国防最高计量标准装置在JJF 1033—2016《计量标准考核规范》管理要求：计量标准主标准器及主要配套设备均要经有关法定计量检定机构或授权技术机构检定或校准合格，即不得超期使用或不送检。使用过程中做好“期间核查”，以确保量值准确可靠一致。计量标准主标准器及主要配套设备经检定或校准合格，分别贴上状态标识（合格证、准用证、禁用证等） 当国防最高计量标准器具和国家基准不满足溯源要求时，可进行国际或国内比对	
3.4*	最高计量标准状态	3分	主要评价国防最高计量标准器具的保持情况。本项采用扣分制，按下列标准评分，最低得0分 1）国防最高计量标准器具不能现场演示，每项扣3分 2）国防最高计量标准器具溯源参数不全、测量范围不足或测量不确定度不满足要求，每项扣1分 3）国防最高计量标准器具不满足由2名有效持证人员操作要求，每项扣2分	1）根据3.1检查所有计量标准器具本周期内的维护记录，并现场实验证明运行是否正常，确定：标准不能现场演示的标准器具________项。具体如下： 注意：绝对不能出现不能现场演示的计量标准，否则扣完了本项的全部分数！ 2）根据3.1检查所有计量标准器具本周期内的溯源证书证明的溯源能力是否符合要求，确定：溯源参数不全、测量范围不足或测量不确定度不满足要求的标准器具________项。具体如下： 注意：务必认真核查相关计量标准装置的溯源证书和计量确认（溯源证书）记录，不能出现溯源参数不全、测量范围不足或测量不确定度不满足要求的情况！ 溯源证书确认核查重点：①溯源证书信息的正确性，如：被检计量器具的名称、型号、序列号、日期等信息；②溯源证书中所选用方法、规程、规范的正确性；③溯源证书提供的溯源参数、数据的充分性，溯源参数、数据是否覆盖并满足计量标准装置建标报告、标准证书的要求；是否满足相关计量检定规程和校准规范的要求；④溯源证书提供的最终溯源结果，是否满足计量标准装置建标报告、标准证书的要求；是否满足相关计量检定规程和校准规范的要求 3）根据3.1检查所有计量标准器具与本站检定员是否符合要求，确定：有效持证人员不足2名的标准________项。具体如下： 注意：务必仔细检查相关计量标准装置最新的有效持证人员资料，确保每套装置至少有2名有效持证人员！	

（续）

序号	评价项目	预设分值	评审细则	评审要点	结论/得分
3.5*	最高计量标准水平	5分	主要评价国防最高计量标准器具的水平。按以下标准评分： 拥有国防独有、技术指标高于国家基标准或获得国家专项授权的国防最高计量标准器具，每项2分	1)根据3.1和国家质检总局公布的国家计量基准、标准的情况，确定：国防独有计量标准________项，技术指标高于国家计量基准、标准________项，具体信息如下： 注意：计量站计量标准已考核通过的××套计量标准装置均属于国防独有计量标准，是否属于“技术指标高于国家计量基标准”需要提供定量对比表才行！ 2)根据3.1和国家质检总局公布的专项授权情况，确定：获得国家专项授权的计量标准器具________项，国家基准、副基准________项，具体信息如下： 注意：本项必须要求有国家质检总局公布的专项授权证书才算有效！ 三类标准数量不重复计算	
3.6	量值比对	2分	评价机构主导、参与计量比对的能力，按下列标准评分： 1)参与国内比对，每次得0.5分 2)主导国内比对，每次得1分 3)主导、参与国际比对1次及以上，得2分	查申请单位提供的计量比对资料，确定： 1)参与国内计量比对次数：________，比对的具体信息(比对名称、比对参数、主导单位、参与单位、比对时间，下同) 2)主导国内计量比对次数：________，比对的具体信息： 3)主导、参与国际计量比对次数：________，比对的具体信息： 注意：比对是指国家、国防、军队管理部门或法定计量机构组织的多边或双边比对，因溯源需要实施的双边比对本项不计。有“参与国内计量比对”“主导国内计量比对”“主导、参与国际计量比对”“提供测量审核”的，即使出现本项累计积分超出2分的情况，也应让检查组完整记录，因为后续汇总算分时会做专门梳理“亮点”处理。在现场检查时，应避免出现“双边比对溯源”的解释，因为单纯为溯源而进行的双边比对，不算有效比对，现场检查解释时一定要注意！	
3.7	检定员占比	1.5分	评价计量检定员在计量工作人员中所占比例，按下列标准评分： 1)9%以下0分 2)10%~29%得0.5分 3)30%~59%得1分 4)60%以上得1.5分	查申请单位提供的从事计量管理、科研、检定校准与测试人员资料，确定： 从事计量工作的人员数量：________；持有国防科工局计量管理部门颁发证书的计量检定人员数量：________占比：________。(注意：根据《国防计量技术机构复查申请书》中申报资料提供支撑材料，计量检定员证、毕业证、职称证务必为原件) 注意：现场检查的全站人数与《国防计量技术机构复查申请书》中的申报人数可以有变化，但是一定要有最新的法人单位人力资源部提供的正式计量站独立的人员名单(花名册)(需要正式盖章)，以及法人单位财务部提供计量站独立的人员工资单(需要正式盖章)	
3.8	检定员学历职称	1.5分	主要评价机构具有本科以上学历或工程师以上职称的计量检定员占全部计量检定人员的比例，按下列标准评分： 1)占比19%以下得0分 2)占比20%~49%得0.5分 3)占比50%~69%得1分 4)占比70%以上得1.5分	持有国防科工局计量管理部门颁发证书的计量检定人员数量(m)：________ 其中，具有大学本科(含本科)以上学历的人数(n_1)：________，不具备大学本科(含本科)以上学历但具有中级(含中级)以上职称的人数(n_2)：________ 占比$[(n_1+n_2)/m]\times100\%$：________ 注意：根据《国防计量技术机构复查申请书》中申报资料提供支撑材料，计量检定员证、毕业证、职称证务必为原件，个人学历与职称不重复计算	

（续）

序号	评价项目	预设分值	评审细则	评审要点	结论/得分
3.9	最高计量标准维护经费	4分	评价申请单位近3年自筹资金维护国防最高计量标准器具的年均投入水平，按下列标准评分： 1)9万元以下得0分 2)10万元～99万元得2分 3)100万元～199万元得3分 4)200万元以上得4分	查申请单位提供的近3年自筹资金维护国防最高计量标准器具的费用明细，从以下三个方面确定： 用于国防最高计量标准器具溯源的自筹资金数量(n_1)：________万元 用于国防最高计量标准器具维护升级的自筹资金数量(n_2)：________万元 用于国防最高计量标准器具环境条件维护改造的自筹资金数量(n_3)：________万元 自筹资金的平均值$m=(n_1+n_2+n_3)/3$：________万元。注意:近3年指3个自然年 注意：相关费用明细需要提供本考核周期内每个自然年的数据；请按照“计量标准器具溯源”“计量标准器具维护升级”“计量标准器具环境条件维护改造”三大部分分年列出。①最高计量标准器具溯源、运行维护、环境条件维护改造的自筹资金(需要带主要财务凭证信息)均算有效投入；②计量技术机构用自筹资金购置计算机、仪器设备等投入均算有效投入，计入“计量标准器具维护升级”中；③计量技术机构用自筹资金进行实验室楼宇建设(土建、征地、装修)、空调设备及环境条件改造均算有效投入；④计量技术机构正常运行中用自筹资金支付的日常运行费用、水费、电费、用气、快递费用均算有效投入，可计入“计量标准器具环境条件维护改造”中。相关财务凭证及财务信息汇总列表需要财务正式盖章	
3.10*	设施与环境条件	1分	主要评价机构计量环境条件与设施的能力。本项采用扣分制，按下列标准评分： 1)环境条件不满足计量技术规范要求，每项扣0.5分 2)环境监测设备不受控或环境记录不完整，每项扣0.5分	根据计量技术规范和申请单位提供的资料及现场检查，确定： 1)环境条件不满足技术规范要求的数量:________。注明国防最高计量标准器具的名称和证书号:(注意:根据相关检定规程和校准规范，仔细核查现有“环境记录本”中有无实际记录超出规定范围的情况) 2)环境监测设备不受控的数量:________。注明不受控设备的名称和编号:(注意:务必严查所有实验室包含大水池、小水池的温湿计有无不受控的情况，有无超差严重不适合使用的情况) 3)环境记录不完整的数量:________。注明环境记录不完整的具体事实:(注意:仔细核查现有“环境记录本”中有无环境记录不完整的情况，数据记录及签署是否完整有效)	
4	科研能力	25分	—	—	
4.1	科研项目数量	5分	评价机构承担的国防科工局、有关部门、省级人民政府国防科技工业主管部门、军工集团公司、武器型号系统和企业等投入50万及以上的计量科研项目的数量，每项得0.2分	根据申请单位提供的××××年××月至××××年××月期间，在研、验收的纵向和横向与自研计量科研任务资料，确定:50万元及以上的计量科研项目数量:________ 注意：××××年××月至××××年××月期间国防科工局、有关部门、省级人民政府国防科技工业主管部门、军工集团公司、武器型号系统和企业等投入50万元及以上的计量科研项目才算有效项目，请注意考核的有效时间段。①相关科研项目的资料务必齐全，建议书、任务书、财务决算审计报告、验收资料等务必借到原件。②每年任务下达的通知(文件)务必提前借到原件	
4.2	科研项目完成率	2分	评价机构承担的计量科研项目按计划完成验收情况计算完成率，完成率100%得2分，否则0分	根据申请单位提供的××××年××月至××××年××月期间，在研、验收的纵向和横向与自研计量科研任务资料，确定本周期应完成验收的科研项目总数(m)：________。按计划通过验收的计量科研项目数量(n)：________。 完成率$(n/m)\times100\%$:________(请注意规定的有效考核时间段;国防科工局下达的计量科研项目为必查)	

（续）

序号	评价项目	预设分值	评审细则	评审要点	结论/得分
4.3	科研项目建标率	4分	评价机构近5年内验收满2年的建标类科研项目建标率，按下列标准评分，最低得分-1分 1）50%以下得-1分 2）无建标类课题的和51%～60%得0分 3）61%～70%得1分 4）71%～80%得2分 5）81%～90%得3分 6）91%以上得4分	根据申请单位提供的××××年××月至××××年××月期间验收的计量科研项目资料，确定研究成果中有研制标准装置、检定装置、校准装置、测试系统等要求的项目和按研究成果要求完成国防最高计量标准器具建立（国防科工局考核通过）的数量 5年内验收满2年的国防军工建标类科研项目数量（m）：________；已建标的科研项目数量（n）：________； 建标率（n/m）×100%：______（注意：本项务必引起高度关注，检查时被扣分的机构特别多） ①请注意考核的有效时间段××××年××月至××××年××月期间验收的计量科研项目；②5年内验收满2年的国防军工建标类科研项目数量才计入分母m中，所以相关科研的财务决算审计报告、验收资料一定要借到，梳理清楚确切的时间点，合理利用“5年内验收满2年”这个条件，尽量减小分母m；③由于科工局科研项目编号规则有所变化，因此本许可周期内不仅仅只有A类项目有建标要求，B类也有不少项目出现建标要求，因此务必仔细梳理研究成果中有研制标准装置、检定装置、校准装置、测试系统等要求的项目和按研究成果要求完成国防最高计量标准器具建标项目，这些均属于建标项目！	
4.4	起草计量技术规范	3分	评价承担国际、国家、国防军工计量检定规程与校准规范等计量技术规范编制、修订任务情况，按下列标准评分： 1）作为国内计量技术规范主起草人的，每份得0.5分 2）作为国际计量技术规范主起草人的，每份得1分	根据申请单位提供的××××年××月至××××年××月期间主起草计量技术规范确定： 1）作为主起草单位或主起草人的国家、国防军工计量检定规程与校准规范（正式发布的）数量：______，具体信息： 2）作为主起草单位或主起草人的国际计量技术规范（正式发布的）数量：________，具体信息： 注意：只要正式发布的相关国家、国防军工计量检定规程与校准规范、国际计量技术规范中有本站人员、本站（所）单位名称即可得分。有行业标准也尽量提供，会酌情给分	
4.5*	获得计量奖励	4分	评价机构获得的与计量有关的省部级以上奖励情况，按下列标准评分： 1）省部级荣誉奖，每项得0.5分 2）省部级科技三等奖每项得1分 3）省部级科技二等奖每项得2分 4）省部级科技一等奖每项得3.5分 5）有国家级科技奖励的，得4分	根据申请单位提供的××××年××月至××××年××月期间获得的与计量有关的省部级以上奖励资料，确定：省部级荣誉奖数量：________，省部级科技三等奖数量：________， 省部级科技二等奖数量：________，省部级科技一等奖数量：________， 国家级奖励数量：______。具体信息如下： 请注意考核的有效时间段。原则上是要有国徽的才算，但是对于集团公司的奖励，现场考核时也会予以记录。另外，请注意法人单位及机构成员的所有荣誉奖（如单位的五一劳动奖状、文明单位、个人的劳模奖状等）均能有效得分，无论有无国徽务必提供原件。与计量有关的省部级以上奖励一般是指：获奖人员中有本机构直接从事计量科研、检定校准与测试的人员，或从事计量管理人员在获奖的主要贡献中有计量测试内容。只要有相关的奖励请务必整理提供！	

（续）

序号	评价项目	预设分值	评审细则	评审要点	结论/得分
4.6	专利数量	2分	评价机构获得计量有关的发明专利授权情况，每项得0.5分	已获得授权的发明专利数量：________ 注意：实用新型的也请汇总整理提供，并让评审专家现场记录。在最终汇总时会酌情考虑	
4.7*	论文与专著	2分	评价机构在有刊号、公开发行刊物上发表与计量有关的学术论文或出版专著情况，按下列标准评分，最低得分-1分 1）无论文和专著，得-1分 2）发表论文不足6篇，得0分 3）发表论文6篇以上的，SCI收录每篇得0.5分，其他论文每篇得0.25分 4）出版专著得2分	查机构直接从事计量管理、科研、检定校准与测试的人员发表的论文、专著资料，确定： 1）SCI收录的论文数量：________ 2）其他在有刊号、公开发行刊物发表的论文数量：________ 3）出版专著数量：________ 注意：只要有出版书号和正式刊号的即可确认得分，现场需要查原件	
4.8	计量发展研究	1分	评价机构按规定每年向国防科工局提交国防军工计量技术发展研究报告情况。报告数量齐全得1分，否则0分	查申请单位有关报送国防军工计量技术发展报告的档案资料，核实上报情况 应提交3份计量技术发展趋势研究报告，实际提交的数量：________。________年未提交计量技术发展趋势研究报告 注意：提前打印成纸质文件备查。注意落款时间：《关于进一步加强计量信息报送工作的通知》（局技函〔2012〕172号）中计量技术机构报送信息的主要要求：按时（12月20日前）报送年度工作总结和（6月20日前）报送半年工作总结；按时（11月20日）报送专业军工计量技术发展年度研究报告的报告	
4.9	学术交流	2分	评价机构组织国内外计量学术交流的情况。每组织一次国内外本专业计量学术交流得0.5分	查申请单位提供的组织国内外计量学术交流的资料，确定组织国内外计量学术交流的次数：________，具体信息如下： 注意：现场一般会查相关会议的通知、签到表、会议论文资料等，务必把相关资料准备齐全，如有照片也可提供备查	
5	量传服务	25分	—	—	
5.1	量传单位数量	3分	1）评价量传服务军工单位数量，按下列标准评分： ①9个以下得0分 ②（10~29）个得1.5分 ③（30~59）个得2分 ④（60~99）个得2.5分 ⑤100个以上得3分 2）评价量传服务地方企事业单位数量，按下列标准评分： ①（1~19）个得0.5分 ②20个以上得1分	查申请单位提供的量传服务单位的资料，确定： 1）服务国防军工单位数量：________ 2）服务地方企事业单位数量：________ 注意：①量传区域最高标准、无法向区域标准溯源的三级标准和计量器具2次以上为1个有效服务单位，量传周期两年以上的或新建标准1次为1个有效服务单位。②军口、民口配套、军队均列入国防军工范畴。③1和2项加起来会超过4分，这说明即使第1项得2分，经科学分类后第2项得1分，这样加起来也可以得满分3分，要合理利用这个规则。④“量传服务地方企事业单位”一般建议地方国防科工局（办）确认名单	

（续）

序号	评价项目	预设分值	评审细则	评 审 要 点	结论/得分
5.2	量传计量标准数量	3分	1)评价量传国防区域计量标准器具、同等水平的三级标准和计量器具年平均数量，按下列标准评分： ①49台件以得下0分 ②(50~199)台件得1.5分 ③(200~499)台件得2分 ④(500~999)台件得2.5分 ⑤1000台件以上得3分 2)评价量传民用计量标准和同等水平计量器具年平均数量，按下列标准评分： ①(20~99)台件得0.5分 ②100台件以上得1分	查申请单位提供的量传计量器具的资料，确定： 量传国防区域计量标准器具、同等水平的三级标准和计量器具年平均数量：____ 量传民用计量标准器具和同等水平计量器具的年平均数量：____ 注意：现场检查时只要能提供出相关检定证书、校准证书就可以认为有效。不严格要求是否是量传计量标准器具，一般若年平均检100台件三年能检300台件以上的也可以认。因此为确保台件数，建议将某些为军工产品及装备出具的测试报告也列入统计中，为现场考核提前做好准备。考虑到军工行业量传的特殊性，一般测试报告也被认可	
5.3	计量仲裁	0分	评价完成计量仲裁工作情况。本项采用扣分制，最低得分-1分，评分标准： 1)未承担计量仲裁检定任务或按要求完成任务，不扣分 2)未按要求完成计量仲裁检定任务，每次扣0.5分 3)拒绝计量仲裁检定任务，扣1分	查申请单位承担计量仲裁任务的资料，确定： 1)承担计量仲裁检定任务数：________ 2)未完成计量仲裁检定任务数：________ 3)拒绝执行计量仲裁检定任务的次数：________ 注意：按计量管理制度中的计量仲裁管理办法准备	
5.4	检定校准工作规范性	1分	评价开展检定、校准工作规范性。本项采用扣分制，按下列标准评分： 1)使用已失效或不受控计量技术规范，每份扣0.5分 2)未按计量技术规范开展工作或检定项目不全，每次扣0.5分	结合5.5、5.6、5.7和现场检查，确定： 1)使用已失效或不受控计量技术规范的数量：________ 2)未按计量技术规范开展工作的项目数量：________ 3)检定项目不全的被检器具种类：________ 注意：现场技术规范务必严格受控，更不能出现失效作废的技术规范！结合5.4、5.5、5.6中至少每项标准抽20份证书及原始记录的要求，认真查看有无“未按计量技术规范开展工作”和“检定项目不全”的情况	
5.5	证书格式与印章	1分	评价机构出具的检定/校准证书格式和印章与《国防军工计量标识印制和使用要求》规定的符合性。完全符合得1分，否则0分	抽查为武器装备科研生产单位出具的检定/校准证书的数量：________（每项标准抽查不少于20份） 其中，检定证书封面格式不符合要求的数量：________ 检定/校准证书未使用或未正确使用机构检定/校准专用章的数量：________ 注意：原检定/校准证书格式可与《国防军工计量标识印制和使用要求》中要求的检定/校准证书格式共存。结合至少每项标准抽20份证书及原始记录的要求，认真查看检定证书封面格式的规范性，查看有无检定/校准证书未使用或未正确使用机构检定/校准专用章的情况	

（续）

序号	评价项目	预设分值	评审细则	评审要点	结论/得分
5.6*	证书质量	3分	1)评价检定/校准证书差错率，按下列标准评分： ① 2%以下得3分 ② 3%~5%得2分 ③ 6%~10%得1分 ④ 11%以上得0分 2)非检定员或检定员超授权项目出具证书，本项得0分 3)未建标量传、超范围量传及用过期标准量传，本项得0分	1)抽查为武器装备科研生产单位出具的检定/校准证书的数量(n)：________(每项标准抽查不少于20份) 其中，有差错的检定/校准证书的份数(m)：________ 2)计算差错率(m/n)100%：________ 3)发现非检定员或检定员超授权项目出具证书的数量：________ 4)发现未建标量传、超范围量传及用过期标准量传的数量：________ 注意：结合至少每项标准抽20份证书及原始记录的要求，认真查看证书的正确性，查看有无“非检定员或检定员超授权项目出具证书”或“未建标量传、超范围量传及用过期标准量传”的情况。检定、校对和签发应三级独立审签	
5.7*	原始记录质量	1分	评价检定/校准原始记录信息完整性、数据准确性、更改规范性等方面的差错率，按下列标准评分： 1)5%以下得1分 2)6%~10%得0.5分 3)11%以上得0分	根据申请单位提供的资料，抽查为武器装备科研生产单位出具的检定/校准证书的原始记录数量(n)：________(每项标准抽查不少于20份)。其中存在不完整、数据不准确、更改不规范等现象的原始记录份数(m)：________。差错率(m/n)×100%：________。具体情况如下： 注意：结合至少每项标准抽20份证书及原始记录的要求，认真查看原始记录的正确性，查看有无“数据记录不完整、数据不准确、更改不规范等现象”的情况	
5.8*	测量设备标识	2分	评价机构测量设备计量状态标识出现信息不完整、分类状态错误、粘贴位置不明显、超过有效期等情况。本项采用扣分制，每台/件扣0.5分	现场检查国防计量标准器具的主标准器和配套设备的计量标识，抽查测量设备的计量标识，确定：标识不符合要求的测量设备数量：________，具体情况如下： 注意：主标准器及配套设备100%检查，非计量装置使用的测量设备按20%抽查。装置中主标准器及配套设备应严格并清晰区分，并认真查看测量设备计量状态标识是否出现信息不完整、分类状态错误、粘贴位置不明显、超过有效期等问题	
5.9*	计量标准考核	2分	评价机构承担国防计量标准器具技术考核任务数量及质量，按下列标准评分，最低得-1分 1)未承担考核任务，得0分 2)(1~10)项得0.5分；11项以上得1分 3)完成率：100%得1分，否则0分 4)质量：因完成质量差被国防科技工业计量管理部门通报，本项得-1分	根据申请单位提供的承担计量标准器具考核任务的资料，确定承担考核计量标准器具的数量(m)：________；完成考核计量标准器具的数量(n)：________，完成率(n/m)×100%：________；完成质量差，被国防科技工业计量管理部门通报的次数：________ 具体情况如下： 注意：承担计量标准器具考核任务是指承担国防科技工业主管部门、部队管理机关和地方质检部门下达的技术考核任务。应提供委托考核的资料或证明文件	

(续)

序号	评价项目	预设分值	评审细则	评审要点	结论/得分
5.10*	计量人员考核	2分	评价机构承担国防计量人员技术考核任务数量及质量,按下列标准评分,最低得-1分 1)未承担考核任务,本项得0分 2)(1~4)批次或(1~49)人次得0.5分,5批次或50人次以上得1分 3)完成率:100%得1分,否则0分 4)质量:因完成质量差被国防科工局计量管理部门通报,本项得-1分	根据申请单位提供的承担计量检定人员考核任务的资料,确定承担计量检定人员考核任务________批次(m)或________人数(m),完成考核计量检定人员考核任务________批次(n)或________人数(n),完成率(n/m)×100%:________;完成质量差,被国防科技工业计量管理部门通报的次数:________ 具体情况如下: 注意:承担计量检定人员考核任务是指承担国防科技工业主管部门、部队管理机关和地方质检部门下达的考核任务。应提供委托考核的资料或证明文件	
5.11	技术指导与支持	1分	评价为客户提供技术指导与支持的情况。每为客户提供一次计量业务指导、技术咨询、计量培训、测量设备维修等技术指导与支持,得0.5分	查申请单位提供技术指导与支持的合同、协议等相关证明资料,确定计量业务指导的次数(n_1):________;计量技术咨询的次数(n_2):________;计量业务培训的次数(n_3):________;测量设备维修的次数(n_4):________;总数($n_1+n_2+n_3+n_4$):________ 注意:为客户提供的计量业务指导、技术咨询、计量培训、测量设备维修等技术指导与支持均可算有效。即使出现本项累计积分超出"1分"的情况,也应让检查组完整记录,因为后续汇总算分时会做专门梳理"亮点"处理	
5.12	经济社会计量服务	1分	评价承担省级以上重点经济社会发展项目计量保证方案策划与组织、测试设备研制、计量方法研究、专项测试服务等计量服务任务情况。承担任意1项以上,得1分	查申请单位提供承担省级以上重点经济社会发展项目计量保证任务的合同、协议及验收报告等相关证明资料,确定计量保证方案策划与组织________项;计量测试设备研制________项;计量方法研究________项;专项测试服务等任务________项 需查:承担省级以上重点经济社会发展项目计量保证任务的相关合同、任务书;相关文件或协议;相关计量测试报告等支撑材料。如有原件则更好	
5.13	服务设施	1分	评价为客户提供服务及设施情况。按以下标准评分: 1)有基本收发措施和服务设施得0.5分 2)收发措施到位,服务设施齐全得1分	现场检查申请单位计量服务设施情况,确定:仪器集中收发地点:□有 □无;专职仪器收发人员:□有 □无;收发程序便捷:□是 □否;收发专用车:□有 □无 注意:3项为"是"得0.5分,4项全为"是"得1分,否则0分。"收发措施到位,服务设施齐全"包括:仪器集中收发地点、专职仪器收发人员、收发程序便捷、收发专用车。需要逐一提供证明材料,如:"专职仪器收发人员"需要提供人员授权;"收发专用车"需要提供专用车使用合同,能提供照片则更好	
5.14	客户满意度	2分	评价二级机构对一级机构服务满意度。85分以下得0分;(86~90)分得1分; (91~95)分得1.5分;96分以上得2分	由接受服务的二级机构对一级机构服务满意度进行评价 满意度:________(取各二级机构评价结果的平均值) 注意:国防计量考核办公室综合核定	

（续）

序号	评价项目	预设分值	评审细则	评审要点	结论/得分
5.15	技术支撑	2分	评价机构完成国防科工局计量管理部门和省级国防科技工业主管部门交办的指令性任务之外的任务情况。每完成1项得1分	查申请机构提供的完成国防科工局计量管理部门和省级国防科技工业主管部门交办的指令性任务之外的任务资料，确定完成国防科工局计量管理部门和省级国防科技工业主管部门交办的任务数量：________具体事实如下： 注意：计量标准器具和计量检定员技术考核不计。国防军工计量科研项目管理办公室、国防科技工业计量考核办公室的每年“表扬信”，参加历年监督检查及专项工作研究，以及本次行政许可工作均可以认。参加集团公司的监督检查也需要逐一记录，如何记分由国防科技工业计量考核办公室会统一考虑。即使出现本项累计分超出2分的情况，也应让检查组完整记录，因为后续汇总算分时会做专门梳理“亮点”处理	

七、典型问题

这里总结归纳作者在国防计量技术机构设置审批现场评审中发现的典型问题。

（一）计量技术机构一

1）机构的二级保密资质已过期。

2）计量管理人员及计量技术人员对国防计量法规、计量基础知识等掌握不够。

3）计量标准管理等制度的操作性不强。

4）区域最高计量标准器具的数量较少。

5）有3台配套设备未溯源至国防计量标准器具。

6）计量检定人员占比较低。

7）未承担计量建标类科研课题。

8）未起草或参与起草计量技术规范。

9）未按要求提交2015年度区域计量需求研究报告。

10）组织计量学术交流的次数（1次）较少。

11）抽查发现4台测量设备的标识不符合要求。

12）承担国防计量标准器具考核任务较少。

13）承担计量检定人员考核任务较少。

14）未承担省级以上重点经济社会发展项目计量保证任务。

（二）计量技术机构二

1）机构负责人、计量管理人员及计量技术人员对国防计量法规、计量基础知识等掌握不够。

2）计量管理制度内容不完整，可操作性不强。

3）2013年至2015年期间，未按要求上报重要计量工作信息，上交计量工作总结数量不足。

4）区域最高计量标准器具的数量不够，覆盖率不足。

5）承担计量科研项目数量不足。

6）未承担计量建标类科研课题。

7）未起草计量技术规范。

8）发表论文数量过少。

9）未提交 2013 年至 2015 年的区域计量需求研究报告。

10）量传服务单位和计量标准的数量不足。

11）抽查发现个别原始记录不规范。

（三）计量技术机构三

1）计量管理人员及计量技术人员对国防计量法规、计量基础知识等掌握不够。

2）部分计量管理制度的操作性不强。

3）区域最高计量标准器具的覆盖率不足。

4）电子水平仪标准装置的主标准器溯源不符合要求。

5）开展量值比对工作的次数（1 次）较少。

6）有 1 项标准器具的工作环境不满足技术规范的要求。

7）未承担计量建标类科研课题。

8）未起草计量技术规范。

9）组织计量学术交流的次数（1 次）较少。

10）抽查发现个别测量设备的检定项目不全。

11）检定证书的封面格式不符合要求。

12）抽查发现个别检定/校准证书存在错误。

13）抽查发现个别原始记录存在数据不完善等情况。

14）抽查发现 2 台测量设备的标识不符合要求。

15）未承担过国防计量标准的考核任务。

16）承担国防计量检定人员的考核任务数量较少。

（四）计量技术机构四

1）计量管理人员及计量技术人员对国防计量法规、计量基础知识的掌握不够。

2）计量管理制度内容不完整。

3）区域最高计量标准器具的数量较少，且覆盖率较低。

4）个别配套设备的溯源不符合要求。

5）未承担计量建标类科研课题。

6）未起草计量技术规范。

7）抽查发现个别原始记录存在数据更改不规范的情况。

8）承担国防计量检定人员的考核任务数量较少。

（五）计量技术机构五

1）机构负责人未参加座谈；计量管理人员及计量技术人员对国防计量法规、计量基础知识等掌握有待加强。

2）计量管理制度内容不完整，个别制度与法规要求不符，操作性不强。

3）区域最高计量标准器具的数量较少，且覆盖率较低。

4）未开展量值比对工作。

5）承担的计量科研项目较少。

6）未承担计量建标类科研课题。

7）未起草计量技术规范。

8）未获得计量有关的专利授权。

9）发表的论文数量较少。

10）未提交 2014 年和 2015 年的区域计量需求研究报告。

11）未组织计量学术交流活动。

12）量传服务单位和计量标准数量较少。

13）抽查发现个别证书的检定项目不全。

14）抽查发现个别检定/校准证书存在质量错误。

15）抽查发现个别原始记录存在数据不完整等情况。

16）承担国防计量检定人员的考核任务数量较少。

第五节　武器装备科研生产单位计量监督检查

为全面规范武器装备科研生产单位计量监督工作，国防科工局于 2015 年 12 月发布了 JJF（军工）7—2015《武器装备科研生产单位计量工作通用要求》和 JJF（军工）8—2015《武器装备科研生产单位计量监督检查工作程序》。

武器装备科研生产单位计量监督主要内容包括：监督检查各单位贯彻落实计量法律法规、行业部门规章以及其他规范性文件的情况；军品和配套产品研制生产单位仪器设备的计量管理制度和计量状态；测试设备，特别是大型测试系统和专用测试设备的计量受控情况；科研、生产、试验各环节测量数据的有效性；计量标准器具的建立、考核、溯源、保持以及量值传递情况；计量检定、校准人员资格的有效性；机构印章、标牌和计量证书管理、使用的正确性等。

一、工作程序

国防科技工业局（简称国防科工局）和省、自治区、直辖市人民政府国防科技工业行政主管部门（简称地方主管部门）作为国防科技工业计量管理部门，根据职责范围制定年度监督检查计划，明确检查时间、检查对象等，监督检查采取抽查方式。

国防科技工业计量管理部门按照年度监督检查计划，在监督检查实施前十个工作日向被检查单位下发监督检查通知。监督检查组由国防科技工业计量管理部门组建，由计量管理专家和技术专家组成。

武器装备科研生产单位计量监督检查分为六个阶段，依次为首次会议、现场检查、形成意见、末次会议、发布监督检查通报和跟踪整改情况与复查。

（一）首次会议

首次会议由检查组组长主持，时间约 30 分钟，被检查单位主管科研生产、质量和计量的厂所级领导及军品科研生产相关的部门负责人参加。

主要内容包括：介绍本次监督检查的背景、目的及相关要求，被检查单位简要介绍本单位基本情况、军品及配套产品计量工作的开展情况。

被检查单位需提供《计量器具一览表》《军品及配套产品科研生产任务一览表》《测试设备溯源情况调查表》《测试设备情况统计表》《测试设备无法溯源情况调查表》及相关检

查资料。

会议基本议程：

（1）检查组组长发言　检查组组长介绍检查组成员和所在地国防科技工业计量主管部门领导；介绍本次监督检查背景、目的和要求，说明监督检查的依据、检查范围；请所在地国防科技工业计量主管部门领导讲话。

（2）被检查单位厂所级领导及上级领导讲话　被检查单位计量主管领导介绍参加会议的上级主管领导和本单位主要参会人员并致辞；请上级领导讲话。

（3）被检查单位计量主管领导汇报情况　被检查单位计量主管领导介绍本单位基本情况、军品及配套产品科研生产情况及计量工作的开展情况。

（二）现场检查

检查组根据具体分工，现场检查工作可分为四个步骤进行，具体如下：

（1）业务考核　专家组组长负责组织对厂所级分管领导、部门负责人和业务骨干的业务考核，联络员负责记录。其中，对厂所级分管领导进行座谈考核，10名测量人员（应涵盖部门负责人、计量检定和校准人员、专用测试设备校准人员、检验人员、测试人员）进行45分钟的书面考试。通过交流了解厂所级领导对计量工作的理解情况，以及对计量管理部门的工作支持的情况。

（2）进行抽样　业务考核的同时，负责管理和技术检查的专家根据监督检查要求，结合《军品及配套产品科研生产任务一览表》和《计量器具一览表》抽选检查资料、设备和型号任务等。

（3）现场检查　检查组通过《军品及配套产品科研生产任务一览表》确定检查工作的重点，开展现场检查；根据资料的查看情况，检查组开展现场检查，现场抽取主要计量器具并与所提供《计量器具一览表》进行核对，检查标识、台账的动态管理等。注意：按台账抽取与现场实物抽取各不少于：通用测量设备40台套；专用测量设备15台套，核对账物是否相符。

（4）资料检查　检查方式以现场确定的计量器具为切入点，通过检查其量值溯源、计量控制及量值传递情况，完成对科研生产试验全过程的完整量值溯源链和全过程计量管理的监督检查。注意：从每套标准装置开展检定校准的证书中随机抽取10份自检自校、给外单位出具的证书/原始记录，查看所用标准器具是否存在未建标量传或用过期的标准器具开展检定校准业务。

（三）检查组评议

分组检查完成后，检查组进行内部评议，汇总监督检查情况，形成完整的《武器装备科研生产单位计量监督检查表》；监督检查组根据现场检查情况，形成监督检查意见，内容包括基本情况、存在问题及建议。

（四）末次会议

末次会议由检查组组长主持，参加会议人员与首次会议相同。

主要内容包括：通报计量监督检查情况，被检查单位申述，形成监督检查意见，双方代表在《武器装备科研生产单位计量监督检查表》和《武器装备科研生产单位计量监督检查意见》上签字确认。

会议基本议程：

1）检查组按照《武器装备科研生产单位计量监督检查表》向被检查中单位通报计量监督检查中发现的主要问题，并请被检查单位核对《武器装备科研生产单位计量监督检查表》。

2）被检查单位针对检查结果申述意见，进行交流，无法达成一致时，应补充进行现场检查以确认问题。

3）讨论监督检查初步意见，形成正式意见。

4）经过结果通报和沟通后，监督检查组长和被检查单位的厂所级主管领导在《武器装备科研生产单位计量监督检查表》和《武器装备科研生产单位计量监督检查意见》上签字确认。

5）被检查单位厂所级领导讲话。

（五）发布监督检查通报

国防科技工业计量管理部门向被检查单位及其主管部门通报监督检查情况，必要时向其他相关单位通报。

（六）跟踪整改情况和实施复查

被检查单位针对存在的问题制定整改计划、分析原因、制定纠正/预防措施，并按计划限期完成整改。

（1）监督检查合格的单位　针对发现的问题，在检查结果发布后20个工作日内完成整改，并将整改完成情况以文件形式上报地方主管部门和本单位上级计量主管部门，由地方主管部门组织确认。

（2）监督检查不合格的单位　监督检查不合格但未发现严重违法、违规行为的单位，在检查结果发布后30个工作日内完成整改，将整改完成情况以文件形式上报地方主管部门和本单位上级计量主管部门。地方主管部门组织复查，并将复查情况上报国防科工局。

（3）监督检查严重不合格单位　监督检查发现存在严重违法、违规行为的单位，应立即停止违法、违规行为。在检查结果发布后60个工作日内完成整改，将整改完成情况以文件形式上报国防科工局，抄送地方主管部门和本单位上级计量主管部门，由国防科工局组织复查。

二、检查内容与评价标准

计量监督检查内容分为计量综合管理、测量设备管理、科研生产过程计量保证、计量技术文件控制、计量技术记录控制、计量确认与标识、计量工作有效性等7项30条120个检查点。具体内容见《武器装备科研生产单位计量监督检查表》（表14-6），表中带有★的检查条款为重要项，带有★★的检查条款为关键项。

（一）分值设置

武器装备科研生产单位计量监督检查总分400分。7项检查内容的具体分数为：计量综合管理51分，测量设备管理105分，科研生产过程计量保证80分，计量技术文件控制40分，计量技术记录控制40分，计量确认与标识32分，计量工作有效性52分。

（二）计分方法

为了消除监督检查不适用项的影响，对监督检查成绩进行归一化处理。计算方法为：被检查单位得分=400×实际得分/（400-不适用项分值总和）。

(三)结果评定

1)武器装备科研生产单位的监督检查成绩达到300分及以上为合格，300分以下或发现1个带有★号的项目不符合要求为不合格。

2)在检查过程中，发现有2个及以上带有★号的检查点或1个及以上带有★★号的检查点不符合要求时，视为严重违法、违规行为，本次监督检查结果为严重不合格。

3)在检查过程中，发现拒不接受、阻挠监督检查或发现纵容、包庇计量违法行为时，检查组有权终止检查并上报监督检查组织部门。

表14-6 武器装备科研生产单位计量监督检查表

序号	检查内容	扣分规则	分值	得分	检查情况
1	计量综合管理 (51分)				
1.1	组织管理(8分)				
1.1.1	法人单位是否有主管领导分管整个单位的计量工作,该主管领导是否熟悉计量法规、了解计量基础知识和计量业务管理工作	1)没有文件规定分管计量工作的主管领导,扣4分 2)计量主管领导不熟悉计量法规、不了解基础知识和业务管理,最高扣2分	4		
1.1.2	单位是否设置了具有明确的管理职责的计量管理部门,并统一行使法人单位计量管理职责	1)未设置具有计量管理职能的管理部门,扣2分 2)计量管理部门不能统一行使职责,扣1分	2		
1.1.3	计量部门负责人和业务骨干是否熟悉计量法律、法规和规章制度、计量基础知识	1)发现一名负责人不熟悉,扣1分 2)发现一名业务骨干不熟悉,扣0.5分	2		
1.2	管理制度(12分)				
1.2.1	是否保存有国防相关计量法律、法规和规章及上级文件,存档是否规范、现行有效	1)缺少国防计量法规、重要国防计量文件的,扣2分 2)发现1份无效文件,扣0.5分	2		
1.2.2	是否建立了计量管理制度(或程序文件),并经过批准。一般应包括以下内容: 1)计量标准器具管理;2)测量设备管理;3)原始记录、证书及印章管理;4)测量人员管理5)计量确认;6)计量状态标识管理;7)计量保证;8)计量技术文件管理;9)不合格测量设备追溯管理	1)发现有未经过批准的计量管理制度,扣10分 2)每缺少1项内容,扣2分 3)每发现1项内容不完善,扣1分	10		
1.3	测量人员 (15分)				
1.3.1★	计量检定和校准人员是否持有有效的计量检定员证	发现未持有有效证件开展计量检定/校准工作的人员,扣4分	4		
1.3.2★	计量检定和校准人员是否在证书有效期内开展持证专业(项目)范围内的计量工作	发现超范围开展工作的人员,扣4分	4		
1.3.3	检验员和专用测试设备校准人员是否持有效证件上岗,是否有相应的技术培训、考核记录	1)每发现1名无有效证件开展工作的人员,扣0.5分 2)每发现1名无培训和考核记录的人员上岗,扣0.5分	2		

（续）

序号	检查内容	扣分规则	分值	得分	检查情况
1.3.4	是否制定测量人员年度培训计划，培训内容是否包括计量法规、规章制度及相关技术文件等内容	1）无年度培训计划，扣1分 2）培训内容未涵盖计量、检验等业务，扣1分 3）培训内容未涵盖法规、制度等内容，扣1分	3		
1.3.5	年度培训计划是否得到有效实施，是否开展培训有效性评价，并保存完整的培训记录	1）培训未按照计划实施且未做计划调整，扣0.5分 2）培训后未做培训有效性评价，扣1分 3）培训记录未归档保存，扣0.5分	2		
1.4	计量标准器具（含标准物质）（16分）				
1.4.1★	在用计量标准器具的标准证书是否在有效期内	发现在用的计量标准器具超过有效期，扣4分	4		
1.4.2	计量标准器具是否按计划向上级国防计量技术机构进行溯源	1）未制定计量标准器具溯源计划，扣1分 2）每发现1项计量标准器具不符合要求，扣1分	2		
1.4.3	计量标准器具是否开展稳定性和重复性考核	每发现1项计量标准器具不符合要求，扣0.5分	1		
1.4.4	计量标准器具是否具有完整的技术资料档案	每发现1项计量标准器具不符合要求，扣0.5分	1		
1.4.5	计量标准器具的工作环境是否满足相应检定规程、校准规范的要求	每发现1项计量标准器具不符合要求，扣0.5分	1		
1.4.6	计量标准器具更换、暂停、恢复、撤销是否履行了相关审批手续	每发现1项计量标准器具不符合要求，扣0.5分	1		
1.4.7★	计量标准器具是否超出量传范围（参数、量限、不确定度等）开展工作	发现超出量传范围工作，扣3分	3		
1.4.8	每项计量标准器具是否具有两名以上（含两名）取得相应专业项目资格的计量检定或校准人员	每发现1项计量标准器具不符合要求，扣0.5分	1		
1.4.9	标准物质的存放是否满足要求	每发现1项计量标准器具不符合要求，扣0.5分	2		
2	测量设备管理（105分）				
2.1	一般要求（80分）				
2.1.1	是否建立统一的测量设备台账（专用测试设备可单独建立台账），账物是否相符	1）未建立统一台账，扣3分 2）每发现1台/件测量设备账物不符，扣1分，最高扣4分	7		
2.1.2	台账是否实施动态管理	发现台账未实施动态管理，扣3分	3		
2.1.3	是否制定测量设备周期检定计划，计划是否涵盖全部测量设备并经过审批	1）未制定周期检定计划或周期检定计划未经审批，扣2分 2）每发现1台/件测量设备未纳入周期检定计划，扣0.5分，最高扣3分	5		

（续）

序号	检查内容	扣分规则	分值	得分	检查情况
2.1.4	周期检定是否按计划实施	每发现1台/件测量设备未按周期检定计划实施，扣1分	5		
2.1.5	测量设备是否向有资质的法定计量技术机构进行溯源	每发现1台/件测量设备不符合要求，扣0.5分	5		
2.1.6	测量设备的限用是否履行审批手续	每发现1台/件测量设备不符合要求，扣0.5分	3		
2.1.7	限用测量设备的使用是否满足要求	每发现1台/件测量设备不符合要求，扣1分	5		
2.1.8	测量设备的封存、禁用、停用是否履行相关手续	每发现1台/件测量设备不符合要求，扣0.5分	3		
2.1.9	封存、禁用、停用测量设备是否按要求隔离存放	每发现1台/件测量设备不符合要求，扣1分	4		
2.1.10★	是否存在使用已封存、禁用、停用测量设备的情况	发现使用已封存、禁用、停用测量设备，扣8分	8		
2.1.11	发现测量设备不合格时，是否实施了测量结果追溯	每发现1台/件测量设备不符合要求，扣1分	2		
2.1.12	对不合格测量设备的追溯方法和结果是否正确	每发现1台/件测量设备不正确，扣1分	4		
2.1.13	测量设备的存放是否符合相关环境要求	每发现1台/件测量设备不符合要求，扣0.5分	2		
2.1.14	检验和生产共用测量设备用于检验前是否验证其技术性能满足使用要求	每发现1台/件测量设备不符合要求，扣1分	4		
2.1.15	检测设备的准确度应高于被测设备的准确度，被测产品与测量设备之间、测量设备与其校准设备之间的测量不确定度比是否满足4∶1的要求；不满足时是否经过分析论证，提出合理解决方案	每发现1台/件测量设备不符合要求且未经分析论证，扣0.5分	5		
2.1.16	委外检定和校准的测量设备，溯源是否有效	每发现1台/件测量设备不符合要求，扣0.5分	2		
2.1.17	自检自校的测试设备，其溯源是否有效	每发现1台/件测量设备不符合要求，扣0.5分	3		
2.1.18	使用测量设备时，是否超出溯源范围（参数、量限、不确定度等）	每发现1台/件测量设备不符合要求，扣2.5分	10		
2.2	专用测试设备管理（含有量值准确度要求的工装）（25分）				
2.2.1	专用测试设备的引进、购置、研制过程中的策划、方案论证、技术评审是否有计量人员参与	每发现1台/件专业测量设备不符合要求，扣1分	3		
2.2.2	专用测试设备验收是否有计量人员参与	每发现1台/件专业测量设备不符合要求，扣1分	3		
2.2.3	专用测试设备的技术文件是否齐全，一般应包括：技术报告、使用说明书、测试报告、必要的测试/自校软件及相关资料、必要的图样等	每发现1台/件专业测量设备不符合要求，扣0.5分	3		
2.2.4	专用测试设备投入使用前是否进行了计量确认	每发现1台/件专业测量设备不符合要求，扣1分	3		

（续）

序号	检查内容	扣分规则	分值	得分	检查情况
2.2.5	专用测试设备是否具有校准规范	每发现1台/件专业测量设备不符合要求，扣1分	5		
2.2.6	委外校准的专用测试设备，是否对其校准方案进行确认	每发现1台/件专业测量设备不符合要求，扣0.5分	2		
2.2.7	专用测试设备技术文件中的计量特性表述是否正确、全面	每发现1台/件专业测量设备不符合要求，扣0.5分	3		
2.2.8	无法溯源的专用测试设备是否采取相应技术手段进行计量控制	每发现1台/件专业测量设备不符合要求，扣1分	3		
3	科研过程生产计量保证(80分)				
3.1	型号的计量组织管理(10分)				
3.1.1	总体单位是否对大型型号设置了型号计量保证组织机构	每发现1个大型型号不符合要求，扣3分	3		
3.1.2	是否设置计量保证组织部门和计量主管人员负责型号计量工作	每发现1个型号不符合要求，扣3分	3		
3.1.3	计量保证组织部门和人员的职责是否明确	每发现1个型号不符合要求，扣4分	4		
3.2	计量保证大纲（10分）				
3.2.1	是否编制计量保证大纲，内容一般应包括：工作目标、组织机构、职责、研制计量控制、试验计量控制、生产计量控制、检验计量控制等	1)每发现1个型号任务未编制计量保证大纲，扣1分，最高扣3分 2)每发现1份计量保证大纲不符合要求，扣0.5分，最高扣2分	5		
3.2.2	计量保证大纲是否经过审批	每发现1份计量保证大纲不符合要求，扣1分	3		
3.2.3	计量保证大纲是否发送到相关执行单位	每发现1份计量保证大纲不符合要求，扣1分	2		
3.3	研制阶段计量控制(12分)				
3.3.1	在可行性研究过程中，是否进行型号计量可行性论证	每发现1个型号不符合要求，扣1分	2		
3.3.2	在方案论证阶段是否完成初步型号计量工作方案	每发现1个型号不符合要求，扣1分	1		
3.3.3	在设计阶段是否提出技术要求和制定型号计量工作方案	1)每发现1个型号未提出技术要求，扣1分 2)每发现1个型号未制定型号计量工作方案，扣1分	2		
3.3.4	型号转阶段是否有计量部门进行计量审查	每发现1个型号不符合要求，扣1分	1		
3.3.5	在设计定型阶段是否进行计量审查，并完成型号计量工作总结	1)每发现1个型号未进行计量审查，扣1分 2)每发现1个型号未完成型号计量工作总结报告，扣1分	2		
3.3.6	在生产定型阶段是否进行计量审查，并完成型号计量工作总结	每发现1个型号不符合要求，扣1分	1		
3.3.7	产品的成果鉴定是否经计量部门进行计量审查	每发现1项产品不符合要求，扣1分	1		

（续）

序号	检查内容	扣分规则	分值	得分	检查情况
3.3.8	引进重大仪器设备是否经计量部门进行审查，并同时引进必要的计量测试手段和技术资料	1)每发现1台引进的重大仪器设备未经计量部门审查，扣0.2分 2)每发现1台引进的重大仪器设备未引进计量测试手段和技术资料，扣0.2分	2		
3.4	试验阶段计量控制(16分)				
3.4.1	试验任务书中是否明确测试参数准确度要求	每发现1份试验任务书不符合要求，扣1分	4		
3.4.2	试验大纲的评审是否有计量人员的参与	每发现1份试验大纲不符合要求，扣1分	2		
3.4.3	试验大纲中测量设备选择是否满足要求	每发现1份试验大纲不满足要求，扣1分	4		
3.4.4	大型试验中使用的测量设备是否在试验前进行计量检查、试验后进行核查	1)每发现1台/件测量设备在试验前未进行计量检查，扣1分，最高扣2分 2)每发现1台/件测量设备在试验后未进行核查，扣1分，最高扣2分	4		
3.4.5	试验数据记录是否清晰、规范、完整	每发现1份试验数据记录不符合要求，扣0.5分	2		
3.5	生产阶段计量控制(22分)				
3.5.1	工艺文件中是否明确测试项目的参数、测量范围和准确度要求	每发现1份工艺文件不符合要求，扣1分	4		
3.5.2	工艺文件中选用的测量设备是否合理	每发现1台/件选用测量设备不符合要求，扣1分	3		
3.5.3	生产中使用的测量设备是否在有效期内	每发现1台/件测量设备不符合要求，扣1分	3		
3.5.4	检验项目是否明确提出测试参数、测量范围和准确度要求	每发现1个检验项目不符合要求，扣1分	4		
3.5.5	检验中选用的测量设备是否合理	每发现1台/件选用测量设备不符合要求，扣1分	3		
3.5.6	检验使用的测量设备是否在有效期内	每发现1台/件测量设备不符合要求，扣1分	3		
3.5.7	检验记录是否清晰、规范、完整	每发现1份检验记录不符合要求，扣0.5分	2		
3.6	产品检测和校准管理(4分)				
3.6.1	是否按要求编制了产品检测需求明细表、检测设备推荐表、校准设备推荐表、检测和校准需求汇总表	每发现1项产品不符合要求，扣1分	2		
3.6.2	产品检测需求明细表、检测设备推荐表、校准设备推荐表、检测和校准需求汇总表是否经过评审并保留评审记录	每发现1项产品不符合要求，扣1分	2		
3.7	校准和测试软件控制(6分)				
3.7.1	自编校准测试软件是否经过验证	每发现1个软件不符合要求，扣1分	2		

（续）

序号	检查内容	扣分规则	分值	得分	检查情况
3.7.2	自编校准测试软件是否经过评审	每发现1个软件不符合要求，扣1分	2		
3.7.3	外购校准测试软件的功能是否经过确认	每发现1个软件不符合要求，扣1分	2		
4	计量技术文件控制(40分)				
4.1	一般要求(6分)				
4.1.1	是否建立计量技术规范的目录	未建立目录，扣2分	2		
4.1.2	计量技术规范的目录是否实施动态管理	1)发现1项计量技术规范未及时更新，扣0.5分 2)发现1项计量技术规范未纳入目录，扣0.5分	2		
4.1.3	计量技术规范是否受控	每发现1份计量技术规范未受控，扣0.5分	2		
4.2	通用计量技术规范(14分)				
4.2.1	使用的计量技术规范是否现行有效	每发现1份计量技术规范不符合要求，扣2.5分	5		
4.2.2	有正式规范而采用自编规范是否降低技术要求	每发现1份计量技术规范不符合要求，扣2分	4		
4.2.3	不能直接采用已正式发布的检定规程、校准规范开展校准工作，需部分采用时，裁剪是否合理	每发现1份计量技术规范不符合要求，扣1分	3		
4.2.4	经裁剪形成的计量技术规范是否通过评审和批准，并保留评审记录	1)每发现1份计量技术规范未评审，扣0.5分 2)每发现1份计量技术规范未保留评审记录，扣0.5分	2		
4.3	自编计量技术规范(20分)				
4.3.1	自编计量技术规范是否符合国防军工计量技术规范编制要求	每发现1份自编计量技术规范不符合要求，扣0.5分	3		
4.3.2	校准方法是否科学合理、具有可操作性	每发现1份自编计量技术规范不符合要求，扣0.5分	3		
4.3.3	校准用设备的选取是否满足量传要求	每发现1份自编计量技术规范不符合要求，扣1分	4		
4.3.4	校准项目设置是否覆盖被校测量设备的全部计量特性	每发现1份自编计量技术规范不符合要求，扣1分	4		
4.3.5	校准方法是否通过验证	每发现1份自编计量技术规范不符合要求，扣0.5分	3		
4.3.6	复校时间间隔的确定是否有依据	每发现1份自编计量技术规范不符合要求，扣0.2分	1		
4.3.7	自编计量技术规范是否经评审和批准，并保留评审记录	1)每发现1份自编计量技术规范未评审，扣0.5分 2)每发现1份自编计量技术规范未保留评审记录，扣0.5分	2		
5	计量技术记录控制(40分)				
5.1	检定、校准、测试、试验和检验记录格式是否规范	每发现1份记录不符合要求，扣0.5分	4		

（续）

序号	检查内容	扣分规则	分值	得分	检查情况
5.2	原始数据是否在产生的当时予以记录，项目名称是否明确	每发现1份记录不符合要求，扣2分	4		
5.3★★	原始记录是否存在伪造、变造数据的情况	发现伪造、变造数据的原始记录，扣6分	6		
5.4	原始记录中出现错误时，是否采用划改的方式进行更正，并签章	每发现1份记录不符合要求，扣0.5分	6		
5.5	以电子媒体保存的记录，是否采取措施以避免原始数据丢失和改动	1）每发现1份记录没有采取有效措施，扣1分 2）每发现1份记录的措施无效，扣1分	4		
5.6	检定、校准记录内容是否完整、信息是否充分，满足可追溯性要求，必要时应包含测量不确定度	每发现1份记录不符合要求，扣2分	6		
5.7	技术记录中计量单位的表达是否符合国防计量法规要求	每发现1份记录不符合要求，扣0.5分	2		
5.8	测试、试验、检验记录信息是否完整	每发现1份记录不符合要求，扣1分	4		
5.9	技术记录保存期限是否符合国防科技工业计量相关要求	每发现1份记录不符合要求，扣1分	2		
5.10	技术记录保存方式是否符合国防科技工业计量相关要求	每发现1份记录不符合要求，扣0.5分	2		
6	计量确认与标识（32分）				
6.1	计量确认（15分）				
6.1.1	在用的测量设备是否进行了计量确认	每发现1台/件测量设备不符合要求，扣1分	5		
6.1.2	计量确认是否依据测量设备的使用要求进行	每发现1台/件测量设备不符合要求，扣1分	5		
6.1.3	计量确认的结果是否正确	每发现1台/件测量设备不符合要求，扣1分	5		
6.2	标识管理（17分）				
6.2.1	测量设备是否进行分类管理，并具有表明其状态的有效标识	1）每发现1台/件测量设备未进行分类管理，扣1分 2）每发现1台/件测量设备没有状态标识，扣1分，最高不超过4分	5		
6.2.2	测量设备状态标识是否与计量确认结果相一致	每发现1台/件测量设备不符合要求，扣1分	5		
6.2.3	测量设备状态标识是否清晰完整、位置明显，并包括必要的信息	每发现1台/件测量设备不符合要求，扣1分	4		
6.2.4	一、二级计量技术机构的印章、检定专用章、检定证书封面、检定标签是否符合《国防军工计量标识印制和使用要求》	每发现1项不符合要求，扣1分	3		
7	计量工作有效性（52分）				
7.1	计量工作符合性（37分）				
7.1.1★	是否存在使用未经计量主管部门考核合格的计量标准器具开展法制计量工作的情况	发现使用未经计量主管部门考核合格的计量标准器具开展法制计量工作，扣5分	5		

（续）

序号	检查内容	扣分规则	分值	得分	检查情况
7.1.2★★	是否存在行政干预检定、校准结果的情况	发现行政干预检定、校准结果，扣6分	6		
7.1.3★★	是否存在强迫使用未经考核合格或超过有效期的计量标准器具	发现强迫使用未经考核合格或超过有效期的计量标准器具，扣7分	7		
7.1.4	检定、校准、测试时，是否按照规程规范和技术文件的方法进行	每发现1次工作不符合要求，扣1分	4		
7.1.5	检定、校准、测试项目是否齐全	每发现1次工作不符合要求，扣2分	4		
7.1.6	工作环境是否符合规程、规范和技术文件要求	每发现1项环境不符合要求，扣1分	2		
7.1.7	实验室环境监控设备是否满足要求	每发现1台/件监控设备不符合要求，扣0.5分	2		
7.1.8	工作环境记录是否符合要求	每发现1份记录不符合要求，扣0.5分	2		
7.1.9	数据处理及表述是否正确	每发现1项数据处理不符合要求，扣2.5分	5		
7.2	证书、报告的规范性（15分）				
7.2.1	证书、报告的格式是否规范	每发现1份证书、报告不符合要求，扣0.5分	3		
7.2.2	证书、报告的信息是否完整	每发现1份证书、报告不符合要求，扣1分	7		
7.2.3	证书、报告的签署是否符合要求	每发现1份证书、报告不符合要求，扣0.5分	3		
7.2.4	印章的使用是否符合相关规定要求	每发现1次印章使用不符合要求，扣0.5分	2		
合计总分					
检查结论			合格 □ 不合格 □ 严重不合格 □		

三、评审重要关注点

在武器装备科研生产单位计量监督检查的现场评审中有众多重要关注点，被检查单位在前期的准备、现场的检查及后续的整改工作中都应该引起足够的重视。

（一）法人单位计量相关管理制度方面

法人单位的《计量管理手册》（或称《计量管理制度汇编》），应统一装订成册，经过批准、发布实施。建议其中内容包括：计量标准、仪器设备的使用、维护与管理制度；计量器具的周期检定管理制度；原始记录、证书及印章管理制度；计量人员的管理制度（含人员工作职责）；专用测试设备的管理制度；计量确认管理制度；状态标识分类管理制度等；研制、生产、试验过程中计量保证制度。

另外还可根据实际情况考虑包括：日常行政管理制度、保密管理制度、定置管理制度、技术基础科研项目管理制度、计量测试任务管理制度、服务客户管理制度、安全消防管理制度、办公室、实验室管理制度等。

(二)“培训宣贯计划及实施记录”方面

武器装备科研生产单位应制定测量人员年度培训计划，经批准后有效实施。培训内容应包括计量法律法规、规章制度及相关专业技术等。培训应进行有效性评价，并保存相关记录。一般建议包括如下内容：

新版《中华人民共和国计量法》、《国防计量监督管理条例》（1990 年，国务院、中央军委令第 54 号）、《国防科技工业计量监督管理暂行规定》（2000 年，国防科工委令第 4 号）《计量标准器具管理办法》《专用测试设备计量管理办法》《检定人员管理办法》《计量监督实施办法》《计量监督检查细则》《武器装备质量管理条例》（2010 年 9 月 30 日有国务院、中央军委第 582 号）、本检查周期内历年省市国防军工计量工作会议文件传达、《国防科工局关于进一步加强国防军工计量工作的通知》（科工技［2011］740 号）、《国防科工局科研项目管理办法》（科工技［2012］34 号）、《国防科工局关于印发“军工科研项目验收评价暂行办法”的通知》（科工技［2012］1477 号）等国家国防军工计量法律法规相关培训等。

外加 JJF 1001—2011《通用计量术语及定义》、JJF 1069—2012《法定计量检定机构考核规范》、JJF 1071—2010《国家计量校准规范编写规则》、JJF（军工）2—2012《国防军工计量校准规范编写规则》、JJF 1059.1—2012《测量不确定度评定与表示技术规范》、GJB 2739A—2009《装备计量保障中量值的溯源与传递》、GJB 5109—2004《装备计量保障通用要求　检测和校准》等计量相关技术规范的培训等。

(三)“实验室内外部环境文明整洁，计量检定工作区域与非计量检定工作区域分离；仪器设备布局合理，并按定置管理”方面

本项需要重视：实验室内外环境应提前整理，做到清洁、有序；实验室（分区）标识情况；计量检定工作区域与非计量检定工作区域分离；定置管理图（房间定置图和装置定置图）上墙张贴并提供统一装订成册的审批受控文件；装置需按照要求完成系统集成，互不干扰，电线、电缆集束，设备固定摆放；检定区内无杂物，不能出现长久不用物品。部分要求参考《关于印发国防军工计量标识印制和使用要求的通知》（局综技［2013］52 号）。

(四)国防或区域最高计量标准器具应确保计量特性受控，运行状态良好

1. 应确保做到的内容

1）相关装置必须技术状态正常（能正常开展工作或现场演示），装置建标技术资料（含作业文件）完整，审批齐全。

2）装置定置、标识规范。

3）主标准器和配套设备至少两个周期（最好按分年整理成册）溯源（检定）证书有效，溯源证书确认完整（具体要求见“（五）计量确认与检定、校准关系”和第七章第六节）。

4）装置稳定性、重复性考核、期间核查数据完整。

5）有覆盖相应范围的量传、校准的经历证明。

6）每套装置务必确保有 2 名有效持证人员。

7）每套装置每年能提供至少 20 份备查的检定原始记录、检定证书、校准证书。

每个装置负责人务必提前整理准备。

2. 溯源证书确认核查重点

1）溯源证书信息的正确性，如：被检计量器具的名称、型号、序列号、日期等信息。

2）溯源证书中所选用方法、规程、规范的正确性。

3）溯源证书提供的溯源参数、数据的充分性，溯源参数、数据是否覆盖并满足计量标准装置建标报告、标准证书的要求；是否满足相关计量检定规程和校准规范的要求。

4）溯源证书提供的最终溯源结果，是否满足计量标准装置建标报告、标准证书的要求；是否满足相关计量检定规程和校准规范的要求。

（五）计量确认与检定、校准关系

计量确认是指为确保测量设备符合预期使用要求所需的一组操作。计量确认一般包括：首先是校准，必要的调整和修理，随后的再校准，与设备预期使用的计量标准相比较以及所要求的封印和标记。

正确理解计量确认需要注意以下几点：

1）计量确认包括对测量设备进行的校准、调整、修理、验证、封印和标签等一系列活动。

2）计量要求通常与产品要求不同，并不在产品要求中规定。

3）预期用途要求包括测量范围、分辨力、最大允许误差等。

4）只有测量设备已被证实适用于预期使用并形成文件，计量确认才算完成。

总之，计量确认是针对测量设备的预期用途要求，并确保其满足使用要求的活动。

从计量确认定义中可以看出，其目的是：为了确保测量设备符合预期使用要求。通过定期对测量设备的性能评价，与其使用要求进行对比验证，以保证测量设备符合测量管理体系的要求。

不能将计量确认简单地理解为单一的校准过程，我们可以把它分解为6个子过程（至少包括4个过程）：

（1）测量设备的校准过程　输入是被校测量设备和上一等级标准器，输出是校准结果及校准状态的标志。其活动是校准，即被校测量设备与上一等级标准器的比较。所需资源是校准人员、校准方法、校准的环境条件等。

（2）导出计量要求的过程　其输入是顾客或生产要求，输出是计量要求。其活动是查找顾客要求，可以从合同、产品标准、产品技术要求或生产过程控制文件中找出，或从其他相关的法律规定、规范或文件中找出。

（3）验证过程　验证过程有计量要求和测量设备本身的计量特性两个输入，其输出是验证结论。其活动是将计量要求与计量特性进行比较，此过程一般不需要测量设备等硬件条件。

（4）调整或维修过程　如果校准结果不能符合计量要求，该测量设备还要经过调整或维修过程。调整或维修过程的输入过程是验证过程的一种输出（不符合计量要求立即启动调整或维修过程），其输出是调整或维修报告。

（5）再校准（或称复核）过程　输入是调整或维修后的测量设备及其报告，输出是再校准状态的证书和标志。

（6）确认状态标识的标注过程　确认状态标识共有两种：一种是确认合格标识，另一种是确认失效标识（无法维修或调整）。该过程的输入是验证/确认文件，或验证失败记录。输出是确认合格标识，或确认失效标识。

要正确实施计量确认，还必须正确理解计量确认与检定、校准关系：检定是为了查明和确认测量仪器符合法定要求，检定依据的是计量检定规程，对检定结果做出合格与否的结论，并具有法制性，属计量管理范畴的执法行为。校准主要是确定由测量标准提供的量值与相应示值之间的关系，并用此信息确定由示值获得测量结果的关系。

检定、校准都完成了测量仪器的量值溯源，但在测量仪器特性评定上却有很大区别。检定合格的测量仪器是全面符合国家计量检定规程要求的，而校准一般不给出评定结论，只给出对应标准量值的示值及其不确定度。

在 GB/T 19022—2003《测量管理体系　测量过程和测量设备的要求》中，计量确认是指为确保测量设备处于满足预期使用要求的状态所需要的一组操作。通常，计量确认包括：校准和验证、各种必要的调整或维修及后续的再校准、与设备预期使用的计量要求相比较以及必需的封印和标签。它由两个输入与一个输出组成；输入是计量要求和经校准/检定后设备的计量特性；输出是验证标识即该设备的确认状态。

计量确认首先是在考虑成本与错误测量风险的基础上，用最大允许误差（MPE）来表达测量设备的计量要求；其次对设备进行校准，以确定其计量特性；最后将设备的示值误差与最大允许误差相比较。如果示值误差不超出 MPE，说明符合要求，确认该设备可以使用；反之，则需进行调整、维修、再校准或更新，直至符合计量要求。计量确认单简化格式见表 14-7。

表 14-7　计量确认单简化格式

测量设备名称		型号/规格		设备编号	
使用部门				溯源机构	
技术指标名称	使用技术指标要求		检定/校准结果		确认分析
测量范围					
测量不确定度/最大允许误差/准确度等级					
确认结论					
计量确认人员			计量确认日期		

（六）“检定原始记录、报告的质量”现场监督检查中发现的典型问题

1. 典型问题

1）原始记录划改不规范，有涂改现象，并且没有签名。

2）原始记录没有页码信息，页面间没有相互关联标识，数据没有结束标识符。

3）证书有划改等修改现象。

4）证书不保存副本，证书仅保存套打的电子文档（信息不完整），副本不规范、不具有法律效力。

5）几何量类证书及原始记录缺少维修前后的具体数据，维修过程无有效记录。

6）计量人员检定/校准概念不清；超范围（参数、量限、不确定度）开展检定/校准。

7）原始记录中实际记录的数据与信息不充分，不能得出最终结论。

8）检定证书、原始记录只有结论没有数据。

9）检定证书、原始记录中没有计量标准证书编号信息、主标准器及配套设备的溯源有效期信息等。

2. 技术记录的信息应充分

技术记录的信息主要包括被检/校物品的相关信息；为复现检测/校准条件所需的信息；检测/校准数据和结果；参与人员签名，包括检测/校准人员、核验人员，有时还包括抽样人员；检测/校准的时间和地点以及有关标志，包括记录标识、记录编号、总页数和每页的页码编号等。

3. 对检定、校准和测试的原始记录的要求

1）客观真实，记录直接观察到的现象和读取的数据，不得虚构记录，伪造数据。

2）必须包含足够的信息，包括各种影响测量结果不确定度的因素在内，如测量器具、检测人员、使用的测量方法、检测项目和检测环境等，以保证检定、校准和测试能够尽可能地在与原来接近的条件下复现。

4. 证书/报告应包含的信息

证书/报告应包含委托方要求的、说明检测或校准结果所必须的和所用方法要求的全部信息，主要有：报告或证书的名称（如检定证书、校准证书、测试报告等）；实验室的名称、地址，委托方的名称、地址（如需保密，可略）；报告或证书的唯一编号、页码（如“第几页，共几页”），证书或报告结束的终止符号；所依据的技术标准、规范或规程，若为部分依据时，可以按“参考”的方式处理；被测件的名称、型号、编号等有关信息；检测所用测量标准或主要检测仪器的相关信息，如名称、型号、准确度信息等；检测或校准地点（一般为本实验室或委托方现场）；检测或校准日期，一般为完成日期；检测或校准的结果应明了，便于使用者理解和应用；检测或校准时的环境条件，包括温度、湿度等；检测或校准人员的签名、校验人（审核人）签名、批准人签名，并加盖检测、校准、检定专用章（一般不使用实验室公章）；结果仅对被测件有效的声明，未经实验室同意，不得部分复印本报告或证书的声明。

（七）仪器设备ABC类科学分类方面

ABC管理法是在19世纪中叶，由意大利经济学家弗·巴雷特（V. Pareto）在研究人口与经济收入关系问题时提出来的（称为巴雷特定律）。随着科学技术的发展和经济管理工作的科学化，此法被广泛应用于企业管理。ABC管理法的基本原理就是通过对管理对象诸因素进行计算对比的定量分析，找出管理对象在影响管理目的实现的主要方面的数量分布关系，从而定量地把管理对象分为A、B、C三类，然后采取不同的方式进行管理，以提高管理效率和经济效益，从而达到管理的目的。A、B、C三类在管理对象总量中所占比例：A类10%左右，B类20%左右，C类70%左右。在管理时，对A类对象实行重点管理，因为这是影响实现管理目的的主要方面；对C类对象实行一般管理；对B类对象的管理方式介于A类与C类之间，称为次要管理（有人称为“普通管理”或“主要管理”）。ABC管理法应用于计量检测设备的等级划分。

1. A级计量检测设备的范围

1）企业内部用于量值传递的计量标准器。

2）《计量法》规定的用于贸易结算、安全防护、环境监测、医疗卫生等属强制管理范围的计量检测设备。

3）工艺、质量、经营管理、能源管理等对计量数据有较高准确度要求的计量检测设备。

4）使用较频繁、量值易改变的计量检测设备。

2. B级计量检测设备的范围

1）工艺、质量、经营管理、能源管理对计量数据有较高准确度要求，但平时拆装不便，实行周期检定有困难的计量检测设备。

2）工艺、质量、经营管理、能源管理对计量数据准确度要求不高的计量检测设备。

3）对计量数据有准确度要求，但计量性能稳定，质量好的计量检测设备。

4）使用不太频繁且量值不易改变的计量检测设备。

5）作为专用量具有使用的通用计量检测设备或固定指示点使用的计量检测设备。

3. C级计量检测设备的范围

1）工艺、质量、经营管理、能源管理对计量数据无准确度要求的指示用计量检测设备。

2）与设备配套不易拆卸的仪表、表盘表等。

3）计量性能稳定、质量特别好且计量数据准确度要求不太高的计量检测设备。

4）使用环境恶劣，寿命短，低值易耗的计量检测设备。

5）准确度要求很低的自制专用计量检测设备。

6）政府标准计量部门不开展检定工作，企业无处送检，自己又不能检定的计量检测设备。

（八）型号计量保证大纲信息的完整性与规范性问题

型号计量保证是武器装备科研生产单位计量监督检查工作中存在问题最为普遍的环节，例如：型号计量保障组织机构不够健全，未设置重点（大型）型号的计量保障组织机构，未明确型号计量保障组织部门和人员的职责。未建立型号研制阶段的计量控制要求，无方案论证阶段完成初步型号计量工作方案、设计阶段制定型号计量工作方案、设计定型阶段和生产定型阶段进行计量审查并完成型号计量工作总结、试验大纲的评审无计量人员参与、重大试验后对测量设备进行核查等计量工作要求及相关记录；未按要求编制产品校准设备推荐表、检测和校准需求汇总表，无评审记录等问题。

建议参考如下格式编制型号计量保证大纲。

型号计量保证大纲

1. 概述

简要介绍该型号的主要任务、特点及计量工作的总体要求，介绍大纲的主要内容和适用的工作范围。

2. 依据文件

明确写出大纲编制所依据的计量法律法规、计量技术规范及相关体系文件等与计量保证工作有关的技术或管理文件。

3. 组织机构

明确型号计量保证工作的组织机构，机构的构成形式，明确各成员单位（部分）或相关人员（包括内外部相关单位、部门及人员）。

4. 工作目标及要求

明确大纲对型号计量保证工作将要达到的计量监督与管理、技术服务、人员队伍等目标；目标应可测量、可检查。

型号计量保证工作的要求主要包括：计量保证工作计划制定的时间、内容与要求；需计量部门参加会签的文件种类；参试测量设备的监督与管理要求；计量保证工作总结报告编制时机与要求；应完善的计量保证手段，如配备测量标准，外协合作，研究采取比对、评审等确认方法；计量保证人员培训要求；其他要求。

5. 责任分工

一般要求：明确各成员单位在计量保证工作中所承担的具体工作；明确各相关人员在计量保证工作中所承担的具体工作；各成员单位和相关人员的职责应明确、具体。职责涉及型号任务全过程的计量控制。

6. 计量保证工作

计量保证工作主要包括：研制计量控制、试验计量控制、生产计量控制、检验计量控制等部分。各部分计量保证工作的主要内容应包括型号用测量设备管理、计量保证人员配备、关键计量技术研究、计量监督管理办法及程序、测试准确度控制、检测校准管理、校准测试软件控制等方面。

7. 附录

主要包括计量保证过程中涉及的表格测量设备统计表，其主要内容一般包括测量设备名称、型号、编号、检定/校准状况等；计量保证工作计划表，其内容一般包括主要工作内容、负责部门、负责人、工作进度等；计量监督检查表，其内容一般包括受检查单位名称、检查日期、检查依据、检查内容、检查方法和检查记录等；关键校准测试方法编制计划表，其内容一般包括：校准方法名称、参与单位、主要负责人、进度等。

注意：计量保证大纲的编写应贯彻执行国家的相关计量法律法规，按照 GJB 5109 及型号计量师系统管理要求，结合型号的总体方案制定；计量保证大纲应具有唯一性编号，内容和格式应统一、规范；术语符号应一致，计量单位应采用法定计量单位。

四、专用测试设备计量综合管理的问题与对策

专用测试设备是指在军工产品科研、生产和服务过程中，用于质量控制、性能评定、产品验证、保证军工产品符合技术指标和性能要求，而专门研制或配置的非通用测量设备（含有量值准确度要求的工装）。由于国防科技工业产品在技术性能上的特殊性，往往现有的通用测量设备不能满足测试要求，所以要根据产品的特殊要求专门研制和配置专用测试设备，以保证其满足产品的测试要求。型号产品及其研制生产是一个庞大的系统工程，不同的型号有不同的专用测试设备；同一军品型号，在其科研、生产、服务的不同阶段，其专用测试设备也是不同的。从元器件测试、部件测试、分机测试、整机测试到整个产品的系统测试，使用了大量的专用测试设备，且每一种测试设备的技术性能都有差别。

专用测试设备的计量管理工作有效性直接关系到重要产品的质量与可靠性，关系到试验的成败。伴随着新领域的探索，新技术的研究和应用，专用测试设备的使用范围越来越广，技术要求越来越高，在产品质量控制过程中发挥着更加重要的作用。同时，专用测试设备有种类繁多、结构多样、使用周期短、量值溯源的渠道和方式不够完善等特点，所以在管理和校准上有其特殊性。国防科技工业产品科研、生产、服务过程中对专用测试设备的监督、管理及校准等必须遵守《国防科技工业专用测试设备计量管理办法》，以确保专用测试设备技术状态、性能指标和量值受控，测量结果准确可靠和满足预期使用要求。使得规范专用测试设备计量管理更加迫切和必要。

（一）专用测试设备的特点

由于专用测试设备技术性能和使用的特殊性，与通用测量设备相比有其自身的特点。

（1）专用测试设备种类繁多　专用测试设备是为了研制某型号产品而特定研制的测试设备，并且根据产品的目标和功能，以及同一军品型号的科研、生产、服务不同阶段，往往需要研制技术性能和功能需求不同的专用测试设备。

（2）专用测试设备涉及参数多、结构复杂　随着科学技术的发展和产品要求的提高，越来越多的型号产品的分系统专用测试设备和总控设备之间相互关联，组成分布式测试系统，系统中还包含了大量的专用测试软件，与硬件组成完整的测试系统，以完成型号产品的各项综合测试任务。因此专用测试设备框架结构复杂，测试参数众多，数据也较为复杂。

（3）专用测试设备的量值溯源渠道不完善　由于专用测试设备大多数是专为某一种型号研制的，因此基本上没有现成的校准装置，也没有统一的校准技术规范，更没有现成完善的量值溯源渠道。

以上特点表明了专用测试设备计量管理的复杂性和必要性。

（二）专用测试设备计量管理的主要内容

专用测试设备的计量管理是国防科技工业计量管理不可分割的组成部分，作为军工企业，应按照《国防科技工业专用测试设备计量管理办法》的要求，结合实际情况制定本单位的专用测试设备计量管理办法，包括管理职责、专用测试设备管理过程、专用测试设备订货、设备的验收、设备的分类、设备的台账、编制计量确认计划、设备的计量确认、记录、标识、设备的管理等，并组织实施。

专用测试设备因其自身的特点和服务的特殊性，有别于通用测量设备的管理，专用测试设备的计量管理应贯穿型号产品研制的整个过程，在专用测试设备的研制阶段、验收鉴定阶段、试验阶段有其特殊的计量管理要求，主要体现在以下七个方面。

（1）明确专用测试设备的使用目的　在型号的研制阶段应该明确，专用测试设备是为型号研制而专门设计的测试设备，专用测试设备设计要满足型号测试的要求，并且方便计量工作。因此型号设计中的可靠性要求、技术性能要求、经济要求是构成专用测试设备合理方案的重要依据。

（2）制定专用测试设备的计量设计规范　专用测试设备种类多，在进行产品设计的过程中，要对专用测试设备技术指标的可测试性、专用测试设备的可校准性、专用测试设备测试接口的标准性进行规范，最终实现专用测试设备校准装置的规范化，完善量值溯源渠道。

（3）完善专用测试设备计量管理规章制度　编制专用测试设备的计量管理规章制度，根据本单位的实际情况，使规章制度切实可行，以保证专用测试设备的规范管理和有效使用。规章制度应包含：计量管理人员、使用人员的素质要求及其岗位责任；专用测试设备的校准制度；安全操作制度、保养维护制度、事故处理制度；专用测试设备校准人员的培训制度；靶场专用测试设备的计量管理制度；专用测试设备的计量监督管理制度。

（4）编制专用测试设备计量校准规范　在专用测试设备研制过程中，应该根据其技术指标、性能要求、功能要求编制校准技术规范。校准技术规范的编制要符合有关标准的要求，叙述准确、条理清晰、具有可操作性。校准技术规范要作为型号设计文件的组成部分进行归档，并经过型号设计师系统和计量部门联合评审，报主管领导审批后颁布执行。

（5）建立专用测试设备计量管理台账　专用测试设备完成验收后，由计量部门会同研制部门，根据专用测试设备的技术性能、用途和分类原则进行上账，实施分类管理。专用测试设备一般可分为Ⅰ类和Ⅱ类，其中Ⅰ类专用测试设备是指对测量数据有准确度要求，用于军工产品研制、生产和服务的测试设备，Ⅰ类专用测试设备应按编制的校准方法，进行计量确认，其量值应溯源到国防最高计量标准或国家计量基准、标准。Ⅱ类专用测试设备是指非关键场所及部位使用的测试设备，对产品不出数据，只做定性分析的测试设备，Ⅱ类专用测试设备计量确认时，应检查设备上的计量仪器和仪表是否在合格有效期内，各部分动作和显示部分是否正常。

专用测试设备台账内容应该包括：序号、军品型号、仪器编号、名称、仪器型号、出厂编号、生产厂家、管理状态、检定周期、检定类型、检定日期、有效日期、检定结果、备注。其中，管理状态包括在用、封存、停用、处理等；检定类型包括周检、用前检定、一次性检定等。

(6) 专用测试设备的计量校准管理　专用测试设备应纳入周期管理，校准周期一般可为2年，靶场专用测试设备校准周期一般应定为不超过1年。

专用测试设备配套用的仪器仪表，安装前应校准/检定合格；安装后，专用测试设备应进行专项或分系统校准/检定，专用测试设备在分系统校准/检定且计量确认合格后，应进行系统校准/检定或进行系统功能验证测试。

(7) 进行有效的专用测试设备计量监督　在专用测试设备的使用过程中，各级计量管理机构应按职责分工与权限分别对专用测试设备的计量管理实施监督检查。监督检查的主要内容包括：专用测试设备计量管理办法的执行情况；专用测试设备的使用、维护及保养情况；专用测试设备计量管理办法的执行情况；专用测试设备校准人员的资格符合情况；专用测试设备校准装置的考核和控制情况；专用测试设备校准规范是否齐全和有效；专用测试设备的量值溯源的有效性等。

(三) 检验与生产共用的专用测试设备的验证与管理

通用测量设备由于其通用性强，配备相对容易。用于生产过程控制和检验验收的测量设备分别配备并区分使用相对容易，但对于一些专用测试设备或工装，由于其特殊性，检验与生产共用的情况相对较多。检验与生产共用的专用测试设备作为专用测试设备中的一种特殊情况，是指生产时使用，检验时也使用的同（台）套设备。具体包括两种情况：一是在同一台专用测试设备上，检验与生产一次完成的专用测试设备。二是对于加工、检验不同工作环节使用的同台套测试设备。为防止出现质量问题，在用于检验前，应根据检验参数的要求(如测量指标、测量范围等)，再次校准或核查，确认满足要求后方可使用。同时，要保存验证结果的记录。企业应制定检验与生产共用的专用测量设备相关规定，包括检验与生产共用的专用测量设备的范畴、控制方法、验证方法等，应根据共用设备的结构、精度情况，可决定在每年投产前或每批投产前进行验证，也可在使用前验证，以确保其受控使用，以证明其能用于产品的验收。检验与生产共用的测量设备验证前应检查测量设备的合格标识是否在有效期内；设备上的仪器仪表合格证是否在有效期内。当使用校验标准样件验证时，应按文件规定方法验证检验与生产共用的专用测试设备的准确度，准确度符合要求，无其他异常情况时可使用，否则，应重新调修，经计量确认合格后方可使用。无校验标准样件的专用测试设备，依据专用测试设备上的测量设备的各部件的动作和显示部分是否异常来验证。

(四) 专用测试设备量值溯源周期的确定

溯源性是指通过具有规定不确定度的不间断比较链，使测量结果或标准的量值能够与规定的参照标准、国家测量标准或国际测量标准联系起来的特性。专用测试设备的量值应溯源到国防最高计量标准或国家计量标准。专用测试设备的校准应按校准规范进行。校准规范应是有效版本的技术文件，所规定的校准方法应保证量值溯源性要求。当专用测试设备的量值无法向国防最高计量标准或国家计量基准、标准溯源时，为了满足计量溯源性要求，可采用的方法有：采用同等设备进行计量比对或能力测试；采用适当的标准物质量（标准件）进行校准或核查；采用经协商并在文件中明确规定的协议测量标准进行校准；用比例测量法、统计方法或其他公认的方法进行校准或核查。对具有综合参数的专用测试设备的校准是根据使用要求对综合参数直接或整体进行校准，在无法实施直接或整体校准时，可以对直接测试的各单个参数或单台仪器分别进行校准，但对专用测试设备的综合参数应进行总体评价。专用测试设备校准后，计量机构要根据校准结果出具相应的证书或计量确认标识。一旦发现专用测试设备失准，应立即停止使用并及时修理，修理后重新进行计量确认，对专用测试设备失准期间测量和试验的产品有质量风险时应进行追溯。

合理地确定专用测试设备的量值溯源周期是计量检定管理体系有效运行的一个重要条件，如果量值溯源周期过短，将会造成人力、物力、财力和时间上的极大浪费，还会影响装备保障工作的正常开展；如果量值溯源周期过长，则有可能造成装备检测设备的测量误差过大，影响性能参数的测量精度，无法精确掌握装备的技术状态。

根据《国防科技工业专用测试设备计量管理办法》，军工企事业单位的计量机构依法对本单位的专用测试设备实施计量管理，负责计量技术文件的审查，参与专用测试设备校准规范的编制等，但对专用测试设备的检定周期尚无统一的规定，目前一般根据研制单位编写的检定细则或校准规范进行专用测试设备的检定/校准。由于对计量法规、技术规范和计量检定工作的理解不同，在校准规范中规定的专用测试设备检定周期呈现多样化的特点，检定时间间隔的长短不一，一至五年不等，以至于有些专用测试设备由于检定时间间隔界定过长而不能确保设备在检定周期内量值的准确可靠，不能满足设备的预期使用要求。而专用测试设备的技术状态能否满足预期的使用要求、测量数据是否准确可靠可能直接影响到装备的质量。因此做好专用测试设备检定周期的确定和管理，对加强武器装备试验中的质量控制，确保试验数据的准确可靠有着非常重要的意义。

1. 专用测试设备检定周期确定原则和方法

（1）确定检定周期的基本原则　参照JJF 1139—2005《计量器具检定周期确定原则和方法》，确定检定周期应遵循如下原则：

1）根据计量器具本身的特征（如工作原理、结构形式与所用材质）、性能要求（如最大允许误差、测量重复性、测量稳定性）、计量器具的使用情况（如环境条件、使用频率与维护状况）以及制造厂的建议、使用维修记录、以往检定数据趋势等来确定测量设备的检定周期。

2）确定计量器具的可靠性目标 R，一般器具的可靠性目标 $R \geqslant 90\%$，所选定的检定时间间隔应使计量器具的整体性能在后续检定时保持在所期望的合格范围内。

3）计量器具检定周期的确定应恰当地选用反应法或最大似然估计法中某种或几种合适的方法进行分析计算。

（2）确定检定周期的方法　确定检定周期的方法一般有固定阶梯调整法、增量反应调整法、间隔测试法、最大似然估计法，也可参照管理图法或核查标准法、综合加权评分法等。

（3）专用测试设备检定周期的确定方法　国防科技工业涉及的测量技术的理论和实践活动，由于其国防特色、高新技术特色和应用领域广阔的特色，内容丰富，仅从专业技术角度看，目前划分为几何量、热学、力学、电磁学、无线电电子学、时间、频率、光学等十大专业领域。专用测试设备种类繁多，涉及的参数广、结构复杂，由于其特殊性，同种设备的数量较少，并且根据型号的更新而换代，使用时间较短。在周期确定时可以参照类似设备国家检定规程所规定的检定周期，并对类似设备的测量可靠性目标、性能要求、使用情况、环境条件与检定方法进行对比分析确定，也可以通过对设备的设计结构、性能要求、使用情况分析，并听取制造厂的建议后进行工程分析确认。然后根据日本著名质量管理专家田口玄一博士倡导的田口式计量管理的基本原理，采用综合加权评分法，根据综合加权评分的总分来确定专用测试设备的检定周期。

1）综合加权评分法的基本评定方法。根据现代计量管理的基本原理，采用综合加权评分的方法评定测量设备的检定周期，确定步骤如下：

第一步，确定专用测试设备的检定周期时，首先应找出影响测量设备检定周期的因素。根据专用测试设备的实际使用情况，影响测量设备检定周期的主要因素有：测量的重要性，测量失败后对设备、人员的影响程度；测量设备发生故障的频繁程度；测量设备的长期稳定性；测试不确定度比；测量设备的使用频繁程度；测量设备的维护保养情况；测量设备连接、磨损情况；使用环境条件对测量设备的影响程度等。这些因素的具体评定内容如下。

① 测量的重要性。专用测试设备在武器装备科研、生产、服务过程中的重要程度，可依据测量失败后对产品质量、人员和设备安全等环境的影响程度。评定级别分为：A 级（影响很大）、B 级（影响较大）、C 级（影响不大或基本无影响）。也可根据测量设备的管理分类进行评定，A 类设备评定为 A 级，B 类设备评定为 B 级，C 类设备评定为 C 级。

② 计量器具发生故障的频繁程度。评定级别分为：A 级（2 次以上/年）、B 级（1 次/年~2 次/年）、C 级（平均少于 1 次/年）。

③ 长期稳定性。稳定性是指设备保持其计量特性持续恒定的能力。在评定时可参考国家计量技术规范 JJF 1033—2016，以相邻两年的测量结果之差作为该时间段内设备的稳定性，即稳定性 $S_m=\overline{x}_{i+1}-\overline{x}_i$。若在使用中采用标称值或示值（不加修正），则测得的稳定性应小于设备最大允许误差的绝对值 Δ_{max}。评定级别分为：A 级（稳定性$\geqslant 2\Delta_{max}$）、B 级（$\Delta_{max}\leqslant$稳定性$<2\Delta_{max}$）、C 级（稳定性$<\Delta_{max}$）。

④ 测试不确定度比。被测单元与其检测设备，检测设备与其检定设备之间的最大允许误差或测量不确定度的比值。评定级别分为：A 级（比值小于 3）、B 级（比值在 3~5 范围内）、C 级（比值大于 5）。

⑤ 设备使用频繁程度。结合武器装备计量保障的特点，根据设备累计每月使用的平均次数来评定测试设备的使用频繁程度。评定级别分为：A 级（连续使用或频繁使用如 C1$\geqslant$10）、B 级（间歇使用如 1$\leqslant$C1<10）、C 级（偶尔使用，如 C1<1）。

⑥ 设备维护保养情况。可根据保养的水平和能力进行评定，如：操作人员是否熟悉其结构原理和操作规程，能否正确操作；是否定期进行保养且发现问题及时解决；是否按时检定等。评定级别分为：A 级（维护保养情况差）、B 级（维护保养情况一般）、C 级（维护保养情况良好）。

⑦ 设备部件连接、磨损情况。评定级别分为：A 级（连接差、磨损严重）、B 级（连接

较好、磨损不严重)、C级(连接好、几乎没有磨损)。

⑧ 使用环境条件对设备的影响程度。评定级别分为:A级(计量性能受环境条件影响大)、B级(计量性能受环境条件影响不大)、C级(计量性能基本不受环境条件影响)。

第二步,在全面考虑影响周期长短的八种因素的条件下,根据科学分析和统计资料,按照影响检定周期的八种因素逐项进行分级评分,评分等级可分为ABC三级,A级为5~4分、B级为3~2分、C级为1~0分,再根据这些因素的重要程度确定加权系数,各影响量的加权系数见表14-8。

表14-8 各影响量的加权系数

序号	项　目	加权系数
1	测量的重要性	3
2	发生故障的频繁程度	2
3	测量长期稳定性	2
4	测试不确定度比	2
5	使用频繁程度	1
6	维护保养情况	1
7	连接、磨损情况	1
8	环境条件	1

第三步,根据总分来评定周期总分计算公式如下:

$$Y = \sum_{i=1}^{n} T_i P_i$$

式中 Y——总分;

T_i——第 i 项因素评定级别得分;

P_i——第 i 项因素的加权系数。

然后根据综合加权评分的总分来确定测量设备的检定周期,总分与评定检定周期的关系见表14-9。

表14-9 总分与评定检定周期的关系

序号	总分	检定周期/月
1	>55	2
2	45~55	3
3	35~45	6
4	25~35	12
5	<25	24

2) 固定阶梯调整法。采用该方法时,首先应确定所期望的测量可靠性目标 R(某种计量器具的整体性能在后续检定时保持所期望的合格范围内的概率)。在确定测量可靠性目标时可以参照计量器具ABC管理的分类,A类计量器具的可靠性目标 $R \geqslant 99\%$,B类计量器具的可靠性目标 $95 \leqslant R < 99\%$,C类计量器具的可靠性目标 $90\% \leqslant R < 95\%$。

第一步,统计数据并进行分析,描绘测量可靠性随时间变化的函数图像,如图14-3所示。设定测量设备的测量可靠性应至少大于等于90%,即 $R \geqslant 90\%$。

第二步，确定初始时间间隔。在确定初始时间间隔时可以参照类似设备的检定周期或通过综合加权评分法初步拟定一个检定/校准周期，并对类似设备的测量可靠性目标、性能要求、使用情况、环境条件与检定方法进行对比分析确定，也可以通过对设备的设计结构、性能要求、使用情况分析，并听取制造厂的建议后进行工程分析确认。

第三步，检定周期的调整。当测量设备经过使用一定的初始时间或经过一定时间间隔的后续检定之后，其整体性能经重新确认超出规定的可靠性目标 R，应考虑适当缩短该类计量器具的检定周期；其整体性能经重新确认未超出规定的可靠性目标 R，可以考虑适当延长该类计量器具的检定周期，也可保持原检定周期不变。

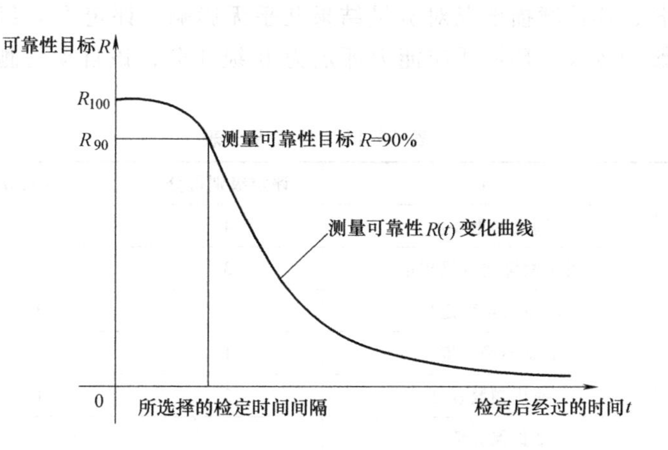

图 14-3 测量可靠性 $R(t)$ 变化示意图

在调整周期时，调整的时间间隔增量或减量一般取一个固定的整月数按阶梯状逐渐递增或逐渐递减，且一般情况下，时间间隔增量系数 a 小于时间间隔减量系数 b；拟调整的时间间隔增量（或时间间隔减量）

$$\Delta = a(\text{或 } b) \times I_0$$

式中 I_0——初始时间间隔。

在确定某种设备的初始时间间隔及测量可靠性目标 $R \geqslant 90\%$，通过对样本检定周期的评估，其时间间隔的调整可参照表 14-10。

表 14-10 检定时间间隔调整表

可靠性	时间间隔的调整	执行的检定时间间隔/月				
	初始时间间隔	6	12	18	24	36
$R<90\%$	间隔缩短到	3	6	12	18	24
$90\% \leqslant R \leqslant 95\%$	间隔保持不变	6	12	18	24	36
$R>95\%$	间隔延长到	12	18	24	36	48

用此种方法进行检定周期的确定时，时间间隔调整起来较为容易，但是用这种方法需要经过多次调整后才能稳定到所期望的测量可靠性目标 R。

2. 确定专用测试设备检定周期的实例分析

武器配套的专用测试设备种类繁多，结构复杂，每种设备的性能要求、工作原理以及结构形式等都不相同，现以某型号自动化测试设备为例进行分析。

(1) 综合加权评分法　第一步，根据实际情况对各影响因素进行评级，自动测试设备为综合参数的专用测试设备，用于对武器的技术性能、工作正常性和协调性等的测试，在装备科研、生产、服务中非常重要，重要性评定为A级4分；根据计量检定人员多年的经验总结，对多套同类自动化测试设备的多年检定结果进行统计分析，平均故障的频率每年约(1~2)次，故障率为B级3分；稳定性评定为B级3分；被测武器装备与自动化测试设备之间最大允许误差的比值大于5，测试不确定度比可评定为C级1分；该测试设备平均每月使用小于10次，使用频繁程度评定为B级2分；自动化测试设备在交付时针对结构原理、操作规程、维护保养等有专门的培训，维护保养情况良好，评定为C级1分；该测试设备投入使用时间不长，连接磨损情况对测量结果几乎无影响，评定为C级1分；该测试设备受环境温度湿度影响较大，环境适应能力评定为B级3分，该自动化测试设备的评分见表14-11。

表14-11　分级评分表

序号	项目	评定级别得分	加权系数	得分
1	测量的重要性	4	3	12
2	发生故障的频繁程度	3	2	6
3	测量长期稳定性	3	2	6
4	测试不确定度比	1	2	2
5	使用频繁程度	2	1	2
6	维护保养情况	1	1	1
7	连接、磨损情况	1	1	1
8	环境条件	3	1	3
9	总分	—	—	33

第二步，计算综合加权评分，根据评分确定检定周期。

计算出综合加权评分的总分为33分，根据总分与评定检定周期的关系表得出，该自动化测试设备的检定周期为12个月。

(2) 固定阶梯调整法　某型号用数字式压力表的检定周期为12个月，该设备的初始时间间隔为12个月，该设备主要用于监测工作，为B类设备，可靠性目标设为$95\% \leqslant R < 99\%$。对100块同型号压力表的检定结果进行统计分析，合格率达100%，可以适当延长时间间隔。取$a=0.50$，则拟调整的时间间隔增量$\Delta = a \times I_0 = 6$个月，多次调整后的检定结果统计见表14-12。

表14-12　检定结果统计分析表

可靠性	检定时间间隔			
	12个月	18个月	24个月	36个月
R	100%	100%	98%	95%

根据检定结果的统计，以24个月为检定时间间隔时，测量可靠性目标R仍不小于95%的预期期望值，压力表的检定周期可以调整为24个月。

采用此方法确定设备的检定周期时，只是根据孤立的检定结果来确定，依据不够充分，需要经过较长时间多次调整之后才能得到合理正确的检定时间间隔。

检定周期的确定应坚持尽可能减少因不符合技术规范而产生的风险，并遵循维持检定成本最低的原则。检定周期的确定应有科学的依据，既要避免单纯为保证量值准确可靠而不合理地缩短检定周期，增加不必要的物力、人力、财力支出；也不应只为了降低检定成本而随意延长检定周期，不考虑使用设备超差可能造成的经济损失和安全隐患。无论采用哪种方法对测量设备的检定周期进行确定，都需要对设备自身的特点、重要性、可靠性、稳定性以及维护使用情况等有足够的了解，并需要充足的历史检定统计数据作为参考依据。每种评定方法都不能尽善尽美，在周期评定时应综合几种方法进行合理地评定，并在实践中加以完善。

（五）专用测试设备计量管理的典型问题

各单位越来越认识到专用测试设备计量管理的重要性，也制定了相关的管理标准、办法、制度，但在实际工作中，这些标准、办法、制度往往缺乏可操作性。同时，各单位的管理模式也存在较大的差异。

近年来，随着国防科技工业的快速发展，军品型号任务的研制试验任务越来越多，武器装备科研生产单位计量监督检查、实验室认可、质量体系审核、第三方审核都把专用测试设备计量管理作为检查的重点，但由于管理的不完善，很容易出现问题项与不符合项。因此在专用测试设备的日常计量管理过程中，一方面对型号专用测试设备计量管理工作越来越重视，另一方面，专用测试设备的有效计量管理问题也越来越凸现。

1. 专用测试设备计量管理的标准、办法、制度可操作性差

目前制定的各项专用测试设备的标准、办法、制度，内容涵盖了专用测试设备管理的方方面面，包括：专用测试设备的台账、校准，专用测试设备靶场管理，校准细则的编写要求，专用测试设备的计量监督等。但有些条款规定的内容在目前的计量管理中较难操作，举例如下：

1）“为保持测量设备校准状态的可信度，在两次校准/检定之间进行核查活动。”专用测试设备不同于通用测试设备，由于结构性能、使用场地、使用频次等的差异，有时较难做到“定期核查”。

2）“专用测试设备的校准/检定应按校准规范/检定规程进行，其量值应能溯源到国防最高计量标准或国家计量基准”。这是专用测试设备计量管理的最终目的，但由于专用测试设备计量校准的非标准性，实现这个目标还需要一个很长的过程。

3）专用测试设备的要求不统一，有些企业仅在一般测试设备管理的基础上增加一些计量管理要求，不能满足相关标准和实际需求。

2. 专用测试设备的校准规范编写不规范，具体操作流程描述不清晰

通常专用测试设备属于非标设备，种类繁多、同类设备差异大、涉及的综合参数较多，可参照执行的校准规范或检定规程少，往往需要针对不同的专用测试设备编制专用的校准规范或检测方法。由于设备研制、生产阶段忽视了相关校准规范或检测方法的研究，导致：

1）许多专用测试设备缺少校准规范/检测方法，仅针对不同的专用测试设备编制不同的《校准细则》。并且往往都是到了型号定型阶段，才开始编写专用测试设备《校准细则》，使得专用测试设备的校准工作一直处于被动应付状态。有的仅用功能性检查代替校准，计量确认过程不完整，合格评定缺乏判别依据。

2）计量管理人员和使用、维护人员对专用测试设备工作原理、内在结构、计量特性等缺乏了解，增加了编制适宜的校准规范或检测方法的难度，导致后期管理的随意性。

3）对校准要求及其所需测量装置的要求不明确，很难保障专用测试设备的溯源性符合相关标准要求。

校准规范应以该设备的技术条件和测试方法为依据，参照 JJF 1071—2010《国家计量校准规范编写规则》和 JJF（军工）2—2012《国防军工计量校准规范编写规则》，校准规范必须经过专家评委会评审，形成正式的厂、所标准后才能实施，校准规范所使用的方法应当能将专用测试设备的量值溯源到国家基准。

3. 专用测试设备计量测试软件缺乏有效管理

国标和国军标《质量管理体系要求》都规定："当计算机软件用于规定要求的监视和测量时，应确认其满足预期用途的能力。确认应在初次使用前进行，必要时再确认。"但目前专用测试设备的计量管理大都针对测试仪器设备，对于测试软件的管理有待规范、加强。

4. 交付用户的专用测试设备计量校准存在问题

由于专用测试设备研制缺乏计量性设计，给用户在计量校准和使用方面带来很多不便，并且校准细则对功能性测试和性能测试划分缺乏合理性，给用户的计量结果判断带来困难。

5. 专用测试设备设计研制、验收鉴定、使用维护各环节计量管理薄弱

专用测试设备从立项到投入使用，要经历设计研制、验收鉴定、使用维护三大阶段，在这三个阶段中都不同程度地存在着计量管理的薄弱环节。

（1）设计研制阶段　专用测试设备的设计研制阶段一般由科研部门承担，计量部门参与。实际工作中，计量技术人员很少参与甚至不参与，缺乏顶层设计，各设计阶段相关人员职责不明确，尤其在各类评审中缺乏计量人员参与。计量校准检测工作是专用测试设备投入使用后一项必不可少的工作，但设计人员往往忽略了这个基础性工作，没有充分考虑校准检测工作的可操作性要求，把计量校准检测工作当作是应付质量管理体系检查而不得不做的事情，很少能根据设计指标明确计量管理要求，主动考虑校准检测工作的可行性；甚至出现有的专用测试设备因为对检测点考虑不周，致使在做校准时既不能破坏设备，又没有合适的测试接口，而只能做功能性检查。

（2）验收鉴定阶段　验收鉴定阶段一般由技术管理部门组织相关部门进行验收鉴定，但由于计量技术人员参与程度较低（计量技术人员很少参与甚至不参与设计研制），因此在验收鉴定阶段困难重重，首先是对专用测试设备的用途、工作原理、性能指标缺乏了解，其次是对验收检测项目、检测方法、校准所需的计量标准或设备、环境条件、数据处理、不确定度分析、校准间隔等不熟悉、不掌握，使验收鉴定工作进展困难，或是流于形式。

（3）使用维护阶段　专用测试设备投入使用后，计量部门应按照企业质量体系要求，完成管理、校准、监督工作。由于计量技术人员（部门）对专用测试设备的情况缺乏了解，茫然接纳，致使在日后的管理、周期计量检测校准、监督工作中，出现种种问题。

要强化计量在专用测试设备设计研制、验收鉴定、使用维护各个环节的作用，计量就需要人员介入以上各个控制环节。

1）把好评审关。专用测试设备在论证、引进、研制、购置等评审时，应有计量人员参与，并给出专用测试设备计量保证条件符合程度的评价。

2）把好验收关。专用测试设备验收、交付使用时，应有计量人员参与，关注文件的完整性，应具备相关的校准规范或检测方法。

3）把好计量确认关。应以文件的形式，规范计量确认所必备的环境条件、测量设备和

人员资质，确保计量确认有效。

（六）专用测试设备计量管理需要重点加强的方面

1. 专用测试设备设计研制阶段

为了保证产品的固有质量和可靠性水平，应明确各相关部门的职责和应承担的任务。设计部门应制定产品质量与可靠性设计准则和实施计划，质量部门组织设计评审，计量部门参与。同时设计部门应根据产品的特殊性，设计、研制匹配的专用测试设备，在研制专用测试设备时，应根据被测参数的目的、用途、特点，明确“目标不确定度”，根据目标不确定度，优化专用测试设备的各种设计参数，计量部门应对设计过程中，专用测试设备技术指标的可测试性、专用测试设备的可校准性、专用测试设备测试接口的标准性及目标不确定度等实施计量监督。专用测试设备研制成功后，在交付使用前，应由设计部门和计量部门联合评估其实际达到的测量不确定度，以验证是否达到预期的使用要求。设计定型后，研制部门要向计量部门提供该测试设备需要校准的参数及技术要求等资料。

为使研制阶段进展顺利，相关部门还要做好计量保证工作，主要包括以下 3 个方面：

（1）研制过程中所用测量仪器的要求　经检定或校准合格，量值溯源合理有效。

（2）专用测试设备计量能力保障　明确校准的技术要求、难点；做好校准技术准备；确定校准人员的资格或能力；完备校准实验室的规章制度、校准规范、操作规范。组织必要的论证，给出结论。对无法校准的，提出建议，明确提出所需的比对或能力测试，研究校准方法、研制校准装置等。关键设备须立项研制其校准装置，并列入科研生产计划。

（3）编制校准技术规范　根据技术指标、性能要求编制校准技术规范，编制要求应符合有关标准规定，且必须经过评审或审批。

2. 专用测试设备验收鉴定阶段

专用测试设备研制完成后，应由技术管理部门组织进行验收鉴定，研制部门、质量部门、计量部门和相关专家参加，计量部门着重负责计量技术文件的验收、设备校准或功能性检查。

（1）计量技术文件的验收　专用测试设备的校准技术规范，说明校准技术指标要求和特殊校准方法的相应技术文件；对在出厂时已经过检定或校准的，承制方要提供其检定证书或校准证书；专用测试设备验收时，研制部门应向计量部门提供技术说明书、使用说明书、校准技术规范、研制工作报告，已经过计量部门检定或校准的应同时提供检定或校准证书。除此之外，还应对测试方法、测试误差分析和测试一致性分析等进行审查。

（2）验收中的校准或功能性检查　应按校准技术规范对专用测试设备进行校准或功能性检查。专用测试设备在验收或鉴定时所进行的校准，可以作为使用前的首次校准，并根据结果给出相应的校准状态标识。

3. 专用测试设备使用阶段

专用测试设备投入使用后，计量部门就要将其纳入正常的管理渠道，同时应注意完成以下各项工作：

（1）建立分类管理账册，实施分类管理　对专用测试设备的检测校准，要根据其使用频率、使用场合、服务型号（产品）的情况，适时进行调整和动态管理，确保量值的准确可靠。

（2）建立计量管理规章制度　计量管理人员、使用人员的素质要求及其岗位责任制；

专用测试设备的校准制度；安全操作制度、保养维护制度、事故处理制度；专用测试设备校准人员的培训制度；专用测试设备进入实测试验前的计量复查制度。

(3) 校准周期　专用测试设备的校准周期一般为一年，如随型号产品进行大型试验，应在每次试验前重新校准。

(4) 专用测试设备的期间核查　虽然专用测试设备不同于通用测试设备，进行“定期核查”有一定难度，但为确保专用测试设备在两次校准间隔期间计量特性的可靠性，满足预期使用要求，应特别强调根据相关程序实施期间核查，以确定专用测试设备是否保持其原有计量状态。

(5) 校准人员　《国防科技工业专用测试设备计量管理办法》规定：专用测试设备校准人员应具备的基本条件，一是经过专业培训，二是经考核合格，三是持有资格证书。出具校准证书、计量确认标记的人员必须是计量检定人员。对大型专用测试设备也可考虑成立校准工作组，且校准人员应保持相对稳定。专业培训是指从事专用测试设备校准工作所需专业知识的培训，应包括计量基础知识和专用测试设备的知识，以及与校准专用测试设备相关的知识。资格证书应是计量检定员证，也可以是本单位认可的证明具有校准能力的其他资格证书。对操作复杂的专用测试设备的校准，可聘请专用测试设备的研制人员或使用人员作为兼职校准人员。在实施过程中，感觉到从事专用测试设备校准的人员和兼职校准人员在计量专业知识培训及计量基础知识培训方面是可以满足要求的，但在专用测试设备的相关知识培训方面相对来说还比较薄弱。主要原因有：一是企业里已有的专用测试设备多数由现场人员使用，有的专用测试设备比较复杂，计量校准人员未经专业培训很难去实际操作；二是企业在专用测试设备的相关知识培训及校准专用测试设备相关知识的培训方面重视不够；三是在新专用测试设备的引进过程中，计量校准人员未能及时参与培训等相关工作。为解决上述问题，要引起企业在此方面的高度重视，企业专用测试设备校准制度上应做详细规定，专用测试设备引进、使用、校准等各个环节，计量校准等相关人员应全程参与。另外，在现阶段专用测试设备的校准过程中，现场设备操作人员、相关工艺人员、计量校准人员应共同参与，才能把好专用测试设备的校准关，才能保证武器装备质量及可靠性。

(6) 检测校准　专用测试设备的检测校准必须按校准技术规范进行，其校准装置或校准用计量器具的量值，应能溯源到国防最高测量标准或国家基准。对专用测试设备实施校准后，可根据结果出具状态标识，并保存全部原始记录。当无法溯源时，可采用以下适当的方法进行验证：同类设备进行比对或能力测试；采用适当的标准物质或标准件进行检查；采用经过与用户协商并在文件中明确规定的测量方法；采用合适的统计方法；其他公认的方法。

(7) 使用阶段的监督　专用测试设备投入使用后，应注意对以下几个方面进行监督：专用测试设备的使用、维护及保养情况；专用测试设备计量管理办法的执行情况；专用测试设备校准人员的资格符合情况；专用测试设备校准装置的考核和控制情况；专用测试设备校准规范是否齐全和有效；专用测试设备的量值溯源性。

五、计量监督检查中的典型问题

下面汇总梳理了历年武器装备科研生产单位计量监督检查中较为典型的案例：

(一) 被检查单位一

1) 计量管理制度未形成统一汇编，未经法人单位主管领导审批，系统性、完整性有待提高；缺少证书管理、计量人员管理及型号计量保证等重要内容。计量法律法规等文件无受控标识。

2）主机综合台位（×××-×××-1）、发电机试验台（×××-×××-3）3台中的水电阻有功负载调节表、功率因素调节表已于2010年8月31日封存，但相关台位和试验台整机仍在使用中，封存、停用、禁用设备未按要求完全隔离存放。

3）现场部分仪器设备（含相关计量器具）无台账、无编号、无标识（如制造部DY-1W/12V电脑温度巡检仪、增压器试车台位中相关压力变送器和热电偶、总装车间3m卷尺、××车间QJ-×××直流电源、TDS2014示波器、×××柴油机监控台中的JSZ-4D数字转速表等）。

4）专用测试设备的理解不准确，未开展专用测试设备有效管理工作（无管理台账、无校准规范、无计量确认记录）。

5）全所测量设备统一管理台账完整性欠缺，缺少封存、停用、禁用设备台账；台账动态管理的及时性、规范性欠缺。

6）自编计量技术规范编制不够规范，未按照《国防计量技术规范编制要求》进行编写，无技术评审、方法验证，无正式发布实施日期等信息。

7）计量标准装置的技术文档不够齐全，相关资料的正确性有待提高。

8）型号计量保障组织机构不够健全，未设置重点（大型）型号的计量主管人员。型号研制阶段的计量控制要求欠缺，无方案论证阶段完成初步型号计量工作方案、设计阶段制定型号计量工作方案、设计定型阶段和生产定型阶段进行计量审查并完成型号计量工作总结、引进重大仪器设备需计量部门进行审查、试验大纲的评审无计量人员参与、重大试验后对测量设备进行核查等计量工作要求及相关记录；未按要求编制产品校准设备推荐表、检测和校准需求汇总表，无评审记录。

9）部分计量检定/校准原始记录不规范，无总页码信息、相互关联标志、数据结束标志等信息。对以电子媒体保存的相关记录未进行具体规定，也未采取相应的控制措施；部分试验和检验记录有涂改、计量单位使用等不够规范。

10）相关计量装置未经国防计量主管部门考核，实际已经开展扭矩、信号源、秒表、化学分析领域的量传工作；相关计量人员未经国防计量主管部门考核取得相关证书。

11）仪器设备ABC类分类不够科学合理；部分用于压力监测的压力表实际列入C类一次性管理。

12）监视和测量设备管理程序Q/×××-2011-V1.0中对生产和检验共用计量器具有控制要求，但实际未能提供相关实施及控制记录。

（二）被检查单位二

1）计量管理制度未形成统一汇编，未经法人单位主管领导审批，系统性、完整性有待提高。

2）现场部分仪器设备（含相关计量器具）无台账、无编号、无标识（如×××部门×××-9机载专用二十路多功能信道互联器无台账且有效期为2014年8月18日；电磁兼容TYPE-×××高电压衰减器标注“坏”且无编号、无标识）；全所测量设备统一管理台账完整性有待进一步提高，如装配生产部的设备台账不全，现场有多设备（如压力表、60cm钢板尺、3m卷尺等）未列入台账；7851号压力表等部分设备周期检定未按计划实施。

3）计量标准装置的技术文档不够齐全，相关资料的完整性、正确性有待提高，如低频相位标准装置建标频率范围（1Hz～200kHz）超越低频相位国家基准频率范围（10Hz～200kHz）和GJB/J 3603—1999《低频相位计检定规程》频率允许范围（5Hz～200kHz）未能提供技术验证材料；主标准器于2014年8月4日溯源（证书号ULF201408003）时“幅相测量30°测量值不稳定无法计数，变化量大于0.01°”未能提供追溯和维修审批记录。

4）型号计量保障组织机构不够健全，未设置重点（大型）型号的计量主管人员。型号研制阶段的计量控制要求欠缺，无重大试验后对测量设备进行核查的相关记录。

5）部分计量检定/校准原始记录、部分内部客户检定证书不规范，无总页码信息、相互关联标志、数据结束标志等信息，部分记录划改不够规范，有涂改现象。

6）相关计量标准装置未经国防计量主管部门考核，实际已经开展的动态信号分析仪、交流稳压电源的检定工作，且所依据的检定规程不正确。

7）仪器设备分类不科学合理，三类仪器设备企业内部用于量值传递的计量标准器；军品、工艺、质量等控制过程中对准确度要求高的计量器具；使用频繁、量值易改变的计量器具）未列入A类管理；部分用于军品调试、试验的计量器具（如FLUKE111多用表，编号92700262，2015年6月15日有“复检”标识）列入C类一次性管理。

8）测量设备状态标识不够规范，部分设备（如编号0330886的ARTP—×××天线、编号842204/012的RS天线、0919246电流探头等）仅有“校准”证，无有效状态标识；部分设备（如FLUKE111多用表，编号92700262，外壳标“坏”；FLUKE115C多用表，编号12570046，外壳标“欧姆坏”；TYPE—×××高电压衰减器标注“坏”）未按照要求张贴禁用、限用标识；0906323信号发生器、0908335示波器等多台设备故障后未及时履行禁用审批手续；部分封存、停用、禁用设备未按要求完全隔离存放。

9）低频事业部：HAKO 936（编号0814267）、HAKO FX-888（编号0814251）调温烙铁；新技术中心：HAKO 936-106（编号0001936107039581）调温烙铁未按照计量器具要求对温度参数进行控制。

（三）被检查单位三

1）《计量管理制度汇编》未经法人单位主管领导审批，系统性、完整性有待提高；自编计量技术规范未严格按照《国防计量技术规范编制要求》进行编写，缺少测量不确定度的评定等信息，无技术评审、方法验证记录。

2）封存、停用、禁用设备未按要求完全隔离存放［电镀分厂烘箱、专用配电柜；计量中心6996滚刀检查仪、5626三坐标机、083圆度仪、1600004三坐标机；铸造分厂3801003差压铸造控制柜（封存在用）、差压铸造微机控制柜；环境试验实验室SST-16NL盐雾试验箱等］。

3）现场部分仪器设备（含相关计量器具）无台账、无编号、无标识（如电镀分厂5000ml量筒；热处理分厂D8-0.4低温箱；铸造分厂编号Y000426的VAC-TEST密度计；计量中心部分量筒、滴定管、容量瓶等；64号工房HAKO FX-888调温烙铁；环境试验实验室MESS-1000DW-S15快速温变试验箱、CA-YD-103加速度计等）。

4）全厂测量设备的台账中检定校准日期与设备标识不一致，台账管理的及时性、规范性、账物相符性欠缺；外来测量设备无相关管理措施，未实施有效管理；仪器设备分类管理不够规范。

5）计量标准装置中主标准器和配套设备无有效区分标识，计量标准的标识未能满足

《国防军工计量标识印制和使用要求》的要求；189 台秤，714502 真空表，0030392、0030063 扭矩扳手等状态标识均已经过期；C 类状态标识中缺少设备编号、检定日期、有效期等信息。

6）外检计量器具计量确认填写《检定/校准证书确认表》，自检计量器具计量确认仅在检定/校准原始记录中出具结论，自检计量器具未能按照相关计量器具实际使用要求进行定量确认。

7）计量中心仪表间现场环境记录未能提供 JJG 146—2011、JJG 292—2009、JJG 349—2014 等所要求的检定工作中环境温度的变化记录；计量中心检测间 Global9128 三坐标测量机（7607086）现场检查时正在开展测量工作，但 VC230 温湿度计（2008）显示环境温度为 22.9℃，湿度为 19%，不满足 JJF 1064—2010 及 Global9128 三坐标测量机作业指导的要求。

8）型号计量保障组织机构不够健全，未对重点型号设置计量保障机构，二级部门没有明确分管计量工作的领导，未明确二级单位领导、计量员等人员的计量保证职责；未针对具体型号编制计量保证大纲或计量工作要求，只在工艺程序、试验大纲中有生产、试验计量要求，在《质量大纲》等其他文件中未涉及组织机构、责任分工、设计计量控制等其他计量工作要求；未按 GJB 5109 的要求编制产品检测需求明细表、检测设备推荐表、校准设备推荐表、检测和校准需求汇总表，无评审记录。

9）部分检定证书不够规范，存在“所检项目合格”、缺少计量标准装置考核信息、主标准溯源有效性信息等问题；部分计量检定/校准原始记录（如压力表检定/校准原始记录、温度计检定原始记录、双金属温度计校准原始记录等）不规范，缺少检定/校准“实施地点”“送检日期”等相关信息。部分计量检定/校准原始记录划改不够规范。

10）相关项目未严格按照检定规程开展工作，如 3330B 信号源检定证书（编号 Y2015-03-04-010）缺电平、频响等参数，但依然出具检定证书。

（四）被检查单位四

1）《计量管理手册》《国防军工计量法规、文件及技术文档汇编》、自编技术规范等重要文件无受控状态等相关信息。

2）封存、停用、禁用设备未按要求完全隔离存放（封存设备 101-1 电热鼓风箱用作标准物质存放箱等）。

3）相关标准物质储存、管理不规范，如 ZBY5061 铝合金 6#、YSBC11325-99 标准样品及固体碱、固体盐、有机液体无有效期信息。

4）现场部分仪器设备（含相关计量器具）无台账、无编号、无标识（如机加分厂的钢板尺、计量中心的交流稳压电源、CDG 冲击测试低温槽、ZDHW-×××微机全自动量热仪、GF-×××全自动工业分析仪、HR-×××微机灰熔点测定仪、量筒、滴定管、容量瓶等）。

5）无全厂测量设备统一管理台账（仅按现专业提供分台账），台账中的设备和现场的设备无法有效对应，账物相符性欠缺；台账动态管理的及时性、规范性欠缺；仪器设备分类管理不够规范。

6）针对专用测试系统的自编计量技术规范编制不规范，未按照《国防计量技术规范编制要求》进行编写，无技术评审、方法验证，无正式发布实施日期，未纳入企业标准管理。

7）计量标准装置的技术文档不够齐全（如主标准器与配套设备的使用说明书、装置相关计量技术规范、操作规程、检定系统表或量值传递关系图等）；计量标准装置中主标准器和配套设备无有效区分标识，计量标准的标识未能满足《国防军工计量标识印制和使用要求》的要求；XL-21 动力配电箱相关电压表及电流表、0143 闪点加热器等状态标识均已过期。

8）计量标准的计量确认填写《证书评价确认表》，工作计量器具（如电学类电压表、电流表等）未能提供有效的计量确认记录，未按照相关计量器具实际使用要求进行定量确认。

9）计量中心相关环境温度、湿度监控设备配置不合理，分辨力未能满足 JJG 146—2011 附录 B 中表 B2 的要求；现场环境记录未能提供检定工作中环境温度的变化记录。

10）型号计量保障组织机构不够健全，二级部门没有明确分管计量工作的领导及计量工作人员，未设置重点（大型）型号的计量主管人员。型号研制阶段的计量控制要求欠缺，无方案论证阶段完成初步型号计量工作方案、设计阶段制定型号计量工作方案、设计定型阶段和生产定型阶段进行计量审查并完成型号计量工作总结、引进重大仪器设备需计量部门进行审查、重大试验后对测量设备进行核查等计量工作要求及相关记录；未按要求编制产品检测需求明细表、检测设备推荐表、校准设备推荐表、检测和校准需求汇总表，无评审记录。

11）部分计量检定/校准原始记录（如万能工具显微镜检定记录、测长仪校准原始记录、光学计检定记录、表面粗糙度测量仪校准记录等）不规范，无总页码信息、相互关联标志、数据结束标志等信息。对以电子媒体保存的相关记录未进行具体规定，也未采取相应的控制措施。

12）相关项目未严格按照检定规程开展工作，检定范围不满足检定规程要求，但依然出具检定证书；相关检定证书中参数表述不符合检定规程（如 JJG 146—2011）的要求。

（五）被检查单位五

1）无主管所领导分管计量管理工作的正式分工文件；所内计量管理部门的设置无正式文件，计量管理职责不明确。

2）封存、停用、禁用设备未按要求完全隔离存放；现场部分设备禁用、停用标识不规范；部分在用设备同时挂贴“停用”和“启用”标识。

3）无测量设备统一管理台账，台账中的设备和现场的设备无法有效对应，账物不符；台账动态管理的及时性、规范性欠缺；缺少无锡分部测量设备统一台账；无专用测试设备统一管理台账。

4）专用测试设备的理解不准确，未开展专用测试设备有效管理工作（无管理台账、无校准规范、无计量确认记录）。

5）计量标准装置中主标准器和配套设备无有效状态标识；低频信号发生器检定装置中 LDC-824 数字频率计（3100355）的“频率测量范围及输入灵敏度校准”、“多功能校准源标准装置”中 5720A 多功能校准源（9762208）“交流电压、电流”参数的溯源范围未能覆盖“计量标准证书”要求的测量范围；部分上级计量技术机构标准装置不满足量传要求。

6）对国防军工相关的计量法规、规章缺乏培训，未能提供培训计划、培训记录；计量检定人员计量基础知识需要进一步加强。

7）工作计量器具的计量确认未按照相关计量器具实际使用要求进行定量确认，仅在溯源证书上加盖技术确认印章。

8）自编计量技术校准规范缺少方法验证及评审记录。

9）直流稳压电源和交流稳压电源开展自检自校，相关装置未通过考核；自检自校未优先采用已发布的检定规程和校准规范。

10）计量中心无环境温度、湿度条件控制设备，多功能校准源标准装置、三等量块标准装置等标准装置的工作环境未能满足 JJF 1587—2016、JJG 146—2011 的要求；现场环境记录未能提供检定工作中环境温度的变化记录。

11）相关管理文件中，未对计量保障工作小组成员职责、各阶段的计量工作方案、计量工作总结、成果鉴定的计量审查、引进重大仪器设备的计量管理要求、自编校准测试软件控制等方面做出具体规定；未能提供型号计量可行性论证、产品转阶段计量审查、设计定型阶段的计量审查、试验大纲的计量审查、检测需求明细表评审等工作记录。

12）部分计量检定/校准原始记录、证书报告签署及书写不规范，信息不充分。

（六）被检查单位六

1）计量管理制度中缺少计量人员、印章管理制度、专用测试设备管理制度、计量确认管理制度、型号计量保证制度等，现有计量管理制度的系统性、完整性有待提高。

2）现场部分仪器设备（含相关计量器具）无台账、无编号、无标识［如×室 CPS-6011 电源、407 房间 2GHz~6GHz 喇叭天线（12 套）、×室 HD-70HA20+S 角锥喇叭天线（5 套）、生产制造部 GW-×××（016633、016632）3m 卷尺、钢板尺等］。

3）对专用测试设备理解不准确，管理不规范，无规范管理台账，无有效计量确认记录。

4）全所测量设备统一管理台账完整性欠缺，部分部门的管理台账未纳入全所总台账，台账管理的及时性、有效性欠缺。

5）自编计量技术规范的编制不够规范，未按照《国防计量技术规范编制要求》进行编写，无技术评审、方法验证等记录；自编校准测试软件无验证、评审记录。

6）型号计量保障组织机构不够健全，未设置重点（大型）型号的计量保障组织机构，未明确型号计量保障组织部门和人员的职责。未建立型号研制阶段的计量控制要求，无方案论证阶段完成初步型号计量工作方案、设计阶段制定型号计量工作方案、设计定型阶段和生产定型阶段进行计量审查并完成型号计量工作总结、试验大纲的评审无计量人员参与、重大试验后对测量设备进行核查等计量工作要求及相关记录；未按要求编制产品校准设备推荐表、检测和校准需求汇总表，无评审记录。

7）部分计量检定/校准原始记录、试验和检验记录有涂改，信息不全；无检定/校准所用的计量标准器、总页码信息、相互关联标志、数据结束标志等信息。对以电子媒体保存的相关记录未进行具体规定，也未采取相应的控制措施。

8）信号发生器检定装置 2014 年 1 月 14 日标准考核证书到期，多功能校准仪标准装置 2014 年 12 月 30 日标准考核证书到期且于 2014 年 8 月 26 日更换主标准器，上述计量标准装置截至 2016 年 4 月 22 日仍未通过国防计量主管部门考核，但实际一直开展量传工作。

9）仪器设备 ABC 分类不够科学合理；部分用于军品检验与调试且有量值控制要求的计量器具列入 C 类一次性管理；部分测量设备限用未履行审批确认手续。

（七）被检查单位七

1）现场部分仪器设备（含相关计量器具）无台账、无编号、无标识（如××实验室的 TH101B 温湿度计、×部实验室的 QUICK 969A、HAK FX888 调温烙铁等）。

2）全所测量设备和有量值控制要求的工装夹具统一管理台账完整性、系统性欠缺，部分测量设备和工装夹具未纳入全所总台账。

3）自编计量技术规范编制不够规范，未严格按照《国防计量技术规范编制要求》进行编写，未能提供方法验证记录。

4）未针对具体重点型号设置计量保障组织机构，未明确重点型号计量主管领导及计量保障人员的职责。未针对具体型号编制计量保证大纲或型号计量工作要求，总计量保证大纲未发送到相关执行单位。所有型号项目均无设计定型、生产定型阶段的计量工作总结。

5）部分计量检定/校准原始记录、试验和检验记录有涂改，签署不够规范，信息不完整；缺少检定/校准所用的计量标准器、总页码信息、相互关联标志、数据结束标志等信息。部分计量检定项目未按照相关检定规程、规范实施，大量检定证书采用"所检项目合格"不规范结论。采用自编技术规范出具计量检定证书。

6）激光小功率标准装置等四套二级计量标准装置2014年11月8日标准考核证书到期，于2015年3月6日以重新建标获得计量标准证书，期间相关标准装置未能提供有效的技术状态控制措施。LCR测试仪、交流稳压电源项目未经国防计量主管部门考核开展计量检定量传工作，且所依据的检定规程不正确。

7）计量中心相关实验室现场环境记录未能提供JJG 146—2011、JJG 180—2002、JJG 181—2005等所要求的检定工作中环境温度变化的记录；××测试间（×××室）COORD HERA-×××三坐标测量机（03176）开展测量工作时的温度，不满足JJF 1064—2010及三坐标测量机要求的工作环境温度。

（八）被检查单位八

1）产品研制试验现场：×××大厅DCY-60直流稳压电源（序号：160701）无编号、无标识；×××防火实验室28V/150A直流稳压稳流源（D30708H034）现场在用，有效期为2010年9月26日；×××实验室污染检测间用于温度监测的WS2080B温湿度计为2006年1月6日封存。

2）信号发生器检定装置依据JJG 602—1996、JJG 173—2003通过建标考核，实际量传工作依据文件为JJG 840且JJG 840—2015于2016年6月7日换版实施后无评审验证记录。

3）用于产品研制试验现场且有量值控制要求的直流稳压电源（如：GPR-3510HD）、AC/DC电子负载、交流稳压电源（如D731133等）全部列入C类（3年有效期）管理，不符合本单位"监视与测量设备控制"文件中分类的管理要求。

4）××架机全机地面共振试验记录（2016.01.26、2016.01.29）中试验状态记录不完整，划改处无签章；××典型金属结构复杂振动载荷环境施加及支持边界模拟试验记录（2015.09.06、2015.10.08）中试验状态记录不完整，有涂改；×××产品样段地面共振试验记录（2016.02.22、2016.08.12）有涂改。

（九）被检查单位九

1）电子支援及有源干扰子系统计量保证大纲、××工程自卫电子对抗分系统计量保证大纲缺少组织机构及职责。

2）VTM7004、VT7010高低温试验箱（6534070031、9036044）、368BNM同轴大功率负载（CT0875）、×××-40大功率定向耦合器（JJ0060-CT5）计量确认未定量表述测量设备使用要求。

（十）被检查单位十

1）Agilent 33220A 函数发生器（MY44044614）、FLUKE 397 函数波形发生器（100600002）分别于 2016 年 8 月 31 日和 2016 年 11 月 21 日进行量值溯源（证书编号：GFJGJL2051165040086、GFJGJL2051165040118），所依据的 JJG 840—1993 于 2016 年 6 月 7 日已作废。

2）碰撞材料拉伸性能测试记录（JL2012-CL-1204-01，日期：2012. 03. 16—03. 31）、X6X 测压组件生产过程和自检记录（试验日期：2015. 11—2016. 03）有涂改；振动测组件性能自检表（1504#）、压电加速度计前置放大器调试工艺过程自检记录表（1503#）划改无签章。

（十一）被检查单位十一

1）磁控溅射装置中 ZDF-42C 微机型复合真空计（Z0805120）、ZDF-5227 复合真空计；真空热压块体制备装置中 ZDF-5227M 智能型复合真空计；X 射线衍射仪校准用 A1203 标样等未能提供溯源记录。

2）“×××主机装置”设计定型和生产定型阶段无计量工作总结。

3）提供不出 MVD-1000D1 型硬度计校准规程（文件编号：RCLF708W095）、高分辨三维成像显微系统校准规程（文件编号：RCLFP708W117）验证、评审记录。

4）YD2816A LCR 数字电桥（RR04080001）、FH40G-L10 辐射剂量仪、DS080804B 数字示波器（RI10080147）、TDS6604B 数字示波器（RI10080043）计量确认未定量对比确认测量设备的使用要求。

（十二）被检查单位十二

1）计量保证人员对计量法律法规的理解不深入，持证检验人员超期仍开展工作，2 名专用测试设备校准人员未开展相应的技术培训。

2）测量设备台账中缺少 7 台测量设备信息，账物不符；自校准测量设备的校准周期不符合计量技术规范的要求。

3）自编计量技术规范未按照要求提供计量特性、测量设备配备等信息，编制质量有待进一步提高。

4）计量检定/校准原始记录、证书报告核验人员签署及书写更改不规范，规范性有待进一步加强。

5）计量确认单上没有体现使用要求，计量确认工作的有效性有待进一步加强。

6）产品检测和校准管理中缺少有效产品检测需求明细表、检测/校准设备推荐表和检测/校准需求汇总表，检验记录、测试记录有待进一步规范。

第十五章

计量检定规程和校准规范的编写与使用

第一节　计量检定规程和计量校准规范概述

国家计量检定规程是为评定计量器具的计量特性而制定的技术文件，由国务院计量行政部门组织编写并批准颁布，在全国范围内施行，是确定计量器具法定地位的技术法规。而国家计量校准规范是由国务院计量行政部门组织制定并批准发布，在全国范围内实施，是校准时依据的技术文件。

从国家计量检定规程和国家计量校准规范的表述可以看出，这两种文件有相似的地方，也有差别。这两种文件都是由国务院计量行政部门组织制定并批准发布在全国范围内实施的计量技术法规。

计量检定规程是全国计量检定机构评定依法管理的计量器具的依据，也是国家计量行政管理部门进行量值统一，实施法定计量管理的技术依据。

国家计量校准规范的发布也是国家计量行政管理部门推进国家量值统一的行为之一。在国内校准概念尚未获得全面理解、校准手段尚未获得正确利用的条件下，通过在全国范围内实施统一的校准规范，是计量器具管理方法转化的过渡手段。过去所有的计量器具按照检定方法管理，今后将只有特定范围的计量器具按照检定方法管理。

当国家没有颁布国家计量检定规程或国家计量校准规范时，各省市、行业可以编制相应范围内适用的检定规程或校准规范。校准实验室可以编制本实验室适用的校准规范。

检定是指查明和确认计量器具是否符合法定要求的活动，它包括检查、加标记和（或）出具检定证书。也就是说，检定是为评定计量器具一般特性和计量性能是否符合法定要求，确定其是否合格所进行的全部工作。所以计量检定规程中会规定对计量器具的法定要求，规定检定的环境条件、设备条件、操作方法等内容，以保证检定值的扩展不确定度与相应的计量性能要求相适应。

校准是在规定条件下的一组操作，其第一步是确定由测量标准提供的量值与相应示值之间的关系，第二步则是用此信息确定由示值获得测量结果的关系，这里测量标准提供的量值与相应示值都具有测量不确定度。校准主要是为了获得测量结果与示值之间的关系、示值与计量标准之间的关系。即校准的重点在于测量结果的溯源性。因此校准规范主要规定校准定义中的第一步操作内容，包括校准的计量特性以及校准的环境条件、设备条件和操作方法等内容。

检定规程与校准规范是有关联的。检定规程中规定的计量性能要求是针对相应的计量特性而言的，即检定中的试验项目是评价计量器具计量特性的，计量性能要求是这些计量特性应该满足的要求。当计量特性的误差小于最大允许误差时，该计量特性检定合格。计量特性的检定过程与校准过程是一致的，是确定由测量标准提供的量值与相应示值之间的关系。因此对计量器具进行校准时，如果有国家计量检定规程，可以参照计量检定规程开展校准，即针对计量检定规程中规定的计量特性，按照检定规程中规定的检定方法进行校准。但是获得校准值的不确定度，需要根据实际的校准条件进行评定。

一个计量器具具有多个计量特性。这些计量特性有些是直接传递量值的计量特性，如量块的长度、砝码的质量等；有些是影响示值与测量结果关系的影响量，如量块的热膨胀系数、砝码的体积等。检定或校准均在参考条件下进行，而使用的环境条件偏离参考条件时，一些影响量会造成计量器具的示值与测量结果之间的关系发生变化，我们需要通过检定或校准获得影响量参数（相关计量特性的值），在利用这些计量器具时，通过示值计算测量结果。

在编制计量检定规程与计量校准规范的过程中，需要规定检定或校准一组计量特性。选择这个计量特性组合的原则是一样的：选择的计量特性足够多，通过检定或校准规定的计量特性组合，可以获得对计量器具计量性能的正确评价，以及在使用计量器具时通过示值确定测量结果；选择的计量特性尽量少，与计量性能无关的计量特性，对计量性能影响一致的互相包含的计量特性，不选择。

例如，机械台秤利用杠杆原理，通过标明被测商品质量的秤砣和滑动秤砣对应的秤杆刻度称量商品的质量。称量质量的示值误差是其关键的计量特性。杠杆两端的长度也是计量特性。但是杠杆两端的长度比例是否准确，可以通过称量一系列标准砝码进行校准。反过来说，使用砝码校准了示值误差，杠杆的长度和比例不需要再校准了，再校准这些计量特性就是冗余的了。

检定规程包括了对计量器具评价的所有信息：计量性能要求、通用要求等内容，在完成检定过程后，可以给出计量器具合格或不合格的结论。而校准规范一般仅规定了需要评价的计量特性和校准方法，不规定计量性能要求。因此校准证书中给出了计量特性的值和不确定度，用户需要将校准证书的内容与自己需要的计量性能要求和通用要求进行比较，判断是否达到适用要求，进行计量确认工作。

第二节　计量检定规程的编写

一、计量检定规程编写的一般原则和表述要求

（一）编写的一般原则

JJF 1002—2010《国家计量检定规程编写规则》对计量检定规程编写的一般原则规定如下：

1）符合国家有关法律、法规的规定。

2）适用范围必须明确，在其界定的范围内，按需要为求完整。

3）各项要求科学合理，并考虑操作的可行性及实施的经济性。

4）根据国情，积极采用国际法制计量组织（OIML）发布的国际建议、国际文件及有关国际组织（如 ISO、IEC 等）发布的国际标准。

为此，国家计量检定规程编写应做到：

1. 满足法制管理要求

我国《计量法》第十条明确规定“计量检定必须执行计量检定规程”。编写计量检定规程，应按照《国家计量检定规程管理办法》（2002年12月31日原国家质检总局发布）及JJF 1002—2010《国家计量检定规程编写规则》及相关的计量法规、规章和计量技术规范的要求进行。

编制计量检定规程，还必须符合国家颁布的《国务院关于在我国统一实行法定计量单位的命令》《通用计量术语及定义》《测量仪器特性评定》《测量不确定度评定与表示》《计量器具检定周期确定原则和方法》《计量器具型式评价大纲编写导则》等相关计量法规和技术规范。所以符合国家法律、法规的规定，是编写计量检定规程一条十分重要的原则。

2. 科学合理、经济、可行

计量检定规程中的各项要求，如计量性能要求、通用技术要求、计量器具控制要求、检定条件、检定项目、检定方法、检定结果的处理及检定周期，都必须科学合理。计量器具的准确度及量值传递途径应以国家计量检定系统表为依据。计量标准应按被检计量器具合理配备。在技术成熟、具有实施的可操作性前提下，应是最简单、最快捷、最高效的检定方法，要积极采用国际建议和国际文件。

3. 技术细节完备

检定规程的检定对象用于法制计量管理领域。要在检定规程中，对检定条件、检定项目、检定方法、采用的计量器具、检定结果的处理等技术细节做出明确规定。

4. 优先采用国际通用的方法

国际法制计量组织（OIML）制定颁布的国际建议，是为各国制定有关法制计量的国家技术法规提供的范本。采用国际建议是各成员国的义务，也是国际上相互承认计量器具型式批准和检定、测试结果的共同要求。在编写计量检定规程时，应积极采用国际建议以及OIML制定颁布的国际文件和IEC、ISO发布的国际标准，吸收国外实用计量技术和管理经验，推动我国计量技术进步和提高计量技术水平，在对外贸易中更好地与国际接轨，以利于推行OIML证书制度和适应我国国民经济发展的需要。

（二）表述要求

JJF 1002—2010《国家计量检定规程编写规则》中规定了规程表述的基本要求：

1）文字表述应做到结构严谨、层次分明、用词确切、叙述清楚，不致产生不同的理解。

2）所用的术语、符号、代号、缩略语要统一，并始终表达同一概念。

3）按国家规定表述计量单位名称与符号、量的名称与符号、误差和测量不确定度名称与符号。

4）公式、图样、表格、数据应准确无误地按要求表述。

5）相关规程有关内容的表述均应协调一致，不能矛盾。

二、计量检定规程的主要内容

（一）计量检定规程的结构

JJF 1002—2010中规定计量检定规程的组成部分有：

封面、扉页、目录、引言、范围、引用文件、术语和计量单位、概述、计量性能要求、通用技术要求、计量器具控制、附录。凡有下划线的部分为必备章节。

（二）计量检定规程各部分的主要内容

1. 封面、扉页、目录和引言

JJF 1002—2010《国家计量检定规程编写规则》的附录 B 规定了封面和封底格式，附录 C 规定了扉页的格式。

国家计量检定规程的编号由其代号、顺序号和发布年号（四位数字）组成。

如：

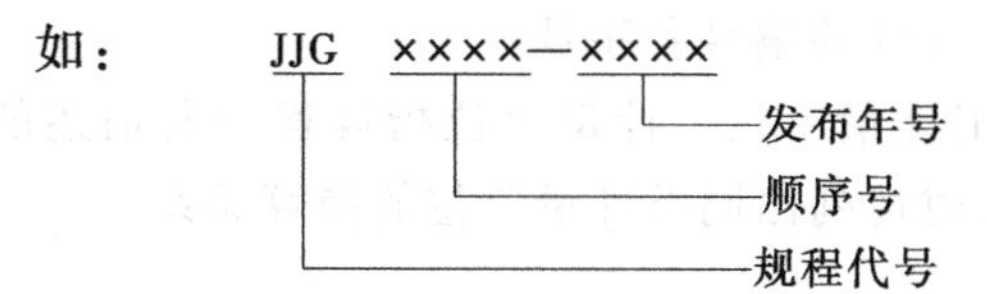

规程的名称应简明、准确、规范、概括性强，并有对应英文名称。

目录应列出引言、章、第一层次的条和附录的标题、编号（不包括引言）及所在页码。标题与页码之间用虚线连接。扉页部分无页码，目录与引言部分的页码使用罗马数字，自规程正文起的页码使用阿拉伯数字。

引言不编号，应包括：规程编制所依据的规则，采用国际建议、国际文件或国际标准的程度或情况。

如果对规程进行修订，还应包括：规程代替的全部或部分其他文件的说明，给出被代替的规程或其他文件的编号和名称，列出与前一版本相比的主要技术变化，所替代规程的历次版本发布情况。

2. 范围、引用文件、术语和计量单位

（1）范围　JJF 1002—2010《国家计量检定规程编写规则》规定，“范围”是用来说明规程的适用范围，以明确规定规程的主题及对该计量器具控制有关阶段的要求。如：本规程适用于××计量器具（量程，范围等）的首次检定、后续检定和使用中检查。

（2）引用文件　引用文件应是所编写的规程所必不可少的文件，如果不引用，则规程无法实施。

例如，JJF 1002—2010 本身引用了国家标准：“编写方式应符合 GB/T 20001.1 的要求”。GB/T 20001.1 规定了术语的编写方式，在 JJF 1002—2010 没有重复这些规定和要求，而是通过引用达到了提出这些规定和要求的目的。这时，不引用这个文件，检定规程的起草人可能无从查找这些规定和要求；引用这个文件后，检定规程的起草人在需要了解这些规定和要求时，可以到引用文件上查找。

引用文件应为正式出版物。引用文件时，应给出文件的编号（引用标准时，给出标准代号、顺序号）以及完整的文件名称。凡是注日期的引用文件，仅注日期的版本适用于该规程；凡是不注日期的引用文件，应注明“其最新版本（包括所有的修改单）适用于本规程”。

引用国际文件时，应在编（年）号后给出中文译名，并在其后的圆括号中给出原文名称。

引用文件清单的排列依次为：国家计量技术法规、国家标准、国际建议、国际文件、国际标准，以上文件按顺序号排列。

(3) 术语　当规程涉及国家尚未作出规定的术语时，应在本章给出必要的定义。

术语条目应包括：条目编码、术语、英文对应词（除专用名词外，英文对应词全部使用小写字母，名词为单数、动词为原型）、定义。编写方式应符合 GB/T 20001.1 的要求。为了使规程更易于理解，也可引用已定义的术语，内容应为：引导语及术语条目（清单）。引导语为给出具体的术语和定义之前的说明。

例如：在起草规程中除界定了部分术语和定义外，而且还引用了其他文件界定的术语和定义，则引导语为“……界定的及以下术语和定义适用于本规程”。

如果术语引用其他文件的应在括号内给出此文件的编号和序号。

(4) 计量单位　计量单位一律使用国家法定计量单位。计量单位指规程中所描述的计量器具的主要计量特性的单位名称和符号，必要时可列出同类计量单位的换算关系。

3. 概述

概述部分主要是简述受检计量器具的原理、构造和用途（包括必要的结构示意图）。叙述应重点在该计量器具的原理、构造，避免仅叙述仪器的外观组成。外观组成，甚至颜色，这些对于不同生产商可能是不同的，也是允许的。

计量器具原理的核心是仪器的标准量值如何产生，如何将仪器的标准量值变成仪器的外特性，以便与测量对象进行比较。当然量具不具备比较的功能，量仪两种功能均具备。

构造是指仪器的标准量值变成仪器的外特性的原理。用途主要针对依法管理计量器具的范围。不需要依法管理的计量器具的应用场合在概述中不必提及。

4. 计量性能要求

计量性能是计量器具进行测量所具备的能力。计量性能通过计量特性进行定量评价。

计量特性是能影响测量结果的可区分的特性。计量特性可作为校准的对象。也就是说，计量特性可以用值表示，可以与计量标准进行比较，获得计量特性的可溯源的值。

测量设备通常有若干个计量特性。有些计量特性与其计量性能相关，有些与其计量性能无关，有些在特定的条件下与计量性能无关。检定规程要选择那些在应用中与计量性能有关的计量特性进行检定，确定这些计量特性的值是否在最大允许误差范围之内。

在检定规程中，不仅要确定这个计量特性的组合，还要根据不同的预期应用，确定这些计量特性的计量要求。要保证针对某等级的计量器具，其各计量特性满足计量性能要求时，该计量器具的总体要求满足其预期应用要求。

因此在检定规程中，计量性能要求中列出了计量特性的名称和对应的计量要求。

例如，JJG 146—2011《量块》中规定了工作面的表面粗糙度、平面度、硬度、长度和长度变动性、稳定度和热膨胀系数等 8 个计量性能要求。其中长度是量块量值传递的主要计量特性，长度变动性反映了量块使用偏离了定义的位置时会引入不确定度；工作面的表面粗糙度、平面度影响量块的研合性，硬度和稳定度决定了量块在检定有效期内的变化。热膨胀系数决定了环境条件偏离参考值后对量值的影响。

5. 通用技术要求

该部分应规定为满足计量要求而必须达到的技术要求，如外观结构、防止欺骗、操作的适应性和安全性，以及强制性标记和说明性标记等方面的要求。这些是检定规程所独有的。

6. 计量器具控制

该部分规定对计量器具控制中有关内容的要求。计量器具控制可包括首次检定、后续检定以及使用中检查。

型式评价也属于计量器具控制范畴。JJF 1002—2010 规定规程不涉及型式评价的内容，有关内容应按 JJF 1015《计量器具型式评价通用规范》和 JJF 1016《计量器具型式评价大纲编写导则》的要求独立编写相应的计量技术规范。

（1）首次检定、后续检定和使用中检查　检定规程要明确首次检定、后续检定及使用中检查分别要检定的项目。

首次检定是对未被检定过的计量器具进行的检定，后续检定是计量器具在首次检定后的任何一种检定，包括强制周期检定和修理后检定。经安装及修理后的计量器具，其检定原则上须按首次检定进行。

早期的计量检定规程中，首次检定和修复后的检定要求放在同一栏里。JJF 1002—1998 起改为现在的首次检定和后续检定后，检定项目一览表示例见表 15-1。针对修理后的检定和首次检定要求的检定项目相同这一点，建议在必要时，检定项目一览表中可以增加一列，见表 15-2。

表 15-1　JJF 1002—2010 中的检定项目一览表

检定项目	首次检定	后续检定	使用中检查

表 15-2　JJF 1002—2010 中的检定项目一览表的变化

<table>
<tr><th rowspan="2">检定项目</th><th rowspan="2">首次检定</th><th colspan="2">后续检定</th><th rowspan="2">使用中检查</th></tr>
<tr><th>周期检定</th><th>修理后的检定</th></tr>
<tr><td></td><td></td><td></td><td></td><td></td></tr>
</table>

使用中检查是为了检查计量器具的检定标记或检定证书是否有效，检定标记和防止调整封印等是否损坏，检定后的计量器具状态是否受到明显变动，以及示值误差是否超过使用中的最大允许误差。

（2）检定条件　检定条件包括检定过程中所需计量器具（计量基准或计量标准）及配套设备的技术指标要求和环境条件要求等。

技术指标要求决定了计量器具的测量不确定度（仪器的测量不确定度），环境条件要求决定了环境条件引入的不确定度分量极限值。它们与检定方法、数据处理方法一样，共同决定了检定值的不确定度。

检定规程中规定了被检计量器具的计量性能要求。检定值的不确定度必须优于计量性能要求，并且该不确定度必须足够好，以在做出合格与否的判定时，不确定度可以忽略不计。

为此，检定规程起草人需要做许多工作：通过规定设备条件要求和环境条件要求，分配设备条件、环境条件引入的不确定度分量，与检定方法引入的不确定度分量一起，控制检定结果的测量不确定度。这些工作不仅是理论推导工作，还必须做验证试验，以保证上述不确定度分配是合理的，实际与理论评估结果是一致的。试验报告必须与检定规程报审稿一同提交审定。

计量器具（计量基准或计量标准）及配套设备的技术指标要求通常用其组成的检定设备及其技术指标标明。因为检定规程是利用已有的计量基准或计量标准数据作为基础编制的，而依据检定规程建立的计量标准，其组成和技术指标必须执行检定规程。

检定规程中给出的计量器具技术指标应与其相应的检定规程、计量技术规范的提法对应。

检定环境条件要明确，不能把检定环境条件和使用条件相混淆。也就是说，检定环境条件是保证该计量器具能够达到其计量性能要求的环境条件。检定条件是检定值不确定度评定过程的输入之一。

(3) 检定项目　检定项目是指受检计量器具的受检部位和内容，应与计量性能要求和通用技术要求一一对应。这里，“受检部位和内容”作为试验项目，应理解为计量特性，与计量性能要求一一对应；作为观察项目，应与通用技术要求一一对应。

根据首次检定、后续检定和使用中检查的目的不同，在编制检定规程时可根据实际情况对各自的检定项目进行规定。规程中在规定各种检定项目时可用“检定项目一览表”的形式列出，表中，凡需检定的项目用“+”表示，不需检定的项目用“-”表示。当修理后的检定项目与周期检定的项目不同时，可以采用表 15-2 的形式。

(4) 检定方法　检定方法是对计量器具受检项目进行检定时所规定的操作方法、步骤和数据处理。检定方法的确定要有理论根据，切实可行。检定条件和检定方法确定了检定结果的不确定度，要通过不确定度评定证明检定规程规定的检定条件和检定方法合理，判据就是检定结果的不确定度优于相应检定项目计量性能要求的 1/3。检定规程中所用的公式以及公式中使用的常数和系数都必须有可靠的依据，优先采用国家计量技术法规、国家标准、国际建议、国际文件、国际标准中的方法。

必要时，应提供测量原理示意图、公式、公式所含的常数或系数等。

(5) 检定结果的处理　检定结果的处理是指检定结束后对受检计量器具合格或不合格所做的结论。

按照检定规程的规定和要求，检定合格的计量器具发给检定证书或加盖检定合格印；检定不合格的计量器具发给检定结果通知书，并注明不合格项目。

(6) 检定周期　规程中一般应给出常规条件下的最长检定周期。即该计量器具必须在注明的检定周期有效期内再次进行检定。超过检定周期的计量器具不得使用。

确定检定周期的原则是计量器具在使用过程中，能保持所规定的计量性能的最长时间间隔。即应根据计量器具的性能、要求、使用环境条件、使用频繁程度以及经济合理等其他因素具体确定检定周期的长短。示例：××××检定周期一般不超过××××（时间）。

7. 附录

附录是检定规程的重要组成部分。附录可包括：需要统一和特殊要求的检定记录格式、检定证书内页格式、检定结果通知书内页格式及其他表格、推荐的检定方法、有关程序或图表以及相关的参考数据等。

三、计量检定规程的制定、修订

凡制定、修订、审批、发布、复审计量检定规程应遵守《国家计量检定规程管理办法》的规定。国家计量校准规范的制定、修订、审批、发布、复审程序相同。

（一）计划

国家计量检定规程管理办法规定，国家计量检定规程项目由国家市场监督管理总局下达给各专业计量技术委员会，各专业计量技术委员会组织和指导起草单位进行制定、修订工作。

各专业计量技术委员会由国家市场监督管理总局组织建立，在本专业领域内负责组织制定、修订、审定、报批和宣贯计量技术法规任务。

（二）制定

各技术委员会根据国家市场监督管理总局下达的国家计量检定规程项目计划组织和指导起草工作，起草单位应当按照《国家计量检定规程编写规则》的要求，在调查研究、试验验证的基础上，提出国家计量检定规程征求意见稿，以及编写说明等有关附件，分送技术委员会各委员、通信单位成员、有关制造企业、省级政府计量行政部门、计量检定机构、使用单位、相关标准起草单位和个人，广泛征求意见。附件应包括以下内容：

1. 编写说明

阐明任务来源、编写依据与国际建议、国际文件和国际标准、国家标准等技术文件的兼容情况，对规程内容及重大分歧意见进行说明。

2. 不确定度评定

按照 JJF 1059.1 或 JJF 1059.2 进行测量不确定度评定，根据评定结果判断分析计量性能要求、技术条件、检定条件、检定方法是否科学合理。

3. 试验报告

对国家计量检定规程中规定的计量性能、技术条件，应当用规定的检定条件、检定方法对其适用范围的对象进行检测，用试验数据证明是否可行，证明不确定度评定结果可信。

4. 采用国际建议、国际文件或国际标准的原文及中文译本

起草人或起草单位收到意见后进行综合分析，形成“征求意见汇总表”。根据“征求意见汇总表”，对征求意见稿进行修改后，提出国家计量检定规程报审稿，及编写说明、试验报告、误差分析、征求意见汇总表、国际建议、国际文件或国际标准的原文及中文译本等有关附件，送技术委员会秘书处审阅。

技术委员会秘书处按规定的工作程序，组织对报审稿的审查，用会审或函审方式，审查至少应获得委员人数四分之三以上赞成方为通过。通过的国家计量检定规程，由起草单位根据审定意见整理后，形成报批稿。报批稿和规定的有关上报材料报技术委员会审核。技术委员会审核后，在报批表中签署意见，上报国家计量检定规程审查部进行审核。

（三）审批、发布

国家计量检定规程由国家市场监督管理总局统一审批、编号，以公告形式发布。

（四）复审

国家计量检定规程发布后，技术委员会应适时提出复审计划，可采取会审或函审，一般应有起草人参加。对不需要修改的国家计量检定规程，确认继续有效，可在重版时在封面上，写“××××年确认有效”字样；对需要修改的国家计量检定规程，作为修订项目列入计划；对已不需进行检定的计量器具国家计量检定规程，予以废止。

国家计量检定规程属于科技成果，可纳入国家或部门科技进步奖范围，予以奖励。

作为计量检定规程的起草人员，必须了解计量检定规程的制定、修订程序，了解作为起草人编写计量检定规程中应尽的责任，才能更好地完成这一任务。

四、确定检定周期的原则和方法

确定计量器具检定周期的原则和方法可参照 JJF 1139—2005《计量器具检定周期确定原则和方法》及其他相关技术文件的规定。

（一）确定检定周期的原则

通常情况下，计量检定规程中给出的是常规条件下的最长周期。确定计量器具的检定周期必须注意以下两点：

1）要确保在使用中的计量器具给出的量值准确可靠，即超出允差的风险应尽可能小。

2）要做到经济合理，即尽量使风险和费用两者平衡，达到最佳化。

制订或修订计量器具检定规程时，应重点依据下述基本原则科学确定计量器具的检定周期。

原则一：制订或修订计量器具检定规程时，应根据所适用的计量器具本身特征（如计量器具的工作原理、结构形式与所用材质）、计量器具的性能要求（如最大允许误差、重复性与稳定性）以及计量器具的使用情况（如环境条件、使用频度与维护状况）来确定其检定周期。

原则二：确定计量器具检定周期时，首先应明确所适用计量器具的测量可靠性目标 R。一般计量器具的测量可靠性目标 $R \geqslant 90\%$。

测量可靠性目标 R 指计量器具的整体性能在重新确认（即后续检定）时保持在所期望的合格范围内的概率（见第十四章图 14-3）。

对于不同的使用场所和要求，测量可靠性目标 R 是不同的。错误数据造成的危险或经济风险越大，测量可靠性目标 R 就应规定得越高。

（二）确定检定周期的方法

计量器具检定周期的确定需要进行科学细致的可靠性分析、数理统计与数据分析，主要有反应法和最大似然估计法。

1. 反应法

通过响应最近获得的检定结果，并采用简单直接的方式或最简便的算法，对计量器具检定时间间隔进行调整与确定的方法称为反应法。

反应法主要包括固定阶梯调整法、增量反应调整法与间隔测试法等几种具体方法。

2. 最大似然估计法

最大似然估计法是通过对似然函数的概率分布来研究评价被检计量器具超出允许误差的状况，最终确定计量器具的检定时间间隔。由于最大似然估计法建立在数理统计和大量数据分析的基础上，因此在采用最大似然估计法进行时间间隔的确认与调整时，应特别注意所用数据的有效性、一致性和连续性。

最大似然估计法有三种具体算法：经典法、二项式法与更新时间法。

第三节 国家计量校准规范编写

一、计量校准规范编写的一般原则和表述要求

（一）编写的一般原则

JJF 1071—2010《国家计量校准规范编写规则》中指出，国家计量校准规范是由国务院

计量行政部门组织制定并批准发布，在全国范围内实施，作为校准时依据的技术文件。

国家计量校准规范的发布是国家计量行政管理部门推进国家量值统一的行为之一。在国内校准概念尚未获得全面理解、校准手段尚未获得正确利用的条件下，通过在全国范围内实施统一的校准规范，是从传统上将所有的计量器具按照检定管理向国际通行的计量器具管理模式转化的过渡手段。未来国内计量器具中，只有特定范围的计量器具按照检定管理。

校准规范应做到：

1）符合国家有关法律、法规的规定。

2）适用范围应明确，在其界定的范围内，按需要力求完整。

3）充分考虑技术和经济的合理性，并为采用最新技术留有空间。

在校准规范的编写过程中，都必须执行国家的各种法律法规，国家颁布的《国务院关于在我国统一实行法定计量单位的命令》、JJF 1001—2011《通用计量术语及定义》、JJF 1094—2002《测量仪器特性评定》、JJF 1059.1—2012《测量不确定度评定与表示》等。针对的对象应该界定清晰，不应该与检定规程或其他校准规范相互交叉、覆盖，又互相矛盾。

（二）表述要求

国家计量校准规范表述的基本要求：

1）文字表述应做到结构严谨、层次分明、用词确切、叙述清楚，不致产生不同的理解。

2）所用的术语、符号、代号、缩略语应统一，并始终表达同一概念。

3）按国家规定表述计量单位名称与符号、量的名称与符号、误差和测量不确定度名称与符号。

4）公式、图样、表格、数据应准确无误地按要求表述。

5）规范相关内容的表述均应协调一致，不能矛盾。

二、计量校准规范的主要内容

（一）计量校准规范的结构

国家计量校准规范由以下部分构成：封面、扉页、目录、引言、范围、引用文件、术语和计量单位、概述、计量特性、校准条件、校准项目和校准方法、校准结果表达、复校时间间隔、附录、附加说明。凡有下划线的部分为必备章节。

由于校准规范中仅包含测量仪器与计量基准、计量标准比较环节的相关规定，因此在校准规范中需要重点规定要校准的计量特性组合、校准条件、校准项目、校准方法、校准结果表达等相关内容。

（二）计量校准规范各部分的主要内容

1. 封面、扉页、目录和引言

封面的格式见 JJF 1071—2010《国家计量校准规范编写规则》附录 A。

计量校准规范是计量技术规范的一种，其代号与通用的计量技术规范一样，封面题头均采用“JJF 中华人民共和国计量技术规范”，如图 15-1 所示。在封面上，计量校准规范的名称要写全，如：××××（被校对象或被校参数名称）校准规范。

规范的编号由其代号、顺序号和发布年号组成。顺序号和发布年号分别为四位阿拉伯数字。

中华人民共和国国家计量技术规范

图 15-1　计量校准规范封面题头

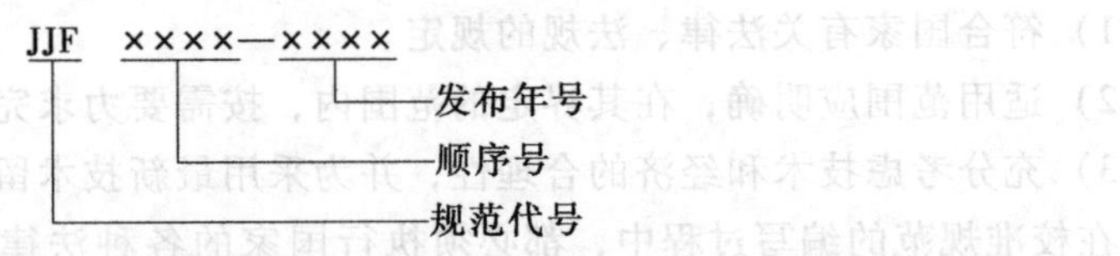

规范名称应简明、准确、规范、概括性强，一般以被校对象或被校参数命名。如不适用，应选用能确切反映其适用范围或性能的名称，并有对应的英文名称。

扉页的格式见 JJF 1071—2010《国家计量校准规范编写规则》附录 B。

目录应列出引言、章、第一层次的条和附录的编号、标题及所在页码。标题与页码之间用虚线连接。

扉页部分无页码，目录与引言部分的页码使用罗马数字，自规范正文起的页码使用阿拉伯数字。其书写格式见 JJF 1071—2010《国家计量校准规范编写规则》附录 C。

引言应包括：规范编制所依据的规则，采用国际建议、国际文件或国际标准的程度或情况。

如果对规范进行修订，还应包括：规范代替的全部或部分其他文件的说明，给出被代替的规范或其他文件的编号和名称，列出与前一版本相比的主要技术变化，所替代规范的历次版本发布情况。

2. 范围、引用文件、术语和计量单位

范围部分主要叙述规范的适用范围，以明确规定规范的主题。如本规范适用于××计量器具（××量程、范围）的校准。

引用文件应是编制规范时必不可少的文件，如果不引用，规范则无法实施。所引用的文件应为正式出版物。引用文件时应给出文件的编号（引用标准时给出标准代号、顺序号）以及完整的文件名称。凡是注日期的引用文件，仅注日期的版本适用于该规范；凡是不注日期的引用文件，应注明“其最新版本（包括所有的修改单）适用于本规范”。

引用国际文件时，应在编（年）号后给出中文译名，并在其后的圆括号中给出原文名称。

引用文件清单的排列顺序依次为：国家计量技术法规、国家标准、行业标准、国际建议、国际文件、国际标准；以上文件按顺序号排列。

当规范涉及国家尚未做出规定的术语时，应在本章给出必要的定义。

术语条目应包括以下内容：条目编码、术语、英文对应词（除专用名词外，英文对应词全部使用小写字母，名词为单数、动词为原形）、定义。编写方式应符合 GB/T 20001.1 的要求。

为了使规范更易于理解，也可引用已定义的术语。内容应为：引导语及术语条目（清单）。引导语为给出具体的术语和定义之前的说明。例如：在本规范中不仅界定了术语和定义，而且还引用了其他文件界定的术语和定义，则引导语为：“……界定的及以下术语和定义适用于本规范”。

如果术语引用其他文件的，应在括号内给出此文件的编号。

计量单位使用国家法定计量单位。计量单位指规范中所描述的测量仪器的主要计量特性的单位名称和符号，必要时可列出同类计量单位的换算关系。

3. 概述

概述部分主要简述被校对象的用途、原理和结构（包括必要的结构示意图）。如果被校对象的原理和结构比较简单，该要素可省略。

概述部分应避免叙述仪器的外观组成。外观组成，甚至颜色，这些对于不同生产商可能是不同的，也是允许的。

计量器具原理的核心是仪器的标准量值如何产生，如何将仪器的标准量值变成仪器的外特性，以便与测量对象进行比较。当然，量具不具备比较的功能，量仪两种功能均具备。

构造是指仪器的标准量值变成仪器的外特性的原理。

应用场合在概述中应概括性地提及，例如砝码作为质量的参考标准器，用于质量的量值传递。卡尺用于两相对表面间的尺寸测量。

4. 计量特性

计量性能是计量器具进行测量所具备的能力。计量性能通过计量特性进行定量评价。

计量特性是能影响测量结果的可区分的特性。计量特性可作为校准的对象。

一台测量设备具有许多计量特性，在校准规范的编写过程中，需要确定哪些计量特性与预期的使用有关，通过哪些计量特性的组合，可以对测量设备的性能进行全面的评价。

在校准规范中规定校准的计量特性包含两个部分：

1）在标准条件下评价计量器具性能的计量特性。

2）在使用条件下评估最终测量结果不确定度需要的计量特性。

以量块为例，校准量块的中心长度和长度变动量等计量特性直接通过实验室的校准过程，将计量器具的示值与计量标准的示值产生了关联。

但是量块的线胀系数在标准条件下对示值产生的影响很小，在使用条件下，量块的线胀系数误差会由于温度的变化，极大地影响示值的准确度。因此将线胀系数校准值提供给客户，可以方便客户结合计量器具的使用条件评估测量结果的不确定度。

所有校准的计量特性均通过计量标准获得评价，确定“关系”。针对不同的计量器具，需要校准的计量特性组合不同。校准规范的起草人必须了解被校计量器具的原理和使用，以便进行计量特性的选择。

5. 校准条件

（1）环境条件　是指校准活动中对测量结果有影响的环境条件。可能时，应给出确保校准活动中（测量）标准、被校对象正常工作所必需的环境条件，如温度、相对湿度、气压、振动、电磁干扰等。

（2）测量标准及其他设备　应描述使用的测量标准和其他设备及其必须具备的计量特性。

在编制校准规范时，无法界定所有被校仪器预期的应用，以及未来技术发展提出的所有可能的要求，因此规定校准结果的目标不确定度。

在起草校准规范时，规定环境条件和设备条件的具体数据很难找到明确的依据。起草人应该根据规定的校准方法，指出环境条件和设备条件中影响校准结果不确定度的主要因素。

校准实验室建立计量校准标准时，可以根据面临的校准市场需求确定本实验室的校准结果目标不确定度。

6. 校准项目

校准规范中列出的校准项目应针对规定的每个计量特性。实施的校准项目可根据被校仪器的预期用途选择使用。对校准规范的偏离，应在校准证书中注明。

7. 校准方法

校准规范中的校准方法应优先采用国家计量技术法规，国际的、地区的、国家的或行业的标准或技术规范中规定的方法。必要时，应规定检查影响量的检查项目和方法，应提供校准原理示意图、公式、公式所含的常数或系数等。

对带有调校器的仪器，应规定经校准后需要采取的保护措施，如封印、漆封等，以防使用不当导致数据发生变化。

8. 校准结果的处理

校准结果应在校准证书上反映。校准证书应至少包括：a. 标题“校准证书”；b. 实验室名称和地址；c. 进行校准的地点（如果与实验室的地址不同）；d. 证书的唯一性标识（如编号），每页及总页数的标识；e. 客户的名称和地址；f. 被校对象的描述和明确标识；g. 进行校准的日期，如果与校准结果的有效性和应用有关时，应说明被校对象的可接收日期；h. 如果与校准结果的有效性应用有关时，应对被校样品的抽样程序进行说明；i. 校准所依据的技术规范的标识，包括名称及代号；j. 本次校准所用测量标准的溯源性及有效性说明；k. 校准环境的描述；l. 校准结果及其测量不确定度的说明；m. 对校准规范偏离的说明；n. 校准证书或校准报告签发人的签名、职务或等效标识；o. 校准结果仅对被校对象有效的声明；p. 未经实验室书面批准，不得部分复制证书的声明。

9. 复校时间间隔

校准规范可提出有一定科学依据的复校时间间隔的建议供参考，并应注明：由于复校时间间隔的长短是由仪器的使用情况、使用者、仪器本身质量等诸因素所决定的，因此送校单位可根据实际使用情况自主决定复校时间间隔。

10. 附录

附录是校准规范的重要组成部分。附录可包括：校准记录内容、校准证书内页内容及其他表格、推荐的校准方法、有关程序或图表以及相关的参考数据等。

在附录中应给出测量不确定度评定示例。

测量不确定度评定示例应符合 JJF 1059.1《测量不确定度评定与表示》的要求，包括不确定度的来源及其分类、不确定度合成的公式和表示形式等。

11. 附加说明

以“附加说明”为标题，写在规范终结线的下面，说明一些规范中需另行表述的事项。

三、计量校准规范的制定、修订

按照我国目前的管理形式，计量校准规范有国家计量校准规范、部门计量标准规范、地方计量校准规范和各类实验室校准规范。国家计量校准规范的制定、修订程序应严格按照《国家计量检定规程管理办法》的规定执行。JJF 1071—2010《国家计量校准规范编写规则》

已对计量校准规范的编写作了明确规定。

当没有可供依据的国家校准规范时，各类实验室可以参照此规范编写实验室的校准规范或校准方法。在 JJF 1069—2012《法定计量检定机构考核规范》明确规定：实验室依据 JJF 1071—2010《国家计量校准规范编写规则》编写的计量校准规范或校准方法应能满足顾客的预期用途、并经过验证和方法确认。如果校准规范或校准方法有变更，要重新进行确认。

第四节　计量检定规程、校准规范的使用

一、正确选择计量检定规程和校准规范

计量检定应当选择与检定对象相对应的国家计量检定规程；没有国家计量检定规程的，可采用部门或地方计量检定规程。

校准应当优先选择国家计量校准规范；没有国家计量校准规范的，可以参照相应的计量检定规程或与被校对象相适应的校准规范。

二、正确执行计量检定规程和校准规范

（一）正确执行计量检定规程

计量检定规程中规定的检定条件、检定设备要求、检定项目和检定方法是针对被检仪器的计量性能要求制定的。执行检定规程，必须严格执行检定规程中的所有规定，保证检定结果的真实可靠。

计量检定规程是实施《计量法》的重要条件，是从事计量检定的法定依据。为了解决执行计量检定规程中的一些问题，原国家计量局发布过《在实施计量法中有关计量检定规程问题的意见》[（86）量局法字第 337 号] 文件，内容如下：

1. 关于计量检定手段和条件不完全满足规程要求时的检定出证

1）检定手段和条件按规程考核不合格的，不能开展检定，也不能出具检定证书。

2）制定计量检定规程时，对某些特殊情况，应制定相应的变通条款，说明在什么条件下哪些项目可以不做检定。

2. 关于按实际使用需要进行部分检定或出证

1）具备检定手段和条件，根据实际需要又符合规程要求的，在周期检定中可做部分检定，并出具检定证书，但应在证书中必须注明。

2）对允许做部分检定的计量器具，应在相应的规程中加以注明。

3. 关于没有计量检定规程的计量器具如何管理

1）国家制定的计量器具目录是国家规定依法管理的范围，至于实施检定和监督的具体项目可由各部门、各地方制定明细目录确定。

2）没有计量检定规程的（包括国家、部门和地方计量检定规程），可暂对其执行检定的情况进行计量法制监督检查，由各地方、各部门根据具体情况掌握。

3）没有计量检定规程的，不能进行仲裁检定，可按纠纷双方协商的办法进行计量调解。

4）由于某地区或某部门实施计量法制管理和生产上急需而又尚未制定计量检定规程

的，应由地方或部门尽快制定计量检定规程加以解决。

4. 关于参照某检定规程所进行的检定或出证

1）规程中规定允许参照的，可以作为该计量器具检定的依据，可出具检定证书。

2）为便于规程的实施，参照的具体内容应在计量检定规程中做出明确规定。

5. 关于没有计量检定规程为依据所进行的“检定”

1）计量检定必须执行计量检定规程，凡没有以计量检定规程为依据的，不能称为检定。

2）如只确定计量器具示值的校准值或示值误差可称为“校准”。

6. 关于执行规程和技术标准的协调

1）制定计量检定规程和技术标准，应努力使两者协调一致。

2）从事计量检定必须执行计量检定规程。

3）因执行规程与技术标准出现的计量纠纷，经双方协商，不能自行解决时，可按法定程序申请仲裁检定。仲裁检定应以用计量基准或社会公用计量标准检定的数据为准。

7. 关于执行部门和地方计量检定规程的协调

1）部门规程在本部门范围内实施，地方规程在本地区范围内实施，部门内部的管理以执行国家和部门规程为主；凡涉及社会的，以执行国家和地方规程为主。

2）凡同一种计量器具具有多种部门或地方检定规程，则由国务院计量行政部门尽快制定国家计量检定规程。

8. 关于计量检定规程中对检定周期的规定

1）计量检定规程作为技术法规应对检定周期做出规定，它是规程内容的组成部分。具体规定形式，可为强制性的最大周期（如不得超过×年），也可规定为建议性周期（如一般不得超过×年）。

2）具体执行检定周期的长短，应根据规程的规定，结合不同计量器具、不同使用情况和法制管理要求，按管理权限确定。

9. 关于规程修订以后，对使用中旧的计量器具的检定

1）检定规程修订时，必须注意新、旧规程的过渡问题，应考虑规程修订之前投入使用的计量器具的处理，必要时在规程中做出相应的规定。

2）新规程颁布后，旧规程应作废，检定应按新规程执行。

“经检定不合格不准使用”的含义，应包括“经检定不合格不准按原计量器具准确度等级的用途使用”。

（二）正确执行校准规范

正确执行校准规范的目的是保证校准结果符合计量器具的预期使用要求。

正确执行校准规范包括：了解被校仪器，选择计量标准及相关设备，控制相关的校准条件，按照规定的程序进行测量。

校准规范中规定的计量特性已经考虑了各种可能的预期应用。针对特定的预期应用对校准规范的内容进行裁剪时，必须保证评定的计量特性覆盖被校测量仪器的使用要求。

校准规范中，对各种不确定度因素的控制，不一定有详细规定，因此各实验室应该根据自己实验室的实际情况，规定校准结果的目标不确定度，并根据目标不确定度配备校准设备和设施，控制各种不确定度因素的大小。

各校准实验室为贯彻校准规范，有时需要制定作业指导书，当校准规范中规定的校准程序

还不够详细时，实验室必须根据自身的装备、条件，对校准程序的细节进行进一步的规定。

校准规范中给出的测量不确定度评定示例，目的是为使用该校准规范的实验室提供一个比较接近实际情况的参考范例。

第五节　国际标准的制定和修订工作

一、国际标准概述

ISO/IEC 指南 2 对“国际标准”的定义是“国际标准化（标准）组织正式表决批准的并且可公开提供的标准”。

原国家质量监督检验检疫总局于 2001 年 12 月 4 日颁布的《采用国际标准管理办法》中规定“国际标准是指国际标准化组织（ISO）、国际电工委员会（IEC）和国际电信联盟（ITU）制定的标准，以及国际标准化组织确认并公布的其他国际组织制定的标准。”

根据这一规定，国际标准应包括两部分：一是由 ISO、IEC、ITU 这三大国际标准化组织制定的标准，分别称为国际标准化组织标准、国际电工委员会标准和国际电信联盟标准；二是由 ISO 认可并在 ISO 标准目录上公布的其他国际组织制定的标准。

二、国际标准分类编号及含义

国际标准分类号（ICS）是由国际标准化组织编制、维护和管理的国际性标准文献专用分类号。它主要用于国际标准、区域标准和国家标准以及相关标准化文献的分类、编目、订购与建库，从而促进国际标准、区域标准、国家标准以及其他标准化文献在世界范围的传播。

ICS 是一种数字等级制分类，根据标准化活动和标准文献的特点，类目设置以专业划分为主，适当结合学科分类。原则上由三级构成。一级类按标准化所涉及的专业领域划分，设 41 个大类，402 个二级类，833 个三级类。一级类和三级类采用双位数表示，二级类采用三位数表示；各级类目之间以圆点相隔。如“29 电气工程”“29.120 电工器件”“29.120.70 继电器”。

ICS 编码及对应的领域：01 综合、术语学、标准化、文献；03 社会学、服务、公司（企业）的组织和管理、行政、运输；07 数学、自然科学；11 医药卫生技术；13 环保、保健与安全；17 计量学和测量、物理现象；19 试验；21 机械系统和通用件；23 流体系统和通用件；25 机械制造；29 电气工程；31 电子学；33 电信、音频和视频技术；35 信息技术、办公机械设备；37 成像技术；39 精密机械、珠宝；43 道路车辆工程；45 铁路工程；47 造船和海上建筑物；49 航空器和航天器工程；53 材料储运设备；55 货物的包装和调运；59 纺织和皮革技术；61 服装工业；65 农业；67 食品技术；71 化工技术；73 采矿和矿产品；75 石油及相关技术；77 冶金；79 木材技术；81 玻璃和陶瓷工业；83 橡胶和塑料工业；85 造纸技术；87 涂料和颜料工业；91 建筑材料和建筑物；93 土木工程；95 军事工程；97 家用和商用设备、文娱、体育。

三、国际标准的分类

（一）按标准的表现形式划分

ISO/IEC 国际标准类文件共分为 6 类：国际标准、可公开提供的技术规范（PAS）、技术规范（TS）、技术报告（TR）、工业技术协议（ITA）、指南（GUIDE）。

（二）按标准的专业领域划分

1. IEC 标准

IEC 标准共分为 8 类：基础标准，原材料标准，一般安全，安装和操作标准，测量，控制和一般测试标准，电力的产生和利用标准，电力的传输和分配标准，电信和电子元件及组件标准，电信、电子系统和设备及信息技术标准。

2. ISO 标准

ISO 标准共分为 9 类：通用、基础和科学标准，卫生、安全和环境标准，工程技术标准，电子、信息技术和电信标准，货物的运输和分配标准，农业和食品技术标准，材料技术标准，建筑标准，特种技术标准。

四、制定国际标准遵循的原则

制定国际标准，除了应遵循公开透明、协商一致、广泛参与、严格程序、执行统一的编写规则等一般原则外，国际标准化组织还规定了编制国际标准应遵循的一些原则。这些原则主要有以下几点：

（1）目的性　出版国际标准文件的目的是为了促进国际贸易与交流。

（2）强调性能方法　在编制标准中，只要有可能，就应该以性能而不是以设计或描述特性来表示要求。

（3）一致性　每一个标准文件或一系列相关标准文件在其结构、形式和名词术语、措辞上均应保持一致。

（4）文件的符合性　每个标准文本应符合 ISO/IEC 出版的现行基础文件的有关规定。

（5）计划性　编制标准文件应执行 ISO/IEC 规定的新工作项目计划规则。

（6）不同官方语言文本的等效性　采用不同官方语言的标准文本，在技术上应该等效，在结构上应该一致。

（7）作为区域或国家标准采用的适宜性　标准文件内容应便于直接使用或等同采用为区域标准或国家标准。

五、ISO/IEC 国际标准技术工作程序

主要程序文件有：

1）《ISO/IEC 导则》——“ISO 和 IEC 的圣经”。第 1 部分：技术工作程序（2012 年第 9 版）；第 2 部分：国际标准结构及编写规则（2011 年第 6 版）；补充部分：IEC 专用程序（2012 年第 7 版）；补充部分：ISO 专用程序（2012 年第 3 版）；ISO/IEC/JTC1 技术工作程序（2012 第 3 版）。

2）《维也纳协议》（ISO 与 CEN 签署的协议）。

3）ISO 章程和议事规则。

4）IEC 章程和议事规则。

5）ISO 和 IEC 保护标准版权政策文件。

6）ISO 良好行为规范。

六、国际标准的制定和修订工作的阶段划分

国际标准的制定是国际合作项目，它从提出到结束要经过较长的阶段和程序。对此ISO/IEC导则第1部分技术工作程序（Directives ISO/IEC，Part 1 Procedures for the technical work）做了详细的规定。这里以这些阶段为顺序，结合对ISO/IEC导则第1部分的理解和国际标准制定工作实践经验，详细介绍国际标准的制订、修订工作过程。

（一）预备阶段（preliminary stage）

预备阶段的任务是将那些可能需要标准化但尚不完全成熟的预备工作项目（PWI）列入预备工作计划，列入预备工作计划并不等于ISO一定会立项。要做的工作就是对其进行一些预备的研究工作，并制定出最初PWI草案。PWI草案可以只是一个大致的轮廓，它是所要制定的国际标准项目的最初原型。

预备工作项目要通过ISO对应的技术委员会的参与成员（P成员）国的投票，简单多数通过即可，投票通过后ISO将其纳入工作计划中，标准制定工作进入预备阶段。进入预备阶段两年内，这个预备工作项目如果没有立项，就撤销了。所以如果认为某些领域，特别是新兴领域有新标准化工作要做，可与国内对应的技术委员会或地方标准化管理部门联系，获得同意和帮助，以便顺利地进入这个最初的阶段。

（二）提案阶段（proposal stage）

在提案阶段，就这个PWI向ISO阐述立项理由要求立项。向ISO提交相应的表格和PWI草案，ISO对应的技术委员将提案分发给它的参与成员国进行书面投票，投票结果如能同时满足：

1）简单多数票赞成。

2）在ISO，最少要有5个P成员国（在IEC至少要有25%的P成员国）同意积极参与该标准制定（同时这些参与的成员国至少要具体指派1名专家）。

提案通过后，标准被正式纳入工作计划，提案人一般会被指定为项目负责人。通过后的标准在ISO相应的CEO办公室注册，标准进入准备阶段。

（三）准备阶段（preparatory stage）

准备阶段的主要任务是依据ISO/IEC导则第2部分（Directives ISO/IEC，Part 2 Rules for the structure and drafting of International Standards）要求准备标准工作草案（WD）。ISO/IEC导则第2部分是一份规范如何起草国际标准的国际标准。起草国际标准从基本原则、框架结构到标点符号都要符合它的要求。

准备阶段的其他工作还有：成立工作组（WG，如果没有的话）；参与国指派专家参加工作组；工作组（项目组负责人）准备英、法两种文本的工作草案（一般只需英文文本的工作草案，法文文本的工作草案留到标准制定好后一次性完成）。

在工作组内不断地与其他专家讨论、修改完善工作草案（WD），工作草案版本也不断变化（如WD1、WD2、WD3）。直到在工作组层面认为WD已准备好可以升级了，并在工作组内表决通过，将最后的工作草案作为委员会草案（CD）提交给对应技术委员会CEO办公室登记，准备阶段结束，标准进入委员会阶段。

（四）委员会阶段（committee stage）

委员会阶段的主要任务是充分考虑各成员国对委员会草案稿的意见，并在委员会层面对

标准的技术内容上进行协商一致，做到总体同意。总体同意的特点是利益相关的任何重要一方对重大问题不再坚持反对意见。在整个过程中力求考虑所有相关方的意见，并协调所有对立的争论，协调一致不意味一致同意。

工作程序：ISO 相应技术委员会秘书处将 CD 分发给各成员国征求意见，时间为 3 个月。3 个月后征求意见结束，工作组将收到各成员国的意见（comments），项目负责人可对这些意见做出预处理，这些意见要在委员会层面进行讨论，决定是否采纳并对 CD 做出相应修改。

CD 要在这个阶段达成一致。如不一致，修改后的 CD（CD2）要再次分发、再征集意见、再讨论修改……直到达成一致，此时标准中所有重要的技术问题都得到解决。最后的 CD 作为国际标准草案（DIS，IEC 称 CDV）分发至所有成员国，并在相应的 CEO 办公室登记，委员会阶段结束。

（五）询问阶段（enquiry stage）

在询问阶段所有成员国对 DIS/CDV 进行投票，同时工作组尽力解决反对票中提出的问题。CEO 办公室在 4 周内将 DIS/CDV 文件及投票单分发给所有成员国，进行为期 5 个月的投票。

各成员国提交表决意见，表示赞成、反对或弃权。

赞成票可附编辑性，或少量技术性意见。反对票应附技术理由，可注明如果接受具体技术意见可将反对票改为赞成票，但不得投以接受意见为条件的赞成票。

通过条件：参加投票的 P 成员 2/3 以上赞成，反对票不多于总票的 1/4。

投票结果符合通过条件的，登记为最终国际标准草案（FDIS）；投票结果符合通过条件且无反对票的，直接作为国际标准出版（IS）。投票结果不符合通过条件的，修改 DIS/CDV，分发至国家成员国再投票询问；或修改后分发，在 CD 层面征求意见；或在下次会议上讨论 DIS/CDV，提出处理意见。

（六）批准阶段（approval stage）

1）对于符合批准原则，但有反对票的最终国际标准草案 FDIS 进行投票。

2）ISO 将 FDIS 文件分发给所有成员国进行为期两个月的投票，通过条件：赞成票多于 2/3，反对票少于 1/4 总票。

3）处理投票结果：通过的，成为国际标准进入出版阶段；未通过的，退回相应的技术委员会对反对票中技术理由重新考虑，相应的技术委员会可做出决定或修改草案再次提交投票，或作为技术规范出版，或取消项目。

在此阶段不再接受编辑或技术修改意见，反对票的技术理由提交相应的技术委员会，以便在此国际标准复审时做参考。

（七）出版阶段（publication stage）

ISO 的出版部门会在两个月内，修改相应技术委员会秘书处指出的错误，印刷出版进入出版阶段的国际标准 IS。其他国际标准从立项起直至出版七个阶段总时长不能超过五年，超过五年项目就会被撤销。

以上七个阶段是就一般情况而言的，有些委员会会有些技巧，如把准备阶段的工作在立项前就尽量做好，多腾出些时间免得超时。但这些变通不能超出 ISO/IEC 导则的原则范围。ISO 有很多产品，标准这个产品是最完整的，它的制定过程有上述完整的七个阶段。而有些产品的制定过程只有其中的一部分，如技术规范、技术报告、指南和修正案等。

第十六章

计量科学研究

第一节　计量科学研究概述

随着近代科学技术快速的发展和应用，需要测量的量从物理量扩展到工程量、化学量、生理量，甚至是心理量等。随着全球经济一体化和科学技术的快速发展，高新技术研究及其产业已成为各经济体竞争力的重要体现。作为科学技术的基础手段，计量已成为生物、医学、环保、信息技术、航天等高新技术的重要组成部分，在经济社会发展、国际竞争中的地位和作用日益重要。同时，计量学作为专门研究测量的科学，又以基础科学为依托，不断采用最新的科技成果提升发展计量理论和测量手段，与其他学科相互交叉、相互促进，取得了快速的发展。计量不仅保障了经济社会的需要，计量产业也成为经济发展的重要组成部分。计量科技水平已成为提高科技创新能力、发展高新技术产业、推动经济发展、促进社会进步、维护国家安全、增强贸易竞争力和提高综合国力的重要技术手段和基础保障，计量科学研究也越来越受到各国政府的高度重视。为了保持和提升国家测量能力，为国民经济、社会发展和国防建设提供计量技术保障，实现全面建设小康社会和建设创新型国家的宏伟目标，我国计量科学研究必须与国民经济、社会发展和国防建设同步发展并有超前储备。

一、计量科学研究的内容

计量科学研究是为了认识计量的内在本质、活动规律、发展新的计量理论、探索新的计量技术、开发新的计量产品而进行的调查、分析、实验、试制等一系列的活动。计量是实现单位统一、量值准确可靠的活动，包含为达到测量单位统一、量值准确可靠测量的全部活动，如确定计量单位制、研究建立计量基（标）准，进行量值传递、开展应用测量、实施计量监督管理等。

计量科学研究的内容包括：计量技术的研究，计量基准和标准的研究，测量的理论、原理、方法、技术和设备的研究，量值溯源与传递方法的研究，标准物质和物理常量的研究，技术法规及检定、校准方法的研究，计量管理科学和管理方法的研究等。

从科学研究的组织形式上看，各级政府管理部门设立的各类计量科研项目，以及各类计量科研、生产、服务机构自主设立的研究开发项目是开展科学研究的主要组织形式。同时，各级技术机构和专业技术人员在日常工作中，进行的各类计量技术革新、改进、探索、创新和发明，也是计量科学研究的重要补充。这些革新、改进、探索、创新和发明对计量技术的普及、推广和提高，起到了非常重要的作用，应给予高度的重视和积极的鼓励。

二、我国计量科学研究的现状和趋势

在国家的大力支持下，我国计量科技工作者以满足国家科技、经济和社会发展及高新技术应用的需要为目标，瞄准国际计量科学前沿，开展了大量基础性、前瞻性和综合性的计量技术研究，取得可喜成绩。我国开展了国家科技支撑计划“以量子物理为基础的计量基准、标准建立”等重大和重点项目，包括能量天平质量量子基准研究、可编程约瑟夫森量子电压基准研究、玻耳兹曼常数测量研究、锶原子光晶格钟等10个项目。

这些项目难度大、水平高，不少发达国家同类项目尚处在攻坚阶段。这些项目实现了重大理论创新或技术突破，引起了国际计量局、美国NIST、德国PTB等世界权威计量机构的高度关注。“高准确度原子光学频率标准仪的研制与开发”课题取得重大突破，为我国锶原子光晶格钟基准装置的进一步研究奠定了理论和技术基础；“玻耳兹曼常数测量与热力学温度研究”攻克了多项技术难题，取得了国际高水平的测量结果；“冷原子纳米尺度计量基准关键技术研究”填补了我国在纳米计量标准物质方面研究的空白；“可编程约瑟夫森量子电压基准研究”通过课题验收；“能量天平质量量子基准研究”技术验证稳步推进，关键技术研究取得进展。中国计量科学研究院自主研制的“NIM5可搬运激光冷却——铯原子喷泉时间频率基准”通过了专家鉴定，并在国际上首次实验实现喷泉钟直接驾驭氢钟产生中国计量科学研究院（NIM）原子时……这些项目成果，使我国第一次有能力实质性地参与国际基本单位的定义，在新学科领域的计量问题上取得发言权。通过开展计量科学研究，培养了一批高素质的计量科技人才，保证了经济社会特别是高新技术发展对计量的基本需要，提高了我国产品的国际竞争力，取得了良好的社会效益和经济效益，我国的计量科学研究进入了一个快速发展的新时期。

（一）在单位复现和基准研究方面

在单位复现和基准研究方面，量子基准取代实物基准成为发展趋势。量子物理的发展，使计量基准发生了从实物基准到量子基准的巨大变革。物理学上，基本物理常数（如真空中的光速c、普朗克常数h、电子电荷e等）具有极好的稳定性。用基本物理常数定义基本单位，可使基本单位的定义长期保持稳定，而复现基本单位的技术手段可以随着科学技术的进步而不断改进，这样，基本单位制将更加稳定科学。

1983年把长度单位定义成真空中光在（1/299792458）s中走过的距离，就是把长度单位用真空中的光速和时间频率标准来定义。1988年国际计量委员会又建议用约瑟夫森量子电压标准和量子化霍尔电阻标准代替原来的电压、电阻实物基准，等效于用普朗克常数h、电子电荷e和时间频率标准复现电压和电阻单位。在温度计量方面，正在试探用玻尔兹曼常数k定义温度单位开尔文的可能性。质量单位千克目前仍定义为保存在国际计量局（BIPM）的千克原器的质量，如何用基本物理常数重新定义质量单位，已成为新世纪对于计量科技工作者的挑战之一。

（二）在计量实用技术方面

在计量实用技术方面，高新技术不断推动着量值传递技术的发展。电子技术广泛应用于计量技术，计量的自动化程度不断提高。计算机和各种测量软件成为计量不可缺少的工具，并发挥着越来越重要的作用。信息技术逐渐地应用于计量，网络技术已经让快捷、经济、准确的远程校准变成现实。新材料和新型元器件大幅度提高了计量设备的可靠性和实用性，新的原理、新的测量方法和先进的制造工艺使测量技术不断提升，测量范围和量程不断扩展，测量水平不断提高。

（三）在工程计量方面

在工程计量方面，各种计量技术的综合运用更加突出，计量的系统工程技术的作用日益重要。随着全球经济一体化、高新技术产业的不断发展和产品质量评价体系的不断完善，工程计量在国民经济各个领域中的作用显得越来越重要。我国大力开展了检验技术、在线测控、校准方法等方面的研究，并针对工程计量中一些基础性、关键性和共性技术，开展了一些国家技术创新项目，如管道泄漏安全监测系统、脉冲参数及基本电量综合测试系统等。计量的系统工程在国家一些重大项目，如“西气东输”工程、“航母”工程中也发挥了应有的作用。计量的系统工程已发展成为多学科、多专业、测量技术与管理技术交叉运用的复杂系统。

（四）在计量管理方面

在计量管理方面，更加注重对最新管理理论和统计理论的运用。在计量管理法规的研究制定方面，更加注重绩效评价、成本管理，系统决策成为法规制定的基础。在不确定度理论、质量管理理论、统计理论的指导下，技术法规具有更强的适应性、科学性和兼容性。

（五）在软件、信息技术方面

软件、信息技术在测量、管理方面的应用迅速普及。软件、信息技术渗透到各个测量环节，不仅提高了测量的自动化程度，方便了测量结果和测量信息的开发利用。虚拟仪表的出现和发展对传统仪表概念、测量原理和量传模式等都提出了更新课题。

（六）挑战与机遇

不断拓宽的应用领域给计量技术研究和发展带来巨大挑战和机遇。当今科学技术的发展，使信息技术、生命科学、生物技术、纳米技术、新能源和新材料、海洋科学等领域成为21世纪关注的焦点，这些高新技术给全世界带来了深刻技术革命的同时，也带来了诸多复杂的测量和量值溯源问题，迫切要求计量科学研究向这些新领域延伸。生命科学、医疗技术、环境监测的发展依赖于复杂而准确的测量；现代科学技术的发展还需解决极限量、动态量、连续量的测量，以及非接触、多参数测量等复杂的计量问题；信息技术在经济生活中的作用日益重要，利用网络技术的远程校准、测量软件成了计量科学研究的工具和对象。另有一些领域，如生理计量、心理计量等还有待于深入研究。

（七）标准物质的发展趋势

标准物质的前沿技术研究包括研制开发新的品种、提高已有品种的质量、变革和改进量值传递方法和体系，包括对金属标准物质等提高其纯度和增加定值元素，发展临床、食品、环境等领域的新品种；改进现有计量方法和发展新的计量方法，特别是有机化合物的计量方法；开展标准物质制备技术和储存方法的研究，探索制备均匀材料的新途径和痕量成分的稳定保存方法；开展有关标准物质抽样检验和计量数据处理的研究等。

（八）存在问题

总体而言，目前我国计量工作的基础仍较为薄弱。国家新一代计量基准持续研究能力不足；量子计量基准相关研究尚处于攻坚阶段；社会公用计量标准建设迟缓；部分领域量传溯源能力仍存在空白；法律、法规和监管体制滞后于社会主义市场经济发展需要，监管手段不完备；计量人才特别是高精尖人才缺乏。

第二节 计量科学研究方法

一、计量科学研究的特点

计量科学研究作为自然科学研究的一部分，既具有探索性、创造性、继承性、连续性等自然科学研究的特点，又具有准确性、一致性、溯源性、法制性等计量学的特点。

（1）探索性 计量科学研究是不断探索、把未知变为已知、把知之较少的变为知之较多的过程；这一特点决定了研究过程及其成果的不确定性，要求科研的组织计划具有一定的灵活性。

（2）创造性 计量科学研究就是把原来没有的东西创造出来，没有创造性，就不能成为科学研究；这一特点要求计量科研人员具有创造能力和创造精神。

（3）继承性 计量科学研究的创造是在前人成果基础上的创造，是在继承中发展的，这一特点决定了计量科研人员只有掌握了一定科学的知识，才有可能进行计量科学研究。

（4）连续性 计量科学研究是一项长期性的活动，必须连续不断地进行；这一特点决定了在科研组织管理中，要给科研人员提供必要的条件和时间，才能获得较高的效率并取得满意的成果，同时允许和鼓励计量科研人员在项目完成以后，继续开展深入持续的研究工作。

（5）准确性 计量科学研究的项目都是要求以满足一定的测量误差或测量不确定度为目标进行的，这一特点决定测量准确度是评价研究成果的重要指标。

（6）一致性 计量科学研究的目的是为了确保量值的复现和传递，这一特点决定了计量科学研究的成果，以及利用其研究成果进行的测量都应是可重复、可再现、可比较的，并且应有证据证明其量值与国内或国际上同类标准或测量设备测量的结果是一致的。

（7）溯源性 计量科学研究的成果是为了量值的准确、可靠，这一特点要求计量科学研究应保证其技术成果具备基本的可溯源性，量值能溯源到国家基准、国际基准或自然基准。

（8）法制性 由于计量工作不仅依赖于科技，还有相应的法制和法规作保障，这一特点要求计量科学研究及其研究成果应与相关计量法律法规相配合。

二、计量科学研究选题的方法

科学研究的任务在于发现问题和解决问题。科研工作首先要发现、界定问题并建立研究架构。

（一）发现和提出问题的一般方法

（1）从国家发布的科技计划中得到带有问题的课题 国家在一定的时期会根据科技发展的需要制定出适应国情的科技发展纲要，就计量科技而言，国家市场监督管理总局在一定阶段也会发布不同的科研计划。其中包含了大量对计量科研工作的需求，有时在计划中直接提出了需要研究的课题。

（2）从计量工作所急需解决的问题中提出问题 计量工作服务的对象涉及社会的各个方面。随着我国经济的不断发展，各方面对计量的要求也越来越高，特别是涉及在线计量和动态计量方面的问题是国民经济运行中亟待解决的问题。这些课题具有很大的现实意义，也是计量科学研究的重要方向。例如：三峡大坝建设中，如何对每个发电机组过水量进行准确计量，提出了超声波流量计在流量计量上的应用研究课题。

（3）从平时的工作实践中发现问题　每个计量科研工作者都是计量技术工作的实践者，通过对日常使用的标准设备的深入了解，对其工作原理、实现方法、工作流程和不确定度来源分析等都会有进一步的研究，从中发现新的测试方法、发现标准装置需进一步完善的问题，都是科研工作的方向。

（4）国际建议和国际标准中发现问题　通过对国际建议和国际标准的研究，建立完善的计量检测体系，提出先进的检测方法，也是计量科研工作者的研究目标。

（二）分析问题、形成课题的一般方法

（1）对所提出的问题进行定性分析　从一个问题的提出到科研课题的建立，还应对问题进行定性分析，界定研究问题的主要矛盾，区分需要解决的是技术问题、方法问题或是工艺问题等，以确立解决问题的关键技术路线。

（2）对所提出的问题进行定量分析和模型的建立　对提出的问题进行定性分析，确立解决问题的关键技术路线后，就应对问题进行定量分析。建立解决模型，模型中应包括课题实施的各部分研究内容、解决方案、技术分析、设备供应、试验统计、预算分解和各部分实现的预期时间等。

（3）对所提出的问题进行分解、组合　对课题提出的问题进行分解或组合，使课题有明确的分工并有可考核的目标。

三、自然科学研究方法在计量科学研究中的应用

自然科学研究方法是前人进行自然科学研究的智慧结晶，在计量科学研究领域也经常会被采用。

（一）文献查询法

文献为已发表过的或虽未发表但已被整理、报道过的那些记录有知识的一切载体。文献不仅包括图书、期刊、学位论文、科学报告、档案等常见的纸面印刷品，也包括电子出版物、录音、录像等形式的材料。

通过对文献的查阅，充分收集与自己课题相关的信息，通过对信息的归类和整理，可以吸收文献中有用的成果、数据、方法等。特别是在研究和制定计量的规程和规范等技术法规的过程中，我们不可能也不必要对所有的技术指标和试验方法进行重新实验或验证，因此文献查询是必不可少的。

例如，在流量计量中，被广泛采用的国家标准 GB/T 2624.1～4—2006《用安装在圆形截面管道中的差压装置测量满管流体流量》中就大量采用国际标准 ISO 5167 中的实验数据和设计方法。其原因是：从 20 世纪初，AGA（美国煤气协会）、ASME（美国机械工程师协会）和 NBS（美国国家标准局）就对节流装置进行了大量的研究，确认了俄亥俄州立大学的测试报告，在上述测试数据基础上拟合了白金汉（Buckingham）公式，经过以后多年的试验和验证，形成了被国际公认的设计规范和测试方法，出版了国际标准 ISO 5167。采用经过证明的数据和经验对于计量科学研究是必要的、经济的，也是可行的、快捷的。

（二）科学实验法

文献查询法是对前人的论理、方法和实验数据的采集，这种方法的优点在于能够使用较少的时间和资金投入达到研究目的。但是要在创新技术的研究中，对前人未进行过充分研究或研究未被确认的技术进行研究，要拿出具有说服力的实验数据和试验方法，就必须进行科学实验。

以三相0.01级交流电能表检定装置的研究为例，理论上通过反馈可以将功率稳定度控制在0.015%以内，但通过实验发现，在大电流和小电流时，功率稳定度明显恶化，在对线路各部分进行测试的基础上发现，大电流时的功率稳定度恶化主要是由温升引起的，而小电流时，主要是由于线路漂移和干扰引起。采取相应的措施后，基本上解决了整个测量范围内的功率稳定度问题。

（三）数学模型分析法

当对一个系统的内部结构、功能和相互之间的关系比较明确，可以通过数学的方法给出输入和输出的函数关系、经验公式或关系列表时，根据这些关系建立符合研究要求的数学模型，并以该模型为理论基础进行研究的方法称为数学模型法。

建立数学模型的主要用途在于根据数学模型对各输入量在整个系统的影响进行量化分析，在理论上给出各输入量可能对整个系统施加的影响，为系统的结构和功能设计提供依据。

数学模型分析法的一般步骤为：分析问题—模型假设—建立模型—模型求解—模型的分析、检验和应用。

例如，计划建立一套0.2级气体流量标准装置，满足DN（15~200）mm低压气体流量计的检定。利用数学模型分析法制定一套合理的技术方案的步骤如下：

1. 分析问题

首先应对任务和数据进行分析，明确要解决的问题。通过分析，明确哪些问题是与学科相关的，判断可能用到的知识和方法，并能确定解决问题的重点和关键所在。

对于气体流量装置，我们最为关注的问题就是如何获得准确的气体流量量值，与气体流量量值相关的主要因素有标准器、温度和压力。

2. 模型假设

通过上述分析，我们已确立了问题的关键，据此需要假设解决问题的方法（即模型）。目前，国际上气体流量标准装置的建立采用的方法有mt法、标准流量计法和声速喷嘴法三种。其中，mt法常用于高压气体的检定中，在低压气体装置中应用有一定的困难；如果采用标准流量计法，要达到0.2级以上的准确度，需要进口昂贵设备，而且流量计可动部件多、稳定度较差，溯源周期仅为一年，使用不方便；声速喷嘴法可动部件少、稳定度较好，溯源周期为五年。综合分析结果，初步选定声速喷嘴法。

3. 模型建立

确定了拟采用的模型，就可以根据假设模型建立反映有关参数和变量关系的数学模型，拟定数学模型可以使用数学表达式、图形或表格、算法等。采用数学表达式来描述声速喷嘴法装置的数学关系

$$q_m = A * CC * \frac{p}{\sqrt{RT}} \tag{16-1}$$

式中 q_m——声速喷嘴的质量流量（kg/h）；

A^*——声速喷嘴喉部的内截面积（m^2）；

C——流出系数；

C^*——临界流函数；

p——声速喷嘴前的气体滞止绝对压力（Pa）；

T——音速喷嘴前的气体滞止热力学温度（K）；

R——气体常数［J/(kg·K)］。

4. 模型求解

在上式中我们可以看到，当一个喷嘴加工完成后，其内截面积 A^* 就得到确定，根据装置测得的声速喷嘴前的气体滞止绝对压力 p 和声速喷嘴前的气体滞止热力学温度 T，即可获得声速喷嘴的质量流量 q_m。

5. 模型的分析、检验和应用

对公式进行数学分析，找出影响声速喷嘴的质量流量 q_m 的因素和其灵敏度，灵敏度一般采用求偏导的方法求得。根据各参量的灵敏度确定对建立装置满足 0.2 级要求声速喷嘴、测温测压仪表必须达到的最低配置。再根据式（16-1）计算出满足 DN（15~200）mm 流量计检定所需喷嘴数量和配套仪表数量，从而完成技术方案的建立。

（四）黑箱分析法

在研究对象内部要素和结构未知的情况下，常采用“黑箱分析法”的测试分析方法。黑箱分析方法就是对黑箱系统施加外部作用（即输入），并观察和记录其输出，这样，观察者与黑箱就构成了一个耦合系统，观察者通过综合分析输入给黑箱的信息和黑箱输出的信息来推断黑箱系统的功能。实际上，黑箱方法就是通过外部观测、试验、探索而找出输入和输出关系，并由此来研究黑箱的整体功能和特性并推断其内部结构的一种研究方法。大部分的计量测试采用的都是这种方法，这时仅关注被检仪器的输入和输出的关系是否符合该仪器的工作特性要求，而不必详细了解仪器内部的原理和结构。

例如，对一个新型流量传感器的计量特性进行研究时，就可以不必了解此流量传感器的内部结构，通过反复测量在一定的流量下对应的输出（例如电流），得到在参比条件下流量和电流间的关系数据，可以运用一定的数学方法，如最小二乘法、回归分析法等对实验数据进行分析，就可得到流量和电流间的关系方程或关系曲线，建立数学模型，作为利用这种流量传感器设计显示仪表的依据。

四、具有计量特色的研究方法

（一）不确定度分析在计量科学研究中的应用

在进行计量标准和测量设备的研制，计量检定或校准方法的研究，计量技术法规的制定、修订过程中，以不确定度分析和预估作为科学研究的指导，是计量科学研究中常用的方法。在研究项目方案论证时，应进行不确定度预估，分析该方案能否达到预期的目标不确定度。通过不确定度的分析和预估，还可以较方便地找到该计量科研项目中对不确定度起主要影响的因素，从而准确判断需解决的关键技术，合理分解研究任务，寻找最佳成本效果的平衡点。在一些情况下，某个输入量的灵敏系数很小，则即使该输入量的不确定度较大，对最终测量结果的不确定度影响不大；另一些情况，某输入量的不确定度很大，其灵敏系数接近

1，这个不确定度分量成为我们研究过程中需要特别关注的问题，要想尽一切办法采取措施来减小该不确定度分量。例如：由不确定度预估中发现，长度测量的不确定度分量是该计量标准研制项目中最突出的分量，则在方案中采用激光测长仪测长，并且采取控制环境条件等因素的措施，使所研制的计量标准能提供尽可能满意的测量不确定度。

（二）误差理论在计量科学研究中的应用

根据误差理论，可以在研究过程中分析误差来源，适当进行误差指标分配，使各部件的设计合理，易于制造；设计测量方法，使部分误差可以适当抵消或对某些误差项做适当的修正，形成性能更加优良的整体。

例如，经误差分析，在电能计量中的误差与标准表的误差、电流互感器（CT）、电压互感器（PT）与线路压降的同向误差和 CT、PT 与线路压降的正交误差有关，其关系式可表示成

$$e_{装置}=e_{标准表}+e_{PT}+e_{CT}+e_{L}+\tan\varphi(\delta_{CT}-\delta_{PT}-\delta_{L}) \tag{16-2}$$

式中 e_{CT}、e_{PT}、e_{L}——CT、PT 和线路压降的同向误差；

δ_{CT}、δ_{PT}、δ_{L}——CT、PT 和线路压降的正交误差；

φ——两个压降的夹角。

据此公式，在研制 YES-1000 电能表标准装置时设计了误差修正功能，装置可以根据装置的输出电量，自动判别 CT、PT、标准表、φ 值的状态，然后在数据库中查找修正参数，进行实时修正，极大提高了整机性能。

同样利用上述误差公式可分析某因素的影响，例如，当电压回路并联时相当于消除了 PT 的影响，分别测量在电压回路并联和通过 PT 的情况下装置的误差，然后比较加入 PT 前后的测量结果，可以判断 PT 部分是否存在需要改进的问题。

（三）量值溯源和比对在计量科学研究中的作用

进行量值溯源和比对试验是评估计量研究成果必不可少的一环。在研究过程中，采用量值溯源和比对，是验证科研方案、寻找问题、缺陷的重要方法，同时也是评价计量科研成果的一种手段。

第三节 计量科学研究的程序

组织实施一项计量科学研究，特别是承担有关科技管理部门的科研任务，通常可将整个过程分成若干的阶段：调研选题、申请立项、研究实施、鉴定验收、成果登记。

一、调研选题

调研选题是研究人员根据有关信息（如工作经验、社会需求和有关政策），确定研究方向，提出课题设想，拟订工作计划的过程。能否详细调研和准确选题关系到计划的审批、研究的实施和成果的价值。虽然此时研究计划尚未被正式确立，仍应重视和加强调研选题工作。

在选定计量科学研究课题前，应通过文献检索、走访调研、科技查新等方式充分收集与研究课题相关的信息。通过对信息的归类和整理，了解相关领域的技术发展状况，分析拟开展课题的创新性、必要性和可行性，借鉴现有成果和技术，避免不必要的重复研究。同时，

为了控制风险，研究人员应有丰富的专业知识，熟悉研究的领域。

（一）根据相关信息提出科研设想

调研选题首先需要分析信息，提出科研设想，或从信息中选择科研意向，通常这些信息来源包括：

1. 来自计量工作实践

如在计量工作中遇到的异常现象和疑难问题，新技术的应用、新学科出现、学科交叉和综合技术的应用为计量技术的发展提供的可能和机遇，对改进测量工作的设想和灵感等。

2. 来自社会各方面的需求

如社会秩序、经济贸易、工业生产、环境保护、健康安全以及技术进步对计量工作的需求，新型计量器具对测量原理、方法、装置、途径和管理方面的需求等。

3. 来自政府管理部门的计划

如国家、各级政府和各有关部门的科技发展规划、重大项目、重点项目、科技攻关、公益项目、预研专项等科技计划，通常这些规划和计划是在总结各种社会需求、征集有关计量科技工作者建议和意见的基础上制定的，从某种意义上讲，同样源于计量工作实践和社会发展需求。

4. 来自文献或法规

查阅各种技术文献，会发现前人、同行提出的问题。技术法规的贯彻执行方面也会提出一些新的要求。

（二）调研分析，完善和确认科研设想

通过综合各种信息得出的初步科研设想常带有一些主观性、片面性，因此还需进行细致的调研工作，分析科研设想的可行性、合理性、研究的意义以及影响研究的各种因素。进一步完善科研设想，使之更科学、更具体，并搜集相关证据，为申请论证做好相关准备。课题调研的主要内容包括：

1. 研究意义的调研

研究工作要解决什么问题、达到什么效果、起到什么作用，是决定研究设想能否批准的重要因素，要从研究工作涉及的领域、研究成果对各相关领域的促进作用、研究成果本身的应用开发价值等方面搜集资料，综合分析。

2. 相关技术的调研

必须对支撑开展研究的相关技术及其发展趋势进行研究，确定目前各种技术水平是否支持所选课题的研究。要分析是否已经有同类技术，已有同类技术成果的，就没有重复研究的必要；已有相近研究技术的，可以借鉴参考。要分析科研设想实施时可能采用的技术是否成熟，存在哪些不确定因素和风险。要对科研设想涉及的原理、工艺、材料、成本等方面进行分析评价，创新能否满足预期研究目的。对相关技术的调研中要考虑直接借鉴和利用已有技术，避免不必要的重复研究，减少研究中的曲折和失误。

3. 研究条件的调研

科学研究需要人、财、物等各种条件的支持，其中最重要的是具有相关资质和能力的研究人员、研究人员之间合作的可能和最佳合作方式。

4. 社会环境的调研

包括对国家政策、行业政策和计量法规的调研。计量科学研究要对有关计量技术法规进行研究和分析，任何违背国家量值传递系统或造成量值混乱的技术和研究是根本行不通的。

调研可以采取很多方式，常用的有走访、咨询、座谈、论证、科技查新、网上搜索、资料检索、函调、电话询问、问卷等。不仅在选题阶段需要调研，在此后的各个研究阶段都可根据需要开展调研。

调研时应准确拟定调研问题，合理选择调研方式，科学分析调研信息，做好资料整理、归纳和保存，必要时，应写出调研报告。

（三）提出研究任务计划

根据调研得到的信息不断完善科研设想，提出包括研究内容、研究目标、技术路线、进度安排、必要条件等在内的研究任务计划。此后，按规定向有关部门提交申请立项的建议。

二、申请立项

申请立项阶段要选择合适的申报渠道、编制申请书、准备论证答辩。

（一）选择合适的申报渠道

申请科研项目应根据研究的方向和性质选择合适的申报渠道。首先，申请者应了解相关计划的管理规定，及时关注主管部门发布的项目申请通知，了解允许申请项目的性质、资助的类型以及对申请资格的要求。选定申报渠道后，申请者还要进一步阅读项目申报指南，了解相关项目资助的研究领域和主要范围，选择合适的研究题目。国家有关部门的资助计划主要支持研究人员在公开发布的《项目指南》范围内自主选题，参与竞争。当拟申报项目符合这些要求时，申请者即可着手撰写申请书。

需要注意的是，申报渠道和选定研究课题不存在严格的先后顺序，一方面，申报渠道及其要求是调研选题的重要依据；另一方面，也可以根据申报渠道的要求去调研选定课题。

（二）申请书的撰写

申请材料是审批立项的重要依据。不同的申报渠道对申请资料内容和格式有不同要求，常见的有项目建议书、项目申请书、计划任务书、可行性报告等。但目的都是要说明申请者的基本情况、要研究什么、为什么研究、怎样研究、需要什么条件、现有基础怎样、预期取得什么成果等。下面将这些申报资料统称为申请书。申请书一般包括以下内容：

1. 基本信息

题目名称：题目应简明、具体、新颖、醒目，最好能概括研究对象、技术原理，反映出课题依据和研究目的。

联系方式：除单位负责人外，联系方式尽量填写在申报过程中负责具体事务人员的信息，以方便及时沟通。

2. 项目摘要

概要描述项目的原理和技术路线，简述项目背景和研究意义。避免项目背景和研究意义浓墨重彩，项目原理和技术路线轻描淡写。

3. 项目背景

说明项目的社会背景和技术背景，社会背景包括：政策环境、社会需求、项目来源和涉及领域，技术背景要介绍国外发展动态，介绍国内技术状况，包括申请单位的技术状况。必要时应提供查新报告或数据证明等资料。

4. 目的意义

主要论述现存问题对技术、经济和社会发展的影响，研究成果的学术意义、开发效益，对相关行业的推动作用。

5. 研究内容

根据国内外的研究现状，分析提出需解决的共性问题，说明本项目拟解决的问题，研究内容应紧紧围绕目标任务，做到明确、具体、可行。还应充分考虑经济、技术等方面的可行性，避免内容空泛，重点不突出。

6. 技术路线

技术路线是对研究工作采用什么原理、利用什么技术、使用什么方法、通过什么步骤、如何进行研究的综合描述。所选的技术路线应切实可行，关键点突出、有所创新；对拟采用的原理、技术、方法的描述要具体、清晰。既要说明问题，又要注意知识产权的保护，不泄露“技术诀窍”。要对技术路线从学术思想角度进行可行性分析，说明新颖的学术观点和特别的研究方法。

7. 技术关键

说明技术关键，即对研究工作起到决定作用的技术要点、创新点、专有技术或专利。

8. 研究基础

说明申请单位和项目成员与本项目有关的研究经历、学术水平和工作成就，如：与项目相关的前期工作、已取得的一些进展和成果、产学研结合情况；申请单位和项目组成员的学历和研究工作简历；已发表的与本项目有关的主要论著和获得的学术奖励情况及在本项目中承担的任务；申请单位和项目组成员正在承担的科研项目情况。

9. 研究条件

说明已具备的科研试验条件，并对尚欠缺的条件提出解决的途径和方法。

10. 预期目标

说明预期要达到的技术、经济指标；说明预期成果可能对经济、社会、环境产生的影响；与国内外同类产品或技术进行比较，预测成果应用和产业化的前景。对预期目标提出相应的考核和评估办法。

11. 研究计划

研究计划应科学合理、便于实施，描述要详细具体，便于管理部门了解进度安排、评价考核。当研究周期较长时，应给出各个研究阶段的预期目标和考核办法。

12. 风险分析

说明研究过程可能遇到的主要困难和不确定因素，从技术、市场、政策等方面分析存在的风险。

13. 经费计划

经费计划要包括资金筹措计划及渠道来源、资金支出计划及列支科目。经费支出预算要根据充分，合理支出，要列出经费支出明细，并说明估算的根据和理由。预算标准和方法必须符合有关财务规定。

14. 有关附件

相关附件有：相关研究经历的证明材料，相关专利检索、查新报告等材料，关联计划和活动的证明材料，配套资金来源（如贷款、地方部门配套资金等）的证明材料，中试或产业化项目所需相关产品生产的许可证明文件，与项目相关的其他证明材料或文件。

承担单位需对该申请书内容的真实性、实现研究方案的可行性、申请资助经费的必要性、经费预算的合理性以及本部门能否保证其基本工作条件签署意见。

（三）填写申请书应注意的几个问题

1）要注意全面学习和理解相关规定，准确把握填写时的要求和注意事项，保证资料齐全、信息充分、内容和格式符合相关要求。申请书填写要严肃、认真，做到论证充分、表述准确、内容丰富、客观真实，及时办理各种审批上报手续。

2）保证所选项目的领域范围、专业方向和研究性质符合申报的规定；做到选题准确、目标明确、思想新颖、技术创新、方案完整和方法科学。

3）要合理安排人员分工，明确计划进度，准确预测研究成效。保证申请书的计划可行、条理清晰、逻辑性强、便于操作。申请书一经批准，申请单位不得擅自更改。

4）坚持目标相关性、政策相符性和经济合理性相结合的原则，严格遵守有关规定，详细合理地编制预算。从研究的目标和任务出发，合理地安排支出重点，咨询费、劳务费、管理费等不得超出规定的比例限制，合理控制不可预见支出。

（四）做好论证答辩

科研管理部门收到申请后，为了进一步了解申请项目，加强科学决策，常常召集有关专家对申请进行审议论证，必要时需要申请单位答复质询。因此申请者应提前做好答辩准备，充分梳理调研信息，可编制一些答辩提纲、资料和幻灯片，按照社会背景、技术背景、技术路线、可行性分析、效益预测等归纳证据，答辩时力争做到重点突出、论据确凿、回答准确、言简意赅。

（五）批准立项

通过管理部门审查的项目，管理部门一般以正式文件的形式下达科研计划。有时为了加强科研项目的管理，管理部门还会要求项目承担单位签订项目任务书、责任任务书、合同书等用以约束管理部门和承担单位的责任、权利的文件。履行这些程序后，一个科研项目就正式立项了。

三、研究实施

研究实施是科研工作的最重要环节。研究实施过程还应注意做好以下工作：

（一）做好组织工作

承担单位应积极开展项目的组织实施工作。按照项目批复和申请书要求，检查、督促项目实施，落实相关配套条件，确保研究工作按计划执行。避免重立项、轻落实的现象。

（二）注意控制计划进度

项目承担单位应严格按照计划进度开展研究任务，并按照管理部门的要求定期报告计划执行情况。对实施周期在三年以上的项目，必须进行中期评估，应积极引入第三方科技服务机构对项目执行情况、组织管理、条件落实、经费管理、预期前景等进行独立的评估监督。

在实施过程中出现下列情况的，应及时调整或撤销项目：

1）市场、技术等情况发生重大变化，造成项目原定目标及技术路线需要修改。

2）匹配的自筹资金或其他条件不能落实，影响项目或项目正常实施。

3）项目所依托的工程已不能继续实施。

4）技术引进、国际合作等发生重大变化导致研究工作无法进行。

5）项目的技术骨干发生重大变化，致使研究工作无法正常进行。

6）由于其他不可抗拒的因素，致使研究工作不能正常进行。

需要调整或撤销的项目，由承担单位提出书面意见，逐级核准后执行。必要时，管理部门可根据实施情况、评估意见等直接进行调整。对经批准撤销的项目，承担单位应当对已开展工作、经费使用、已购置设备仪器、阶段性成果、知识产权等情况提出书面报告，报管理部门核查备案。

（三）重视研究过程中的调研工作，避免闭门造车

针对研究过程中遇到的问题，除了坚持自主创新，积极发挥“科学有险阻、苦战能过关”的钻研精神外，还要重视调研工作，注意随时参考、借鉴、吸收、利用最新科学技术成果，避免闭门造车和重复研究。

（四）加强资料档案管理

在研究过程中取得的各种资料和数据是重要的工作记录和参考资料，也是科研成果的有机组成部分，还是总结研究工作不可缺少的资料，必须及时整理，存档保管。

四、鉴定验收

（一）鉴定验收的形式

研究任务完成后，通常要对研究成果进行技术评价，对研究工作进行总结验收。常见的形式主要有成果鉴定和项目验收两大类。

科技成果鉴定是由有关科技管理部门聘请同行专家，按照规定的形式和程序，对科技成果进行审查和评价，并得出相应的结论。科技成果鉴定是评价科技成果质量和水平的方法之一，是申报各级各类计划项目的基础材料和成果奖励的重要依据。

项目验收是计划管理部门依据申请书和项目计划对承担单位开展研究工作、履行研究任务、取得研究成果的检查验收。

（二）成果鉴定

1. 鉴定的范围

列入国家和省、自治区、直辖市以及国务院有关部门科技计划（以下简称科技计划）的应用技术成果，以及少数科技计划外的重大应用技术成果可以申请技术鉴定。

2. 鉴定的准备

在申请鉴定前应做好以下准备：取得必要的技术检测试验证明，进行成果查新，取得试用证明（必要时），撰写成果说明书（必要时），撰写研究工作报告，撰写研究技术报告，准备其他必要的技术资料。

3. 鉴定的申请

需要鉴定的科技成果，由科技成果完成单位或者个人根据任务来源或者隶属关系，向其主管机关申请鉴定。隶属关系不明确的，科技成果完成单位或者个人可以向其所在地区的省、自治区、直辖市科学技术委员会申请鉴定。申请时按照主管机关规定填报《鉴定申请书》并附送有关材料。

4. 鉴定的组织

鉴定科技成果管理机构（以下简称组织鉴定单位）负责组织。必要时可以授权省级人民政府有关主管部门组织鉴定，或者委托有关单位（以下简称主持鉴定单位）主持鉴定。

组织鉴定单位和主持鉴定单位可以根据科技成果的特点选择下列鉴定形式：

（1）检测鉴定　由专业技术检测机构通过检验、测试性能指标等方式，对科技成果进行评价。采用检测鉴定时，由组织鉴定单位或者主持鉴定单位指定经过省、自治区、直辖市或者国务院有关部门认定的专业技术检测机构进行检验、测试。专业技术检测机构出具的检测报告是检测鉴定的主要依据，必要时，组织鉴定单位或者主持鉴定单位可以会同检测机构聘请三至五名同行专家，成立检测鉴定专家小组，提出综合评价意见。

（2）会议鉴定　由同行专家采用会议形式对科技成果做出评价。需要进行现场考察、测试，并经过讨论答辩，才能做出评价的科技成果，可以采用会议鉴定形式。采用会议鉴定时，由组织鉴定单位或者主持鉴定单位聘请同行专家7~15人组成鉴定委员会。鉴定委员会到会专家不得少于应聘专家的4/5，鉴定结论必须经鉴定委员会专家2/3以上多数或者到会专家的3/4以上多数通过。

（3）函审鉴定　同行专家通过书面审查有关技术资料，对科技成果做出评价。不需要进行现场考察、测试和答辩即可做出评价的科技成果，可以采用函审鉴定形式。采用函审鉴定时，由组织鉴定单位或者主持鉴定单位聘请同行专家5~9人组成函审组。提出函审意见的专家不得少于应聘专家的4/5，鉴定结论必须依据函审组专家3/4以上多数的意见形成。

被鉴定科技成果的完成单位、任务下达单位或者委托单位的人员不得作为同行专家参加对该成果的鉴定。非特殊情况，组织鉴定单位和主持鉴定单位一般不聘请非专业人员担任鉴定委员会、检测专家小组或者函审组成员。参加鉴定工作的专家在鉴定工作中，应当对被鉴定的科技成果进行全面认真的技术评价，并对所提出的评价意见负责。参加鉴定工作的专家应当保守被鉴定科技成果的技术秘密。

5. 鉴定的内容

鉴定内容包括：是否完成合同或计划任务书要求的指标；技术资料是否齐全完整，并符合规定；应用技术成果的创造性、先进性和成熟程度；技术成果的应用价值及推广的条件和前景；存在的问题及改进意见。

6. 鉴定的程序

组织鉴定单位应当在收到鉴定申请之日起30天内，明确是否受理鉴定申请，并做出答复。对符合鉴定条件的，应当批准并通知申请鉴定单位。对不符合鉴定条件的，不予受理。对特别重大的科技成果，受理申请的科技成果管理机构可以报请上一级科技成果管理机构组织鉴定。

组织鉴定单位或者主持鉴定单位应当在确定的鉴定日期前10天，将被鉴定科技成果的技术资料送达承担鉴定任务的专家。

组织鉴定单位和主持鉴定单位应当对鉴定结论进行审核，并签署具体意见。鉴定结论不符合本办法有关规定的，组织鉴定单位或者主持鉴定单位应当及时指出，并责成鉴定委员会或者检测机构、函审组改正。

经鉴定通过的科技成果，由组织鉴定单位颁发《科学技术成果鉴定证书》。

科技成果鉴定的文件、材料，分别由组织鉴定单位和申请鉴定单位按照科技档案管理部门的规定归档。

(三) 项目验收

1. 验收的要求

项目应在规定的时间内组织验收，逾期无法申请验收的，应提前向管理部门说明情况。验收形式主要包括：会议审查验收、网上（通信）评审验收、实地考核验收、功能演示验收等。根据项目、特点和验收需要，由管理部门选择合适的方式，也可采用多种方式联合验收。

验收工作可采取组织专家组或委托具有相应资质的科技服务机构进行。

验收结论分为通过验收、不通过验收。项目计划目标和任务已按照考核目标要求完成，经费使用合理，为通过验收。

凡具有下列情况之一的，为不通过验收：

1）项目目标任务未完成的。

2）所提供的验收文件、资料、数据不真实，存在弄虚作假。

3）未经申请或批准，项目承担单位、项目负责人、考核目标、研究内容、技术路线等发生变更。

4）超过项目规定的执行年限半年以上未完成，并且事先未做出说明。

5）经费使用存在严重问题。

因提供文件资料不详、难以判断等导致验收意见争议较大、项目成果资料未按要求进行归档和整理、研究过程及结果等存在纠纷尚未解决的，需要复议。需要复议的项目应在首次验收后的半年内，针对存在的问题做出改进或补充材料，再次提出验收申请。若未再提出申请或未按要求进行改进或补充材料，视同不通过验收。

2. 验收程序

项目验收（或鉴定）程序如图 16-1 所示。

3. 项目验收（鉴定）需提供的资料

项目验收（鉴定）申请表、项目经费决算表、项目购置仪器、设备等固定资产一览表、项目验收信息表、项目验收专家组意见、项目成果登记表。

(四) 研究报告的撰写

按照计划完成科学研究，取得研究成果之后，应根据项目的研究内容、研究成果等撰写研究报告。研究报告是对研究工作、研究成果的全面反映和文字记载，是科研工作全过程的缩影，也是成果鉴定和项目验收时最重要的技术文件。

研究报告的格式和主要内容包括：题目；署名；内容提要，用简练的语言介绍主要内容，一般不超过 300 字；关键词，根据题意及内容列出（3~5）个关键的词，便于计算机分类录入和读者查阅；前言，一般要扼要写明本项目的来源；立项背景，研究的目的和意义，当前国内外研究状况，项目研究的有关背景、研究基础、理论依据，研究成果将产生的作用和价值；项目研究的主要内容及任务；研究开发过程；关键技术；主要成果；前景分析；问题和讨论，一般包括由于客观原因未进行研究的问题，已进行研究但由于各种条件限制而未取得结果的问题，与本项目有关但未列入本项目研究重点的问题，值得与同行商榷的有关问题；有关附件，包括参考文献、引文注释、与正文有关的附件材料等。

(五) 撰写研究报告应注意的几个问题

1）撰写研究报告应预先做好相关资料的整理准备。要提前整理实验数据与素材，做好

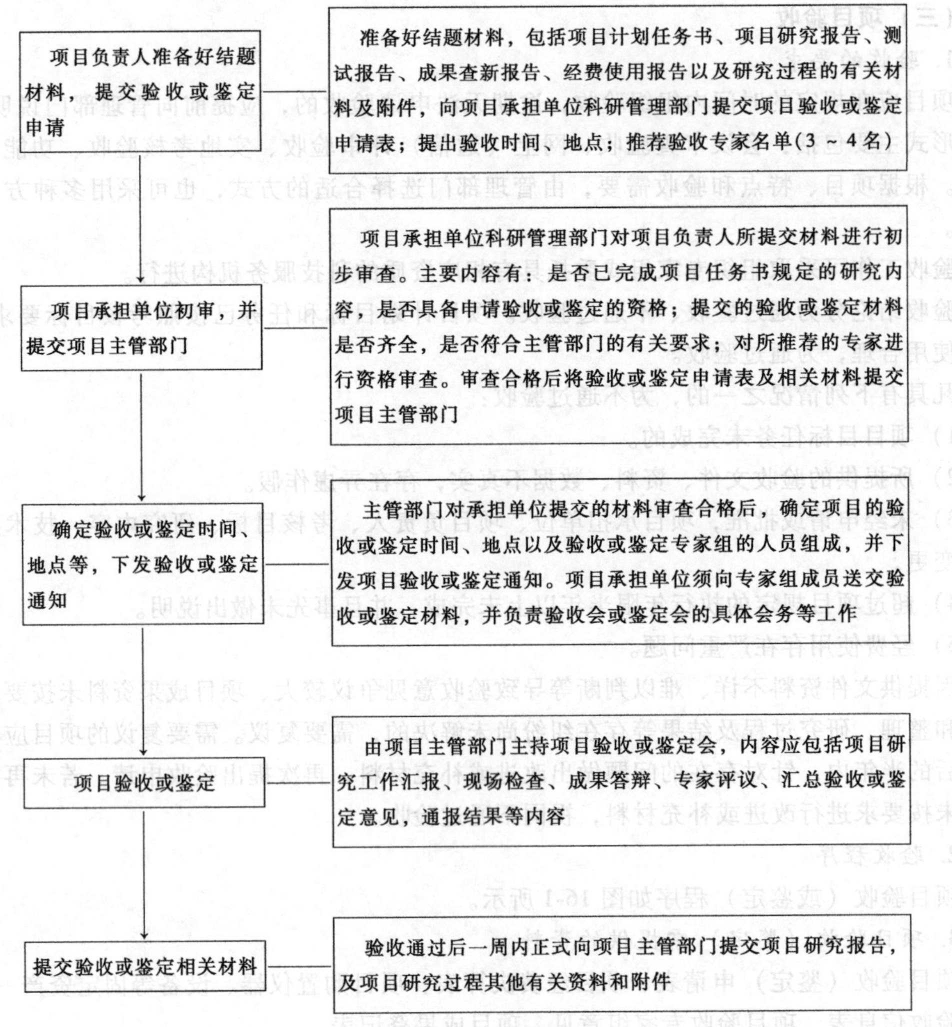

图 16-1　项目验收程序图

材料的选取。要选用最有价值的材料，确定正文材料和附件材料。做好材料的加工，调查数据、测试数据、实验数据等材料要采用统计的方法进行加工、提炼，使之条理化、规范化、系统化，从中找出规律，得到正确的结论。

2）研究报告应主题突出、层次分明、思路清晰、逻辑性强。报告要紧紧围绕研究项目所涉及的研究对象、研究内容和研究目标撰写，必要时可先拟出提纲，讨论确定后分头撰写，最后再汇总讨论、集体商定。研究报告的结构、格式、栏目可有差别，但都做到实事求是、表达准确、用词恰当、行文流畅。

3）研究报告应反映创新性，重点从独、特、新等方面说明项目的创造性，“独”就是人无我有，即常说的“填补了空白”。“特”就是自我特色，区别一般技术的优势。“新”就是在现有基础上的创新，项目研究得出的新论断、新观点、新见解、新看法、新技术等。

4）研究报告应注重学术性，力求说明指导研究过程的理论依据，揭示从实验和研究中建立（或总结）的新理论，形成可以指导今后实践的系统理论。要站在当前科学发展的最前沿，应用当代科学的最新成果，探求现象发生、发展和变化的规律性，形成可以传承和推广的技术。

5）研究报告应强调严谨性，做到推理严谨、论证充分、资料翔实、分析透彻。不得牵强附会。

6）研究报告应具有完整性，应能够将研究内容和技术完整地记录下来，使科学研究能够继承延续，便于科研成果的推广应用。

（六）科技查新

在鉴定验收时，为了证明研究成果的新颖性，一般应进行科技查新。科技查新是文献检索和情报调研相结合的情报研究工作，它以文献为基础，以文献检索和情报调研为手段，以检索结果为依据，通过综合分析，对查新项目的新颖性进行情报学审查，写出有依据、有分析、有对比、有结论的查新报告。也就是说查新是以通过检出文献的客观事实来对项目的新颖性做出结论。

科技查新可以为科技成果的鉴定、评估、验收、转化、奖励等提供客观的文献依据；在这些工作中，若无查新部门提供可靠的查新报告作为文献依据，只凭专家小组的专业知识和经验，可能很难得出准确的结论。

（七）文献检索、专家评审、科技查新的主要区别

（1）文献检索　针对具体项目的需要，仅提供文献线索和原文，对项目不进行分析和评价。

（2）专家评审　主要是依据专家本人的专业知识、实践经验、对事物的综合分析能力以及所了解的专业信息，对被评对象的创造性、先进性、新颖性、实用性等做出评价。评审专家的作用是一般科技情报人员无法替代的，但具有一定程度的个人因素。

（3）科技查新　有较严格的时限、范围和程序规定，有查全、查准的严格要求，要求给出明确的结论，查新结论具有客观性和鉴证性，但不是全面的成果评审结论。这是单纯的文献检索所不具备的，也有别于专家评审。

由于科技查新是查新机构根据查新委托人提供的需要查证其新颖性的科学技术内容，按照《科技查新规范》操作，并做出结论的过程，因此在申请科技查新时，申请人应重点表述主要技术特征、参数、指标、发明点、创新点等，以便专业查新人员检索和比较。

五、成果登记

执行各级、各类科技计划（含专项）产生的科技成果和非财政投入产生的科技成果都应当登记（未经登记的科技成果不得参加科学技术奖的评审）；涉及国家秘密的科技成果，按照国家科技保密的有关规定进行管理。

科学技术部管理指导全国的科技成果登记工作。省、自治区、直辖市科学技术行政部门负责本地区的科技成果登记工作；国务院有关部门、直属机构、直属事业单位负责本部门的科技成果登记工作。

各申报部门及单位在推荐申报前应对成果的真实性进行审查。科技成果登记坚持客观、准确、及时的原则。已通过鉴定或取得视同鉴定证明的科技成果，应及时申报登记。

科技成果完成人（含单位）可按直属或属地关系向科技成果登记机构办理科技成果登记手续。两个或两个以上完成人（单位）共同完成的科技成果，由第一完成人（单位）办理登记手续，不得重复登记。

科技成果（包括应用技术成果、基础理论成果、软科学成果）登记时应当材料规范、完整；已有的评价结论持肯定性意见；不违背国家的法律、法规和政策。

申报科技成果登记应当提交的材料：《科技成果登记表》、利用“国家科技成果登记系统”录入的成果信息软盘、鉴定证书（或视同通过鉴定的证明）、主要技术资料。

《科技成果登记表》采用科学技术部统一制定的格式。由申报登记单位从互联网下载或按统一格式打印，打印时可省略“填写说明”。

第四节　我国重要科技计划简介

一、国家863计划

863计划是解决事关国家长远发展和国家安全的战略性、前沿性和前瞻性高技术问题，发展具有自主知识产权的高技术，统筹高技术的集成和应用，引领未来新兴产业发展的计划。

863计划按照研究开发任务的性质，选择若干高技术领域作为发展重点，领域内设置专题和项目，采取分类管理的方式。专题以前沿技术研究为导向，以提高原始性创新能力和获取自主知识产权为目标；项目以国家战略需求为导向，以提高集成创新能力和形成战略产品原型或技术系统为目标。

二、国家科技支撑计划

为贯彻落实《国家中长期科学和技术发展规划纲要（2006年—2020年）》（以下简称《纲要》），在原国家科技攻关计划基础上，设立国家科技支撑计划（以下简称“支撑计划”）。

支撑计划是面向国民经济和社会发展需求，重点解决经济社会发展中的重大科技问题的国家科技计划。支撑计划主要落实《纲要》重点领域及其优先主题的任务，以重大公益技术及产业共性技术研究开发与应用示范为重点，结合重大工程建设和重大装备开发，加强集成创新和引进消化吸收再创新，重点解决涉及全局性、跨行业、跨地区的重大技术问题，着力攻克一批关键技术，突破瓶颈制约，提升产业竞争力，为我国经济社会协调发展提供支撑。

三、国家科技基础条件平台建设

为了贯彻落实《中共中央关于完善社会主义市场经济体制若干问题的决定》中“改革科技管理体制，加快国家创新体系建设，促进全社会科技资源高效配置和综合集成，提高科技创新能力，实现科技和经济社会发展紧密结合”的精神，科技部会同有关部门在广泛征求科技界意见的基础上，启动了国家科技基础条件平台（以下简称平台）建设，平台建设得到了国务院领导和有关部门的支持以及科技界的广泛赞同。

平台是国家创新体系的重要组成部分，是服务于全社会科技进步与技术创新的基础支撑体系，主要由大型科学仪器设备和研究实验基地、自然科技资源保存和利用体系、科学数据和文献资源共享服务网络、科技成果转化公共服务平台、网络科技环境等物质与信息保障系统，以及以共享为核心的制度体系和专业化技术人才队伍三方面组成。平台建设就是要充分运用信息、网络等现代技术，对科技基础条件资源进行的战略重组和系统优化，以促进全社会科技资源高效配置和综合利用，提高科技创新能力。

制定并颁布平台建设的总体规划，完成若干重点领域和区域科技基础条件资源的整合，实施一批对推动科技创新具有重要意义、能够有效带动资源共享的试点、示范工程，初步形成以共享为核心的制度框架，构建重要科技基础条件资源信息平台。建成适应科技创新和科技发展需要的科技基础条件支撑体系，以共享机制为核心的管理制度，与平台建设和发展相适应的专业化人才队伍和研究服务机构。

四、科技基础性工作专项

科技基础性工作是一项通过对科学数据、科学标本、资源、资料、信息的采（收）集、整理、保存、传输以及制定相关技术基础标准，为科学研究与技术开发提供共享资源和条件的工作。例如，从“十五”期间开始，科技基础性工作按照“突出重点、有限目标、建设基地、凝聚队伍”的指导思想，通过稳定地投入和支持，使我国科技基础性工作的整体水平有显著提高，基本适应科技发展和国民经济持续增长的需求。

从“十五”期间开始，科技基础性工作专项重点解决科技基础数据库、资源库和科技基础标准建设的主要问题，造就一支稳定、高素质的骨干队伍，形成一批具有科技优势的基础性工作基地，构筑科技基础性工作的有效机制和科学体系。科技基础性工作专项包括：

（1）科学技术数据的采（收）集、加工处理与服务　通过观测（监测）、探测、调查、测试等手段，重点对科技、经济与社会发展和国家安全具有重要影响的基本科技数据与资料，进行系统地、连续不断地采集、加工处理，并形成数据资源共享机制，突出数据资料服务。

（2）资源和科学实物标本的长期积累与保藏　重点支持对科技发展具有重要意义，体现我国自然资源特色的农作物及其他重要生物种质资源及各类标（样）本的采集、鉴定、保存和服务工作；支持有中国特色且具有国际重大意义的古生物、古人类化石标本和国家标准物质样品的收集和整理。

（3）科技基础标准的建立　重点做好对经济与社会发展具有重要作用的国家基础科技标准和计量、检测体系建立、维护、更新等方面的工作。在国家层面上，加强面向全社会、具有重要影响的国家基础标准和高技术产业发展急需配套的基础标准的研究制定；支持国家计量、检测技术体系维护更新和与国际接轨、国际公认的分析方法的建立。

科技基础性工作专项通过项目的实施带动科技基础性工作基地的建设，促进科技基础性工作体系的完善和发展。集中80%以上的经费，集中、连续支持重大项目，同时扶持相关科研院所的优势项目。专项的实施以中央科研院所为实施主体，逐步建立和完善资源与成果的共享机制，保证社会共享的实现。

五、公益性行业科研专项

为贯彻落实《纲要》，支持开展公益性行业科研工作，根据《国务院办公厅转发财政部科技部关于改进和加强中央财政科技经费管理若干意见的通知》（国办发［2006］56号），中央财政设立公益性行业科研专项经费（以下简称“专项经费”）。

专项经费主要用于支持公益性科研任务较重的国务院所属行业主管部门，围绕《规划纲要》重点领域和优先主题，组织开展本行业应急性、培育性、基础性科研工作。主要包括：行业应用基础研究、行业重大公益性技术前期预研、行业实用技术研究开发、国家标准和行业重要技术标准研究、计量、检验、检测技术研究。

第五节 国防科技工业科研项目申报与管理

一、科研项目概述

《国防科工局科研项目管理办法》（科工技［2012］34号）第二条和第四条对科研项目有严格的定义。国防科工局科研项目是指由国家国防科技工业局（简称国防科工局）审批或审核后报国务院审批，全部或部分使用中央财政国防科研经费的科研项目（除国家科技重大专项科研项目）。

科研项目分为基础研究类、技术研究与开发类和工程研制类三类。

基础研究类项目是指探索新原理、新概念、新方法，并进行原理性验证的研究项目；支撑行业发展的技术基础项目。

技术研究与开发类项目是指运用基础研究和其他科学技术研究成果，开展单项或若干项新技术研究开发或验证，从而形成实用新技术或基础性产品的研究项目。

工程研制类项目是指集成相关技术研究成果，研制开发可直接交付使用或直接推向市场的新型号、新产品或新系统的项目。

项目类型一般依据经费的多少可分为：

重大项目，周期一般4年（其他为2~3年），经费≥1000万元；

重点项目，500万元≤经费<1000万元；

一般项目，经费<500万元。

技术基础是国防科技的重要组成部分，由标准化、计量、科技情报、成果管理与推广、质量与可靠性、环境试验与观测等专业技术领域组成，对武器装备科研生产和军工核心能力建设具有技术引导、技术规范、技术服务和技术监督作用。

2002年，原国防科工委发布了《国防科技工业技术基础科研管理办法》（国防科工委令第8号），明确了技术基础科研计划、项目和经费的管理要求。2009年，《国防科工局科研项目管理办法》（科工计［2009］289号）发布，对局管科研计划的项目管理程序及监督管理环节提出了明确要求。

为适应新的要求，进一步规范和加强技术基础科研管理工作，2010年3月，国防科工局发布了《国防科工局技术基础科研管理办法》（科工技［2010］262号），在执行289号文的基础上，针对技术基础的特点，进一步明确了年度计划编制与下达、项目申报与立项、任务书编制与下达、项目验收等科研管理的流程、要求和工作时间节点，突出了有关部门（单位）在科研管理全过程中的监管责任，明晰了项目承研单位在项目实施中的主体责任。

2012年1月，为适应国防科技工业新形势和新任务的要求，加强国防科技工业科研项目管理，促进自主创新，规范管理行为，提高投资效益，依据国家有关规定，国防科工局发布了《国防科工局科研项目管理办法》（科工技［2012］34号）。要求科研项目管理要遵循统筹规划、分类管理、分级负责、程序规范、决策科学、监督有力、考核严密的原则。并明确科研项目管理按阶段划分为：规划与指南、论证和审批、年度计划、组织实施、验收五个阶段。

国防科工局是国防科技工业科研工作的主管部门，负责科研项目规划与指南编制、科研项目审批、年度计划下达、监督组织实施、组织验收等工作。

国务院有关部门，省、自治区、直辖市国防科技工业管理部门，中央直属企业，中国科学院，中国工程物理研究院，工业和信息化部直属单位（简称有关部门和单位）承担本部门（单位）科研项目管理职责，负责科研项目的论证和申报、组织实施过程管理，提出年度计划建议、协助国防科工局开展五年规划编制、组织实施情况检查和报告、验收准备等工作。

有关部门和单位所属的承担研究任务的单位（简称承研单位）是科研项目实施的责任主体，按要求负责开展具体科研工作。

二、科研项目规划与指南

科研项目规划与指南用于指导科研项目的论证和申报，科研项目规划时间期一般为五年，科研项目指南时间期根据实际需要确定。

科研项目规划与指南按照国防科技工业中长期发展规划的总体部署，根据实际需要分科目编制。一般包括总体发展目标、发展思路、重点支持的领域和方向、重大科研项目、政策措施等。

科研项目规划由国防科工局与财政部商议后发布，科研项目指南由国防科工局发布。

根据实际执行情况，国防科工局负责适时组织科研项目规划与指南的调整工作。

三、科研项目论证和审批

科研项目承研单位应具备企事业法人资格。承担有保密要求科研项目的单位，应具有相应资质。多个单位联合承担科研项目，应明确牵头责任单位。

科研项目一般按照规划与指南，分类进行论证和审批。原则上应审批科研项目建议书和任务书（或可行性研究报告）。对于特定研究需求，国防科工局可发布科研项目申报通知，部署科研项目的论证工作。

特别重大、复杂的工程研制类科研项目也可视具体情况分阶段审批，但应在科研项目建议书批复中明确审批节点与要求。

在规划与指南或申报通知中已明确立项的科研项目，可直接论证和审批科研项目任务书（或可行性研究报告），不再审批科研项目建议书。

（一）科研项目建议书的申报审批程序

（1）论证申报　有关部门和单位根据国防科工局印发的科研项目规划与指南，组织所属单位开展科研项目的论证，编制科研项目建议书。科研项目建议书重点论证开展科研的必要性、现有的研究基础（含已掌握的知识产权）、研究目标和主要研究内容、研究周期、研究经费匡算等。重大项目建议书应附技术成熟度评价报告。科研项目预决算和经费使用管理按照《国防科技工业科研经费管理办法》（财防［2019］12号）等规定执行。

（2）形式审查　国防科工局对科研项目建议书进行形式审查，主要审查科研项目是否符合规划与指南要求、承研单位的资格要求和科研项目建议书的完整性等。不符合要求的科研项目建议书，退回申报单位。

(3) 评审与评估　国防科工局对通过形式审查的科研项目建议书，组织专家评审或委托中介机构咨询评估，重点审查科研项目的必要性，研究目标、研究方案与研究经费的合理性等，并将评审或评估意见反馈有关部门和单位。

(4) 批复　国防科工局根据评审或评估意见，与财政部商议并审批科研项目建议书。批复中应明确项目名称、承研单位、研究目标、研究周期和经费概算等。

(二) 科研项目任务书（或可行性研究报告）的申报审批程序

(1) 论证申报　有关部门和单位依据国防科工局的科研项目建议书批复或有关项目申报通知，组织承研单位开展科研项目论证，编制科研项目任务书（或可行性研究报告），在规定的时限内上报国防科工局。重点论证具体技术方案、主要进度节点和阶段目标要求、任务分工、研究经费细化测算、预期的研究成果（含知识产权）等。工程研制类科研项目还应进行技术储备、研制风险、投资效益等分析。

(2) 形式审查　国防科工局对科研项目任务书（或可行性研究报告）进行形式审查，主要审查与科研项目建议书批复要求以及科研项目任务书（或可行性研究报告）编制有关要求的符合程度等。不符合要求的科研项目任务书（或可行性研究报告），退回申报单位。

(3) 评审与评估　国防科工局对通过形式审查的科研项目任务书（或可行性研究报告），组织专家评审或委托中介机构咨询评估。重点审查科研项目研究方案可行性、研究阶段与目标要求、任务分工、研究周期、研究经费的合理性和准确性等，并将评审或评估意见反馈有关部门和单位。

(4) 批复　有关部门和单位按照评审或评估意见，修改完善项目任务书（或可行性研究报告）。国防科工局依据评审或评估意见审批科研项目任务书（或可行性研究报告），批复中应明确项目名称、承研单位、研究目标、研究内容、技术方案、研究成果、研究周期、研究经费、任务分工及经费分配等。

有关部门和单位在上报科研项目建议书和任务书（或可行性研究报告）时，必须提交科研项目诚信承诺书，对申报材料的真实性和申报渠道的唯一性做出承诺。

四、科研项目年度计划

国防科工局负责编制下达科研项目年度计划。年度计划是科研项目组织实施和监督检查的重要依据，明确当年科研任务的目标要求、主要研究内容、进度节点和成果形式、年度经费安排等。

(一) 科研项目年度计划申报和下达程序

(1) 部署编制　国防科工局每年10月底前布置下一年度计划编制工作，明确下一年度科研计划的政策、原则、重点和要求。

(2) 建议申报　有关部门和单位按要求于每年12月底前上报下一年度计划建议。计划建议需列明科研项目名称、类别、研究周期、经费规模及资金来源、累计安排经费、累计完成经费、本次计划申请经费及研究内容、成果形式等内容。

(3) 审批下达　国防科工局对年度计划建议进行审核，根据财政部下达的预算，审批下达科研项目年度计划。

（二）年度计划的要求

科研项目申请列入年度计划，应符合年度计划安排原则和重点支持方向；首次列入年度计划的科研项目，应符合预算管理的要求；结转安排的科研项目，其上一年度计划执行情况良好，本年度计划研究内容、进度节点和具体指标明确；承研单位没有受到国防科工局有关处罚；符合国家规定的其他条件。

有关部门和单位与承研单位应严格遵照下达的年度计划执行，不得擅自调整。因出现重大情况必须调整的，有关部门和单位应于当年6月底之前上报年度计划调整请示。

五、科研项目组织实施

有关部门和单位根据国防科工局的审批要求，组织承研单位及时开展研究工作。

有关部门和单位应严格按照科研项目批复、年度计划和有关规定，指导、督促承研单位完成科研任务，及时协调处理各种问题。重大事项报国防科工局协调处理。

有关部门和单位应于每年6月和12月底前将科研项目实施进展情况、经费使用情况、存在的问题和解决措施、建议等向国防科工局报告。

国防科工局直接或组织有关部门和单位，采取抽查、现场检查、阶段评审、自查等多种方式，对科研项目进展、预算执行情况和经费使用情况进行监督和检查。对于研究周期超过2年（含）的科研项目，每年至少组织一次检查。

对于重大科研项目，国防科工局制定年度监督检查计划，开展监督检查。

分阶段审批实施的特别重大、复杂的工程研制类科研项目，根据科研项目批复中明确的节点，在研究工作转入下一阶段前，应组织转阶段评审。评审通过后，由国防科工局或委托有关部门和单位批准转入下一阶段工作。

工程研制类科研项目承研单位将主要分系统转包、分包给其他单位的，应及时报国防科工局备案。原则上应采取公开招标方式确定转包、分包单位。招标工作由有关部门和单位参照国家招投标管理的规定组织实施。

科研项目实施过程中，有关部门和单位及承研单位不得擅自调整批复内容，出现以下情况的，按程序上报国防科工局审批调整。

1）改变科研项目研究目标、主要研究内容或技术指标的。

2）增加中央财政科研经费或提高中央财政科研经费比例的。

3）主要承研单位发生变更的。

4）研究周期预计需要延长6个月以上的。

5）国家规定的其他情况。

科研项目实施过程中发生以下情况，有关部门和单位应及时报国防科工局审批终止科研项目。

1）因技术发展或市场需求发生重大变化，科研项目已失去研究开发意义。

2）由于时间推移，技术、经济指标低于国内已有同类水平。

3）技术方案和技术指标无法达到预期目标，并无有效解决办法。

4）科研经费或配套的技术引进、技术改造、基本建设计划无法落实。

5）承研单位的负责人或技术骨干发生重大变更，致使项目无法按计划继续进行。

6）因不可抗拒因素致使科研项目无法按计划进行。

科研项目实施过程中发生以下情况，国防科工局可直接做出撤销科研项目的决定。

1）已列入其他科研计划，重复申报。

2）挪用中央财政科研经费。

3）组织管理不力，严重影响科研项目顺利实施或发生重大失泄密事件。

4）监督检查中发生重大违规违纪行为。

5）弄虚作假，未在科研项目诚信承诺书中如实说明情况。

6）连续两年未按年度计划要求完成研究任务。

7）国家规定的其他情况。

被终止和撤销的科研项目，国防科工局会同国家有关部门停止安排计划科研经费。有关部门和单位组织承研单位在1个月内完成科研项目决算，连同固定资产购置情况一并报国防科工局核批。科研项目剩余的中央财政科研经费全部上缴财政部。

六、科研项目验收

科研项目按照经费规模和项目性质，由国防科工局或委托有关部门和单位组织验收。

国防科工局根据批复的研究周期，结合科研项目进展情况，编制下达科研项目年度审计计划和验收计划。

科研项目研究工作完成后，有关部门和单位按照审计计划和验收计划的有关要求，组织承研单位编制完成验收申请报告，报国防科工局申请验收。不能按期提请验收的，应专题报告国防科工局申请延期。

验收申请报告包括科研工作总结报告和财务决算审计报告。科研工作总结报告主要包括：研究工作总结，经费决算报告，主要科研成果及知识产权报告，工艺规程、技术标准，相关图样和数据、软件、样品试验或试用报告、经济和社会效益分析等与研究工作有关材料。

国防科工局负责科研项目审计管理，直接或委托局属有关中心等单位开展审计。

科研项目申请验收必须同时具备的条件：完成批复的各项内容；完成财务决算审计，有明确的审计结论；研究成果为实物或软件的，要完成相关测试，有测试报告和测试结论；按档案部门规定完成归档资料编写。

科研项目验收主要核查的内容：批复的研究内容完成情况、研究目标及技术指标的实现情况；经费使用情况及财务决算审计发现问题整改情况；研究成果试用（使用）及应用情况；研究成果的意义和水平；知识产权管理及成果转化情况。

国防科工局组织科研项目验收评审后办理验收批复。委托验收的科研项目，受托单位应在验收工作完成后20个工作日内，将验收意见报国防科工局备案同意后办理验收批复。

科研项目产生的科技成果，依照科学技术保密、科技成果登记、知识产权保护、技术合同认定登记、科学技术奖励等有关规定进行管理。

为加强并规范军工科研项目验收工作，促进自主创新，提高军工核心能力，国防科工局于2012年10月发布了《军工科研项目验收评价暂行办法》（科工技[2012] 1477号）。

项目验收组对验收通过的项目进行验收评价，提出验收评定等次建议，随项目验收意见报国防科工局常务会议审定；对验收不通过的项目，不予验收等次评定。

项目验收评定等次分为优秀、良好、合格、基本合格四个等次。

发生以下情况之一的验收通过项目，评定等次只能为“基本合格”：

1）经二次验收通过。

2）存在重大失泄密隐患但未发生失泄密事件。

项目验收评定等次采取定量评分的方式，由验收组依据评分标准共同逐项议定。评分内容包括标准分项、加分项和减分项。

标准分项采用百分制计分，主要对项目完成质量、实施进度和经费管理使用情况进行考核。

（1）项目完成质量情况　包括任务书规定的研究内容完成情况，研究目标与技术指标完成情况，成果及应用情况。

（2）项目实施进度情况　包括项目调整情况，项目研制进度、财务审计准备和验收标准情况。

（3）项目组织管理情况　包括验收材料编制，经费管理使用，以及保密管理等情况。

加分项注重发挥科技创新导向作用，重点对项目技术指标先进性、知识产权创造、成果应用等情况进行考核；减分项主要针对项目实施中存在的突出问题进行设置，重点对项目研制进度拖期、虚列开支和挤占项目成本情况进行考核。

评定等次依据评分结果确定，评分在 90 分以上（含 90 分）的项目评定为“优秀”等次；评分在 75 分至 90 分（含 75 分）的项目评定为“良好”等次；评分在 60 分至 75 分（含 60 分）的项目评定为“合格”等次；评分在 60 分以下（通过整改后达到 60 分）的项目评定为“基本合格”等次。

国防科工局常务会议审定后的验收评价结论，将作为后续项目投资安排的重要依据。对获得“优秀”等次项目数量多或优秀率高的单位，同等条件下优先支持其承担项目，并在军工科研项目管理先进单位评选中优先考虑；对验收不通过项目数量较多或项目基本合格率高的单位，进行通报批评，视情况暂停受理其非型号保障类项目。科研项目验收评价标准见表 16-1。

表 16-1　科研项目验收评价标准

<table>
<tr><th colspan="2">评定指标</th><th>评分内容</th><th>评 分 标 准</th><th>评分</th></tr>
<tr><td rowspan="5">完成质量
(50 分)</td><td rowspan="2">研究内容
(15 分)</td><td>1. 任务书规定的研究内容完成情况(7 分)</td><td>全部完成　□7 分;
出现 1 项基本完成　□5 分;
出现 2 项及以上基本完成　□2 分;</td><td></td></tr>
<tr><td>2. 关键技术突破情况(8 分)</td><td>全部突破　□8 分;
出现 1 项基本突破　□5 分;
出现 2 项及以上基本突破　□2 分;</td><td></td></tr>
<tr><td rowspan="2">研究目标与技术指标
(20 分)</td><td>3. 研究目标完成情况(10 分)</td><td>研究目标全面实现,质量好　□10 分;
研究目标实现,质量较好　□6 分;
研究目标基本实现　□3 分;</td><td></td></tr>
<tr><td>4. 技术指标实现情况(10 分)</td><td>达到任务书的规定　□10 分;
出现 1 项基本达到　□6 分;
出现 2 项及以上基本达到　□3 分;</td><td></td></tr>
<tr><td>成果及应用
(15 分)</td><td>5. 成果数量(2 分)</td><td>符合任务书要求　□2 分;
比任务书要求少 1 项及以上　□0 分;</td><td></td></tr>
</table>

（续）

评定指标		评分内容	评 分 标 准	评分
完成质量（50分）	成果及应用（15分）	6. 成果质量（5分）	符合任务书要求，质量好 □5分； 符合任务书要求，质量较好 □3分； 基本符合任务书要求，质量合格 □2分；	
		7. 成果应用效果（8分）	应用效果显著、有用户报告或应用前景非常明确 □8分； 效果较好、有应用证明或应用前景明确 □4分； 具有一定效果或前景较明确 □2分；	
	实施调整（10分）	8. 项目调整次数（4分）	未调整 □4分；调整1次 □2分； 调整2次 □1分；其他（包括拖期） □0分；	
		9. 技术指标调整（3分）	是 □0分； 否 □3分；	
		10. 研究周期调整（3分）	是 □0分； 否 □3分；	
实施进度（20分）	时间进度（10分）	11. 按年度计划完成研究任务，并做好验收准备工作（4分）	是 □4分； 否 □2分；	
		12. 按照审计计划，及时申请进场审计（3分）	按期 □3分； 延期1个月以内 □2分； 延期1个月及以上 □1分；	
		13. 按照验收计划，及时提交验收申请（3分）	按期 □3分； 延期2个月以内 □2分； 延期2个月及以上 □1分；	
组织管理（30分）	验收材料（10分）	14. 验收材料完整性（3分）	具有研究工作总结、财务决算报告、财务决算审计报告、科研成果（知识产权）报告 □3分； 缺少上述报告之一的 □0分；	
		15. 验收材料规范性（3分）	符合编制格式要求 □2分； 基本符合编制格式要求 □1分； 符合归档要求 □1分； 基本符合归档要求 □0分；	
		16. 验收材料有效性（4分）	项目负责人及参研人员、承研单位（含合作单位）、主管单位、审查专家等签（字）章； 齐全 □1分； 存在缺项 □0分； 研究分析数据和图表等资料：翔实、准确 □2分； 基本翔实、准确 □0分； 研究结果明确，表述规范、严谨 □1分； 研究结果明确，表述基本规范、严谨 □0分；	
	经费使用（15分）	17. 虚列开支、挤占成本（6分）	不存在 □6分； 占总经费比例不超过1%（含） □3分； 占总经费比例超过1% □0分；	
		18. 自筹经费足额及时到位（1分）	是 □1分； 否 □0分；	
		19. 拨付联合承研单位资金及时（1分）	是 □1分； 否 □0分；	

（续）

评定指标		评分内容	评分标准	评分
组织管理（30分）	经费使用（15分）	20. 会计核算规范（3分）	是　□3分；　　否　□0分；	
		21. 审计未发现问题或问题整改及时（2分）	是　□2分；否　□0分；	
		22. 项目结余资金（2分）	超过总经费20%（含）以上　□0分； 超过总经费10%（含）以上　□1分； 不足总经费10%　□2分；	
	保密管理（5分）	23. 涉密项目的保密管理制度（2分）	制度健全　□2分； 制度基本健全　□1分；	
		24. 涉密项目的保密执行情况（3分）	保密管理严格，不存在失泄密隐患　□3分； 保密管理不严格，存在失泄密隐患　□1分；	
加分项（9分）		▲与同类研究相比，技术指标具有先进性	□2分；	
		▲在关键技术解决途径上获得授权发明专利	□2分；	
		▲直接解决了军工产品科研生产中的瓶颈制约或创新点突出，产生了重要影响	□3分；	
		▲提前完成验收	□2分；	
减分项（-20分）		▼拖期、未调整	□-15分；	
		▼虚列开支或挤占成本总经费比例超过2%	□-5分；	
总评分： 主审专家（签字）： 验收组长（签字）： 　　年　　月　　日				

注：1. 研究内容全部完成，指完成了任务书的各项研究工作，并要有充分的具体体现形式，如成果、指标等。
2. 关键技术全部突破，指研究内容要全部完成，技术解决途径要完全掌握，相关的考核要求要完全得到验证。
3. 研究目标全部实现，指研究内容要全部完成，关键技术要全部突破，技术成果要经过充分的考核验证。
4. 因不可抗拒原因造成技术指标调整，第9小项不予扣分，仍得3分。
5. 因不可抗拒原因造成研究周期调整，第10小项不予扣分，仍得3分。

七、成果鉴定

为做好国防科学技术奖励工作，规范国防科学技术成果（简称国防科技成果）的鉴定，完善国防科技成果评价机制，促进科技创新，根据《科学技术评价办法（试行）》和国家关于科技成果管理的有关规定，国防科工局于2009年3月发布了《国防科学技术成果鉴定管理办法》（科工技［2009］276号）。

（一）成果类型

国防科技成果是指在国防科研、生产、试验、保障条件建设及管理中所产生的具有应用价值的新技术、新产品、新工艺、新方法等。主要包括以下主要成果类型：

1）在武器装备及其配套产品的科研、生产、试验、保障条件建设及相关工作中取得的科技成果。

2）在军民结合高技术产业的型号工程及技术、产品开发和成果转化中取得的因保密不能公开的科技成果。

3）在国防基础性技术研究中取得的科技成果。

4）在为决策科学化和管理现代化而进行的国防科技工业软科学研究中取得的科技成果。

（二）成果鉴定的内容和形式

国防科技成果鉴定的主要内容是：真实性、准确性；创造性、先进性；成熟性、适用性、安全性；其他与技术有关的内容。

对于不同类型的国防科技成果，应根据其性质和特点侧重不同的方面进行分类评价。国防科技成果鉴定不包含成果归属、完成者排序和成果的货币价值等非技术内容。

国防科技成果鉴定分为会议鉴定、函审鉴定、检测鉴定三种形式。

（1）会议鉴定　指由同行专家采用会议形式对国防科技成果做出评价。需要采用现场考察、测试，并经过讨论、答辩才能做出评价的国防科技成果可以采用会议鉴定。

（2）函审鉴定　指同行专家通过书面审查有关资料，对国防科技成果做出评价。不需要进行现场考察、测试和讨论、答辩，即可做出评价的国防科技成果可以采用函审鉴审。

（3）检测鉴定　指按照国家有关法律、法规设立的或经国防科工局认可的专业技术检测机构，通过检验、测试性能指标等方式对国防科技成果进行评价。仅通过检验、测试性能指标即可反映其技术水平的国防科技成果可以采用检测鉴定。

鉴定统一使用《国防科学技术成果鉴定证书》，简称《鉴定证书》。

采用会议或函审鉴定时，由组织鉴定单位聘请七名以上同行专家组成鉴定委员会。鉴定意见必须由到会专家或出具函审意见专家的3/4以上多数通过。参加鉴定会的专家和出具函审意见的专家均不得少于七人。

会议鉴定的专家应当全程参加会议，不得以书面意见或委托代表的方式出席会议。

采用检测鉴定时，由组织鉴定单位指定国家或国防科工局认定的专业技术检测机构进行检验、测试。专业技术检测机构出具的检测结论作为检测鉴定意见。

（三）成果鉴定的条件

申请国防科技成果鉴定应当具备下列条件：

1）已完成合同的约定或者任务书规定的任务，并达到了所要求的技术性能指标。一份合同或任务书所含技术内容，一般只能作为一项成果进行鉴定。

2）成果权属无争议，完成单位和人员名次排列无异议。

3）技术文件与资料齐全，并符合档案管理部门的要求。

（四）成果鉴定应提交的资料

申请鉴定的国防科技成果应提交下列技术文件和资料：

1）应用技术成果的技术文件与资料：计划任务书、合同书或经批准的立题报告；研究（研制）技术总结报告；信息技术研究项目或含信息技术研究内容的项目所开发的软件；测试报告和试验报告（预先研究成果应提供演示验证工作的材料）；标准化审查报告（无产品的国防科技成果除外）；用户使用报告（尚未应用的预先研究成果应提供应用前景证明）；知识产权状况报告（含专利、著作权、技术秘密的情况以及必要的查新情况）。

2）科技情报、标准、软科学成果的技术文件与资料：计划任务书或合同书；研究报告；研究工作总结报告；正式出版的标准文本（仅限标准成果）；模型运行报告（仅限软科学成果）；用户使用报告。

凡具备鉴定条件的国防科技成果，由完成单位填写《国防科学技术成果鉴定申请书》（一式三份），并附其他技术文件与资料，经业务主管部门（单位）审查后，按规定向组织鉴定单位提出鉴定申请。

同一项国防科技成果只能申请鉴定一次，两个或两个以上单位共同完成的，在各完成单位协商一致后由第一完成单位提出申请，不得多单位分头提出申请。

鉴定意见应当包括：国防科技成果的创造性（关键技术及创新点）、先进性（学术与技术水平），其技术的难度、成熟度、安全与可靠性，以及对国防建设和科学技术进步的作用与意义等，还应写明存在的问题和改进的意见。

（五）成果鉴定的步骤

1. 会议鉴定的步骤

1）会议鉴定前，根据需要成立测试组。测试组组长由鉴定委员会成员担任。测试组必须在鉴定会前完成测试工作，并做出测试报告。

2）主持鉴定单位主持会议，宣读和通过鉴定委员会名单，明确会议任务和要求。

3）在鉴定委员会主任委员或副主任委员主持下，进行技术鉴定工作。

4）鉴定委员会听取技术报告、测试报告、应用报告及其他必要的报告。必要时，可以安排鉴定委员会专家对被鉴定项目进行现场考察或观看有关多媒体资料。

5）鉴定委员会专家质疑并讨论，在综合多数专家意见基础上形成鉴定意见。鉴定委员会专家讨论形成鉴定意见时，组织鉴定单位和主持鉴定单位可以派代表列席会议，了解专家评议情况，其他人员应回避。

2. 函审鉴定的步骤

1）主持鉴定单位将完成单位提交的有关资料分别寄送给函审专家。

2）函审专家应在规定的时限内完成函审，并将函审意见及上述资料寄回主持鉴定单位。

3）主持鉴定单位将其他函审专家的意见寄送给鉴定委员会主任委员。

4）鉴定委员会主任委员提出本人函审意见，并依据专家的意见写出鉴定意见。将所有鉴定资料寄送给主持单位。

3. 检测鉴定的一般步骤

1）组织鉴定单位确定检测机构。

2）完成单位将国防科技成果实物和有关资料送到指定检测机构进行检测。检测单位按照有关规定进行检测并出具检测报告和检测结论。

4. 鉴定证书的批复过程

1）经过鉴定的国防科技成果，由成果完成单位将《鉴定证书》原件报送主持鉴定单位审查。《鉴定证书》一般制作两至三份原件（要求正反面打印，亲笔签署）。检测鉴定直接报送组织鉴定单位。

2）主持鉴定单位审查后签署意见、盖章，并报送组织鉴定单位。

3）组织鉴定单位在收到《鉴定证书》后，应对鉴定结论等相关信息在适当范围进行内部公布。

4）经内部公布无异议的项目，组织鉴定单位在 10 个工作日内完成审批，统一编号，加盖国防科技成果鉴定专用章，《鉴定证书》生效。

经内部公布有异议的项目，返回成果完成单位补正完善。对经补正完善后合格的《鉴定证书》予以审批；存在重大异议且无法补正的《鉴定证书》不予以审批。

第六节 国防科技工业科研项目相关技术文件与填报要求

一、《国防科技工业技术基础科研项目建议书》申报注意事项及编写要求

技术基础是国防科技的重要组成部分，由标准化、计量、科技情报、成果管理与推广、质量与可靠性、环境试验与观测等专业技术领域组成，对武器装备科研生产和军工核心能力建设具有技术引导、技术规范、技术服务和技术监督作用。

《国防科工局科研项目管理办法》（科工技［2012］34号）规定，科研项目管理按阶段划分为：规划与指南、论证和审批、年度计划、组织实施、验收五个阶段。

科研项目规划时间一般为5年，科研项目指南时间根据实际需要确定。

科研项目应按照规划与指南，分类进行论证和审批。原则上应审批科研项目建议书和任务书（或可行性研究报告）。特别重大、复杂的工程研制类科研项目也可视具体情况分阶段审批。在规划与指南或申报通知中已明确立项的科研项目，可直接论证和审批科研项目任务书（或可行性研究报告），不再审批科研项目建议书。

科研项目建议书的申报审批程序：论证申报（项目主管单位根据国防科工局印发的科研项目规划与指南，组织所属单位开展科研项目的论证，编制科研项目建议书）、形式审查（主要审查科研项目是否符合规划与指南要求、承研单位的资格要求和科研项目建议书的完整性等）、评审与评估（组织专家评审或委托中介机构咨询评估，重点审查科研项目的必要性，研究目标、研究方案与研究经费的合理性等）、批复（批复中明确项目名称、承研单位、研究目标、研究周期和经费概算等）。

技术基础科研项目论证方向审查，主要是按照《技术基础科研“十×五”第×批项目论证要点》要求，各项目应根据“要点”确定的内容，确定项目名称、研究内容，编制项目建议书。

需要提交的资料有：纸质申报项目“建议书”（签字盖章）一式三份；按专业排序、按编号规则编号的项目汇总表及项目情况统计表（表头加盖单位公章）。

（一）封面、格式和签署

1）“密级”标注是否合理。由（主）承研单位视内容按保密要求确定，涉及具体军品型号需求的科研项目，一般定为“秘密”及以上密级；非涉密项目也应标明密级为“非密”。

2）“专业类别”应填写技术基础科研专业类别，如：标准化、计量、科技情报、成果管理与推广、质量与可靠性，环境试验与观测等六大类别。

3）申报单位名称是否是法人单位名称。“（主）承研单位”必须填写单位正式名称，务必与建议书第12部分“（主）承研单位诚信承诺”所盖公章一致；科研项目承研单位必须具备独立法人资格，必须有“企业营业执照或事业单位法人证书”，与军品型号直接相关的，须有“武器装备科研生产许可证”，涉密科研项目，须有相应的“保密资格证书”。“其他资质证书”：“单位资质”栏填写与本专业相关的证书，如计量专业的行政许可证书、“国家/国防/军队实验室认可证书”“计量认证证书”等。

4）《科研项目基本信息表》是否填写完整、正确。“总经费”务必是“申请国拨经费”

与“其他来源经费”之和，“其他经费来源”一般指自筹经费；“建议起止年度”与“实施周期”务必一致，对于经费≥1000万元的重大项目，研究周期可为3~4年，其他项目（如重点项目和一般项目）研究周期一般为2~3年；“项目主要研究内容”要求控制在200字以内，概括项目的主要研究内容。建议分条撰写，并且每一条能与“3研究内容”中的二级标题内容相对应；“项目主要技术指标”要求控制在200字以内，项目相关技术指标（如：测量范围、测量准确度、测量不确定度等）应量化并具有可考核性；“组织申报部门（单位）”填写（主）承研单位归口管理部门（单位）的全称，如：“中国××重工集团公司”；“项目负责人”一般应具有高级及以上技术职称。

5）项目建议书格式是否是现行版本。

6）双面打印、装订、签署、盖章等是否符合要求。正文格式采用小4号宋体，1.5倍行距；幅面采用A4规格纸张，双面打印。正文中非中文字符一律用Times New Roman字体，量的符号（如：扩展不确定度U，频率f等）一律用斜体！封面不盖章，但“12、承研单位诚信承诺”处必须盖法人单位章。

（二）技术基础科研项目建议书主要栏目的编写

项目建议书应在其第一至第七章节提炼编写各章节摘要。摘要应放在每个章节的首段，字数限300字以内，字号与正文相同，字体为楷体。

1．“必要性”是否阐述清楚，是否有说服力

国内外现状和发展趋势要针对项目的主要研究内容和关键技术，不要讲国内外形势和重要性等大道理。需求分析要用事实和数据说话，主要针对项目的应用背景，分析存在的问题和差距，以及当前的问题给装备建设带来的现实和潜在危害。

处理好树木和森林的关系，说明本项目在技术体系中的位置，对于完善技术体系的作用（如标准体系、计量技术体系）。

项目必要性应重点阐述项目研究的背景情况、作用意义、国内外现状和发展趋势，项目提出的任务来源、需解决的问题、原因分析等。至少需明确以下内容：

1）项目研究的背景情况，应阐述相关任务来源和发展需求，国内外现状和发展趋势。

2）目前存在的问题，应阐述科研生产及管理中存在的问题或隐患，以及已经或可能造成的后果，应尽可能定量描述相关问题。

3）针对拟解决的问题阐述项目的作用意义。

4）标准化专业制修订项目，除论述上述必要性外，还应重点分析论述本领域标准体系现状，以及国家标准、国家军用标准、其他行业标准有关情况，并逐项论述标准子项制修订的必要性。

【必要性摘要示例】项目以××为背景（阐述相关任务来源和发展需求，如××型号任务需求或××技术发展需要），目前，出现××科研生产重大问题（或隐患）（尽可能定量说明，并说明问题是已经出现还是预测、推测），已经造成（或可能）××后果（出现了××情况，如影响武器装备使用、影响研制进度、影响推广应用等）。经分析，（可能）是××造成该问题（原因分析），项目完成后可以解决××问题，提高××水平。

2. “研究目标”是否明确

目的：解决什么具体问题。附带意义。

目标：解决问题的程度，达到的水平。

研究目标应说明本项目与论证要点的关系。重点论述以往相关领域科研项目开展情况，对比分析本项目可提升的内容、解决的问题、达到的目标。

标准化专业制修订项目除应论述项目研究目标外，还应逐一论述各标准子项的研究目标。

计量专业的项目应阐述与规划（如《国防科技工业计量能力体系化建设方案》《“十三五”国防军工计量发展指导意见》《国防科工局关于印发国防科技工业强基工程2025的通知》、年度《论证要点》）中有关内容的匹配性。

3. “研究内容”是否清晰

应说明本项目研究开展的工作（包括调研、分析计算、建模、仿真、方案设计、技术设计、施工设计、软件开发、技术引进、采购、加工制作、试验验证、数据整理、分析等工作，包括联合、外协的相关工作）及各项工作的主要内容。

研究内容应围绕研究目标展开、细化到技术层面，逐项说明本项目需重点突破的关键技术，以及围绕研究内容所需开展的具体工作。研究内容应完整、合理、可行，并与研究目标保持一致性。

标准化专业制修订项目应说明拟制修订标准子项的数量，并逐项说明标准子项的类别、适用范围和主要内容。

4. “技术指标”是否可考核

技术指标是研究成果的特征参数。技术指标的确定应与研究内容相协调。硬件研制类项目要明确硬件的性能指标；软件开发类项目要明确软件的主要功能；情报、标准等研究项目要明确研究深度和可使用的程度。

技术指标应完整、量化、可考核，并说明与国外、国内及目前应用指标相比具备的先进性。对产品研发类项目，要明确产品性能指标；对软件开发类项目，要明确软件主要功能；对课题研究类项目，要明确各项研究内容的具体指标和研究深度。

标准化专业制修订项目应逐项论述标准子项的技术指标，主要包括：标准应规定的主要技术内容，需要符合的有关标准编写规定，标准适用范围及应用对象，标准主要征求意见单位的范围等。

5. “经济与社会效益预测”是否具体

经济效益包括直接和间接的效益。社会效益包括军事效益，对舰船军工核心能力建设的作用，对其他军工行业、领域、专业科技进步的推进作用等。应针对应用场合或前景具体描述，避免笼统的套话。

应论述项目完成后所产生的直接经济效益和间接经济效益、社会效益。对于经济效益的预测应说明预测的依据和方法，并尽可能量化。

6. “预期成果及其应用前景”是否明确

应明确项目预期成果的具体形式（样机、样品、专利、论文、报告、标准、标准器具等）及数量，从“管用、可用、实用”等方面论述其推广前景。预期成果主要为论文、报告 等类型的，需提供论文或报告大纲。

（1）预期成果　包括样机、样品、样件、设备或装置、集成验证或演示系统、数据库、标准报批稿、研究报告、工作总结报告，以及专利、（软件）著作权登记等知识产权。说明研究成果的种类、形式、数量，可考核。通常预期成果有：××××标准装置一套；《技术工作总结报告》××份；《国防科技工业科技报告》××篇（研究周期3年以内的至少2篇；4年及以上的至少3篇）；国防军工计量技术规范《×××校准规范（草案）》××份；《建标报告（草案）》××份；申请发明专利××项（及时申请，验收可加分，每项关键技术最好都有发明专利）；核心刊物发表论文××篇；还可包括软件、样机、样品等。

项目成果、技术指标与研究内容应相协调、匹配。

（2）应用前景　说明在本领域及其他行业的具有应用前景的具体场合。不能笼统描述。

7. “可行性分析”是否到位

（1）具备的研究基础　本单位完成的相关内容的研究工作，取得的成果和知识产权、发表的论文等；本单位可利用的外部相关研究进展及成果。上述成果对实施本项目的作用。与本项目无关的研究成果不要赘述。★涉及型号科研或预先研究的项目名称应该写全，不应略写或采取省略的方式描述。★

说明国内外和申报单位已开展的相关科研工作和取得的有关成果（含已掌握的知识产权），及其对本项目的支持作用。

（2）具备的研究条件　具备针对本项目的研究、设计、加工、试验等设施、条件，项目组的优势，特别描述项目负责人的业绩及实施本项目的优势。

应从单位、团队、项目负责人三个层次分别阐述。

1）主承研单位及联合承研单位的基本性质、专业定位（行业地位）、相关科研资质、硬件平台条件、人力资源概况、历史任务情况、前期工作基础情况等，对能否完成项目任务的自我评价。

2）项目团队的专业结构、任务分工、依托平台、能力水平、承担相关科研任务、前期技术积累情况等，对能否组织完成项目研究任务的自我评价。

3）项目负责人的专业能力、学术水平、相关科研成果情况等及自我评价。

（3）技术难点　主要描述项目的关键技术和需要创新的技术。

1）应明确项目需要解决的关键技术和技术难点，并应针对关键技术和技术难点提出拟采取的解决措施和途径。

2）应针对项目研究目标、研究内容提出研究方案，研究方案应提出总体解决思路，论述各可选方案的优缺点，确定最优方案。研究方案应能反映出工作量，且与所申请的经费相匹配。

3）★应针对研究方案进行技术风险分析，并提出应对措施。★

4）涉及流程图、框图的有关内容，应配以文字说明。

8. “主要技术人员”安排是否合理

项目主要负责人的职称（一般应具有高级及以上职称）与本项目研究难度的协调性。研究团队组成的合理性。主要研究人员时间安排同承担其他研究项目的协调性。

主要技术人员应由主承研单位与联合承研单位人员组成。其他单位人员不应作为主要技术人员。主要技术人员承担的任务应与其专业和能力相协调，项目负责人列在第一位，其他人员按承担任务量排序。

9. “联合承担单位”选择是否合理

需要联合攻关的项目，才考虑联合承担。外协加工、检测试验等任务不作为联合承担任务处理。

选择的联合承担单位应在“具备的研究条件”栏说明其承担相应研究内容的优势。

联合研究的项目，应明确主承研单位和联合承研单位分别承担的研究任务及相应的工作内容，并阐述工作接口关系以及分工界面情况。

主承研单位应承担主要研究工作，经费额度应占相对优势比例（二家的占50%以上，三家的起码占45%以上）。

各联合承研单位均应在建议书的11.2（2）“联合承研单位”经费匡算表上加盖公章。

10. “研究周期”安排是否合理

避免存在研究进度安排前松后紧的现象。研究周期同项目的规模、研究内容相协调，考虑技术引进、外协、搭载试验等的风险，避免研究周期过长或过短。零星的标准制修订项目研究周期为1年。

所列出的阶段研究成果应同研究内容、预期成果等内容相协调。

研究周期应明确实施周期需要几年，同时明确起止年份（仅填写到“年”）。

研究周期、进度安排应与研究内容相匹配，第一年研究内容不能太虚，不能没有实质性内容，要明确里程碑节点和阶段性成果。若有联合承研单位参与，应在阶段性成果中予以明确。应进行研究进度风险分析，并提出应对措施。

11. “经费匡算”是否合理

总经费匡算包括国拨和自筹经费。自筹经费要分摊到成本项目。自筹经费要说明经费来源。如有联合承担单位，其经费应分摊到承办项目，并分清国拨和自筹。如有子项，子项的经费应分摊到成本项目，并分清国拨和自筹。

尽量避免经费自筹。本单位为本项目的投入可列入“具备的研究条件”栏。

科研项目经费概算的构成及计算方法严格执行《国防科技工业科研经费管理办法》（财防［2019］12号），并应特别注意以下各项。

1）专用费：通常专用费不宜过高，以买设备为主的科研项目建议申请条件建设渠道的经费。“专用费”和“材料费”的金额应与“仪器设备”表和“主要材料”表相一致。一般项目专用费应控制在20%~30%以内。

2）固定资产折旧费：凡使用国防科技工业某科研项目下的科研经费和国家专项基建技改投资购置建设的设备仪器和房屋建筑物，在该项目研制期内不得包括其固定资产折旧费。

3）工资及劳务费：允许有事业费拨款的科研单位在计价成本中合理计列工资及劳务费。劳务费由项目承担单位参照当地科学研究和技术服务人员平均工资水平，按照参与项目研究人员在项目研究中承担的工作任务据实核算。

4）管理费：应分别按研制类项目、技术类项目、研究类项目，分类进行计列。

5）不可预见费：研制周期超过24个月并且项目预计成本超过500万元的研制类项目和技术类项目方可计列。

经费的年度分配应与研究内容的进度安排相适应，建议书中“11、经费匡算表”中纵横数据一致。

《国防科技工业科研经费管理办法》（财防［2019］12号）所界定的国防科技工业科研经费，是指与国防科技工业研究开发活动直接相关的各类科研经费，包括中央财政拨款和项目承担单位自筹资金两部分。

财防［2019］12号文件明确规定，根据国防科技工业科研项目任务内容、成果形式以及经费使用特点等，按研制类项目、技术类项目、研究类项目，分类实行经费管理。科研项目概算包括项目预计成本、不可预见经费和项目预计收益。

项目预计成本是指在研究开发过程中预计必须发生的成本费用，包括材料费、专用费、外协费、燃料动力费、事务费、固定资产折旧费、管理费、工资及劳务费。

1）材料费是指在项目研究开发过程中必须使用的各种外购原材料、辅助材料、成品（含嵌入式软件）、半成品、储存器、元器件、陪试品和专用低值易耗品等所需费用，包括购买价款和运输、保险、装卸、筛选、整理、质保、废品损失等费用，以及相关税费。计算材料费时，可适当考虑受订货起点限制所增加并且应在该项目科研经费中分担的费用。

2）专用费是指在项目研究开发过程中必须发生的专用工具软件费、技术引进费、专用工艺装备费、随产品交付的专用测试仪器设备购置费、知识产权使用费以及经国防和军队有关部门认可的保险费等。

① 专用工具软件费是指项目研究开发过程中确需购买（含软件升级）或租用，作为工具使用的计算机程序、规程、规则，以及与之有关的文件所需的费用。

② 技术引进费是指从国外获得用于产品设计资料和相应的样品样机，以及工艺流程、材料配方、检验方法等方面的技术资料或技术服务所需的费用。

③ 专用工艺装备费是指为项目研制进行工艺组织所发生的费用。包括：工艺规程制定费、专用工艺研究费、工艺装备购置费。设计定型前的专用工艺装备费可直接列入科研项目成本，试生产阶段的专用工艺装备费在科研成本和生产成本中各分摊50%。

④ 随产品交付的专用测试仪器设备购置费是指产品交付时确需附带的专用测试仪器、设备费用，包括购置费、运输费、安装调试费。

⑤ 知识产权使用费是指依据国家有关法律法规，应当向知识产权权利人支付的费用，具体按照国家有关规定执行。

⑥ 保险费是指项目承担单位通过投保方式分散国防科技工业科研活动风险而支付的费用。民用航天科研项目专用费中可计列航天发射阶段保险费；民用飞机及发动机科研项目专用费中可计列示范运营阶段保险费。

3）外协费是指在项目研究开发过程中，项目承担单位由于自身的技术、工艺和设备等条件限制，必须由外单位进行研制、研究、设计、加工、检测、软件评测、试验等所需的费用。

项目承担单位应加强外协费管理，并制定相关制度。项目承担单位内部研究机构、车间、独立核算的非法人单位之间协作的科研任务所发生的费用，不得作为外协费计列。不承担科研任务的总（主）承包单位安排给所属法人单位（含控股公司）的科研任务所需经费不得作为外协费计列。

4）燃料动力费是指在项目研究开发过程中直接消耗且可以单独计算的水、电、气、燃料等费用。燃料动力费根据批准的科研任务明确的产品和部件数量、试验次数，以及消耗标准和价格计列，不包括单位日常运行所发生的间接同类费用。

5）事务费是指在项目研究开发过程中必须发生的会议费、差旅费和专家咨询费。

① 会议费是指在项目研究开发过程中组织开展学术研讨、咨询、评审以及项目协调等活动发生的会议场所租赁费、租车费、资料费、伙食费、住宿费、交通费等。

② 差旅费是指在项目研究开发过程中需要开展科学实验（试验）、科学考察、业务调研、学术交流等而发生的国内外差旅费，包括交通费、住宿费、伙食补贴费等。

③ 专家咨询费是指在项目研究开发过程中一次性支付给外单位专家的评审咨询费用。财政部于 2017 年 9 月 4 日发布了《中央财政科研项目专家咨询费管理办法》（财科教〔2017〕128 号），文件规定：高级专业技术职称人员的专家咨询费标准为（1500~2400）元/人天（税后）；其他专业人员的专家咨询费标准为（900~1500）元/人天（税后）。院士、全国知名专家，可按照高级专业技术职称人员的专家咨询费标准上浮 50%执行。专家咨询活动主要有会议、现场访谈或者勘察、通信三种形式。会议形式组织的咨询是指通过召开专家参加的会议，征询专家的意见和建议；现场访谈或者勘察形式组织的咨询是指通过组织现场谈话或者查看实地、实物、原始业务资料等方式征询专家的意见和建议；通信形式组织的咨询是指通过信函、邮件等方式征询专家的意见和建议。

财防［2019］12 号文件明确规定，事务费按项目类别分类计列：

研制类项目和技术类项目的事务费以材料费、专用费、50%外协费三项之和为基数，按不超过表 16-2 所列比例超额累退计算。

研究类项目的事务费以材料费、专用费、50%外协费、工资及劳务费四项之和为基数，按不超过表 16-3 所列比例超额累退计算。

表 16-2 研制类项目和技术类项目事务费计算比例表

序号	材料费、专用费、50%外协费之和/万元	事务费		序号	材料费、专用费、50%外协费之和/万元	事务费	
		研制类项目	技术类项目			研制类项目	技术类项目
1	50 以下(含)	13%	18%	5	1000~2000(含)	6.5%	12.5%
2	50~200(含)	12%	17%	6	2000~5000(含)	4.5%	8.5%
3	200~500(含)	11%	16%	7	5000~10000(含)	4%	8%
4	500~1000(含)	7%	13%	8	10000 以上	2%	4%

表 16-3 研究类项目事务费计算比例表

序号	材料费、专用费、50%外协费、工资及劳务费之和/万元	研究类项目事务费	序号	材料费、专用费、50%外协费、工资及劳务费之和/万元	研究类项目事务费
1	200(含)以下	35%	4	2000~5000(含)	24%
2	200~1000(含)	30%	5	5000~10000(含)	20%
3	1000~2000(含)	28%	6	10000 以上	15%

6）固定资产折旧费是指在项目研究开发过程中直接用于科研活动的固定资产应计列的折旧。固定资产折旧按照项目承担单位所执行的财务会计制度有关规定计列；采取加速折旧的，应调整为按正常折旧年限计提折旧后计列。

7）管理费是指在项目研究开发过程中直接发生的管理性支出，以及分摊转入的研制费用（或制造费用）及管理费用等。

研制类项目的管理费按不超过材料费、专用费、50%外协费、燃料动力费、事务费、固定资产折旧费六项之和的12%计列。

技术类项目的管理费按不超过材料费、专用费、50%外协费、燃料动力费、事务费、固定资产折旧费六项之和的15%计列。

研究类项目的管理费按不超过材料费、专用费、50%外协费、燃料动力费、事务费、固定资产折旧费、工资及劳务费七项之和的20%计列。

8）工资及劳务费是指在项目研究开发过程中，项目承担单位支付给参与项目研究的本单位职工的工资、奖金、津贴、补贴等工资性支出以及支付给参与项目研究的其他人员的劳务费用。

9）不可预见费是指为应对研究开发过程中可能出现的不可预见因素而预留的费用。研制周期超过24个月且项目预计成本超过500万元的研制类和技术类项目方可计列。不可预见费根据科研项目预计成本，按不超过表16-4所列比例超额累退计算。

表16-4 不可预见费计算比例表

序号	预计成本/万元	计算比例	序号	预计成本/万元	计算比例
1	500~1000(含)	3%	3	3000~10000(含)	1%
2	1000~3000(含)	2%	4	10000以上	0.8%

10）项目预计收益是指项目承担单位完成科研项目预计获得的利润。预计收益按项目预计成本扣除材料费中的外购成品费、专用费及外协费后的5%计列。

二、《国防科技工业技术基础科研项目建议书》格式

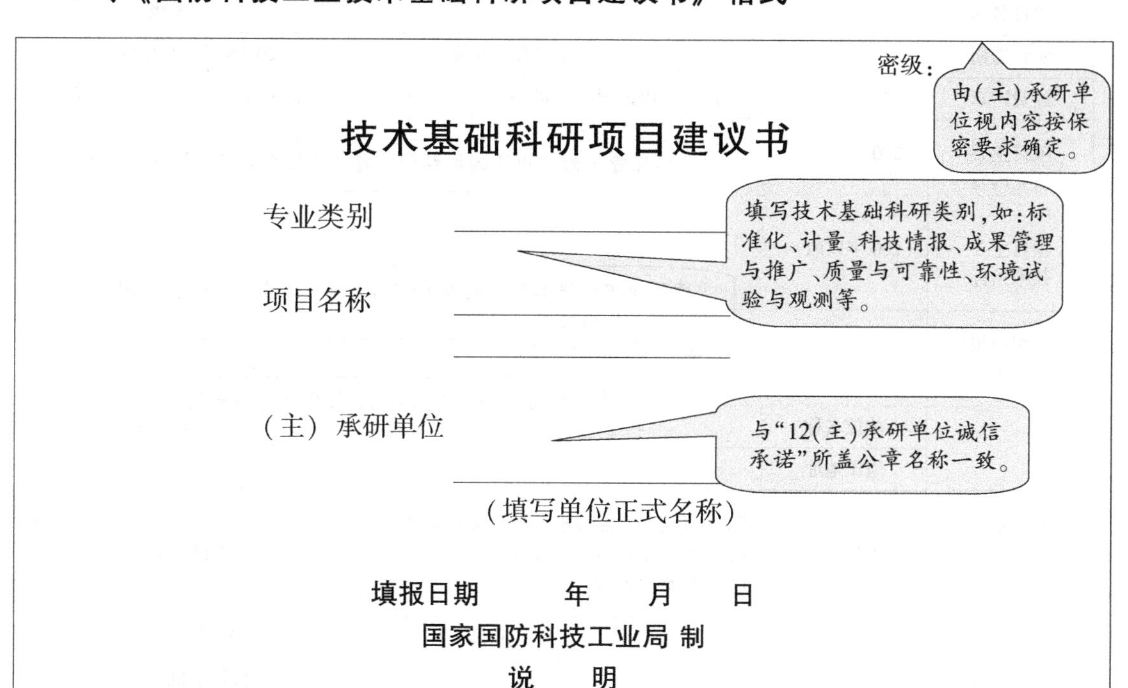

密级：

由(主)承研单位视内容按保密要求确定。

技术基础科研项目建议书

专业类别 ________

填写技术基础科研类别，如：标准化、计量、科技情报、成果管理与推广、质量与可靠性、环境试验与观测等。

项目名称 ________

____

（主）承研单位

与“12(主)承研单位诚信承诺”所盖公章名称一致。

____

（填写单位正式名称）

填报日期　　年　　月　　日

国家国防科技工业局 制

说　明

1. 封面“密级”由（主）承研单位视内容按保密要求确定；“专业类别”是指标准化、计量、科技情报、成果管理与推广、质量与可靠性、环境试验与观测等六大类别；“（主）承研单位”填写单位正式名称，与本建议书第12部分“（主）承研单位诚信承诺”所盖公章一致，每个项目只应填报一家（主）承研单位。

2. 科研项目基本信息表由（主）承研单位填写，其中“总经费”为“申请国拨经费”与“其他来源经费”之和，“主管部门”填写（主）承研单位归口管理部门（单位）的全称，包括教育部、中国科学院、各省（自治区、直辖市）国防科技工业主管部门、中央直属企事业单位、中国工程物理研究院等。

3. 本建议书第1至第12部分由（主）承研单位填写；第13部分“有关部门（单位）意见”由组织本项目申报的有关部门（单位）技术基础管理部门填写，工信部直属单位和国防科工局局管单位不填写本部分；第14部分“项目评估（审）意见”和第15部分“评估（审）组成员名单”由评估（审）组填写，当“主审”和“评估（审）组组长”为同一人时，需分别签名。

4. 若本项目包含子项目，须另附各子项目建议书，同时在本建议书第3部分“主要研究内容”中应说明子项目数量及各子项目主要研究内容，在第4部分“主要技术指标”中应说明各子项目主要技术指标，在第11.2部分“承研单位经费匡算”中按承研单位分别填写经费匡算，在第11.3部分“子项目经费匡算”中按子项目进行经费匡算。

5. 第8部分“主要技术人员”可填写多人，项目负责人列在第1位，其他人员按承担任务量排序，项目负责人应为项目研究的主要承担人，也是项目评审或审查时的主要答辩人。

6. 第9部分“联合承研单位”中所列单位应满足三方面要求：有任务，联合承研单位需承担项目中相对完整的部分研究内容；有经费，第11部分“经费匡算”中应明确联合承研单位的经费匡算；有人员，第8部分“主要技术人员”中应明确联合承研单位的人员。

7. 本建议书填写要字迹工整，语言简练，内容准确；正文格式采用小4号宋体，1.5倍行距；幅面采用A4规格纸张，双面打印。

科研项目基本信息表

项目名称					密级	
实施周期			建议起止年度		20××年—20××年	
经费匡算	总经费	万元	申请国拨经费	万元	其他来源经费	万元
项目主要研究内容	（200字以内）					
项目主要技术指标	（200字以内）					
组织申报部门(单位)						
(主)承研单位基本信息	单位名称					
	通讯地址				邮编	
	单位资质	□ 企业营业执照或事业单位法人证书 □ 武器装备科研生产许可证 □ 其他资质证书：			□ 保密资格证书	
项目负责人基本信息	姓名		年龄		职称/职务	
	专业/学位				电话/手机	

“总经费”为“申请国拨经费”与“其他来源经费”之和。

填写组织申报本项目的有关部门（单位）全称，如：中国××××集团公司。

填写完整的单位名称，与公章名称一致。

1　必要性（进行项目需求分析，说明国内外现状和发展趋势。）

1）本项目的研究背景、作用意义；2）国内外现状和发展趋势；3）存在的主要问题和差距。

2 研究目标（说明本项目的研究目的和主要目标。）

3 研究内容（说明本项目主要研究内容。当本项目包含子项目时，须在本部分说明子项目数量和各子项目主要研究内容。）

应逐条说明本项目研究所需开展的工作（例如调研、试验、专题研究、软硬件研发等可以产生可考核研究成果的工作），以及各项研究工作的主要内容（例如试验工作中试验项目）。提出的研究内容要具体、明确。

4 技术指标（对应研究内容，逐项说明技术指标。当本项目包含子项目时，应说明各子项目技术指标。）

技术指标应是对研究内容的具体化和量化，具备可考核性。对产品研发类项目（例如测量装置），要明确产品性能指标；对软件开发类项目，要明确软件主要功能；对软科学研究类项目，要明确各项研究内容的具体指标和研究深度。

5 经济与社会效益预测

对于经济效益的预测，应说明预测的依据和方法并尽量量化。

6 预期成果及其应用前景

6.1 预期成果（包括样机、样品、样件、设备或装置、集成验证或演示系统、数据库、标准、研究报告、论文、工作总结报告，以及专利、（软件）著作权登记等知识产权。）

必须明确各项研究内容的最终成果形式和数量。

6.2 应用前景

应说明成果预期的应用范围、方式等。

7 可行性分析

7.1 具备的研究基础［说明国内外和申报单位已开展的相关科研工作和取得的有关成果（含已掌握和知识产权），及其对本项目的支持作用。］

7.2 具备的研究条件（针对本项目从硬件、软件、资源等方面予以说明。）

应阐明具体的科研条件和保障措施。

7.3 技术难点

应针对存在的技术难点提出拟采取的解决措施，重点写需自主创新研究工作。

8 主要技术人员

姓名	单位	职称	职务	从事专业	承担的主要任务

主要技术人员承担的任务应与其专业和能力协调，项目负责人列在第一位，其他人员按承担任务量排序。项目负责人应为项目研究的主要承担人，也是项目评审或审查时的主要答辩人。

9　联合承研单位（可填写多个单位，按拟承担任务量排序，联合承研单位不包括外协单位）

联合承研单位	需要承担的任务

"联合承研单位"中所列单位应满足三方面要求：有任务，联合承研单位需承担项目中相对完整的部分研究内容；有经费，第11部分"经费匡算"中应明确联合承研单位的经费匡算；有人员，第8部分"主要技术人员"中应明确联合承研单位的人员，主要技术人员承担的任务应与其专业和能力协调，项目负责人列在第一位，其他人员按承担任务量排序。项目负责人应为项目研究的主要承担人，也是项目评审或审查时的主要答辩人。

10　研究周期（说明该项目实施周期需要几年，同时提出建议起止时间，明确主要阶段成果的完成时间。）

研究周期：×年

建议起止时间：　20××年 1 月——20××年 12 月

时间	阶段性成果

应进行研究进度风险分析。

11　经费匡算：（单位：万元）

11.1　项目总经费匡算

技术基础科研项目经费的列支范围仅包括表中的 10 类费用，项目成本及其构成比例应严格按照财防［2019］12 号文的规定。

年度	材料费	专用费	外协费	燃料动力费	事务费	固定资产折旧费	管理费	工资及劳务费	不可预见费	项目预计收益	合计	
											国拨	其他来源
总计												

本栏应由本单位主管财务的领导签署意见，并签字。

总经费　万元。其中：申请国拨　万元，其他来源经费　万元。
其他来源经费说明：
本项目共有　个联合承研单位。本项目共包含　个子项目。

（主）承研单位主管财务领导：（签字）
年　月　日

11.2　承研单位经费匡算

（1）主承研单位：

若有联合承研单位，需分列经费，（主）承研单位和联合承研单位的同栏目经费之和应等于"11.1 项目总经费匡算"中的对应栏目经费。

年度	材料费	专用费	外协费	燃料动力费	事务费	固定资产折旧费	管理费	工资及劳务费	不可预见费	项目预计收益	合计	
											国拨	其他来源
总计												

总经费　万元。其中：申请国拨　万元，其他来源经费　万元。　其他来源经费说明：

（2）联合承研单位：××××（按单位分列）

年度	材料费	专用费	外协费	燃料动力费	事务费	固定资产折旧费	管理费	工资及劳务费	不可预见费	项目预计收益	合计	
											国拨	其他来源
总计												
总经费　　万元。其中：申请国拨　　万元，其他来源经费　　万元。其他来源经费说明：												

注：1. 承研单位分为主承研单位和联合承研单位时，填写本部分。
2. 联合承研单位超过1个时，可按本部分格式另附页。

11.3　子项目经费匡算

项目名称	材料费	专用费	外协费	燃料动力费	事务费	固定资产折旧费	管理费	工资及劳务费	不可预见费	项目预计收益	合计	
											国拨	其他来源
总计												

注：1. 项目包含子项目时，填写本部分。
2. 子项目超过10个时，可按本部分格式另附页。

11.4　仪器设备：

（需从“专用费”中开支购置的全部仪器设备及外购成品）

名称	型号	数量	生产厂	经费(万元)
经费合计				
备注				

11.5　主要材料：

（需从“材料费”中开支购置的主要材料）

名称	牌号	单价	数量	生产厂
经费合计				
备注				

12　（主）承研单位诚信承诺（基本要求）

本单位已组织项目负责人和有关人员认真学习了《国防科工局技术基础科研管理办法》和其他相关文件，本建议书的填写严格执行了有关规定和要求，并郑重承诺：

本项目申报渠道唯一，拟开展的研究内容未曾列入国家或军队等其他科研计划；申报材料真实、可靠。若承诺不实或违背承诺，我单位将承担相应责任并接受相关处罚。

其他应说明的问题：（若没有其他应说明的问题，请填写"无"）

若科研经费中包含自筹经费，应承诺"本项目自筹经费可落实"；若有重大保障条件，应承诺"本项目保证及时落实重大保障条件"。

单位负责人：（签名并加盖公章）

年 月 日

13 有关部门（单位）意见

（工信部直属单位和国防科工局局管单位不填写本部分）

集团主管部门，如中国××××集团公司××××部须签署明确意见。

年 月 日

（加盖有关部门（单位）技术基础管理部门公章）

14 项目评估（审）意见：

填写内容应包括评估（审）结论、修改意见、不予立项理由等。

主审： 评估（审）组组长：

年 月 日

15 评估（审）组成员名单

姓 名	单 位	专 业	职 称	签 字

三、《国防科技工业技术基础科研项目建议书》形式审查内容及要求

为进一步规范国防科工局技术基础科研项目管理，加强科研项目立项论证指导，提高科研立项论证质量，依据《国防科工局技术基础科研管理办法》（科工技〔2010〕262号）和《国防科技工业科研经费管理办法》（财防〔2019〕12号），国防科工局于2016年3月专门发布了《国防科工局技术基础科研项目建议书形式审查内容及要求》（科工技〔2016〕260号），细化明确了项目建议书形式审查的主要内容和具体要求。并将据此开展技术基础科研项目建议书形式审查工作，严格把关，以确保项目建议书质量。

形式审查的主要目的是确保科研项目申报渠道的正确性、申报材料的完整性、申报手续的完备性、与论证要点的符合性、经费匡算的规范性、承研单位资质的合格性等，维护科研项目立项的严肃性和权威性。形式审查由国防科工局科技与质量司负责组织。

1）申报材料须通过（主）承研单位主管部门（单位）向国防科工局申报。主管部门（单位）主要包括国务院有关部门（单位）、地方国防科技工业管理部门、军工集团公司、中国工程物理研究院等中央企事业单位。工业和信息化部所属高校和单位、国防科工局所属单位等有关单位直接向国防科工局申报。

2）申报材料包括立项申请正式文件、项目汇总表、项目建议书（一式三份）及相关电

子文档。申报材料须符合《国防科工局技术基础科研管理办法》等规定的格式要求，项目建议书内容填写规范、不得遗漏，双面打印、不得缺页。

3）项目建议书中项目名称、（主）承研单位、研究周期、项目负责人、经费匡算、项目密级等须与立项申请正式文件随附件的项目汇总表有关内容一致。

4）项目建议书“经费匡算”栏须由（主）承研单位财务主管领导签名，“（主）承研单位诚信承诺”栏由（主）承研单位主要领导签名并加盖公章，“有关部门（单位）意见”栏须由主管部门（单位）的相关业务管理部门签署意见并加盖公章。

5）科研项目须符合本年度技术基础科研项目论证要点明确的方向。项目建议书“必要性”栏须阐明拟解决的重大问题。

6）科研项目经费匡算须严格符合《国防科技工业科研经费管理暂行办法》有关规定和要求。其中，管理费不得超过项目成本总额的8%，子项目经费之和须与总经费一致。

7）科研项目承研单位须具备独立法人资格，以及与项目密级相应的保密资质，“科研项目基本信息表”中须如实填写（主）承研单位具备的资质。

8）联合承研的科研项目，项目建议书“主要技术人员”栏须明确联合承研单位参研人员，“联合承研单位”栏须明确联合承研单位申请的经费，各单位经费之和与项目总经费一致。

9）标准化专业标准研制类项目须随附标准初稿。成果管理与推广专业的成果推广类项目，须由成果持有单位与成果应用单位联合申报。

10）违反国防科工局科研管理有关规定，处于处罚期内的单位，不得申报技术基础科研项目。

不符合1）、10）中任意条款的科研项目建议书不得通过形式审查，终止项目立项。

《技术基础科研项目建议书形式审查表》格式详见表16-5。

表16-5 技术基础科研项目建议书形式审查表

项目名称： 审查人： 审查时间：

审查内容	具体要求及标准	审查结论
申报渠道的正确性	申报材料由(主)承研单位主管部门(单位)申报。工业和信息化部所属高校和单位、国防科工局所属单位等相关单位直接向国防科工局申报	□
申报手续的完整性	申报材料包括立项申请正式文件、项目汇总表、项目建议书(一式三份)及相关电子文档	□
	申报材料符合《国防科工局技术基础科研管理办法》等规定的格式要求	□
	项目建议书内容填写规范、不得遗漏、双面打印、不得缺页少页	□
	项目建议书中项目名称、(主)承研单位、研究周期、项目负责人、经费匡算、项目密级与立项申请正式文件随附的项目汇总表有关内容一致	□
	联合承研的科研项目,项目建议书“主要技术人员”栏须明确联合承研单位参研人员,“联合承研单位”栏须明确联合承研单位承担的任务	□
	标准研制类项目须随附标准初稿,标准初稿须内容全面、清晰准确。成果管理与推广专业的成果推广类项目,须由成果持有单位与成果应用单位联合申报	□
申报手续的完备性	项目建议书“经费匡算”栏须由(主)承研单位财务主管领导签名	□
	“(主)承研单位诚信承诺”栏须由(主)承研单位主要领导签名并加盖公章	□
	“有关部门(单位)意见”栏须由主管部门(单位)的相关业务管理部门签署意见并加盖公章	□

（续）

审查内容	具体要求及标准	审查结论
与论证要点的符合性	科研项目须符合国防科工局印发的技术基础科研项目论证要点明确的方向	□
	项目建议书“必要性”栏须阐明拟解决的重大问题	□
经费匡算的规范性	科研项目经费匡算须严格符合《国防科技工业科研经费管理暂行办法》有关规定和要求。其中，管理费是否按研制类项目、技术类项目、研究类项目分类计列	□
	联合承研的科研项目，“经费匡算”栏须明确联合承研单位申请的经费	□
	各子项目经费之和须与总经费一致，各单位经费之和与项目总经费一致	□
承研单位资质的合规性	科研项目承研单位须具备独立法人资格，以及与项目密级相应的保密资质	□
	项目建议书“科研项目基本信息表”中须如实填写（主）承研单位具备的资质	□
审查结论	符合以上全部要求，形式审查通过	□
	不符合以上任一要求，形式审查不通过	□

注：审查符合要求的，在“审查结果”栏的“□”内打√；不符合要求打×。

四、《国防科技工业技术基础科研项目任务书》格式及编写要求

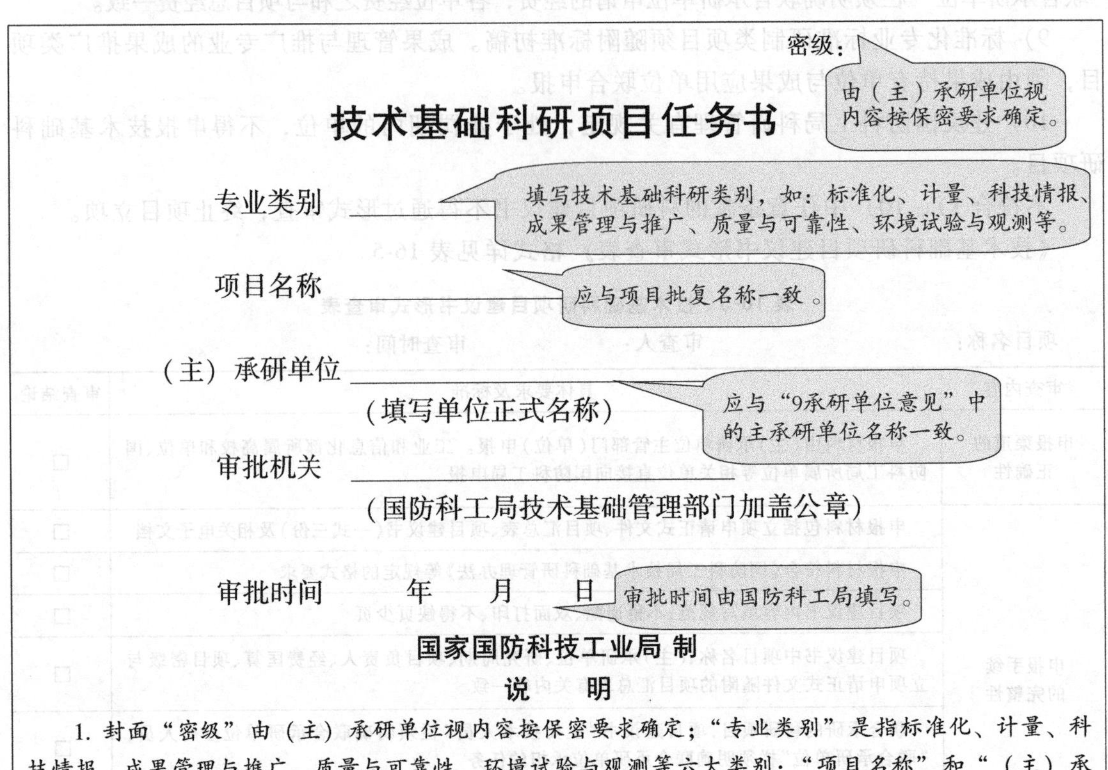
密级：

由（主）承研单位视内容按保密要求确定。

技术基础科研项目任务书

专业类别

填写技术基础科研类别，如：标准化、计量、科技情报、成果管理与推广、质量与可靠性、环境试验与观测等。

项目名称

应与项目批复名称一致。

（主）承研单位

（填写单位正式名称）

应与“9承研单位意见”中的主承研单位名称一致。

审批机关

（国防科工局技术基础管理部门加盖公章）

审批时间　　年　　月　　日

审批时间由国防科工局填写。

国家国防科技工业局 制

说　明

1. 封面“密级”由（主）承研单位视内容按保密要求确定；“专业类别”是指标准化、计量、科技情报、成果管理与推广、质量与可靠性、环境试验与观测等六大类别；“项目名称”和“（主）承研单位”填写立项批复文件确定的项目名称和单位名称；“审批机关”和“审批时间”由国防科工局填写。

2. 本任务书第1至第9部分由（主）承研单位填写，当项目有联合承研单位时，第9部分“承研单位意见”由主承研单位和联合承研单位填写；第10部分“有关部门（单位）意见”由组织本项目申报的有关部门（单位）的技术基础管理部门填写，工信部直属单位和国防科工局局管单位不填写本部分。

3. 若本项目包含子项目，在本任务书第2部分“研究内容”中应说明子项目数量及各子项目的主要研究内容，在第3部分“技术指标”中应说明各子项目技术指标，在第8.2部分“承研单位经费”中按承研单位分别填写经费，在第8.3部分“子项目经费”中按子项目分别填写经费。

4. 第6.1部分“单位分工”中，（主）承研单位列在第1位。若有其他联合承研单位，按承担任务量排序，所列联合承研单位应满足三方面要求：有任务，联合承研单位需承担项目中相对完整的部分研究内容；有经费，第8部分“经费”中应有联合承研单位的经费预算；有人员，第6.2部分“主要技术人员分工”中应有联合承研单位人员的分工。

5. 第6.2部分“主要技术人员分工”可填写多人，项目负责人排在第1位，其他人员按承担任务量排序，项目负责人应为项目研究的主要承担人，也是项目评审或审查时的主要答辩人。

6. 本任务书填写要字迹工整，语言简练，内容准确；正文格式采用小4号宋体，1.5倍行距；幅面采用A4规格纸张，双面打印。

1　任务来源（说明项目立项批复的文件号和批复的主要内容）

> 应准确填写国防科工局立项批复的文件名称和文件号。

2　研究内容（说明可检查、验收、评定的研究内容。当本项目包含若干子项目时，须在本栏说明子项目数量和各子项目主要内容）

3　技术指标（对应研究内容，逐项说明技术指标。当本项目包含若干子项目时，应说明各子项目的技术指标）

> 应根据立项批复、项目建议书及其评估（审）意见进行完善。

4　实施途径

> 应明确相应的技术方案，详细阐明技术路径，说明技术难点及采取的解决措施。对涉及多个单位，组织管理难度大的项目，还应提出相应的组织管理方案。对技术难度大的项目，要进行风险分析与评估，提出控制措施。

5　预期成果（应明确验收、鉴定时可检查的硬件、软件、报告的最终形式和数量。成果包括样机、样品、样件、设备或装置、集成验证或演示系统、数据库、标准、论文、研究报告、工作总结报告以及专利（软件）著作权登记等知识产权。）

> 应根据立项批复、项目建议书及其评估（审）意见进行完善。

6　任务分工

6.1　单位分工

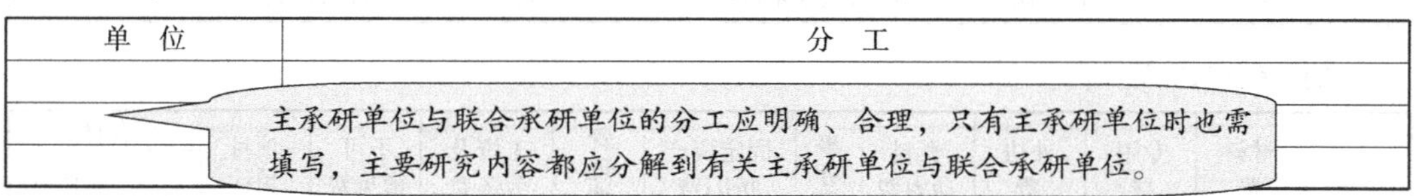

单　位	分　工

6.2　主要技术人员分工

姓　名	单　位	职　称	职　务	从事专业	承担的主要任务

> 主要参加人员的分工明确、合理。主要研究内容都应分解到有关技术人员。

7 研究进度

（明确项目研究的起止时间，以及各阶段成果的完成时间。）

起止时间：20××年 1 月——20××年 12 月

时间	阶段性成果

应根据立项批复合理安排研究进度，所有最终成果及其阶段性成果应合理反映。

8 经费（单位：万元）

应根据立项批复合理安排经费。

8.1 项目总经费

年度	材料费	专用费	外协费	燃料动力费	事务费	固定资产折旧费	管理费	工资及劳务费	不可预见费	项目预计收益	合计	
											国拨	其他来源
总计												

本栏应由本单位主管财务的领导签署意见，并签字。

总经费　　万元。其中：国拨　　万元，其他来源经费　　万元。其他来源经费说明：

本项目共有　　个联合承研单位。本项目共包含　　个子项目。

（主）承研单位主管财务领导：

年　　月　　日

8.2 承研单位经费

应根据立项批复合理安排经费。

（1）（主）承研单位：

年度	材料费	专用费	外协费	燃料动力费	事务费	固定资产折旧费	管理费	工资及劳务费	不可预见费	项目预计收益	合计	
											国拨	其他来源
总计												

总经费　　万元。其中：国拨　　万元，其他来源经费　　万元。其他来源经费说明：无。

（2）联合承研单位：

年度	材料费	专用费	外协费	燃料动力费	事务费	固定资产折旧费	管理费	工资及劳务费	不可预见费	项目预计收益	合计	
											国拨	其他来源
总计												

总经费　　万元。其中：国拨　　万元，其他来源经费　　万元。其他来源经费说明：

注：1. 承研单位分为主承研单位和联合承研单位时，填写本部分。

2. 联合承研单位超过 1 个时，可按本部分格式另附页。

8.3　子项目经费

应根据立项批复合理安排经费。

（1）子项目1：××××

年度	材料费	专用费	外协费	燃料动力费	事务费	固定资产折旧费	管理费	工资及劳务费	不可预见费	项目预计收益	合计	
											国拨	其他来源
总计												
总经费：　　万元				其他来源经费说明：								

（2）子项目2：××××

年度	材料费	专用费	外协费	燃料动力费	事务费	固定资产折旧费	管理费	工资及劳务费	不可预见费	项目预计收益	合计	
											国拨	其他来源
总计												
总经费：　　万元				其他来源经费说明：								

注：1. 项目包含子项目时，填写本部分。
　　2. 子项目超过10个时，可按本部分格式另附页。

8.4　仪器设备（需从“专用费”中开支购置的全部仪器设备及外购成品）

名称	型号	数量	生产厂	经费(万元)
经费合计				
备注				

8.5　主要材料（需从“材料费”中开支购置的主要材料）

名称	牌号	单价	数量	生产厂
经费合计				
备注				

9 承研单位意见

应填写明确意见。（主）承研单位和联合承研单位必须都加盖公章。

年 月 日（加盖（主）承研单位公章）

年 月 日（加盖（主）承研单位公章）

10 有关部门（单位）意见

集团主管部门，如中国××××集团公司××××部须签署明确意见。

年 月 日

（加盖有关部门（单位）技术基础管理部门公章）

五、《国防科技工业技术基础科研项目验收报告》格式及编写要求

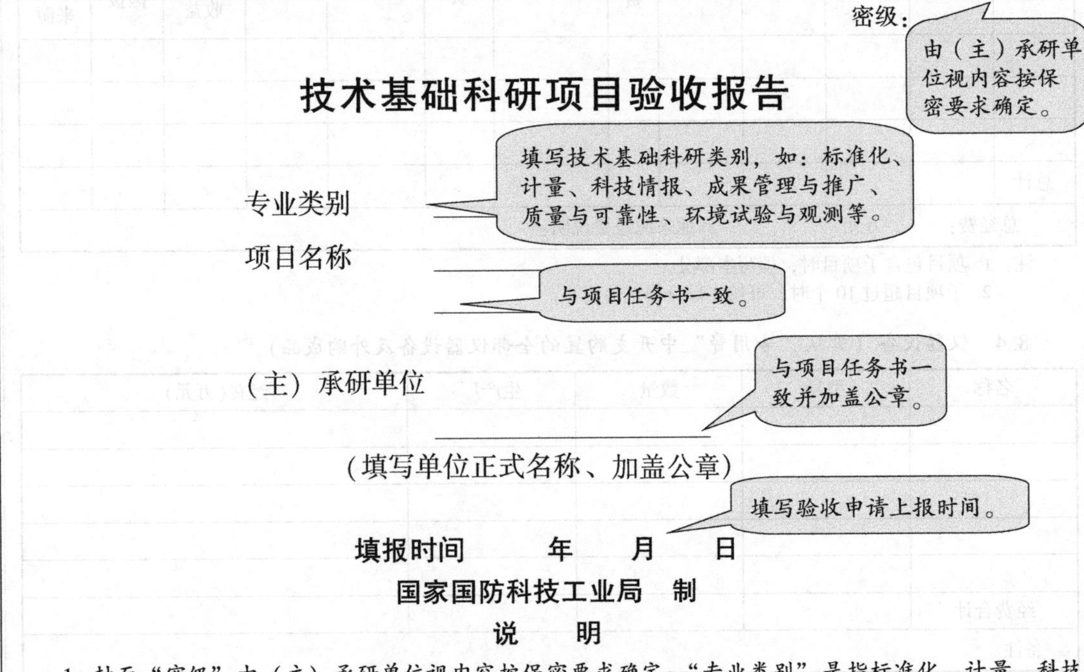

密级：

由（主）承研单位视内容按保密要求确定。

技术基础科研项目验收报告

专业类别

填写技术基础科研类别，如：标准化、计量、科技情报、成果管理与推广、质量与可靠性、环境试验与观测等。

项目名称

与项目任务书一致。

（主）承研单位

与项目任务书一致并加盖公章。

（填写单位正式名称、加盖公章）

填写验收申请上报时间。

填报时间 年 月 日

国家国防科技工业局 制

说 明

1. 封面“密级”由（主）承研单位视内容按保密要求确定；“专业类别”是指标准化、计量、科技情报、成果管理与推广、质量与可靠性、环境试验与观测等六大类别；“项目名称”和“（主）承研单位”填写任务书确定的项目名称和单位名称；填报时间填写验收申请上报时间。

2. 本验收报告第8部分由有关部门（单位）技术基础管理部门填写；第7.2、7.3、9、10部分由验收评审组填写，当“主审”和“评估（审）组组长”为同一人时，需分别签名；其他部分由（主）承研单位填写。

3. 本验收报告的第1.1部分“项目来源”需填写本项目的立项批复文号、任务书下达文号及项目计划编号。

4. 本验收报告第2部分“工作内容与过程”需详细说明项目各重要节点的工作过程和主要工作内容。

5. 本验收报告第3部分“研究成果”填写项目研制周期内研究成果的成果形式、知识产权及权益所有人情况，同时总结项目研究成果的技术进步点。

6. 本验收报告第4部分“知识产权管理及成果转化情况”填写项目研究成果的知识产权管理及应用情况、成果实施转化情况和效益分析。

7. 第5部分“承研单位及承担的任务”填写的承研单位及其任务应与任务书中一致。

8. 第6部分“项目主要参加人名单”可填写多人，项目负责人列在第1位，其他人员按对项目的实际贡献排序，项目负责人应为项目验收的主要答辩人。

9. 第7部分“技术资料”中应列明提交验收的所有资料清单。

10. 评审验收组成员中不得包含项目（主）承研单位人员和项目主要参加人员，评审验收组组成不得少于7人，且应全部为副高级以上（含）职称，资料审查组人员组成不得少于3人。

11. 本验收报告填写要字迹工整，语言简练，内容准确；正文格式采用小4号宋体,1.5倍行距；幅面采用A4规格纸张，双面打印。

1　项目来源、目的和用途

1.1　项目工作内容

（填写本项目的立项批复文件号、任务书下达文号及项目计划编号）

1.2　研究目的

1.3　研究用途

2　工作内容及过程

2.1　项目工作内容

2.2　项目工作过程

3　研究成果

3.1　成果形式

（详细说明本项目研究成果的形式、知识产权及权益所有人情况）

研究成果包括样机、样品、样件、设备或装置、集成验证或演示系统、数据库、标准、论文、研究报告以及专利、（软件）著作权登记等知识产权。

3.2　技术进步点

（说明本项目研究成果的技术进步点）

3.3　试用和应用情况

（说明本项目研究成果的试用和应用情况）

4　知识产权管理及成果转化情况

4.1　知识产权管理情况

（说明本项目研究成果的知识产权管理及应用情况）

如有知识产权，应在此处说明知识产权创造、运用、保护和管理情况，并列出申请和授权的知识产权清单；否则填“无”。

4.2 成果转化情况

（说明本项目研究成果实施转化情况和效益分析）

5 承研单位及承担的任务

应详述各单位在项目中实际承担的具体任务。

单　位	承 担 的 任 务

6 项目主要参加人名单

姓名	单位	职务	职称	承担的主要工作

项目主要参加人及承担的主要工作应按实际情况填写。项目负责人列在第1位，其他人员按对项目的实际贡献排序，项目负责人应为项目验收的主要答辩人。

7 技术资料

7.1 技术资料清单

序号	技术文件资料名称	提供单位及编写人
	任务书;项目建议;实施方案报告;技术工作总结报告;国防科技报告;软件详细设计说明;测试报告;测试大纲;验收报告;财务审计报告;其他文件资料(研究报告、论文、技术规范、建标报告、图纸等)	

7.2 资料审查结论

本栏由验收评审组填写。

7.3 资料审查组人员名单

姓名	工作单位	职务	职称	资料审查组职务

本栏由验收评审组填写。

8 有关部门（单位）意见

集团主管部门，如中国××××集团公司××××部须签署明确意见。

年　月　日

（加盖有关部门（单位）技术基础管理部门公章）

9　验收评审组意见

验收评审组应对主要核查内容给出评审意见，明确验收结论，并对后续工作和有关事项提出建议。

主审：　　　　　　　　　　　　评审组组长：

年　月　日

10　验收评审组成员名单

姓名	单位	专业	职称	签字

验收评审组成员中不得包含项目（主）承研单位人员和项目主要参加人员，验收评审组组成不得少于7人，且应全部为副高级以上（含）职称，资料审查组人员组成不得少于3人。

六、国防军工计量科研项目检查要点

依据《国防科工局科研项目管理办法》（科工技［2012］34号）的要求，有关部门和单位根据国防科工局的审批要求，组织承研单位及时开展研究工作。

有关部门和单位应严格按照科研项目批复、年度计划和有关规定，指导、督促承研单位完成科研任务，及时协调处理各种问题。重大事项报国防科工局协调处理。

有关部门和单位应于每年6月和12月底前将科研项目实施进展情况、经费使用情况、存在的问题和解决措施、建议等向国防科工局报告。

国防科工局直接或组织有关部门和单位，采取抽查、现场检查、阶段评审、自查等多种方式，对科研项目进展、预算执行情况和经费使用情况进行监督和检查。对于研究周期超过2年（含）的科研项目，每年至少组织一次检查。

对于重大科研项目，国防科工局制定年度监督检查计划，开展监督检查。

分阶段审批实施的特别重大、复杂的工程研制类科研项目，根据科研项目批复中明确的节点，在研究工作转入下一阶段前，应组织转阶段评审。评审通过后，由国防科工局或委托有关部门和单位批准转入下一阶段工作。

通常国防科工局直接或组织有关部门和单位（如各大军工集团公司科研项目主管部门），在某年度的中期采取抽查、现场检查等多种方式，对相关单位的科研项目进展、预算执行和经费使用等情况进行监督和检查。表16-6为2020年7月初现场检查国防××计量技术机构在研项目的实例。

注意：相关科研项目应按照表16-6的要求，提供自开题到现阶段的全部备查材料，可以按照年度分类分批装订，每个科研项目应提供本单位统一格式的文件资料盒。

表 16-6　2020 年国防军工技术科研项目检查表（在研项目）

项目名称：　　　　计划编号：　　　　总投资：　　万元

承担单位：　　　　项目负责人：　　　　当年拨款：　　万元

检查要素	检查要点	检查内容	分值范围	得分	检查记录
1. 计划管理(10)	单位是否依据上级计划下达实施计划	查阅上级计划、单位计划、检查实施记录、单位科研生产目标考核规章及实施情况、向上级报送计划和预算执行情况的报告	0~3		1. 科技发展部的年度计划表（分 2019 和 2020 两年计划，重点是 2020 年计划。） 2. 定期检查考核记录（分机关、部门两层面的检查记录，机关年度任务检查看能否找到佐证记录与材料；部门季度/月份检查纪要要完整，最好拟制、审核、批准完整，汇总装订） 3. 上报计划和预算（①财务每月上报集团的财务报表；②2020 年 1~6 月集团公司下发的国防军工科研项目预算执行情况；③每个项目提供财务部确认并盖章的经费汇总表、经费支出明细，截止时间可以是 2020 年 06 月 30 日）；④2019 年全年预算执行情况）
	是否组织定期检查、考核		0~4		
	是否按规定每季度向集团公司主管部门报送项目计划和预算情况		0~3		
2、项目管理(10)	是否撰写项目实施方案或项目年度实施计划	查阅项目实施方案、项目年度实施计划、查阅上级计划、任务书、项目实施结果资料、查看阶段性成果实物	0~4		1. 实施方案、年度实施计划[①每个项目批准后实施方案，应有效包括“检查要点”中所列的 12 个方面（如：“质量控制”“风险控制”“知识产权管理”应有专门文字说明），并有项目实施方案评审纪要；②每个项目的年度具体实施计划（拟制、审核、批准完整）] 2. 以文件或实物形式的阶段成果[每个项目提供阶段性成果，如实物（应有专门测试报告）、技术报告（含总结）、技术论文、测试报告等] 3. 经费使用、外协、采购记录 4. 科研项目管理、经费使用、外协、质量控制、研究人员管理等规定法人单位下发的《技术基础科研项目管理办法》（××函[××××]××××号）、《计量管理手册》等
	是否包括技术方案、关键技术解决途径、进度、经费使用、外协、采购、保障条件、质量控制、风险控制、人员管理、成果形式、知识产权管理等要素		0~6		
3. 计划完成情况(30)	项目起始时间至检查之日，上级计划下达的各项研究内容是否按计划进度完成	查阅上级计划、任务书、查看项目实施结果相关的资料和实物（包括技术方案、设计输入、研究或设计流程、采购计划及合同、外协合同、产品实物等）	0~10		1. 上级计划，任务书（查：①对照集团公司、法人单位和课题 2019、2020 年度计划，逐一对照，提供计划完成的佐证材料；②关键技术的解决方案及与之对应的佐证材料；③课题实施计划应与任务书中阶段成果对应④阶段性成果对应总结报告和技术文件，阶段性成果的技术指标应符合任务书的规定，并提供计划完成的佐证材料） 2. 项目实施过程中的记录[查①实施方案评审记录；②仪器设备采购审批计划；③仪器设备订货合同（国内、国外）；④外协（计划）合同的技术评审及审批记录（注意：技术评审务必在合同签署之前）；⑤软件设计报告及软件验收记录；⑥仪器设备及外协件验收记录；⑦仪器设备计量校准证书（已使用部分）]
	是否按计划进度解决了关键技术		0~7		
	是否按计划进度取得了预期的阶段成果		0~6		
	已取得成果的技术指标是否符合任务书规定		0~7		

4. 预算执行情况(15)	项目经费预算执行率是否大于或等于(检查日所处月份的上月份/12)	查阅财务部门提交的项目支出本、报销单据,查看项目实施结果相关资料和实物	0~15		财务项目支出本;项目实物和过程文件;(①提供财务部确认并盖章的:每个项目经费汇总表、经费支出明细,截止时间可以是2020年06月30日;②2019年参照提供全年的)
*5. 自筹经费(4)	自筹经费是否落实	同上	0~4		有此项则查项目自筹经费汇总表、经费支出明细;无此项则填"无此情况"
*6. 保障条件(4)	是否按照项目任务书的规定和承诺,根据项目实施进度要求,落实了相应的保障条件	查阅任务书、项目实施记录,查看保障条件实物或查阅建设计划、采购和合同	0~4		各科研项目负责人对照本项目的任务书、实施方案,核对有无强调或说明需要法人单位提供保障条件的,如有则需要提供相关证明材料(查:保障条件实物或查阅建设计划、采购和合同)
*7、项目调整(5)	是否由于未实施风险控制致使项目实施偏离任务书规定	查阅任务书、实施方案,查看项目实施结果,查阅项目调整请求	0~2		1. 各科研项目负责人对照本项目的任务书、实施方案,有无事实上的项目调整的情况发生 2. 集团最新批复的项目负责人调整报告原件(备查)
	是否按规定及时向集团公司报送了项目调整请示		0~3		
8. 资料管理(6)	是否执行了单位或部门的文件资料控制要求,是否相对集中管理项目资料	查阅单位文件资料控制程序、项目各项资料	0~2		1. ①法人单位的《质量手册》《程序文件》(文件资料控制程序)和《计量管理手册》;②各科研项目资料汇总清单(统一格式);③各项目检查阶段性成果的齐全性与任务书、实施方案的符合性;④检查阶段性成果归档记录 2. 检查各科研项目留档所有资料的签署完整性(拟制、审核、批准务必完整,切记不能出现未经签署的设计图样和技术文件!) 3. 各科研项目阶段性成果资料每年的归档清单及证明(根据各法人单位资料归档的实际情况,有的法人单位归档分为部门归档和法人单位归档两种,若有部门归档的务必提前告知管理办公室,并与管理办公室留存的清单一致)
	是否按规定及时归档阶段性成果资料		0~2		
	项目资料的签署手续是否齐全		0~2		
*9. 知识产权管理(5)	如项目预期具有创新性研究内容和成果,是否及时申请专利,是否及时办理技术秘密和计算机软件登记	查阅专利申请资料、技术秘密和计算机软件登记情况	0~5		1. 各科研专利申请、技术秘密和计算机软件登记的记录 2. 专利证明文件(佐证材料务必提供准备)
10. 质量管理(5)	是否按单位相关控制程序及项目实施方案中质量控制要求执行	查阅针对项目实施方案、技术方案、研究或设计输出、阶段成果的单位内部各级技术审查记录及外部咨询记录	0~5		1. 各科研项目实施方案、技术方案(含外协设备的技术方案)等技术评审、审查审批记录 2. 设计输出(含外协大件设计加工)等技术评审、审查审批记录 相关文件务必拟制、审核、批准流程完整,技术评审务必在合同签署之前

（续）

检查要素	检查要点	检查内容	分值范围	得分	检查记录
11. 项目负责人履职(6)	项目负责人是否对项目实施进行了总体策划	与项目负责人座谈，了解其对项目策划、项目管理、主导研究、承担关键技术攻关的情况	0~2		1. 各科研项目负责人务必熟悉项目实施全过程、关键技术、目前进展状态等具体情况及技术环节（务必：仔细研读任务书和实施方案报告） 2. 各科研项目负责人需要提供定期召集项目组成员进行项目技术专题讨论、项目内部任务节点检查与控制的会议记录查各科研项目负责人平时的具体记录本，请各项目负责人提前整理提供 3. 各科研项目负责人熟悉相关管理文件及具体要求，具体有： 1)《国防科技工业科研经费管理办法》(财防[2019]12 号) 2)《国防科工局技术基础科研管理办法》(科工技[2010]262 号) 3)《国防科工局科研项目管理办法》(科工技[2012]34 号) 4)《中国××重工集团公司技术基础科研管理办法》 5)《关于加强技术基础科研项目申报工作的通知》(局综技[2011]55 号) 6)《关于进一步加强计量信息报送工作的通知》(局技函[2012]172 文) 7)“国防科工局关于进一步加强国防军工计量工作的通知”(科工技[2011]740 号) 8)“国防科工局《军工科研项目验收评价暂行办法》”(科工技[2012]1477 号) 9)“国防科工局关于调整军工科研项目管理职能及流程的通知”(科工综[2013]972 号) 10)《国防科学技术成果鉴定管理办法》(科工技[2009]276 号) 另有法人单位文件：《技术基础科研项目管理办法》
	是否按项目管理要求对实施过程进行有效控制		0~2		
	是否主导研究工作		0~2		
总分			100		

注：1. 带“＊”的检查要素有可能不适用。

2. 总分计算：$V=\sum v_j$，v_j 为检查要素得分，$j=1\sim11$。

3. 带＊的检查要素不适用时，修正后的项目总分 $V'=100V/(100-\sum k_i)$，k_i 为不适用检查要素满分值；$i=1\sim4$。

4. “检查记录”项不能空白，主要记录有关工作开展情况及结果、不符合事项，记录要注明涉及资料的编号，做到可追溯。

检查组长：　　　　　　　　年　　月

参考文献

[1] 国防科工委科技与质量司. 计量技术基础 [M]. 北京：原子能出版社，2002.

[2] 陆渭林. 实验室认可与管理工作指南 [M]. 北京：机械工业出版社，2016.

[3] 虞惠霞. 实验室认可380问 [M]. 北京：中国质检出版社，2013.

[4] 孙志辉. 计量基础知识 [M]. 3版. 北京：中国质检出版社，中国标准出版社，2015.

[5] 中国计量测试学会. 一级注册计量师基础知识及专业实务（上、下册）[M]. 第3版. 北京：中国质检出版社，2013.

[6] 全国法制计量管理计量技术委员会. JJF 1033—2016《计量标准考核规范》实施指南 [M]. 北京：中国质检出版社，2017.

[7] 林景星，陈丹英. 计量基础知识 [M]. 3版. 北京：中国计量出版社，2015.

[8] 国家质量监督检验检疫总局计量司，全国法制计量管理计量技术委员会. JJF 1069—2012《法定计量检定机构考核规范》实施指南 [M]. 北京：中国质检出版社，2012.

[9] 国家质量监督检验检疫总局计量司.《计量发展规划（2013—2020年）》学习问答 [M]. 北京：中国质检出版社，2013.

[10] 范巧成. 计量基础知识 [M]. 3版. 北京：中国质检出版社，中国标准出版社，2014.

[11] 李东升，郭天太. 量值传递与溯源 [M]. 杭州：浙江大学出版社，2009.

[12] 李东升. 计量学基础 [M]. 2版. 北京：机械工业出版社，2014.

[13] 苗瑜. 企业计量管理与监督 [M]. 2版. 北京：中国质检出版社，2014.

[14] 洪生伟. 计量管理 [M]. 六版. 北京：中国质检出版社，2012.

[15] 苗瑜. 计量管理基础知识 [M]. 3版. 郑州：黄河水利出版社，2010.

[16] 陆渭林. 水声计量测试系统中电压测量的干扰及抑制技术 [J]. 声学与电子工程，2015（3）：38-41.

[17] 张丽华. 关于计量确认中常见问题的分析与探讨 [J]. 中国石油和化工标准与质量，2013（7）：237.

[18] 陈晴. 计量的重要性与发展展望 [J]. 机电技术，2015（12）：154-155.

[19] 袁先富. 测量设备的计量确认及其管理——对ISO 10012：2003的理解 [J]. 中国计量，2005（11）：24-26.

[20] 杨静. 测量设备的计量确认间隔选择和调整方法 [J]. 工具技术，2014（1）：89-91.

[21] 李玉玲，李宗昆，张传秋，等. 专用测试设备检定周期的确定浅析 [J]. 宇航计测技术，2016（5）：76-80.

[22] 张玉存，郭启云. 气象仪器最大允许误差的检测和合格评定 [J]. 2015年标准科学：气象增刊，2015（12）：169-175.

[23] 韩文君. 国防军工产品计量技术规范体系问题及对策研究 [J]. 军民两用技术与产品，2015（8）：130.

[24] 张钟华. 量子计量基准发展现状 [J]. 仪器仪表学报，2011（1）：1-5.

[25] 刘海洋. 计量标准建标过程中检定或校准结果验证实施过程的浅析 [J]. 计量与测试技术，2012（5）：64、66.

[26] 黄源高，姚德瑞. 科研工程任务测量仪器的选用、检定、校准和管理方法研究 [C]. 中国空间科学学会空间探测专业委员会学术会议，2000：305-307.

[27] 中国国家标准化管理委员会. 质量管理体系　基础和术语：GB/T 19000—2016 [S]. 北京：中国标准出版社，2016.

[28] 中国国家标准化管理委员会. 质量管理体系要求：GB/T 19001—2016/ISO 9001：2015 [S]. 北京：中国标准出版社，2016.

[29] 国家质量监督检验检疫总局. 测量管理体系 测量过程和测量设备的要求：GB/T 19022—2003 [S]. 北京：中国标准出版社，2003.

[30] 国家质量监督检验检疫总局. 合格评定 认可机构通用要求：GB/T 27011—2005 [S]. 北京：中国标准出版社，2004.

[31] 全国法制计量管理计量技术委员会. 国家计量检定规程编写规则：JJF 1002—2010 [S]. 北京：中国质检出版社，2010.

[32] 全国法制计量技术委员会. 测量仪器特性评定：JJF 1094—2002 [S]. 北京：中国计量出版社，2002.

[33] 全国法制计量管理计量技术委员会. 测量不确定度评定与表示：JJF 1059. 1—2012 [S]. 北京：中国质检出版社，2012.

[34] 全国法制计量管理计量技术委员会. 用蒙特卡洛法评定测量不确定度：JJF 1059. 2—2012 [S]. 北京：中国质检出版社，2012.

[35] 全国法制计量管理计量技术委员会. 通用计量术语及定义：JJF 1001——2011 [S]. 北京：中国质检出版社，2011.

[36] 全国法制计量管理计量技术委员会. 计量标准考核规范：JJF 1033—2016 [S]. 北京：中国质检出版社，2016.

[37] 中国人民解放军总装备部. 装备计量保障通用要求检测和校准：GJB 5109—2004 [S]. 北京：总装备部军标出版发行部，2004.

[38] 中国人民解放军总装备部，军事计量测量标准建立与保持通用要求：GJB 2749A—2009 [S]. 北京：总装备部军标出版发行部，2009.

[39] 全国法制计量管理计量技术委员会. 法定计量检定机构考核规范：JJF 1069—2012 [S]. 北京：中国质检出版社，2012.

[40] 全国法制计量管理计量技术委员会. 计量器具检定周期确定原则和方法：JJF 1139—2005 [S]. 北京：中国质检出版社，2005.

[41] 全国法制计量管理计量技术委员会. 国家计量校准规范编写规则：JJF 1071—2010 [S]. 北京：中国质检出版社，2010,

[42] 国防科技工业第一计量测试中心. 武器装备科研生产单位计量工作通用要求：JJF（军工）7—2015 [S]. 北京：国家国防科技工业局，2015.

[43] 国防科技工业第一计量测试中心. 武器装备科研生产单位计量监督检查工作程序：JJF（军工）8—2015 [S]. 北京：国家国防科技工业局，2015.

[44] 国防科技工业第一计量测试中心. 国防军工计量标准器具技术报告编写要求：JJF（军工）3—2012 [S]. 北京：国家国防科技工业局，2012.

[45] 国防科技工业第一计量测试中心. 国防军工计量标准器具考核规范：JJF（军工）5—2014. [S] 北京：国家国防科技工业局，2014.